CATIA V5R21 基础教程 机械实例版

高长银 主编

化学工业出版社
·北京·

本书以CATIA V5R21中文版为基础，全书按照“基础应用（功能模块）+高级应用（思路分析）”的模式组织内容，在基础模块中通过一个个简单、典型的案例对CATIA的草图、实体特征、创成曲线和曲面、装配和工程图功能进行介绍；高级应用则以典型的综合案例为主，从设计思路分析到整个设计过程，精讲了如何应用CATIA软件进行一个完整的机械产品设计的设计方法和过程。

本书特别适合在CATIA培训班上使用，同时也是高等院校、高职高专等工科院校机械类相关专业学生的理想教材，还可作为工程技术人员自学机械设计的实用教程。

图书在版编目（CIP）数据

CATIA V5R21基础教程：机械实例版/高长银主编. —北京：化学工业出版社，2018.7（2023.9重印）
ISBN 978-7-122-32100-8

Ⅰ. ①C… Ⅱ. ①高… Ⅲ. ①机械设计-计算机辅助设计-应用软件 Ⅳ. ①TH122

中国版本图书馆CIP数据核字（2018）第092262号

责任编辑：王 烨　　文字编辑：陈 喆
责任校对：宋 夏　　装帧设计：尹琳琳

出版发行：化学工业出版社（北京市东城区青年湖南街13号　邮政编码100011）
印　　装：天津盛通数码科技有限公司
787mm×1092mm　1/16　印张29¾　字数674千字　2023年9月北京第1版第11次印刷

购书咨询：010-64518888　　售后服务：010-64518899
网　　址：http://www.cip.com.cn
凡购买本书，如有缺损质量问题，本社销售中心负责调换。

定　　价：79.80元

前言

FOREWORD

随着计算机技术的高速发展，数字化设计也越来越普及。手工绘图、计算的时代已经过去，尤其是在机械、电气、建筑、土木等需要大量绘图、造型、校核的工程项目中，采用计算机辅助工程设计软件进行造型设计、分析校核、动态仿真已成为先进制造业的主要手段和鲜明标志。采用计算机辅助设计软件可以大大提高设计效率，缩短研发周期，降低研发成本，因此无论是科研单位还是中小型企业都越来越重视软件的使用，而熟练掌握各种CAD/CAE/CAM软件也成为现代工程师的必备技能。随着“工业4.0”“中国制造2025”的相继提出，以及传统制造业的转型升级，数字化制造将成为未来制造业的主流。因此，我们策划了计算机辅助设计软件应用系列图书。

CATIA软件的全称是Computer aided tri-dimensional interface application，是法国Dassault System公司（达索公司）的CAD/CAE/CAM一体化软件，居世界CAD/CAE/CAM领域的领导地位。CATIA起源于航空航天业，广泛应用于机械制造、航空航天、汽车制造、造船、电子电器、消费品等行业。

本书以CATIA V5R21中文版为基础，详细地讲述了利用CATIA进行产品设计的方法和过程。具体内容包括：第1章介绍了CATIA基础知识，包括CATIA应用和概貌、用户操作界面、基本操作等。第2章介绍了CATIA草图绘制功能，包括草图编辑器、草图编辑器选项、草图绘制功能、草图操作功能、草图约束功能等。第3章介绍了CATIA实体特征设计功能，包括实体特征造型方法和思路、基本实体特征、实体成型特征、实体修饰和变换特征等。第4章以介绍了CATIA创成式曲线和曲面设计功能，包括创成式外形设计工作台、曲线、曲线操作、曲面、曲面操作和曲面创建实体特征等。第5章介绍了CATIA V5R21装配设计技术。包括装配设计工作台、加载零件或部件、移动零件或部件、装配约束和装配爆炸图第6章介绍了CATIA工程图技术，包括设置工程图环境、创建图纸页、设置图框和标题栏、创建工程视图、工程图中的草图绘制、标注尺寸、符号标注、文本标注等。第7章讲解了水龙头阀体、电饭煲、加油桶、车床拨叉、曲轴箱泵体的CATIA实体特征建模的设计思路和设计过程。第8章讲解风扇叶轮、旋转按钮、操作盘、吹风机、台灯的CATIA曲面特征造型的设计思路和设计过程。第9章讲解了定滑轮、机械手、滑动轴承座的CATIA装配体的设计思路和设计过程。第10章讲解了盘盖类、箱体类和装配体的CATIA工程图的设计思路和设计过程。

本书具有以下几方面特色：

1. 易学实用的高级入门教程，展现数字化设计与制造全流程。

2. 按照“基础应用（功能模块）+高级应用（思路分析）”的模式组织内容。

3. 典型工程案例精析，直击难点、痛点。

4. 分享设计思路与技巧，举一反三不再难。

5．书中配置大量二维码，教学视频同步精讲，手机扫一扫，技能全掌握。

6．超值资源赠送。扫描封面二维码下载素材文件和赠送的资源。

本书特别适合在CATIA培训班上使用，同时也是高等院校、高职高专等工科院校机械类相关专业学生的理想教材，还可作为工程技术人员自学机械设计的实用教程。

本书由高长银主编，晋会杰、李万全副主编。其中，高长银编写了第1章～第4章，晋会杰编写了第7章、第8章和第10章，李万全编写了第5章、第6章和第9章。马龙梅、熊加栋、周天骥、高誉瑄、石书宇、范艺桥、马春梅、石铁峰、刘建军、马玉梅、赵程、李菲、高银花、王亚杰、马子龙、朱冬萍等为本书的资料收集和整理做了大量工作，在此一并表示感谢！

由于时间有限，书中难免会有一些错误和不足之处，欢迎广大读者及业内人士予以批评指正。

编者

2018.3

目录

CONTENTS

01 第1章 CATIA V5R21基础知识

02 第2章 草图设计

03 第3章 实体特征设计

04 第4章 创成式曲线和曲面设计

05 第5章 装配体设计

06

第6章 工程图设计

07

第7章 实体特征设计实例

08 第8章 曲面造型设计实例

09 第9章 装配体设计实例

10 第10章 工程图设计实例

01

第1章

CATIA V5R21 基础知识

CATIA是法国Dassault System公司（达索公司）开发的CAD/CAE/CAM一体化软件，起源于航空航天业，广泛应用于航空航天、汽车制造、造船、机械制造、电子电器、消费品等行业。本章介绍CATIA软件的基本情况，包括CATIA应用和概貌、用户操作界面、基本操作等。

本章内容

- CATIA V5R21简介
- CATIA V5R21用户操作界面
- 基本操作
- 视图操作
- 鼠标操作
- 指南针（罗盘）操作
- 选择操作

1.1 CATIA V5R21介绍

CATIA软件的全称是computer aided tri-dimensional interface application，是法国Dassault System公司（达索公司）开发的CAD/CAE/CAM一体化软件，居世界CAD/CAE/CAM领域的领导地位。为了使软件能够易学易用，Dassault System于1994年开始重新开发全新的CATIA V5版本，新的V5版本界面更加友好，功能也日趋强大，并且开创了CAD/CAE/CAM 软件的一种全新风格，可实现产品开发过程中的全过程［包括概念设计、详细设计、工程分析、成品定义和制造乃至成品在整个生命周期中（PLM）的使用和维护］，并能够实现工程人员和非工程人员之间的电子通信。

1.1.1 CATIA在制造业和设计界的应用

CATIA源于航空航天业，广泛应用于航空航天、汽车制造、造船、机械制造、电子电器、消费品行业。CATIA V5R21的软件在制造业和设计界的应用主要体现在以下几个方面。

（1）航空航天

CATIA源于航空航天工业，是业界无可争辩的领袖。其精确安全，可靠性满足商业、防御和航空航天领域各种应用的需要。在航空航天业的多个项目中，CATIA被应用于开发虚拟的原型机，其中包括Boeing777和Boeing737，Dassault飞机公司（法国）的阵风、GlobalExpress公务机以及Darkstar无人驾驶侦察机。图1-1所示为CATIA在飞机设计中的应用。

（2）汽车工业

CATIA是汽车工业的事实标准，是欧洲、北美和亚洲顶尖汽车制造商所用的核心系统。CATIA在造型风格、车身及引擎设计等方面具有独特的长处，为各种车辆的设计和制造提供了端对端（end to end）的解决方案。一级方程式赛车、跑车、轿车、卡车、商用车、有轨电车、地铁列车、高速列车等各种车辆都可以使用CATIA进行数字化设计，如图1-2所示。

图1-1　CATIA在航空航天工业中的应用

图1-2　CATIA在汽车工业中的应用

（3）造船工业

CATIA为造船工业提供了优秀的解决方案，包括专门的船体产品和船载设备、机械解决方案。船体设计解决方案已被应用于众多船舶制造企业，涉及所有类型船舶的零件设计、制造、装配。参数化管理零件之间的相关性、相关零件的更改可以影响船体的外形，如图1-3所示。

（4）机械设计

CATIA V5R21机械设计工具提供超强的能力和全面的功能，更加灵活，更具效率，更具协同开发能力。如图1-4所示为利用CATIA建模模块来设计的机械产品。

图1-3　CATIA在造船工业中的应用

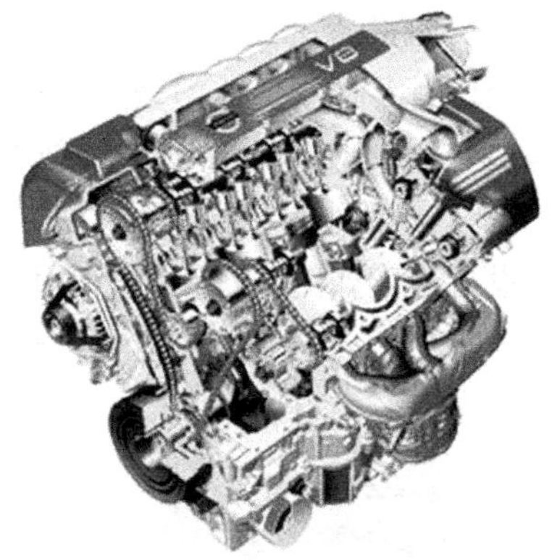

图1-4　CATIA在机械产品行业中的应用

（5）工业设计和造型

CATIA V5R21提供了一整套灵活的造型、编辑及分析工具，构成集成在完整的数字化产品开发解决方案中的重要一环。如图1-5所示为利用CATIA创成式外形设计模块来设计的工业产品。

（6）机械仿真

CATIA V5R21 提供了业内最广泛的多学科领域仿真解决方案，通过全面高效的前后处理和解算器，充分发挥在模型准备、解析及后处理方面的强大功能。如图1-6所示

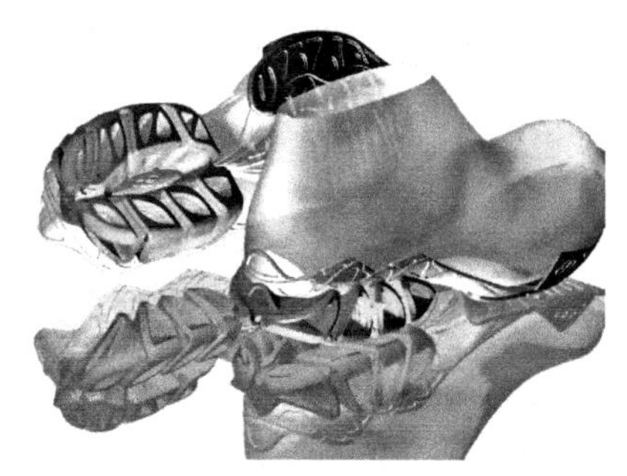

图1-5 CATIA在工业产品行业中的应用

图1-6 CATIA在运动仿真行业中的应用

为利用运动仿真模块对产品进行运动仿真范例。

（7）工装模具和夹具设计

CATIA V5R21工装模具应用程序使设计效率延伸到制造，与产品模型建立动态关联，以准确地制造工装模具、注塑模、冲模及工件夹具。如图1-7所示为利用CATIA V5R21注塑模向导模块设计模具的范例。

（8）机械加工

CATIA为机床编程提供了完整的解决方案，能够让最先进的机床实现最高产量。通过实现常规任务的自动化，可节省多达90%的编程时间；通过捕获和重复使用经过验证的加工流程，实现更快的可重复NC编程。如图1-8所示为利用CATIA加工模块来加工零件的范例。

图1-7 CATIA在模具设计行业中的应用

（9）消费品

全球有各种规模的消费品公司信赖CATIA，其中部分原因是CATIA设计的产品的风格新颖，而且具有建模工具和高质量的渲染工具。CATIA已用于设计和制造如下多种产品：运动、餐具、计算机、厨房设备、电视和收音机以及庭院设备等。如图1-9所示为利用CATIA进行运动鞋设计。

图1-8 CATIA在零件加工行业中的应用

图1-9 CATIA在消费品行业中的应用

1.1.2 CATIA V5概貌

CATIA V5R21软件具有13个模组上百个模块，通过各功能模块来实现计算机辅助设计、计算机辅助制造、计算机辅助分析，利用不同的模块来实现不同的设计意图。简单介绍如下。

（1）CATIA特征设计模块（FEA）

CATIA特征设计产品通过把系统本身提供的或客户自行开发的特征用同一个专用对话结合起来，从而增强了设计师建立棱柱件的能力。这个专用对话着重于一个类似于一族可重新使用的零件或用于制造的设计过程。

（2）高级曲面设计（ASU）

CATIA高级曲面设计模块提供了可便于用户建立、修改和光顺零件设计所需曲面的一套工具。高级曲面设计产品的强项在于其生成几何的精确度和其处理理想外形而无需关心其复杂度的能力。无论是出于美观的原因还是技术原因，曲面的质量都是很重要的。

（3）钣金设计（Sheetmetal design）

CATIA钣金设计产品使设计和制造工程师可以定义、管理并分析基于实体的钣金件。采用工艺和参数化属性，设计师可以对几何元素增加如材料属性这样的智能，以获取设计意图并对后续应用提供必要的信息。

（4）装配设计（ASS）

CATIA装配设计可以使设计师建立并管理基于3D零件的机械装配件。装配件可以由多个主动或被动模型中的零件组成。零件间的接触自动地对连接进行定义，方便了CATIA运动机构产品进行早期分析。基于先前定义零件的辅助零件定义和依据其之间接触进行自动放置，可加快装配件的设计进度，后续应用可利用此模型进行进一步的设计、分析、制造等。

（5）制图功能（DRA）

CATIA制图产品是2D线框和标注产品的一个扩展。CATIA绘图-空间（2D/3D）集成产品将2D和3D CATIA环境完全集成在一起。该产品使设计师和绘图员在建立2D图样时从3D几何中生成投影图和平面剖切图。通过用户控制模型间2D到3D的相关性，系统可以自动地由3D数据生成图样和剖切面。

（6）白车身设计（BWT）

白车身设计产品对设计类似于汽车内部车体面板和车体加强筋这样复杂的薄板零件提供了新的设计方法。可使设计人员定义并重新使用设计和制造规范，通过3D曲线对这些形状的扫掠，便可自动地生成曲面，结果可生成高质量的曲面和表面，并避免了耗时的重复设计。该新产品同时是对CATIA-CADAM方案中已有的混合造型技术的补充。

（7）CATIA逆向工程模块（CGO）

可使设计师将物理样机转换到CATIA Designs下并转变为数字样机，并将测量设计数据转换为CATIA数据。该产品同时提供了一套有价值的工具来管理大量的点数据，以便进行过滤、采样、偏移、特征线提取、剖截面和体外点剔除等。由点数据云团到几何模型支持由CATIA曲线和曲线生成点数据云团。反过来，也可由点数据云团到CATIA曲线和曲面。

（8）自由外形设计（FRF）

CATIA自由外形设计提供给设计师一系列工具，来实施风格或外形定义以及复杂的曲线和曲面定义。对NURBS的支持使得曲面的建立和修形以及与其他CAD系统的数据交换更加轻而易举。

（9）创成式外形建模（GSM）

创成式外形建模产品是曲面设计的一个工具，通过对设计方法和技术规范的捕捉和重新使用，可以加速设计过程，在曲面技术规范编辑器中对设计意图进行捕捉，使用户在设计周期中任何时候都方便快速地实施重大设计更改。

（10）曲面设计（SUD）

CATIA曲面设计模块使设计师能够快速方便地建立并修改曲面几何。它也可作为曲面、面、表皮和闭合体建立和处理的基础。曲面设计产品有许多自动化功能，包括分析工具、加速分析工具等，可加快曲面设计过程。

（11）装配模拟（Fitting simulation）

CATIA装配模拟产品可使用户定义零件装配或拆卸过程中的轨迹。使用动态模拟，系统可以确定并显示碰撞及是否超出最小间隙。用户可以重放零件运动轨迹，以确认设计更改的效果。

（12）有限元模型生成器（FEM）

该产品同时具有自动化网格划分功能，可方便地生成有限元模型。有限元模型生成器具有开放式体系结构，可以同其他商品化或专用求解器进行接口。该产品同CATIA紧密地集成在一起，简化了CATIA客户的培训，有利于在一个CAD/CAM/CAE系统中完成整个有限元模型造型和分析。

（13）多轴加工编程器（multi-axis machining programmer）

CATIA多轴加工编程器产品对CATIA制造产品系列提出新的多轴编程功能，并采用NCCS（数控计算机科学）的技术，以满足复杂5轴加工的需要。这些产品为从2.5轴到5轴铣加工和钻加工的复杂零件制造提供了解决方案。

（14）STL快速样机（STL rapid prototyping）

STL快速样机是一个专用于STL（stereo lithographic）过程生成快速样机的CATIA产品。

1.1.3 CATIA与同类软件产品的比较

目前常用的三维软件主要有：CATIA、UG、PRO/E、SOLIDWORKS。其中CATIA和UG属于高端三维设计软件，PRO/E属于中端软件，而SOLIDWORKS属于低端三维设计软件，各个软件各有千秋。PRO/E目前在中国用的人最多，资料教程最全，高手也最多，所以学起来比较容易，找工作也相对容易一些。SOLIDWORKS简单易学，做机械设计足够，下面仅对CATIA与UG进行比较。

① 在CATIA中特征建模都是基于草图SKETCH的参数化建模。在UG中一般的特征建模往往是直接生成的，比如直接生成长方体、圆柱、圆锥等。但两者在草图上，UG的智能捕捉功能没有CATIA强，在CATIA中很多约束是自动识别的，而在UG中必须很精确地手工定义每个元素的约束，相当不方便。

② CATIA在特征建模参数化关联方面比UG要强很多。一般的UG初学者在使用

UG来建模时容易使用一些非关联的设计方法，比如进行各种逻辑操作等，使用一些非参数化的点和线来生成（拉伸、旋转等）的实体，以后要修改这些设计很费时而且很容易出错。在UG中只有在Sketch中的点和线才有参数关联性，在实际的应用中很多用户会混杂大量的非关联的元素在其中，如果以后要修改就会很麻烦。而在CATIA中所有的点、线和平面的参数都是互相关联的，所以生成的实体都是具有高度相关性的，易于以后的维护和修改。

③ CATIA的曲面造型功能是CAD软件中所公认的领导者，CATIA在曲面设计方面独步全球，无人能敌。在车身设计中，CATIA拥有自由曲面、创成式曲面设计、汽车A级曲面的设计等模块，能根据影像草图中导入参考图进行设计；在逆向造型方面，CATIA拥有强大的数字化编辑器，能对点云的筛选、去噪、激活进行很好的操作，很好地进行三角面参考曲面的生成、修补等专业的逆向操作；能很好地与正向设计模块无缝集成，进行G2级曲面以上的高级曲面的设计。这充分集成了工业设计专业软件（ALIAS、RHINO等）和工程软件的全部优点，是一个历史性的创新。

④ CATIA的分析功能也非常强大，特别是在线性分析方面相当优秀。无论是创成式零件分析还是结构分析，都有良好的表现，在柔性耦合分析方面也能满足大部分企业的要求。

⑤ CATIA的知识专家的水平也比UG的高得多。CATIA有丰富的函数库，可以读取、计算大部分元素的数据，比如点的位置、线的位置、计算实体的容积、质量等；而UG可以读取的数据实在有限。这在以后的PDM/PLM应用中无疑更具有优势。

⑥ CATIA软件的CAM方面具有相当的优势，特别是在曲面加工和五轴加工方面的编程能力在目前是遥遥领先的，因此相当部分的飞机及高端汽车企业的CAM软件都首选CATIA软件。

总结起来，CATIA的参数关联性、曲面 、分析、知识专家、加工都是比UG高一个档次的。从CATIA设计的思路上看，是一个非常优秀的面向对象程序设计的典范，必将是21世纪CAD设计的主流软件，因此选择CATIA是明智的。

1.2 CATIA V5R21用户操作界面

应用CATIA软件首先进入用户操作界面，可根据习惯选择用户界面的语言，下面分别加以介绍。

启动CATIA V5R21后首先出现欢迎界面，然后进入CATIA V5R21操作界面，如图1-10所示。CATIA V5R21操作界面友好，符合Windows风格。

CATIA操作界面窗口主要由菜单栏、工具栏、特征树、指南针、信息栏和图形区组成，接下来对这几个主要组成部分作简要介绍。

（1）菜单栏

菜单栏中包含了CATIA所有的菜单操作命令。在进入不同的工作台后，相应模块

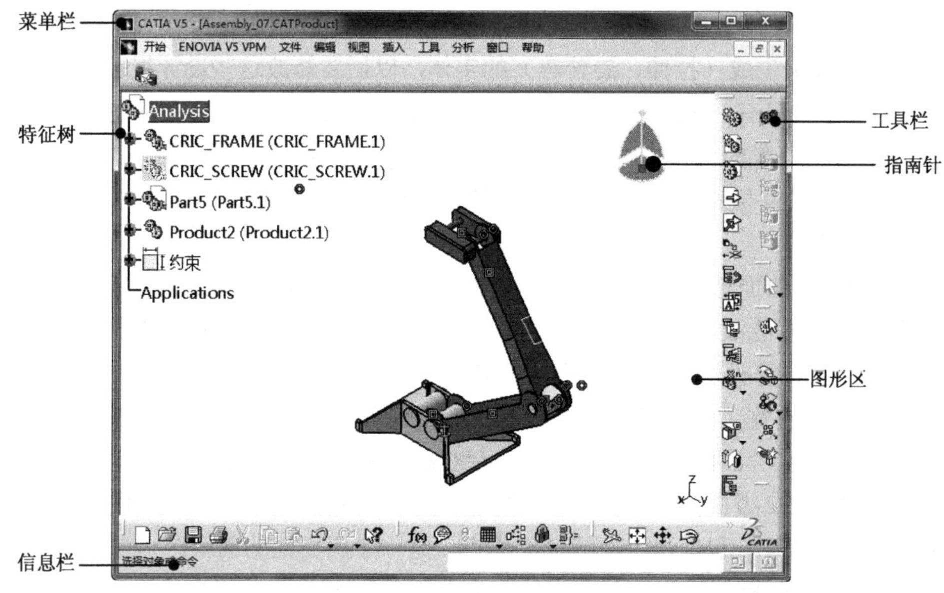

图1-10　CATIA操作界面

里的功能命令被自动加载到菜单条中。菜单栏上各个功能菜单条如图1-11所示。

开始 ENOVIA V5 VPM 文件 编辑 视图 插入 工具 窗口 帮助

图1-11　菜单栏上的功能菜单条

- 【开始】菜单：【开始】菜单是一种导航工具，可以起到调用工作台的作用并且实现工作台不同的转换作用。利用【开始】菜单可以快速进入CATIA的各个功能模块，如图1-12所示。
- 文件：实现文件管理，包括新建、打开、关闭、保存、另存为、保存管理、打印和打印机设置等功能。
- 编辑：实现编辑操作，包括撤销、重复、更新、剪切、复制、粘贴、特殊粘贴、删除、搜索、选择集、选择集修订版、链接和属性等功能。
- 视图：实现显示操作，包括工具栏、命令列表、几何图形、规格、子树、指南针、重置指南针、规格概述和几何概观等功能。
- 插入：实现图形绘制设计等功能，包括对象、几何体、几何图形集、草图编辑器、轴系统、线框、法则曲线、曲面、体积、操作、约束、高级曲面和展开的外形等功能。

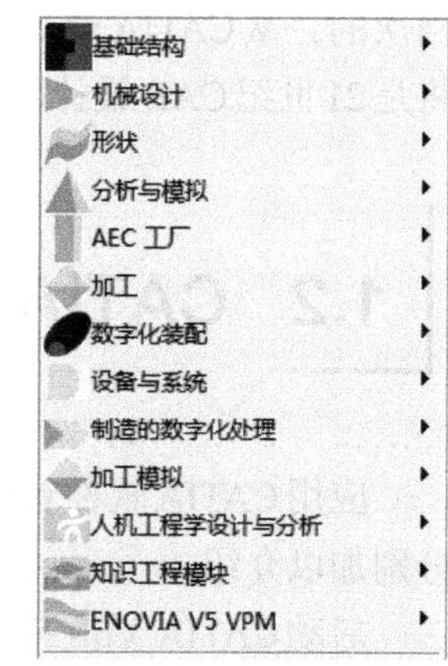

图1-12　【开始】菜单

- 工具：实现自定义工具栏，包括公式、图像、宏、实用程序、显示、隐藏、参数化分析等。
- 窗口：实现多个窗口管理，包括新窗口、水平平铺、垂直平铺和层叠等。

- 帮助：实现在线帮助。

（2）图形区

图形区是用户进行3D、2D设计的图形创建、编辑区域。

（3）信息栏

信息栏主要显示用户即将进行操作的文字提示，它极大地方便了初学者快速掌握软件应用技巧。

（4）工具栏

通过工具栏上的命令按钮可更加方便调用CATIA命令。CATIA不同工作台包括不同的工具栏。

用户可在工具栏空白处右击，弹出的菜单就是工具栏菜单，其中列出了当前模块的所有子工具栏命令，如图1-13所示。

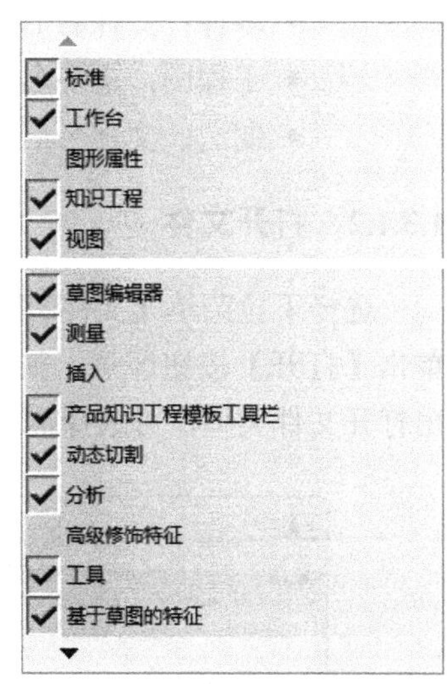

图1-13　工具栏的调出

（5）指南针

指南针不仅代表模型的三维坐标系，而且使用该指南针还可以进行模型平移、旋转等操作，有助于确定模型的空间位置和方位，特别是在装配设计中使用指南针可轻松操作部件。

（6）特征树

特征树是CATIA中一个非常重要的概念，记录了产品的所有逻辑信息和产品生成过程中的每一步，通过设计树可对特征进行编辑、重新排序，并可以对特征树进行多种操作，包括隐藏设计树、移动设计树、激活设计树、展开/折叠设计树等。

1.3　CATIA V5R21基本操作

CATIA V5R21基本操作包括文件操作、视图操作、鼠标操作、指南针操作等，下面分别加以介绍。

1.3.1　文件操作

在CATIA V5R21中文件操作主要集中在【文件】下拉菜单中，下面分别加以介绍。

1.3.1.1　新建文件

选择下拉菜单【文件】|【新建】命令，弹出【新建】对话框，在【类型列表】中选择想要新建的文件类型，单击【确定】按钮即可建立新的文件，如图1-14所示。

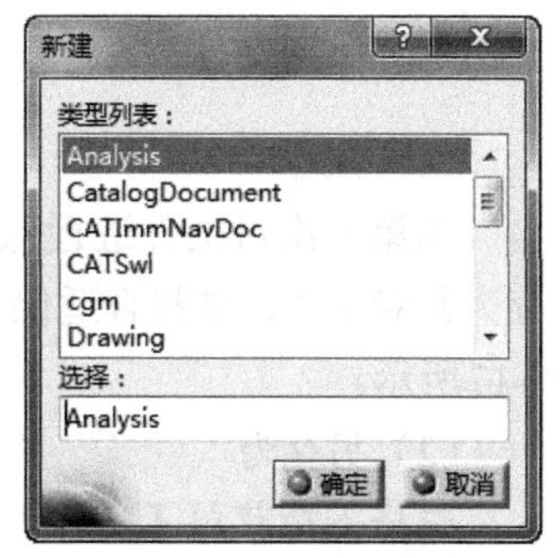

图1-14　【新建】对话框

CATIA文件是CATIA数据按照某种格式存储的格式文件。CATIA按数据建立的不同而有不同类型的数据存储格式文件，主要包括以下几种：

- 装配：文件名后缀.CATProuduct，保存为装配关系、装配约束、装配特征等。
- 零件：文件名后缀.CATPart，保存为零件实体、草图、曲面等。
- 工程图：文件名后缀.CATDrawing，保存为图样、视图等。
- 制造：文件名后缀.CATProcess，保存为数控加工工艺过程、产品关系等。

1.3.1.2 打开文件

选择下拉菜单【文件】|【打开】命令，弹出【选择文件】对话框，选择需要的文件，单击【打开】按钮即可，如图1-15所示。另外，可选择右下角的所有文件(*.*)，弹出打开文件类型，可选择需要的文件类型，然后再选择所需文件，如图1-16所示。

图1-15 【选择文件】对话框

1.3.1.3 保存文件

（1）保存

当第一次对文件进行保存时，选择下拉菜单【文件】|【保存】命令，会弹出【另存为】对话框，选择合适保存路径和文件名后，单击【保存】按钮即可保存文件，如图1-17所示。

（2）另存为

选择下拉菜单【文件】|【另存为】命令，会弹出【另存为】对话框，选择合适保存路径和文件名后；单击【保存】按钮即可保存文件。“保存”和“另存为”的区别在

所有文件 (*.*)
所有 CATIA V5 文件 (*.catalog;*.CATAnalysis;*.CATDrawing;*.CATfct;*
所有 CATIA V4 文件 (*.model;*.session;*.library)
所有标准文件 (*.igs;*.wrl;*.stp;*.step)
所有向量文件 (*.cgm;*.gl;*.gl2;*.hpgl)
所有位图文件 (*.*)
3dmap (*.3dmap)
3dxml (*.3dxml)
act (*.act)
asm (*.asm)
bdf (*.bdf)
brd (*.brd)
目录 (*.catalog)
分析 (*.CATAnalysis)
工程图 (*.CATDrawing)
CATfct (*.CATfct)
CATKnowledge (*.CATKnowledge)
材料 (*.CATMaterial)
零件 (*.CATPart)
流程 (*.CATProcess)
产品 (*.CATProduct)
CATResource (*.CATResource)
形状 (*.CATShape)
CATSwl (*.CATSwl)
功能系统 (*.CATSystem)
cdd (*.cdd)
cgm (*.cgm)
dwg (*.dwg)
dxf (*.dxf)
gl (*.gl)

图1-16　选择文件类型

图1-17　【另存为】对话框

于：保存是保存此文件；另存为是把文件复制一个进行保存，原文件还是存在的。

（3）全部保存

【全部保存】命令可以方便地保存全部修改的文件或者只读文件。选择下拉菜单【文件】|【全部保存】命令，如果这些文件之间无任何关联，则系统会弹出【全部保存】

对话框提示是否全部保存，单击【是】按钮即可继续进行，如图1-18所示。如果文件未作任何修改或者都是只读文件，则系统不会作任何提示。

如果文件中有新文件或者只读文件，则系统会弹出【全部保存】对话框询问是否全部保存，如图1-19所示。单击【确定】按钮，则会弹出【全部保存】对话框，如图1-20所示。单击【另存为】按钮，为新文件或只读文件命名，然后单击【确定】按钮即可全部保存文档。

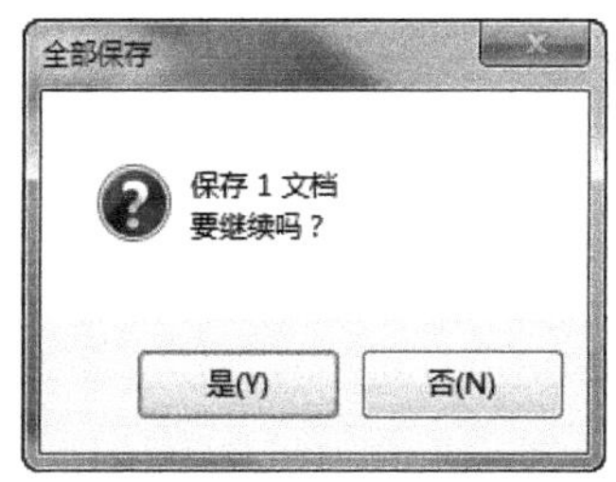

图1-18　【全部保存】对话框（一）

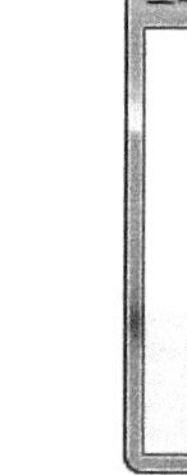

图1-19　【全部保存】对话框（二）

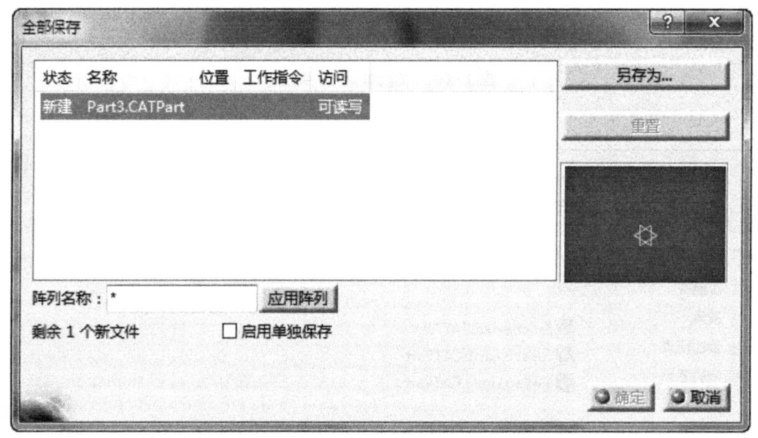

图1-20　【全部保存】对话框（三）

1.3.1.4　退出文件

单击窗口右上角的【关闭】按钮☒，如果文件已经经过保存，则系统直接关闭。如果未经过保存文件，则系统显示【关闭】对话框，如果选择【是】按钮则系统保存并关闭，如果选择【否】按钮则系统不保存并退出，如图1-21所示。

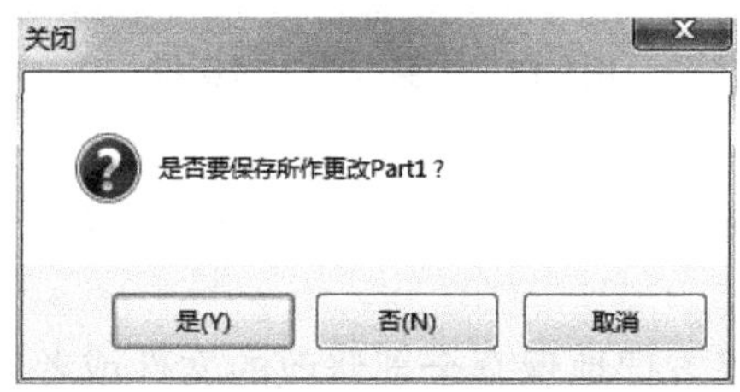

图1-21　【关闭】对话框

1.3.2 视图操作

CATIA V5R21有强大的视图管理功能，可实现对现有模型进行旋转、平移、缩放、显示模式等一系列的视图操作，以便于更加灵活地观察三维设计环境，方便操作。

1.3.2.1 视图调整

通过【视图】工具栏相关按钮可以从多个方向观察设计环境，如图1-22所示。

- 全部适应：单击【全部适应】按钮，可将模型充满整个窗口。

图1-22 【视图】工具栏

- 平移：单击【平移】按钮，可移动模型。这种移动仅仅是对视图的移动，并不是移动物体的位置，就是物体在空间的坐标是没有变化的。
- 旋转：单击【旋转】按钮，可将物体绕着屏幕上的中心进行旋转，与平移相同，旋转只是改变物体的视图方向，并没有改变视图的坐标位置。
- 缩放：单击【放大】按钮或【缩小】按钮，可对物体的视图进行放大和缩小操作。

1.3.2.2 视图方向

在设计过程中常常需要改变视图方向，可通过下一节中的鼠标和指南针操作实现。但是有时需要精确确定到某个视图方向，这时可通过【视图】工具栏上的【等轴测视图】按钮下相关命令按钮实现，如图1-23所示。

- 法线视图：法线视图可选择一个平面作为视图平面，单击【视图】工具栏的【法线视图】按钮，接着选择一个平面作为视图平面，系统自动旋转物体到

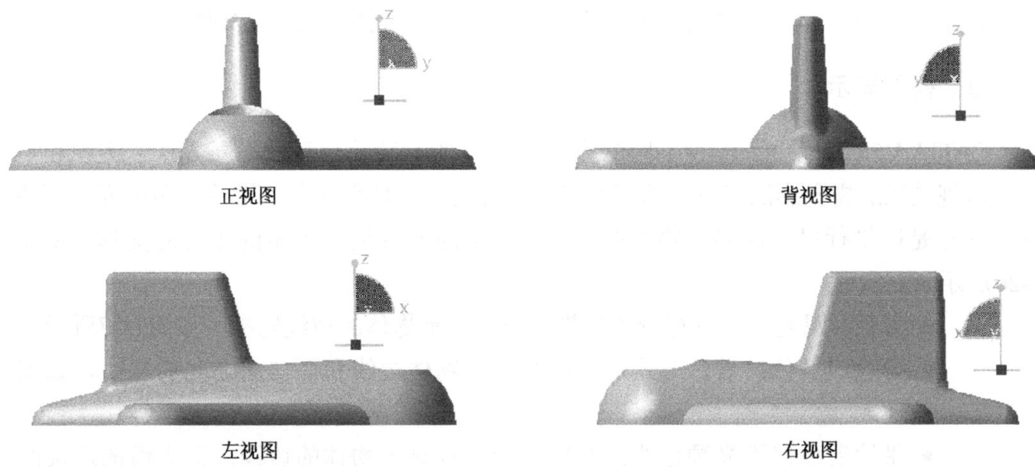

图1-23

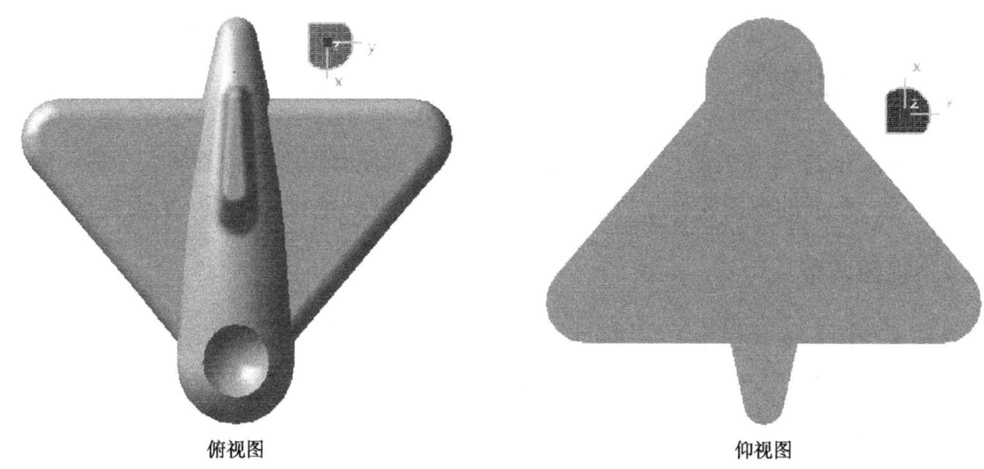

图1-23 常规视图方向

该平面上，也就是视线垂直于该平面，如图1-24所示。

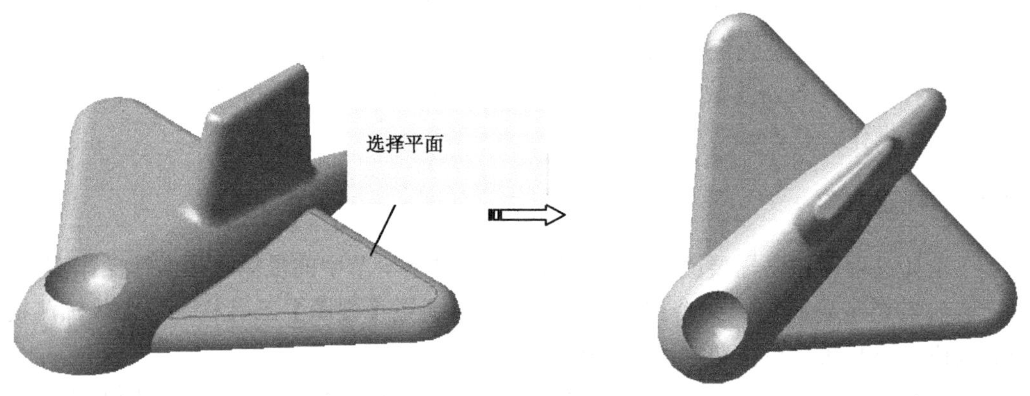

图1-24 法线视图

- 多视图：单击【视图】工具栏的【多视图】按钮，可在设计窗口中同时显示4个视图，再次单击【多视图】按钮，取消多视图功能，如图1-25所示。

1.3.2.3 视图显示

CATIA V5R21提供了多种不同的显示方法，视图显示有两种不同方法：透视和平行。透视是以透视投影法（三点透视）显示物体的，物体会随着远近或视角的变化而变形；平行是以平行投影法显示物体的，物体不会随着远近或视角的改变而变形，如图1-26所示。

- 着色：只是对面进行着色渲染，没有显示物体的边线轮廓，如图1-27所示。
- 含边线着色：着色方式，已经显示了物体边线和面与面之间的边线，如图1-28所示。
- 带边着色但不光顺边线：渲染显示，也显示物体的边线，但光滑的连接面之间的边线不显示出来，如图1-29所示。

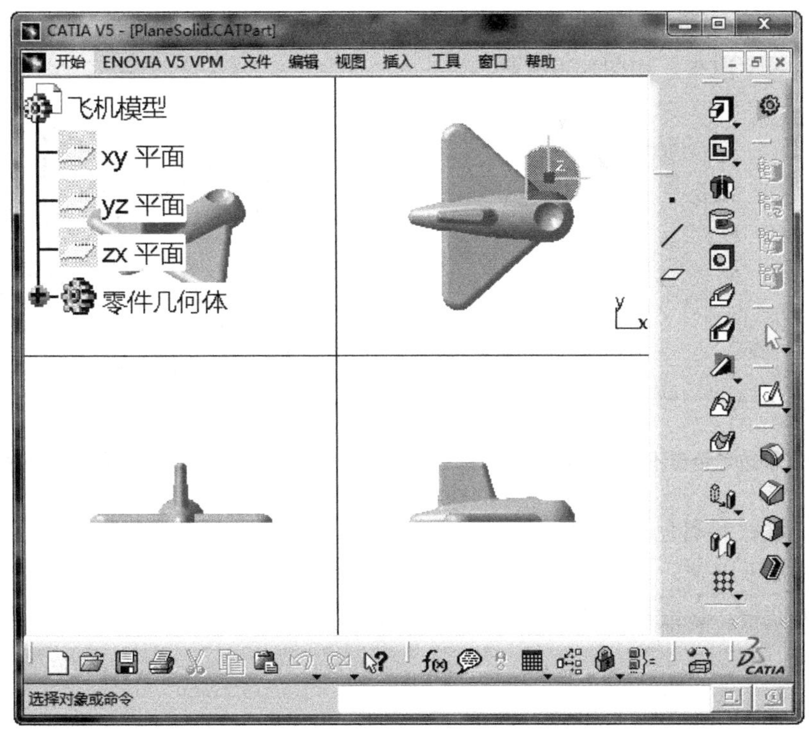

图1-25 多视图

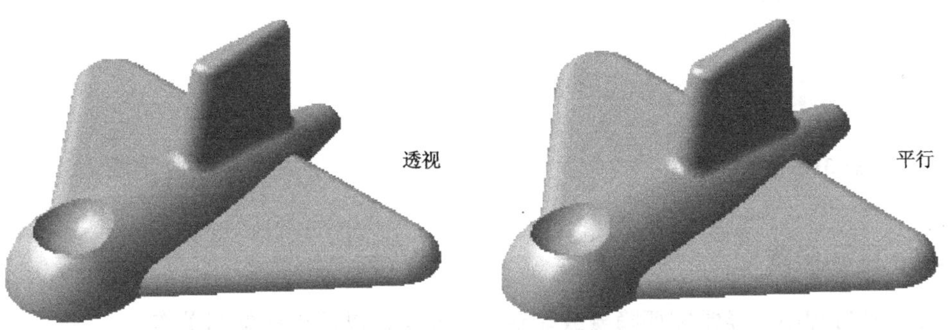

图1-26 透视和平行

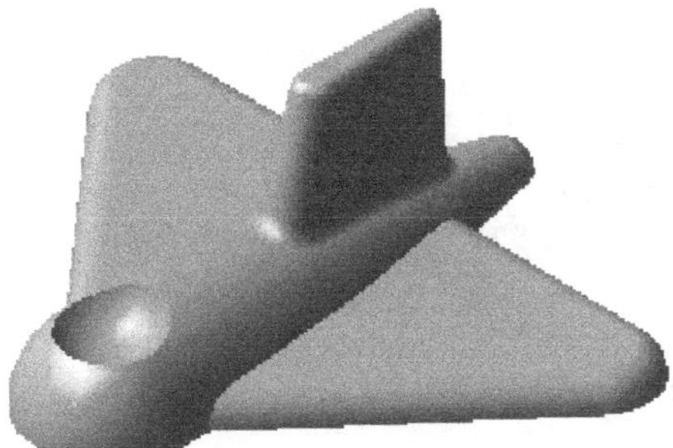

图1-27 着色

图1-28 含边线着色

● 含边线和隐藏边线着色：渲染显示，显示物体的边线，并且被挡住的边线用虚线显示出来，如图1-30所示。

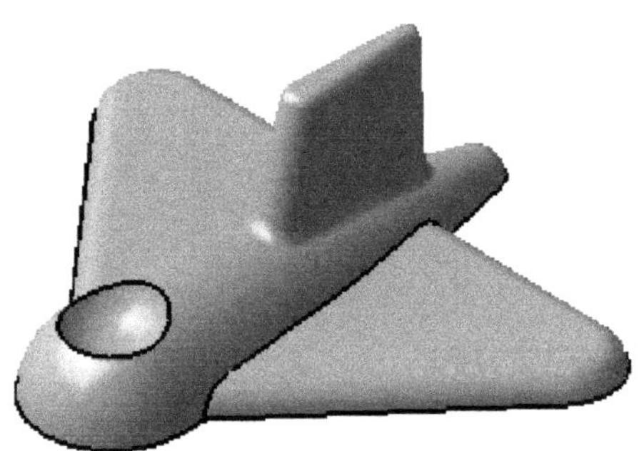

图1-29 带边着色但不光顺边线

图1-30 含边线和隐藏边线着色

● 含材料着色：带材料属性渲染。这种显示方法可以将已经应用了材料属性的物体显示出来，如图1-31所示。

● 线框：以线框形式显示，如图1-32所示。

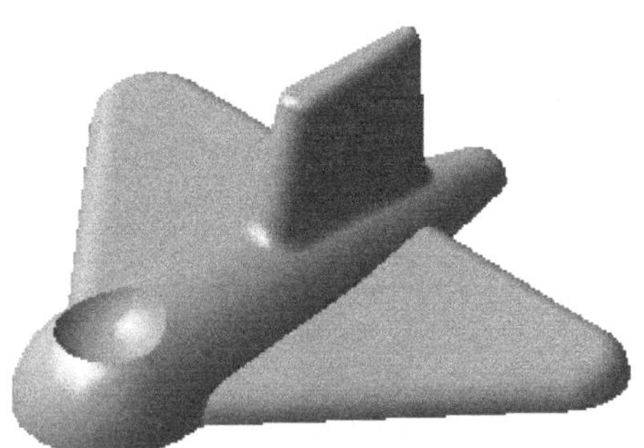

图1-31 含材料着色

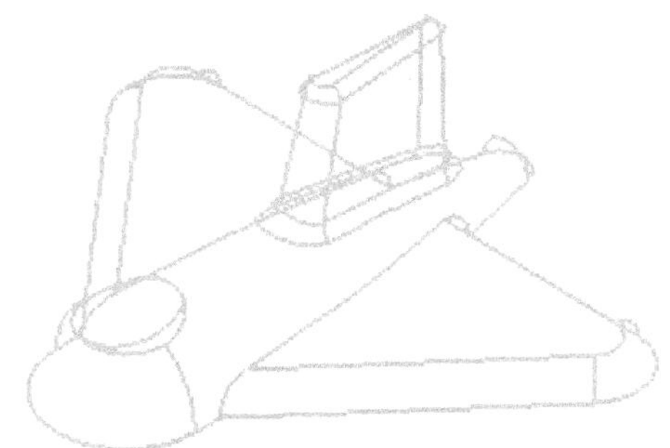

图1-32 线框

1.3.2.4 显示/隐藏

在设计过程中，经常需要隐藏或显示某些元素，以便于观察和操作。

● 隐藏/显示：选择需要隐藏的元素或对象，单击【视图】工具栏上的【隐藏/显示】按钮，可将所选的对象隐藏，相反可显示出隐藏对象，如图1-33所示。

图1-33 隐藏/显示

● 交换可视空间：在显示窗口与隐藏窗口之间切换。如果在显示窗口单击

【视图】工具栏上的【交换可视空间】按钮，则可切换到隐藏窗口，显示被隐藏的对象；反之，如果在隐藏窗口中单击该按钮，则可切换到显示窗口，如图1-34所示。

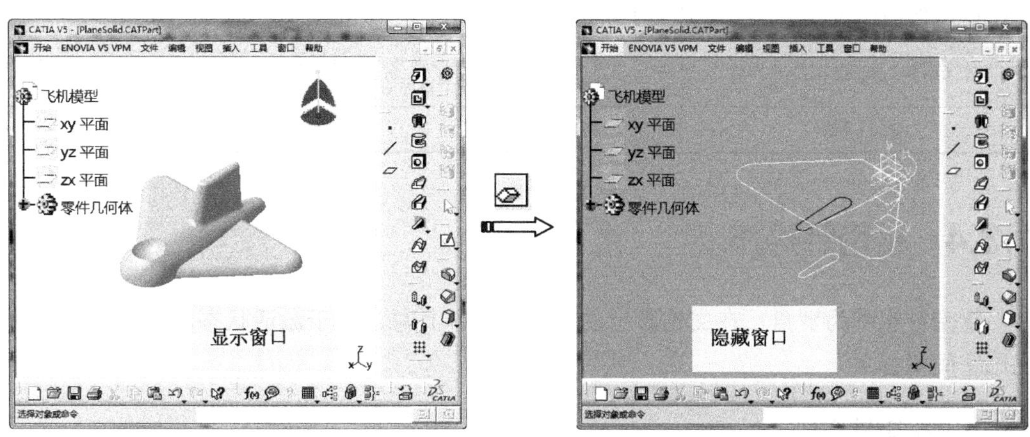

图1-34　交换可视空间

技术要点

如果需要将已经隐藏的元素显示出来，首先单击【交换可视空间】按钮，在窗口中显示被隐藏的元素，选择需要显示的元素，单击【隐藏/显示】按钮，最后单击【交换可视空间】按钮可将已经隐藏了的元素显示出来。

1.3.3　鼠标操作

CATIA提供了各种鼠标操作组合功能，包括选择对象、编辑对象以及视图操作，如表1-1所示。

表1-1　鼠标的常用操作及功能

动作	图形元素的种类和数量
单击左键	选择对象、执行命令。用于确定一个点的位置，选择图形对象（比如，单击一个面，就是将这个面选中了），其次，主要是用来点击菜单或者各种图标
双击左键	连续执行命令
拖动左键	框选对象、移动对象
单击中键	屏幕上绘制出图形之后，单击中键，系统默认单击的位置为显示中心，绘制的图形将向某一方向移动
拖动中键	平移视图。绘制的图形或者零件将随之移动
单击右键	单击鼠标右键会弹出快捷菜单，比如说复制、粘贴等
按住中键+单击左键（或右键）	缩放视图
按住中键和左键（或右键）	旋转视图

续表

动作	图形元素的种类和数量
按住中键，再按住Ctrl键，移动鼠标	旋转视图
按住Ctrl键然后再按住中键，移动鼠标	可以放大或者缩小目标
按住Ctrl键，然后按住鼠标左键	可以选取多个目标，首先选取一个目标之后，按住Ctrl键，再单击所需要添加的目标，就实现了多个目标的选取
转动滚轮	特征树将会上下移动

1.3.4 指南针操作

指南针也称为罗盘，在文件窗口的右上角，并且总是处于激活状态，代表着模型的三维空间坐标系。

1.3.4.1 指南针组成

指南针是由与坐标轴平行的直线和三个圆弧组成的，其中X和Y轴方向各有两条直线，Z轴方向只有一条直线。这些直线与圆弧组成平面，分别与相应的坐标平面平行，如图1-35所示。

图1-35 指南针

1.3.4.2 显示和重置指南针

（1）显示和隐藏指南针

选择下拉菜单【视图】|【指南针】命令，在前面打勾，在视图中显示指南针，如图1-36所示。反之则可隐藏指南针。

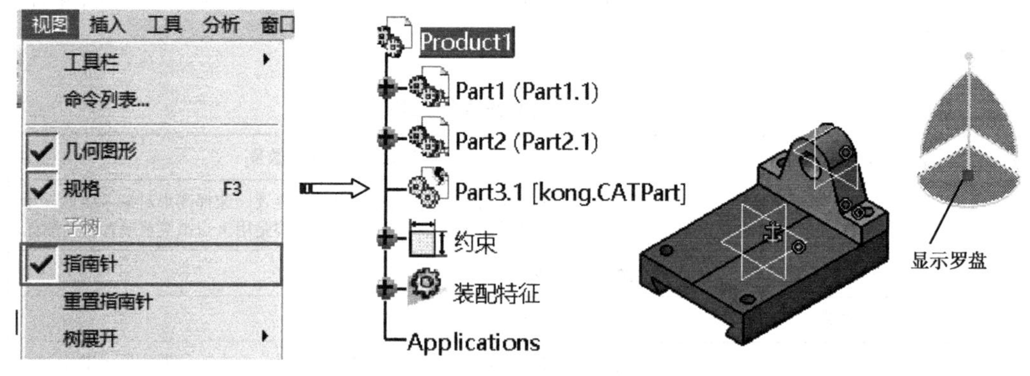

图1-36 显示指南针

（2）重置指南针

选择下拉菜单【视图】|【重置指南针】命令，将图形中的指南针恢复到罗盘默认的方向，如图1-37所示。

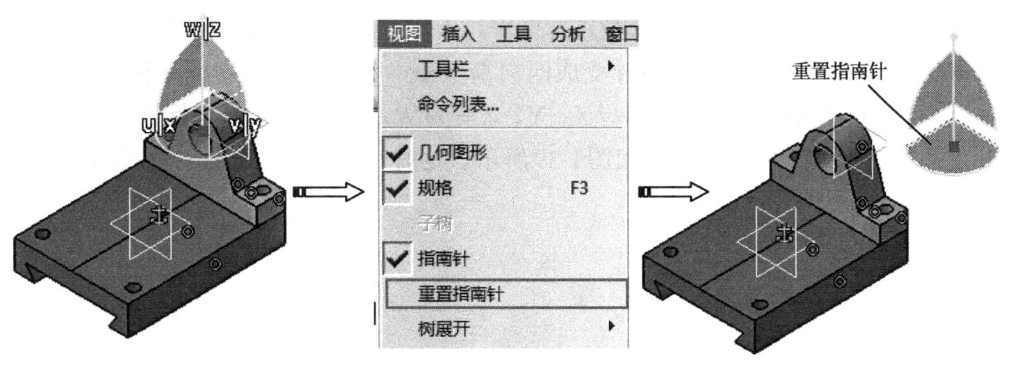

图1-37　重置指南针

技术要点

要是指南针脱离模型，可将其拖动到窗口右下角绝对坐标系处；或者拖到指南针离开物体的同时按住Shift键，并且要先松开鼠标左键；还可以选择菜单栏【视图】|【重置指南针】命令来实现。

1.3.4.3　指南针常用功能

指南针主要的两项功能是：改变模型的显示位置——视点操作；另外是改变模型的实际位置——模型操作。

（1）视点操作

视点操作只是改变观察模型的位置和方向，模型的实际位置并没有改变。

- 线平移：选择指南针上的任意一条直线，按住鼠标左键并移动鼠标，则工作窗口中的模型将沿着此直线平移。
- 面平移：选择指南针上的任意一个平面（XY、YZ、ZX平面），按住鼠标左键并移动鼠标，则工作窗口中的模型将在对应的平面内平移。
- 旋转：选择XY平面上的弧线，按住鼠标左键并移动鼠标，则指南针绕Z轴旋转，模型则以工作窗口的中心为转点绕Z轴旋转。同样，在另外两个平面也适用，如图1-38所示。
- 自由旋转：选择指南针Z轴上的圆头，按住鼠标左键并移动鼠标，则指南针以红色方块为顶点自由旋转，工作窗口中的模型也会随着指南针一同以工作窗口的中心为转点进行旋转。

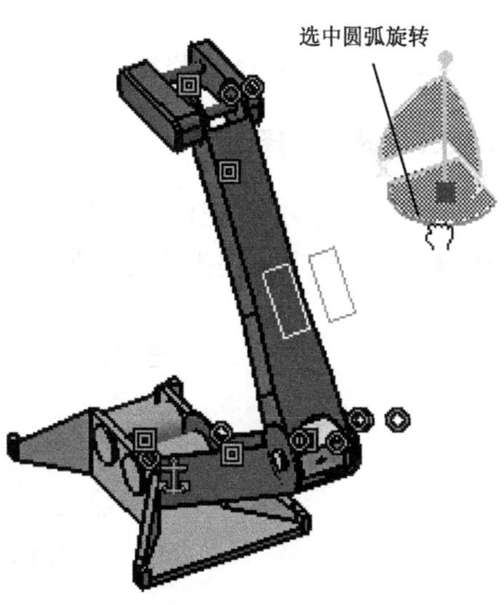

图1-38　旋转操作

（2）模型操作

使用罗盘不仅能对视点进行操作，而且可

以将罗盘拖动到物体上，对物体模型进行操作。操作方法与视点操作方法完全相同。

移动鼠标到操作把手上，指针变成四向箭头，然后拖动指南针至模型上释放，此时指南针会附着在模型上，且字母X、Y、Z变为W、U、V，表示坐标轴不再与文件窗口右下角的绝对坐标相一致，如图1-39所示。这时，就可以按前面介绍的视点操作方法对模型进行操作了。

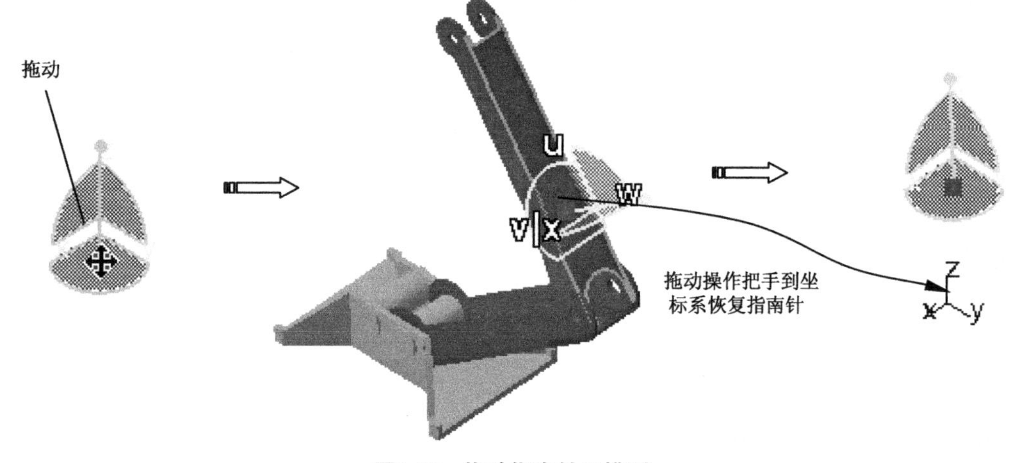

图1-39 拖动指南针至模型

技术要点

要是指南针脱离模型，可将其拖动到窗口右下角绝对坐标系处；或者拖到指南针离开物体的同时按住Shift键，并且要先松开鼠标左键；还可以选择菜单栏【视图】|【重置指南针】命令来实现。

1.3.5 选择操作

本节介绍CATIA选择操作，包括通用选择工具和用户选择过滤器等。

1.3.5.1 通用选择工具

在零件复杂或装配体比较多的时候，如果不设置选择过滤器，将很难完成元素的选择。【选择】工具条提供了元素选择过滤工具，如图1-40所示。

图1-40 【选择】工具栏

【选择】工具栏相关选项参数含义如下。

（1）选择

提供了通用选择功能，可用鼠标点选图形区的元素或从特征树中选择。

（2）几何图形上方的选择框

提供在几何体上绘制框选的功能，单击该按钮，在模型上可以按住鼠标左键开始框选，框选结束该按钮失效，如图1-41所示。

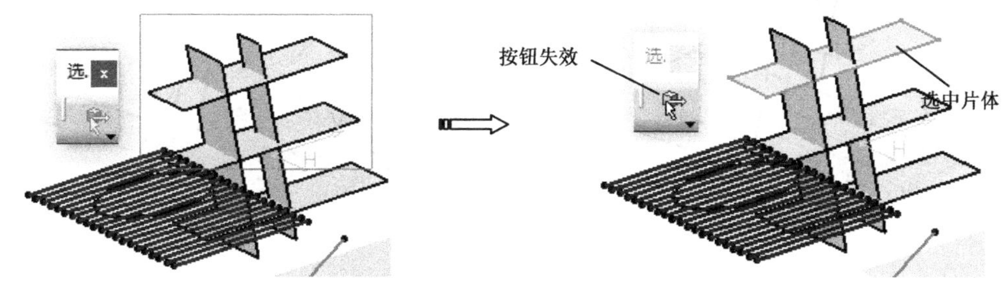

图1-41　几何图形上方的选择框

（3）矩形选择框

提供了矩形框选的功能。单击该按钮，在图形区可以按住鼠标左键开始框选，只有完全被选择框包围的元素才能被选中。该选项是系统默认选项，如图1-42所示。

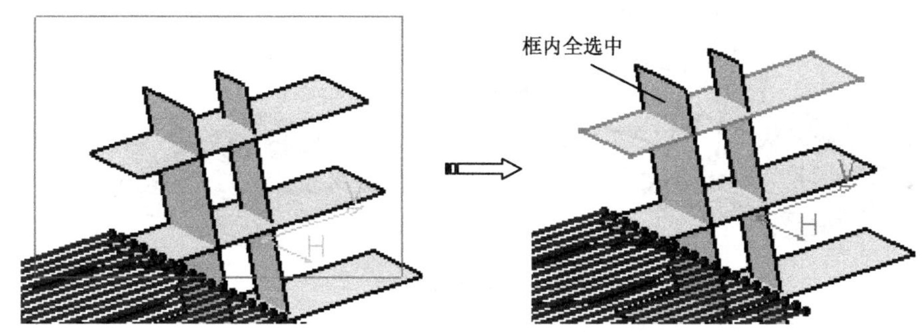

图1-42　矩形选择框

（4）相交矩形选择框

提供相交矩形框选功能。与相交矩形选择框不同的是，单击该选项元素时，只要元素与选择框有相交的部分该元素即被选中，如图1-43所示。

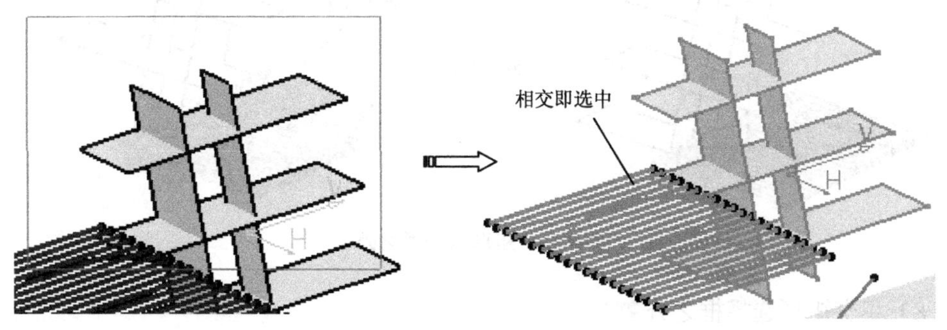

图1-43　相交矩形选择框

（5）多边形选择框

提供多边形框选功能。单击该按钮，在图形区单击鼠标左键可绘制多边形，双击鼠标左键即可结束绘制，只选择被选择框完全包围的元素，如图1-44所示。

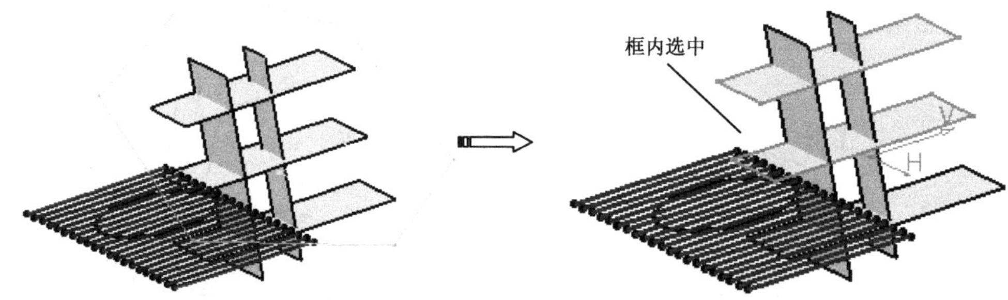

图1-44 多边形选择框

（6）手绘选择框

提供通过绘制穿过点的方法选择元素的功能。单击该按钮，在图形区单击鼠标左键可绘制点（非可见点），凡是通过该点的元素都将被选中，如图1-45所示。

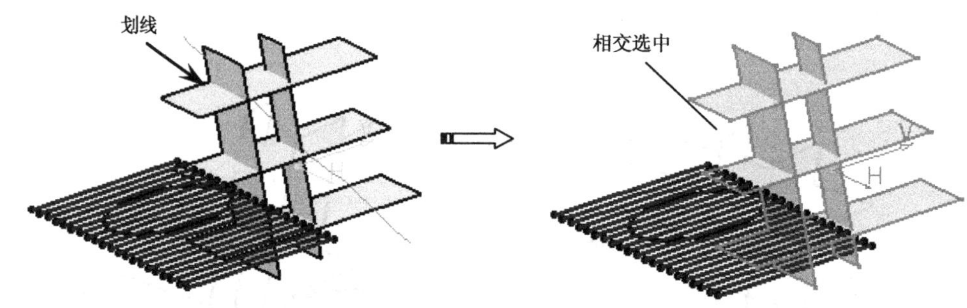

图1-45 手绘选择框

（7）矩形选择框之外

提供选取矩形框外所有元素的功能。该命令的操作方法与“矩形选择框”相同，但该命令选择的是矩形框之外的部分，如图1-46所示。

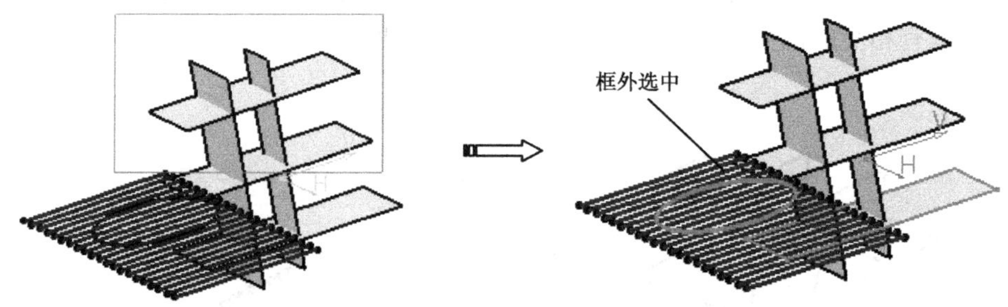

图1-46 矩形选择框之外

（8）相交矩形选择框之外

提供交叉框选以外元素的功能。该命令与“相交矩形选择框”相同，但该命令所选中的是交叉框以外的部分，如图1-47所示。

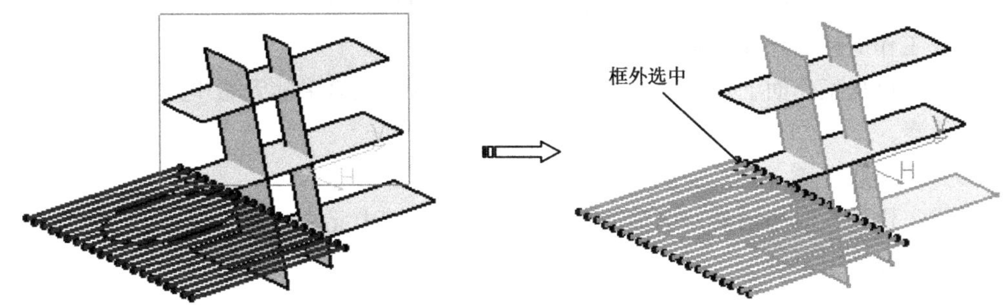

图1-47　相交矩形选择框之外

1.3.5.2　用户选择过滤器

通过选择提供了框选多种元素的功能，选择过滤提供了过滤的方式来选择多个同种元素的功能，如图1-48所示。

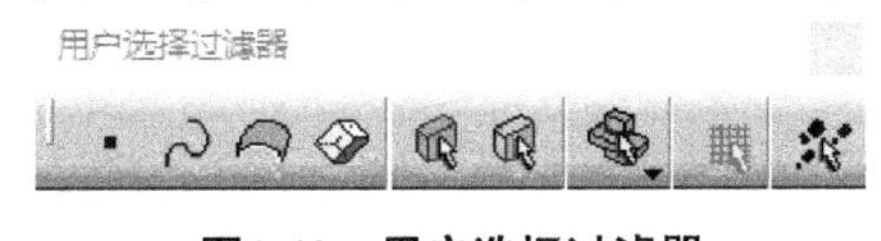

图1-48　用户选择过滤器

用户选择过滤器相关选项功能如下。

（1）点过滤器

提供了点过滤功能，选中该按钮后，在选择中将只选择点（草绘点、线段端点、实体定点），其他元素将被过滤。

（2）曲线过滤器

提供了曲线过滤功能。选中该按钮后，在选择中将只选中曲线和线段，其他元素将被过滤。

（3）曲面过滤器

提供了面过滤功能。选中该按钮后，在选择过程中将只选中实体表面和片体面，其他元素将被过滤。

（4）体积过滤器

提供了实体过滤功能。选中该按钮后，在选择过程中将只选中实体，其他元素将被过滤。

（5）特征元素过滤器

提供了特征过滤功能。选中该按钮，在选择过程中将只选中特征，其他元素将被过滤（只有在曲面过滤器选中的时候该项才可用）。

（6）几何元素过滤器

提供了几何元素过滤功能。选中该按钮，在选择过程中将只选中几何元素（如实体表面），其他元素将被过滤（只有在曲面过滤器选中的时候该项才可用）。

（7）激活相交边

提供选取相交线的功能。选中该按钮，在模型中只能选取相交的棱边。

（8）工作支持面选择状态

提供可以从工作面上拾取元素的功能。选中该项，在繁多的元素中只选取落在工作面上的元素。

（9）快速选择

提供了快速选取的功能。选中该命令，在模型中选中元素，系统将自动搜索该元素的父子元素并选中。

本章小结

本章介绍CATIA软件的用户界面和基本操作，包括文件管理、视图管理、鼠标操作、指南针操作等。通过本章的学习，使读者对CATIA V5R21的基本操作和功能有了一个基本的掌握，为更好地应用CATIA V5R21打下良好的基础。

02 第2章 草图设计

草图绘制是使用CATIA建模的基础，所有的模型都是从草图开始的。草图编辑器是绘制草图轮廓的二维绘图模块，常与其他模块相配合进行3D模型的绘制。本章通过实例介绍草图绘制功能、草图操作功能、草图约束功能等。

本章内容

- 草图编辑器简介
- 草图编辑器选项
- 草图绘制功能
- 草图操作功能
- 草图约束功能
- 退出草图编辑器

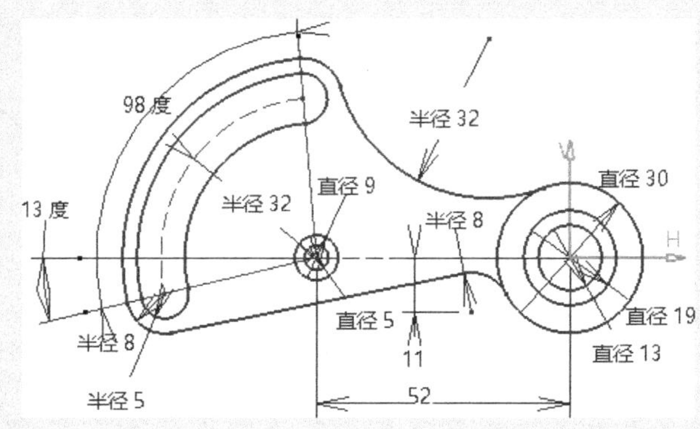

2.1 草图编辑器简介

草图编辑器是CATIA V5R21进行草图绘制的专业模块，常与其他模块相配合进行3D模型的绘制。草图编辑器不仅可以创建、编辑草图元素，还可以对草图元素施加尺寸约束和几何约束，实现精确、快速地绘制二维轮廓。本节将介绍有关草图编辑器的进入、退出及用户界面。

2.1.1 启动草图编辑器

CATIA V5R21草图设计在草图工作台下实现，在设计时需要选择草绘平面，进入草图工作台。下面介绍进入草图编辑器环境的方法。

Step01 在菜单栏执行【文件】|【机械设计】|【草图编辑器】命令，弹出【新建零件】对话框，如图2-1所示。在【输入零件名称】文本框中输入文件名称，然后单击【确定】按钮进入零件工作环境。

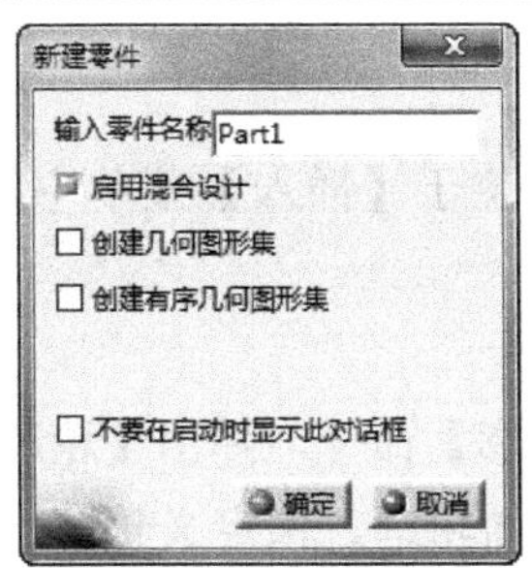

图2-1 【新建零件】对话框

Step02 在工作窗口选择草图平面（*XY*平面、*YZ*平面、*ZX*平面或者实体的一个表面），则系统自动进入草图编辑器。

在草绘时也可以首先选取现有平面，然后再在【工作台】工具栏上单击【草图】按钮，系统自动进入草图编辑器。

2.1.2 草图用户界面

草图编辑器用户界面主要包括菜单、特征树、工具栏、图形区、状态栏等，如图2-2所示。

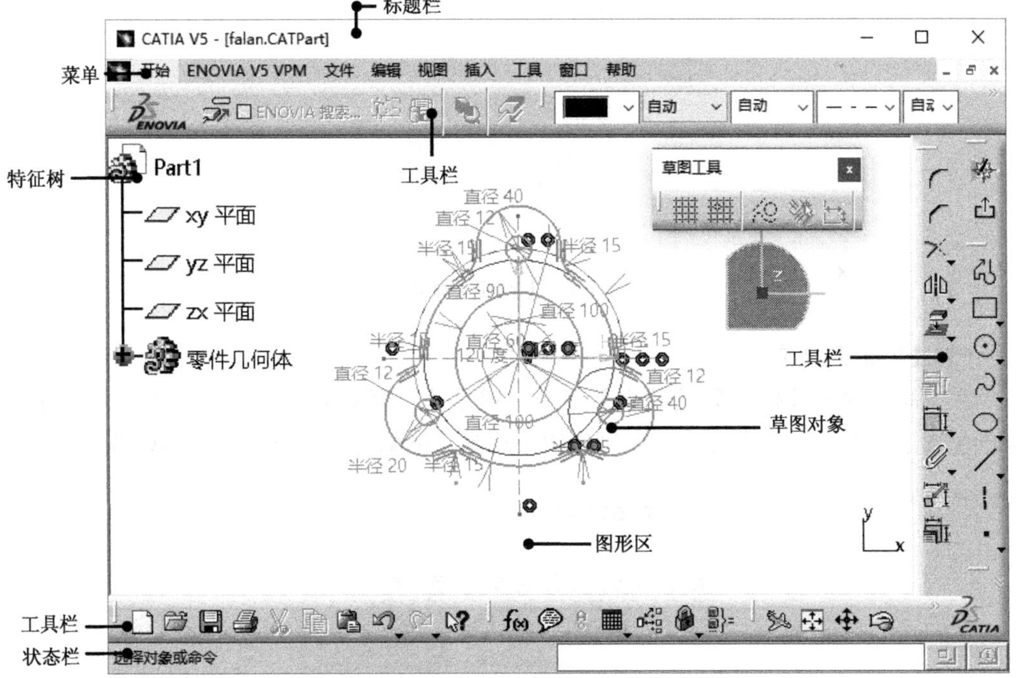

图2-2 草图生成器界面

第02章 草图设计

2.1.2.1 菜单栏简介

与草绘有关的菜单命令主要位于【插入】菜单中的相关选项：【约束】菜单、【轮廓】菜单和【操作】菜单。

（1）【轮廓】菜单

在菜单栏执行【插入】|【轮廓】命令，弹出【轮廓】菜单，如图2-3所示。【轮廓】菜单包含了所有草绘轮廓命令，如轮廓、预定义轮廓、圆、二次曲线、样条线、直线、轴和点等。

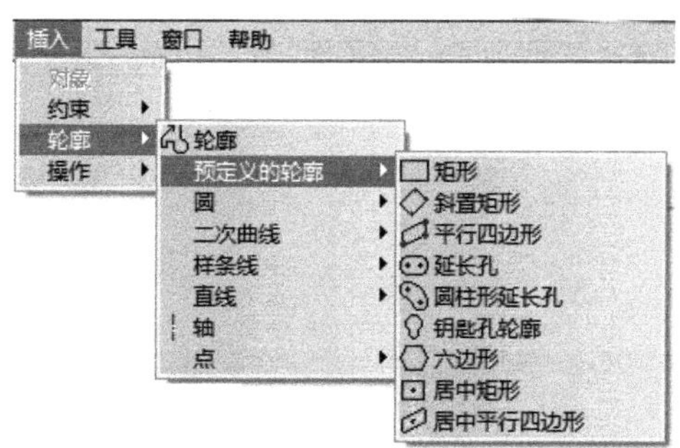

图2-3 【轮廓】菜单

（2）【操作】菜单

在菜单栏执行【插入】|【操作】命令，弹出【操作】菜单，如图2-4所示。【操作】菜单包含了所有草绘操作命令，如圆角、倒角、重新限定、变换和3D几何图形等。

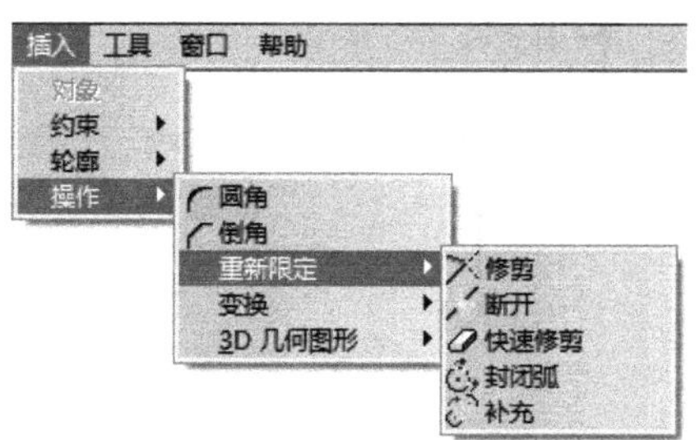

图2-4 【操作】菜单

（3）【约束】菜单

在菜单栏执行【插入】|【约束】命令，弹出【约束】菜单，如图2-5所示。【约束】菜单包含了所有草绘约束命令，如制作约束动画、编辑多重约束和自动约束等。

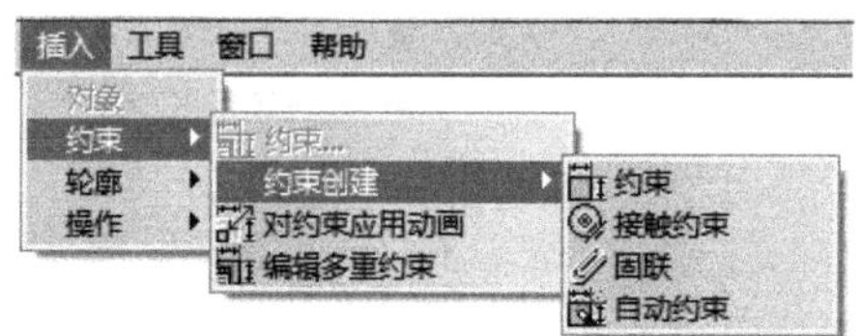

图2-5 【约束】菜单

2.1.2.2　工具栏简介

CATIA V5R21草图编辑器提供了4个工具栏：【草图工具】工具栏、【轮廓】工具栏、【操作】工具栏和【约束】工具栏。工具栏显示了常用的工具按钮，单击工具右侧的黑色三角，可展开下一级工具栏。草绘工具栏中的命令按钮，可快速进入命令和设置工作环境而提供了极大的方便。

（1）【草图工具】工具栏

在草图编辑器中有一个【草图工具】工具栏，如图2-6所示。该工具栏提供了丰富的绘图辅助工具以及已激活命令的相应命令选项，是草图设计必不可少的工具，工具栏中内容随所执行命令的不同而不同。

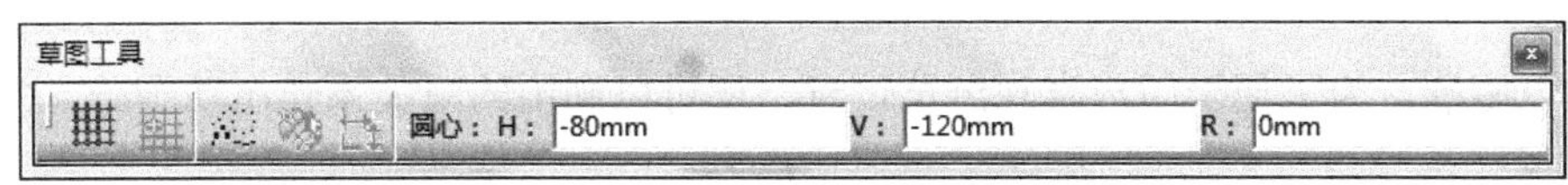

图2-6　【草图工具】工具栏

（2）【轮廓】工具栏

【轮廓】工具栏如图2-7所示，它提供了创建二维几何元素（直线、圆、圆弧、样条、点、二次曲线等）的功能。

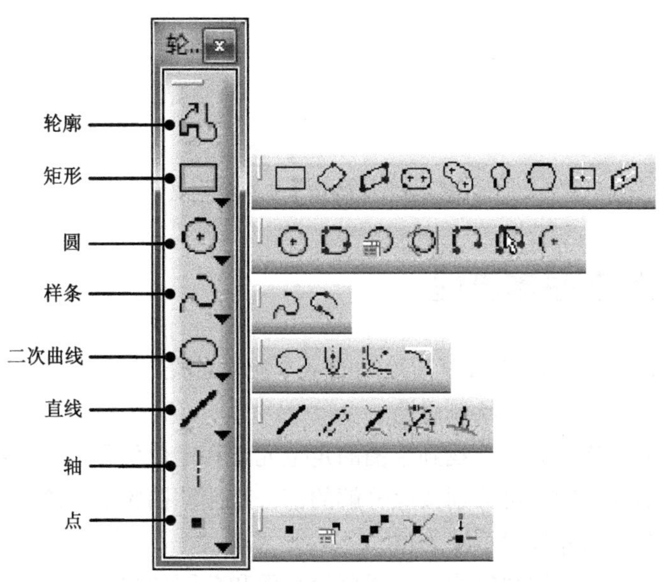

图2-7　【轮廓】工具栏

（3）【操作】工具栏

【操作】工具栏用于对草图元素进行编辑操作，如图2-8所示。它提供了倒圆角、倒角、修剪、镜像、投射3D元素等操作。

（4）【约束】工具栏

【约束】工具栏如图2-9所示，它以图形的方式对图形的长度、角度、平行、垂直、

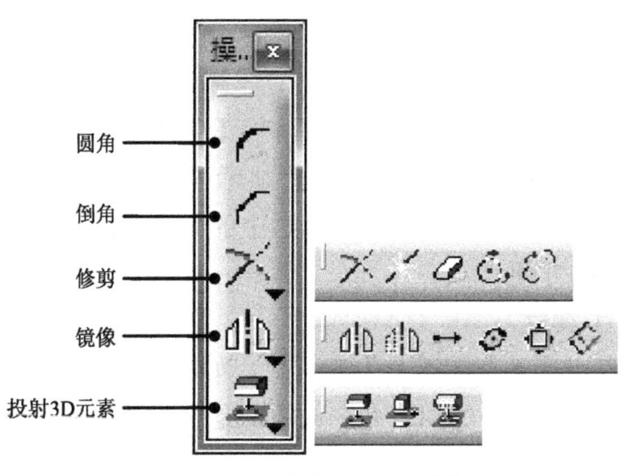

图2-8 【操作】工具栏

相切加以限制，为了便于用户直观浏览信息，还可以利用约束关系作出动画。

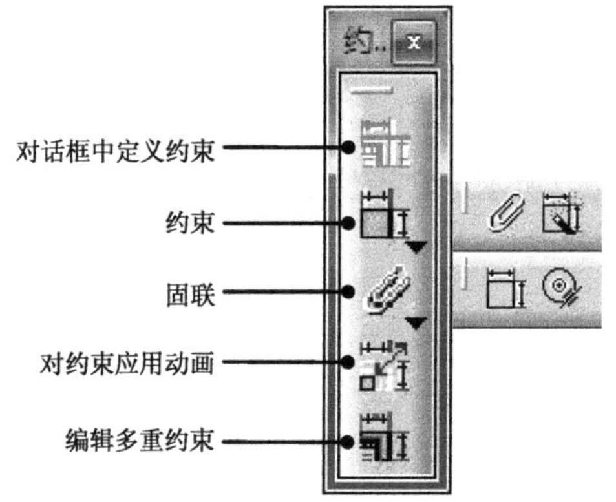

图2-9 【约束】工具栏

2.1.3 视频精讲

2.1.3 草图绘制基本流程

以图2-10为例来说明CATIA草图绘制的基本流程过程。

（1）草图分析，拟定总体绘制思路

首先对草图进行整体分析，找到草图的定位元素和定位位置，将草图分解成相对独立和关联的几个部分，然后可分别按照分解的部分绘制草图轮廓，施加约束。

（2）选择草图平面并设置草图方位

根据模型结构等轴测视图结构，选择草绘平面和草图的方位，建议采用定位草图选择草图平面以便于定义草图中的H和V方向以及草图原点位置。

（3）绘制草图辅助线和定位元素

可利用轴线或构造线工具创建草图的定位点和定位线，以便于后续绘制草图时可方便捕捉到关键位置，简化操作。

（4）绘制草图轮廓

利用草图轮廓工具提供的创建二维几何元素（直线、圆、圆弧、样条、点、二次曲

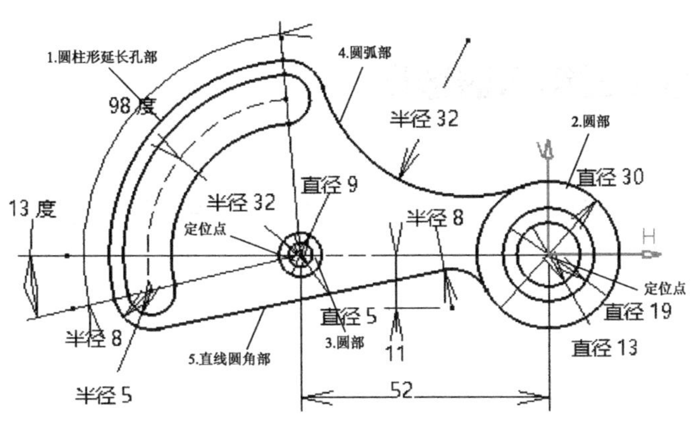

图2-10　草图整体分析

线等）功能，绘制草图大致轮廓。

（5）编辑草图元素

草图绘制指令可以完成轮廓的基本绘制，但最初完成的绘制是未经过相应编辑的，需要进行倒圆角、倒角、修剪、镜像等操作，才能获得更加精确的轮廓。

（6）约束草图元素

草图设计强调的是形状设计与尺寸几何约束分开，形状设计仅是一个粗略的草图轮廓，要精确地定义草图，还需要对草图元素进行约束。草图约束包括几何约束和尺寸约束两种。

（7）离开草图任务环境

绘制完草图后，单击【工作台】工具栏上的【退出工作台】按钮，完成草图绘制退出草图编辑器环境，如图2-11所示。

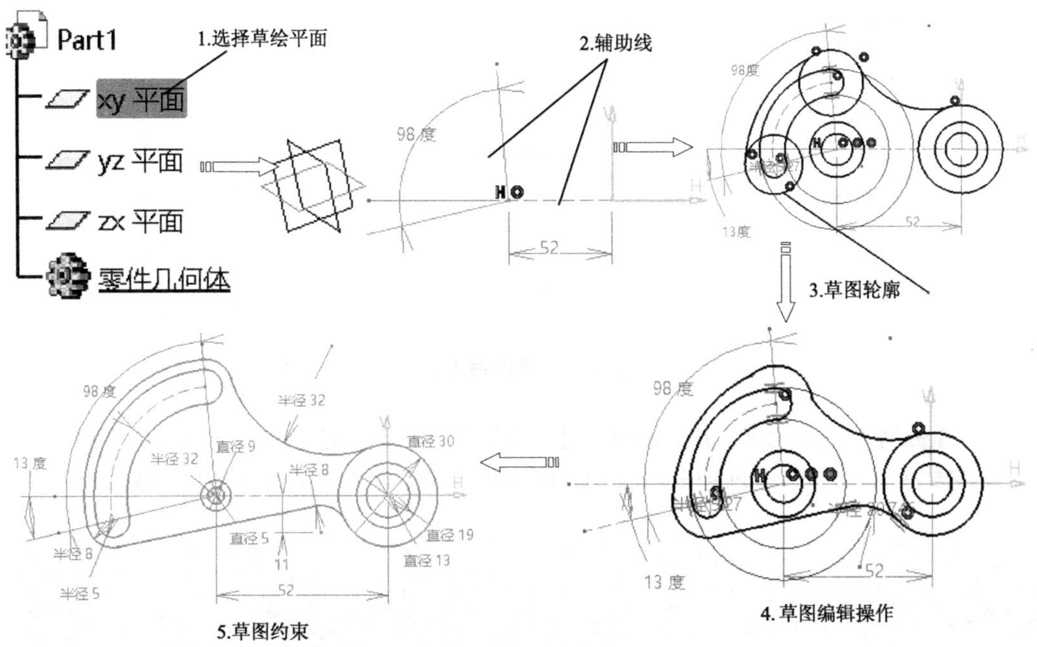

图2-11　草图创建流程

2.2 设置草图编辑器选项

在绘制草图之前，用户可以事先对创建的草图对象进行初始设置。下面介绍最常用的草图设置过程。

CATIA 命令

● 选择下拉菜单【工具】|【选项】命令。

Step01 选择下拉菜单【工具】|【选项】命令，在左侧栏中选择【机械设计】|【草图编辑器】选项，弹出草图编辑器环境预设置，如图2-12所示。

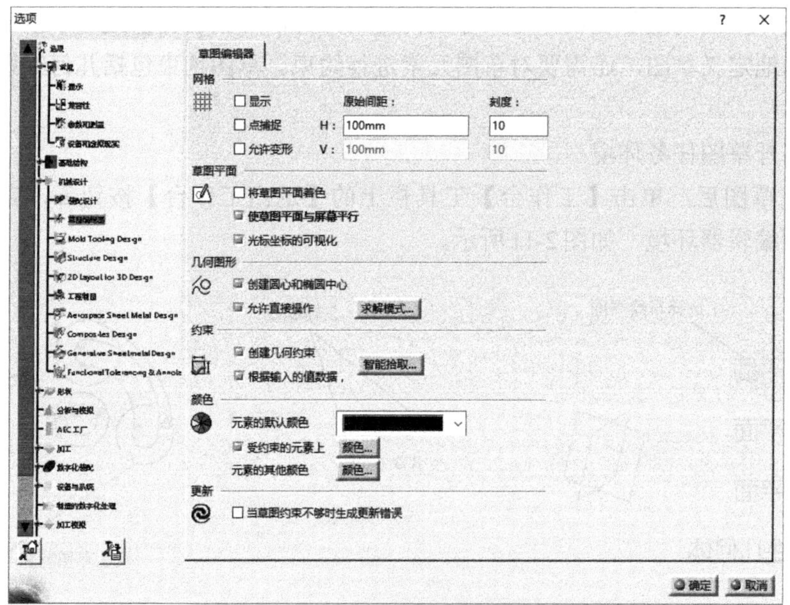

图2-12 草图编辑器

Step02 在【草图平面】选项中选中【使草图平面与平面平行】和【光标坐标的可视化】复选框；在【几何图形】选项中选中【创建圆心和椭圆中心】和【允许直线操作】复选框。

提示

选中【允许直接操作】复选框允许用鼠标直接拖动草图对象移动，便于观察和绘制草图轮廓。

Step03 设置约束选项。在【约束】选项中选中【创建几何约束】和【根据输入的值数据】。

Step04 设置颜色。设置【元素的默认颜色】为“黑色”，修改受约束元素颜色和其他颜色如图2-13所示。

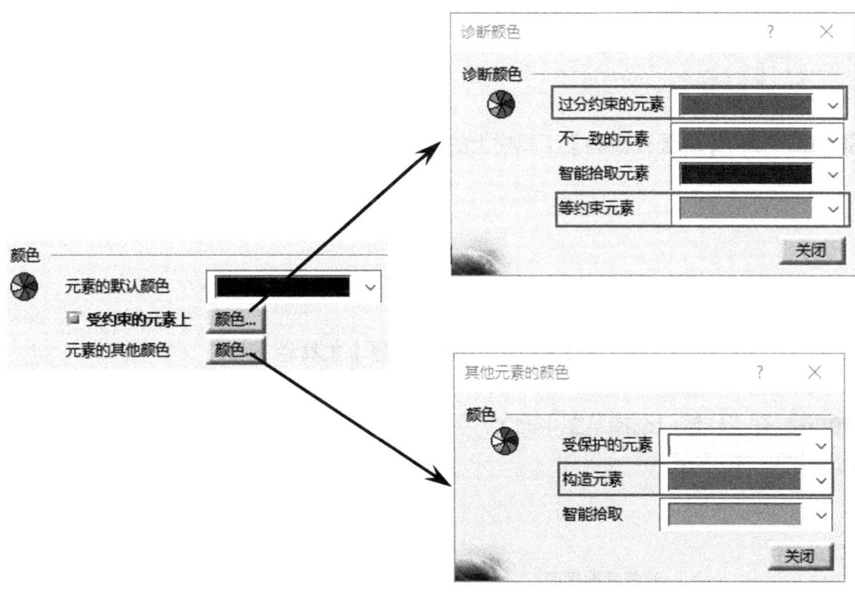

图2-13　设置颜色

提示

通过设置草图颜色可方便观察草图的元素的状态，以便于完全约束草图（等约束草图：CATIA默认为绿色）。

Step05 单击【确定】按钮，关闭选项对话框，完成草图设置。

2.3　启动草图编辑器

2.3　视频精讲

要创建草图首先要进入草图生成器，草图生成器是NX进行草图绘制的专业模块，常与其他模块相配合进行3D模型的绘制。

2.3.1　选择草绘平面

在绘制草图之前，用户必须选择一个草图平面，可选择指定的面、工作坐标系平面、基准平面、实体表面或片体表面等建立新的草图。

CATIA命令	• 单击【草图编辑器】工具栏上的【草图】按钮。 • 选择下列菜单【插入】|【草图编辑器】|【草图】命令。 • 选择下列菜单【插入】|【草图编辑器】|【定位草图】命令。

Step01 单击【草图编辑器】工具栏上的【草图】按钮，如图2-14所示。

图2-14 【草图编辑器】工具栏

Step02 在工作窗口选择草图平面*XY*平面，也可在特征树上选择“*XY*平面”，进入草图编辑器，如图2-15所示。

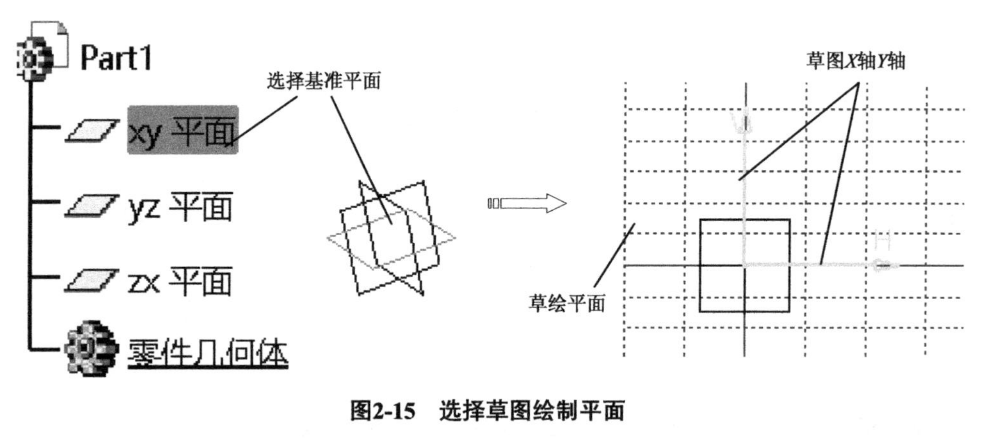

图2-15 选择草图绘制平面

2.3.2 普通草图和定位草图

CATIA草图分为两种：普通草图和定位草图。

2.3.2.1 普通草图

普通草图单击【草图编辑器】工具栏上的【草图】按钮进入，系统根据所选择的平面自动设置原点、*H*和*V*的方向。

2.3.2.2 定位草图

单击【定位草图】按钮，弹出【草图定位】对话框，用户可以指定草图平面、草图原点和草图坐标轴方向等，可有针对性地在特定位置上创建草图。使用定位草图的好处：①可以自己定义草图中H和V的方向；②可以自己定义草图中原点的位置，标注标尺寸方便，不需要去找远处的原点。

单击【定位草图】按钮，弹出【草图定位】对话框，可有针对性地在特定位置上创建草图，如图2-16所示。

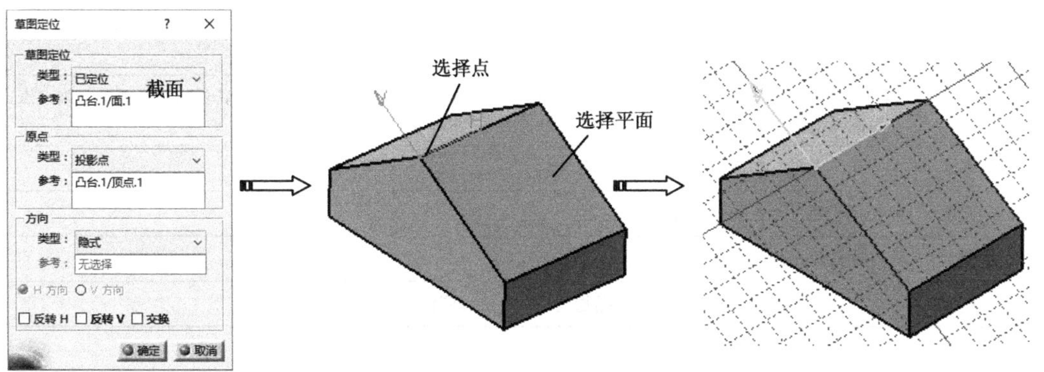

图2-16　创建定位草图

提示

通过普通草图命令是无法创建我们所希望的坐标系的，此时用系统默认的坐标系绘制草图非常困难，但是可以利用草图定位来创建。

2.4　草图绘制功能

2.4　视频精讲

CATIA草图编辑器提供了丰富的绘图工具来创建草图轮廓，本节通过实例讲解常用的草图绘制方法和功能。

2.4.1　草绘绘制元素

【轮廓】工具栏提供了创建二维几何元素（直线、圆、圆弧、样条、点、二次曲线等）功能（表2-1）。

表2-1　草图曲线绘制功能

类型	说明
轮廓线	用于在草图平面上连续绘制直线和圆弧，前一段直线或者圆弧的终点是下一段直线或者圆弧的起点
矩形	用于通过定位任一条对角线上的两个对角点来绘制与坐标轴平行的矩形
延长孔	用于通过两点来定义轴，然后定义孔半径来创建延长孔，常用于绘制键槽或螺栓孔等

续表

类型	说明
圆柱形延长孔	用于通过定义圆弧中心，再用两点定义中心圆弧线，然后再定义圆柱形延长孔来创建圆柱形延长孔
钥匙孔轮廓	用于通过定义中心轴，然后定义小端半径和大端半径来创建钥匙孔轮廓
六边形	用于通过定义中心以及边上一点创建六边形
圆	用于通过圆心和半径（或者圆上一点）来创建圆
圆弧	起始受限的三点弧用于通过三点来确定圆弧。与三点弧不同的是，在起始受限的三点弧中，第一点为圆弧起点，第二点为圆弧终点，第三点为圆弧上的一点
样条线	用于通过一系列控制点来创建样条曲线
直线	用于通过两点来创建直线
点	通过单击创建点用于在草图上建立一个点
二次曲线	二次曲线绘制功能有：椭圆、抛物线、双曲线和圆锥曲线

CATIA 命令

- 单击【轮廓】工具栏上的【直线】按钮。
- 单击【约束】工具栏上的【约束】按钮。

Step01 单击【草图工具】工具栏上的【尺寸约束】按钮和【几何约束】按钮，使其处于橙色显示状态，即开启状态，如图2-17所示。

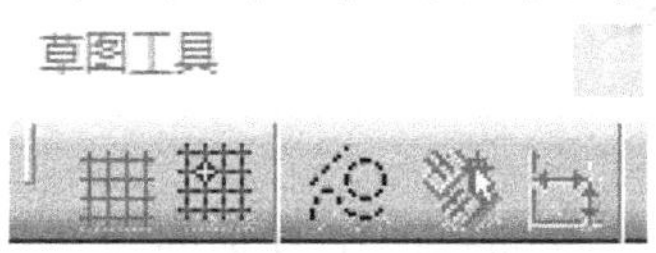

图2-17　【草图工具】工具栏

Step02 单击【轮廓】工具栏上的【直线】按钮，弹出【草图工具】工具栏，在图形区选择原点作为直线起点，移动鼠标在图形区所需位置单击选择一点作为直线终点，系统自动创建水平直线，如图2-18所示。

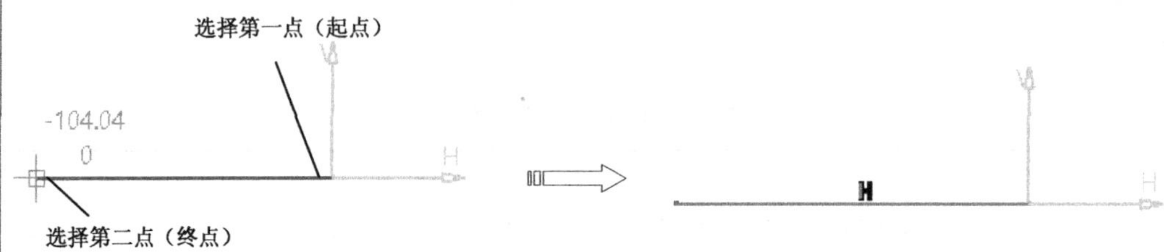

图2-18　绘制直线（一）

提示

不要太注重所绘制直线的精确长度，CATIA是一个尺寸驱动软件，几何体的大小是通过标注的尺寸来控制的，因此，绘制草图中只需绘制近似形状，然后再通过尺寸标注来使其精确。

Step03 单击【轮廓】工具栏上的【直线】按钮，弹出【草图工具】工具栏，在图形区单击选择一点作为直线起点（或者在【草图工具】工具栏文本框中输入点坐标），移动鼠标在图形区所需位置单击选择一点作为直线终点，系统自动创建直线，如图2-19所示。

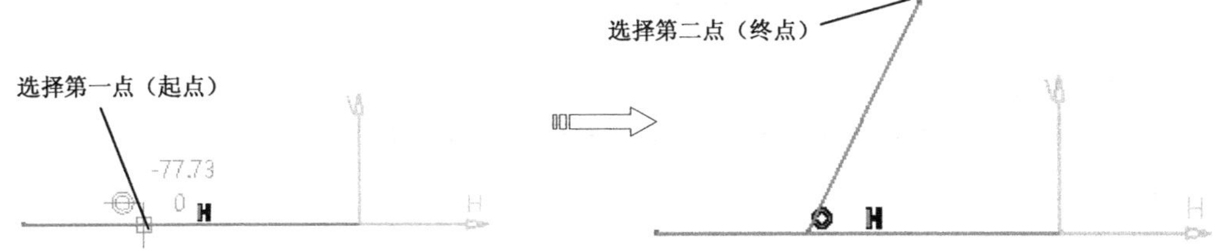

图2-19　绘制直线（二）

Step04 重复上述直线绘制过程，绘制另外一条直线，如图2-20所示。

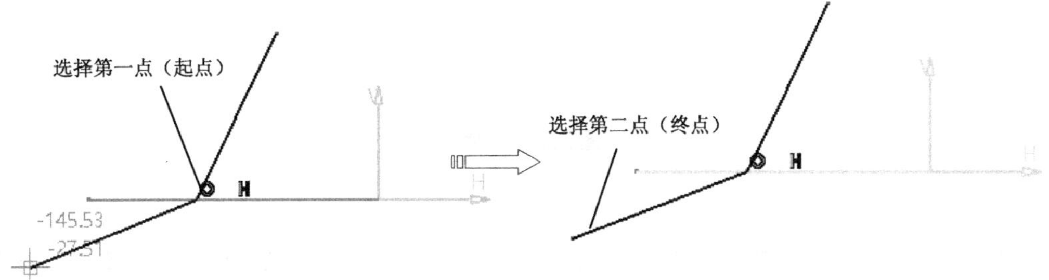

图2-20　绘制直线（三）

Step05 单击【约束】工具栏上的【约束】按钮，选择图形区要标注的尺寸元素，系统根据选择元素的不同显示自动标注的尺寸，单击一点定位尺寸放置位置，完成尺寸标注，如图2-21所示。

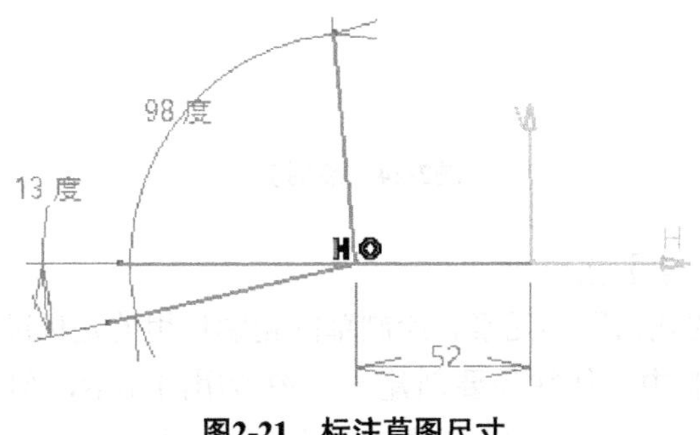

图2-21　标注草图尺寸

第02章 草图设计

2.4.2 【草图工具】工具栏

在草图编辑器中有一个【草图工具】工具栏，如图2-22所示。该工具栏提供了丰富的绘图辅助工具以及已激活命令的相应命令选项，是草图设计必不可少的工具，工具栏中内容随所执行命令的不同而不同。

图2-22　【草图工具】工具栏

（1）【网格】按钮

激活该选项，可在草图平面显示网格。网格可用于绘制草图轮廓时的参考，如图2-23所示。

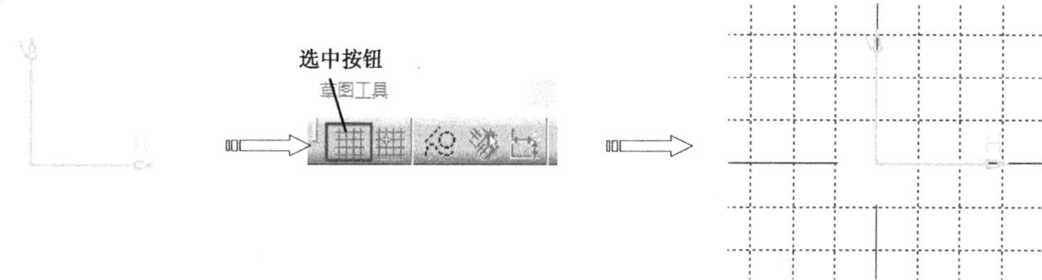

图2-23　网格

（2）【点对齐】按钮

激活该选项，在草图设计时选择点只能是网格点，如图2-24所示。当【点对齐】被激活时，无论【网格】按钮是否激活，捕捉功能都有效。

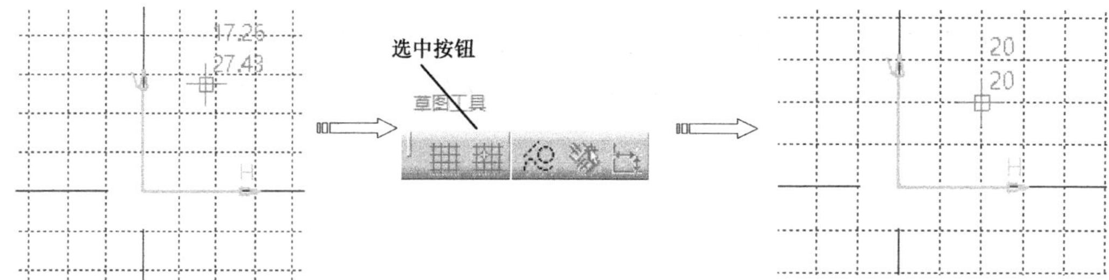

图2-24　点对齐

（3）【构造/标注元素】按钮

元素指组成草图的几何图形元素。绘制草图轮廓使用的是标准元素，以实线的形式显示。在实际图形绘制中，往往需要创建一些参考用的元素，称为构造元素。在某些情况下，为了方便设计，会使用构造元素，它类似于画图时使用的辅助线，构造元素不直接参与创建三维特征。创建标注元素和构造元素的方法相同，区别在于是否激活此选项。

(4)【几何约束】按钮

激活该按钮，在绘制草图时将自动生成检测到的所有几何约束，如图2-25所示。

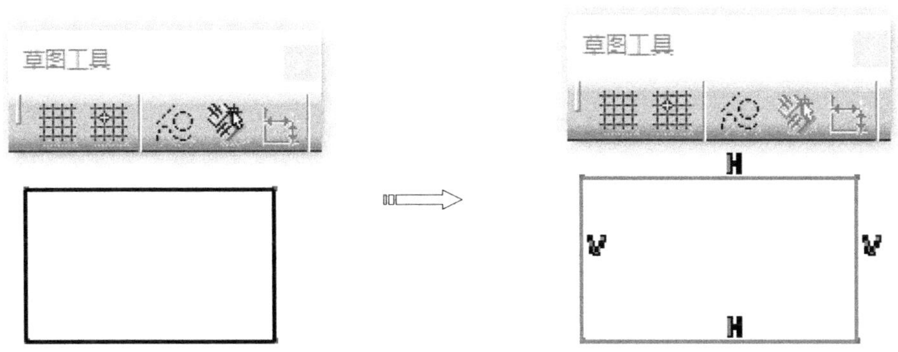

图2-25　几何约束

(5)【尺寸约束】按钮

激活该按钮，在绘制草图时将自动生成尺寸约束，但生成尺寸约束是有条件的，只有在【草图工具】工具栏文本框中输入的几何尺寸才会被自动添加，如图2-26所示。

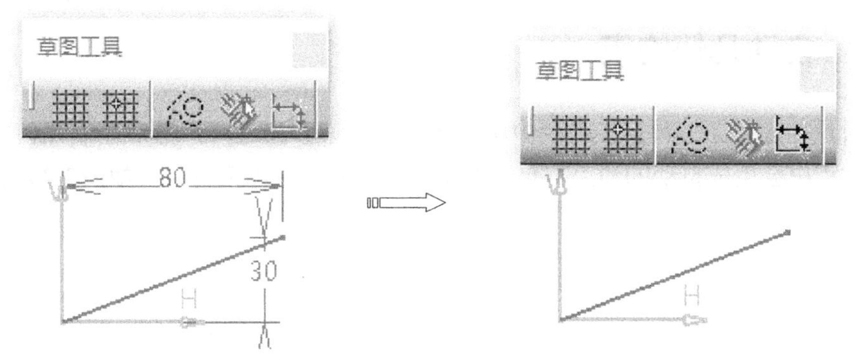

图2-26　尺寸约束

(6)【数值】文本框

当启动某些命令后，【草图工具】工具栏中会出现用于输入数值的文本框，输入数值时要先使用鼠标或Tab键选择所需的数值框，然后输入所需数值按回车键确认。

Step01 选择如图2-27所示的直线，然后单击【草图工具】工具栏上的【构造/标注元素】按钮，将选择的元素转换为构造元素，如图2-27所示。

Step02 重复上述过程将其余两条曲线转换为构造线，如图2-28所示。

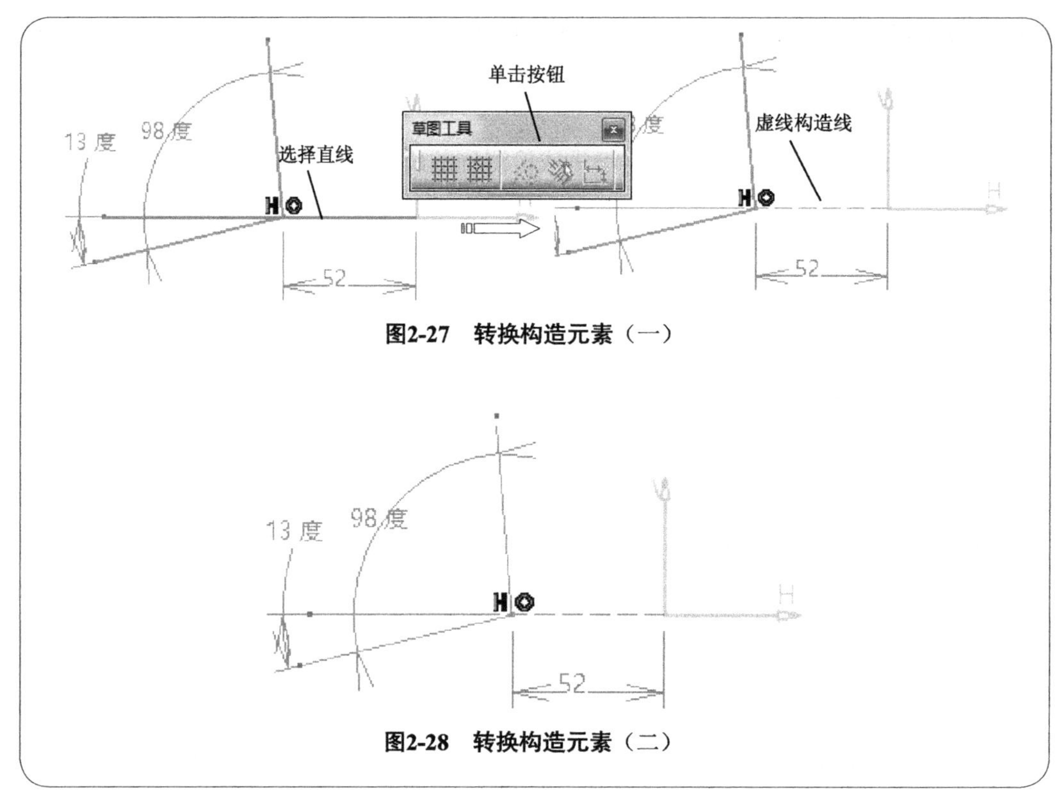

图2-27 转换构造元素（一）

图2-28 转换构造元素（二）

2.4.3 自动几何约束

当用户在【草图工具】工具栏中单击【几何约束】按钮，然后绘制几何图形时，在这个过程中会生成自动的约束。自动约束后会显示各种约束符号，如图2-29所示。

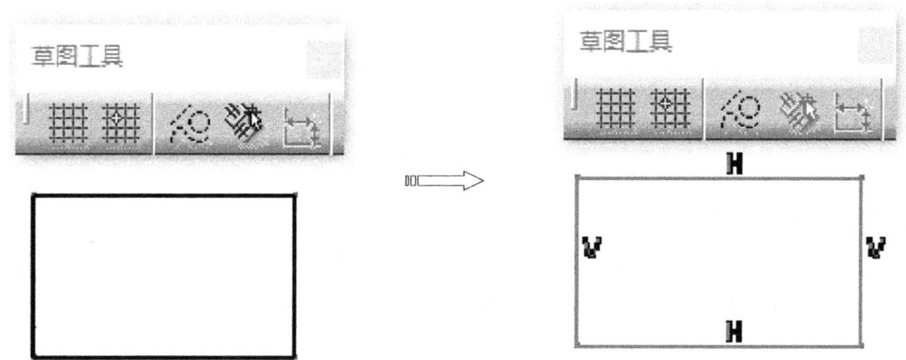

图2-29 几何约束

CATIA 命令	• 单击【轮廓】工具栏上的【圆】按钮。 • 单击【轮廓】工具栏上的【直线】按钮。

Step01 单击【轮廓】工具栏上的【圆】按钮，弹出【草图工具】工具栏，在图形区自动捕捉原点作为圆心，移动鼠标在图形区所需位置单击选择一点作为圆上点，系统自动创建圆，如图2-30所示。

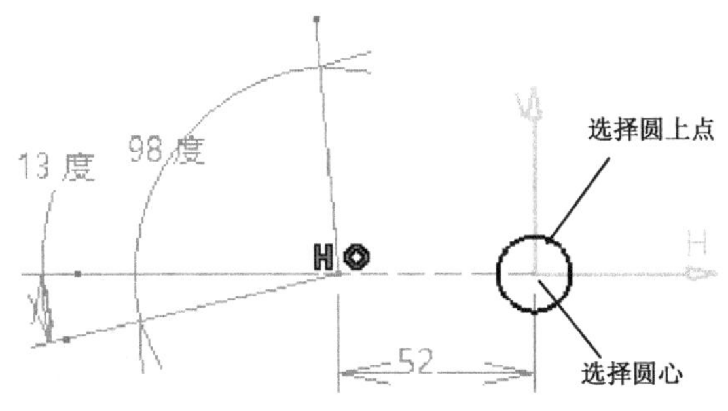

图2-30　绘制圆（一）

Step02 重复上述过程绘制其余4个圆，如图2-31所示。

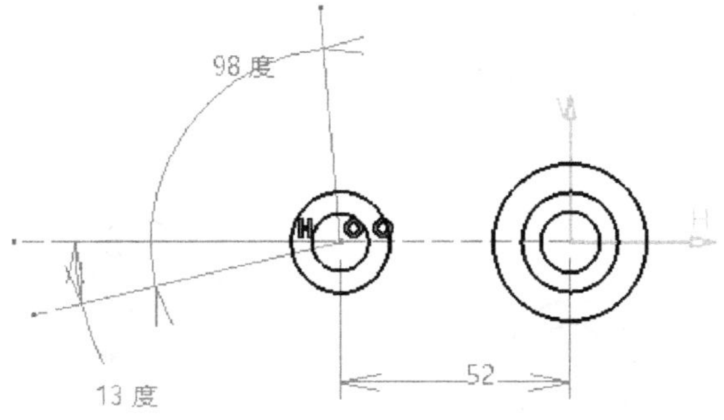

图2-31　绘制圆（二）

Step03 单击【轮廓】工具栏上的【圆柱形延长孔】按钮，弹出【草图工具】工具栏，自动捕捉圆心为中心，在图形区单击线上一点作为圆弧中心线起点，再次单击线上一点作为圆弧中心线的终点，移动鼠标单击确定一点作为圆柱形延长孔的半径，系统自动创建圆柱形延长孔，如图2-32所示。

Step04 单击【轮廓】工具栏上的【圆】按钮，弹出【草图工具】工具栏，在图形区自动捕捉圆点作为圆心，移动鼠标在图形区所需位置单击选择一点作为圆上点，系统自动创建圆，如图2-33所示。

Step05 单击【轮廓】工具栏上的【圆】按钮，弹出【草图工具】工具栏，在图形区自动捕捉圆点作为圆心，移动鼠标在图形区所需位置单击选择一点作为圆上点，系统自动创建圆，如图2-34所示。

Step06 单击【轮廓】工具栏上的【起始受限的三点弧】按钮，依次在图形区选择三个点，系统自动创建圆弧，如图2-35所示。

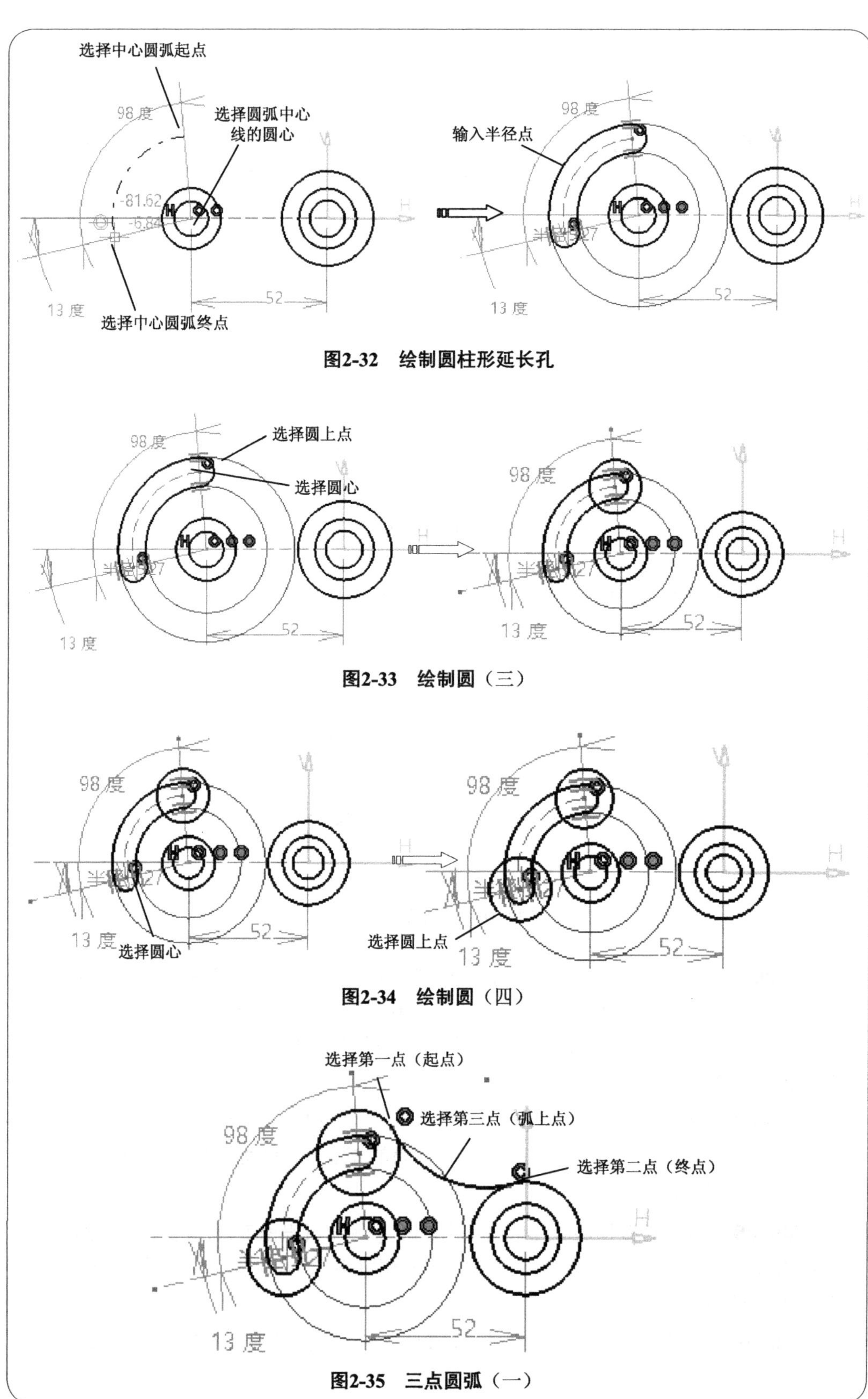

图2-32 绘制圆柱形延长孔

图2-33 绘制圆（三）

图2-34 绘制圆（四）

图2-35 三点圆弧（一）

Step07 单击【轮廓】工具栏上的【起始受限的三点弧】按钮，依次在图形区选择三个点，系统自动创建圆弧，如图2-36所示。

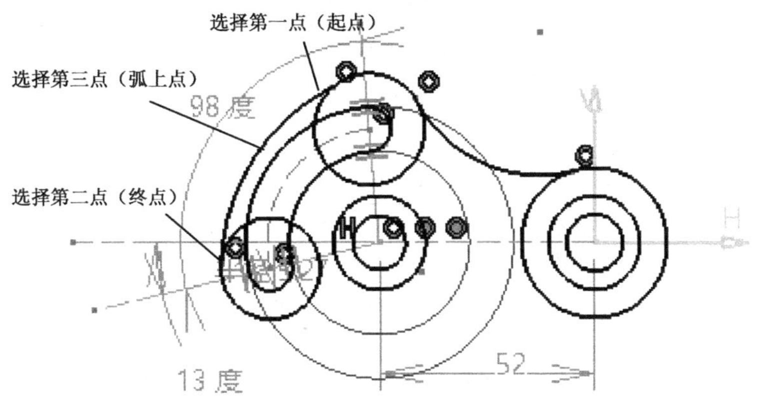

图2-36 三点圆弧（二）

Step08 单击【轮廓】工具栏上的【直线】按钮，弹出【草图工具】工具栏，在图形区捕捉圆上一点作为直线起点，单击一点作为终点，如图2-37所示。

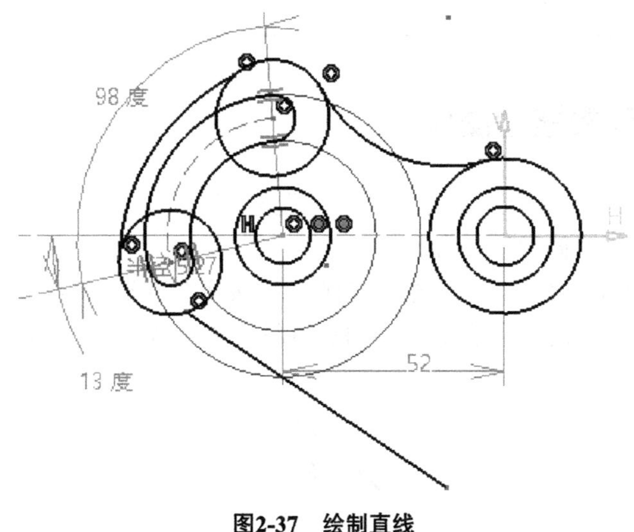

图2-37 绘制直线

2.5 草图操作功能

2.5 视频精讲

草图绘制指令可以完成轮廓的基本绘制，但最初完成的绘制是未经过相应编辑的，需要进行倒圆角、倒角、修剪、镜像等操作（表2-2），才能获得更加精确的轮廓。见表2-2。

表2-2　草图曲线操作功能

类型	说明
倒圆角	用于创建与两个直线或曲线图形对象相切的圆弧
倒角	用于创建与两个直线或曲线图形对象相交的直线，形成一个倒角
修剪	用于对两条曲线进行修剪。如果修剪结果是缩短曲线，则适用于任何曲线；如果是伸长则只适用于直线、圆弧和圆锥曲线
断开	用于将草图元素打断，打断工具可以是点、圆弧、直线、圆锥曲线、样条曲线等
快速修剪	快速修剪是指系统会自动检测边界，剪裁直线、圆弧、圆、椭圆、样条曲线或中心线等草图元素的一部分使其截断在另一草图元素的交点处
镜像	镜像命令可以复制基于对称中心轴的镜像对称图形，原图形将保留。创建镜像图形前，须创建镜像中心线。镜像中心线可以是直线或轴
对称	对称命令也能复制具有镜像对称特性的对象，但是原对象将不保留，这与【镜像】命令的操作结果不同
平移	平移命令可以沿指定方向平移、复制图形对象
旋转	用于把图形元素进行旋转或者环形阵列
投影3D图元	用于获取三维形体的面、边在工作平面上的投影。选取待投影的面或边，即可在工作平面上得到它们的投影

2.5.1　草图元素拖动操作

在CATIA V5R21中可通过拖动方式进行元素（包括直线、圆弧、圆、椭圆等）操作，从而实现旋转、拉伸和移动元素。

把鼠标指针放到直线上，鼠标指针变成，按住左键不放移动鼠标，此时直线随着鼠标指针一起移动，达到合适位置，可松开鼠标左键，如图2-38所示。

图2-38　移动直线位置

把鼠标指针放到直线端点，鼠标指针变成，按住左键不放移动鼠标，此时直线随着鼠标指针一起移动，达到合适位置，可松开鼠标左键，如图2-39所示。

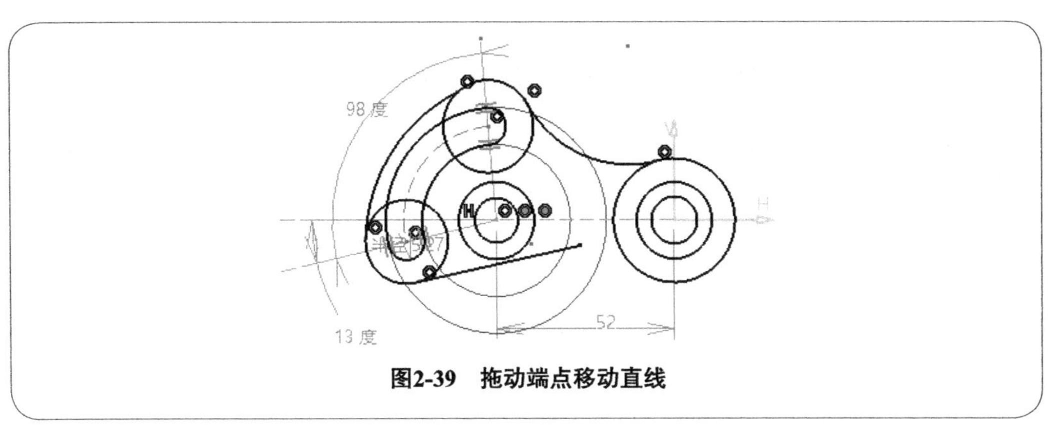

图2-39　拖动端点移动直线

2.5.2　圆角

单击【操作】工具栏上的【圆角】按钮，提示区出现“选择第一曲线或公共点”的提示，弹出【草图工具】工具栏，如图2-40所示。

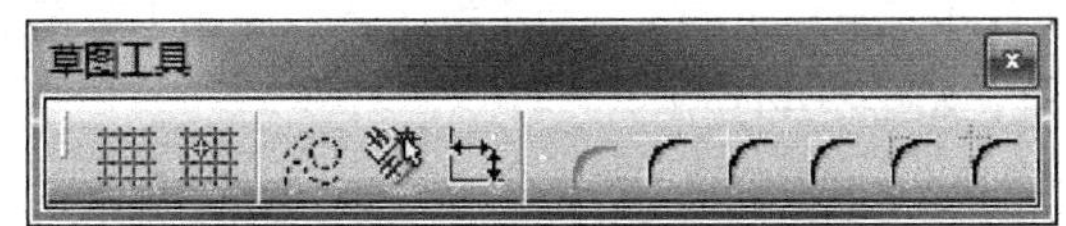

图2-40　【草图工具】工具栏

【草图工具】工具栏相关选项按钮含义如下：

（1）修剪所有图形

单击此按钮，将修剪所选的2个图元，不保留原曲线，如图2-41所示。

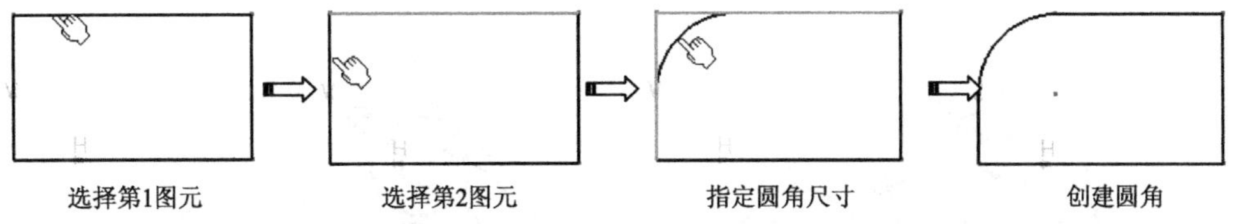

图2-41　修剪所有图形

（2）修剪第一图元

单击此按钮，创建圆角后仅仅修剪所选的第1个图元，如图2-42所示。

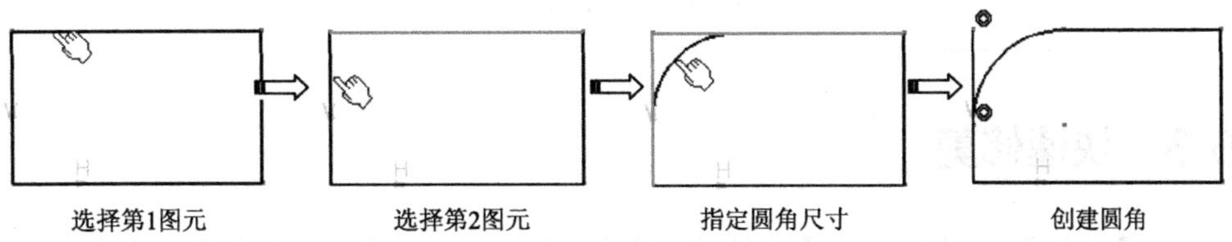

图2-42　修剪第一图元

（3）不修剪

单击此按钮，创建圆角后将不修剪所选图元，如图2-43所示。

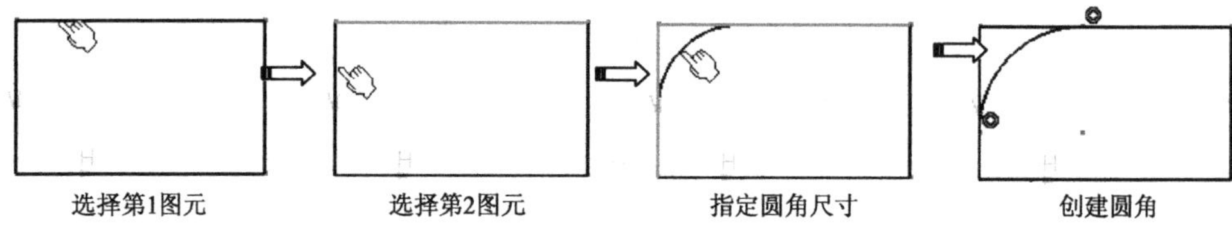

图2-43　不修剪

CATIA 命令

- 单击【操作】工具栏上的【圆角】按钮。
- 选择下拉菜单【插入】|【操作】|【圆角】命令。

Step01 单击【操作】工具栏上的【圆角】按钮，弹出【草图工具】工具栏，选中【修剪第一图元】图标，如图2-44所示。

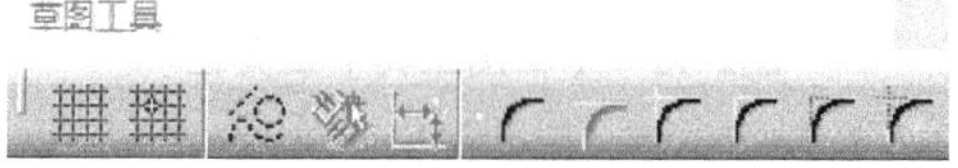

图2-44　【草图工具】工具栏

Step02 在图形区依次单击直线和圆，然后单击一点定义圆角半径（或者在【草图工具】工具栏文本框中输入半径值），系统自动创建圆角，如图2-45所示。

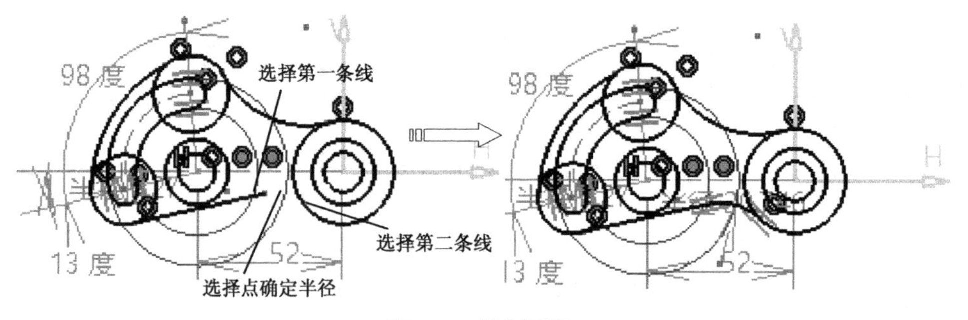

图2-45　绘制圆角

2.5.3　快速修剪

单击【操作】工具栏上的【快速修剪】按钮，弹出【草图工具】工具栏，工具栏中显示3种修剪方式，如图2-46所示。

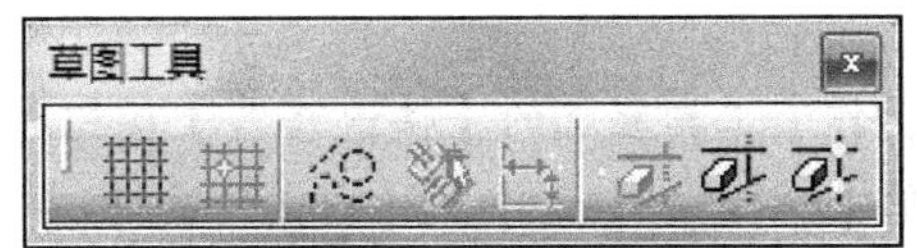

图2-46　【草图工具】工具栏

（1）断开及内擦除

该方式是断开所选图元并修剪该图元，擦除部分为打断边界内，如图2-47所示。

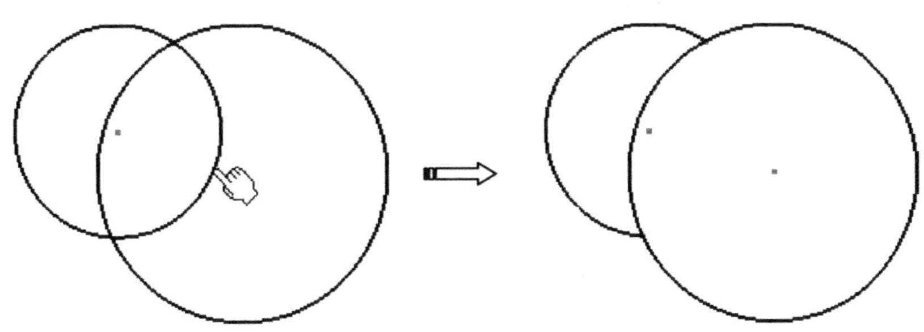

图2-47　断开及内擦除

（2）断开及外擦除

该方式是断开所选图元并修剪该图元，修剪位置为打断边界外，如图2-48所示。

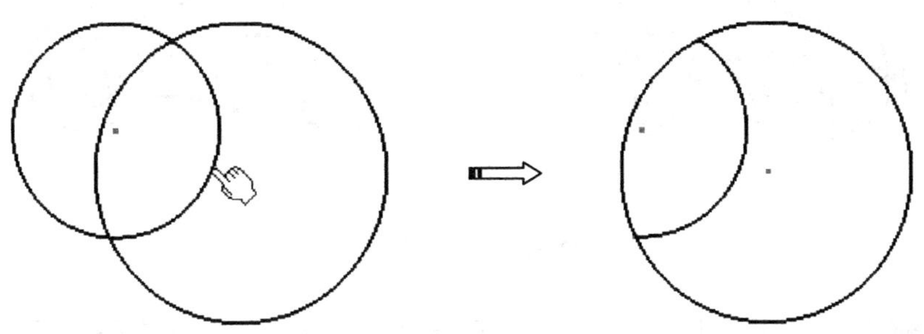

图2-48　断开及外擦除

（3）断开并保留

该方式仅仅打开所选图元，保留所有断开的图元，如图2-49所示。

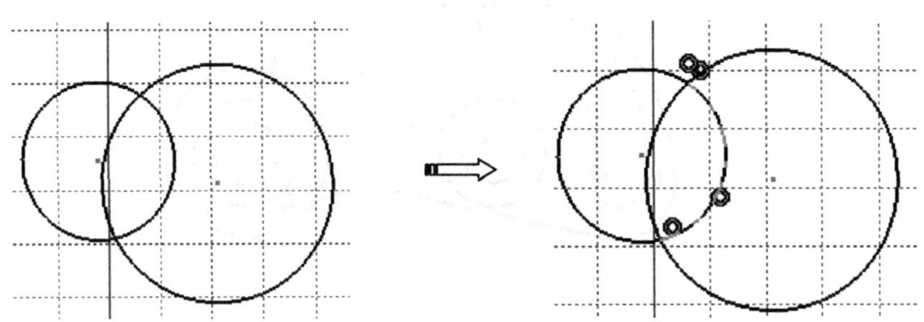

图2-49　断开并保留

CATIA 命令	• 单击【操作】工具栏上的【快速修剪】按钮。 • 选择菜单【插入】|【操作】|【重新限定】|【快速修剪】命令。

Step01 单击【操作】工具栏上的【快速修剪】按钮，弹出【草图工具】工具栏，选中【断开及内擦除】按钮，如图2-50所示。

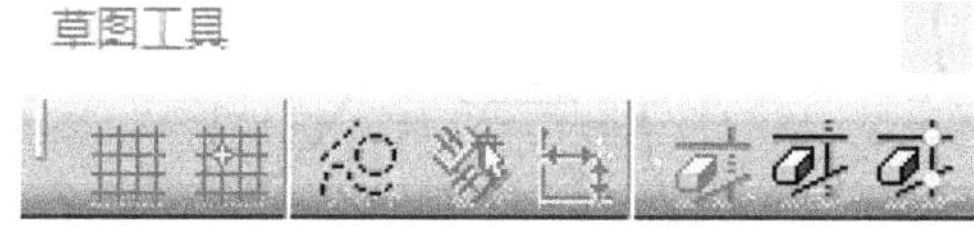

图2-50 【草图工具】工具栏

Step02 鼠标单击圆需要剪掉的部分，系统自动完成快速修剪，如图2-51所示。

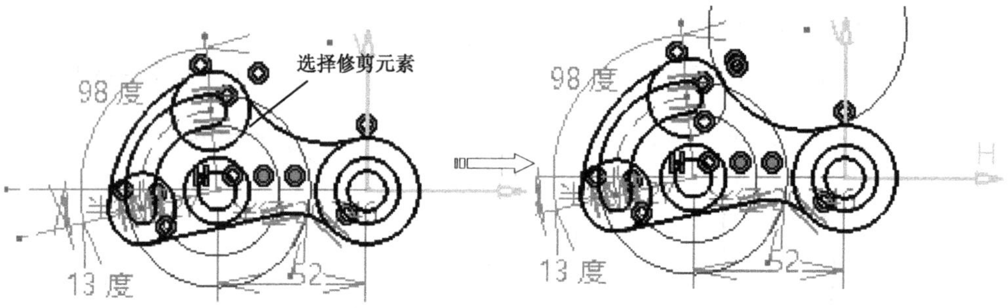

图2-51 快速修剪操作

Step03 双击【操作】工具栏上的【快速修剪】按钮，弹出【草图工具】工具栏，选中【断开及内擦除】按钮，重复上述操作修剪元素，如图2-52所示。

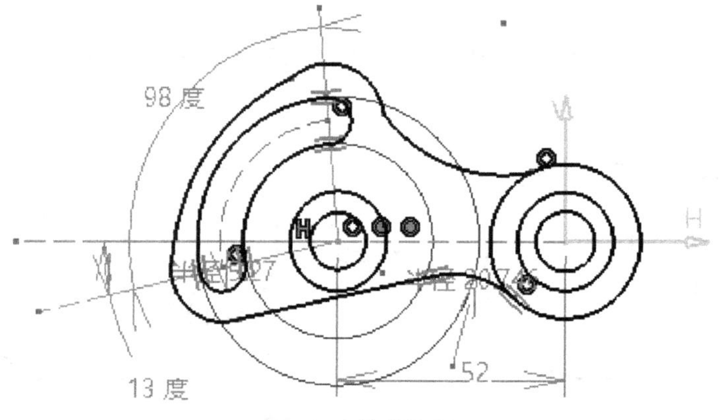

图2-52 修剪结果

提示

在CATIA中的工具图标上双击命令，可无限重复使用该功能。

2.6 草图约束功能

2.6 视频精讲

草图设计强调的是形状设计与尺寸几何约束分开，形状设计仅是一个粗略的草图轮廓，要精确地定义草图，还需要对草图元素进行约束。草图约束包括几何约束和尺寸约束两种。

2.6.1 草图几何约束

几何约束用于建立草图对象几何特性（例如直线的水平和竖直）以及两个或两个以上对象间的相互关系（如两直线垂直、平行，直线与圆弧相切等）。草图元素之间一旦使用几何约束，无论如何修改几何图形，其关系始终存在。几何约束的种类几何约束的种类与图形元素的种类和数量有关，如表2-3所示。

表2-3 几何约束的种类与图形元素的种类和数量的关系

种类	符号	图形元素的种类和数量
固定	⚓	任意数量的点、直线等图形元素
水平	H	任意数量的直线
铅垂	V	任意数量的直线
平行	⊣⊢	任意数量的直线
垂直	⊾	两条直线
相切	⫽	两个圆或圆弧
同心	◉	两个圆、圆弧或椭圆
对称	◖|◗	直线两侧的两个相同种类的图形元素
相合	○	两个点、直线或圆（包括圆弧）或一个点和一个直线、圆或圆弧

CATIA草图中提供了2种创建几何约束方法：利用【约束定义】对话框定义几何约束，利用约束按钮定义几何约束。

2.6.1.1 利用【约束定义】对话框定义几何约束

选择要施加约束的图形元素（如果要同时对多个元素施加约束，则按住Ctrl键进行多选），单击【约束】工具栏上的【对话框中定义的约束】按钮，弹出【约束定义】对话框，选择所需约束类型，单击【确定】按钮完成约束施加，如图2-53所示。

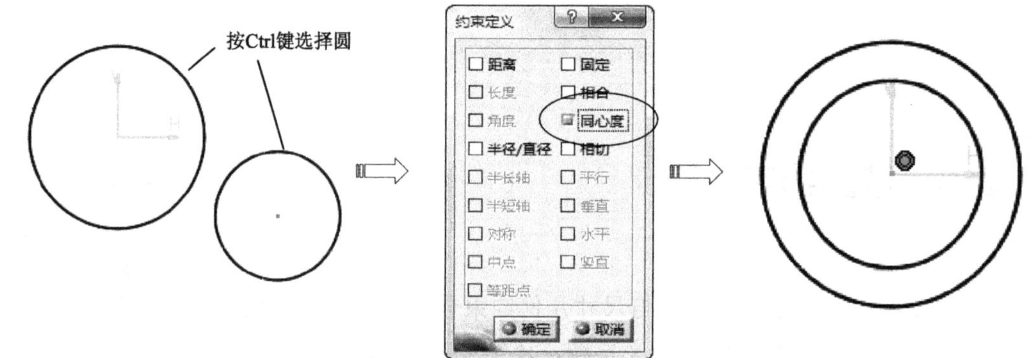

图2-53　对话框中定义约束

2.6.1.2　使用【约束】按钮定义几何约束

单击【约束】工具栏上的【约束】按钮，鼠标依次单击选择图形区的对象，系统自动在两圆最近点处标注出距离值，单击鼠标右键，在弹出的快捷菜单中选择相应的约束类型（同心度、相合、相切、交换位置），系统自动完成约束定义，如图2-54所示。

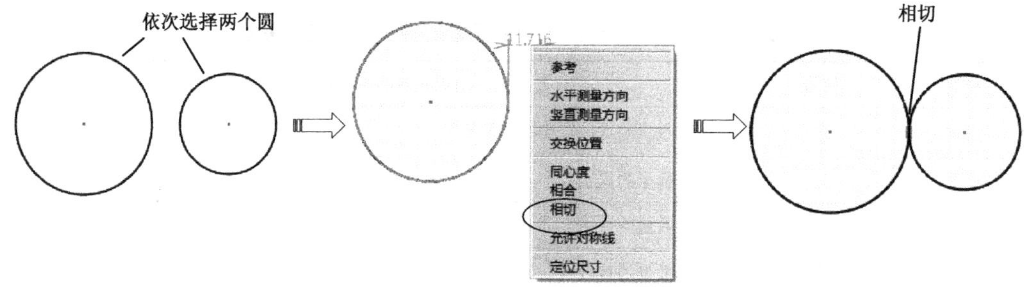

图2-54　创建相切约束

CATIA 命令	• 单击【约束】工具栏上的【对话框中定义的约束】按钮。 • 单击【约束】工具栏上的【约束】按钮。

Step01　按住Ctrl键选择圆弧，单击【约束】工具栏上的【对话框中定义的约束】按钮，弹出【约束定义】对话框，选择相切约束类型，单击【确定】按钮完成约束施加，如图2-55所示。

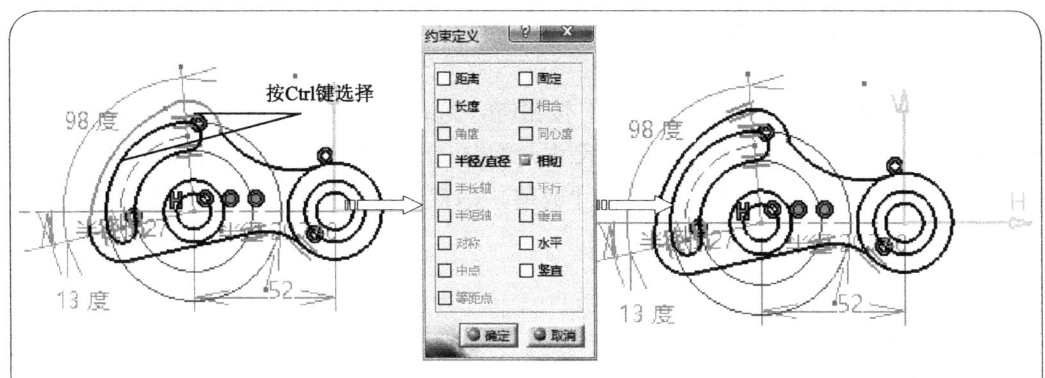

图2-55　施加相切约束

Step02 重复上述相切约束操作步骤，施加其他相切约束，如图2-56所示。

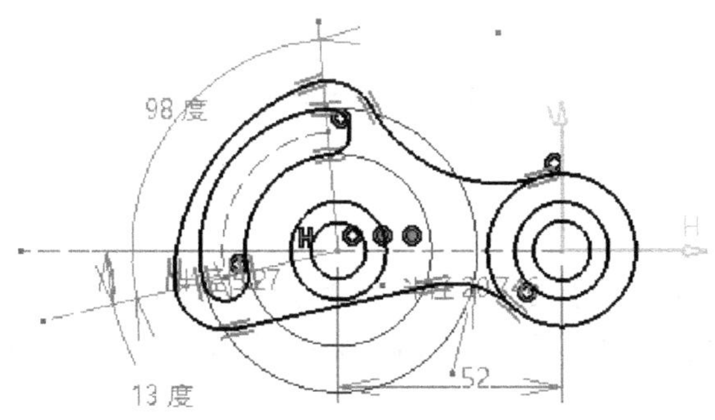

图2-56　施加水平约束

Step03 按住Ctrl键选择圆弧，单击【约束】工具栏上的【对话框中定义的约束】按钮，弹出【约束定义】对话框，选择同心度约束类型，单击【确定】按钮完成约束施加，如图2-57所示。

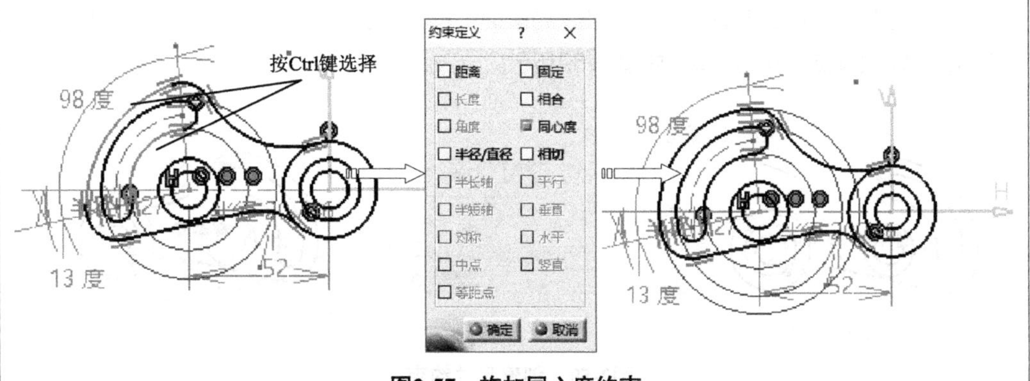

图2-57　施加同心度约束

2.6.2 草图尺寸约束

尺寸约束就是用数值约束图形对象的大小。尺寸约束以尺寸标注的形式标注在相应的图形对象上。被尺寸约束的图形对象只能通过改变尺寸数值来改变它的大小，也就是尺寸驱动。

单击【约束】工具栏上的【约束】按钮，选择图形区要标注的尺寸元素，系统根据选择元素的不同显示自动标注的尺寸，单击一点定位尺寸放置位置，完成尺寸标注，如图2-58所示。如果要想修改尺寸数值，则双击标注的尺寸，弹出【约束定义】对话框，可在该对话框中修改尺寸数值。

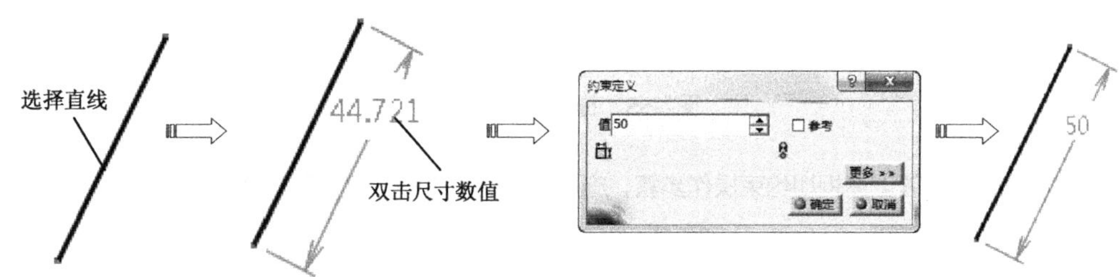

图2-58　尺寸约束

CATIA 命令	• 单击【主页】选项卡中【约束】组中的【快速尺寸】命令。 • 单击【主页】选项卡中【约束】组中的【自动标注尺寸】命令。

操作步骤

Step01 单击【约束】工具栏上的【约束】按钮，选择图形区要标注圆，单击一点定位尺寸放置位置，双击标注的尺寸，弹出【约束定义】对话框，可在该对话框中修改尺寸数值为32，单击【确定】按钮完成，如图2-59所示。

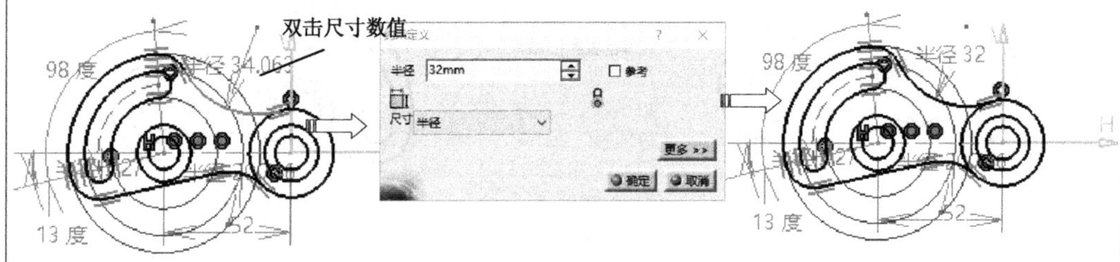

图2-59　创建尺寸约束

Step02 重复上述尺寸标注过程，标注尺寸如图2-60所示。

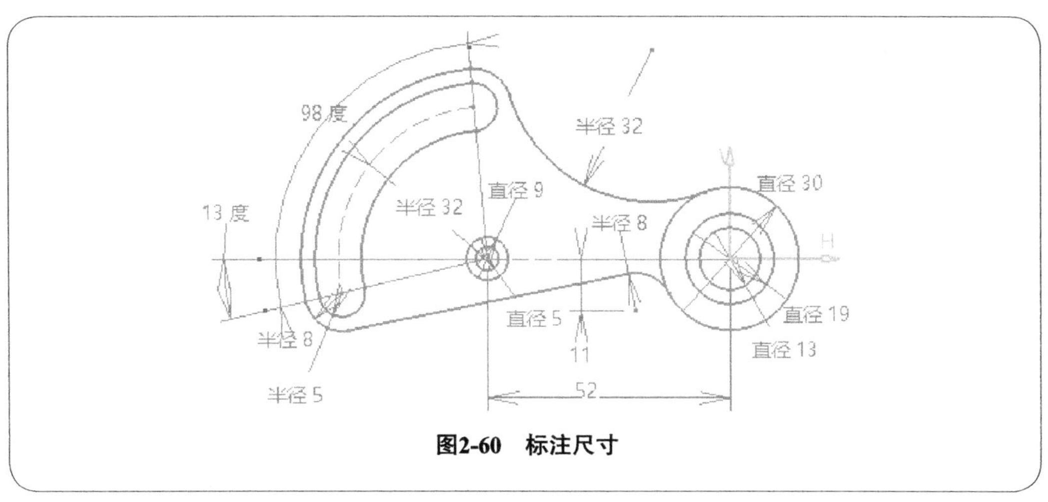

图2-60　标注尺寸

2.7　退出草图编辑器

完成草图后要首先检查草图约束，然后退出草图编辑器。

2.7.1　草图求解状态

草图求解状态分析用于对草图轮廓做简单的分析，判断草图是否完全约束。

CATIA命令	● 单击【工具】工具栏上的【草图求解状态】按钮。

Step01 单击【工具】工具栏上的【草图求解状态】按钮，弹出【草图求解状态】对话框，显示草图完全约束状态，如图2-61所示。

图2-61　【草图求解状态】对话框

Step02 在图形区显示出未约束的位置，如图2-62所示。

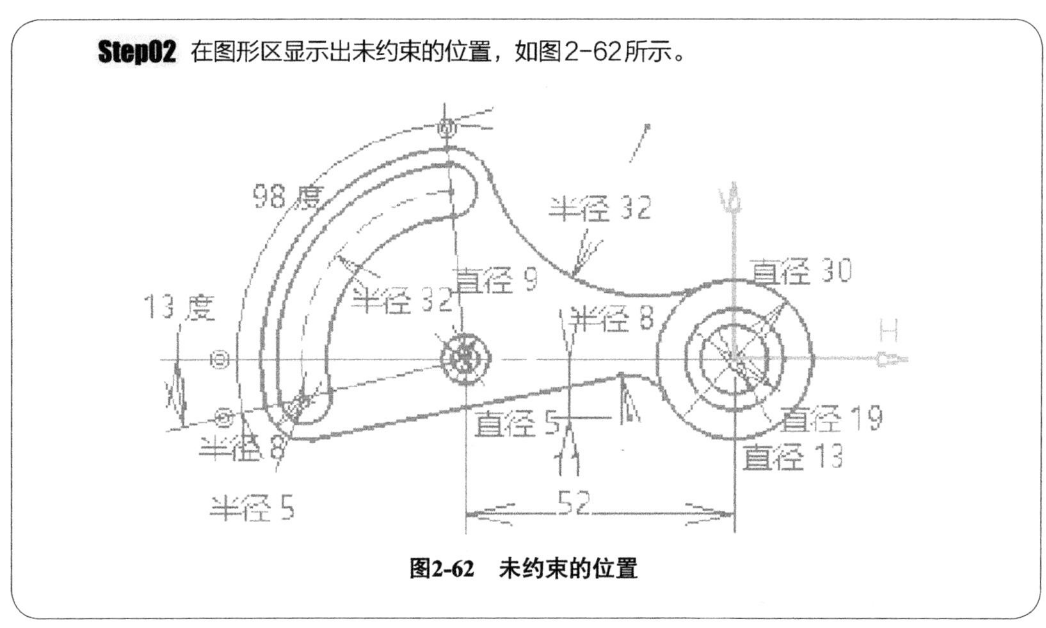

图2-62 未约束的位置

2.7.2 退出草图编辑器

绘制完草图后，单击【工作台】工具栏上的【退出工作台】按钮，完成草图绘制并退出草图编辑器环境，如图2-63所示。

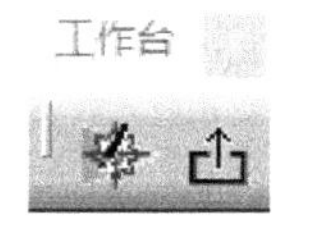

图2-63 【工作台】工具栏

本章小结

本章介绍了CATIA草图基本知识，主要内容有草图绘制方法、草图编辑方法以及草图约束，这样大家就熟悉了CATIA草图绘制的基本命令。本章的重点和难点为草图约束应用，希望大家按照讲解方法再进一步进行实例练习。

03 第3章 实体特征设计

实体零件造型的基本组成单元是特征，特征包含作为三维模型基础的点、线、面或者实体单元，而且也具有工程制造意义。CATIA V5R21利用零件设计工作台来进行机械零件的三维精确设计，CATIA零件设计工作台界面以直观易懂、操作丰富灵活而著称。

希望通过本章的学习，使读者轻松掌握实体特征设计相关基础知识。

本章内容

- 实体特征设计简介
- 基本实体特征
- 实体成型特征
- 实体修饰特征

3.1 实体特征设计简介

实体特征造型是CATIA三维建模的组成部分，也是用户进行零件设计最常用的建模方法。本节介绍CATIA实体特征设计基本知识和造型方法。

3.1.1 实体特征造型方法

特征是一种用参数驱动的模型，实际上它代表了一个实体或零件的一个组成部分。可将特征组合在一起形成各种零件，还可以将它们添加到装配体中，特征之间可以相互堆砌，也可以相互剪切。在三维特征造型中，基本实体特征是最基本的实体造型特征。基本实体特征是具有工程含义的实体单元，它包括拉伸、旋转、扫描、混合、扫描混合等命令。这些特征在工程设计应用中都有一一对应的对象，因而采用特征设计具有直观、工程性强等特点，同时特征的设计也是三维实体造型的基础。下面简单概述四种特征造型方法。

（1）拉伸实体特征

拉伸实体特征是指沿着与草绘截面垂直的方向添加或去除材料而创建的实体特征。如图3-1所示，将草绘截面沿着箭头方向拉伸后即可获得实体模型。

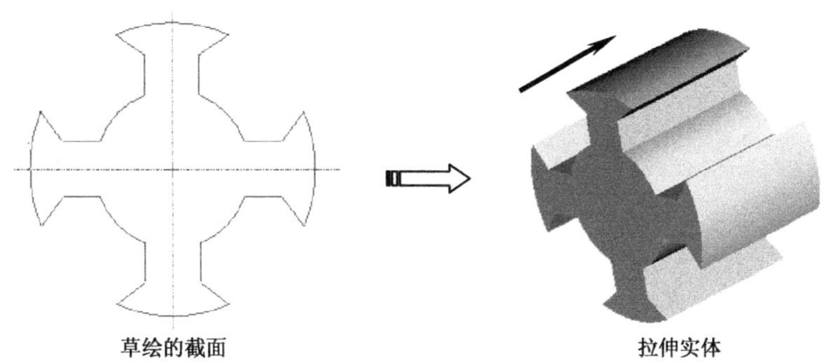

图3-1　拉伸实体特征

（2）旋转实体特征

旋转实体特征是指将草绘截面绕指定的旋转轴转一定的角度后所创建的实体特征。将截面绕轴线转任意角度即可生成三维实体图形，如图3-2所示。

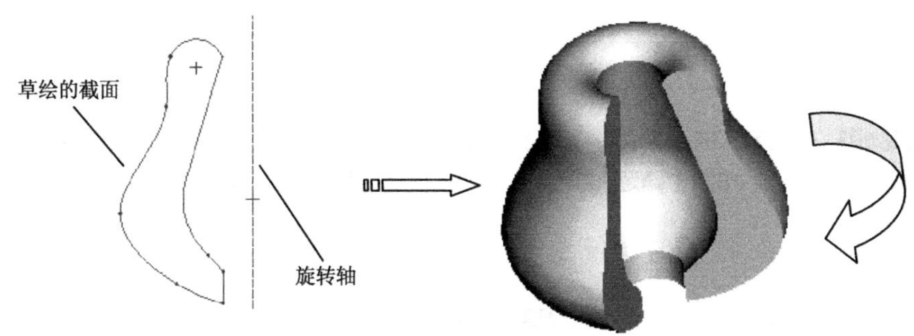

图3-2　旋转实体特征

（3）扫描实体特征

扫描实体特征的创建原理比拉伸和旋转实体特征更具有一般性，它是通过将草绘截面沿着一定的轨迹（导引线）作扫描处理后，由其轨迹包络线所创建的自由实体特征。如图3-3所示，将草图绘制的轮廓沿着扫描轨迹创建出三维实体特征。

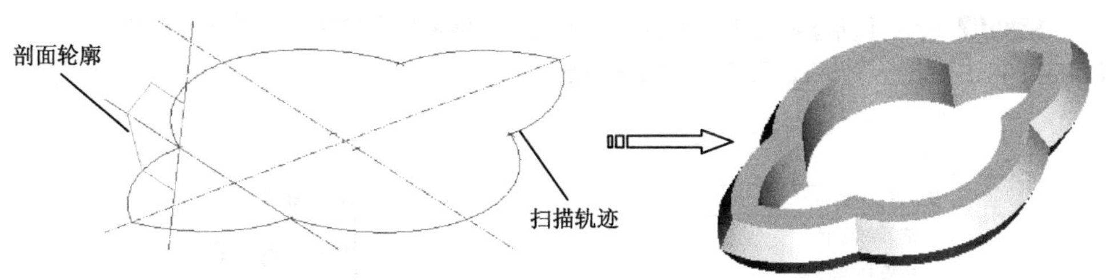

图3-3　扫描实体特征

（4）放样特征

放样特征就是将一组草绘截面的顶点顺次相连进而创建的三维实体特征。如图3-4所示，依次连接剖面1、剖面2、剖面3的相应顶点即可获得实体模型。

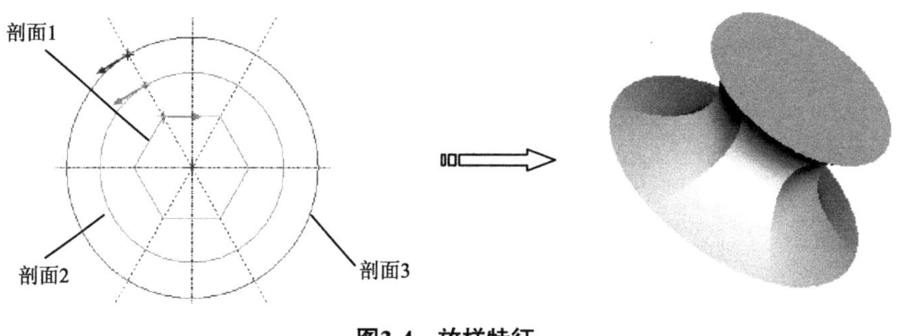

图3-4 放样特征

3.1.2 CATIA零件设计工作台

CATIA V5R21中实体特征设计相关命令集中在【零件设计】工作台下，下面介绍零件设计工作台的相关知识。要创建零件首先要进入零件设计工作台环境中。

Step01 在菜单栏执行【文件】|【新建】命令，弹出【新建】对话框，在【类型列表】中选择“Part”，然后单击【确定】按钮进入零件工作环境，如图3-5所示。

图3-5 【新建】对话框

Step02 弹出【新建零件】对话框，在【输入零件名称】文本框中输入零件名称，单击【确定】按钮，进行零件设计工作台，如图3-6所示。

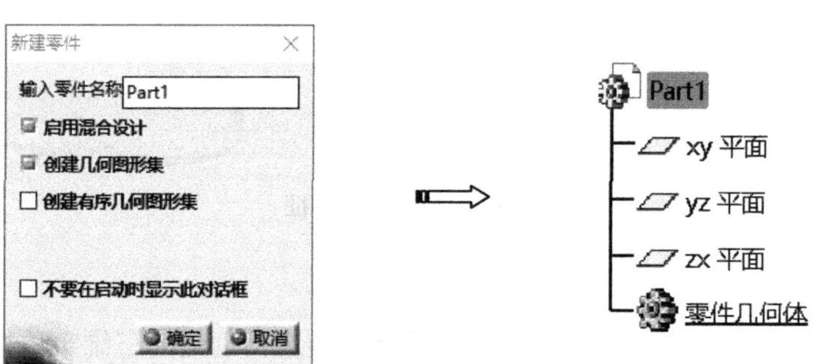

图3-6 进入零件工作环境

【新建零件】对话框相关选项含义如下：

● 启动混合设计：在混合设计环境中，用户可以在同一主题下创建线框架和平面，即实现零件工作台和线框和曲面设计工作台的相互切换。

● 创建几何图形集：选中该复选框，用户创建了新的零件后，能够立即创建几何图形集合。

● 创建有序几何图形集：选中该复选框，用于在创建了新的零件后立即创建有序的几何图形几何。

● 不要在启动时显示此对话框：选中该复选框，当用户再次进入零件设计工作台时，不再显示【新建零件】对话框。

3.1.2.1 【零件设计工作台】用户界面

零件设计工作台界面主要包括菜单栏、特征树、图形区、罗盘、工具栏、状态栏，如图3-7所示。

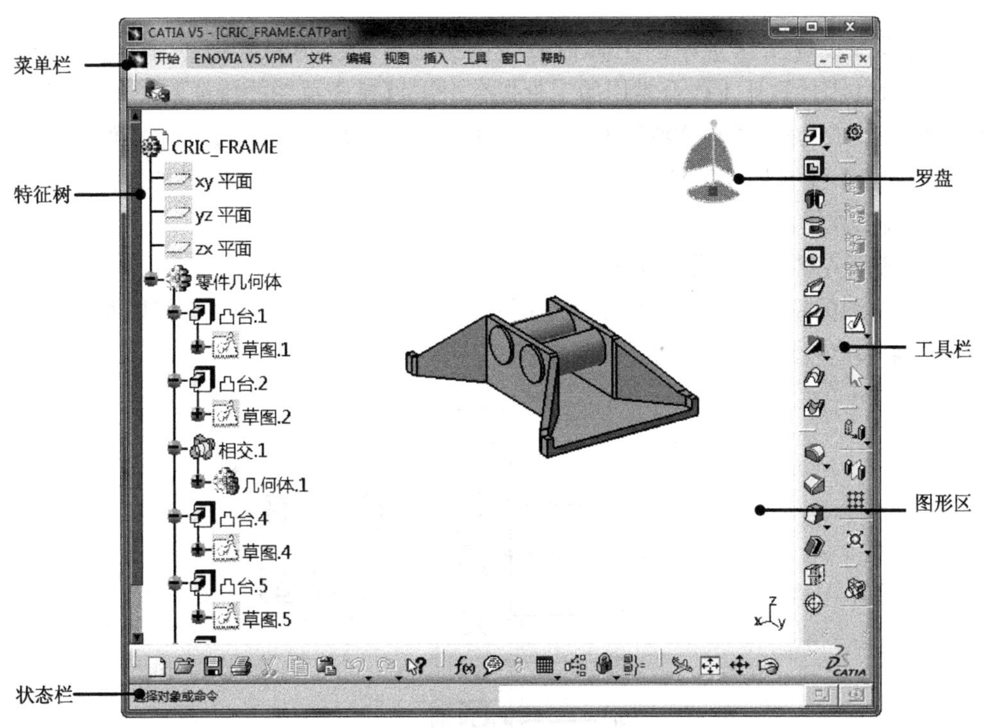

图3-7 零件设计工作台界面

零件设计工作台界面相关组成如下：

● 菜单栏：菜单栏位于窗口顶部，包括“开始”“ENOVIA V5 VPM”“文件”“编辑”“视图”“插入”“工具”“窗口”“帮助”等，它包括零件设计工作台所需的所有命令。

● 工具栏：位于窗口四周，命令的快捷方式，包括标准、图形属性、工作台、测量、视图等通用工具栏和基于草图特征、变换特征、参考图元、草图编辑器、基于曲面特征、约束等零件设计工具栏。

● 图形区：图形区也称为绘图区，是图形文件所在的区域，是供用户进行绘图的平台，它占工作界面的绝大部分，图形区左上侧为特征树，右上侧为罗盘。

● 特征树：特征树上列出了所有创建的特征，并且自动以子树关系表示特征之间的父子关系。

● 罗盘：罗盘也称为指南针，代表模型的三维空间坐标系，罗盘会随着模型的旋转而旋转，有助于建立空间位置概念。熟练应用罗盘，可方便确定模型的空间位置。

● 状态栏：CATIA V5R21的命令指示栏位于用户界面下方，当光标指向某个命令时，该区域中即会显示描述文字，说明命令或按钮代表的含义。右下方为命令行，可以输入命令来执行相应的操作。

3.1.2.2 工具栏命令

利用零件设计工作台中的工具栏命令按钮是启动实体特征命令最方便的方法。CATIA V5R21零件设计工作台常用的工具栏有6个：【基于草图的特征】工具栏、【基于曲面的特征】工具栏、【修饰特征】工具栏、【变换操作】工具栏、【布尔操作】工具栏和【参考元素】工具栏。工具栏显示了常用的工具按钮，单击工具右侧的黑色三角，可展开下一级工具栏。

（1）【基于草图的特征】工具栏

【基于草图的特征】工具栏用于在草图基础上通过拉伸、旋转、扫掠以及多截面实体等方式来创建三维几何体，如图3-8所示。

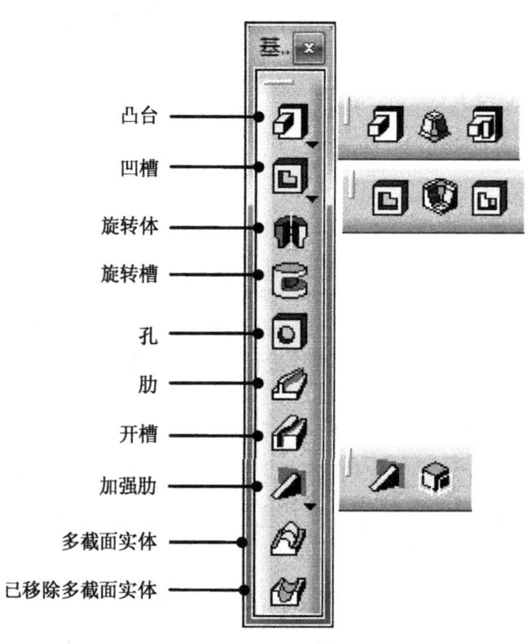

图3-8 【基于草图的特征】工具栏

（2）【修饰特征】工具栏

【修饰特征】工具栏用于在已有基本实体的基础上进行修饰，如倒角、拔模、螺纹等，如图3-9所示。

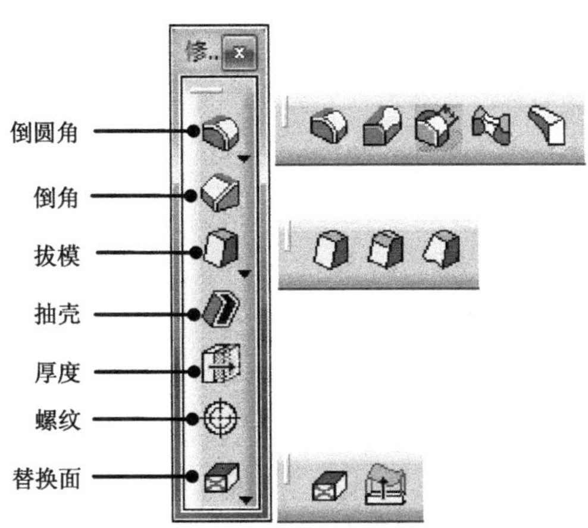

图3-9　【修饰特征】工具栏

（3）【基于曲面的特征】工具栏

【基于曲面的特征】工具栏用于利用曲面来创建实体特征，如图3-10所示。

（4）【变换特征】工具栏

【变换特征】工具栏用于对已生成的零件特征进行位置的变换、复制变换（包括镜像和阵列）以及缩放变换等，如图3-11所示。

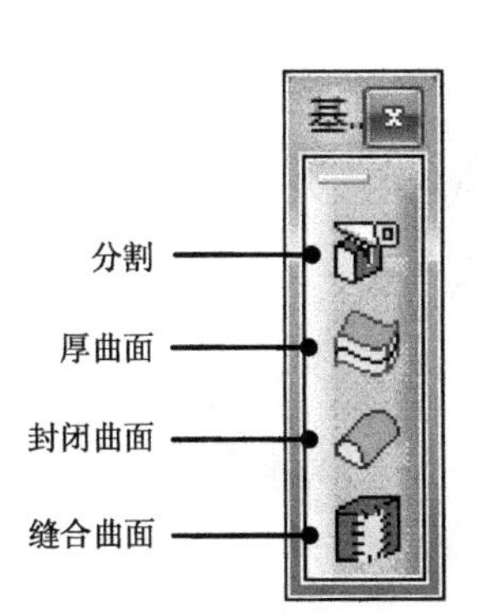

图3-10　【基于曲面的特征】工具栏

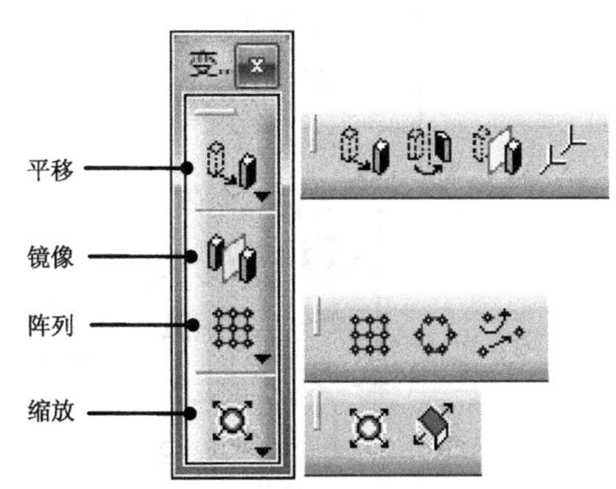

图3-11　【变换特征】工具栏

（5）【布尔操作】工具栏

【布尔操作】工具栏是用于将一个文件中的两个零件体组合到一起，实现添加、移除、相交等运算，如图3-12所示。

（6）【参考元素】工具栏

【参考元素】工具栏用于创建点、直线、平面等基本几何元素，作为其他几何体建构时的参考，如图3-13所示。

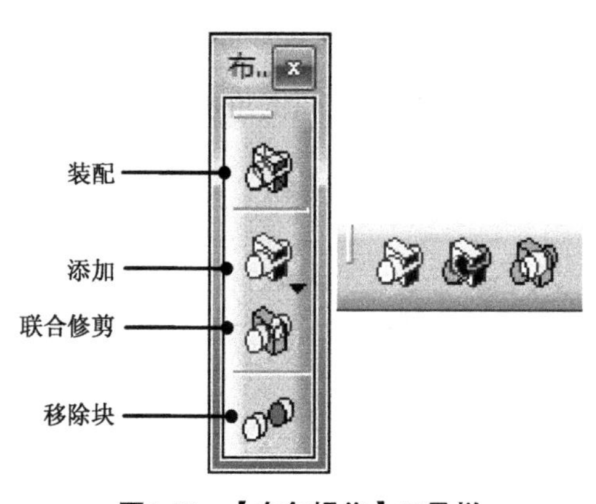

图3-12 【布尔操作】工具栏

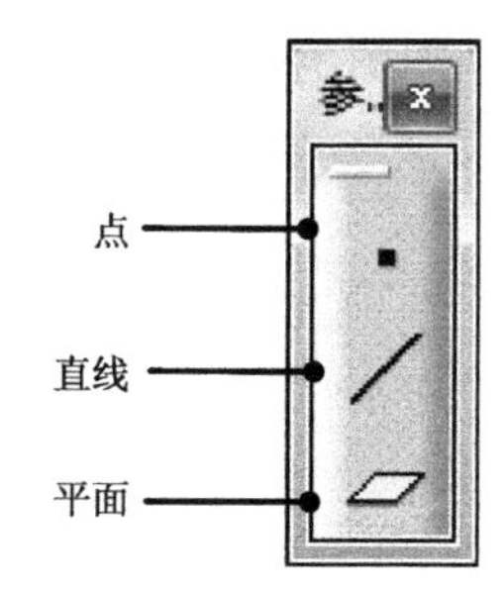

图3-13 【参考元素】工具栏

3.1.2.3 特征树的应用

特征树在CATIA建模过程中起到重要的应用，具体可总结如下3点。

（1）选择对象

可从特征树中选取要编辑的特征或零件对象，如图3-14所示。当要选择的特征或零件在图形区的模型中不可见时，此方法尤为有用；当要选取的特征和零件在模型中禁止选取时，仍然在特征树中进行选择操作。

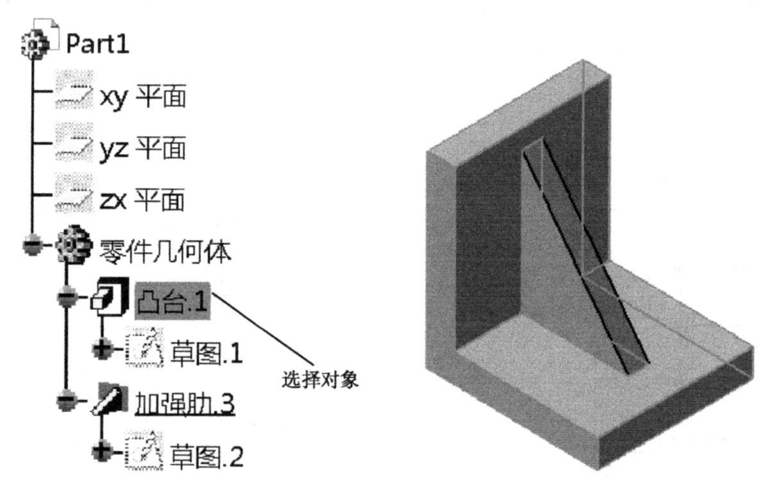

图3-14 选择对象

（2）启动快捷命令

选中特征树上的特征，单击鼠标右键，可弹出快捷菜单，从中选择所需的特征操作命令，如图3-15所示。

（3）编辑特征

双击特征树上的特征，可重新启动特征创建对话框，用户可根据需要进行修改和编辑，如图3-16所示。

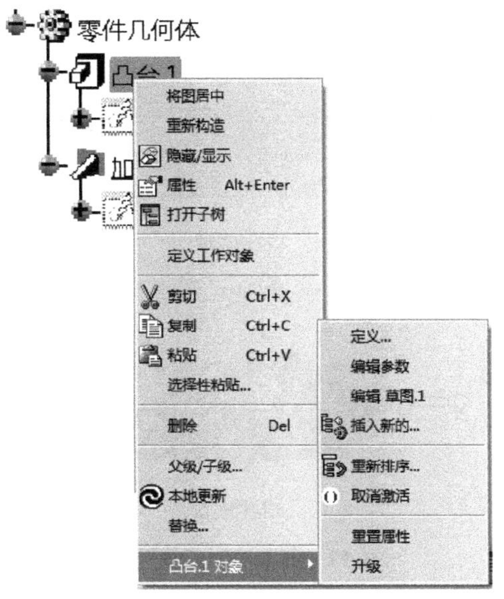

图3-15　启动快捷命令

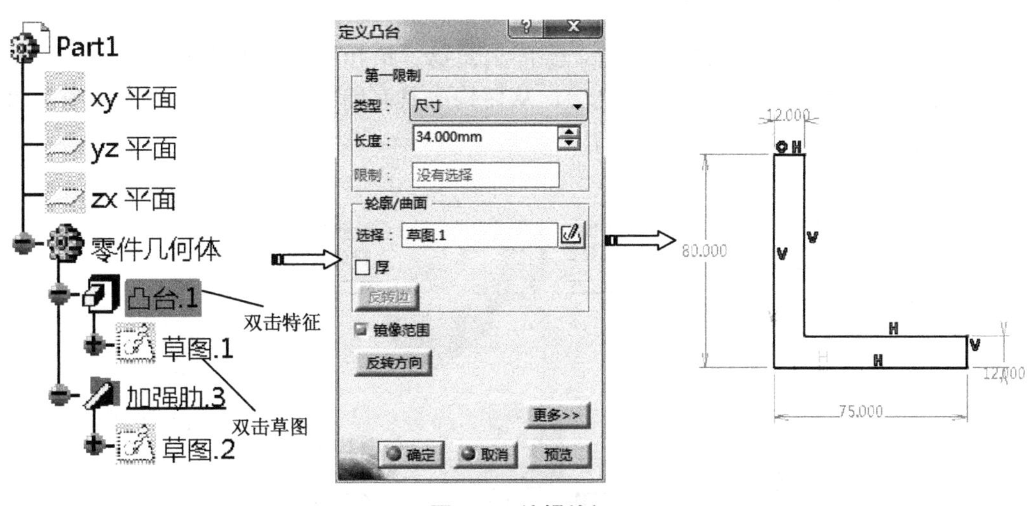

图3-16　编辑特征

3.1.3　实体特征建模方法

3.1.3.1　轮廓生成实体特征

在机械加工中，为了保证加工结果的准确性，首先需要画出精确的加工轮廓线。与之相对应，在创建三维实体特征时，需要绘制二维草绘剖面，通过该剖面来确定特征的形状和位置，如图3-17所示。

在CATIA中，在草绘平面内绘制的二维图形被称作草绘截面或草绘轮廓。在完成剖（截）面图的创建工作之后，使用拉伸、旋转、扫描、混合以及其他高级方法创建基础实体特征，然后在基础实体特征之上创建孔、圆角、拔模以及壳等放置实体特征。

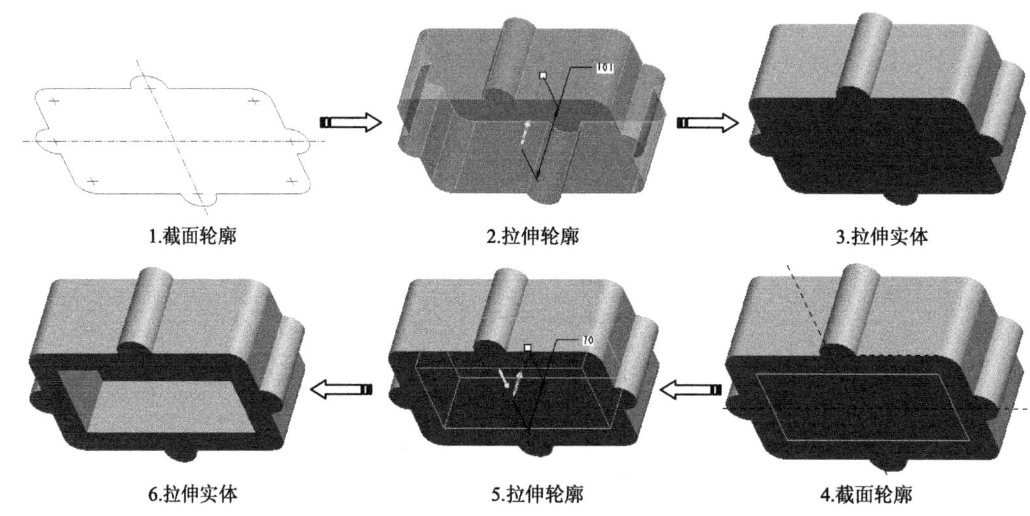

图3-17 草图绘制实体过程

3.1.3.2 实体特征堆叠创建零件

使用CATIA创建三维实体模型时，实际上是以“搭积木”的方式依次将各种特征添加（实体布尔运算）到已有模型之上，从而构成具有清晰结构的设计结果。图3-18表达了一个十字接头零件的创建过程。

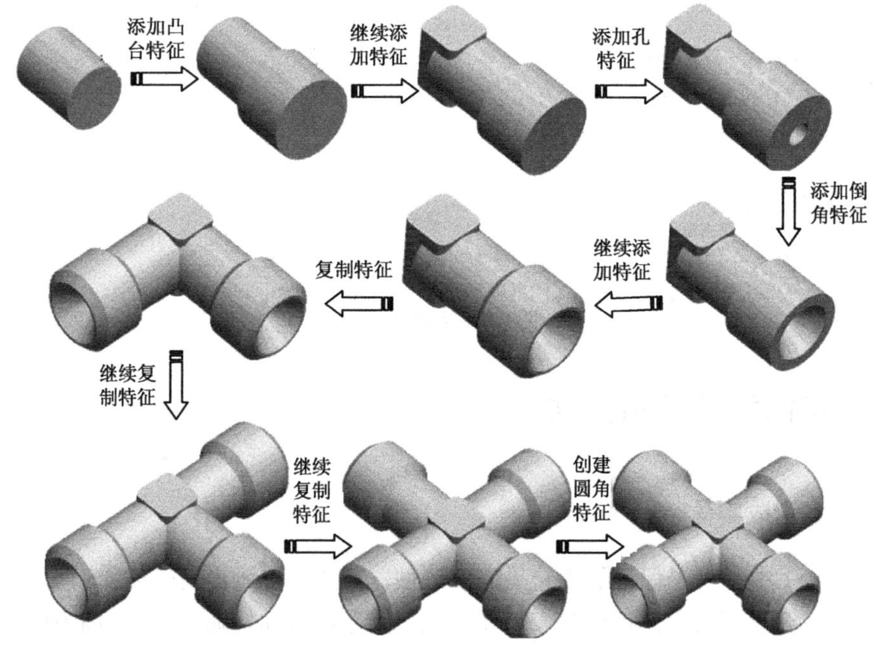

图3-18 三维实体建模的一般过程

使用CATIA创建零件的过程实际上也是一个反复修改设计结果的过程。CATIA是一个人性化的大型设计软件，其参数化的设计方法为设计者轻松修改设计意图打开了方便之门，使用软件丰富的特征修改工具可以轻松更新设计结果。此外，使用特征复制、特征阵列等工具可以毫不费力地完成特征的批量加工。

3.1.4 实体建模基本流程

3.1.4 视频精讲

以图3-19所示实例为例来说明CATIA建模的基本流程。

（1）零件分析，拟定总体建模思路

三维实体建模的总体思路是：首先对模型结构进行分析，根据各部分的相互依存关系分解为几个部分，依次建立各个部分的基本结构，然后基于基本结构进一步添加各个详细特征，并进行布尔运算使之成为一个完整的模型。

首先对模型结构进行分解，分为以下几个部分：支柱、凸盖、凸台、法兰、支板、筋板、阵列槽、孔等。根据总体结构布局与相互之间的关系，按照从下向上、从左向右的顺序依次创建各个部分，如图3-19所示。

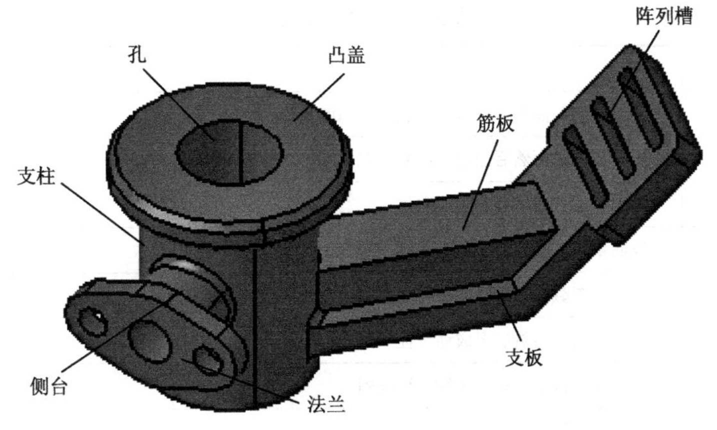

图3-19 模型分解实例

（2）特征创建坚持先主后次（或主次交叉）原则

首先绘制基本实体特征（即零件的主要结构），再应用孔、加强筋成形特征（即孔和加强筋等特征也可交叉进行），最后修饰特征和变换特征，如图3-20所示。

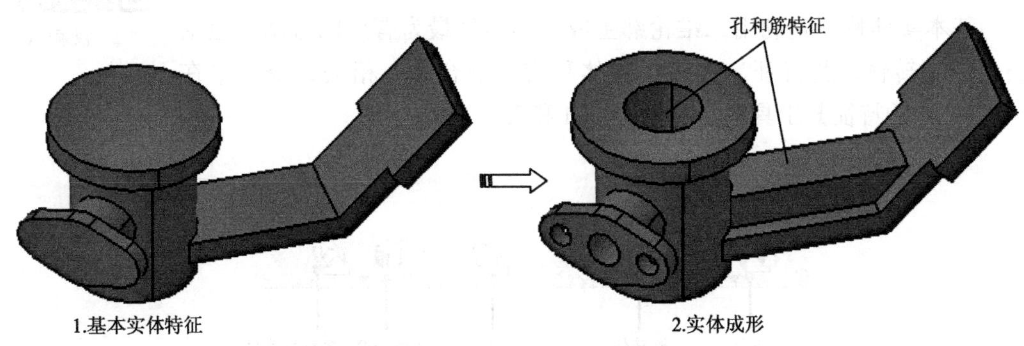

图3-20

第03章 实体特征设计

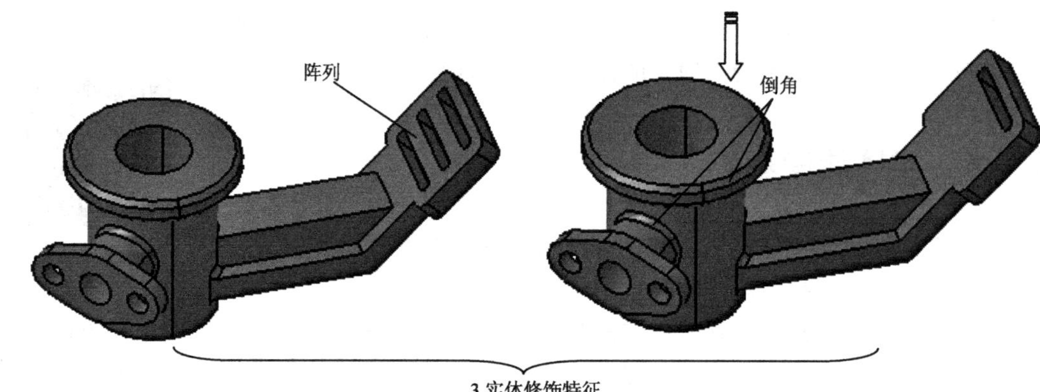

图3-20　特征创建过程

（3）拟订各部分特征创建具体方案

各部分建模方法如表3-1所示。

表3-1　基本实体特征

类型	说明
1. 支柱	绘制草图截面然后凸台拉伸到指定高度
2. 凸盖	绘制草图截面然后凸台拉伸到指定高度，注意拉伸方向
3. 侧台	绘制草图截面然后旋转成实体
4. 法兰	绘制草图截面然后凸台拉伸到指定高度
5. 支板	绘制草图截面然后凸台对称拉伸到指定高度
6. 筋板	绘制草图截面然后形成筋特征
7. 阵列槽	创建凹槽特征，然后进行矩形阵列
8. 孔	利用孔特征钻孔

3.2　基本实体特征

3.2　视频精讲

基本实体特征是利用二维轮廓生成三维实体最为有效的方法，包括凸台、旋转体、肋特征、多截面实体和实体混合等，相关命令集中在【基于草图的特征】工具栏上，如图3-21和表3-2所示。

图3-21　【基于草图的特征】工具栏

表 3-2　基本实体特征

类型	说明
凸台	用于通过对在草图编辑器绘制的轮廓线以多种方式拉伸成为三维实体。凸台特征虽然简单，但它是常用的、最基本的创建规则实体的造型方法，在工程中的许多实体模型都可看作是多个凸台特征互相叠加结果
旋转体	旋转体是指一个草图截面绕某一中心轴旋转指定的角度下得到的实体特征，对应于工程实际中的旋转特征形零件
肋	肋也称为扫掠体，是指草图轮廓沿着一条中心导向曲线扫掠来创建实体
多截面实体	多截面实体是指两个或两个以上不同位置的封闭截面轮廓沿一条或多条引导线以渐进方式扫掠形成的实体，也称为放样特征
实体混合	实体混合是指两个草图截面分别沿着两个方向拉伸，生成交集部分实体特征

3.2.1　凸台特征（拉伸）

凸台是指通过对在草图编辑器绘制的轮廓线以多种方式拉伸成为三维实体，如图 3-22 所示。凸台特征虽然简单，但它是常用的、最基本的创建规则实体的造型方法，在工程中的许多实体模型都可看作是多个凸台特征互相叠加的结果。

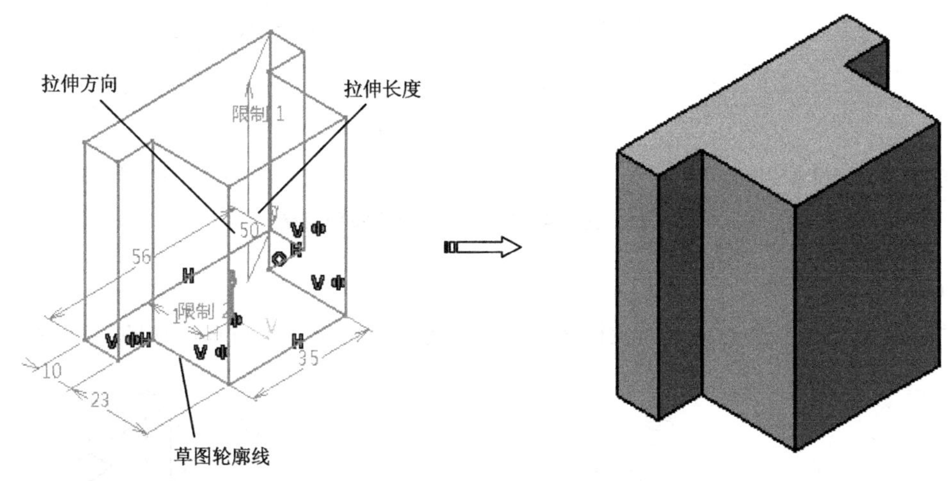

图3-22　凸台特征

3.2.1.1　凸台限制类型

在【定义凸台】对话框【第一限制】和【第二限制】组框中可定义凸台的拉伸深度类型，【类型】下拉列表提供了 5 种凸台拉伸方式，如图 3-23 所示。

凸台拉伸类型包括以下选项：

（1）尺寸

“尺寸”是系统默认拉伸选项，是指从草图轮廓面开始，以指定的距离（输入的长度值）向特征创建的方向一侧进行拉伸。如图 3-24（a）～（c）所示为利用三种不同方法从草绘平面以指定的深度值拉伸。

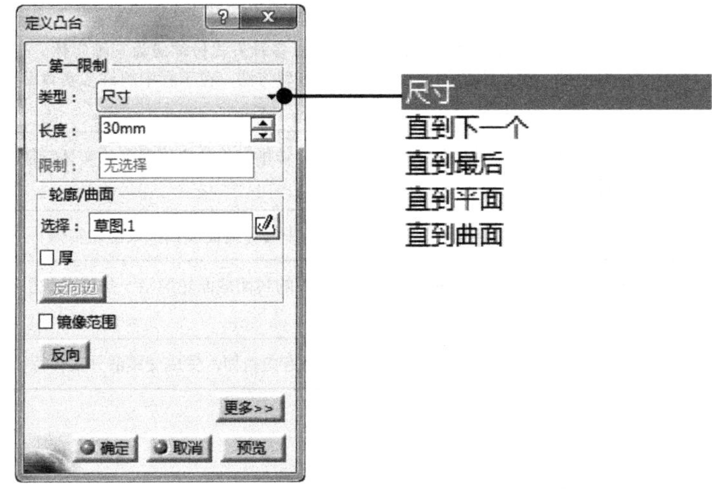

图3-23 凸台拉伸类型

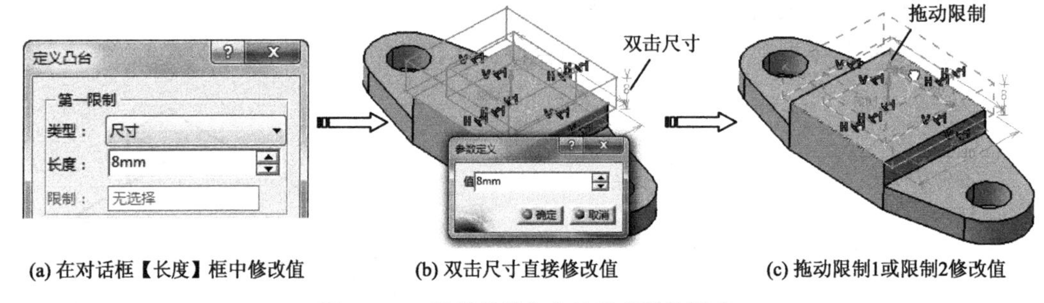

(a) 在对话框【长度】框中修改值　(b) 双击尺寸直接修改值　(c) 拖动限制1或限制2修改值

图3-24 三种数值输入方法设定拉伸深度

（2）直到下一个

“直到下一个”是指将截面拉伸至当前拉伸方向上的下一个特征，如图3-25所示。

图3-25 直到下一个

（3）直到最后

“直到最后”是指当前截面的拉伸方向有多个特征时，将截面拉伸到最后的特征上，如图3-26所示。

图3-26　直到最后

（4）直到平面

“直到平面”是指将截面拉伸到当前拉伸方向的指定平面上，可激活【限制】选择框，然后选择合适拉伸终止平面，如图3-27所示。

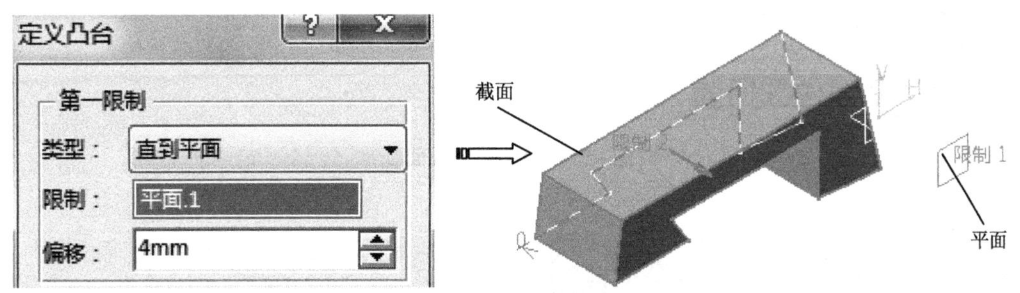

图3-27　直到平面

（5）直到曲面

“直到曲面”是将截面拉伸到当前拉伸方向的指定曲面上，可激活【限制】选择框，然后选择合适的拉伸终止曲面，如图3-28所示。

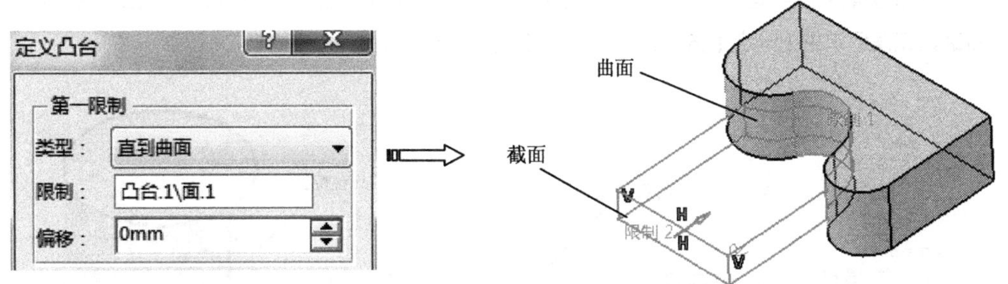

图3-28　直到曲面

CATIA 命令	• 选择下列菜单【插入】|【基于草图的特征】|【凸台】命令。 • 单击【基于草图的特征】工具栏上的【凸台】按钮。

Step01 单击【草图】按钮，在工作窗口选择草图平面XY平面，进入草图编辑器。利用圆等工具绘制如图3-29所示的草图。单击【工作台】工具栏上的【退出工作台】按钮，完成草图绘制。

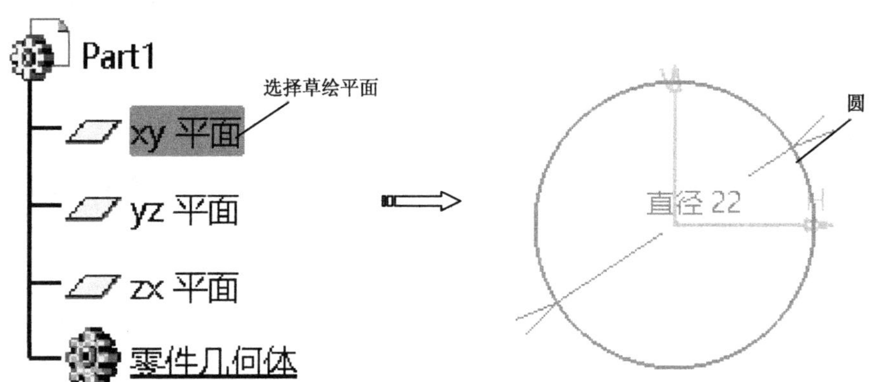

图3-29 绘制草图截面

提示

草绘平面可以是实体表面、基准面和片体表面等，选择基准面时不一定非要在图形区选择，可通过特征树来进行选择。

Step02 单击【基于草图的特征】工具栏上的【凸台】按钮，弹出【定义凸台】对话框，设置拉伸深度类型为【尺寸】，【长度】为“30mm”，选择上一步所绘制的草图，特征预览确认无误后单击【确定】按钮完成拉伸特征，如图3-30所示。

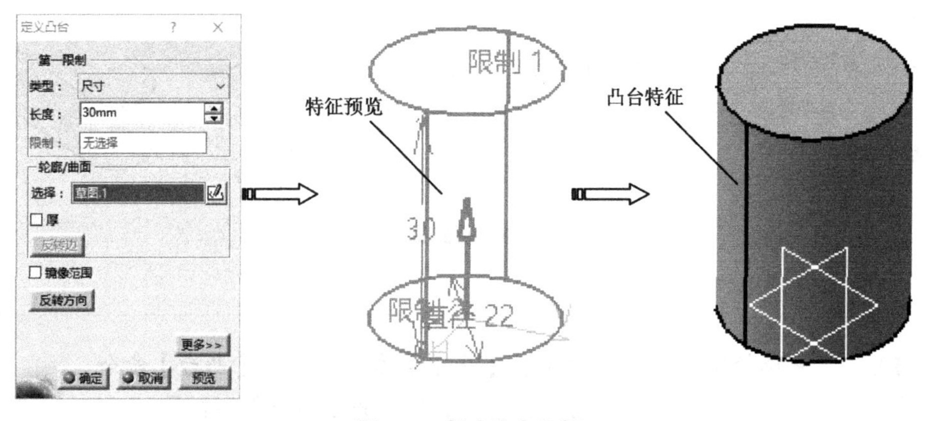

图3-30 创建凸台特征

Step03 选择拉伸实体上端面，单击【草图】按钮，进入草图编辑器。利用圆等工具绘制如图3-31所示的草图。单击【工作台】工具栏上的【退出工作台】按钮，完成草图绘制。

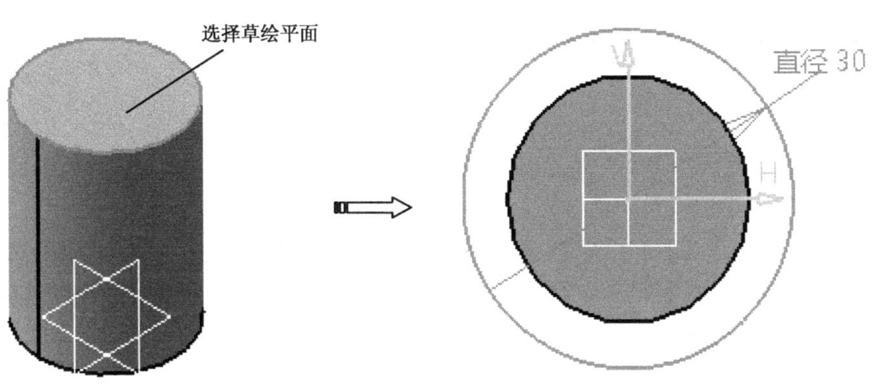

图3-31　绘制草图

Step04 单击【基于草图的特征】工具栏上的【凸台】按钮，弹出【定义凸台】对话框，设置拉伸深度类型为【尺寸】,【长度】为“4mm”，选择上一步所绘制的草图，特征预览确认无误后单击【确定】按钮完成拉伸特征，如图3-32所示。

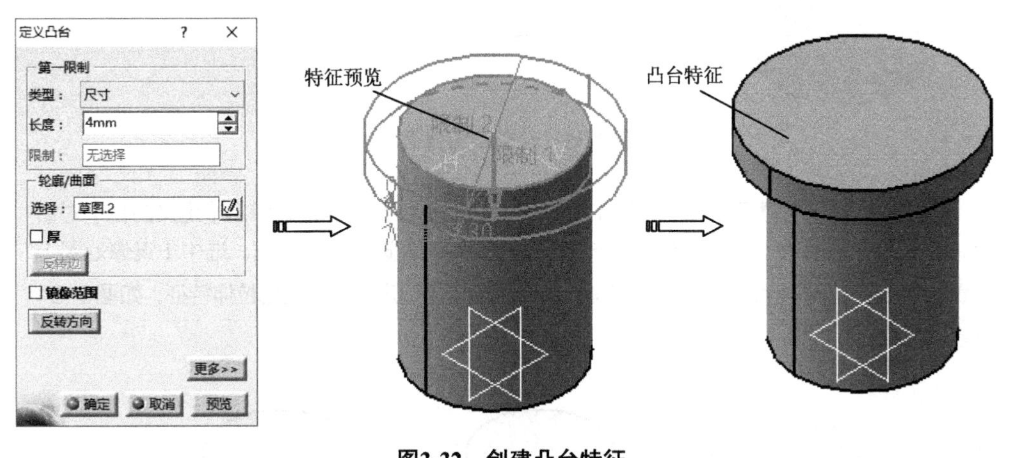

图3-32　创建凸台特征

提示

如果模型中凸台方向不正确，可单击【反转方向】按钮，反转凸台特征的拉伸方向。

3.2.1.2　凸台薄壁实体

凸台可创建实体和薄壁两种类型的特征，实体为默认特征。薄壁特征的草图截面由材料填充成均厚的环，环的内侧或外侧或中心轮廓边是截面草图。选中【厚】复选框，选择该复选框后，可在【薄凸台】选项中设置薄凸台厚度。

CATIA 命令	• 选择下列菜单【插入】|【基于草图的特征】|【凸台】命令。 • 单击【基于草图的特征】工具栏上的【凸台】按钮。

Step05 单击【草图】按钮，在工作窗口选择草图平面*YZ*平面，进入草图编辑器。利用轮廓、直线等工具绘制如图3-33所示的草图。单击【工作台】工具栏上的【退出工作台】按钮，完成草图绘制。

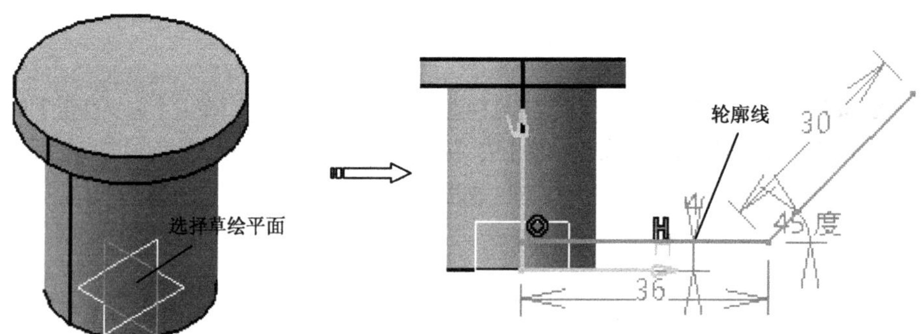

图3-33 绘制草图截面

Step06 单击【基于草图的特征】工具栏上的【凸台】按钮，弹出【定义凸台】对话框，设置拉伸深度类型为【尺寸】，【长度】为“8mm”，选中【厚】框，选中【镜像范围】，设置【厚度1】为“4mm”，特征预览确认无误后单击【确定】按钮完成拉伸特征，如图3-34所示。

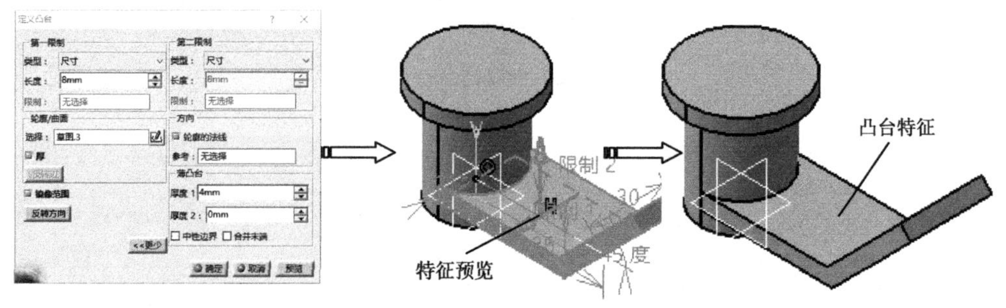

图3-34 创建薄壁凸台特征

提示

【厚度1】和【厚度2】文本框用于设置截面两侧方向薄壁厚度值，【厚度1】表示向内增长的厚度，【厚度2】表示向外增长的厚度。

Step07 选择拉伸薄壁实体上端面，单击【草图】按钮，进入草图编辑器。利用矩形等工具绘制如图3-35所示的矩形草图。单击【工作台】工具栏上的【退出工作台】按钮，完成草图绘制。

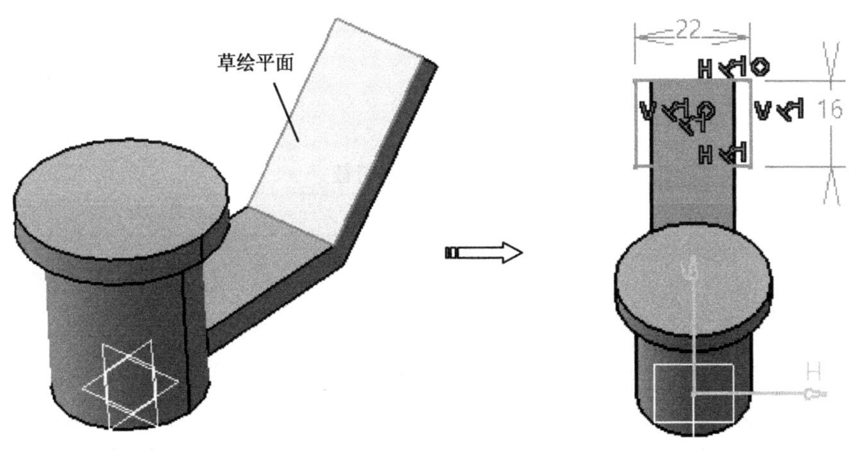

图3-35 绘制矩形草图

Step08 单击【基于草图的特征】工具栏上的【凸台】按钮，弹出【定义凸台】对话框，设置拉伸深度类型为【尺寸】，【长度】为“4mm”，选择上一步所绘制的草图，特征预览确认无误后单击【确定】按钮完成拉伸特征，如图3-36所示。

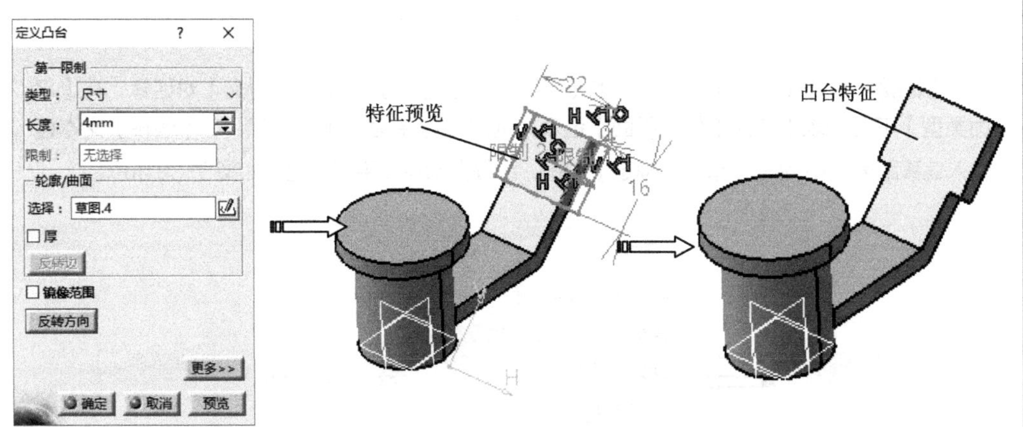

图3-36 创建凸台特征

第03章 实体特征设计

3.2.2 旋转体特征（旋转）

旋转体命令是指一个草图截面绕某一中心轴旋转指定的角度而得到的实体特征，对应于工程实际中的旋转特征形零件，如图3-37所示。

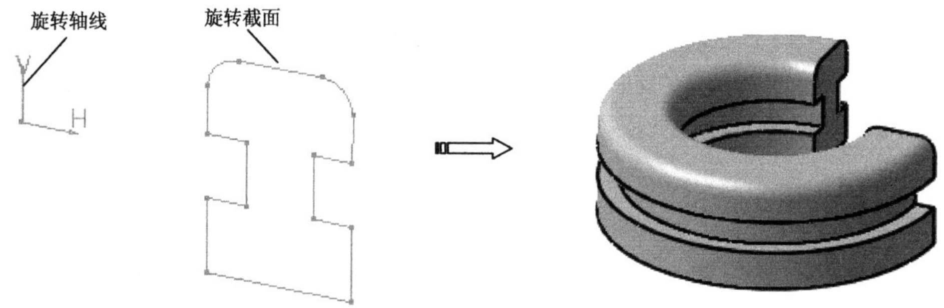

图3-37　旋转体特征

对于回转体零件，采用旋转体可一次通过绘制截面草图快速生成整个轮廓，尽可能不要采用凸台，凸台中一个圆柱需要一次拉伸，多个圆柱需要多次拉伸。

CATIA命令	• 选择下列菜单【插入】|【基于草图的特征】|【旋转体】命令。 • 单击【基于草图的特征】工具栏上的【旋转体】按钮。

Step01 单击【线框】工具栏上的【平面】按钮，弹出【平面定义】对话框，在【平面类型】下拉列表中选择【偏移平面】选项，选择“xy平面”作为参考，在【偏移】文本框输入偏移距离“15mm”，单击【确定】按钮，系统自动完成平面创建，如图3-38所示。

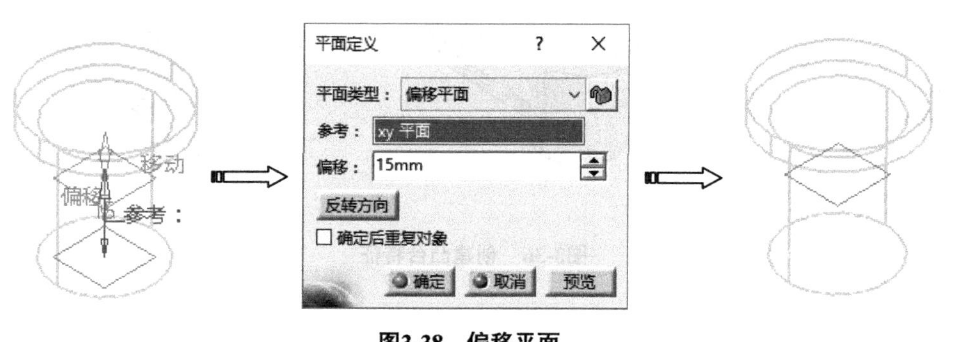

图3-38　偏移平面

Step02 选择上一步创建平面为草绘平面，单击【定位草图】按钮，弹出【草图定位】对话框，调整草图水平和垂直轴方向，如图3-39所示。单击【确定】按钮，进入草图编辑器。

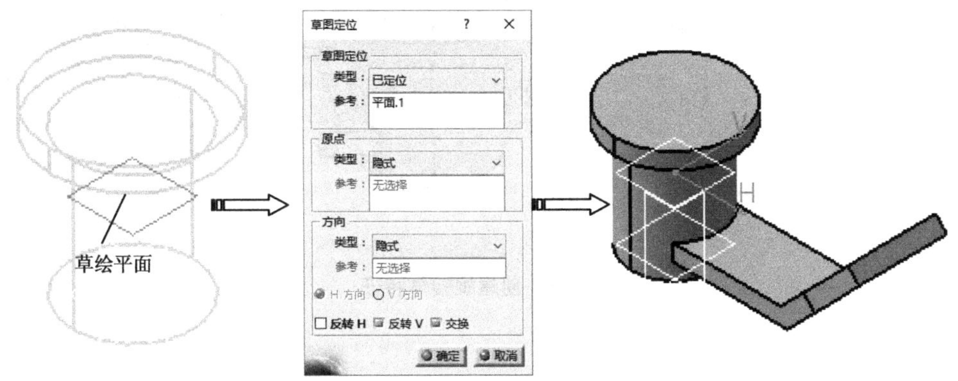

图3-39 选择草绘平面

Step03 利用轴线、轮廓线等工具绘制如图3-40所示的草图。单击【工作台】工具栏上的【退出工作台】按钮，完成草图绘制。

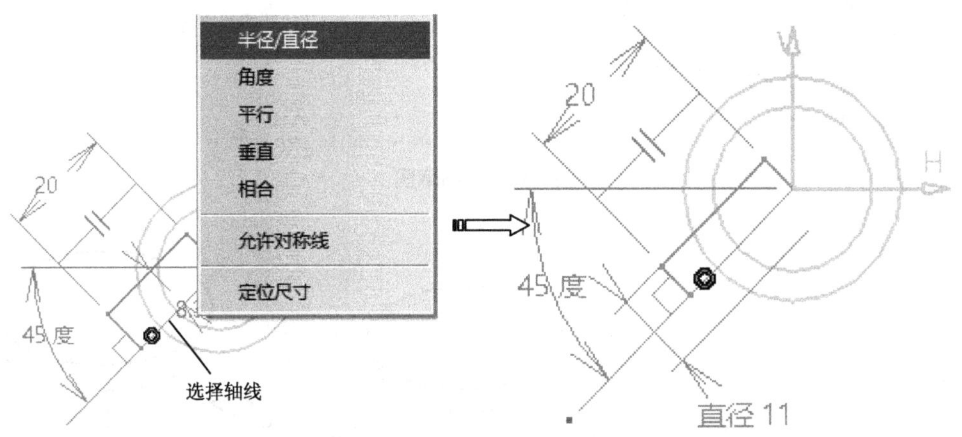

图3-40 绘制草图

Step04 单击【基于草图的特征】工具栏上的【旋转体】按钮，选择旋转截面，弹出【定义旋转体】对话框，选择上一步草图为旋转截面，单击【确定】按钮，完成旋转，如图3-41所示。

Step05 选择拉伸实体上端面，单击【草图】按钮，进入草图编辑器。利用圆等工具绘制如图3-42所示的草图。单击【工作台】工具栏上的【退出工作台】按钮，完成草图绘制。

Step06 单击【基于草图的特征】工具栏上的【凸台】按钮，弹出【定义凸台】对话框，设置拉伸深度类型为【尺寸】,【长度】为“3mm”，选择上一步所绘制的草图，特征预览确认无误后单击【确定】按钮完成拉伸特征，如图3-43所示。

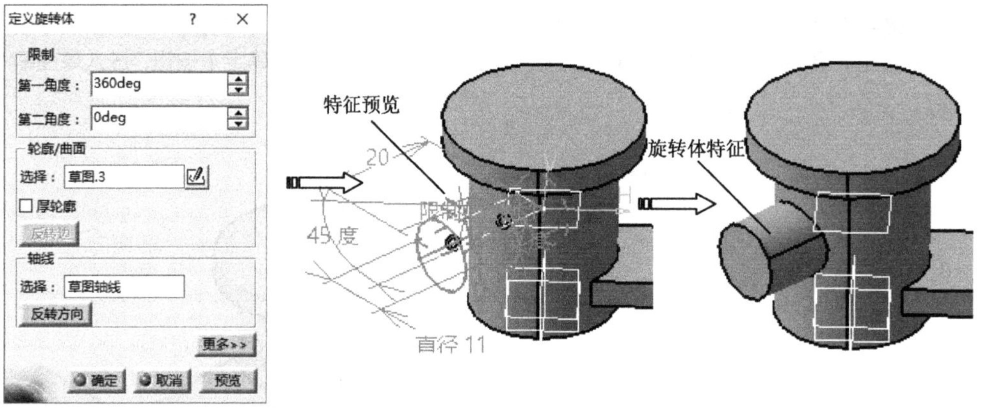

图3-41　创建旋转体特征

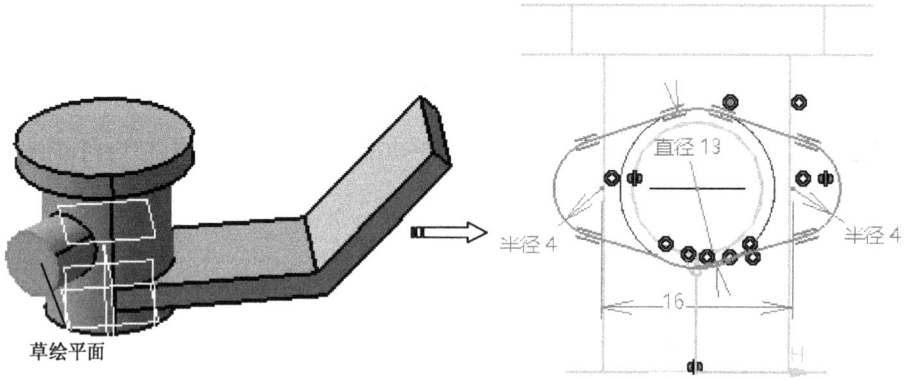

图3-42　绘制草图

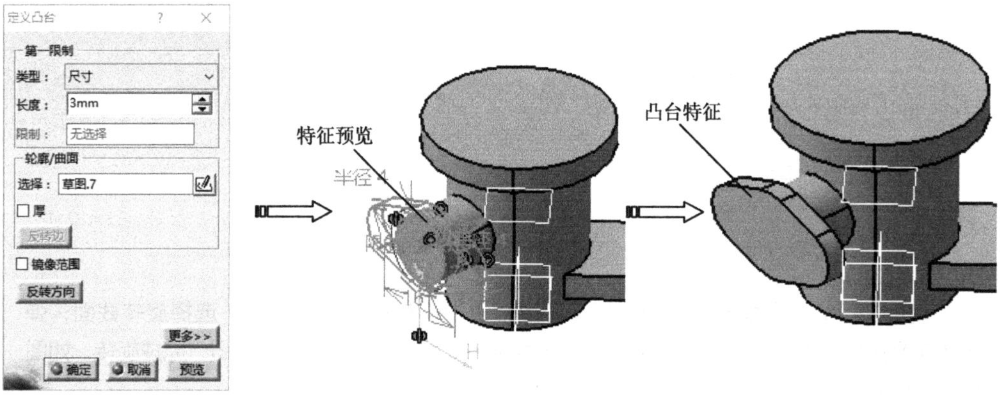

图3-43　创建凸台特征

3.3　实体成形特征

3.3　视频精讲

实体成形特征是在已有实体上利用草图等二维截面对实体进行布尔

加减操作的实体特征，包括凹槽、旋转槽、开槽征、已移除的多截面实体、孔和加强筋等，相关命令集中在【基于草图的特征】工具栏上，如图3-44和表3-3所示。

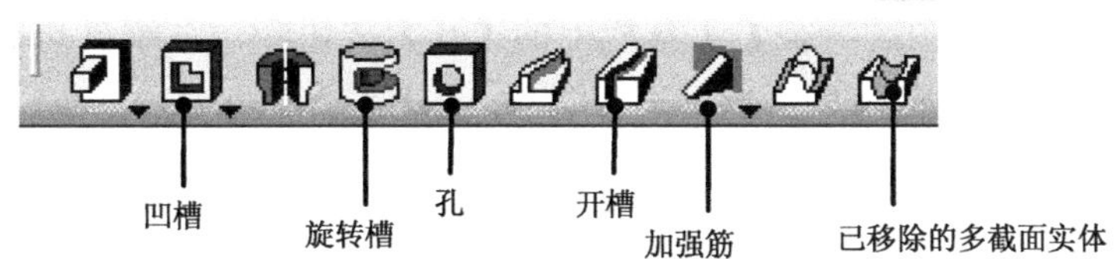

图3-44 【基于草图的特征】工具栏

表3-3 实体成形特征

类型	说明
凹槽	用于对草图编辑器中绘制的封闭轮廓线以多种方式拉伸以移除实体材料形成空腔
旋转槽	用于由轮廓绕中心旋转，并将旋转扫过的零件上的材质去除，从而在零件上生成旋转剪切特征
开槽	用于在实体上以扫掠的形式创建剪切特征。开槽特征与肋特征相似，只不过肋是增加实体，而开槽是去除实体
已移除多截面实体	用于通过多个截面轮廓的渐进扫掠在已有实体上去除材料生成特征。已移除多截面实体特征与多截面实体特征相似，只不过多截面实体是增加实体，而已移除多截面实体是去除实体
孔	用于在实体上钻孔，包括盲孔、通孔、锥形孔、沉头孔、埋头孔、倒钻孔等
加强肋	用于在草图轮廓和现有零件之间添加指定方向和厚度的材料，在工程上一般用于加强零件的强度

3.3.1 孔特征

孔特征用于在实体上钻孔，包括盲孔、通孔、锥形孔、沉头孔、埋头孔、倒钻孔等。

单击【基于草图的特征】工具栏上的【孔】按钮，选择钻孔的实体表面后，完成后创建如图3-45所示的孔。

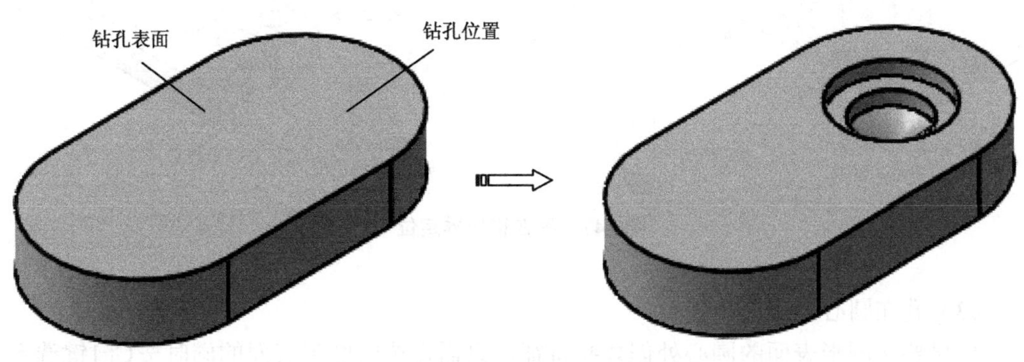

图3-45 孔特征

孔在零件表面的位置通过创建孔中心相对于零件表面边界的约束来进行定义，常用孔定位方法有以下几种。

（1）独立点草图定位

首先在开孔表面创建单独的孔为点草图，接着按住Ctrl键同时选择开孔表面和草图点，然后单击【基于草图的特征】工具栏上的【孔】按钮，系统自动把孔定位于表面的圆心处，如图3-46所示。

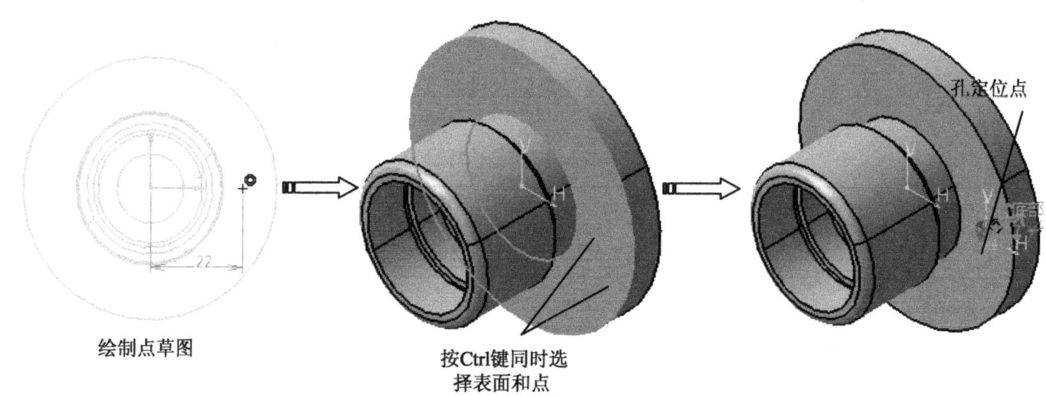

图3-46　独立点草图定位

（2）孔在直边界定位

按住Ctrl键同时选择开孔表面和约束边界，然后单击【基于草图的特征】工具栏上的【孔】按钮，系统在弹出【定义孔】对话框的同时自动创建两个约束孔的中心进行定位，双击某一个约束尺寸，弹出【约束定义】对话框，在【值】文本框中输入需要的尺寸数值，即完成定位，如图3-47所示。

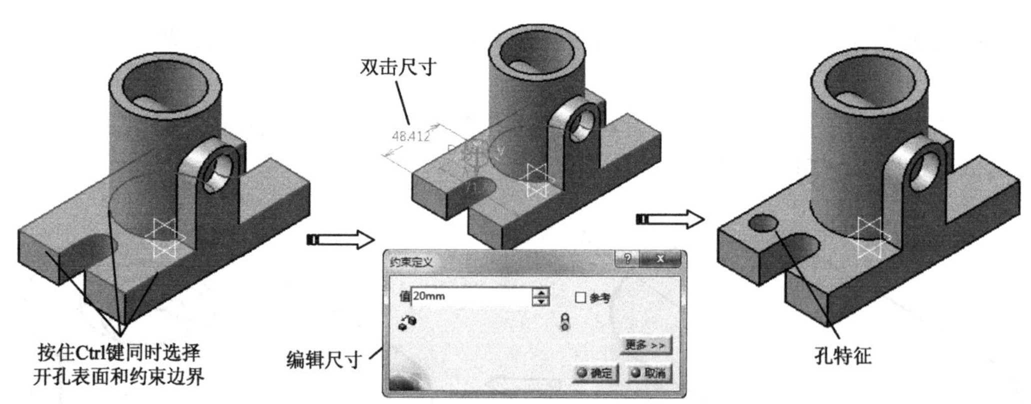

图3-47　孔在直边界定位

（3）孔在圆心处定位

如果要在圆形表面的圆心处创建孔特征，只需在选定圆形表面的同时按Ctrl键选定圆边界，系统自动把孔定位于表面的圆心处，如图3-48所示。

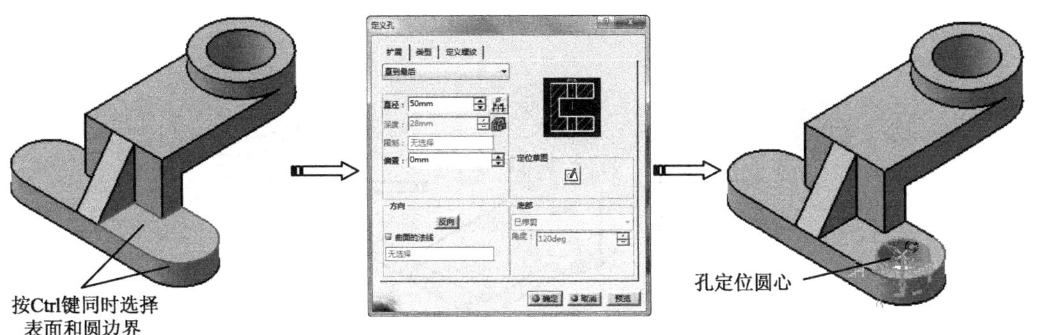

图3-48　孔在圆心处定位

CATIA 命令	●单击【基于草图的特征】工具栏上的【孔】按钮。 ●选择下列菜单【插入】|【基于草图的特征】|【孔】命令。

Step01 按住Ctrl键同时选择开孔表面和圆，然后单击【基于草图的特征】工具栏上的【孔】按钮，系统自动把孔定位于表面的圆心处，如图3-49所示。

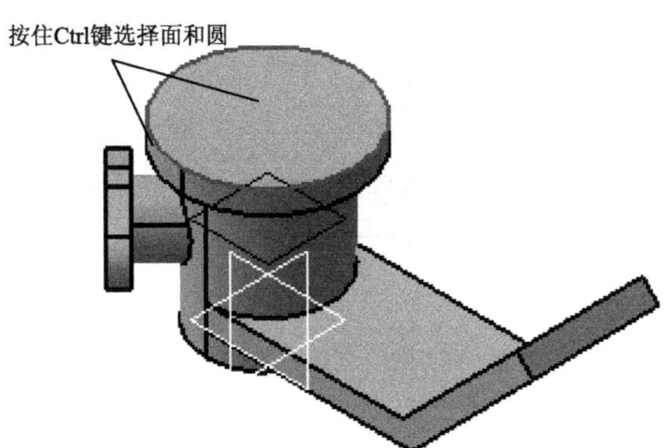

图3-49　选择钻孔面和圆

Step02 单击【类型】选项卡，选择【简单】类型，设置【直径】为“13mm”，【深度】为“直到最后”，单击【确定】按钮完成孔特征，如图3-50所示。

Step03 按住Ctrl键同时选择开孔表面和圆，然后单击【基于草图的特征】工具栏上的【孔】按钮，系统自动把孔定位于表面的圆心处，如图3-51所示。

Step04 单击【类型】选项卡，选择【简单】类型，设置【直径】为“6mm”、【深度】为“30mm”，单击【确定】按钮完成孔特征，如图3-52所示。

Step05 按住Ctrl键同时选择开孔表面和圆，然后单击【基于草图的特征】工具栏上的【孔】按钮，系统自动把孔定位于表面的圆心处，如图3-53所示。

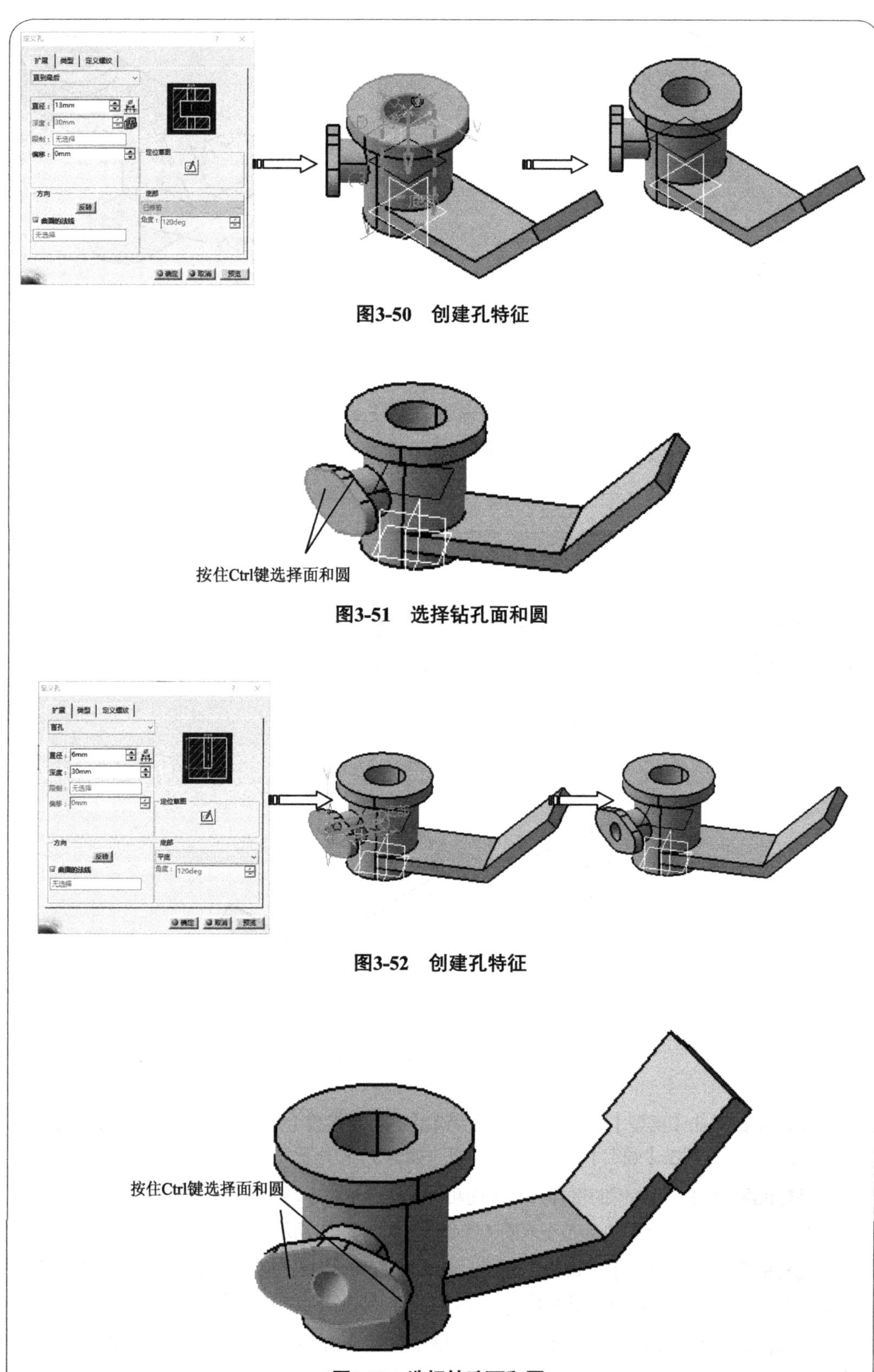

图3-50 创建孔特征

图3-51 选择钻孔面和圆

图3-52 创建孔特征

图3-53 选择钻孔面和圆

Step06 单击【类型】选项卡，选择【简单】类型，设置【直径】为“4mm”、【深度】为“5mm”，单击【确定】按钮完成孔特征，如图3-54所示。

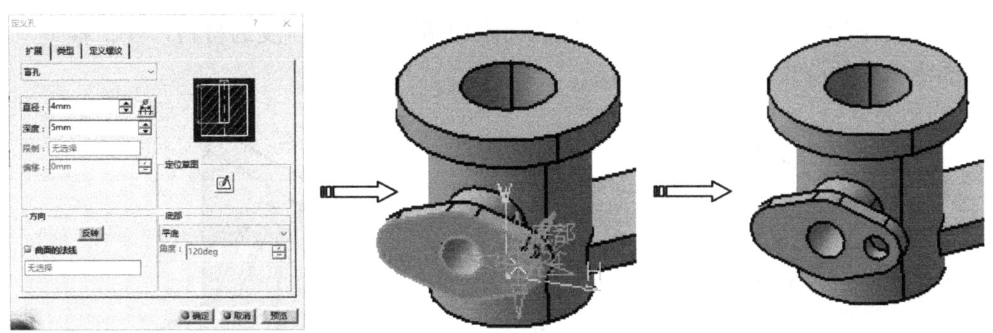

图3-54　创建孔特征

Step07 按住Ctrl键同时选择开孔表面和圆，然后单击【基于草图的特征】工具栏上的【孔】按钮，系统自动把孔定位于表面的圆心处，如图3-55所示。

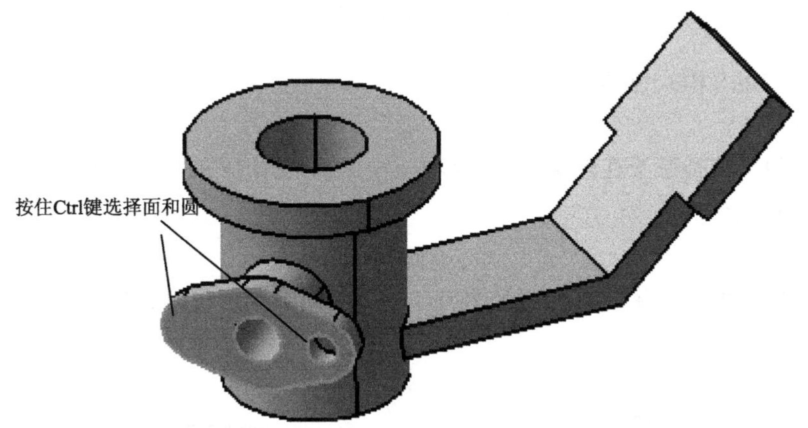

图3-55　选择钻孔面和圆

Step08 单击【类型】选项卡，选择【简单】类型，设置【直径】为“4mm”、【深度】为“5mm”，单击【确定】按钮完成孔特征，如图3-56所示。

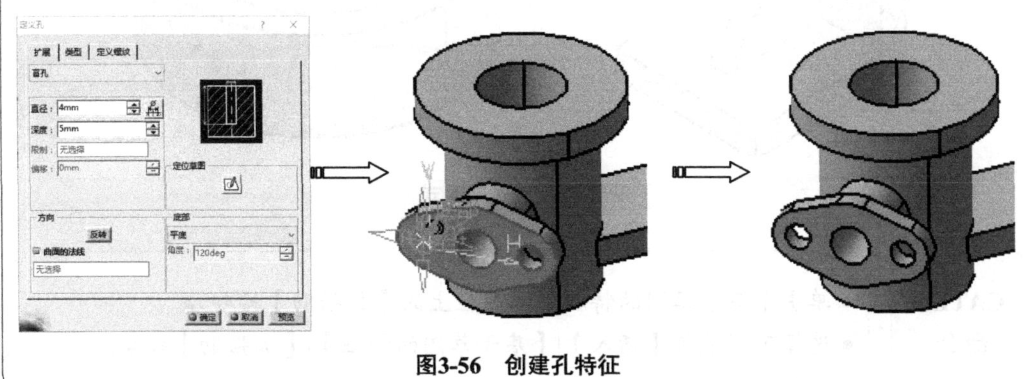

图3-56　创建孔特征

第03章 实体特征设计

3.3.2 加强肋特征

加强肋是指在草图轮廓和现有零件之间添加指定方向和厚度的材料，在工程上一般用于加强零件的强度，如图3-57所示。

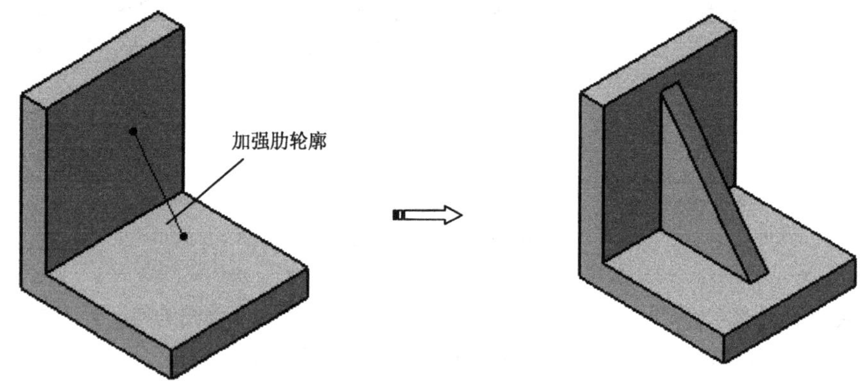

图3-57 加强肋特征

加强肋的定义模式包括以下2种。

（1）从侧

加强肋厚度值被赋予在轮廓平面法线方向，轮廓在其所在平面内延伸得到加强肋零件，如图3-58所示。

（2）从顶部

加强肋的厚度值被赋予在轮廓平面内，轮廓沿其所在平面的法线方向延伸得到加强肋零件，如图3-58所示。

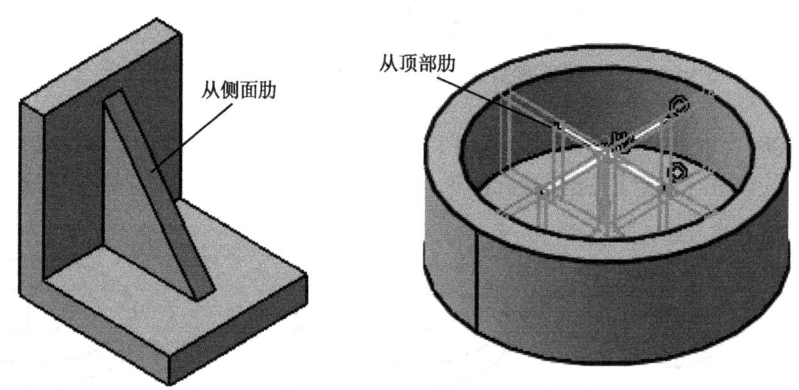

图3-58 加强肋模式

CATIA 命令	● 单击【基于草图的特征】工具栏上的【加强肋】按钮。 ● 选择下列菜单【插入】|【基于草图的特征】|【加强肋】命令。

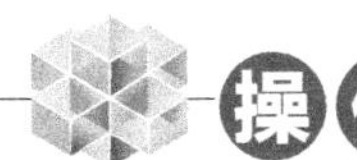

Step09 单击【草图】按钮，在工作窗口选择草图平面*YZ*平面，进入草图编辑器。利用轮廓等工具绘制如图3-59所示的草图。单击【工作台】工具栏上的【退出工作台】按钮，完成草图绘制。

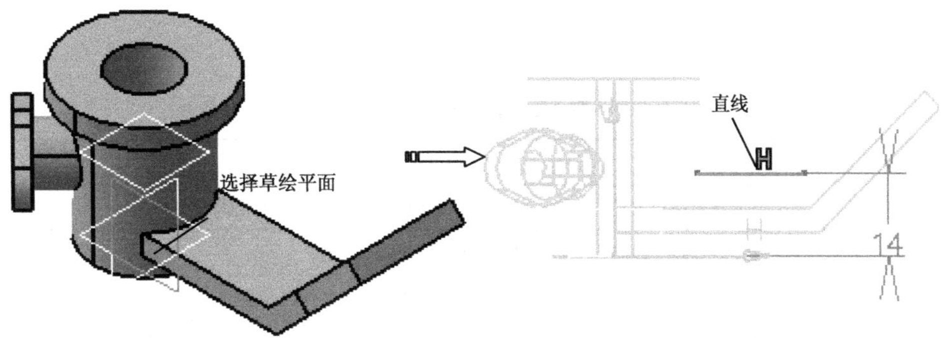

图3-59 绘制草图截面

Step10 单击【基于草图的特征】工具栏上的【加强肋】按钮，弹出【定义加强肋】对话框，选择上一步绘制草图作为轮廓，设置【厚度1】为“10mm”，单击【确定】按钮，完成加强肋特征，如图3-60所示。

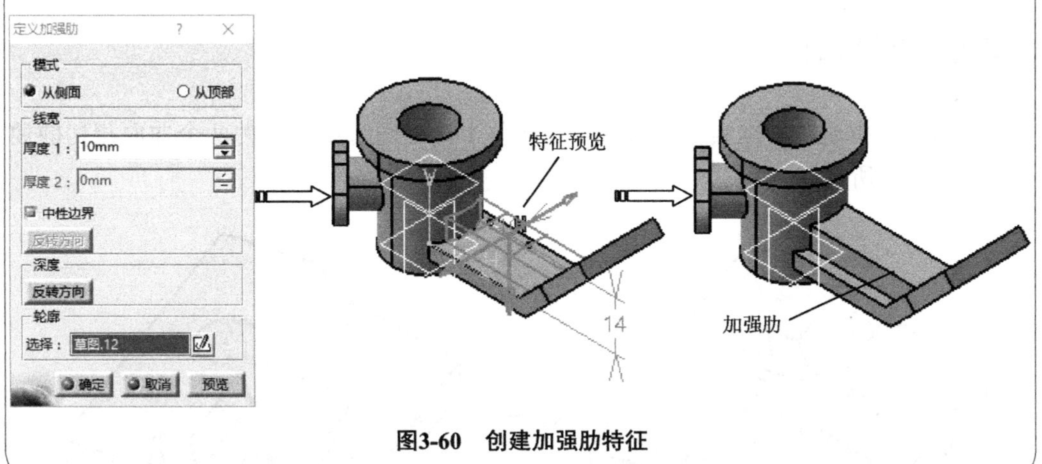

图3-60 创建加强肋特征

3.4 实体修饰特征

3.4 视频精讲

零件修饰特征是指在已有基本实体模型的边和表面进行修饰，如倒角、拔模、螺纹等，相关命令集中在【修饰特征】工具栏上，包括“倒圆角”“倒角”“拔模”“抽壳”“加厚”和“添加螺纹”等，如图3-61和表3-4所示。

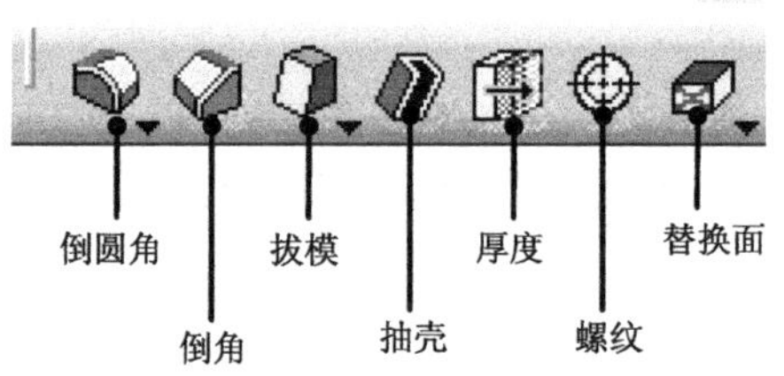

图3-61 【修饰特征】工具栏

表3-4 实体修饰特征

类型	说明
倒圆角	用于通过指定实体的边线，在实体上建立与边线连接的两个曲面相切的曲面
倒角	用于在存在交线的两个面上建立一个倒角斜面
拔模	用于根据拔模面、和拔模方向之间的夹角作为拔模条件进行拔模
抽壳	用于从实体内部除料或在外部加料，使实体中空化，从而形成薄壁特征的零件
厚度	用于在零件实体上选择一个厚度控制面，设置一个厚度值，实现增加现有实体的厚度
螺纹	用于在圆柱体内或外表面上创建螺纹，建立的螺纹特征在三维实体上并不显示，但在特征树上记录螺纹参数，并在生成工程图时显示
替换面	用于以一个面或一组相切面替换一个曲面或一个与选定面属于相同几何体的面，通过修剪来生成几何体，常用于根据已有外部曲面形状来对零件表面形状进行修改得到特殊结构

3.4.1 倒圆角

倒圆角是指通过指定实体的边线，在实体上建立与边线连接的两个曲面相切的曲面，如图3-62所示。

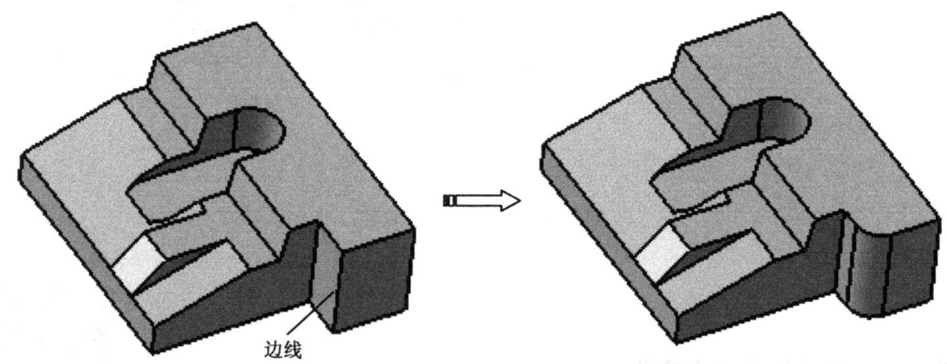

图3-62 倒圆角

CATIA 命令	• 选择下列菜单【插入】|【修饰特征】|【倒圆角】命令。 • 单击【修饰特征】工具栏上的【倒圆角】按钮。

操作步骤

Step01 单击【修饰特征】工具栏上的【倒圆角】按钮，弹出【倒圆角定义】对话框，在【要圆角化的对象】选择框中选择如图3-63所示的4条边线，在【半径】输入框设置"2mm"，单击【确定】按钮完成。

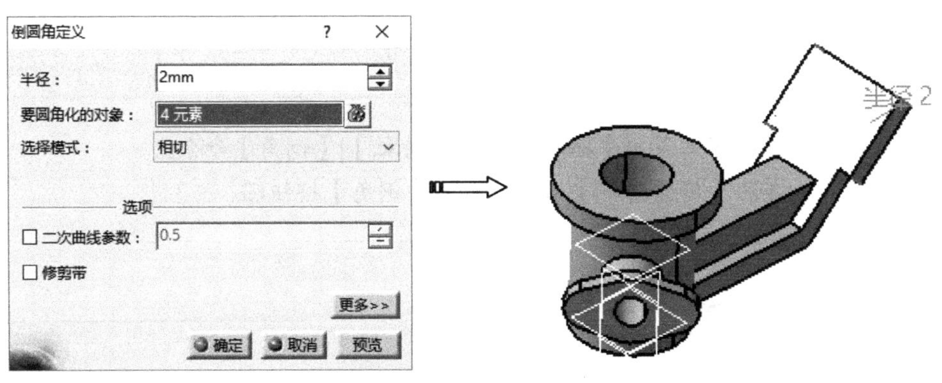

图3-63 倒圆角操作（一）

Step02 单击【修饰特征】工具栏上的【倒圆角】按钮，弹出【倒圆角定义】对话框，在【要圆角化的对象】选择框中选择如图3-64所示的7条边线，在【半径】输入框设置"1mm"，单击【确定】按钮完成。

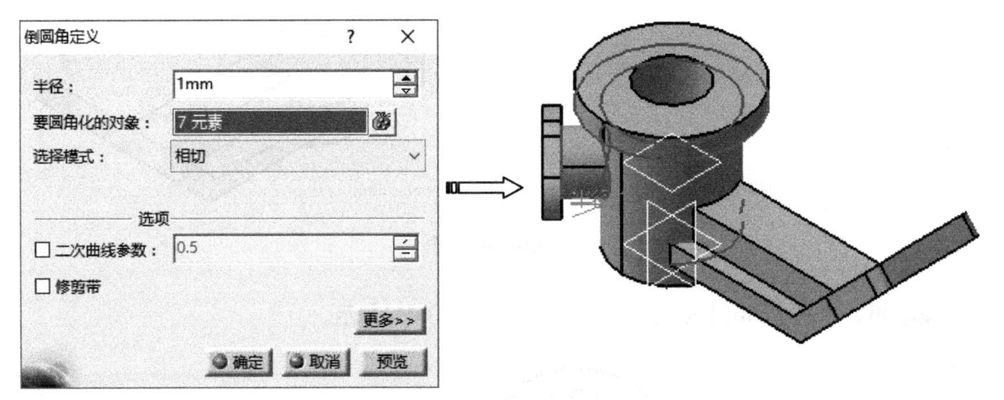

图3-64 倒圆角操作（二）

3.4.2 倒角

倒角是指在存在交线的两个面上建立一个倒角斜面，如图3-65所示。

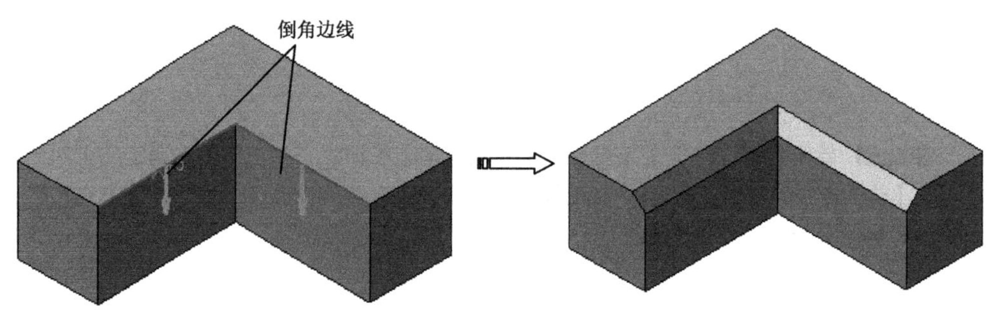

图3-65 倒角特征

CATIA 命令	• 选择下列菜单【插入】|【修饰特征】|【倒角】命令。 • 单击【修饰特征】工具栏上的【倒角】按钮。

Step03 单击【修饰特征】工具栏上的【倒角】按钮，弹出【定义倒角】对话框，激活【要倒角的对象】选择框，选择如图3-66所示的边线，在【模式】下拉列表中选择“长度1/长度2”，设置【长度1】为“1mm”、【长度2】为“2mm”。

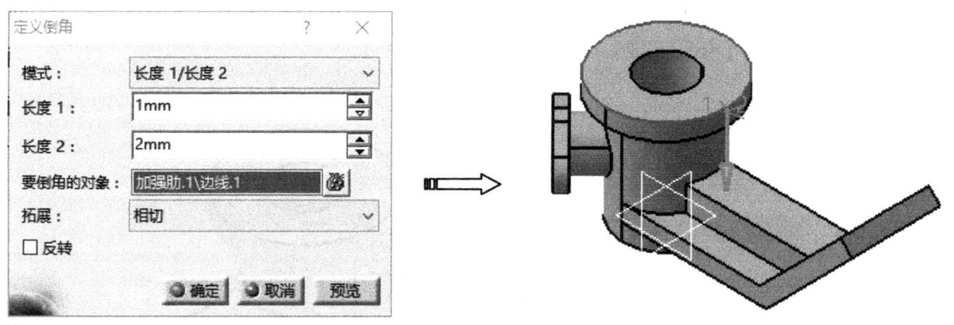

图3-66 倒圆角

Step04 单击【确定】按钮完成倒角特征，如图3-67所示。

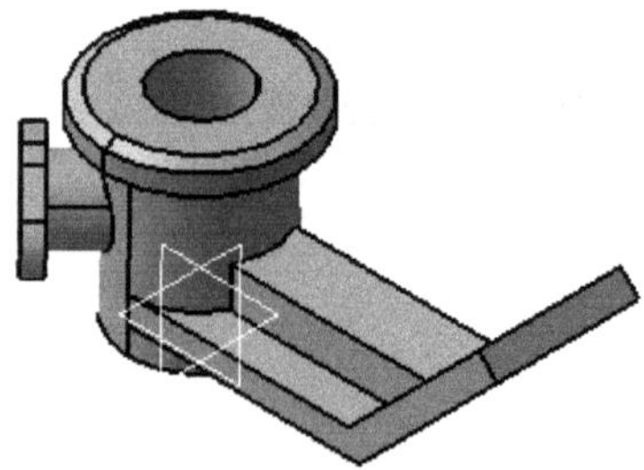

图3-67 创建倒角

提示

选中【反转】复选框可反转调换非对称倒角的两边的长度，也可单击图中箭头改变方向。

3.5 实体变换特征

3.5 视频精讲

变换特征是指对已生成的零件特征进行位置的变换、复制变换（包括镜像和阵列）以及缩放变换等，相关命令集中在【变换特征】工具栏上，主要包括“平移”“旋转”“对称”“定位”“镜像”“阵列”“缩放”和“仿射”等，如图3-68和表3-5所示。

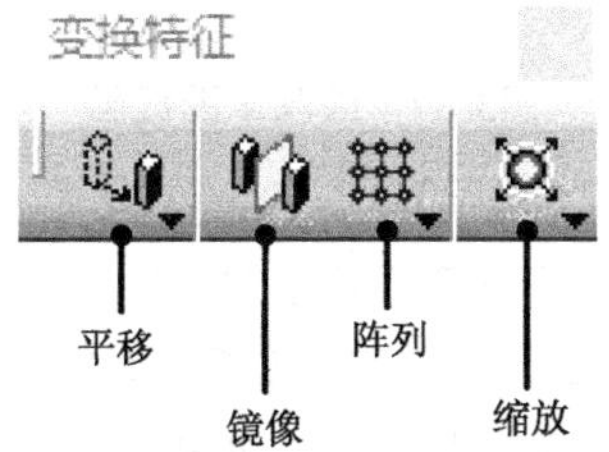

图3-68 【变换特征】工具栏

表3-5 实体变换特征

类型	说明
平移	用于在特定的方向上将零件文档中的当前工作对象相对于坐标系进行移动指定距离，常用于零件几何位置的修改
镜像	用于对点、曲线、曲面、实体等几何元素相对于镜像平面进行镜像操作。镜像特征与对称特征的不同之处在于镜像是对原目标元素进行复制，而对称是对目标进行移动操作
对称	用于将当前工作对象对称移动到关于参考元素对称的位置上去，参考元素可以是点、线、平面等
矩形阵列	用于以矩形排列方式复制选定的实体特征，形成新的实体
圆形阵列	用于将实体绕旋转旋转轴进行旋转阵列分布
用户阵列	用于通过用户自定义方式对源特征或实体进行阵列操作
缩放	用于通过指定点、平面或曲面作为缩放参考将几何图形的大小调整为指定的尺寸

CATIA命令

- 单击【变换特征】工具栏上的【矩形阵列】按钮。
- 选择下拉菜单【插入】|【变换特征】|【矩形阵列】命令。

Step01 单击【草图】按钮，在工作窗口选择如图3-69所示的表面作为草图平面，进入草图编辑器。利用草图绘制等工具绘制如图3-69所示的草图。单击【工作台】工具栏上的【退出工作台】按钮，完成草图绘制。

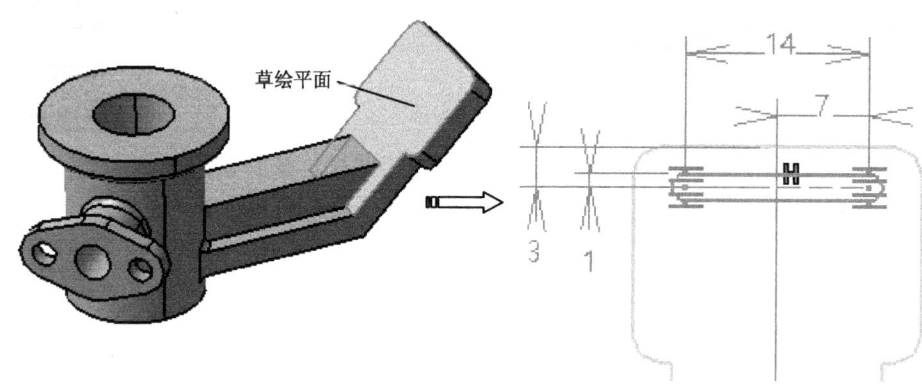

图3-69　绘制草图截面

Step02 单击【基于草图的特征】工具栏上的【凹槽】按钮，选择上一步草图，弹出【定义凹槽】对话框，设置凹槽类型为【尺寸】,【长度】为“5mm”，选中【镜像范围】复选框，单击【确定】按钮，系统自动完成凹槽特征，如图3-70所示。

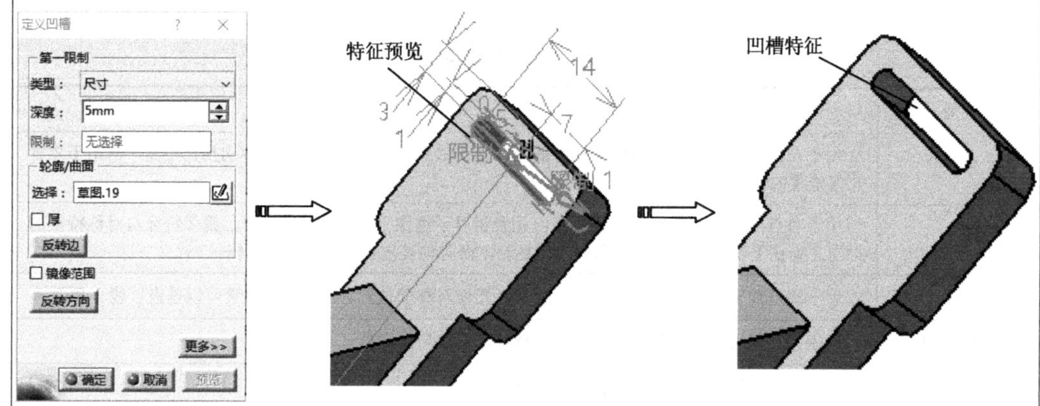

图3-70　创建凹槽特征

Step03 选择如图3-71所示要阵列的凹槽特征，单击【变换特征】工具栏上的【矩形阵列】按钮，弹出【定义矩形阵列】对话框，激活【第一方向】选项卡中的【参考图元】编辑框，选择如图3-71所示的边线为方向参考，设置【实例】为“3”,【间距】为“5mm”，单击【预览】按钮显示预览，如图3-71所示。

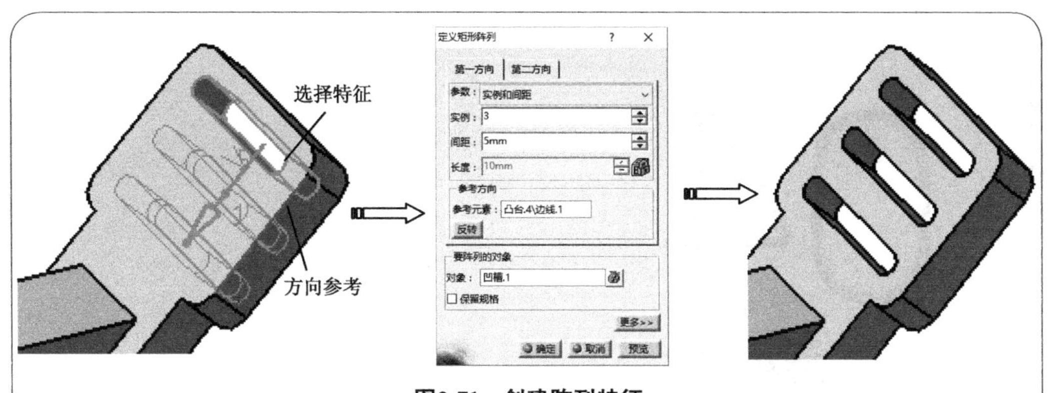

图3-71　创建阵列特征

提示

在启动镜像命令之前，应先选择镜像平面或镜像特征。如果没有选择镜像特征，则系统自动选择当前工作对象为镜像对象；当选择特征时，按Ctrl键在特征树或图形区选择即可。

3.6　保存文件

选择下拉菜单【文件】|【保存】命令，会弹出【另存为】对话框，选择合适的保存路径和文件名后，单击【保存】按钮即可保存文件。

本章小结

本章介绍了CATIA实体特征绘制方法和过程，主要内容有实体特征造型和建模方法、基本实体特征、实体成形特征、实体修饰特征等。通过本章的学习熟悉了CATIA实体造型绘制的方法和流程，希望大家按照讲解方法再进一步进行实例练习。

04 第4章

创成式曲线和曲面设计

流畅外形设计离不开曲线和曲面，创成式外形设计工作台提供了灵活方便的曲面设计功能。为了建立好曲面，必须适当建好基本曲线模型，线框是曲面的基础，所建立的曲线可以用来作为创建曲面或实体的引导线或参考线；使用基于草图的特征建模创建的零件形状都是规则的，而实际工程中，许多零件的表面往往都不是平面或曲面，这就需要通过曲面生成实体来创建特定表面的零件。

希望通过本章曲线和曲面的学习，使读者轻松掌握CATIA创成式曲面和曲线创建的基本功能和应用。

本章内容

- 创成式外形设计工作台简介
- 创建曲线
- 曲线操作
- 创建曲面
- 曲面操作
- 曲面创建实体特征

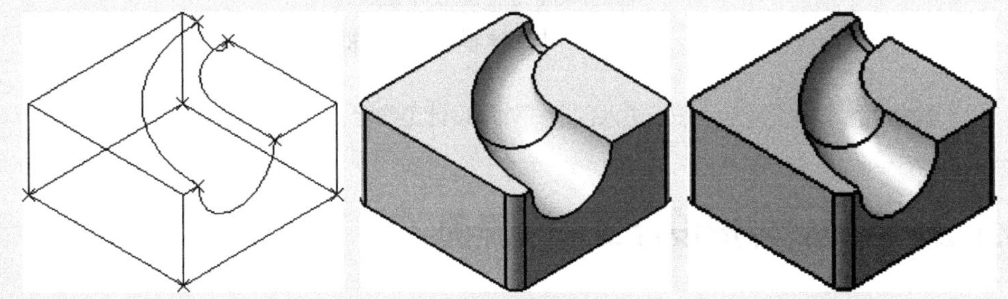

4.1 创成式外形设计工作台概述

复杂形状结构单靠【零件设计】工作台不能完成，而需要实体和曲面混合设计才能完成。创成式外形设计工作台是CATIA进行曲面设计的重要部分，可交互式地创建曲线和曲面。

4.1.1 启动创成式外形设计工作台

在CATIA中，通常将在三维空间创建的点、线（包括直线和曲线）、平面称为线框；将在三维空间中建立的各种面称为曲面；将一个曲面或几个曲面的组合称为面组，曲面是没有厚度的几何特征。要创建曲面首先要进入创成式外形设计工作台环境中。

CATIA命令	● 选择【开始】|【形状】|【创成式外形设计】命令。

Step01 执行【开始】|【形状】|【创成式外形设计】命令，弹出【新建零件】对话框，

在【输入零件名称】文本框中输入文件名称，如图4-1所示。

图4-1 【新建零件】对话框

Step02 单击【确定】按钮进入创成式外形设计工作台。

4.1.2 创成式外形设计工作台界面

创成式外形设计工作台界面主要包括菜单栏、特征树、图形区、指南针、工具栏、状态栏，如图4-2所示。

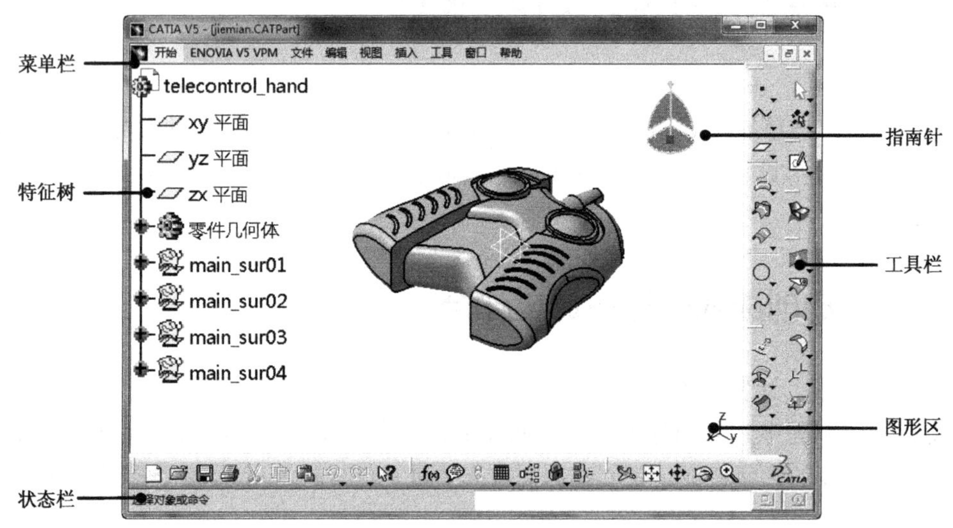

图4-2 创成式外形设计工作台界面

4.1.2.1 菜单栏命令

进入创成式外形设计工作台后，整个设计平台的菜单与其他模式下的菜单有了较大区别，其中【插入】下拉菜单是创成式外形设计工作台的主要菜单，如图4-3所示。该菜单集中了所有曲线和曲面设计命令，当在工具栏中没有相关命令时，可选择该菜单中的命令。

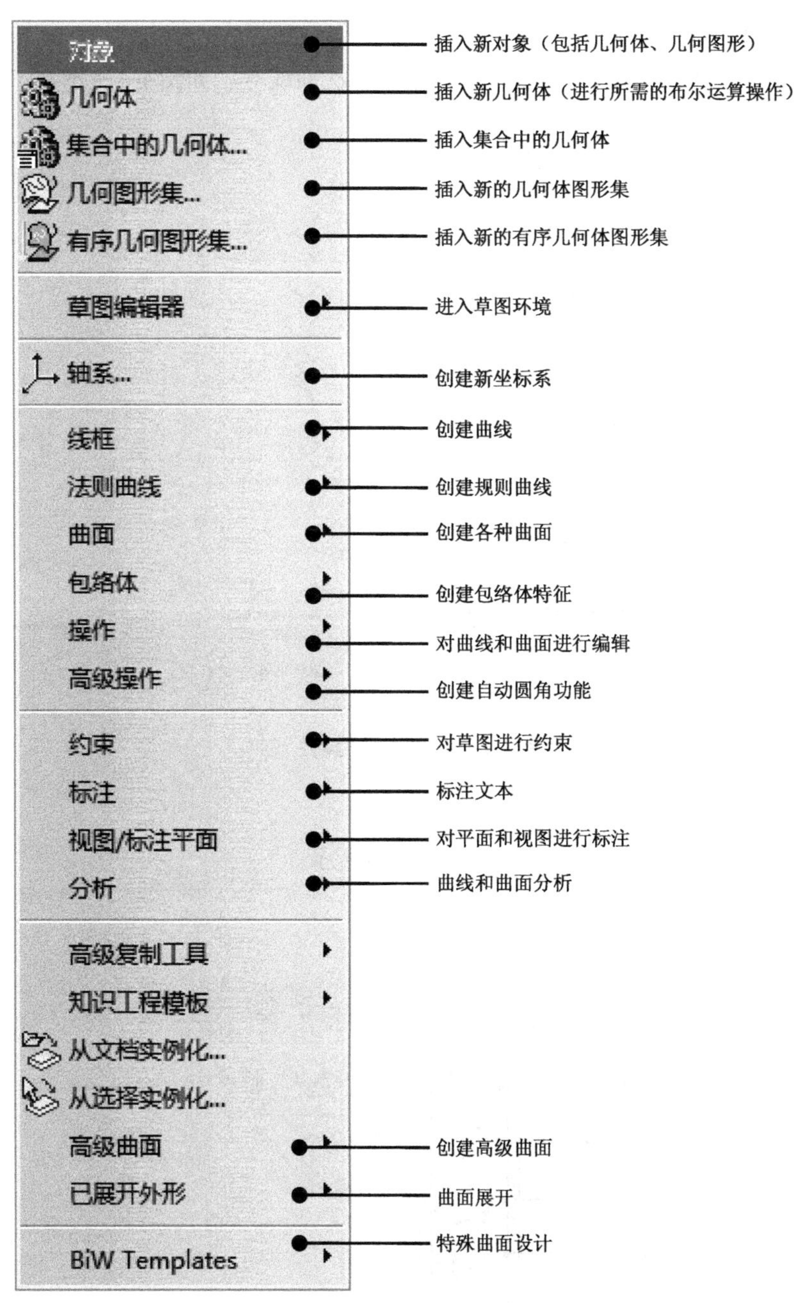

图4-3　【插入】下拉菜单

4.1.2.2　工具栏

利用创成式外形设计工作台中的工具栏命令按钮是启动曲面特征命令最方便的方法。CATIA V5R21创成式外形设计工作台常用的工具栏有8个：【线框】工具栏、【曲面】工具栏、【高级曲面】工具栏、【操作】工具栏、【复制】工具栏、【已展开外形】工具栏、【BiW Templates】工具栏和【分析】工具栏等。工具栏显示了常用的工具按钮，单击工具右侧的黑色三角，可展开下一级工具栏。

（1）【线框】工具栏

【线框】工具栏用于创建点、直线、曲线、二次曲线等，如图4-4所示。

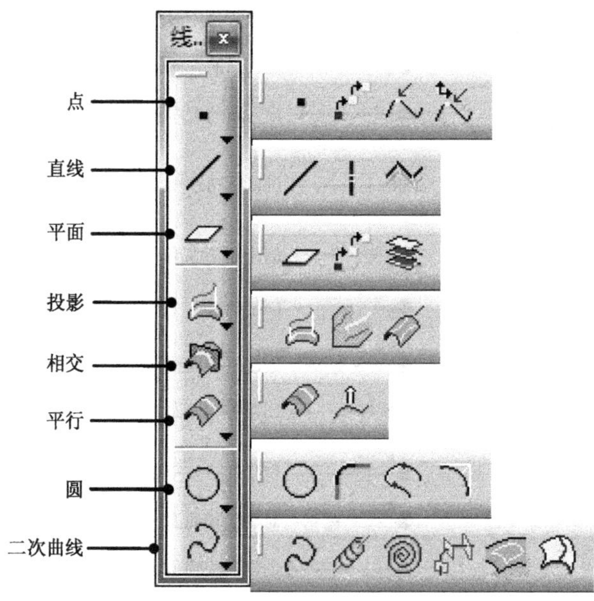

图4-4　【线框】工具栏

（2）【曲面】工具栏

【曲面】工具栏用于创建各种曲面，如图4-5所示。

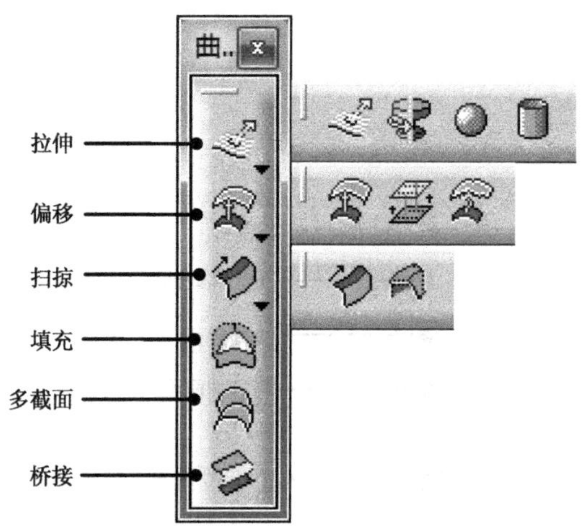

图4-5　【曲面】工具栏

（3）【操作】工具栏

【操作】工具栏用于对已建立的曲线、曲面进行裁剪、连接、倒圆角等操作，如图4-6所示。

（4）【复制】工具栏

【复制】工具栏用于对点、线、面及几何图形等几何特征进行复制，如图4-7所示。

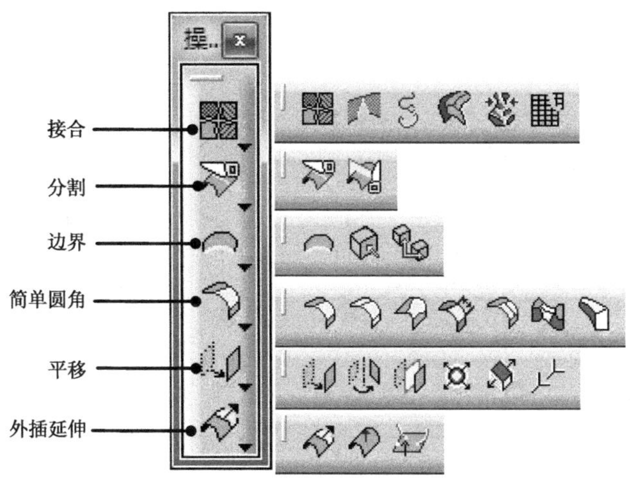

图4-6 【操作】工具栏

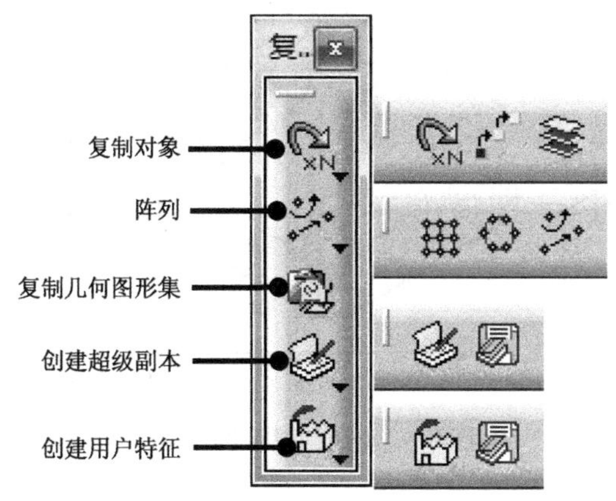

图4-7 【复制】工具栏

4.1.2.3 曲面建模基本流程

4.1.2.3 视频精讲

以图4-8所示为例来说明CATIA建模的基本流程过程。

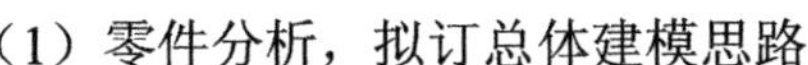

（1）零件分析，拟订总体建模思路

按滑槽的曲面结构特点对曲面进行分解，可分解为基体曲面和滑槽曲面。基本曲面为上下底面和侧面，是主要结构框架曲面；滑槽曲面是主曲面，如图4-8所示。

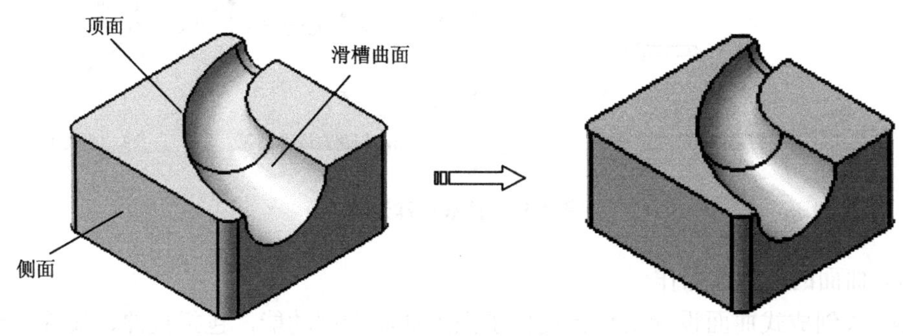

图4-8 曲面分解

根据曲面实体建模顺序，一般是先曲线，再曲面，最后由曲面生成实体，如图4-9所示。

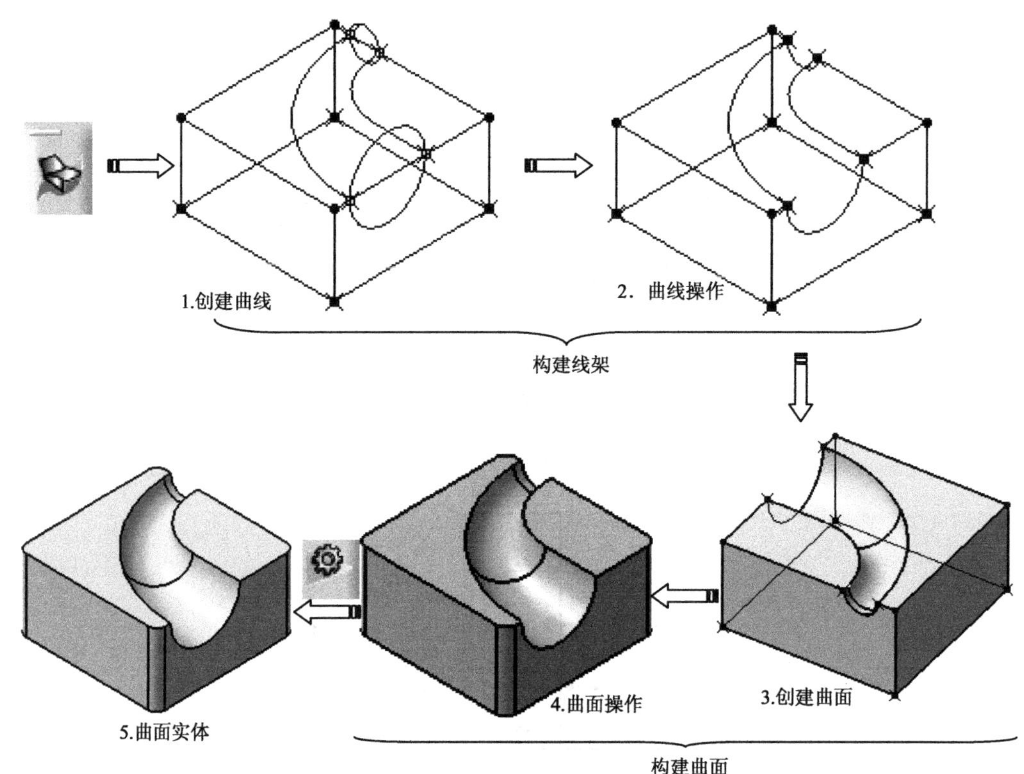

图4-9 滑槽创建基本过程

（2）曲线的构建和操作

在曲面构建中，要正确地设计曲面，必须建好基本曲线。因此曲线的质量直接影响到曲面创建的质量。曲线创建按照点、线、面的顺序，坚持先主后次（或主次交叉）原则，然后通过曲线操作功能可方便迅速地修改曲面形状来满足设计要求，如图4-10所示。

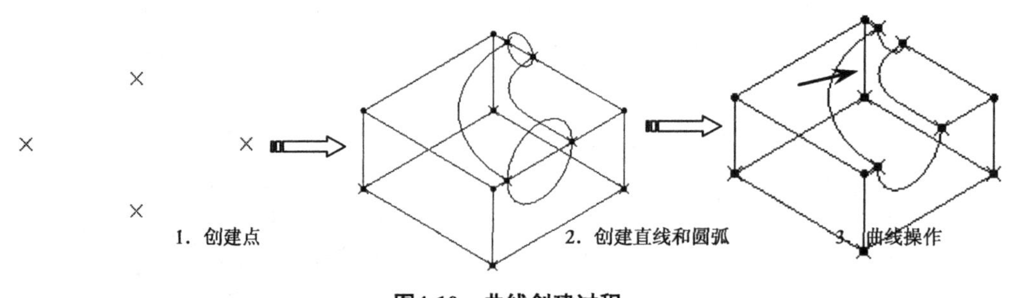

图4-10 曲线创建过程

（3）曲面的构建和操作

CATIA创成式曲面设计工作台提供了强大曲面造型功能，包括拉伸、偏移、旋转、球面、圆柱面、扫掠曲面、填充曲面、多截面曲面、桥接曲面等。建立曲面时可充分考虑各种可能的情况和边界条件，采用先创建曲面然后再通过分割、修剪、圆角等操作完善曲面造型，如图4-11所示。

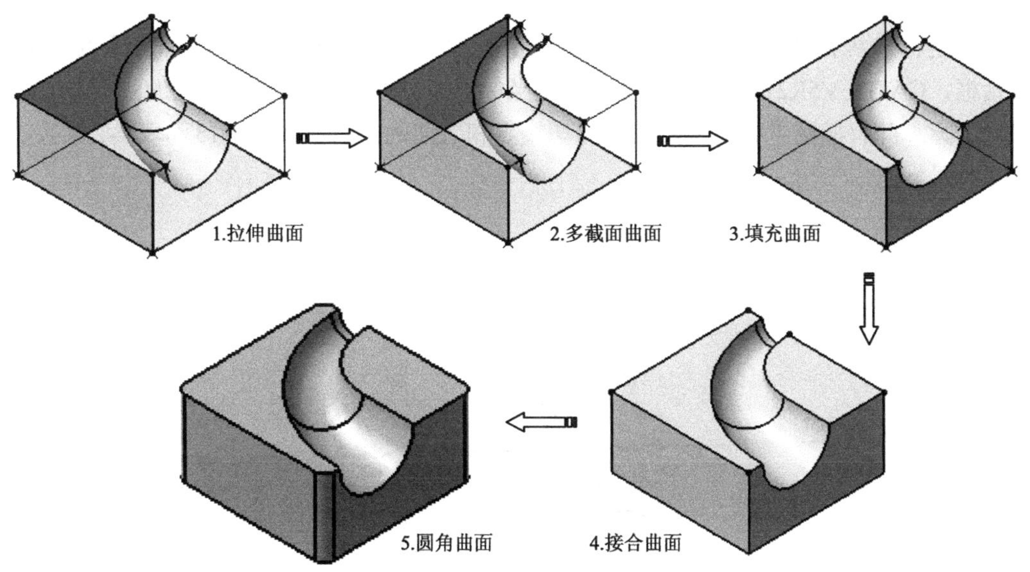

图4-11　曲面创建过程

（4）曲面创建实体

使用基于草图的特征建模创建的零件形状都是规则的，而实际工程中许多零件的表面往往都不是平面或规则曲面，这就需要通过曲面生成实体来创建特定表面的零件，主要包括分割、厚曲面、封闭曲面和缝合曲面，如图4-12所示。

图4-12　曲面创建实体特征

4.2 创建曲线

4.2　视频精讲

为了建立好曲面，必须适当建好基本曲线模型。线框是曲面的基础，所建立的曲线可以用来作为创建曲面或实体的引导线或参考线。利用CATIA的线框工具可创建多种曲面元素，其中包括点、基准特征、直线、圆弧和样条曲线等元素。

4.2.1 创建点

点是构成线框的基础，单击【线框】工具栏上的【点】按钮，弹出【点定义】对话框，CATIA V5R21空间点创建方法：坐标点、曲线上的点、平面上的点、曲面上的点、圆/球面/椭圆中心的点、曲线的切线点和之间的点等，如图4-13和表4-1所示。

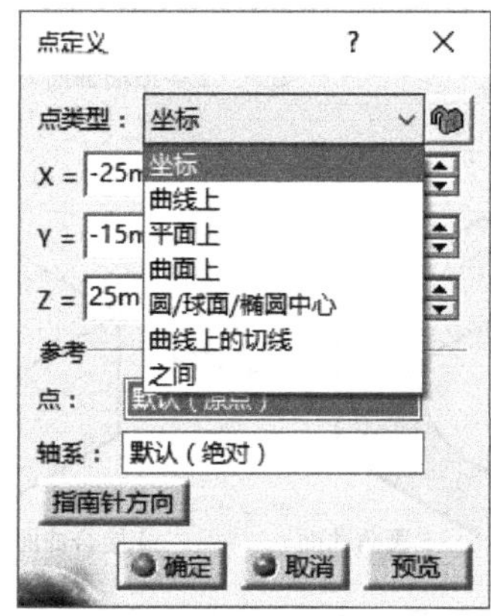

图4-13 【点定义】对话框

表4-1 点类型

类型	说明
坐标点	相对于现有参考点通过输入X、Y、Z坐标值来创建点
曲线上的点	曲线上的点是指通过选择曲线而在曲线上创建点
平面上的点	平面上的点是指在平面上通过参考点及坐标来创建点
曲面上的点	曲面上的点是指通过选择曲面而在曲面上创建点
圆/球面/椭圆中心的点	圆/球面/椭圆中心的点是指在圆心、圆弧中心、球形面、椭圆形或球心处创建点
曲线上的切线点	曲线上的切线点是指创建曲线与参考方向上的相切点
之间的点	之间的点是指创建已知两点的中间点

CATIA命令

- 选择下列菜单【插入】|【线框】|【点】命令。
- 单击【线框】工具栏上的【点】按钮。

Step01 单击【线框】工具栏上的【点】按钮，弹出【点定义】对话框，在【点类型】

下拉列表中选择【坐标】选项，输入（-25，-25，0），单击【确定】按钮，系统自动完成点创建，如图4-14所示。

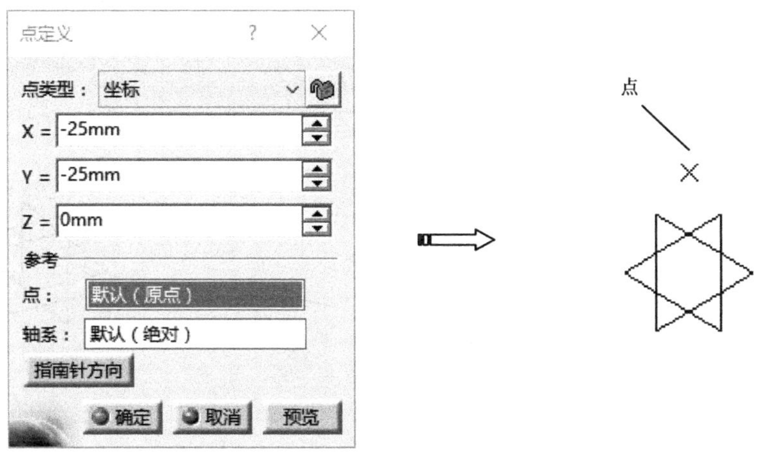

图4-14　创建坐标点（一）

提示

单击【锁定】按钮可锁定点类型，防止在选择元素时自动改变点的类型。

Step02 单击【线框】工具栏上的【点】按钮▪，弹出【点定义】对话框，在【点类型】下拉列表中选择【坐标】选项，输入（25,25,0），单击【确定】按钮，系统自动完成点创建，如图4-15所示。

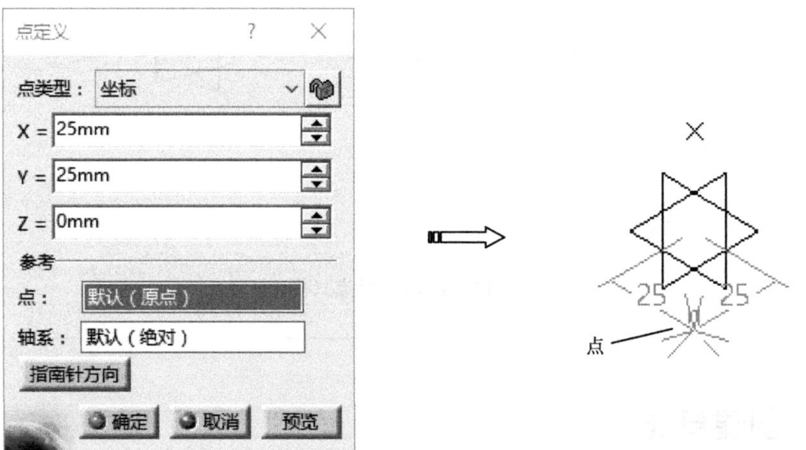

图4-15　创建坐标点（二）

Step03 单击【线框】工具栏上的【点】按钮▪，弹出【点定义】对话框，在【点类型】

第04章 创成式曲线和曲面设计

下拉列表中选择【坐标】选项，输入（25，-25，0），单击【确定】按钮，系统自动完成点创建，如图4-16所示。

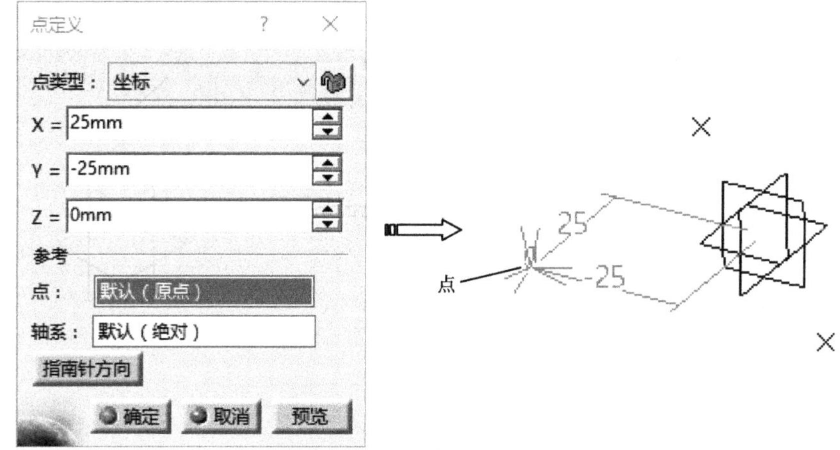

图4-16　创建坐标点（三）

Step04 单击【线框】工具栏上的【点】按钮，弹出【点定义】对话框，在【点类型】下拉列表中选择【坐标】选项，输入（25，-25，0），单击【确定】按钮，系统自动完成点创建，如图4-17所示。

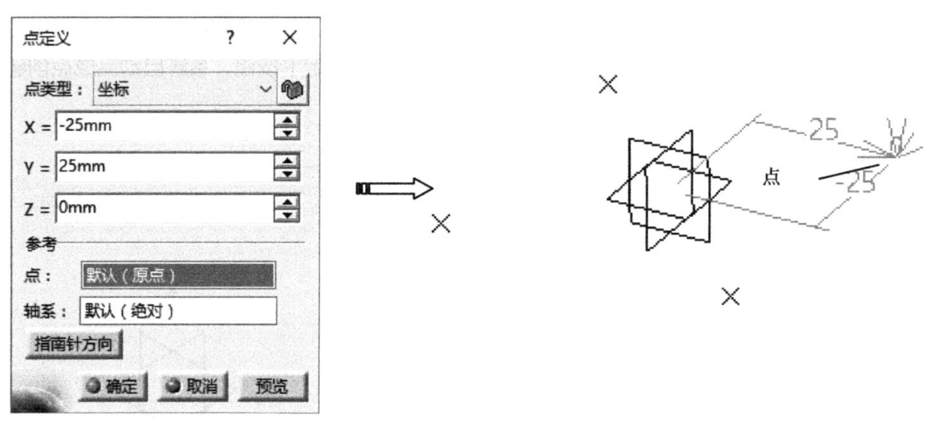

图4-17　创建坐标点（四）

4.2.2　创建直线

直线是构成线框的基本单元之一，可作为创建平面、曲线、曲面的参考，也可作为方向参考和轴线。CATIA V5R21空间直线创建方法有：点-点、点-方向、曲线的角度/法线、曲线的切线、曲面的法线和角平分线等，如图4-18和表4-2所示。

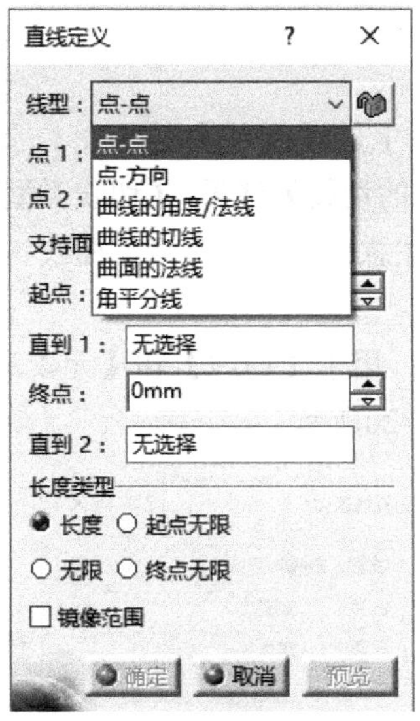

图4-18 【直线定义】对话框

表 4-2 直线类型

类型	说明
点-点	用于在两个相异点创建一条直线，也可创建两点连线在支持曲面上的投影线
点-方向	用于创建通过一点与指定方向的直线
曲线的切线	用于创建通过起点并平行于曲线切线的直线
曲线的角度/法线	用于创建与曲线垂直或倾斜的直线
曲面的法线	用于通过指定点沿着曲面法线方向创建直线
角平分线	用于创建两条直线的夹角平分线

4.2.2.1 支持面上的直线

选择一个平面或曲面作为支持面，所绘制的直线将在该支持面上，即生成沿曲面距离最短的直线，如图4-19所示。

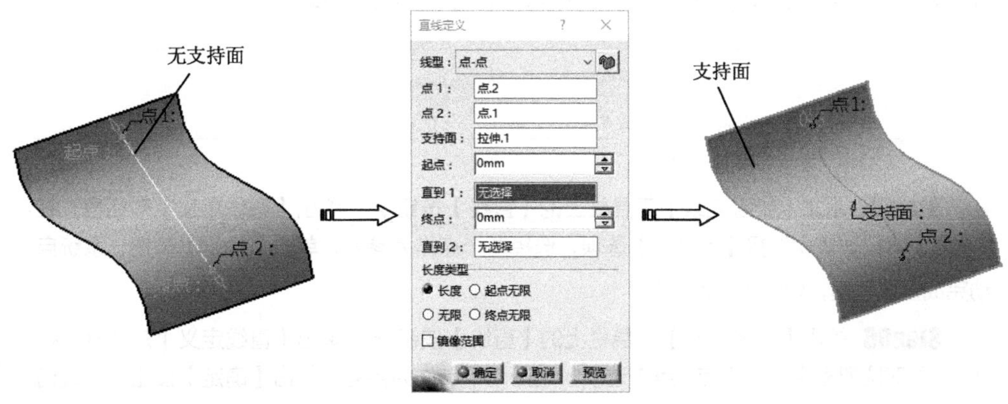

图4-19 支持面

4.2.2.2 双切直线

单击【参考元素】工具栏上的【直线】按钮，弹出【直线定义】对话框，在【线型】下拉列表中选择【曲线的切线】选项，【切线类型】中有双切线选项。双切线即与所选的直线和元素都相切，注意元素可以是点、曲线、平面等，操作时要注意点的选择和元素的选择。

- 两条曲线相切直线：用于【曲线】和【元素2】中选择两条曲线，创建的直线与两条曲线相切，如图4-20所示。

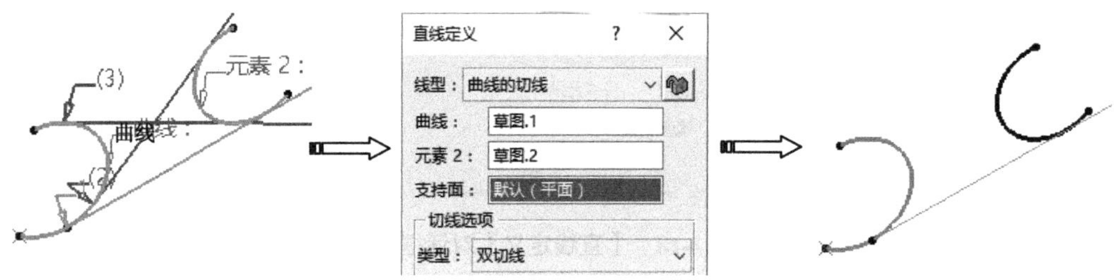

图4-20 双切线

- 点和曲线相切直线：可绘制通过一点与曲线相切的直线，如图4-21所示。

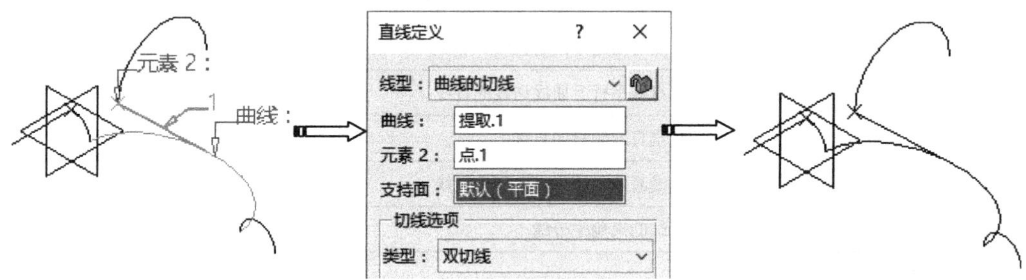

图4-21 点和曲线相切

CATIA 命令	• 选择下列菜单【插入】|【线框】|【直线】命令。 • 单击【参考元素】工具栏上的【直线】按钮。

Step05 单击【参考元素】工具栏上的【直线】按钮，弹出【直线定义】对话框，在【线型】下拉列表中选择【点-点】选项，选择两个点作为参考，单击【确定】按钮，系统自动完成直线创建，如图4-22所示。

Step06 单击【参考元素】工具栏上的【直线】按钮，弹出【直线定义】对话框，在【线型】下拉列表中选择【点-点】选项，选择两个点作为参考，单击【确定】按钮，系统自动完成直线创建，如图4-23所示。

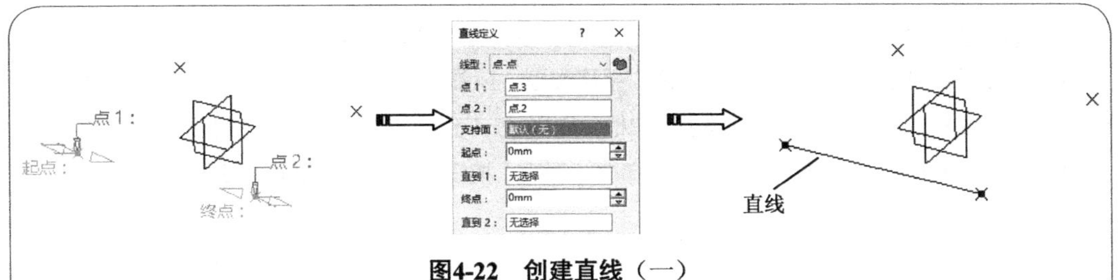

图4-22　创建直线（一）

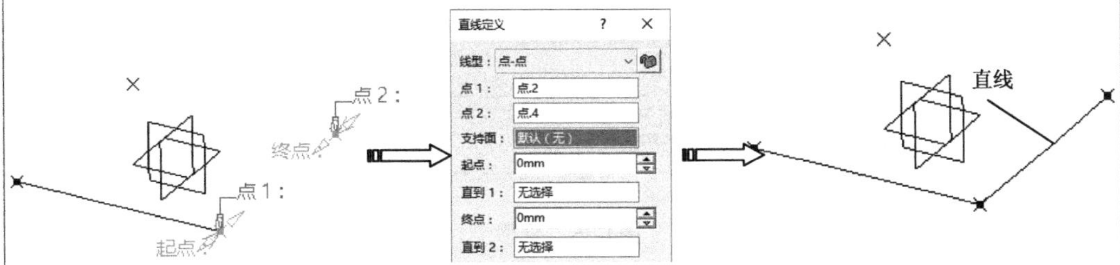

图4-23　创建直线（二）

Step07 单击【参考元素】工具栏上的【直线】按钮，弹出【直线定义】对话框，在【线型】下拉列表中选择【点-点】选项，选择两个点作为参考，单击【确定】按钮，系统自动完成直线创建，如图4-24所示。

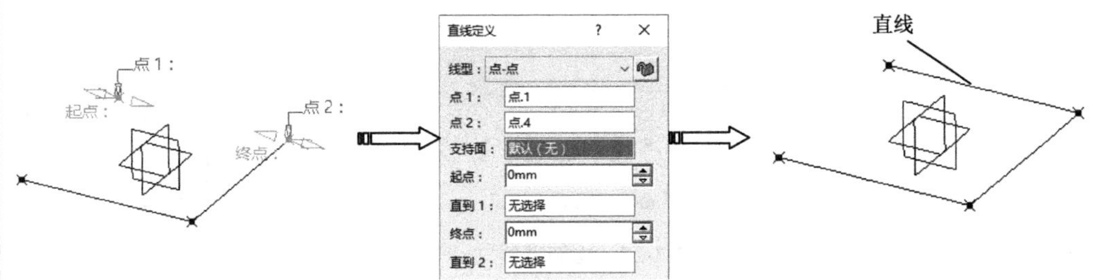

图4-24　创建直线（三）

Step08 单击【参考元素】工具栏上的【直线】按钮，弹出【直线定义】对话框，在【线型】下拉列表中选择【点-点】选项，选择两个点作为参考，单击【确定】按钮，系统自动完成直线创建，如图4-25所示。

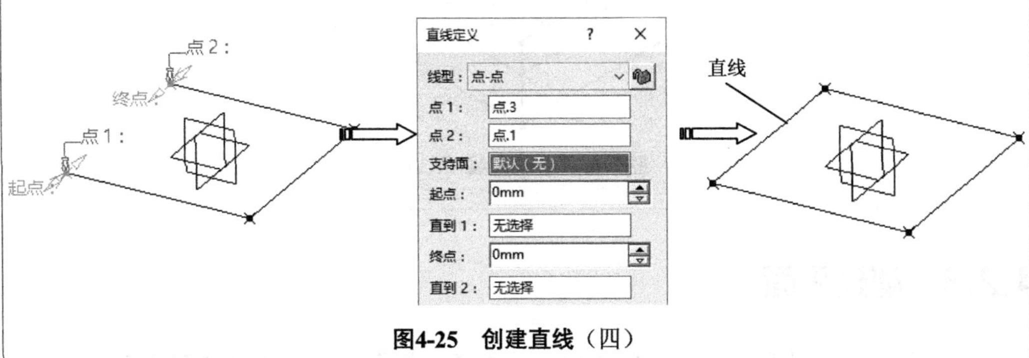

图4-25　创建直线（四）

Step09 单击【操作】工具栏上的【平移】按钮，弹出【平移定义】对话框，在【向量定义】下拉列表中选择“方向、距离”平移类型，在图形区选择如图4-26所示的曲线作为选择需要平移的曲线，激活【方向】编辑框，选择Z方向为平移方向参考，在【距离】文本框中输入“25mm”，其他参数保持默认，单击【确定】按钮，系统自动完成平移操作。

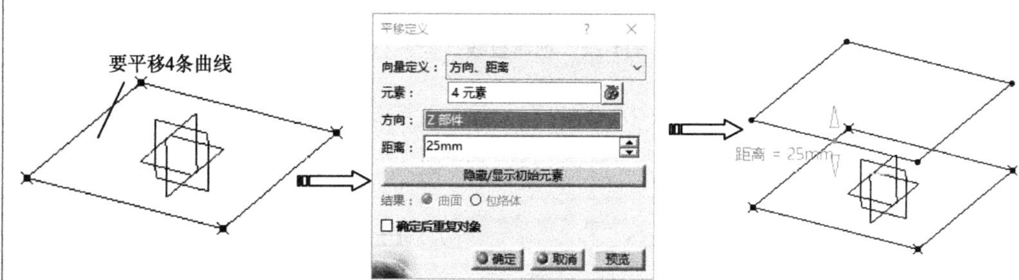

图4-26 平移

Step10 单击【参考元素】工具栏上的【直线】按钮，弹出【直线定义】对话框，在【线型】下拉列表中选择【点-点】选项，选择两个点作为参考，单击【确定】按钮，系统自动完成直线创建，如图4-27所示。

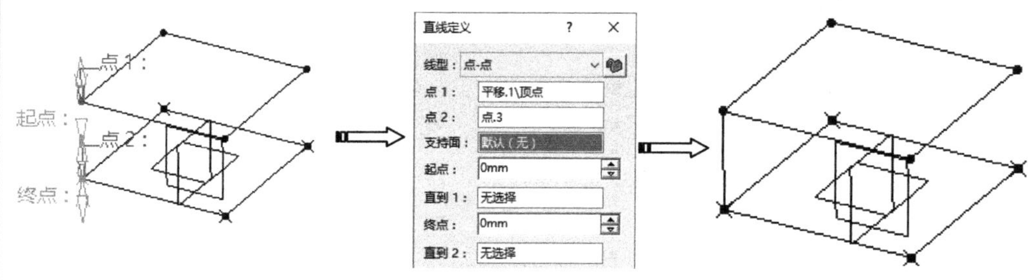

图4-27 绘制直线（一）

Step11 重复上述直线创建过程，绘制其余另外3条直线，如图4-28所示。

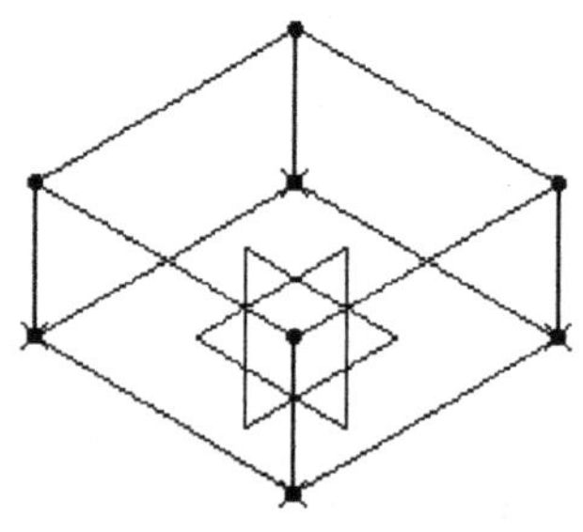

图4-28 绘制直线（二）

4.2.3 创建平面

平面用于绘制图形和实体的参考面。单击【线框】工具栏上的【平面】按钮，弹出【平面定义】对话框，如图4-29所示。

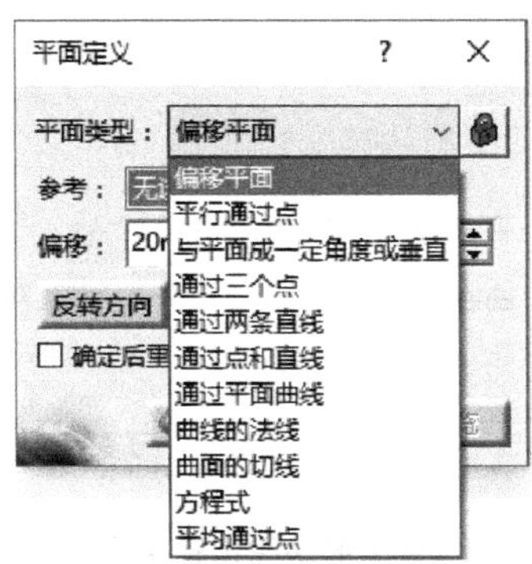

图4-29　平面类型

CATIA V5R21平面创建方法有多种：偏移平面、平行通过点、与平面成一定角度或垂直、通过三个点、通过两条直线、通过点和直线、通过平面曲线、曲线的法线、曲面的切线、方程式和平均通过点等，如表4-3所示。

表4-3　平面类型

类型	说明
偏移平面	偏移平面是指创建平行于参考平面的平面，偏移的平面可以是参考平面，也可以是实体表面
平行通过点	平行通过点是指创建平移于一参考平面且通过参考点的平面
与平面成一定角度或垂直	与平面成一定角度或垂直是指创建与参考平面垂直或成角度的平面
通过三个点	通过三个点是指通过不共线的三点创建平面
通过两条直线	通过两条直线是指通过两条不同直线创建平面
通过点和直线	通过点和直线是指创建包含一条直线和点的平面
通过平面曲线	通过平面曲线是指创建通过2D曲线的平面，即曲线所在平面上创建平面
曲线的法线	曲线的法线是指通过在已知曲线上指定一点并在该点处创建与曲线垂直的平面
曲面的切线	曲面的切线是指通过在已知曲面上指定一点并在该点处创建与曲面相切的平面
方程式	方程式是指利用平面方程式 $Ax+By+Cz=D$ 来创建平面
平均通过点	平均通过点是指通过多个点创建平面，选择的点为三个或三个以上

CATIA命令

- 选择下列菜单【插入】|【线框】|【平面】命令。
- 单击【参考元素】工具栏上的【平面】按钮。

Step12 单击【线框】工具栏上的【平面】按钮，弹出【平面定义】对话框，在【平

面类型】下拉列表中选择【曲线的法线】选项，选择直线和顶点，单击【确定】按钮，系统自动完成平面创建，如图4-30所示。

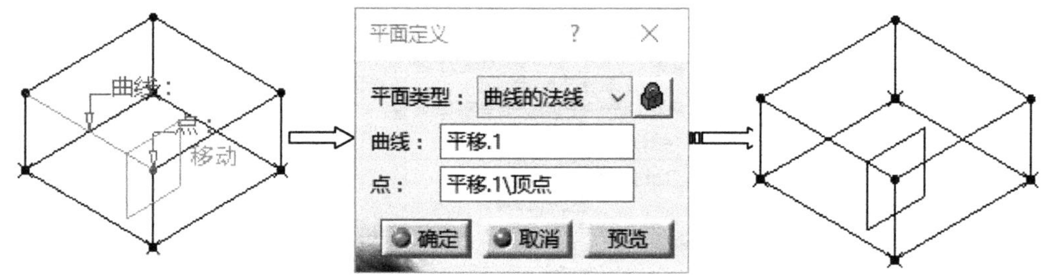

图4-30 曲线的法线创建平面（一）

Step13 单击【线框】工具栏上的【平面】按钮，弹出【平面定义】对话框，在【平面类型】下拉列表中选择【曲线的法线】选项，选择直线和顶点，单击【确定】按钮，系统自动完成平面创建，如图4-31所示。

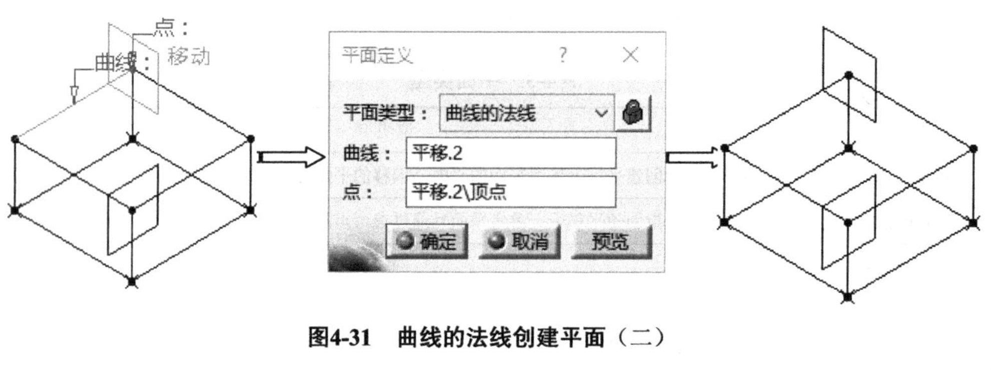

图4-31 曲线的法线创建平面（二）

4.2.4 创建圆弧和圆

圆或圆弧是构成线框的基本单元之一，CATIA V5R21空间圆或圆弧创建方法有：中心和半径、中心和点、两点和半径、三点、中心和轴线、双切线和半径、双切线和点、三切线、中心和切线等，如图4-32和表4-4所示。

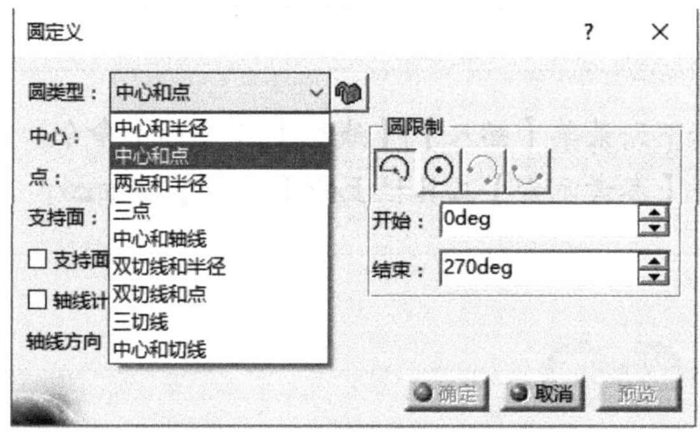

图4-32 【圆定义】对话框

表4-4　圆弧类型

类型	说明
中心和半径	用于通过定义圆心和半径创建圆或圆弧
中心和点	用于通过定义圆心和圆上一点创建圆或圆弧
两点和半径	用于通过定义圆上的两点和半径创建圆或圆弧
三点	用于通过定义圆上的三点创建圆或圆弧
中心和轴线	用于通过定义轴线和圆上一点创建圆或圆弧
双切线和半径	用于通过定义圆的公切线、切点位置和半径创建圆或圆弧
双切线和点	用于通过定义圆的两条切线和圆上的点创建圆或圆弧
三切线	用于通过定义圆的三条切线创建圆或圆弧
中心和切线	用于通过定义圆心和一条切线创建圆

CATIA命令

- 择下列菜单【插入】|【线框】|【平面】命令。
- 单击【参考元素】工具栏上的【平面】按钮。

Step14 单击【线框】工具栏上的【圆】按钮，弹出【圆定义】对话框，在【圆类型】下拉列表中选择【中心和半径】选项，选中【整圆】复选框，如图4-33所示。

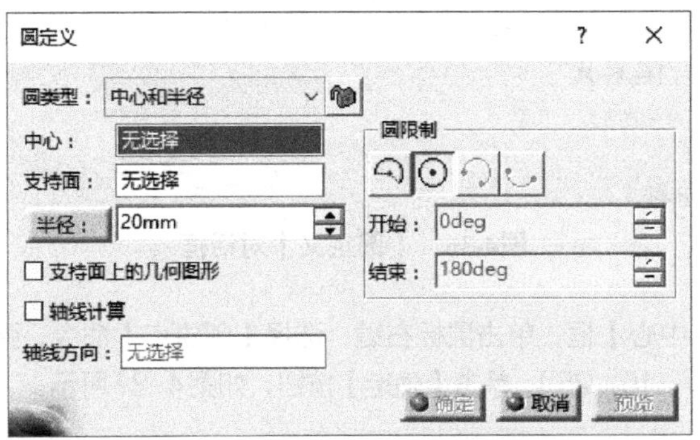

图4-33　【圆定义】对话框

Step15 激活【中心】框，单击鼠标右键，选择【创建点】命令，弹出【点定义】对话框，设置圆心（7.5，25，25），单击【确定】按钮，如图4-34所示。

Step16 在【支持面】框中选择【平面1】，在【半径】文本框中输入“12.5mm”，单击【确定】按钮，如图4-35所示。

Step17 单击【线框】工具栏上的【圆】按钮，弹出【圆定义】对话框，在【圆类型】下拉列表中选择【中心和半径】选项，选中【整圆】复选框，如图4-36所示。

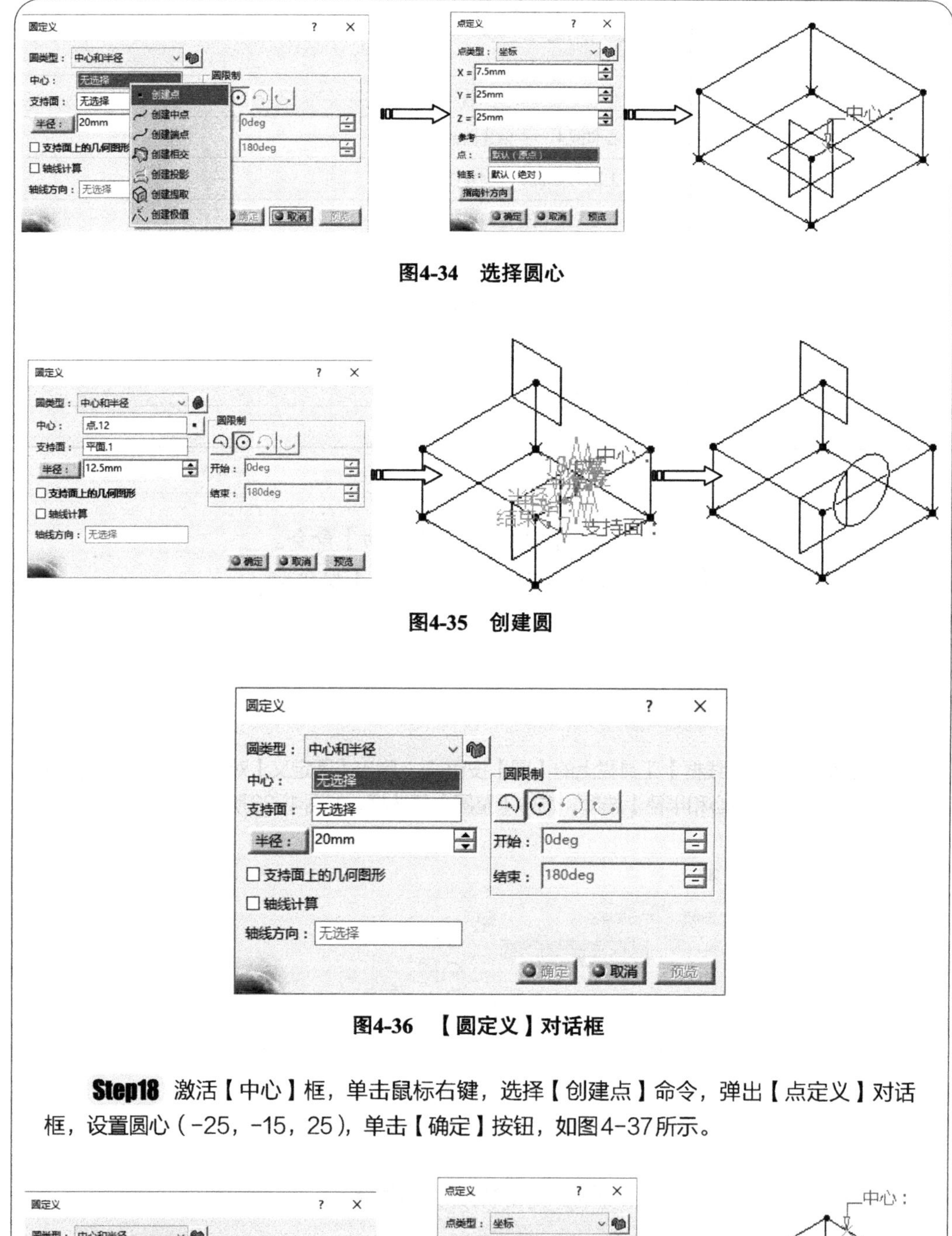

图4-34 选择圆心

图4-35 创建圆

图4-36 【圆定义】对话框

Step18 激活【中心】框，单击鼠标右键，选择【创建点】命令，弹出【点定义】对话框，设置圆心（-25，-15，25），单击【确定】按钮，如图4-37所示。

图4-37 选择圆心

Step19 在【支持面】框中单击鼠标右键选择【zx平面】，在【半径】文本框中输入“5mm”，单击【确定】按钮，如图4-38所示。

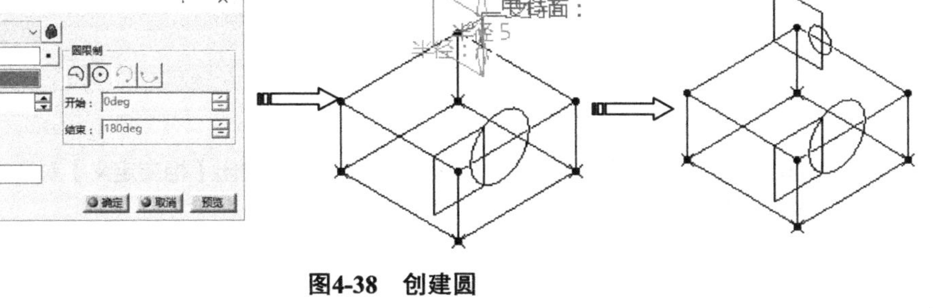

图4-38　创建圆

4.3　曲线操作

4.3　视频精讲

曲线操作是对已建立的曲线进行裁剪、合并、拆解、延伸等操作，通过编辑功能可方便迅速地修改曲面形状来满足设计要求。曲线操作命令集中在【操作】工具栏上，如图4-39所示。

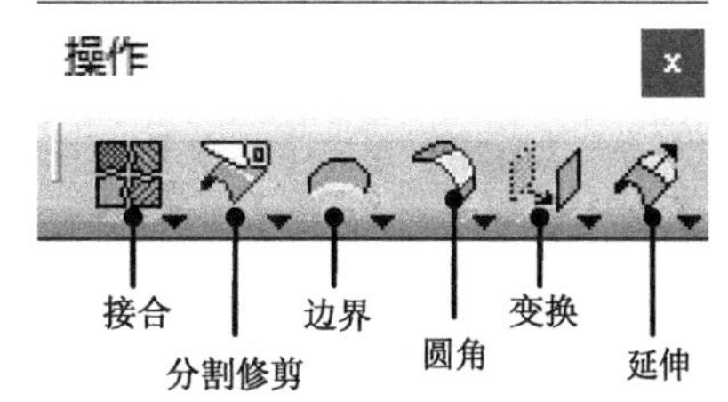

图4-39　【操作】工具栏

4.3.1　曲线拆解

【拆解】用于将多元素几何体拆分成单一单元或者单一域几何体的操作，多元素几何体可以是草图、曲线，还可以是曲面。

单击【操作】工具栏上的【拆解】按钮，弹出【拆解】对话框，选择拆解元素，单击【所有单元】图标，然后单击【确定】按钮，系统自动完成拆解操作，如图4-40所示显示所有的单元（即草图中的所有元素），其中圆由两个单元组成。

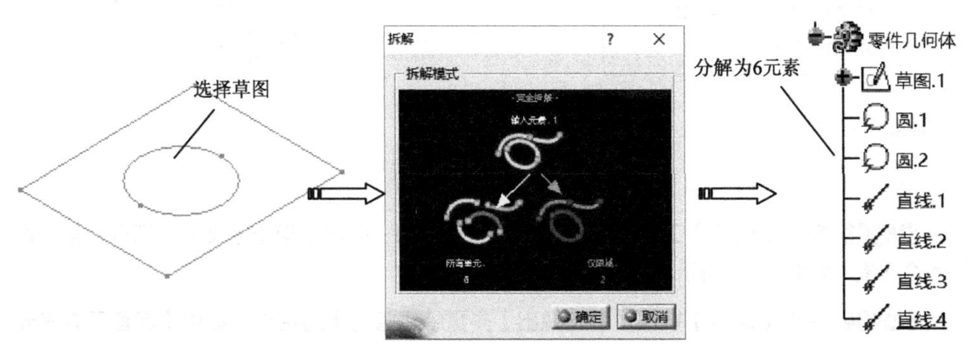

图4-40　所有单元

第04章　创成式曲线和曲面设计

CATIA 命令

- 单击【线框】工具栏上的【相交】按钮。
- 单击【操作】工具栏上的【拆解】按钮。

Step01 单击【线框】工具栏上的【相交】按钮，弹出【相交定义】对话框，依次选择两个元素，如图4-41所示。

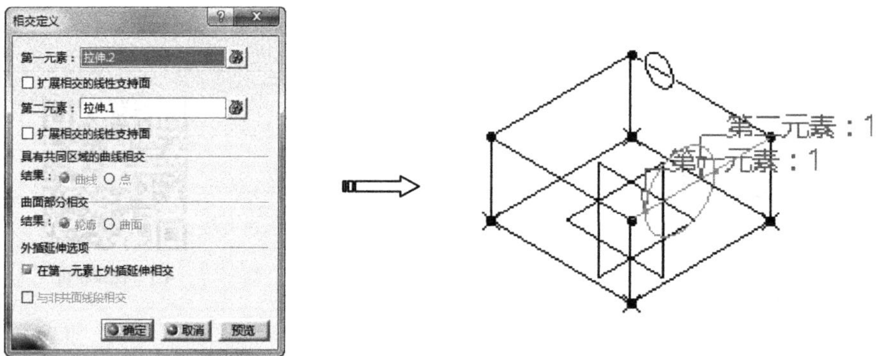

图4-41　创建相交曲线

Step02 单击【确定】按钮，系统弹出【多重结果管理】对话框，选中【保留所有子元素】单选按钮，单击【确定】按钮系统自动完成相交点创建，如图4-42所示。

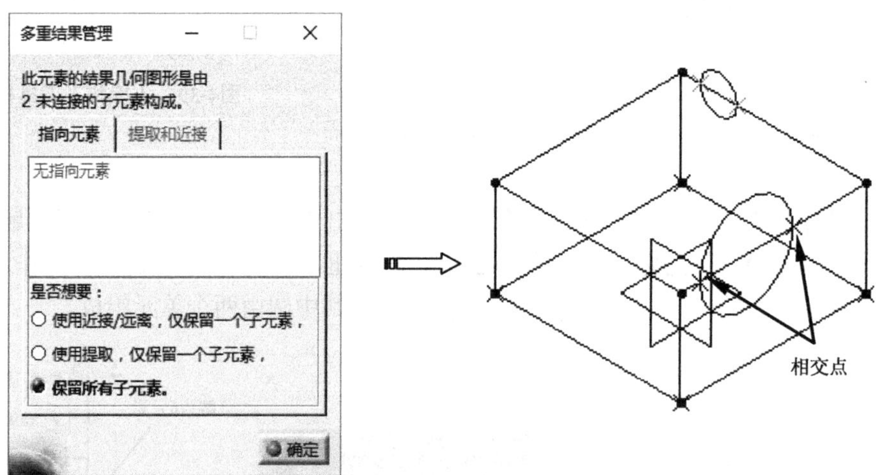

图4-42　创建两个点

Step03 单击【线框】工具栏上的【相交】按钮，弹出【相交定义】对话框，依次选择两个元素，如图4-43所示。

Step04 单击【确定】按钮，系统弹出【多重结果管理】对话框，选中【保留所有子元素】单选按钮，单击【确定】按钮系统自动完成相交点创建，如图4-44所示。

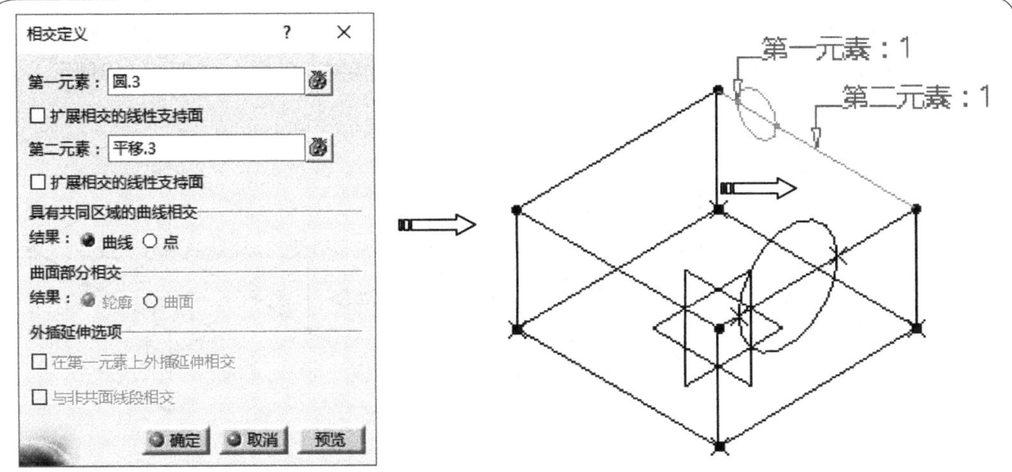

图4-43　选择曲线

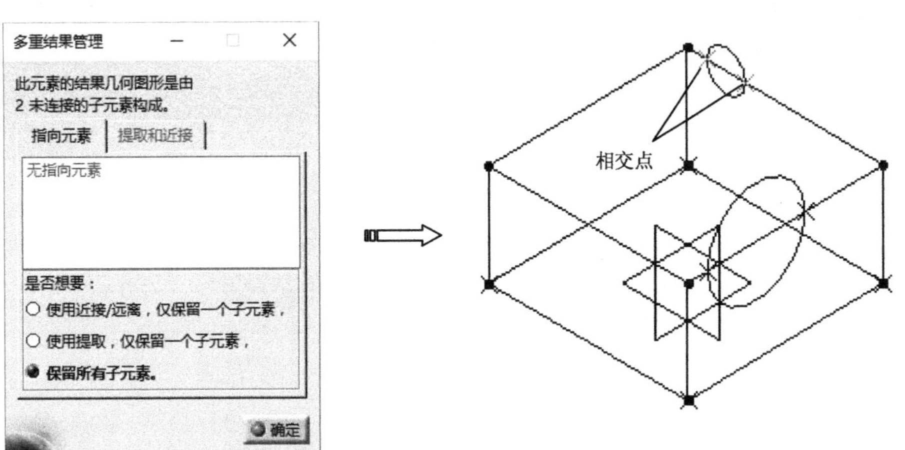

图4-44　创建两个点

Step05 单击【操作】工具栏上的【拆解】按钮，弹出【拆解】对话框，选择拆解元素“相交.1”，单击【所有单元】图标，然后单击【确定】按钮，系统自动完成拆解操作，创建两个点，如图4-45所示。

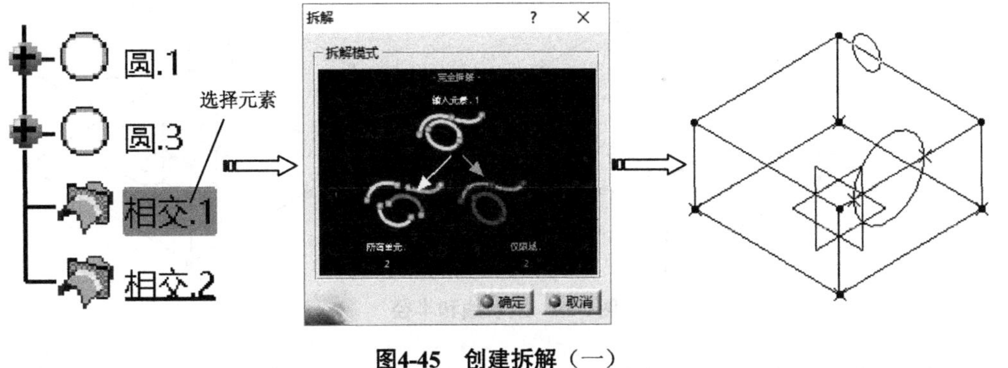

图4-45　创建拆解（一）

Step06 单击【操作】工具栏上的【拆解】按钮，弹出【拆解】对话框，选择拆解元素，单击【所有单元】图标，然后单击【确定】按钮，系统自动完成拆解操作，如图4-46所示。

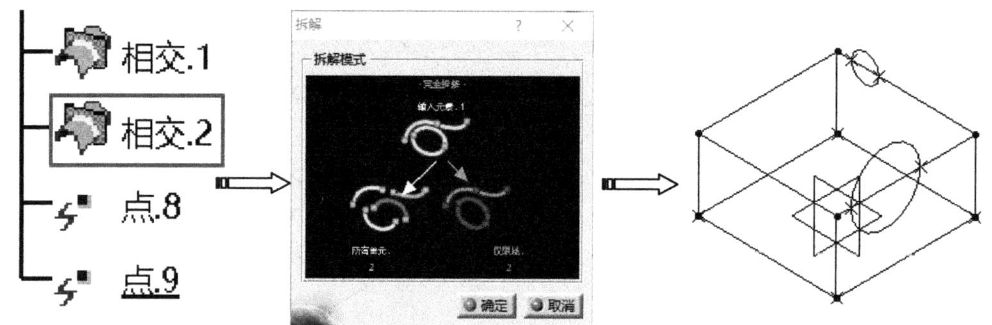

图4-46 创建拆解（二）

Step07 单击【线框】工具栏上的【圆】按钮，弹出【圆定义】对话框，在【圆类型】下拉列表中选择【两点和半径】选项，如图4-47所示。

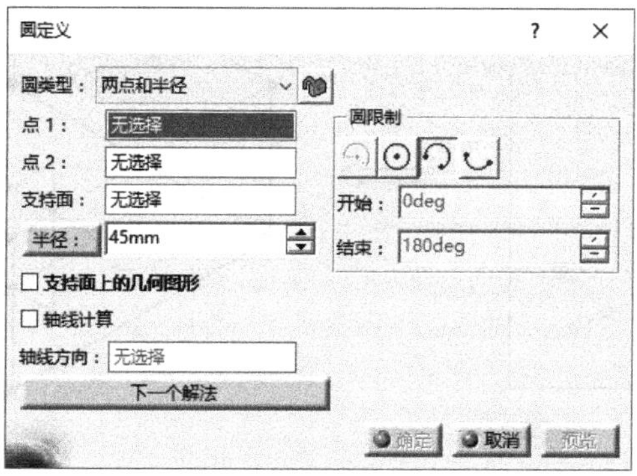

图4-47 【圆定义】对话框

Step08 依次选择两个元素作为圆弧相切元素，在【半径】文本框中输入半径值“45mm”，单击【确定】按钮，系统自动完成圆创建，如图4-48所示。

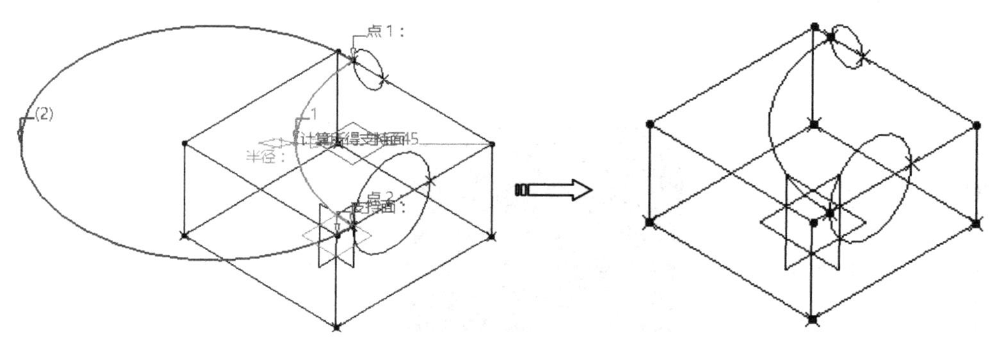

图4-48 双切线和半径

Step09 单击【参考元素】工具栏上的【直线】按钮，弹出【直线定义】对话框，在

【线型】下拉列表中选择【点-方向】选项，选择一个点作为起点，选择Y轴作为方向参考，输入长度数值“30mm”，单击【确定】按钮，系统自动完成直线创建，如图4-49所示。

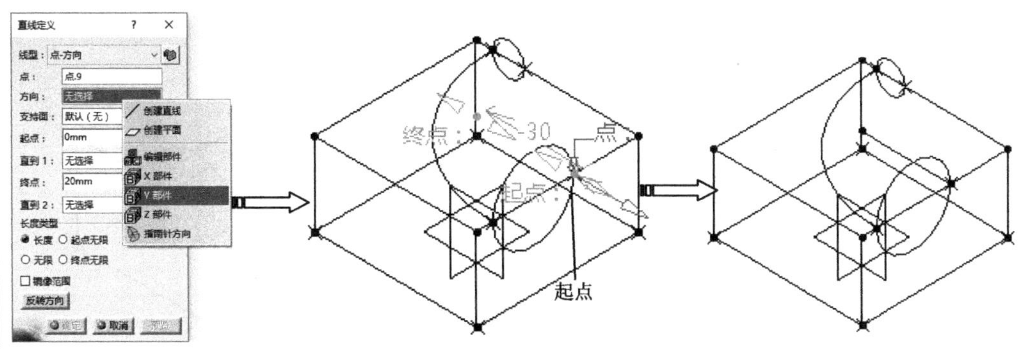

图4-49　创建直线（一）

Step10 单击【参考元素】工具栏上的【直线】按钮，弹出【直线定义】对话框，在【线型】下拉列表中选择【点-方向】选项，选择一个点作为起点，选择X轴作为方向参考，输入长度数值“10mm”，单击【确定】按钮，系统自动完成直线创建，如图4-50所示。

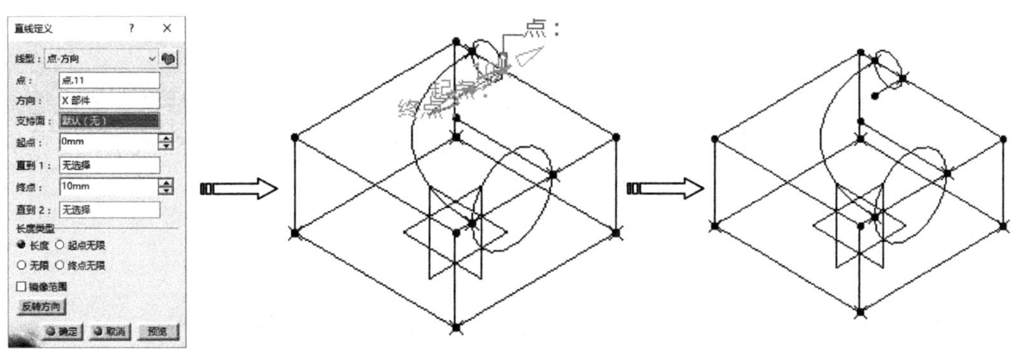

图4-50　创建直线（二）

Step11 单击【线框】工具栏上的【圆】按钮，弹出【圆定义】对话框，在【圆类型】下拉列表中选择【双切线和半径】选项，选中【修剪元素】复选框，输入半径“18mm”，如图4-51所示。

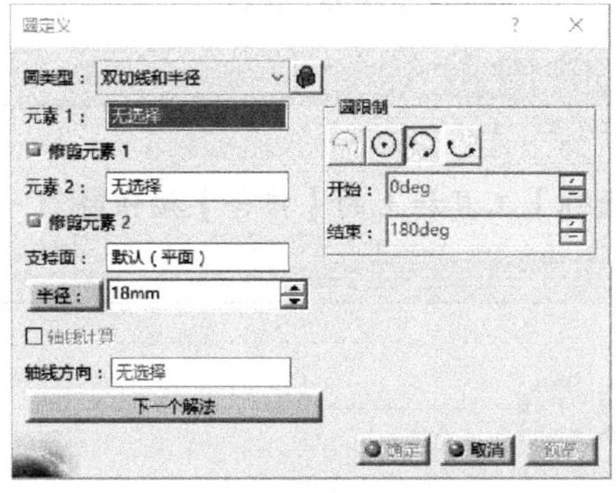

图4-51　【圆定义】对话框

Step12 依次选择两个元素作为圆弧相切元素，在【半径】文本框中输入半径值"18mm"，单击【确定】按钮，系统自动完成圆创建，如图4-52所示。

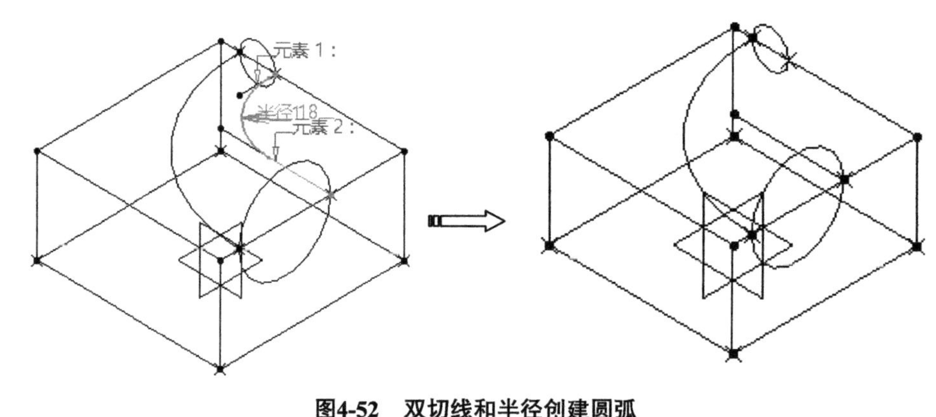

图4-52 双切线和半径创建圆弧

4.3.2 曲线接合

【接合】用于将已有或多条曲线接合在一起而形成整体曲线。

单击【操作】工具栏上的【接合】按钮，弹出【接合定义】对话框，依次选择一组曲面或曲线，单击【确定】按钮，系统自动完成接合操作，如图4-53所示。

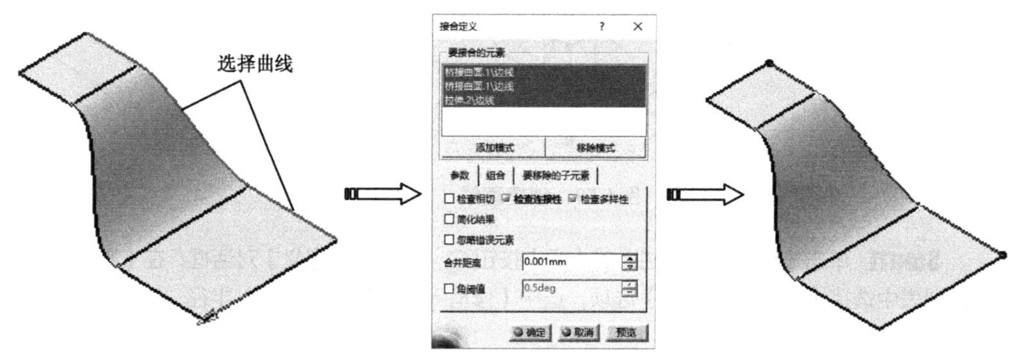

图4-53 接合

CATIA 命令

● 单击【操作】工具栏上的【接合】按钮。

单击【操作】工具栏上的【接合】按钮，弹出【接合定义】对话框，依次选择一组曲

面或曲线，单击【确定】按钮，系统自动完成结合操作，如图4-54所示。

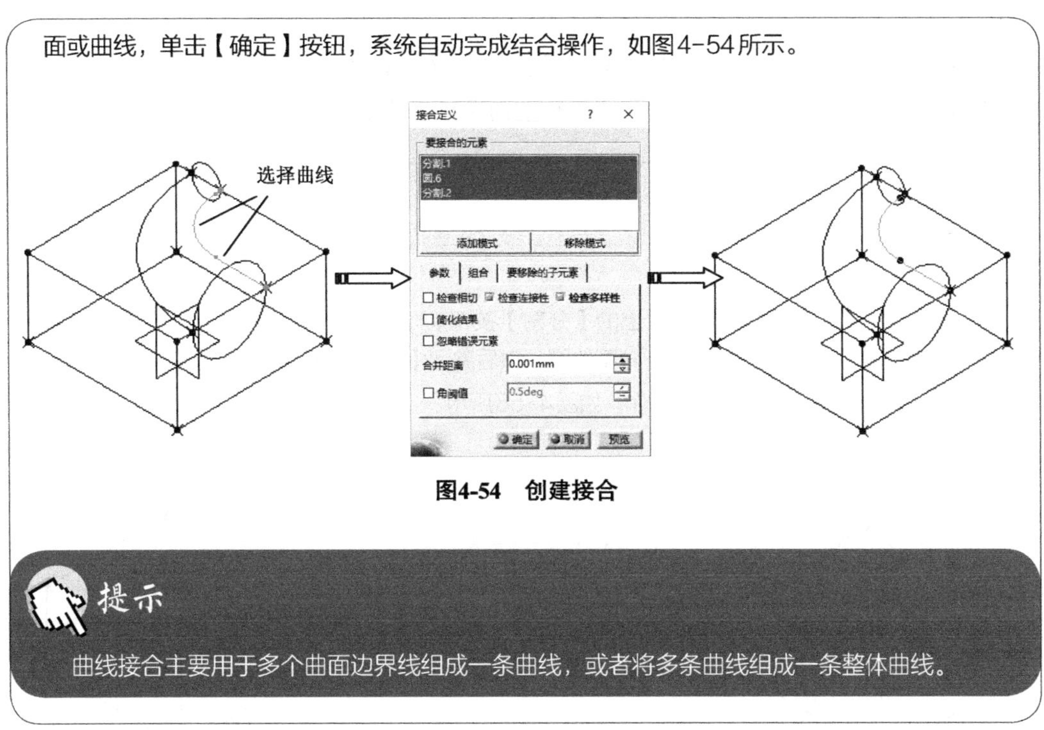

图4-54　创建接合

提示

曲线接合主要用于多个曲面边界线组成一条曲线，或者将多条曲线组成一条整体曲线。

4.3.3　曲线分割和修剪

在【操作】工具栏中单击【分割】按钮右下角的黑色三角，展开工具栏，包含“分割”“修剪”2个工具按钮，如图4-55所示。

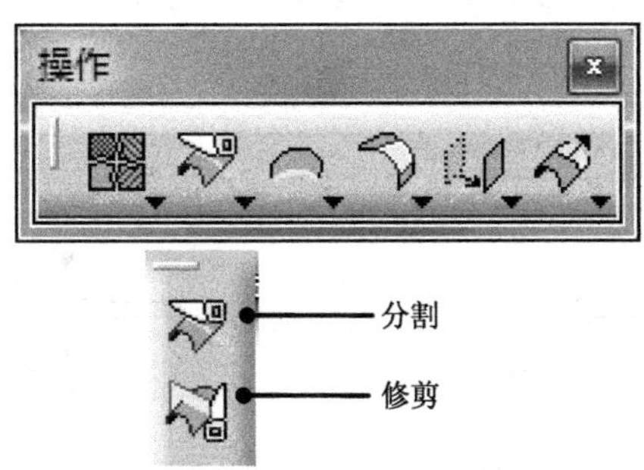

图4-55　曲面分割和修剪命令

提示

分割与修剪有所不同，分割是用其他元素对一个元素进行修剪，它可以修剪元素，或者是仅仅分割不修剪；修剪是两个同类元素之间相互进行裁剪。

CATIA 命令

- 选择下列菜单【插入】|【线框】|【平面】命令。
- 单击【参考元素】工具栏上的【平面】按钮。

Step13 单击【操作】工具栏上的【分割】按钮，弹出【定义分割】对话框，激活【要切除的元素】编辑框选择需要被分割的圆，然后激活【切除元素】编辑框选择直线，单击【确定】按钮，系统自动完成分割操作，如图4-56所示。

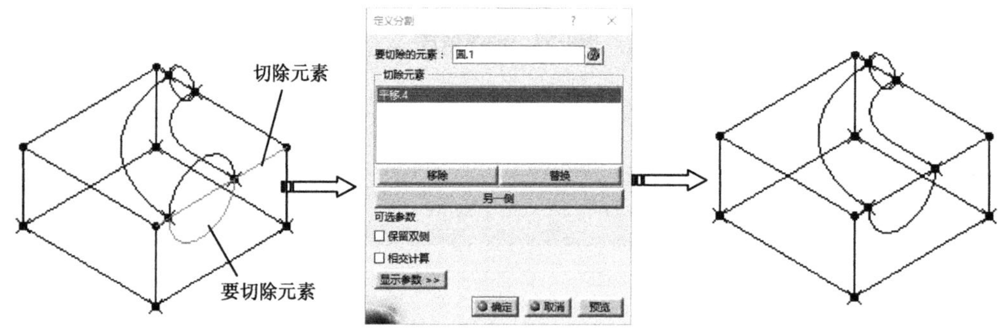

图4-56 创建分割（一）

Step14 单击【操作】工具栏上的【分割】按钮，弹出【定义分割】对话框，激活【要切除的元素】编辑框选择需要被分割的圆，然后激活【切除元素】编辑框，选择直线，单击【确定】按钮，系统自动完成分割操作，如图4-57所示。

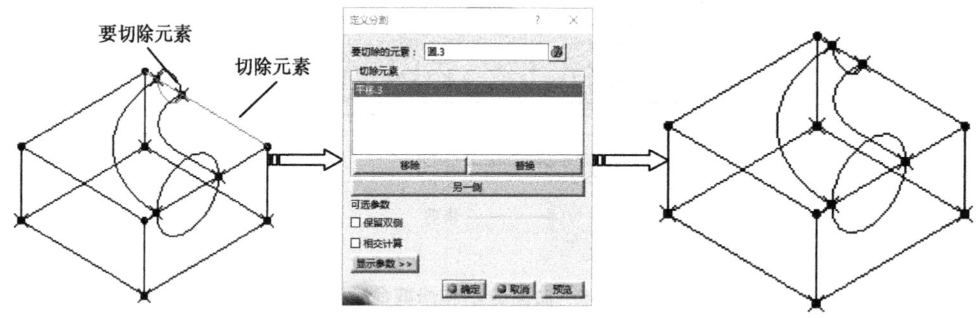

图4-57 创建分割（二）

Step15 单击【操作】工具栏上的【分割】按钮，弹出【定义分割】对话框，选中【保留双侧】复选框，激活【要切除的元素】编辑框选择需要被分割的直线，然后激活【切除元素】编辑框，选择点作为切除元素，选中【保留双侧】复选框，单击【确定】按钮，系统自动完成分割操作，如图4-58所示。

Step16 单击【操作】工具栏上的【分割】按钮，弹出【定义分割】对话框，激活【要切除的元素】编辑框选择需要被分割的直线，然后激活【切除元素】编辑框，选择点作为切除元素，单击【确定】按钮，系统自动完成分割操作，如图4-59所示。

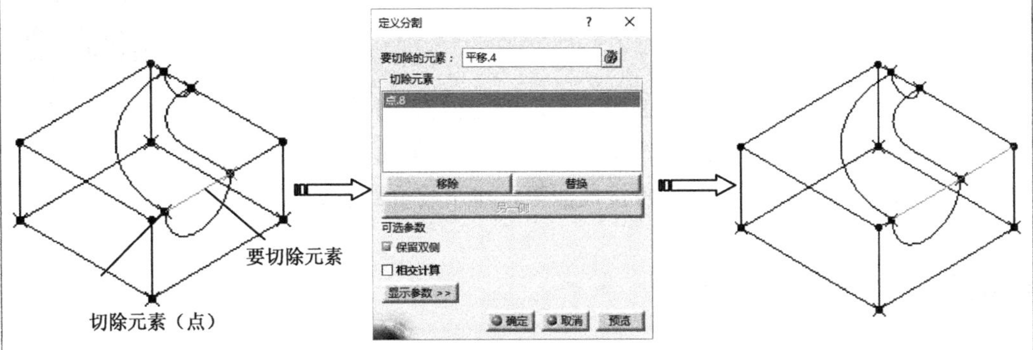

图4-58　创建分割（三）

提示

如果选中【保留双侧】复选框，则表示被分割的元素在分割边界两边都被保留；如果选中【相交计算】复选框，则计算分割元素于分割边界边线，并显示出来。

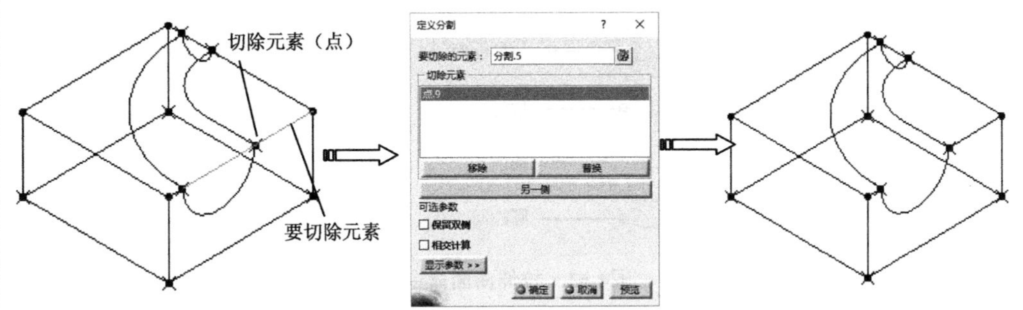

图4-59　创建分割（四）

Step17 重复上述过程分割另外一个圆弧和曲线，最终结果如图4-60所示。

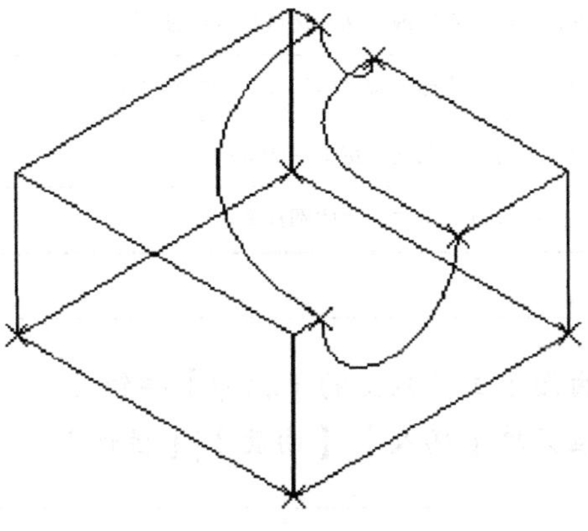

图4-60　修剪后的效果

4.4 创建曲面

4.4 视频精讲

曲面设计是CATIA强大功能的核心部分，创成式曲面设计工作台提供了多种曲面造型功能，包括拉伸、偏移、旋转、球面、圆柱面、扫掠曲面、填充曲面、多截面曲面、桥接曲面等，本节将介绍创成式曲面设计命令和方法。

4.4.1 创建基本曲面

在创成式外形设计工作台中，可以创建拉伸、旋转、球面圆柱面等基本曲面。在【曲面】工具栏中单击【拉伸】按钮右下角的黑色三角，展开工具栏，包含“拉伸”“旋转”“球面”和“圆柱面”等4个工具按钮，如图4-61和表4-5所示。

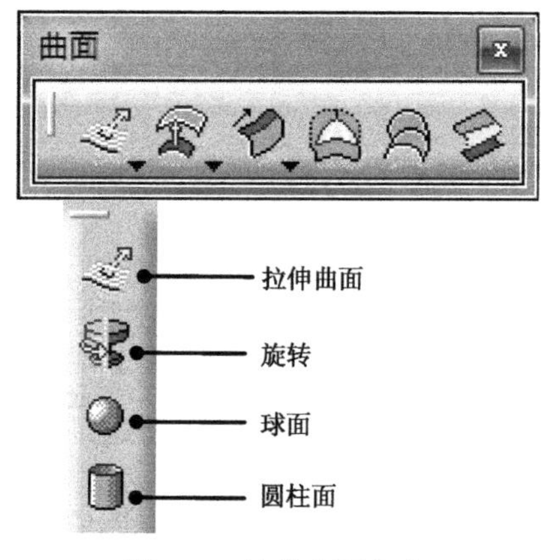

图4-61 拉伸曲面命令

表4-5 基本曲面功能

类型	说明
拉伸曲面	用于将草图、曲线、直线或者曲面边线拉伸成曲面
旋转曲面	用于将草图、曲线等绕旋转轴旋转形成一个旋转曲面
球面	用于以空间某点为球心创建一定半径的球面
圆柱面	用于通过空间一点及一个方向生成圆柱面

CATIA 命令

- 单击【曲面】工具栏上的【拉伸】按钮。
- 选择下拉菜单【插入】|【曲面】|【拉伸】。

Step01 单击【曲面】工具栏上的【拉伸】按钮，弹出【拉伸曲面定义】对话框，选择直线作为拉伸截面，设置【方向】为Z轴，【尺寸】为“25mm”，单击【确定】按钮，系统自动完成拉伸曲面创建，如图4-62所示。

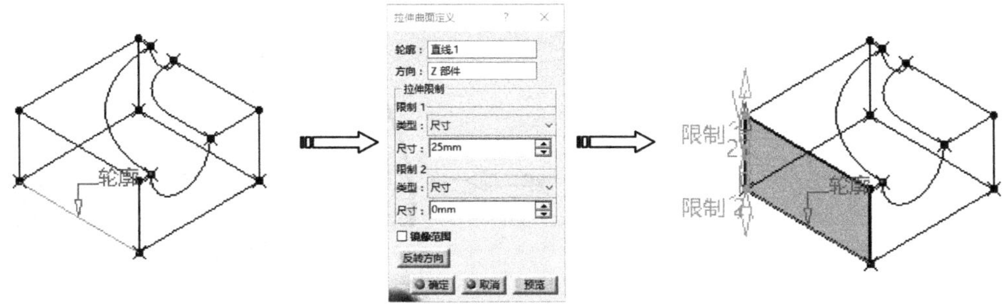

图4-62　创建拉伸曲面（一）

Step02 单击【曲面】工具栏上的【拉伸】按钮，弹出【拉伸曲面定义】对话框，选择直线作为拉伸截面，设置【方向】为X轴，【尺寸】为“50mm”，单击【确定】按钮，系统自动完成拉伸曲面创建，如图4-63所示。

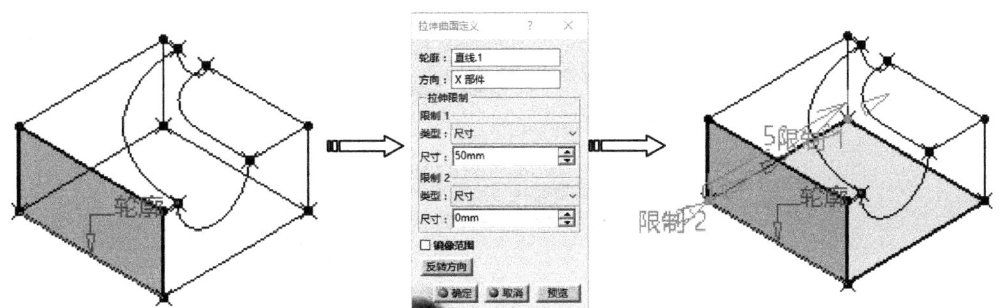

图4-63　创建拉伸曲面（二）

Step03 单击【曲面】工具栏上的【拉伸】按钮，弹出【拉伸曲面定义】对话框，选择直线作为拉伸截面，设置【方向】为Z轴，【尺寸】为“25mm”，单击【确定】按钮，系统自动完成拉伸曲面创建，如图4-64所示。

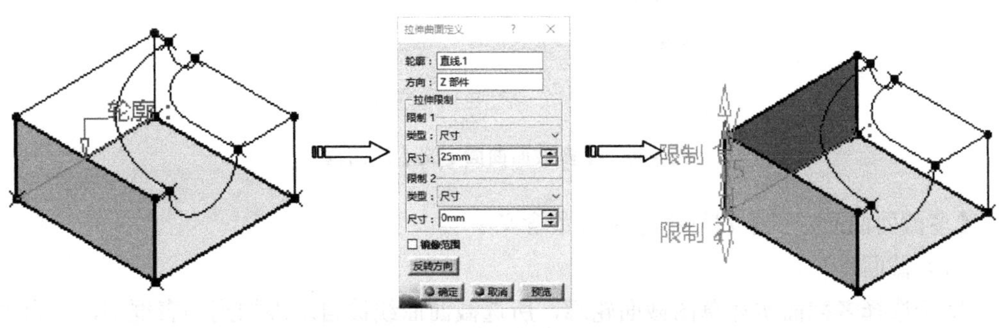

图4-64　创建拉伸曲面（三）

第04章　创成式曲线和曲面设计

4.4.2 创建多截面曲面

【多截面曲面】是通过多个截面线扫掠生成曲面，如图4-65所示。创建多截面曲面时，可使用引导线、脊线，也可以设置各种耦合方法。

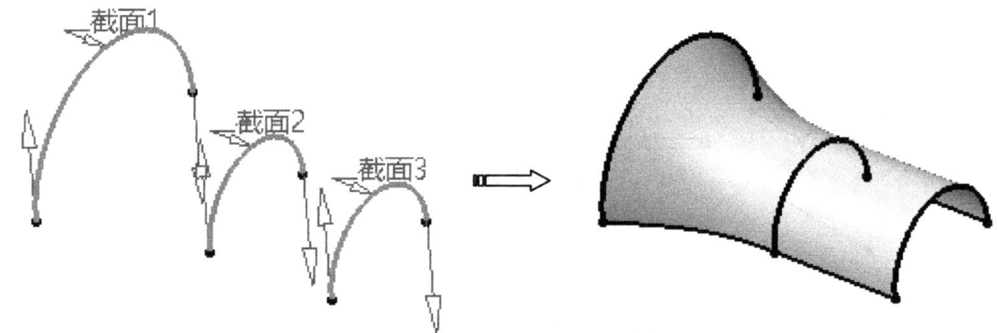

图4-65 多截面曲面

单击【曲面】工具栏上的【多截面曲面】按钮，弹出【多截面曲面定义】对话框，如图4-66所示。

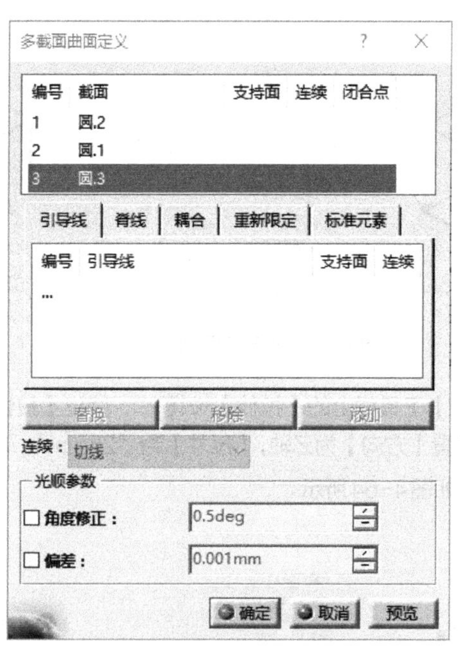

图4-66 【多截面曲面定义】对话框

【多截面曲面定义】对话框选项参数含义：

（1）截面

用于选择多截面实体草图截面轮廓，所选截面曲线被自动添加到列表框中，并自动进行编号，所选截面曲线的名称显示在列表框中的【截面】栏中。

（2）引导线

引导线在多截面实体中起到边界的作用，它属于最终生成的曲面。生成的曲面是各截面线沿引导线延伸得到的，因此引导线必须与每个轮廓线相交，如图4-67所示。

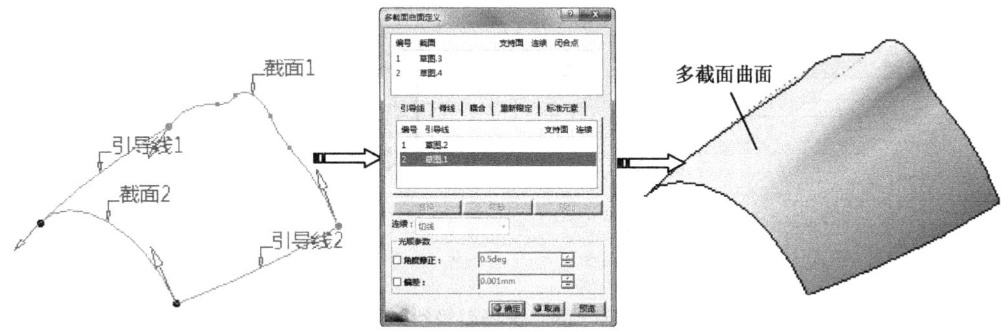

图4-67　引导线

CATIA 命令	●单击【曲面】工具栏上的【多截面曲面】按钮。 ●选择下拉菜单【插入】|【曲面】|【多截面曲面】。

Step04 单击【曲面】工具栏上的【多截面曲面】按钮，弹出【多截面曲面定义】对话框，依次选取两个或两个以上的截面轮廓曲面，如图4-68所示。

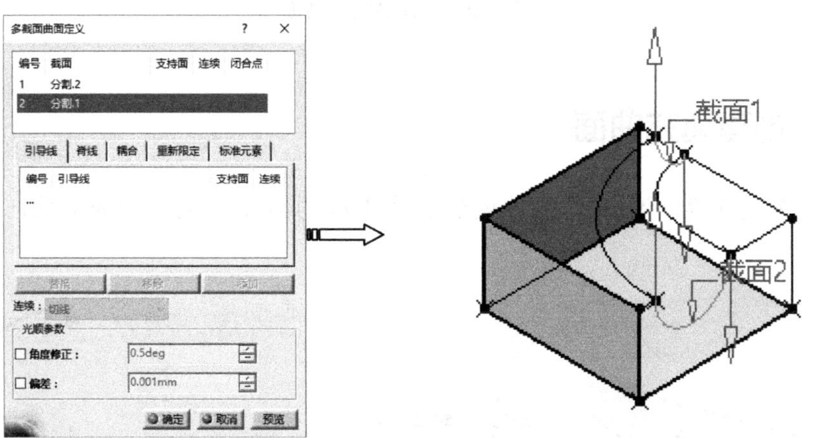

图4-68　选择截面线

Step05 单击激活【引导线】选择框，选择所需曲线作为引导线，如图4-69所示。

Step06 单击【确定】按钮，系统自动完成多截面曲面创建，如图4-70所示。

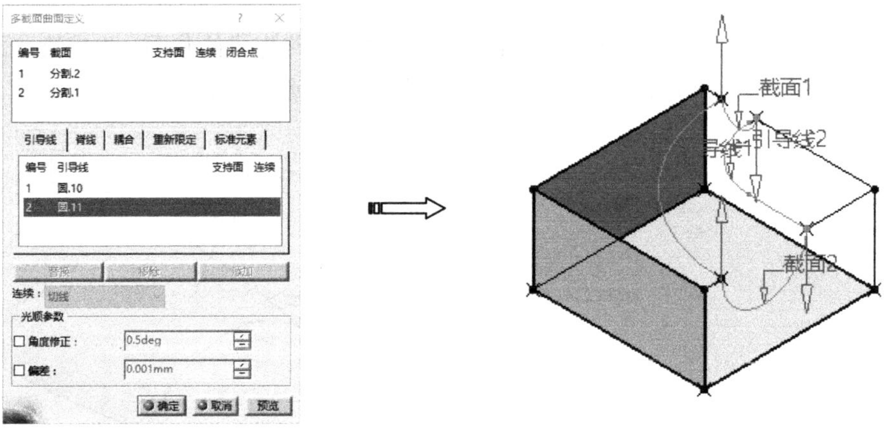

图4-69 选择引导线

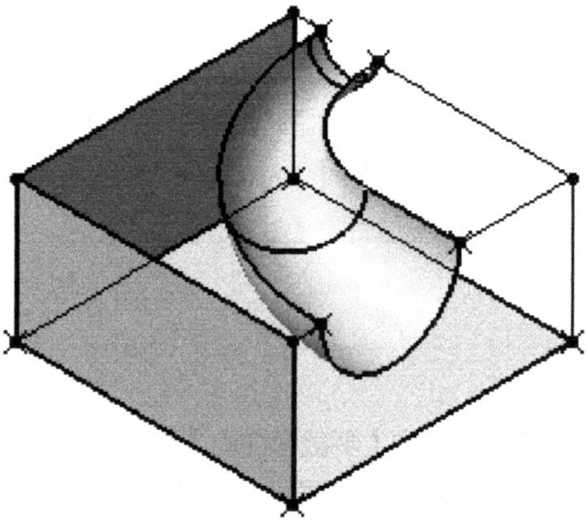

图4-70 创建多截面曲面

4.4.3 创建填充曲面

【填充】用于由一组曲线或曲面的边线围成的封闭区域中形成曲面，如图4-71所示。

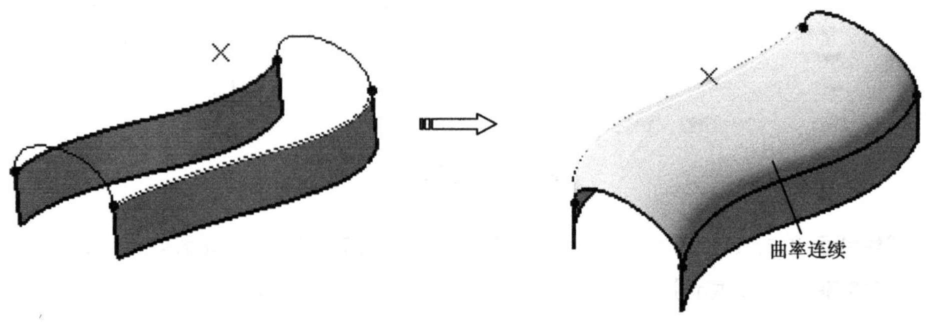

图4-71 填充曲面

单击【曲面】工具栏上的【填充】按钮，弹出【填充曲面定义】对话框，如图4-72所示。

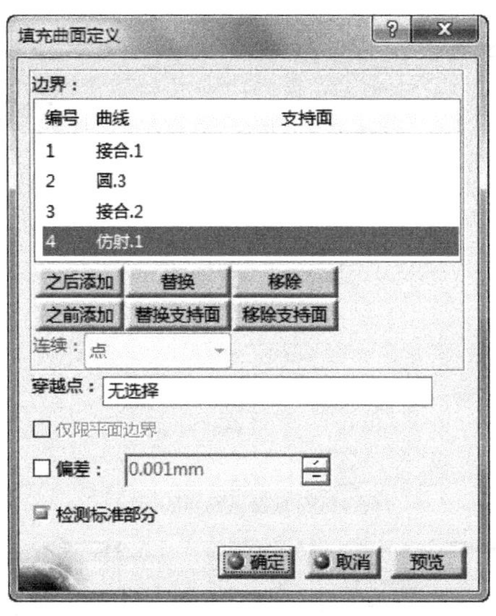

图4-72 【填充曲面定义】对话框

【填充曲面定义】对话框相关选项参数含义如下：

（1）边界

用于选取填充曲面的边界曲线。在选取时要按顺序选取，填充对象可以是单个封闭的草图，也可以是由多条曲线或曲面边界组成的线框，如图4-73所示。需要注意的是，填充的线框必须封闭。

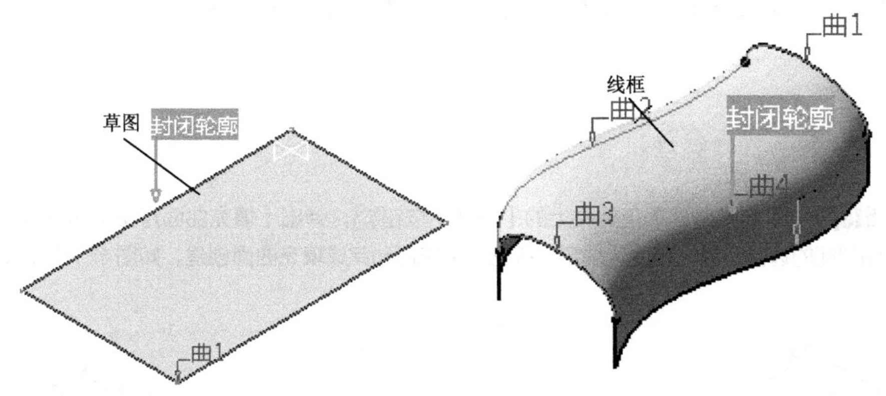

图4-73 边界

（2）支持面

支持面用于定义填充曲面与公共边线处原有曲面之间的连续关系，可在【连续】下拉列表中选择“点”“相切”和“曲率”等连续关系，如图4-74所示。

（3）穿越点

选择一个点，生成的曲面通过所选点，如图4-75所示。

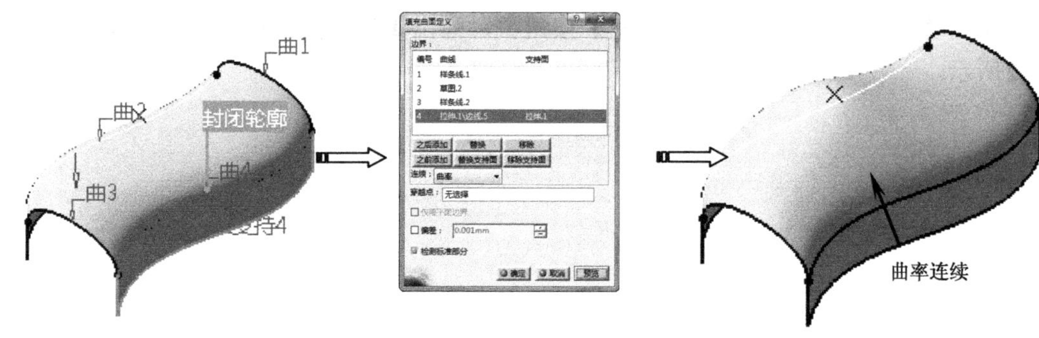

图4-74 支持面

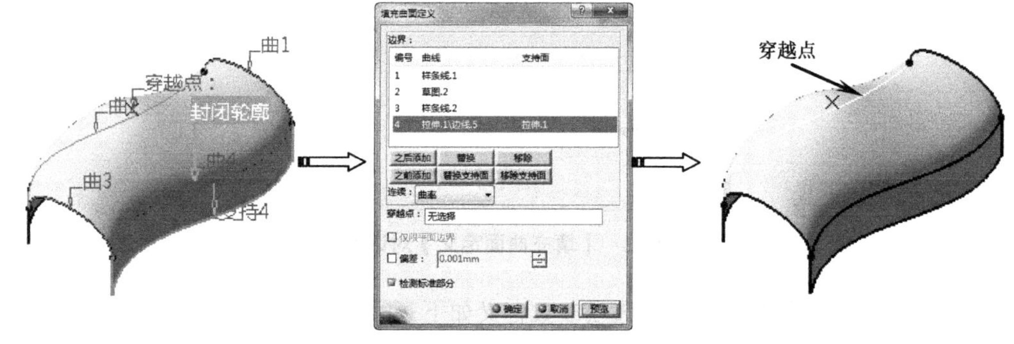

图4-75 穿越点

CATIA 命令	• 单击【曲面】工具栏上的【填充】按钮。 • 选择下拉菜单【插入】|【曲面】|【填充】命令。

Step07 单击【曲面】工具栏上的【填充】按钮，弹出【填充曲面定义】对话框，选择一组封闭的边界曲线，单击【确定】按钮，系统自动完成填充曲面创建，如图4-76所示。

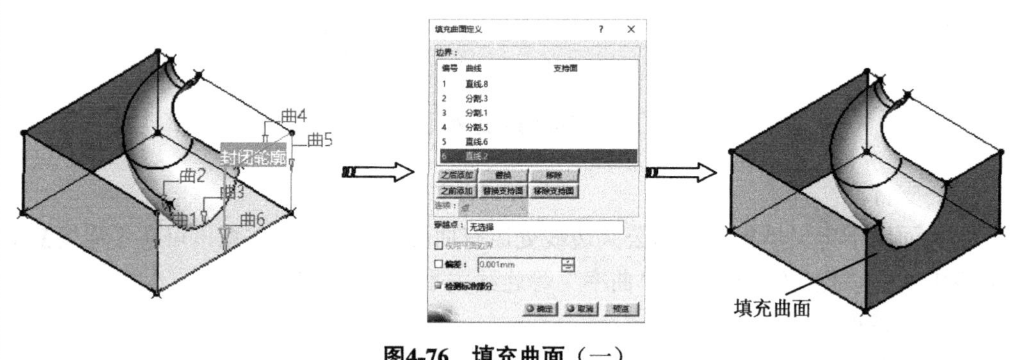

图4-76 填充曲面（一）

Step08 单击【曲面】工具栏上的【填充】按钮，弹出【填充曲面定义】对话框，选择一组封闭的边界曲线，单击【确定】按钮，系统自动完成填充曲面创建，如图4-77所示。

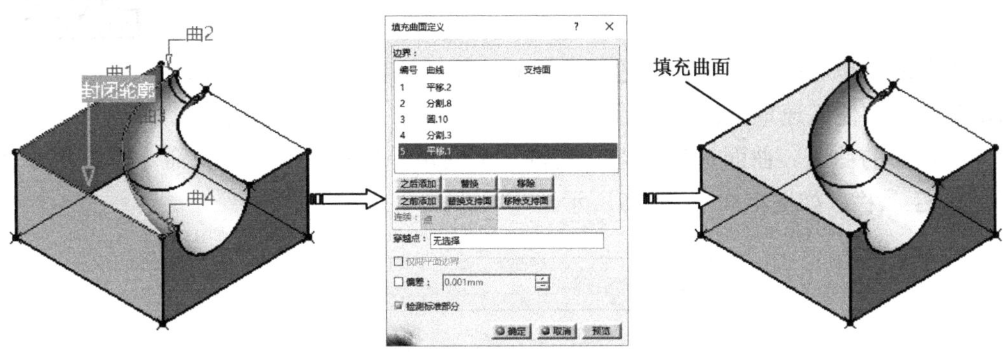

图4-77 填充曲面（二）

Step09 单击【曲面】工具栏上的【填充】按钮，弹出【填充曲面定义】对话框，选择一组封闭的边界曲线，单击【确定】按钮，系统自动完成填充曲面创建，如图4-78所示。

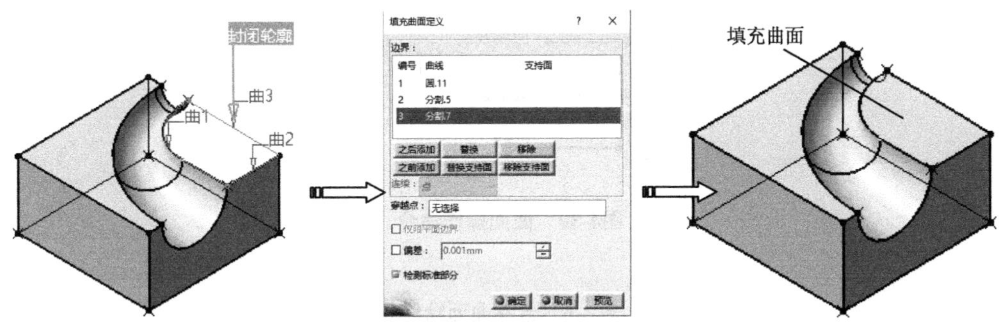

图4-78 填充曲面（三）

Step10 单击【曲面】工具栏上的【填充】按钮，弹出【填充曲面定义】对话框，选择一组封闭的边界曲线，单击【确定】按钮，系统自动完成填充曲面创建，如图4-79所示。

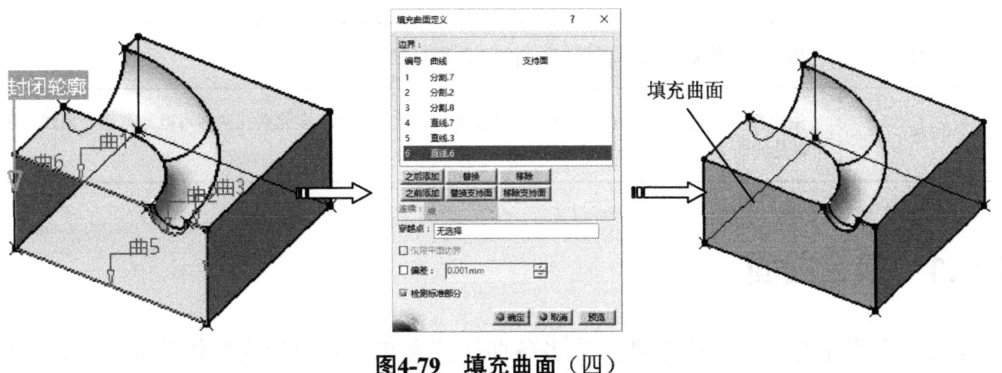

图4-79 填充曲面（四）

第04章 创成式曲线和曲面设计

4.5 曲面操作

4.5 视频精讲

曲面编辑是对已建立的曲面进行裁剪、连接、倒圆角等操作，通过编辑功能可方便迅速地修改曲面形状来满足设计要求。曲线、曲面编辑是对已建立的曲线、曲面进行裁剪、连接、倒圆角等操作，所有工具命令图标集中在【操作】工具栏，如图4-80和表4-6所示。

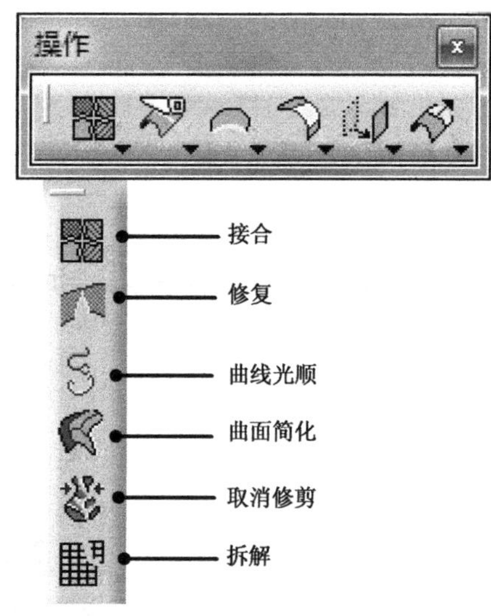

图4-80 曲面操作命令

表4-6 合并曲面功能

类型	说明
接合	用于将已有的多个曲面或多条曲线接合在一起而形成整体曲面或曲线
修复	用于填充两个曲面之间出现的间隙，通常在接合曲面或检查连接元素后使用
取消修剪	用于将使用【分割】工具操作的几何元素重新恢复到原状态
拆解	用于将多元素几何体拆分成单一单元或者单一域几何体，多元素几何体可以是草图、曲线，还可以是曲面

4.5.1 接合曲面

【接合】用于将已有的多个曲面或多条曲线接合在一起而形成整体曲面或曲线，如图4-81所示。

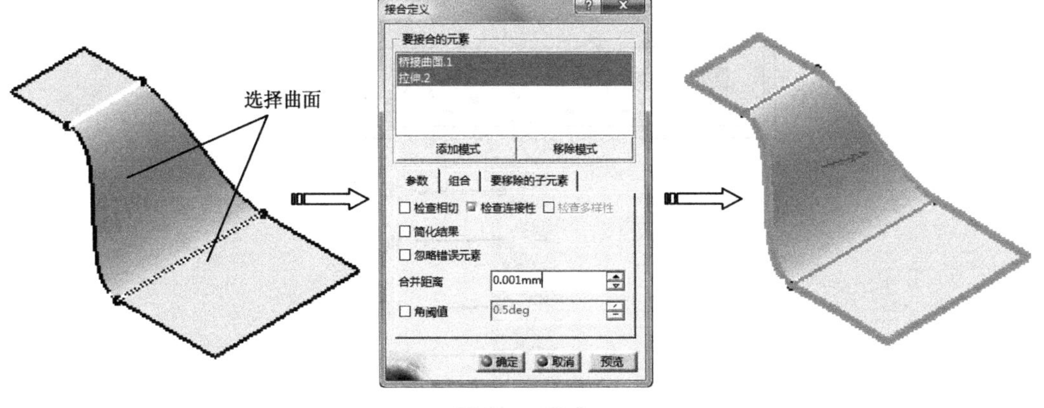

图4-81 接合

CATIA 命令	●单击【操作】工具栏上的【接合】按钮。 ●选择下拉菜单【插入】|【操作】|【接合】命令。

操作步骤

单击【操作】工具栏上的【接合】按钮，弹出【接合定义】对话框，选择所有曲面，单击【确定】按钮，系统自动完成接合操作，如图4-82所示。

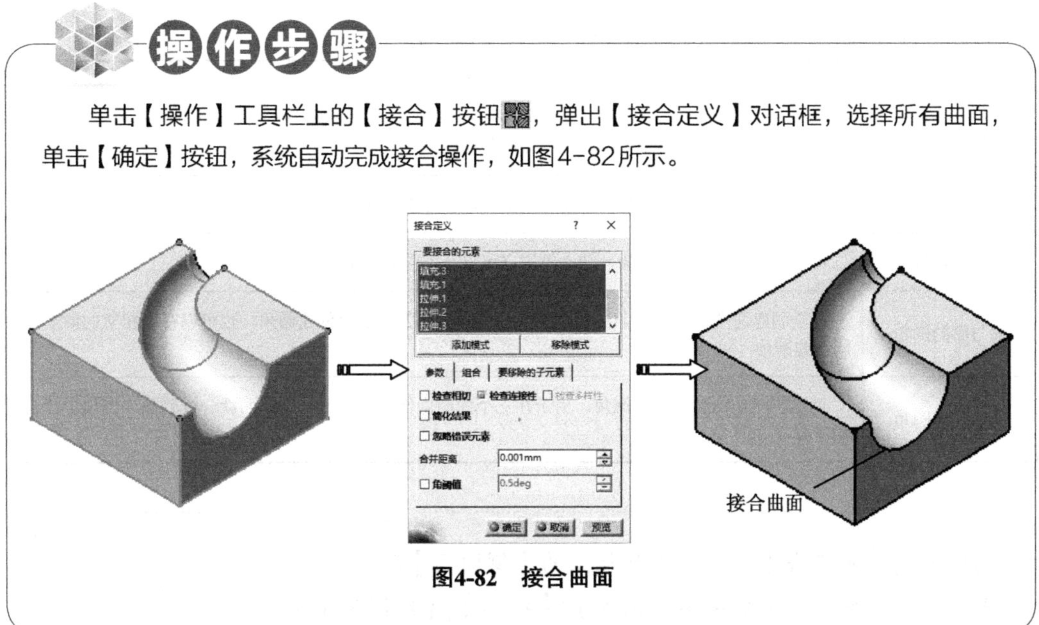

图4-82 接合曲面

4.5.2 曲面圆角

在【操作】工具栏中单击【简单圆角】按钮右下角的黑色三角，展开工具栏，包含“简单圆角”“倒圆角”“可变半径圆角”“面与面的圆角”“三切线内圆角”等工具按钮，如图4-83和表4-7所示。

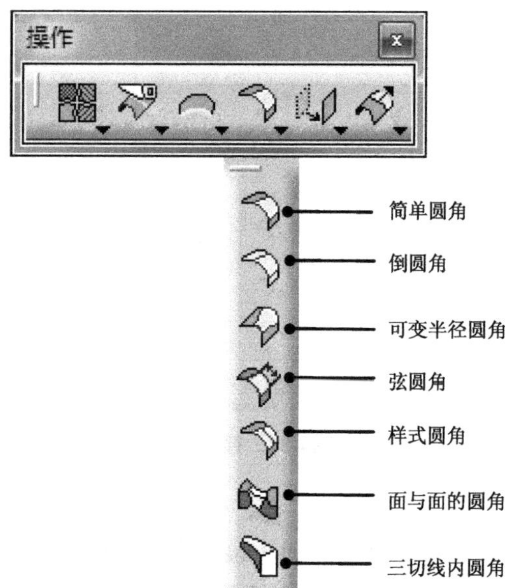

图4-83 曲面圆角命令

表4-7 曲面圆角功能

类型	说明
简单圆角	用于对两个曲面连接部位圆角化生成圆角曲面
倒圆角	可对曲面的棱边进行倒角，该命令只能对曲面体生成圆角
可变半径圆角	可以对边进行变半径倒角，边上不同点可以有不同的倒角半径
面与面的圆角	用于创建两个曲面之间的圆角，可在相邻两个面的交线上创建圆角，也可以在不相交的两个面间创建圆角
三切线内圆角	可以在三个曲面内进行倒角。由于在三个曲面内倒角，其中一个曲面就会被删除，倒角半径自动计算

CATIA命令

- 单击【操作】工具栏上的【倒圆角】按钮。
- 选择下拉菜单【插入】|【操作】|【倒圆角】命令。

操作步骤

单击【操作】工具栏上的【倒圆角】按钮，弹出【倒圆角定义】对话框，激活【要圆角化的对象】编辑框，选择需要倒圆角的4个棱边，在【半径】文本框中输入半径值“3mm”，单击【确定】按钮，系统自动完成倒圆角操作，如图4-84所示。

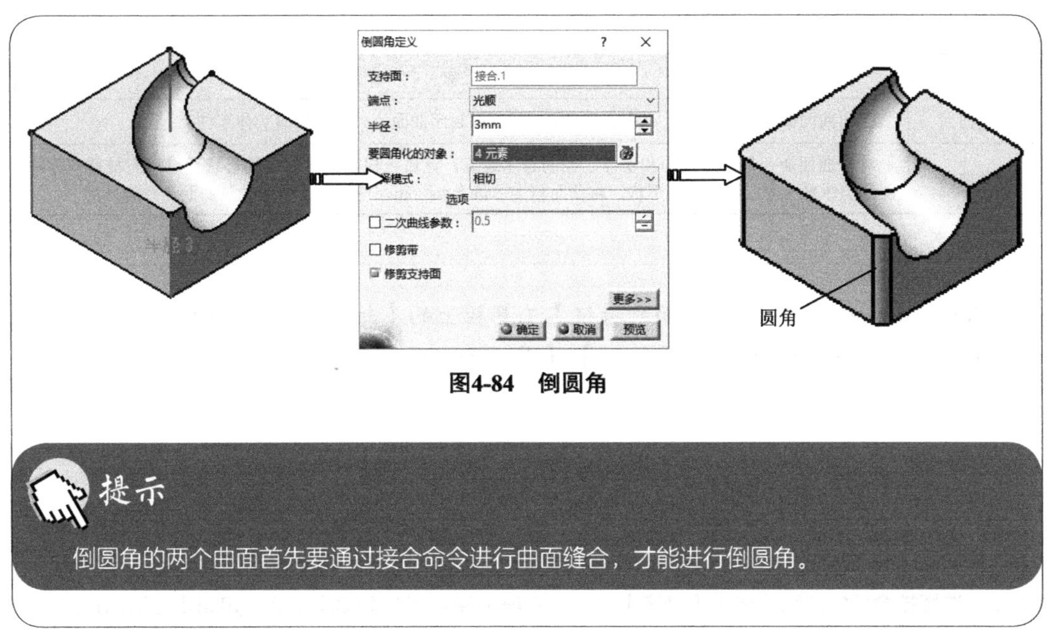

图4-84　倒圆角

提示

倒圆角的两个曲面首先要通过接合命令进行曲面缝合，才能进行倒圆角。

4.6　曲面创建实体特征

4.6　视频精讲

使用基于草图的特征建模创建的零件形状都是规则的，而实际工程中，许多零件的表面往往都不是平面或规则曲面，这就需要通过曲面生成实体来创建特定表面的零件。基于曲面的特征该类命令主要集中于【基于曲面的特征】工具栏上，如图4-85和表4-8所示。

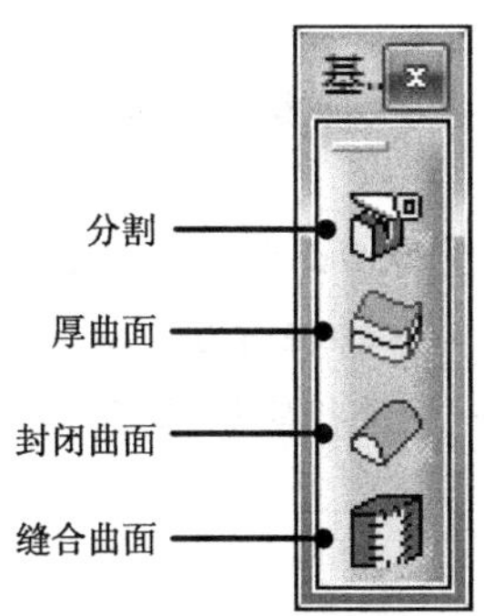

图4-85　【基于曲面的特征】工具栏

表4-8　曲面实体特征

类型	说明
分割	分割命令是指使用平面、面或曲面切除实体某一部分而生成所需的新实体
厚曲面	厚曲面命令是指对某一曲面或实体表面指定一个加厚方向，在该方向上根据给定的厚度数值增加曲面的厚度形成实体

续表

类型	说明
封闭曲面	封闭曲面命令是指在封闭的曲面内部实体材质以封闭曲面为外部形状的实体零件
缝合曲面	缝合曲面命令是一种曲面和实体之间的布尔运算，该命令根据所给曲面的形状通过填充材质或删除部分实体来改变零件实体的形状，将曲面与实体缝合到一起，使零件实体保持与曲面一致的外形

CATIA 命令

- 单击【基于曲面的特征】工具栏上的【封闭曲面】按钮。
- 选择下拉菜单【插入】|【基于曲面的特征】|【封闭曲面】。

单击【基于曲面的特征】工具栏上的【封闭曲面】按钮，弹出【定义封闭曲面】对话框，选择接合后的曲面，单击【确定】按钮，系统创建封闭曲面实体特征，如图4-86所示。

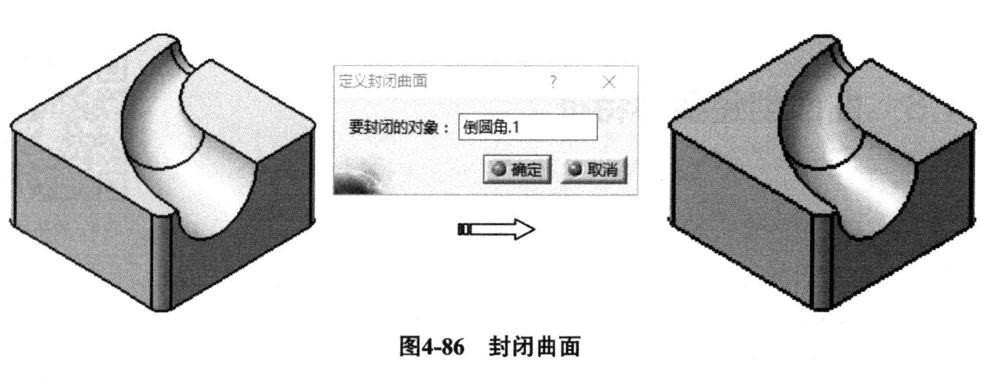

图4-86　封闭曲面

本章小结

本章介绍了CATIA创成式曲线和曲面相关知识，主要内容有曲线创建和操作方法、曲面创建和操作方法、曲面创建实体特征方法，以滑槽为例讲解了曲面创建的基本流程，希望大家按照讲解方法再进一步进行实例练习。

05
第5章

装配体设计

CATIA V5R21中把各种零件、部件组合在一起形成一个完整装配体的过程叫作装配设计，而装配体实际上是保存在单个CATPart文档文件中的相关零件集合，该文件的扩展名为.CATProduct。装配体中的零部件通过装配约束关系来确定他们之间的正确位置和相互关系，添加到装配体中的零件与源零件之间是相互关联的，改变其中的一个则另一个也将随之改变。

本章介绍CATIA V5R21装配设计技术。希望通过本章的学习，使读者轻松掌握CATIA装配体设计的基本功能和应用。

本章内容

■ 装配设计工作台简介
■ 加载零件或部件
■ 移动零件或部件
■ 装配约束
■ 装配体爆炸图

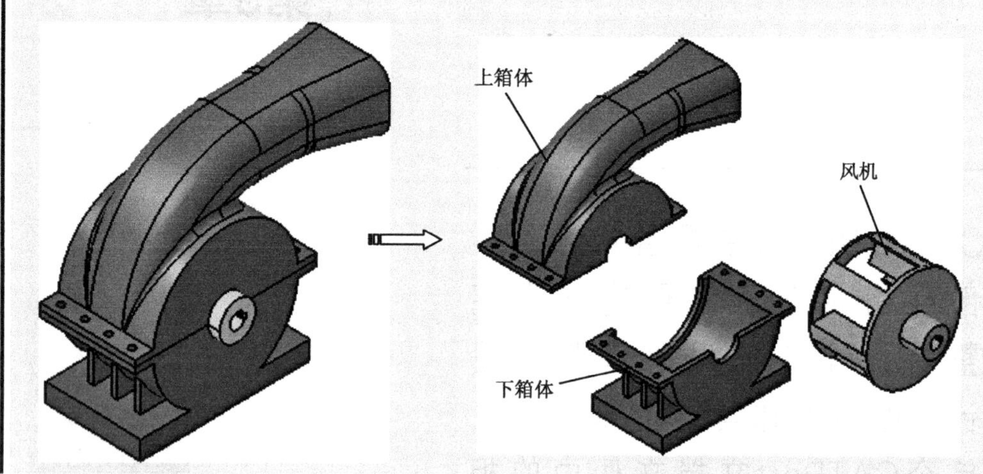

5.1 装配设计模块概述

5.1 视频精讲

产品通常由多个零件组成，这些零件只有在装配成功并且运动校核合理之后才可以试制生产。装配设计就是要将设计好的各个零件组装起来，在设计过程中协调各零件之间的关系，发现并修正零件设计的缺陷。装配设计也是数字样机（DMU）的基础。

CATIA装配设计有两种方法：自底向上和自顶向下。如果首先设计好全部零件，然后将零件作为部件添加到装配体中，则称为自底向上；如果首先设计好装配模型，然后在装配模型中建立零件，则称为自顶向下。无论哪种方法首先都要进入装配工作台，本节首先介绍装配体工作台的基本知识。

5.1.1 进入装配设计工作台

要进行装配设计，首先必须进入装配设计工作台：启动CATIA之后，在菜单栏执行【文件】|【新建】命令，弹出【新建】对话框，在【类型列表】中选择“Product”选项。单击【确定】按钮，系统自动进入装配设计工作台中。

Step01 启动CATIA，在【标准】工具栏中单击【新建】按钮，在弹出【新建】对话框中选择“Product”。单击【确定】按钮新建一个装配文件，并进入【装配设计】工作台，如图5-1所示。

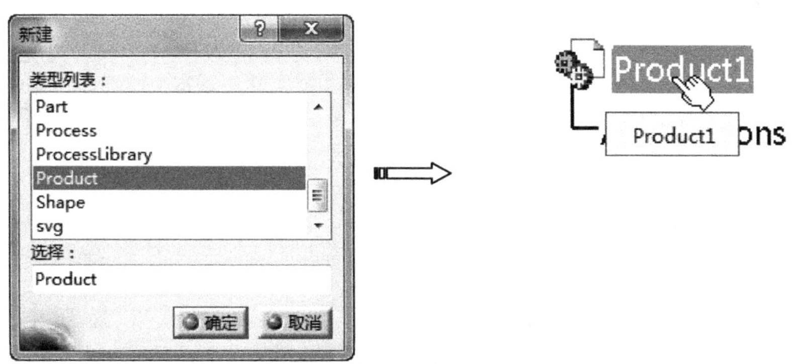

图5-1　进入装配设计工作台

Step02 在特征树中选择【Product1】节点，单击鼠标右键，在弹出的快捷菜单选择【属性】命令，在弹出的【属性】对话框中修改【零件编号】为“风机总装”，如图5-2所示。

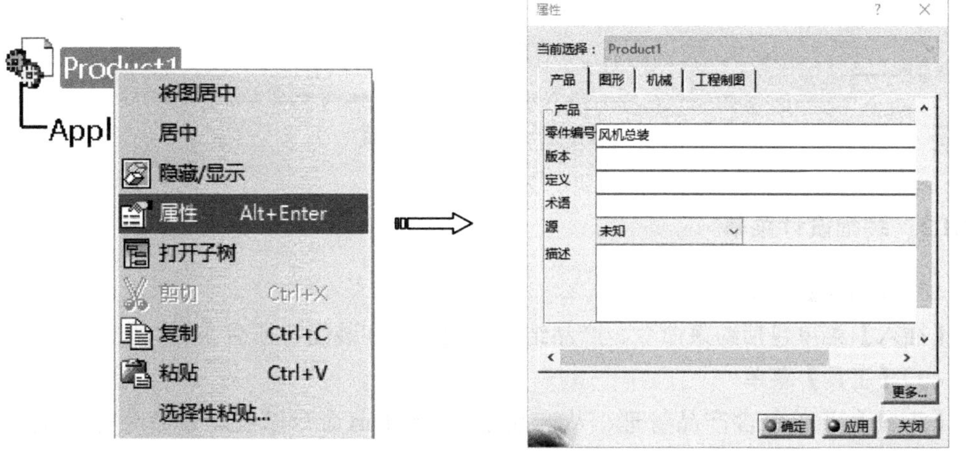

图5-2　修改零件编号

提示

新建的文件默认文件名为“Product1”，其部件编号也为“Product1”。大型装配件往往包含多个零部件，如果每个零部件的名称或者编号都没有任何含义，那么管理起来非常费劲，所以有必要给自己的每个零部件命名为容易理解的符号。

5.1.1.1 装配工作台用户界面

装配工作台中增加了装配相关命令和操作，其中与装配有关的菜单有【插入】菜单、【工具】菜单、【分析】菜单，与装配有关的工具栏有【产品结构工具】工具栏、【约束】工具栏、【移动】工具栏和【装配特征】工具栏等，如图5-3所示。

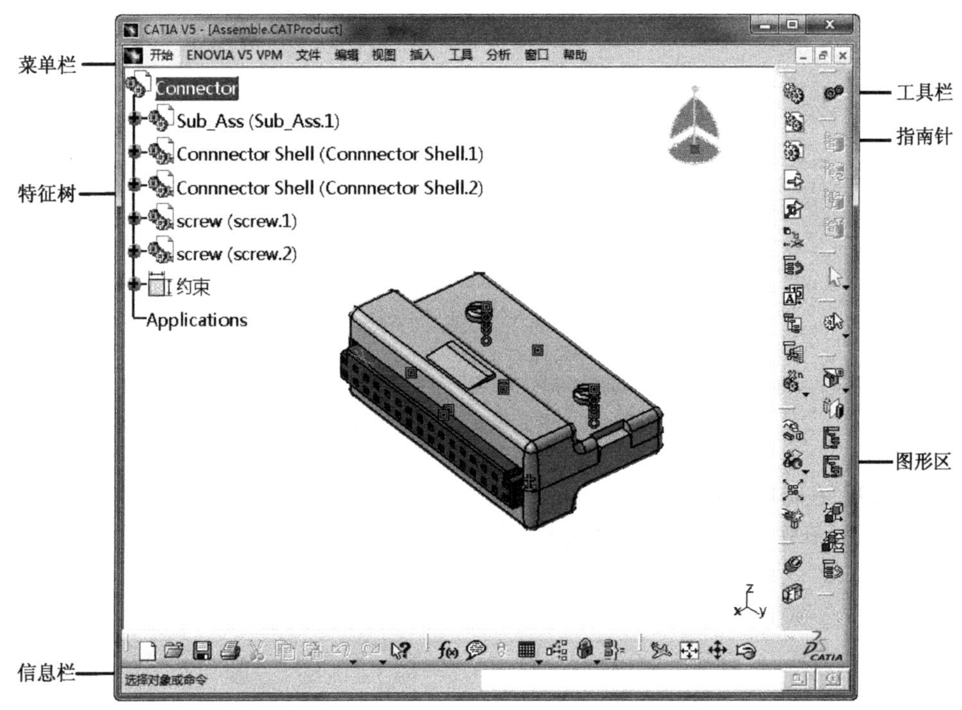

图5-3 装配工作台界面

5.1.1.2 装配设计菜单

（1）【插入】菜单

【插入】菜单包括约束命令、产品结构管理命令和装配特征命令等，如图5-4所示。

（2）【工具】菜单

【工具】菜单包含产品管理、从产品生成CATPart命令以及场景命令等，如图5-5所示。

（3）【分析】菜单

【分析】菜单包括装配设计分析命令和测量命令等，如图5-6所示。

5.1.1.3 装配设计工具栏

利用装配设计工作台中的工具栏命令按钮是启动装配命令最方便的方法。CATIA V5R21装配设计中常用工具栏有：【产品结构工具】工具栏、【约束】工具栏、【移动】工具栏、【装配特征】工具栏和【空间分析】工具栏等。

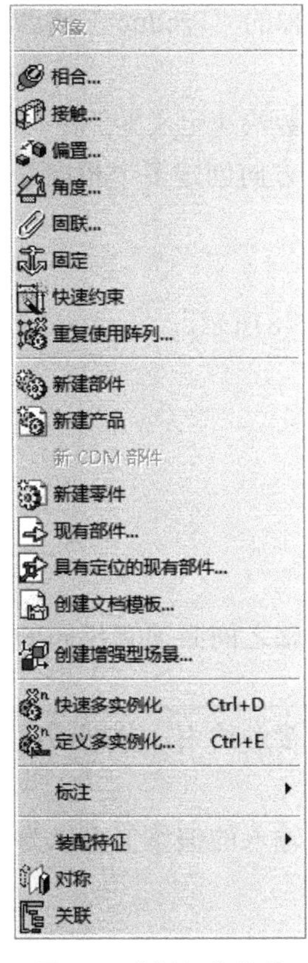

图5-4 【插入】菜单

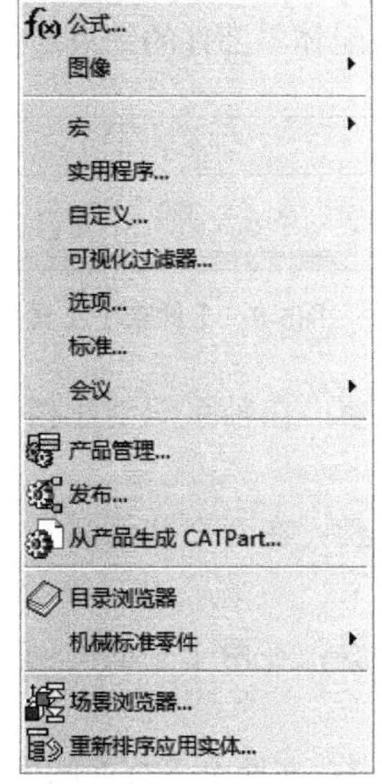

图5-5 【工具】菜单

图5-6 【分析】菜单

（1）【产品结构工具】工具栏

【产品结构工具】工具栏用于产品部件管理功能组合，包括部件插入和部件管理，如图5-7所示。

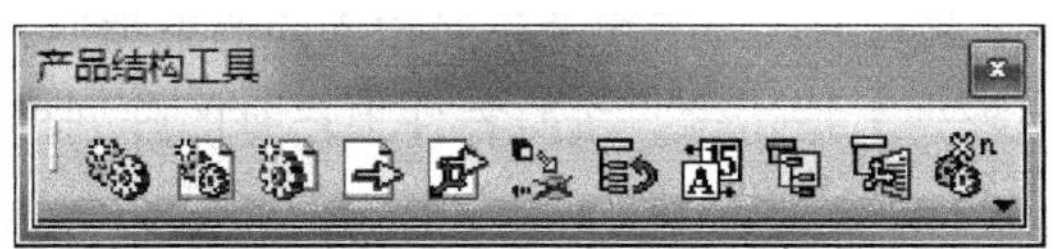

图5-7 【产品结构工具】工具栏

- 【部件】按钮：插入一个新的部件。
- 【产品】按钮：插入一个新的产品。
- 【零件】按钮：插入一个新零件。
- 【现有部件】：插入系统中已经存在的零部件。
- 【具有定位的现有部件】按钮：插入系统具有定位的零部件。
- 【替换部件】按钮：将现有的部件以新的部件代替。
- 【图形树重新排序】按钮：将零件在特征树中重新排列。
- 【生成编号】按钮：将零部件逐一按序号排列。
- 【选择性加载】按钮：单击将打开【产品加载管理】对话框。

- 【管理展示】按钮：单击该按钮在选择装配特征树种的“Product”将弹出【管理展示】对话框。
- 【快速多实例化】按钮：根据定义多实例化输入的参数快速定义零部件。
- 【定义多实例化】按钮：根据输入的数量及规定的方向创建多个相同的零部件。

（2）【约束】工具栏

【约束】工具栏用于定义装配体零部件的约束定位关系，如图5-8所示。

图5-8　【约束】工具栏

- 【相合约束】按钮：在轴系间创建相合约束，轴与轴之间必须有相同的方向与方位。
- 【接触约束】按钮：在两个共面间的共同区域创建接触约束，共同的区域可以是平面、直线和点。
- 【偏移约束】按钮：在两个平面间创建偏移约束，输入的偏移值可以为负值。
- 【角度约束】按钮：在两个平行面间创建角度约束。
- 【修复部件】按钮：部件固定的位置方式有两种——绝对位置和相对位置，目的是在更新操作时避免此部件从父级中移开。
- 【固连】按钮：将选定的部件连接在一起。
- 【快速约束】按钮：用于快速自动建立约束关系。
- 【柔性/刚性子装配】按钮：将子装配作为一个刚性或柔性整体。
- 【更改约束】按钮：用于更改已经定义的约束类型。
- 【重复使用阵列】按钮：按照零件上已有的阵列样式来生成其他零件的阵列。

（3）【移动】工具栏

【移动】工具栏用于移动插入到装配工作台中的零部件，如图5-9所示。

图5-9　【移动】工具栏

- 【操作】按钮：将零部件向指定的方向移动或旋转。
- 【捕捉】按钮：以单捕捉的形式移动零部件。
- 【智能移动】按钮：将单捕捉和双捕捉结合在一起移动零部件。
- 【分解】按钮：不考虑所有的装配约束，将部件分解。
- 【碰撞时停止操作】按钮：检测部件移动时是否存在冲突，如有将停止动作。

（4）【装配特征】工具栏

【装配特征】工具栏用于在装配体中同时在多个零部件上创建特征，如图5-10所示。

- 【分割】按钮：利用平面或曲面作为分割工具，将零部件实体分割。

图5-10 【装配特征】工具栏

- 【对称】按钮：以一平面为镜像面，将现在零部件镜像至镜像面的另一侧。
- 【孔】按钮：创建可同时穿过多个零件部的孔特征。
- 【凹槽】按钮：创建可同时穿过多个零部件的凹槽特征。
- 【添加】按钮：执行此命令，选择要移除的几何体，并选择需要从中移除的零件。
- 【移除】按钮：执行此命令，选择要添加的几何体，并选择需要从中添加材料的零件。

（5）【空间分析】工具栏

【空间分析】工具栏用于分析装配体零部件之间的干涉以及切片观察等，如图5-11所示。

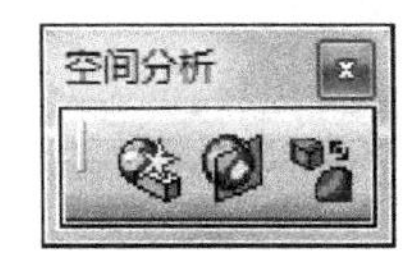

图5-11 【空间分析】工具栏

- 【碰撞】按钮：用于检查零部件之间间距与干涉。
- 【切割】按钮：用于在三维环境下观察产品，也可创建局部剖视图和剖视体。
- 【距离和区域分析】按钮：用于计算零部件之间的最小距离。

5.1.2 装配方式

（1）自底向上装配（bottom-up assembly）

自底向上装配是先创建部件几何模型，再组合成子装配，最后生成装配部件的装配方法。即先产生组成装配的最低层次的部件，然后组装成装配体。

（2）自顶向下装配（top-down assembly）

自顶向下装配，是指在装配级中创建与其他部件相关的部件模型，是在装配部件的顶级向下产生子装配和部件（即零件）的装配方法。顾名思义，自顶向下装配是先在结构树的顶部生成一个装配体，然后下移一层，生成子装配和组件。

（3）混合装配（mixing assembly）

混合装配是将自顶向下装配和自底向上装配结合在一起的装配方法。例如先创建几个主要部件模型，再将其装配在一起，然后在装配中设计其他部件，即为混合装配。在实际设计中，可根据需要在两种模式下切换。

5.1.3 自底向上装配方法和流程

CATIA自底向上装配的总体思路和方法是：首先根据零部件设计参数，采用实体造型、曲面造型或钣金等方法创建装配产品中各个零部件的具体几何模型；然后通过“加载部件”操作，将已经设计好的部件依次加入到当前的装配模型中，最后通过装配部件之间的约束操作来确定这些零部件之间的位置关系并完成装配。

以图5-12所示为例来说明CATIA装配的基本流程过程。

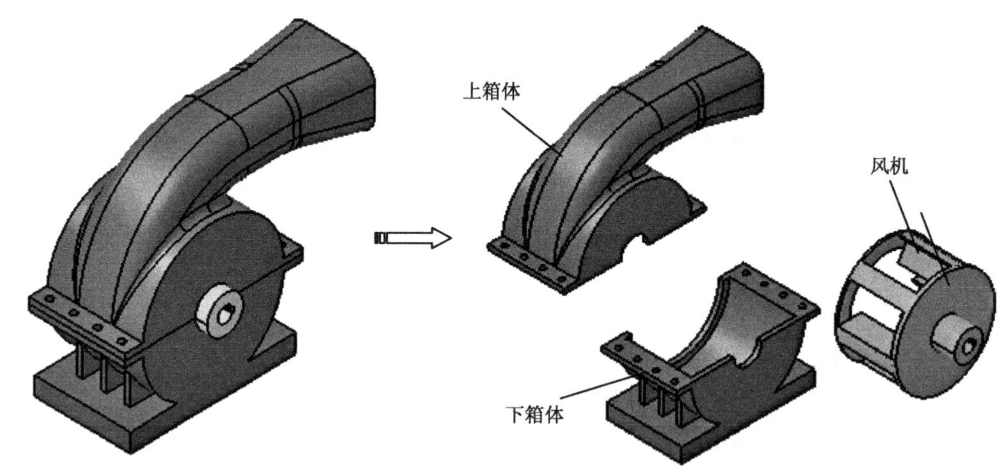

图5-12　风机装配结构

（1）创建装配体结构

新建一个装配文件或者打开一个已存在的装配文件，并进入【装配设计】工作台，如图5-13所示。

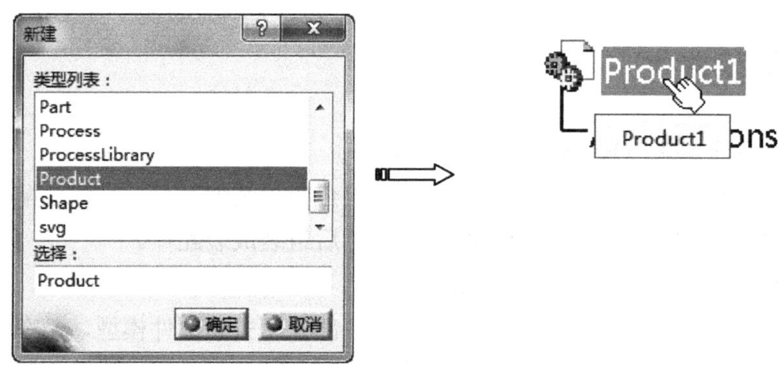

图5-13　创建装配体文件

（2）装配底座零件

利用【加载现有部件】命令或【加载具有定位的现有部件】，选取需要加入装配中的相关零部件，然后利用【装配约束】命令，设置添加零部件之间的位置关系，完成装配结构，如图5-14所示。

（3）装配风机零件

利用【加载现有部件】命令或【加载具有定位的现有部件】，然后利用指南针或移动命令调整零部件的位置，便于约束和装配，最后利用【装配约束】命令设置添加零部件之间的位置关系，完成装配结构，如图5-15所示。

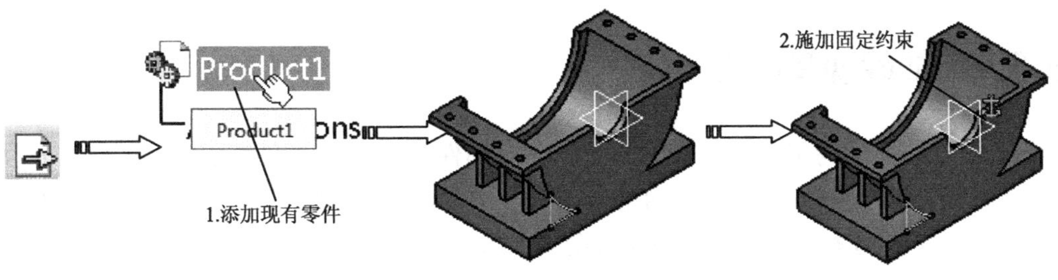

图5-14 装配底座零件

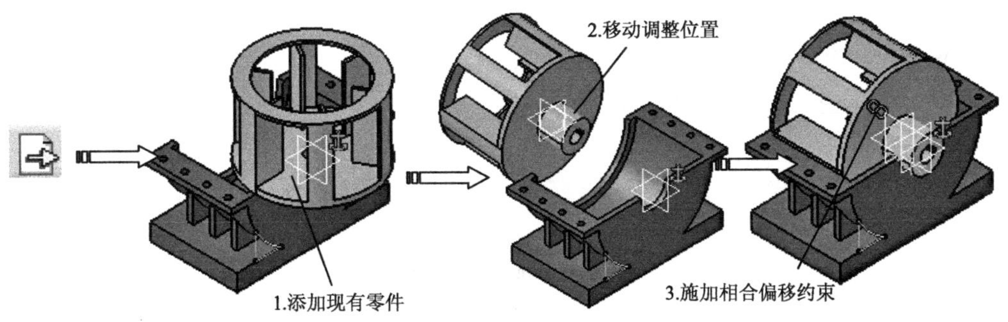

图5-15 装配风机零件

（4）装配上箱体零件

利用【加载现有部件】命令或【加载具有定位的现有部件】，然后利用指南针或移动命令调整零部件的位置，便于约束和装配，最后利用【装配约束】命令设置添加零部件之间的位置关系，完成装配结构，如图5-16所示。

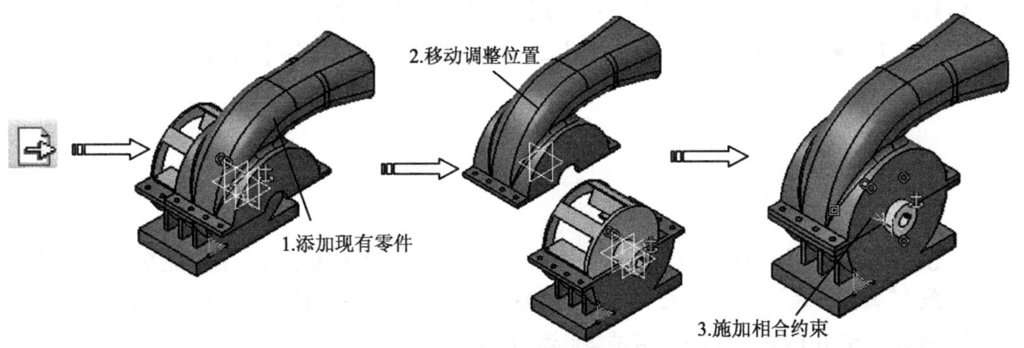

图5-16 装配上箱体零件

5.2 视频精讲

5.2 加载零件或部件（组件）

自底向上装配方法中的第一个重要步骤就是“加载现有部件”，它将已经存储在计算中的零件、部件或者产品作为一个个部件插入当前产品中，从而构成整个装配体。

5.2.1 加载现有部件

单击【产品结构工具】工具栏中的【现有部件】按钮，在特征树中选取插入位置（可以是当前产品或者产品中的某个部件），弹出【选择文件】对话框，选择需要插入的文件，单击【打开】按钮，系统自动载入部件，如图5-17所示。

图5-17 加载现有部件

技术要点

在一个装配文件中，可以添加多种文件，包括CATPart、CATProduct、V4 CATIA Assembly、CATAnalysis、V4 session、V4 model、cgr、wrl等后缀类型文件。

CATIA 命令	• 选择下列菜单【插入】|【现有部件】命令。 • 单击【产品结构工具】工具栏中的【现有部件】按钮。

操作步骤

Step01 单击【产品结构工具】工具栏中的【现有部件】按钮，在特征树中选取插入位置（"风机总装"节点），在弹出的【选择文件】对话框中选择需要的文件"xiaxiangti.CATPart"，单击【打开】按钮，完成零件添加，如图5-18所示。

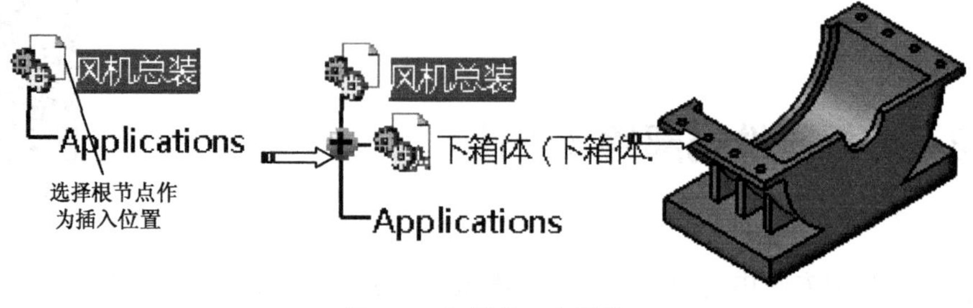

图5-18 加载第一个零件

Step02 单击【约束】工具栏上的【固定约束】按钮，选择要固定的下箱体部件，系统自动创建固定约束，如图5-19所示。

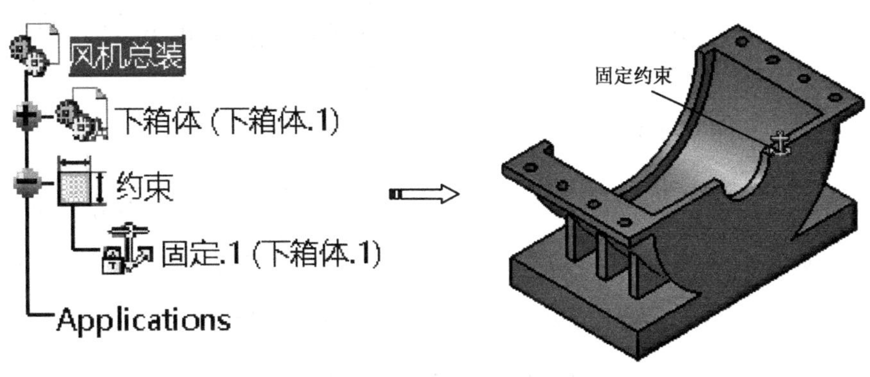

图5-19　施加固定约束

提示

装配中第一个零件往往是基体零件，首先施加固定约束以便于以后零件的装配。

5.2.2　加载具有定位的现有部件

加载具有定位的现有部件是指相对于现有组件，在定位插入当前组件时，可利用【智能移动】对话框创建约束。

单击【产品结构工具】工具栏中的【具有定位的现有部件】按钮，在特征树中选取插入位置（可以是当前产品或者产品中的某个部件），弹出【选择文件】对话框，选择需要插入的文件，单击【打开】按钮，系统弹出【智能移动】对话框，如图5-20所示。

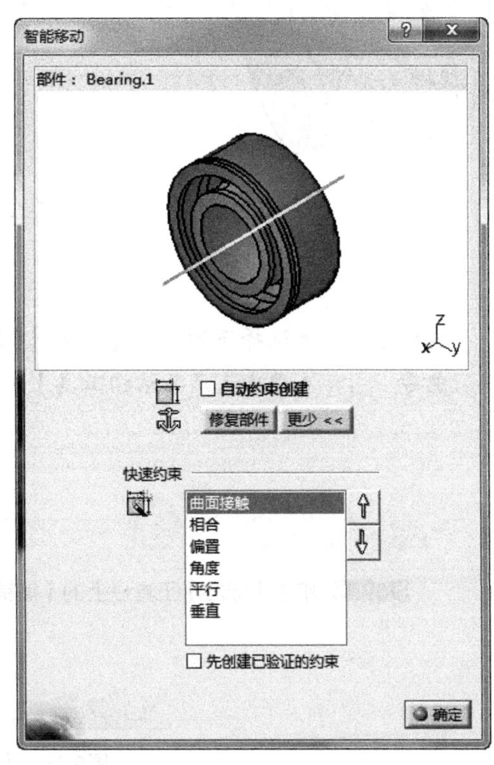

图5-20　【智能移动】对话框

【智能移动】对话框相关选项参数含义如下：

（1）【自动约束创建】复选框

选择该复选框，系统自动按照【快速约束】列表框中的约束顺序创建约束，如图5-21所示。

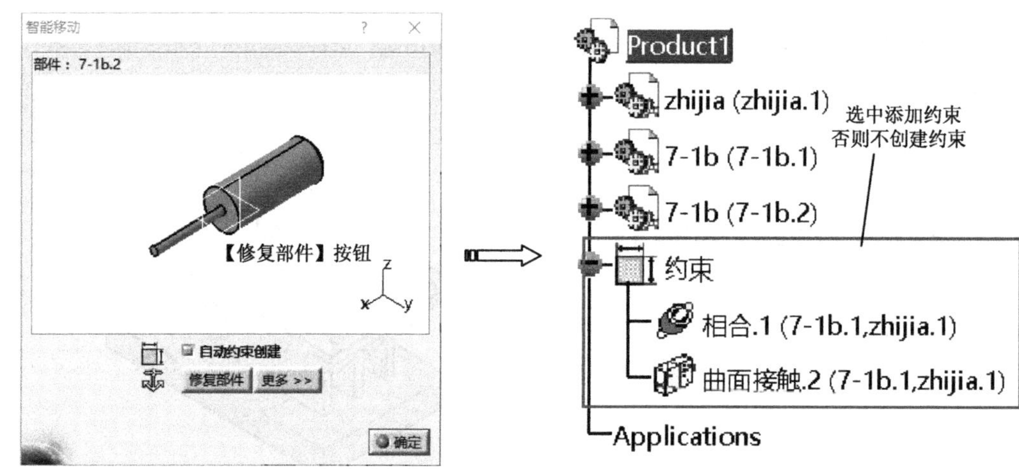

图5-21 选中自动约束创建

（2）【修复部件】按钮

单击该按钮将创建固定约束，如图5-22所示。

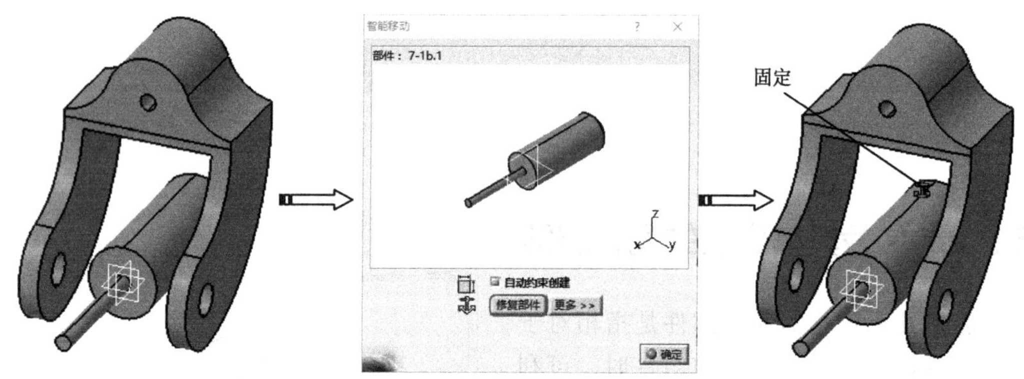

图5-22 修复部件

CATIA 命令	• 选择下列菜单【插入】|【具有定位的现有部件】命令。 • 单击【产品结构工具】工具栏中的【具有定位的现有部件】按钮。

Step03 单击【标准】工具栏上的【撤销】按钮，撤销下箱体装配，如图5-23所示。

图5-23 【标准】工具栏

Step04 单击【产品结构工具】工具栏中的【具有定位的现有部件】按钮，在特征树中选取插入位置“风机总装”，弹出【选择文件】对话框，选择需要插入的文件“xiaxiangti.CATPart”，单击【打开】按钮，如图5-24所示。

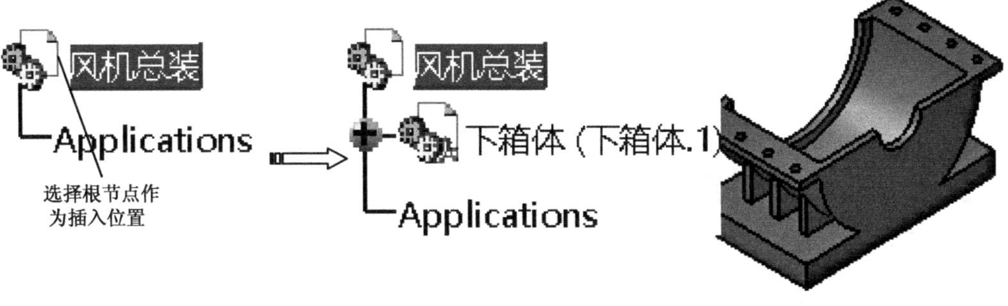

图5-24 加载第一个零件

Step05 弹出【智能移动】对话框，单击【修复部件】按钮，将创建固定约束如图5-25所示。

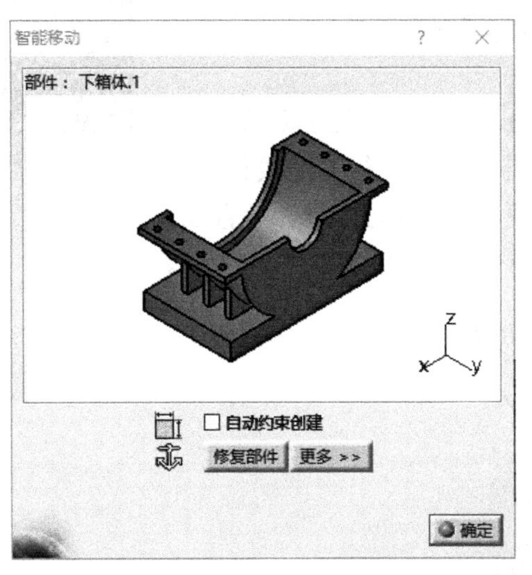

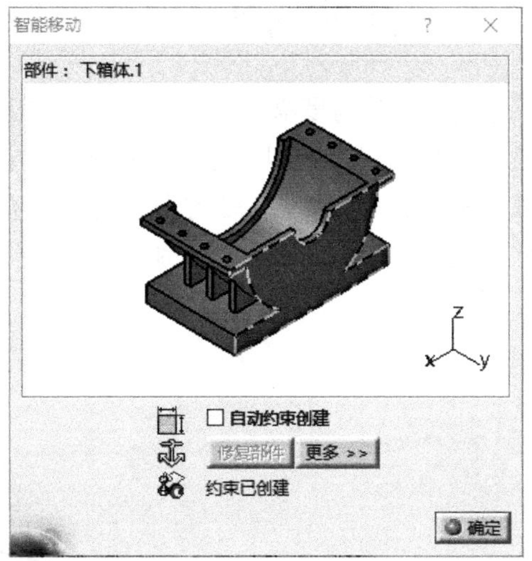

图5-25 【智能移动】对话框

Step06 完成加载具有定位的现有部件后，在特征树中显示【约束】节点，如图5-26所示。

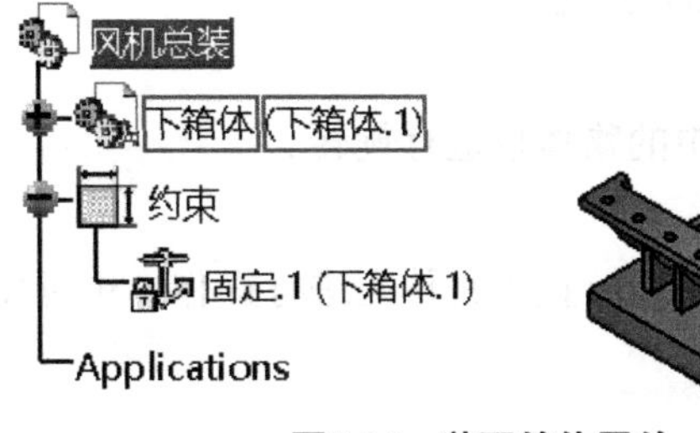

图5-26 装配箱体零件

第05章 装配体设计

提示

一个装配件中包含某个零件的多个实例时，每个实例的零件编号都一样，但是实例名称却应该有所区别。在模型树上每个节点括弧内的名字就是实例名称。

5.3 移动零件或部件（组件）

创建零部件时坐标原点不是按装配关系确定的，导致装配中所插入零部件可能位置相互干涉，影响装配，因此需要调整零部件的位置，便于约束和装配。移动相关命令主要集中在【移动】工具栏上，下面分别加以介绍。

5.3.1 利用指南针（罗盘）移动零部件

5.3.1 视频精讲

指南针也称为罗盘，在文件窗口的右上角，并且总是处于激活状态，代表着模型的三维空间坐标系。指南针是由与坐标轴平行的直线和三个圆弧组成的，其中*X*和*Y*轴方向各有两条直线，*Z*轴方向只有一条直线。这些直线与圆弧组成平面，分别与相应的坐标平面平行，如图5-27所示。

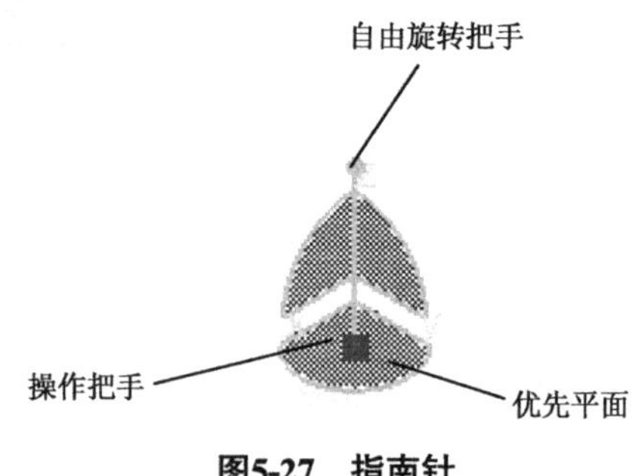

图5-27 指南针

（1）*X*、*Y*、*Z*

表示坐标轴的名称，*Z*坐标轴起到定位作用。

（2）自由旋转把手

用于旋转指南针，同时窗口中的物体也进行旋转。

（3）罗盘操作把手

用于拖动指南针，并且可将指南针置于物体上进行操作，也可使物体绕点旋转。

（4）优先平面

指示罗盘的基准平面。

5.3.1.1 移动零部件

移动鼠标到指南针操作把手上，指针变成四向箭头✥，然后拖动指南针至模型上释放，此时指南针会附着在模型上，且字母X、Y、Z变为W、U、V，选择指南针上的任意轴线（该轴线会以亮色显示），按住鼠标左键并移动鼠标，则零部件将沿着此直线平移，如图5-28所示。

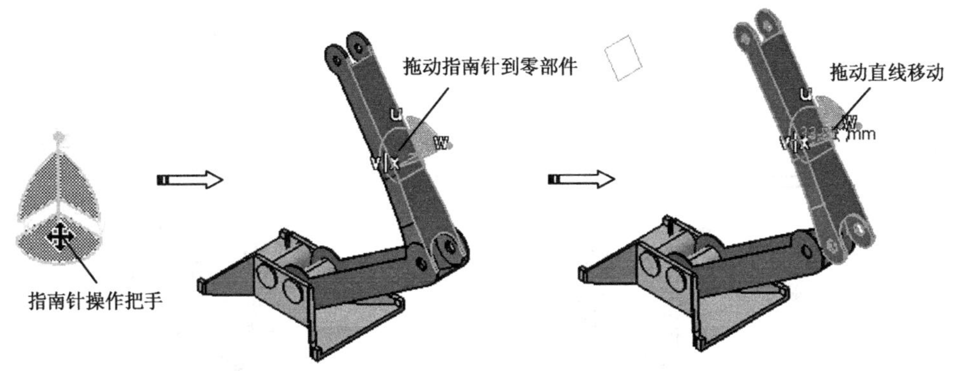

图5-28 利用指南针移动零部件

技术要点

要是指南针脱离模型，可将其拖动到窗口右下角绝对坐标系处；或者拖到指南针离开物体的同时按住Shift键，并且要先松开鼠标左键；还可以选择菜单栏【视图】|【重置指南针】命令来实现。

5.3.1.2 旋转零部件

移动鼠标到指南针操作把手上，指针变成四向箭头✥，然后拖动指南针至模型上释放，此时指南针会附着在模型上，且字母X、Y、Z变为W、U、V，选择指南针平面的弧线（该弧线会以亮色显示），按住鼠标左键并移动鼠标，则零部件将绕该平面的法线旋转，如图5-29所示。

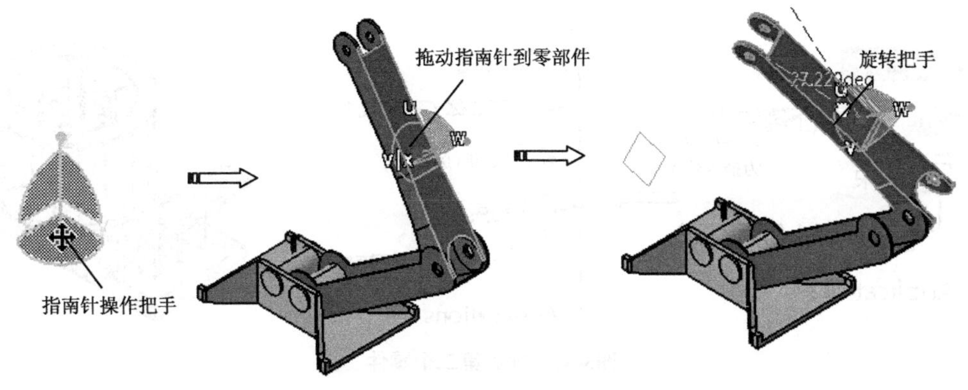

图5-29 利用指南针旋转零部件

5.3.1.3 自由旋转零部件

移动鼠标到指南针操作把手上，指针变成四向箭头，然后拖动指南针至模型上释放，此时指南针会附着在模型上，且字母X、Y、Z变为W、U、V，选择指南针上的自由旋转把手，按住鼠标左键则零部件将旋转，选择指南针上的旋转把手，按住鼠标左键则零部件将旋转，如图5-30所示。

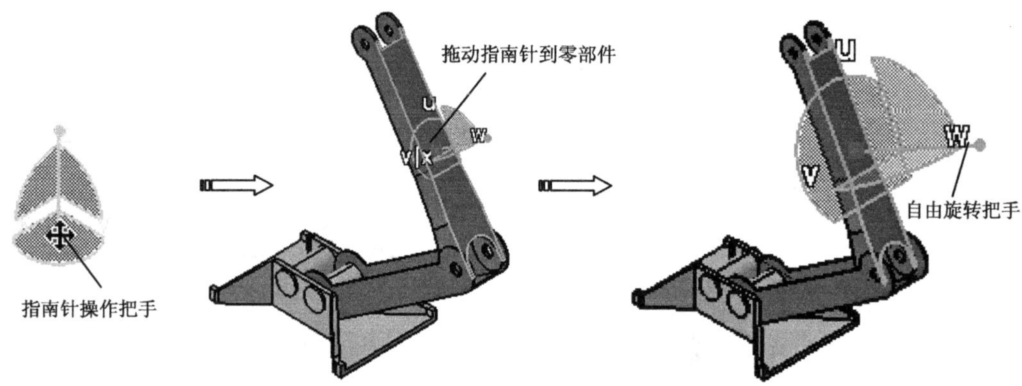

图5-30 利用指南针自由旋转零部件

技术要点

利用指南针可移动已经约束的组件，移动后恢复约束，可单击【更新】工具栏上的【全部更新】按钮。

操作步骤

Step01 单击【产品结构工具】工具栏中的【现有部件】按钮，在特征树中选取“风机总装”节点，弹出【选择文件】对话框，选择需要的文件“fengji.CATPart”，单击【打开】按钮，系统自动载入部件，如图5-31所示。

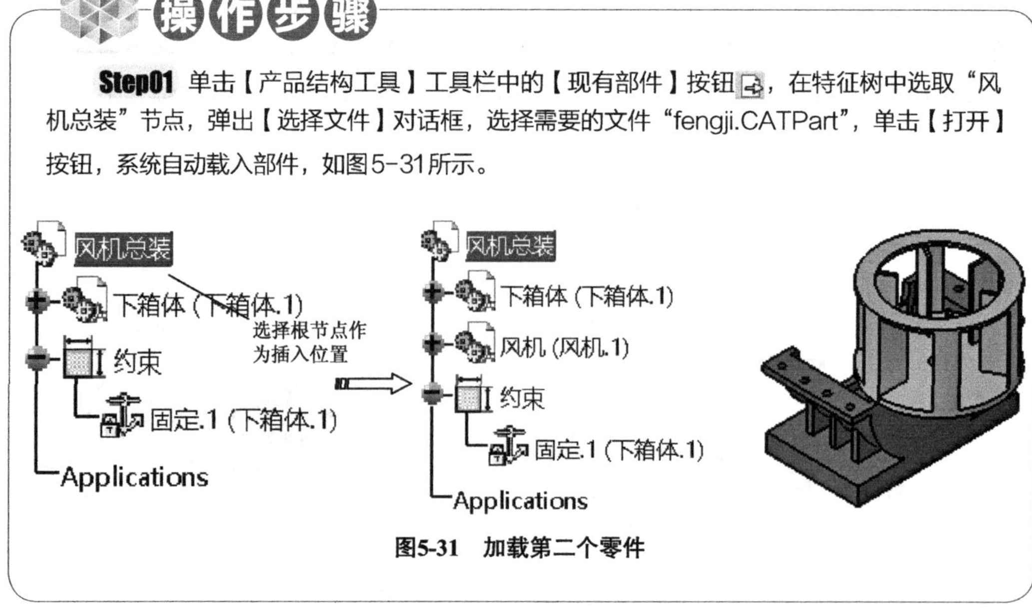

图5-31 加载第二个零件

Step02 移动鼠标到指南针操作把手上，指针变成四向箭头✥，然后拖动指南针至零件上释放，此时指南针会附着在模型上，且字母X、Y、Z变为W、U、V，如图5-32所示。

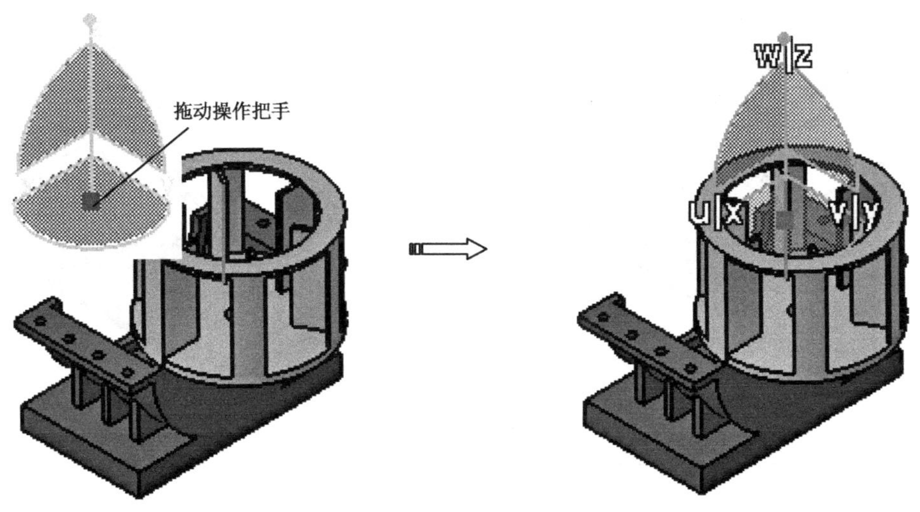

图5-32 拖动罗盘到零件

Step03 自由旋转部件。选择指南针上的圆弧，按住鼠标左键并移动鼠标，则指南针以红色方块为顶点自由旋转，工作窗口中的模型也会随着指南针一同以工作窗口的中心为转点进行旋转，如图5-33所示。

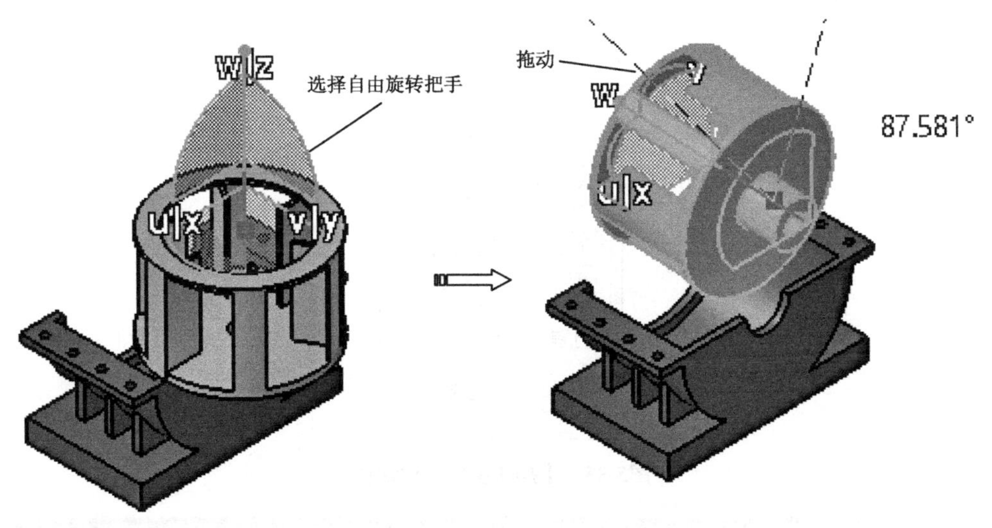

图5-33 旋转部件

Step04 移动部件。选择指南针上的如图5-34所示的直线，按住鼠标左键并移动鼠标，则工作窗口中的模型将沿着此直线平移。

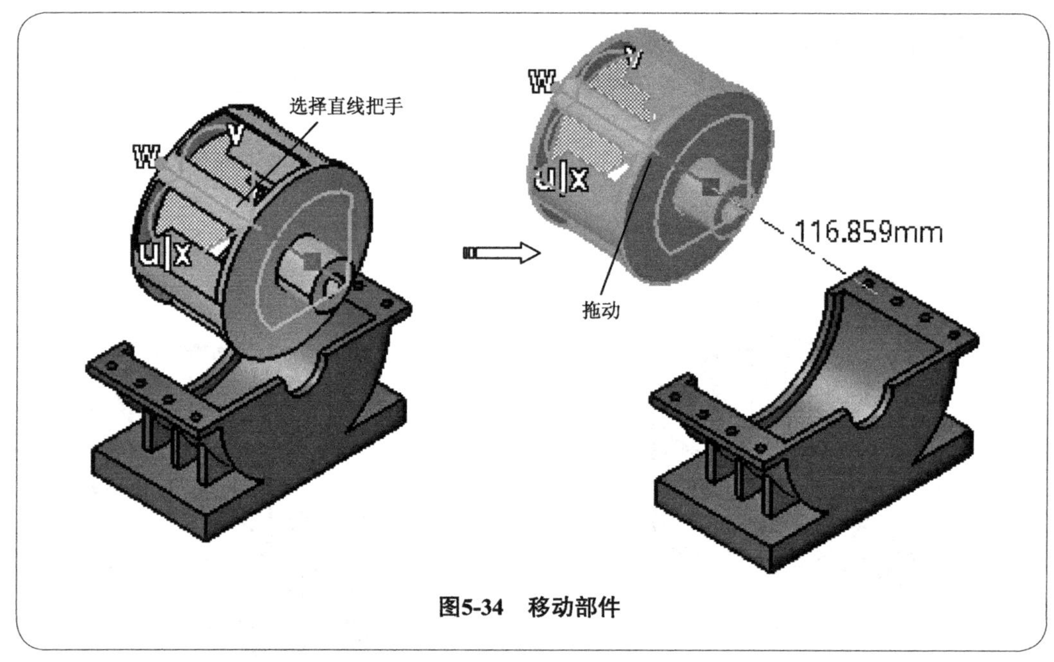

图5-34 移动部件

5.3.2 利用【操作】命令移动零部件

5.3.2 视频精讲

【操作】命令允许用户更加柔性、自由地移动或旋转处于激活状态下的部件。

单击【移动】工具栏上的【操作】按钮，弹出【操作参数】对话框，如图5-35所示。

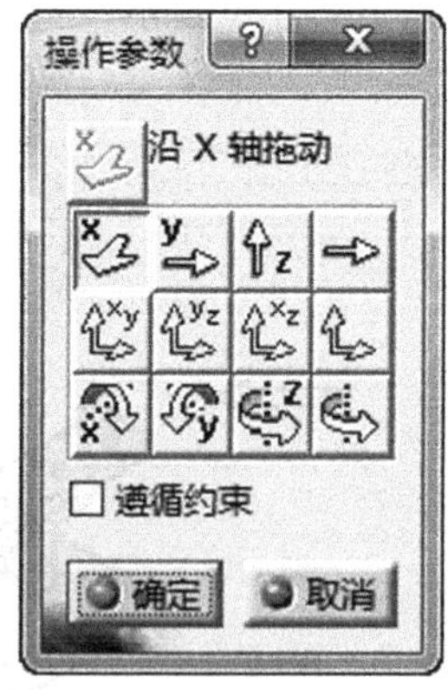

图5-35 【操作参数】对话框

技术要点

在【操作参数】对话框中选中【遵循约束】复选框后，不允许对已经施加约束的部件进行违反约束要求的移动、旋转等操作。

5.3.2.1　沿直线移动零部件

【操作参数】对话框中第一行前三个按钮用于零部件沿着X、Y、Z坐标轴移动零部件，如图5-36所示。第一行最后一个按钮用于沿着任意选定线方向移动，可选择直线或边线。

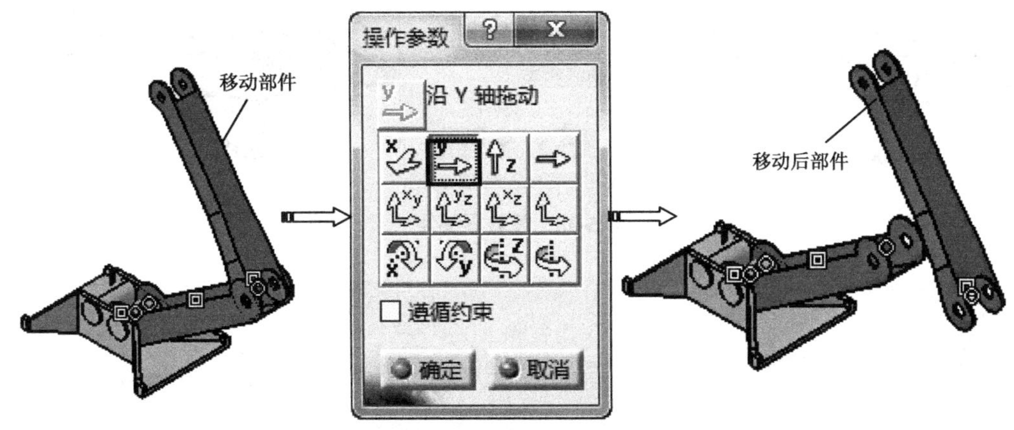

图5-36　沿坐标轴移动零部件

5.3.2.2　沿平面移动零部件

【操作参数】对话框中第二行前三个按钮用于零部件在XY、YZ、XZ坐标平面移动，如图5-37所示。第二行最后一个按钮用于沿着选定面移动零部件。

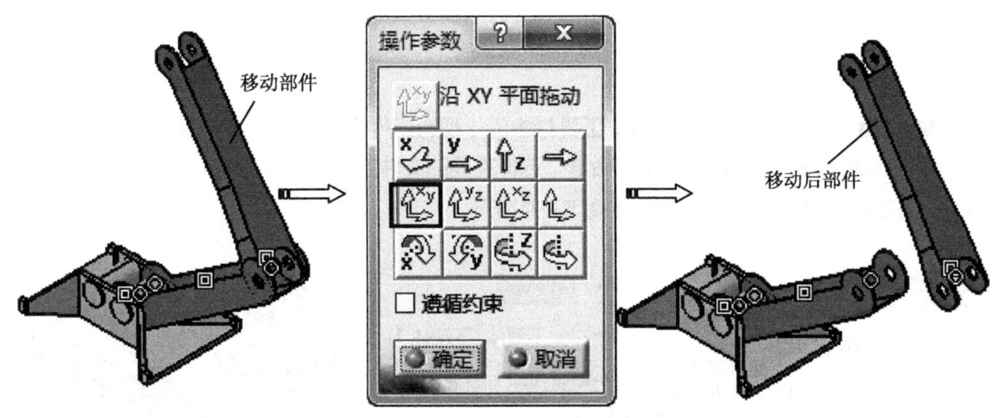

图5-37　沿坐标面移动零部件

5.3.2.3　旋转零部件

【操作参数】对话框中第三行前三个按钮用于零部件绕着X、Y、Z坐标轴旋转，如图5-38所示。第三行最后一个按钮用于绕某一任意选定轴旋转零部件，选定轴可以是棱线或轴线。

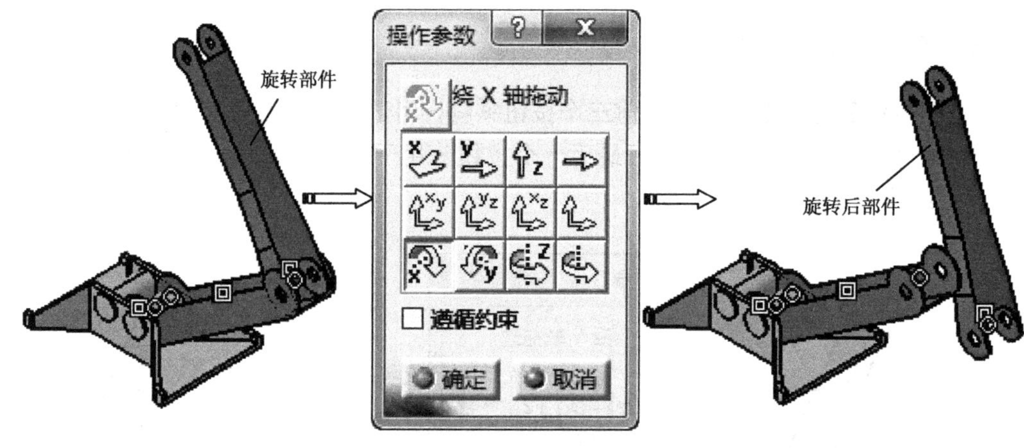

图5-38 旋转零部件

技术要点

利用操作工具按钮不可以移动或旋转已经约束的零部件，此时可利用指南针移动。此外，可变形组件不可以利用操作工具按钮移动。

CATIA 命令	• 选择下列菜单【编辑】|【移动】|【操作】命令。 • 单击【移动】工具栏上的【操作】按钮。

操作步骤

Step05 单击【产品结构工具】工具栏中的【现有部件】按钮，在特征树中选取“风机总装”节点，弹出【选择文件】对话框，选择需要的文件“shangxiangti.CATPart”，单击【打开】按钮，系统自动载入部件，如图5-39所示。

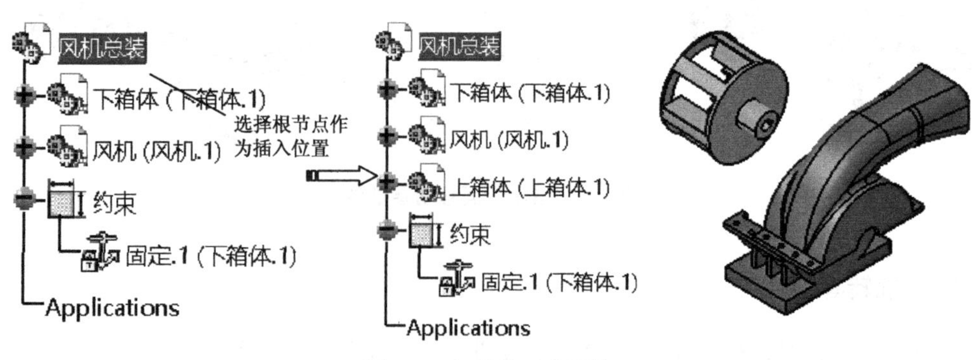

图5-39 加载第二个零件

Step06 单击【移动】工具栏上的【操作】按钮，弹出【操作参数】对话框，选择

【沿X轴拖动】按钮，利用鼠标拖动上箱体移动调整好位置，如图5-40所示。

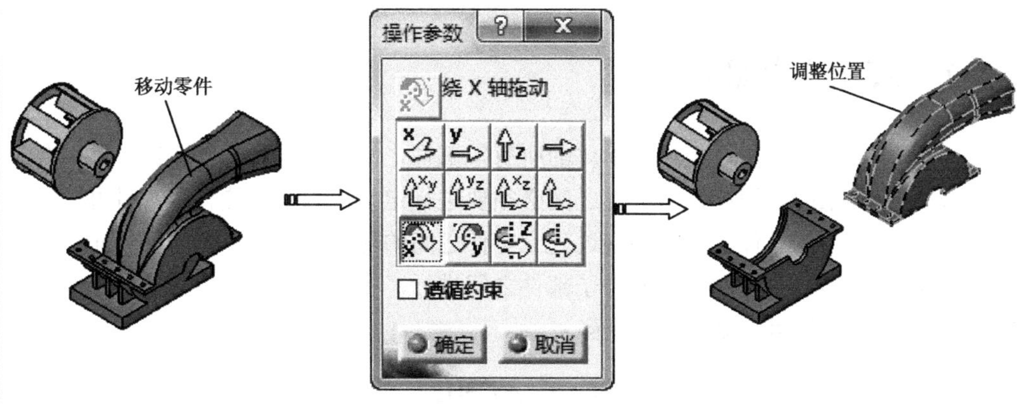

图5-40　移动零件（一）

Step07 单击【移动】工具栏上的【操作】按钮，弹出【操作参数】对话框，选择【沿Z轴拖动】按钮，利用鼠标拖动上箱体移动调整好位置，如图5-41所示。

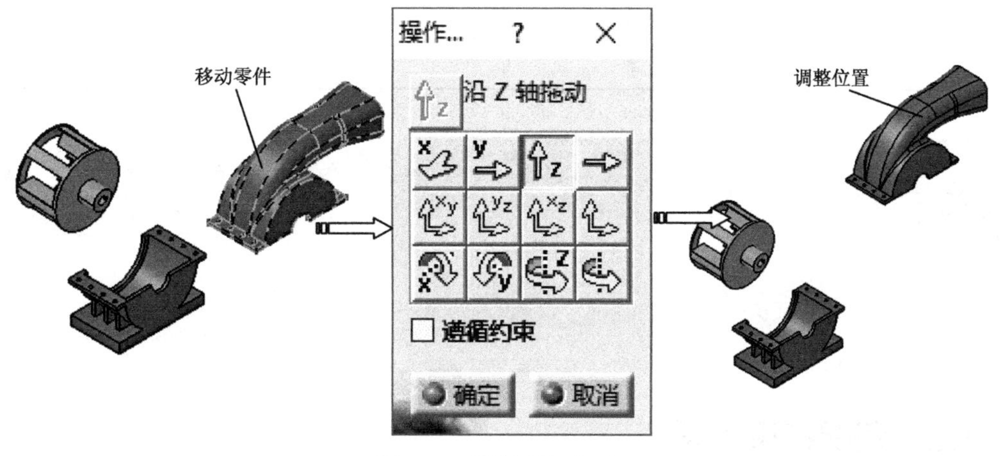

图5-41　移动零件（二）

提示

在【操作参数】对话框中选中【遵循约束】复选框后，不允许对已经施加约束的部件进行违反约束要求的移动、旋转等操作。

5.4　装配约束

5.4　视频精讲

装配约束就是在部件之间建立相互约束条件以确定它们在装配体中

的相对位置，主要是通过约束部件之间的自由度来实现的。通过约束将所有零件组成一个产品，装配约束相关命令集中在【约束】工具栏上，下面分别加以介绍。

5.4.1 装配约束概述

对于一个装配体来说，组成装配体的所有零部件之间的位置不是任意的，而是按照一定关系组合起来的。因此，零部件之间必须要进行定位，移动和旋转零部件并不能精确地定位装配体中的零件，还必须通过建立零件之间的配合关系来达到设计要求。

设置约束必须在激活部件的两个子部件之间进行，在图形区显示约束几何符号，在特征树中标记约束符号，如表5-1所示。

表5-1 约束类型

约束类型	约束符号	约束类型	约束符号
相合		偏移	
接触		角度	
平行		固定	
垂直			

技术要点

只有通过装配约束建立了装配中组件与组件之间的相互位置关系，才可以称得上是真正的装配模型。由于这种装配约束关系之间具有相关性，一旦装配组件的模型发生变化，装配部件之间可自动更新，并保持装配约束不变。

5.4.2 装配约束类型

5.4.2.1 相合约束

【相合约束】是通过设置两个部件中的点、线、面等几何元素重合来获得同心、同轴和共面等几何关系。当两个几何元素的最短距离小于0.001mm时，系统认为它们是相合的。

单击【约束】工具栏上的【相合约束】按钮，选择第一个零部件约束表面，然后选择第二个零部件约束表面，如果是两个平面约束，则弹出【约束属性】对话框，如图5-42所示。

5.4.2.2 接触约束

【接触约束】是对选定的两个面或平面进行约束，使它们处于点、线或者面接触

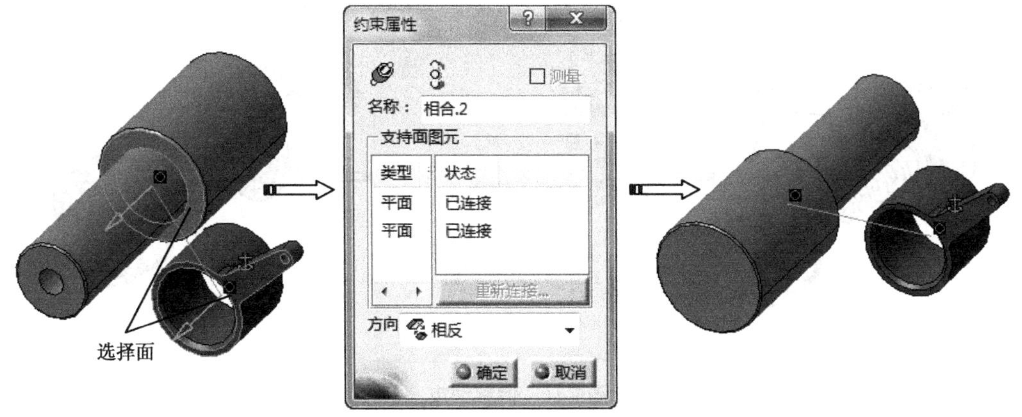

图5-42 【约束属性】对话框

状态。

单击【约束】工具栏上的【接触约束】按钮，依次选择两个部件的约束表面，系统自动完成接触约束，如图5-43所示。

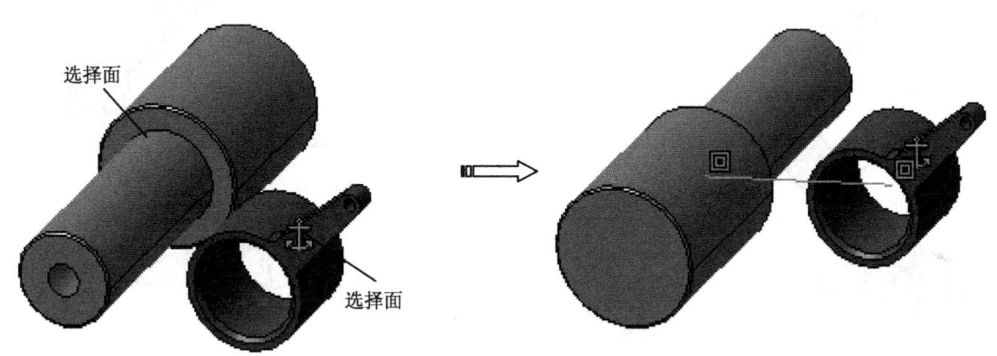

图5-43 平面与平面接触约束

5.4.2.3 偏移约束

【偏移约束】通过设置两个部件上的点、线、面等几何元素之间的距离来约束它们之间的几何关系。

单击【约束】工具栏上的【偏移约束】按钮，依次选择两个部件的约束表面，弹出【约束属性】对话框，在【名称】框可改变约束名称，在【方向】下拉列表中选择约束方向，在【偏移】框中输入距离值，单击【确定】按钮，如图5-44所示。

5.4.2.4 角度约束

【角度约束】是指通过设定两个部件几何元素的角度关系来约束两个部件之间的相对几何关系。

单击【约束】工具栏上的【偏角度约束】按钮，依次选择两个部件的约束表面，

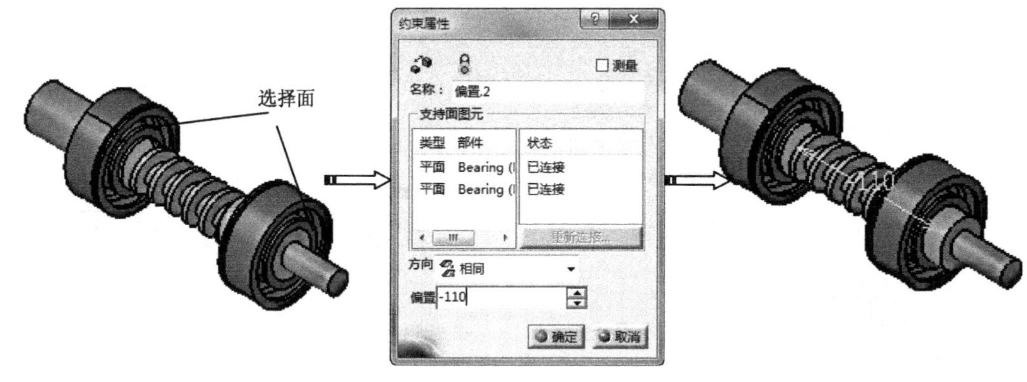

图5-44 偏移约束

弹出【约束属性】对话框，选择约束类型为【角度】，在【名称】框可改变约束名称，在【角度】框中输入角度值，单击【确定】按钮，系统自动完成角度约束，如图5-45所示。

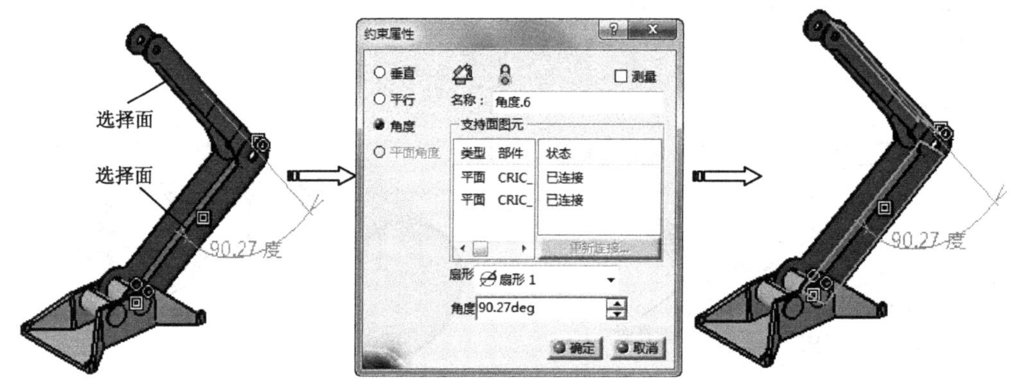

图5-45 角度约束

5.4.2.5 固定约束

【固定约束】用于将一个部件固定在设计环境中，一种是将部件固定于空间固定处，称为绝对固定；另外一种是将其他部件与固定部件的相对位置关系固定，当移动时，其他部件相对固定组件会移动。

单击【约束】工具栏上的【固定约束】按钮，选择要固定的部件，系统自动创建固定约束。选择用指南针移动固定部件时，单击【全部更新】按钮，已经被固定的组件重新恢复到原始的空间位置，如图5-46所示。

CATIA 命令	• 选择下列菜单【插入】|【约束】命令。 • 单击【约束】工具栏上的【相合约束】按钮。

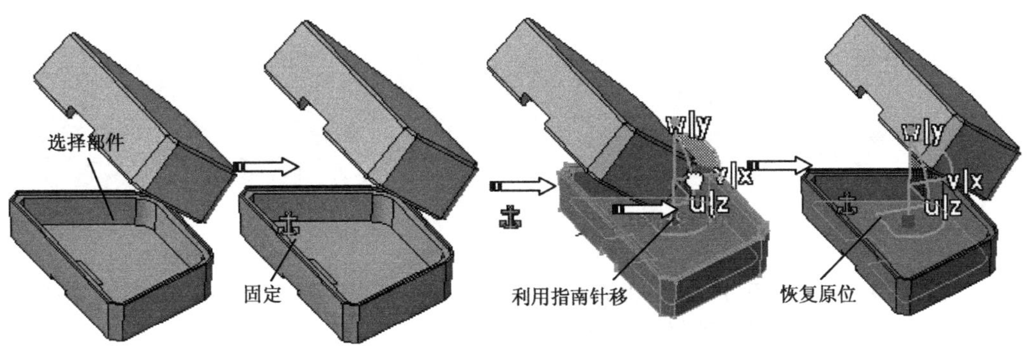

图5-46 固定约束

Step01 单击【约束】工具栏上的【相合约束】按钮，分别选择风机轴线和底座孔轴线，单击【确定】按钮，完成约束，如图5-47所示。

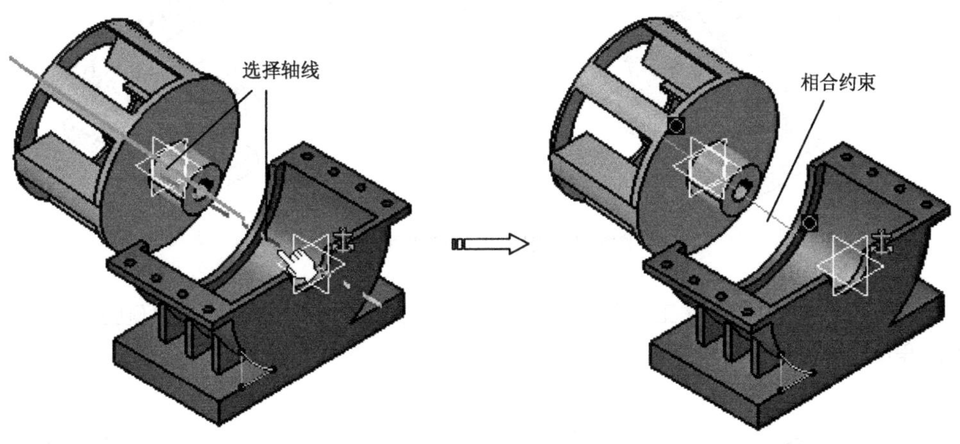

图5-47 创建相合约束

Step02 单击【约束】工具栏上的【偏移约束】按钮，分别选择风机端面和机座端面，弹出【约束属性】对话框，在【偏移】框中输入距离值10，单击【确定】按钮，如图5-48所示。

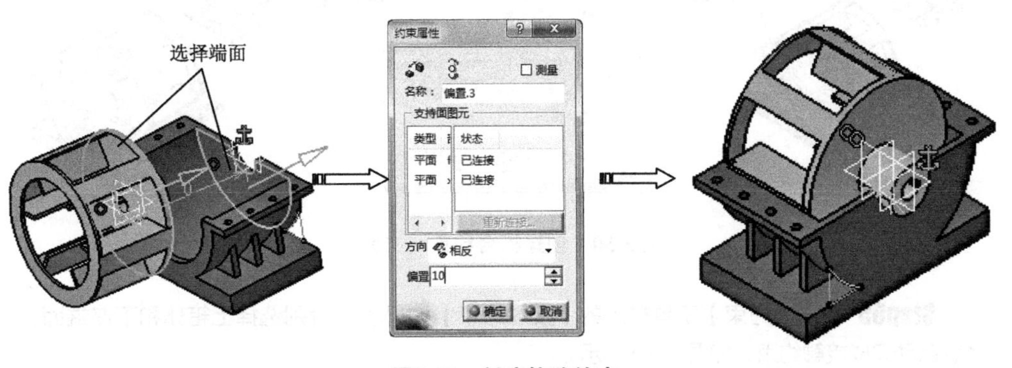

图5-48 创建偏移约束

提示

设置偏移约束时，可以定义正偏移量或负偏移值。但要约束的组件中至少有一个必须是平面元素，否则不能设置正偏移量或负偏移值。

Step03 单击【约束】工具栏上的【相合约束】按钮，分别选择风机轴线和上箱体孔轴线，单击【确定】按钮，完成约束，如图5-49所示。

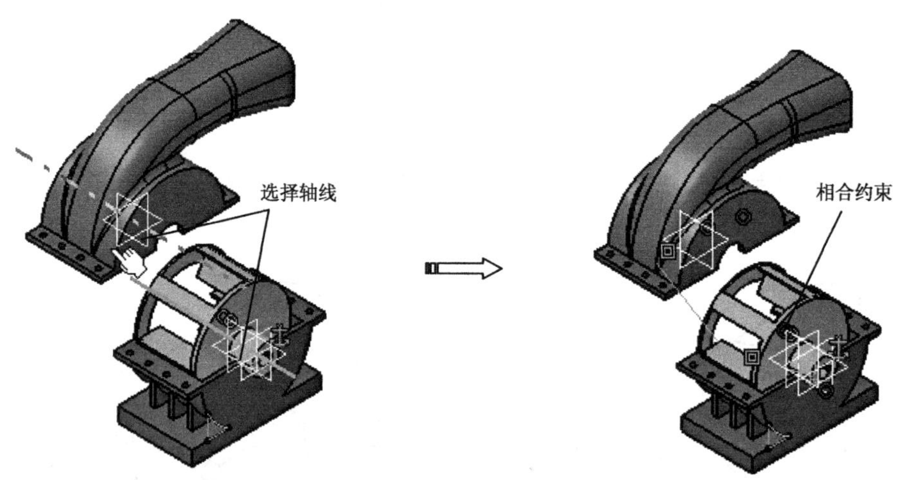

图5-49 创建相合约束（一）

Step04 单击【约束】工具栏上的【相合约束】按钮，分别选择上箱体侧面和下座端面，单击【确定】按钮，完成约束，如图5-50所示。

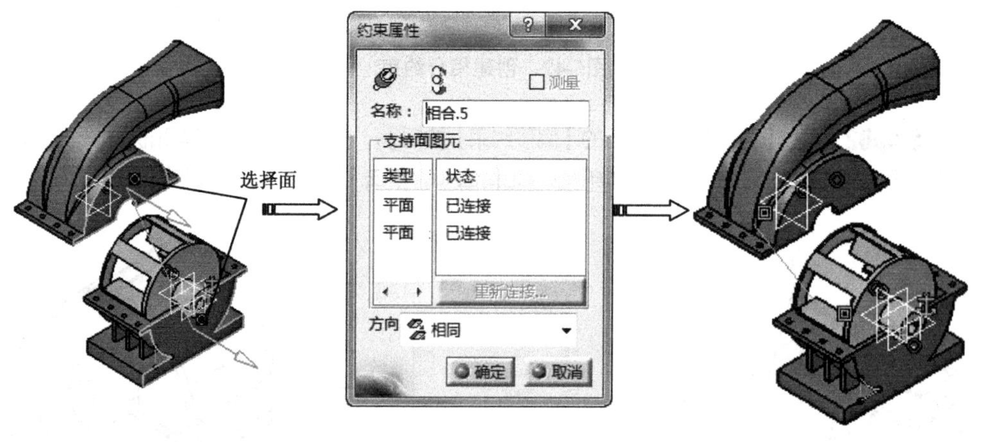

图5-50 创建相合约束（二）

Step05 单击【约束】工具栏上的【接触约束】按钮，分别选择上箱体和下座端面，系统自动完成接触约束，如图5-51所示。

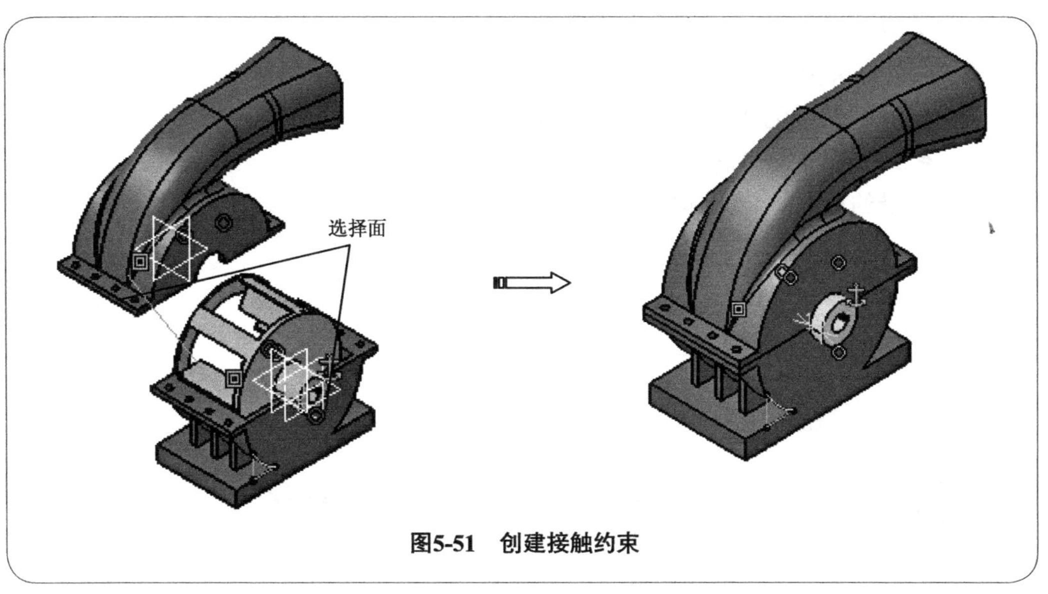

图5-51 创建接触约束

5.5 装配体爆炸图（分解）

5.5 视频精讲

【分解】是为了了解零部件之间的位置关系，将当前已经完成约束的装配设计进行自动的爆炸操作，并有利于生成二维图纸。

单击【移动】工具栏上的【分解】按钮，弹出【分解】对话框，如图5-52所示。

图5-52 【分解】对话框

【分解】对话框相关选项参数含义如下。

（1）深度

用于设置分解的层次，包括以下选项。

- 第一级别：只将装配体下第一层炸开，若其中有子装配，则在分解时作为一个部件处理。
- 所有级别：将装配体完全分解，变成最基本的部件等级。

（2）选择集

用于选择将要分解的装配体。

（3）类型

用于设置分解类型，包括以下选项（如图5-53所示）。

- 3D：将装配体在三维空间中分解。
- 2D：装配体分解后投影到XY平面上。
- 受约束：将装配体按照约束条件进行分解，该方式仅在产品中存在工作或共面时有效。

图5-53　分解类型

（4）固定产品

用于选择分解时固定不动的零部件。

CATIA 命令	• 选择下列菜单【编辑】|【移动】|【在装配设计中分解】命令。 • 单击【移动】工具栏上的【分解】按钮。

Step01 单击【移动】工具栏上的【分解】按钮，弹出【分解】对话框，如图5-54所示。

Step02 在【深度】框中选择“所有级别”，激活【选择集】编辑框，在特征树中选择装配根节点（即选择所有的装配组件）作为要分解的装配组件，在【类型】下拉列表中选择“3D”，激活【固定产品】编辑框，选择如图5-55所示的零件为固定零件。

图5-54　【分解】对话框

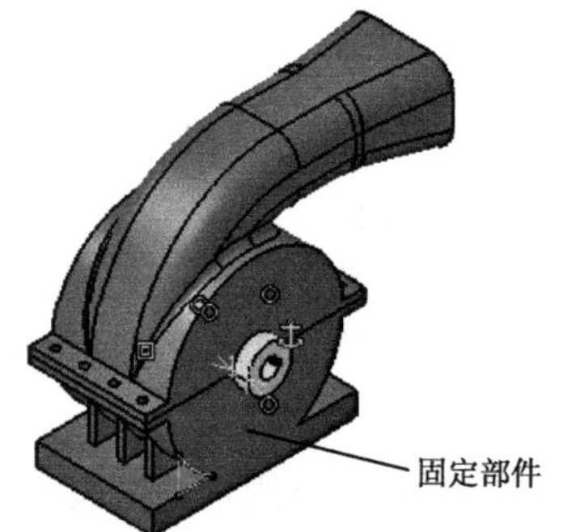

图5-55　选择固定零件

Step03 单击【应用】按钮，出现【信息框】对话框，如图5-56所示，提示可用3D指南针在分解视图内移动产品，并在视图中显示分解预览效果，如图5-57所示。

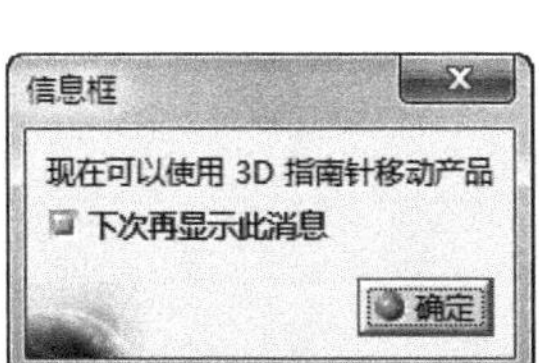

图5-56 【信息框】对话框

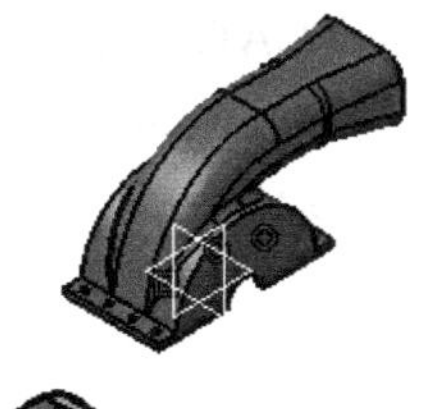

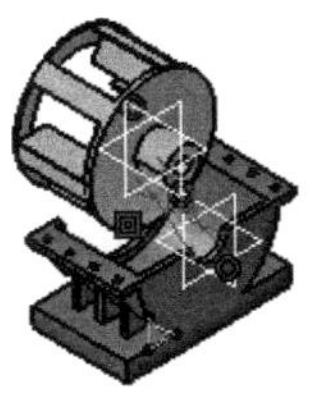

图5-57 创建的爆炸图

Step04 单击【确定】按钮，弹出【警告】对话框，如图5-58所示。单击【是】按钮，完成分解。

Step05 单击【工具】工具栏上的【全部更新】按钮即可将分解图恢复到装配状态，如图5-59所示。

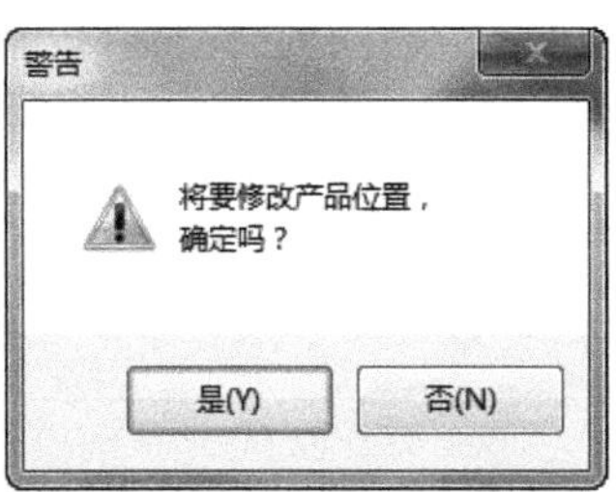

图5-58 【警告】对话框

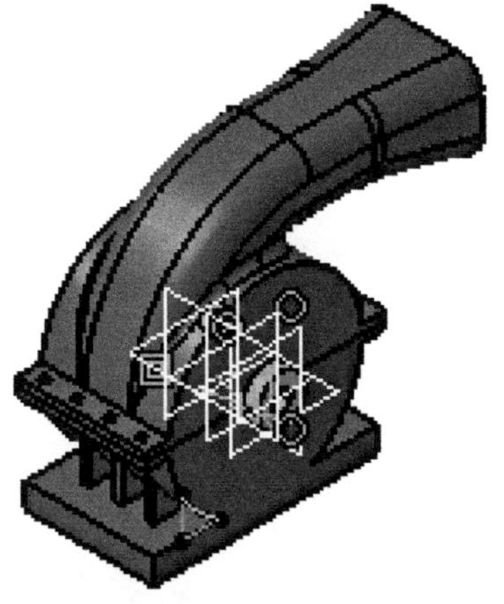

图5-59 取消分解

如果要想将分解图恢复到装配状态，单击【工具】工具栏上的【全部更新】按钮即可。

本章小结

本章介绍了CATIA装配体基本知识，主要内容有装配方法、加载零件、移动零部件、装配约束和装配分解，希望大家按照讲解方法再进一步进行实例练习，掌握装配体设计的方法和流程。

06 第6章 工程图设计

使用CATIA V5R21工程图模块可方便、高效地创建三维零件的二维图纸，且生成的工程图与模型相关，当模型修改时工程图自动更新。工程图是设计人员与生产人员交流的工具，因此掌握工程图是设计的必然要求。希望通过本章的学习，使读者轻松掌握零件工程图的基本应用。

本章内容

- 工程图概述
- 设置工程图环境
- 创建图纸页
- 设置图框和标题栏
- 创建工程视图
- 工程图中的草图绘制
- 标注尺寸
- 符号标注
- 文本标注

本章实例

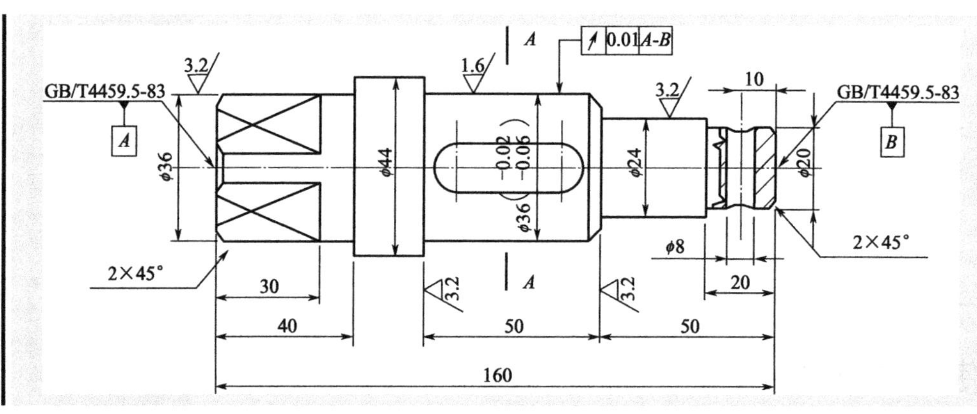

6.1 工程图概述

6.1 视频精讲

CATIA V5R21提供了两种制图方法：交互式制图和创成式制图。交互式制图类似于AutoCAD设计制图，通过人与计算机之间的交互操作完成；创成式制图从3D零件和装配中直接生成相互关联的2D图样。无论哪种方式，都需要进入工程制图工作台。

6.1.1 工程图工作台用户界面

在利用CATIA V5R21创建工程图时，需要先完成零件或装配设计，然后由三维实体创建二维工程图，这样才能保持相关性，所以在进入CATIA V5R21工程图时要求先打开产品或零件模型，然后再转入工程制图工作台，如图6-1所示。

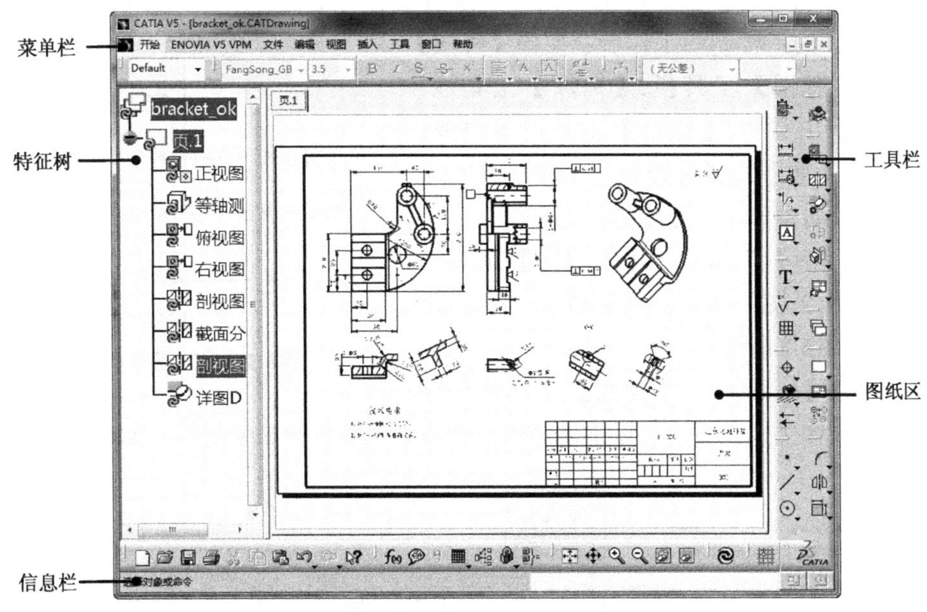

图6-1　工程图工作台界面

CATIA V5R21工程图工作台中增加了图纸设计相关命令和操作，其中与工程图有关的菜单有【插入】菜单，与工程图有关的工具栏有【视图】工具栏、【工程图】工具栏、【标注】工具栏、【尺寸标注】工具栏、【修饰】工具栏等。

（1）工程图设计菜单

进入CATIA V5R21工程图设计工作台后，整个设计平台的菜单与其他模式下的菜单有了较大区别，其中【插入】下拉菜单是工程图设计工作台的主要菜单，如图6-2所示。该菜单集中了所有工程图设计命令，当在工具栏中没有相关命令时，可选择该菜单中的命令。

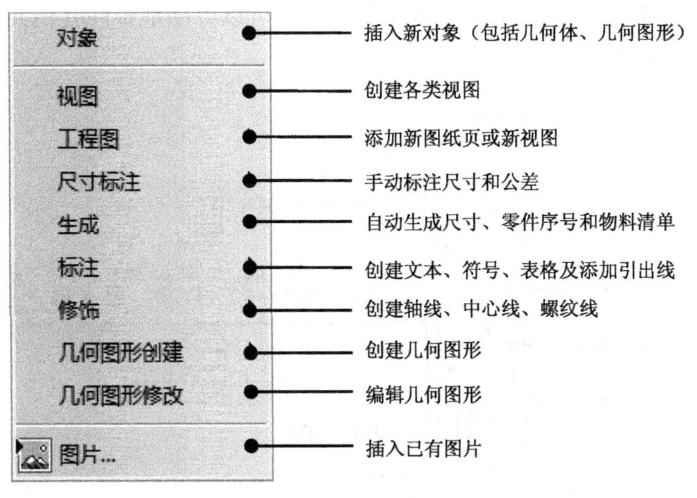

图6-2　【插入】下拉菜单

（2）工程图设计工具栏

利用工程制图工作台中的工具栏命令按钮是启动工程图绘制命令最方便的方法。CATIA V5R21的工程制图工作台主要由【视图】工具栏、【工程图】工具栏、【标注】工具栏、【尺寸标注】工具栏、【修饰】工具栏等组成。工具栏显示了常用的工具按钮，单击工具右侧的黑色三角，可展开下一级工具栏。

①【工程图】工具栏 【工程图】工具栏命令用于添加新图纸页、创建新视图、实例化2D部件，如图6-3所示。

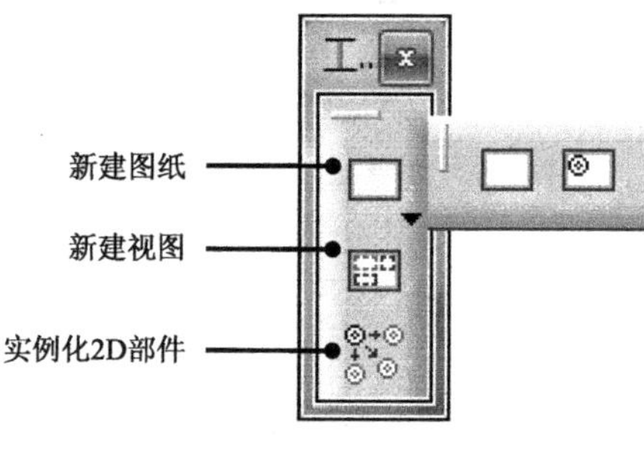

图6-3 【工程图】工具栏

②【视图】工具栏 【视图】工具栏命令提供了多种视图生成方式，可以方便地由三维模型生成各种二维视图，如图6-4所示。

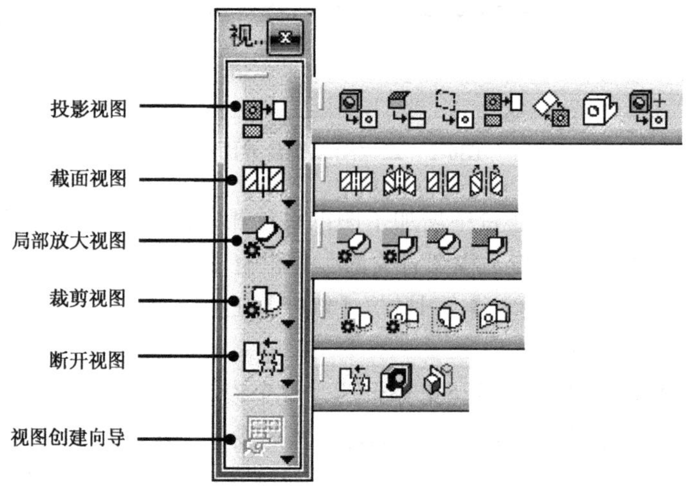

图6-4 【视图】工具栏

③【尺寸标注】工具栏 【尺寸标注】工具栏可以方便地标注几何尺寸和公差、形位公差，如图6-5所示。

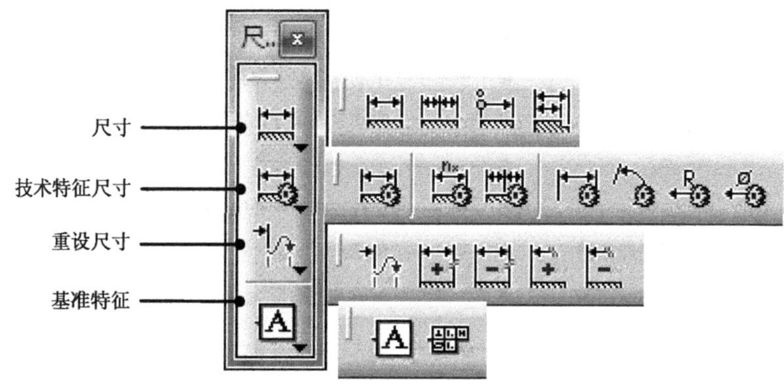

图6-5 【尺寸标注】工具栏

④【标注】工具栏　【标注】工具栏用于文字注释、粗糙度标注、焊接符号标注，如图6-6所示。

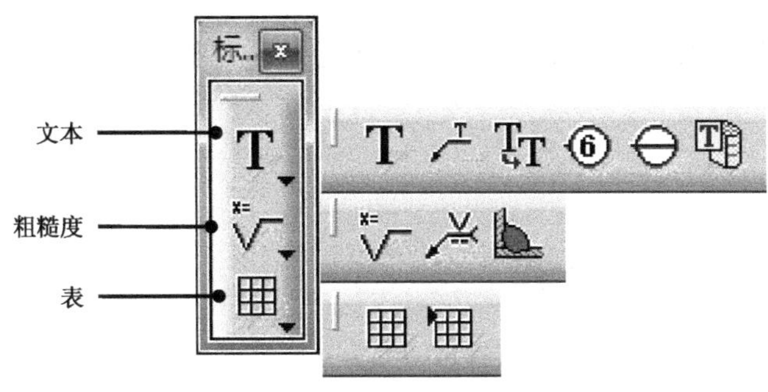

图6-6　【标注】工具栏

⑤【修饰】工具栏　【修饰】工具栏用于中心线、轴线、螺纹线和剖面线的生成，如图6-7所示。

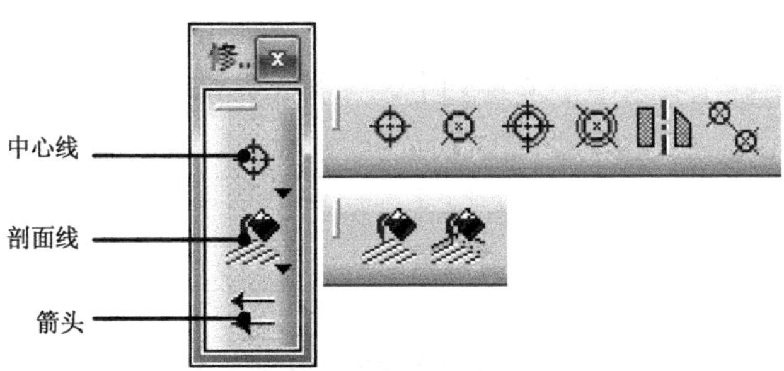

图6-7　【修饰】工具栏

6.1.2　CATIA工程图设计流程

（1）设置工程图环境

CATIA系统自带的制图标准只包含了ISO等几种制图标准，这些制图标准与我国制图标准并不完全一致，因此在使用CATIA生成工程图前需要读者自行建立一个符合我国制图国标的配置文件。

（2）创建图纸页

进入工程图环境后，首先要创建空白的图纸页，相当于机械制图中的空白图纸。创建图纸用于创建新的制图文件，并生成第一张图纸。

（3）调用图框和标题栏

完整的工程图要有图框和标题栏，CATIA V5R21最简单的方式是直接调用已有的图框和标题栏。

（4）创建工程视图

在工程图中，视图一般使用二维图形表示的零件形状信息，而且它也是尺寸标注、符号标注的载体，由不同方向投影得到的多个视图可以清晰完整地表示零件信息。

（5）标注尺寸

尺寸标注是工程图的一个重要组成部分，CATIA提供了方便的尺寸标注功能。

（6）标注符号

CATIA提供了完整的工程图标注工程，包括粗糙度标注、基准特征和形位公差标注等。

6.2 设置工程图环境

6.2 视频精讲

在创建工程图之前要设置绘图环境，使其符合GB的基本要求。本书附盘中“GB.xml和ChangFangSong.tff”文件提供了符合我国制图标准的相关配置文件，读者只需按照以下操作复制到指定目录即可完成工程图环境设置。

CATIA 命令	● 选择下拉菜单【工具】|【选项】命令。

本例演示CATIA绘制工程图最经典的环境选项设置。

Step01 首先将下载的“GB.xml”文件复制到“安装目录\B21\intel_a\resources\standard\drafting”文件夹中，如图6-8所示。

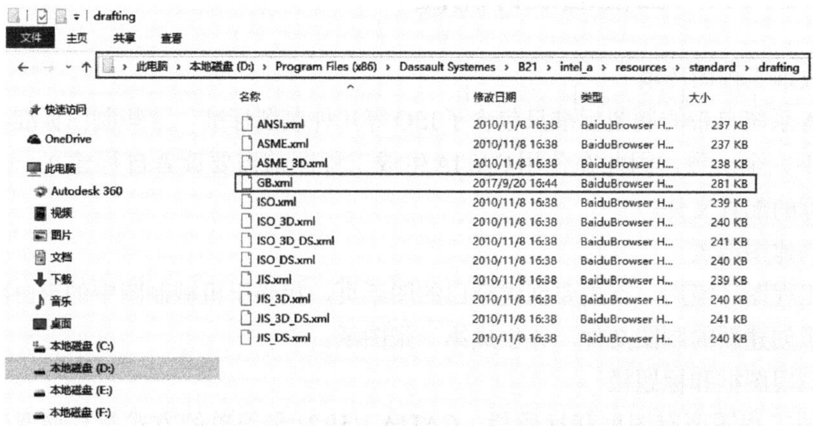

图6-8 复制标准配置文件

Step02 将下载的“ChangFangSong.tff”文件拷贝到“本地磁盘（C：）/windows/Fonts”目录中，如图6-9所示。

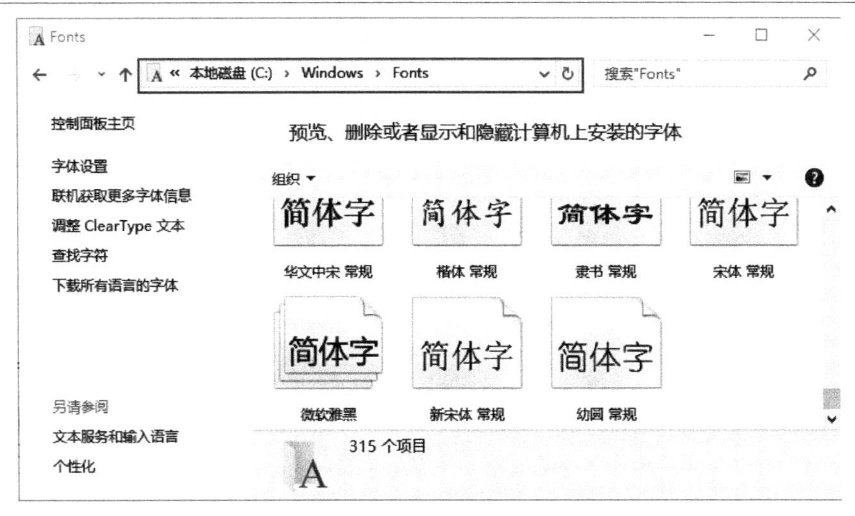

图6-9　复制字体（一）

Step03 将下载的"ChangFangSong.tff"文件拷贝到"安装目录\B21\intel_a\resources\fonts\TrueType"之中，如图6-10所示。

TrueType
文件　主页　共享　查看
此电脑 › 本地磁盘 (D:) › Program Files (x86) › Dassault Systemes › B21 › intel_a › resources › fonts › TrueType

名称	修改日期	类型	大小
ChangFangSong.ttf	2012/6/14 9:15	TrueType 字体文件	4,282 KB
Coure.ttf	2002/9/4 11:27	TrueType 字体文件	53 KB
CoureB.ttf	2002/9/4 11:27	TrueType 字体文件	56 KB
CoureBI.ttf	2002/9/4 11:27	TrueType 字体文件	51 KB
CoureI.ttf	2002/9/4 11:27	TrueType 字体文件	51 KB
Dutch.ttf	2002/9/4 11:27	TrueType 字体文件	48 KB
DutchB.ttf	2002/9/4 11:27	TrueType 字体文件	48 KB
DutchBI.ttf	2002/9/4 11:27	TrueType 字体文件	47 KB

快速访问　OneDrive　此电脑　Autodesk 360　视频　图片　文档

图6-10　复制字体（二）

Step04 将下载的"ChangFangSong.tff"文件拷贝到"安装目录\B21\intel_a\resources\fonts\Stroke"之中，如图6-11所示。

Stroke
文件　主页　共享　查看
此电脑 › 本地磁盘 (D:) › Program Files (x86) › Dassault Systemes › B21 › intel_a › resources › fonts › Stroke

名称	修改日期	类型	大小
ChangFangSong.ttf	2012/6/14 9:15	TrueType 字体文件	4,282 KB
GOTH.font	1999/4/28 17:35	FONT 文件	47 KB
KANJ.font	2005/3/18 9:45	FONT 文件	2,463 KB
KOHG.font	1999/4/28 17:35	FONT 文件	808 KB
LFSong.ttf	2008/3/8 17:45	TrueType 字体文件	4,282 KB
LINE.font	2001/11/15 12:46	FONT 文件	16 KB
ROM1.font	1999/4/28 17:34	FONT 文件	12 KB
ROM2.font	1999/4/28 17:34	FONT 文件	27 KB
ROM3.font	1999/4/28 17:34	FONT 文件	42 KB

快速访问　OneDrive　此电脑　Autodesk 360　视频　图片　文档　下载

图6-11　复制字体（三）

Step05 启动CATIA V5R21后首先出现欢迎界面，然后进入CATIA V5R21操作界面，如图6-12所示。

图6-12 启动CATIA

Step06 选择下拉菜单【工具】|【选项】命令，弹出【选项】对话框，在左侧选择【兼容性】选项，单击右侧【IGES】选项卡，在【工程制图】下拉列表中选择“GB”作为工程图标注，如图6-13所示。

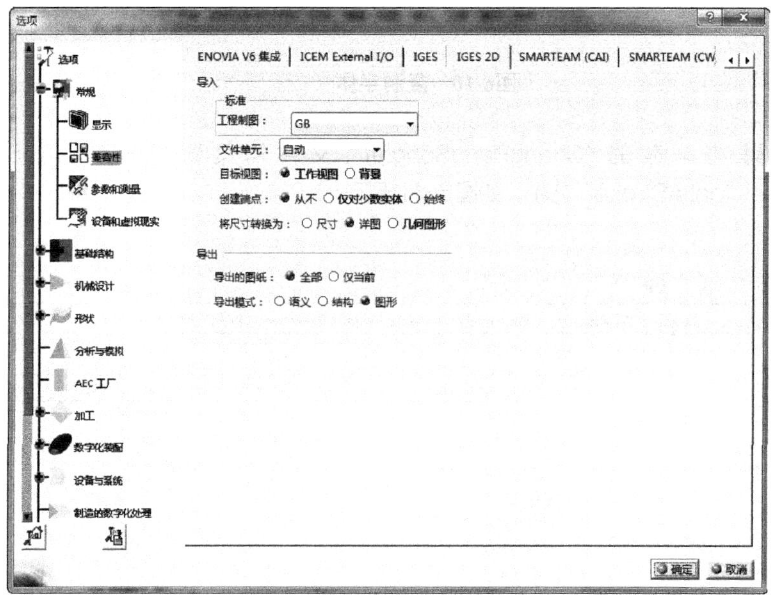

图6-13 制图标准设置

如果【选项】对话框左侧节点区的文字较小而无法看清楚，请将鼠标指针移动到该节点区，按住中键并单击右键一次，然后上下移动鼠标，可调整文字显示大小。

Step07 在【选项】对话框中选择【机械设计】|【工程制图】选项，单击右侧【布局】选项卡，选中【视图框架】复选框，如图6-14所示。

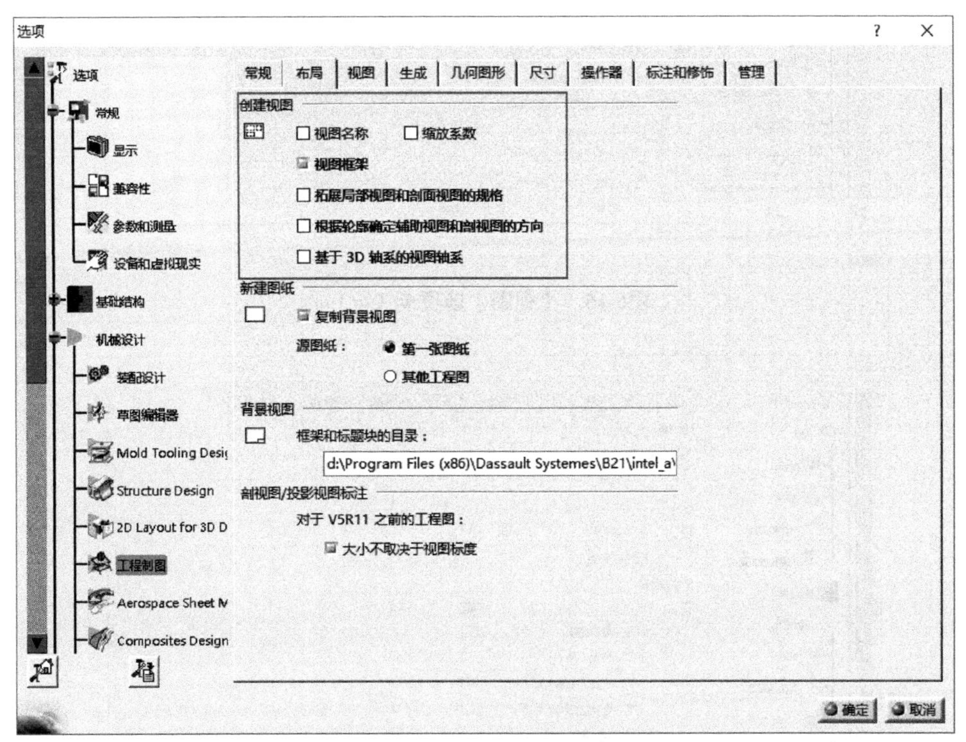

图6-14 【布局】选项卡

我国的制图标注中视图不需要显示视图名称和视图比例，故取消视图名称和缩放系数复选框。

Step08 在【选项】对话框中选择【机械设计】|【工程制图】选项，单击右侧【视图】选项卡，选中【生成轴】、【生成螺纹】、【生成中心线】、【生成圆角】复选框，单击圆角后的【配置】按钮，在弹出的【生成圆角】对话框中选中【投影的原始边线】单选按钮，如图6-15所示。依次单击【确定】按钮完成设置。

Step09 在【选项】对话框中选择【机械设计】|【工程制图】选项，单击右侧【操作器】选项卡，选中【尺寸操作器】后修改，如图6-16所示。依次单击【确定】按钮完成设置。

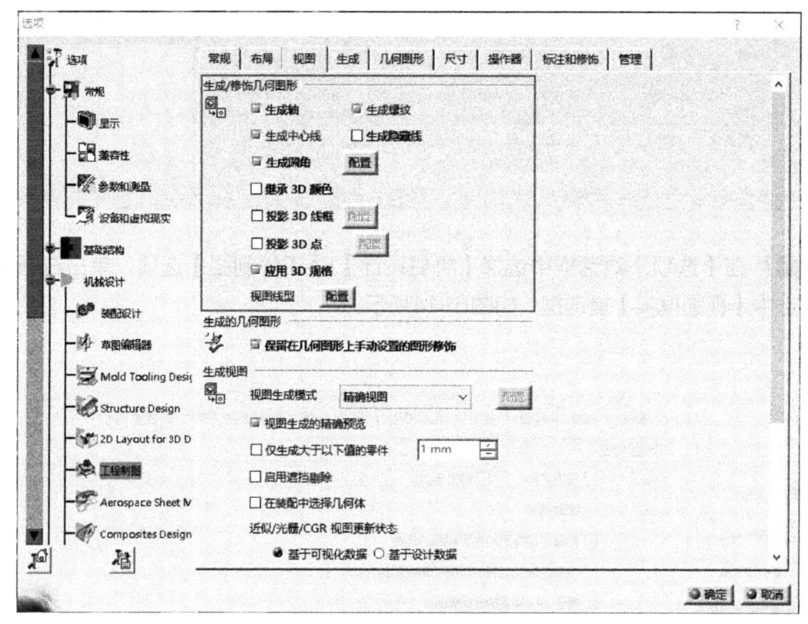

图6-15 【视图】选项卡（一）

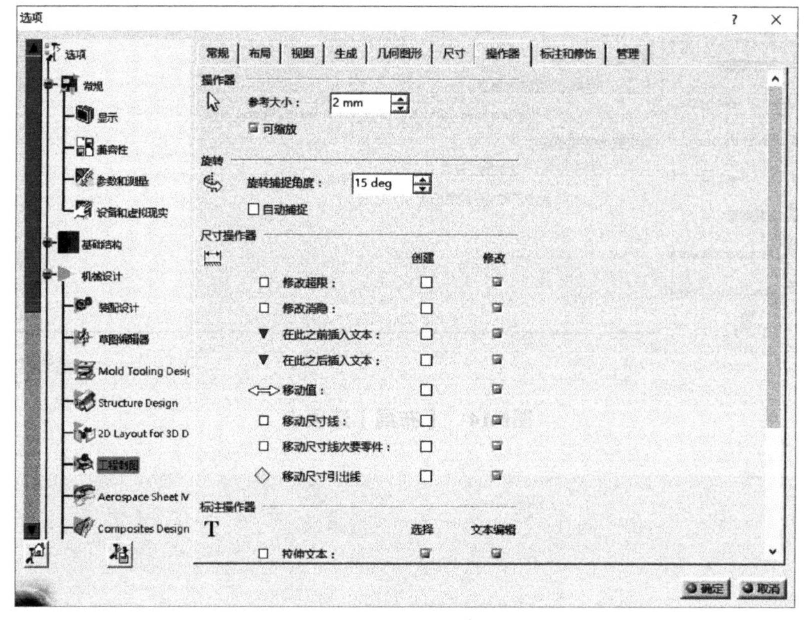

图6-16 【视图】选项卡（二）

6.3 创建图纸页

6.3 视频精讲

进入工程图环境后，首先要创建空白的图纸页，相当于机械制图中的空白图纸。创建图纸用于创建新的制图文件，并生成第一张图纸。

CATIA命令	● 选择下拉菜单【文件】|【新建】命令。

Step01 选择菜单栏【文件】|【新建】命令，弹出【新建】对话框，在【类型列表】中选择“Drawing”选项，单击【确定】按钮，如图6-17所示。

Step02 在弹出的【新建工程图】对话框中选择标准、图纸样式等，如图6-18所示。

图6-17 【新建零件】对话框

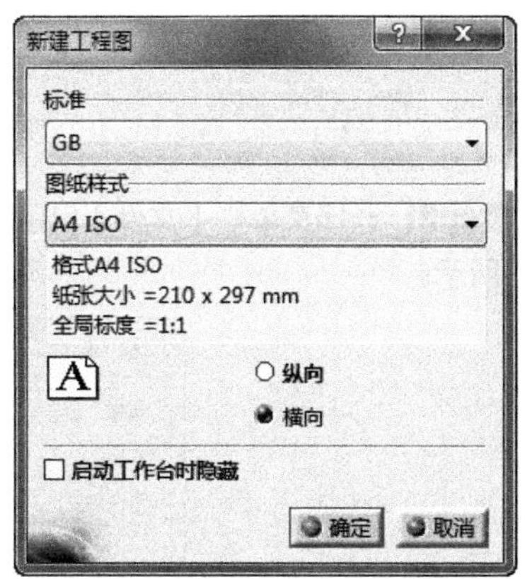

图6-18 【新建工程图】对话框

Step03 单击【确定】按钮，进入工程制图工作台，如图6-19所示。

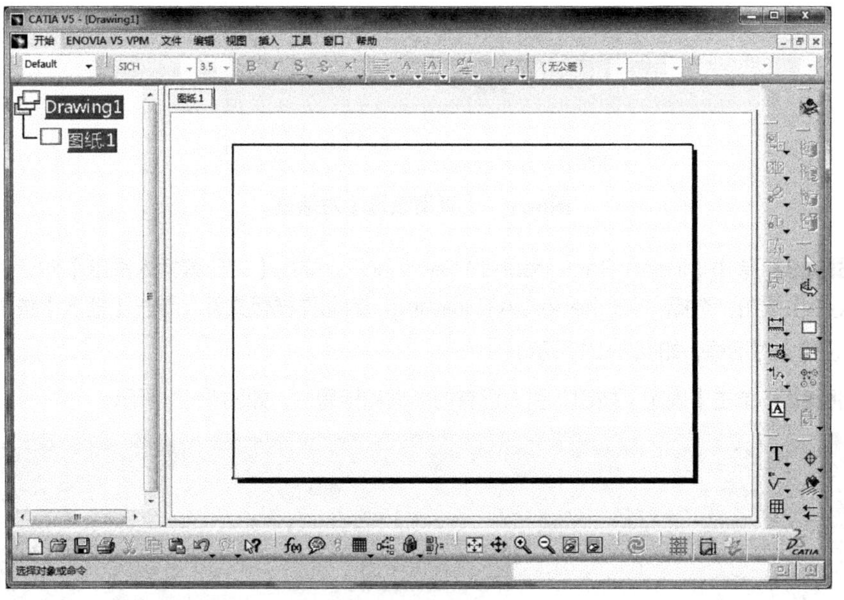

图6-19 创建空白图纸

6.4 设置图框和标题栏

6.4 视频精讲

完整的工程图要有图框和标题栏，CATIA V5R21最简单的方式是直接调用已有的图框和标题栏。

CATIA 命令	● 选择下拉菜单【文件】|【页面设置】命令。

Step01 选择菜单栏【文件】|【页面设置】命令，系统弹出【页面设置】对话框，如图6-20所示。

图6-20 【页面设置】对话框

Step02 单击【Insert Background View】按钮，弹出【将元素插入图纸】对话框，单击【浏览】按钮，选择“A3_heng.CATDrawing”的图样样板文件，单击【插入】按钮返回【页面设置】对话框，如图6-21所示。

Step03 单击【确定】按钮，引入已有的图框和标题栏，如图6-22所示。

背景视图文件中必须包含有背景视图的内容，只有背景视图的元素才能插入到当前图纸，并且背景视图的规格应该和要插入到的图纸规格一致。

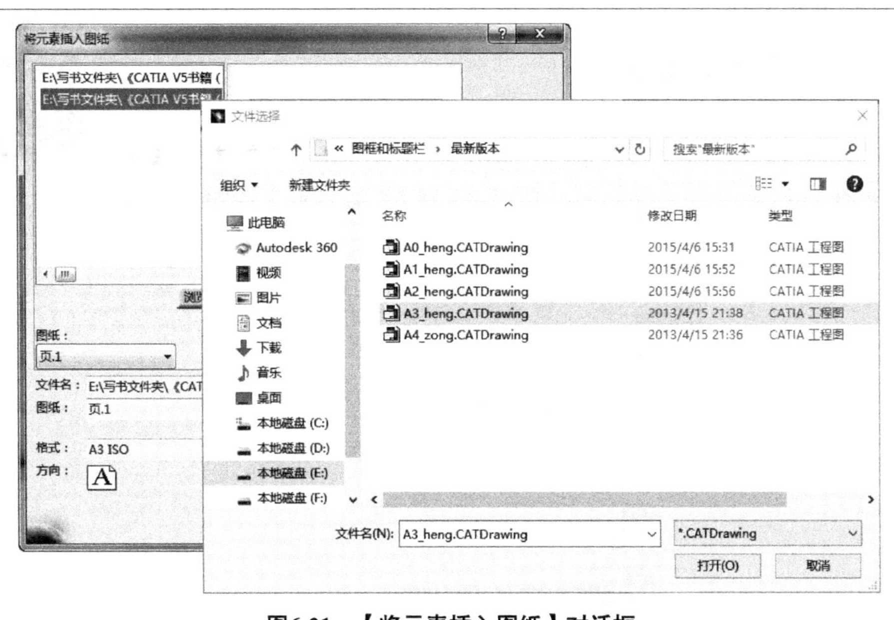

图6-21 【将元素插入图纸】对话框

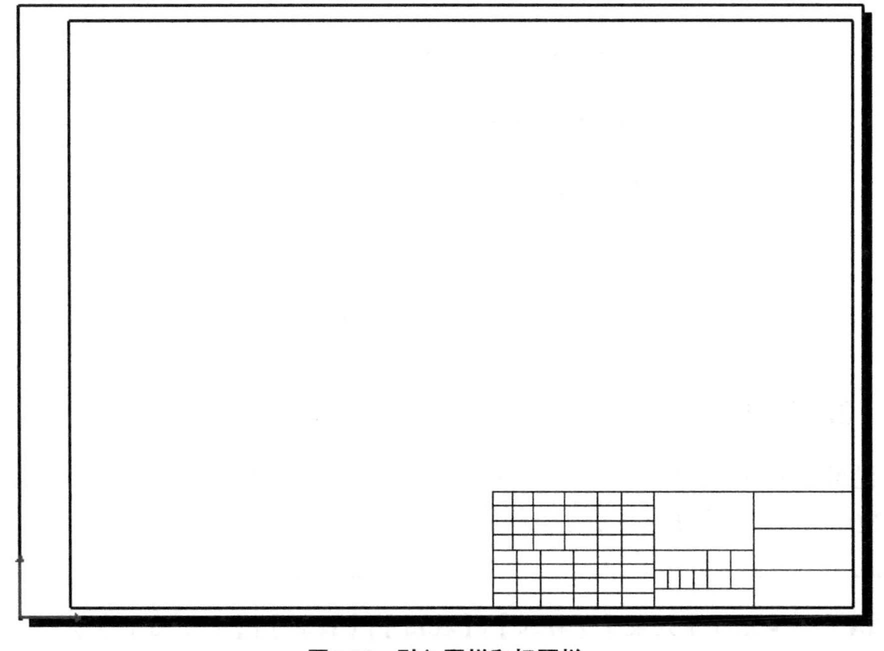

图6-22 引入图样和标题栏

6.5 创建工程视图

在工程图中，视图一般是使用二维图形表示的零件形状信息，而且它也是尺寸标注、符号标注的载体，由不同方向投影得到的多个视图可以清晰完整地表示零件信息。

6.5.1 创建基本视图

6.5.1 视频精讲

用正投影方法绘制视图称为投影视图。单击【视图】工具栏中【正视图】按钮右下角的小三角形，弹出有关截面视图命令按钮，如图6-23所示。

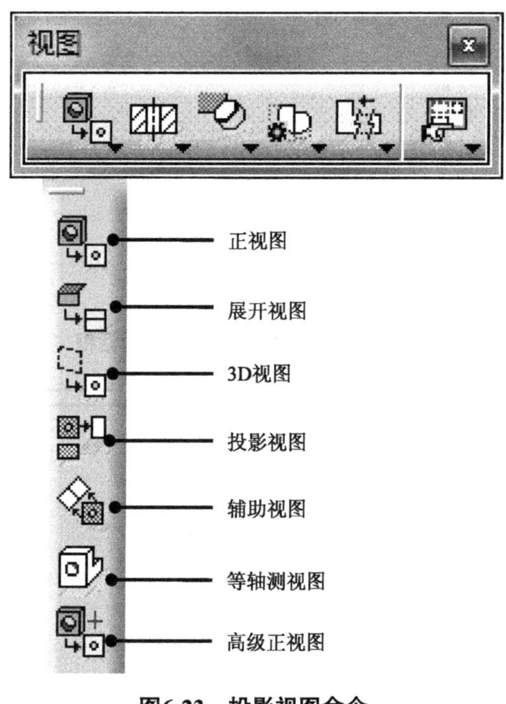

图6-23 投影视图命令

6.5.1.1 创建正视图

正视图是添加到图纸的第一个视图，最能表达零件整体外观特征，是CATIA工程视图创建的第一步，有了它之后才能创建其他视图、剖视图和断面图等。

CATIA命令	• 选择下列菜单【插入】|【视图】|【投影】|【正视图】命令。 • 单击【视图】工具栏上的【正视图】按钮。

Step01 单击【视图】工具栏上的【正视图】按钮，系统提示：将当前窗口切换到3D模型窗口，选择下拉菜单【窗口】|【zhou.CATPart】命令，切换到零件模型窗口。

Step02 选择投影平面。在图形区或特征树上选择*ZX*平面作为投影平面，如图6-24所示。

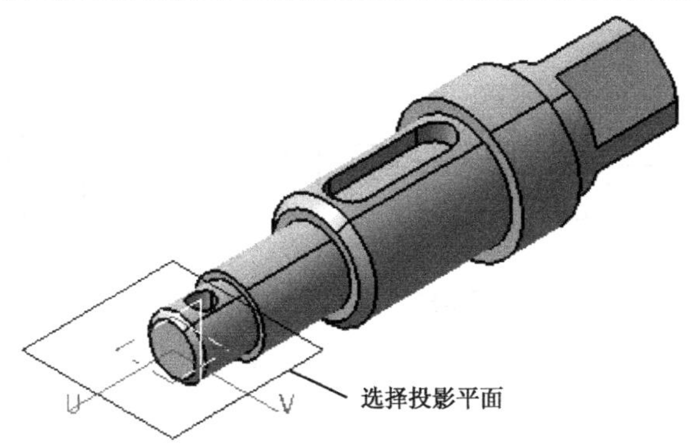

图6-24　选择投影平面

Step03 选择一个平面作为正视图投影平面后，系统自动返回工程图工作台，将显示正视图预览，单击方向控制器中心按钮或图纸页空白处，即自动创建出实体模型对应的主视图，如图6-25所示。

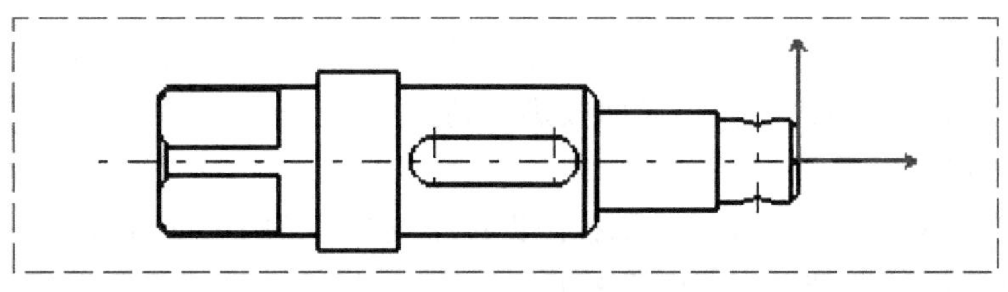

图6-25　引入图样和标题栏

提示

在创建视图时，窗口的右上角显示出方向控制器，利用它可调整视图角度。

6.5.1.2　创建投影视图

【投影视图】是从一个已经存在的父视图（通常为正视图）按照投影原理得到的，而且投影视图与父视图存在相关性。投影视图与父视图自动对齐，并且与父视图具有相同的比例。

CATIA 命令	• 选择下列菜单【插入】|【视图】|【投影】|【投影视图】命令。 • 单击【视图】工具栏上的【投影视图】按钮。

Step04 单击【视图】工具栏上的【投影视图】按钮，在窗口中出现投影视图预览。

Step05 移动鼠标至所需视图位置（图中绿框内视图），单击鼠标左键，即生成所需的投影视图，如图6-26所示。

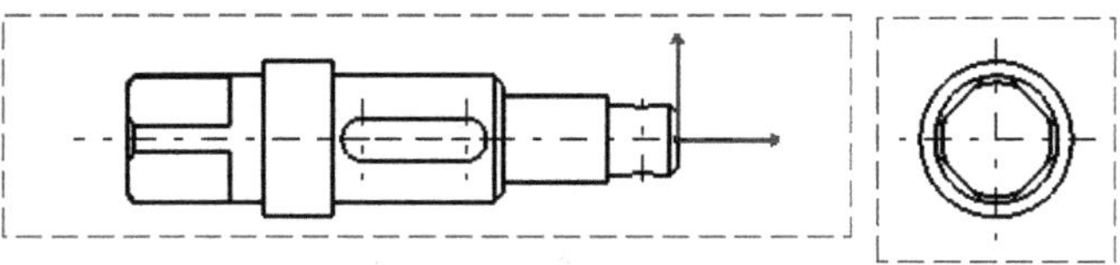

图6-26 创建投影视图

提示

新建的正视图处于激活状态，处于激活状态的视图外围边框为红色，未处于激活状态视图的外围边框为蓝色。

6.5.2 创建剖视图

6.5.2 视频精讲

剖视图是用假想剖切平面剖开部件，将处在观察者和剖切平面之间的部分移去，而将其余部分向投影面投影得到的图形，包括全剖、半剖、阶梯剖、局部剖等。

单击【视图】工具栏中【偏移剖视图】按钮右下角的小三角形，弹出有关剖视图命令按钮，如图6-27所示。

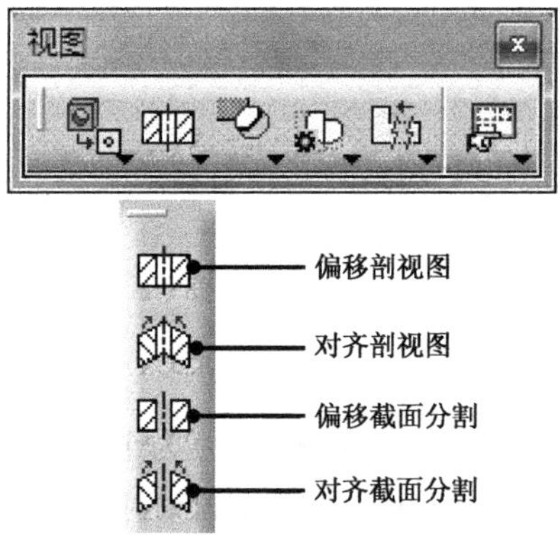

图6-27 剖视图命令

6.5.2.1 创建剖面图

偏移截面分割即剖面图，只表达形体截面形状，即只显示被剖切平面剖切到的部分。剖面图和剖视图的主要区别在于剖面图只表达形体截面的形状，不显示物体的外轮廓。

CATIA 命令	● 选择下列菜单【插入】|【视图】|【截面】|【偏移截面分割】命令。 ● 单击【视图】工具栏上的【偏移截面分割】按钮。

Step01 单击【视图】工具栏上的【偏移截面分割】按钮，依次单击两点来定义个剖切平面，在拾取第二点时双击鼠标结束拾取，如图6-28所示。

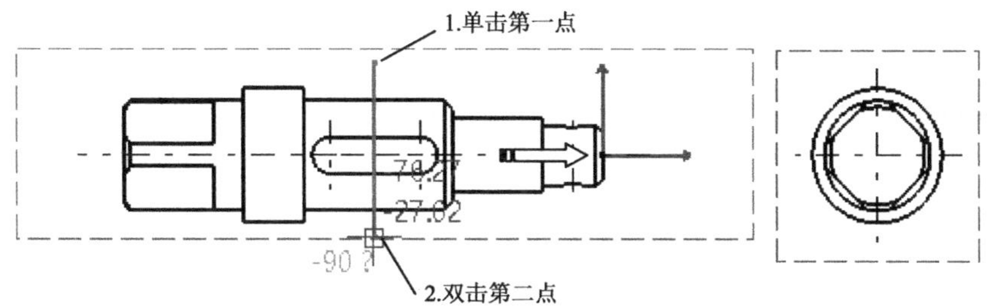

图6-28　选择剖面位置

Step02 移动鼠标到视图所需位置，单击鼠标左键，即生成所需的剖面图，如图6-29所示。

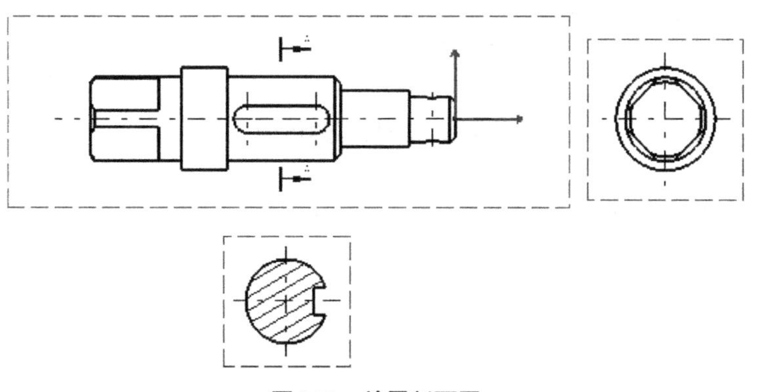

图6-29　放置剖面图

选择剖面视图箭头单击鼠标右键，选择【隐藏/显示】命令，可以隐藏箭头。

6.5.2.2　创建局部剖视图

局部剖视图是在原来视图基础上对机件进行局部剖切以表达该部件内部结构形状的一种视图。

单击【视图】工具栏中【局部视图】按钮右下角的小三角形，弹出有关断开视图命令按钮，如图6-30所示。

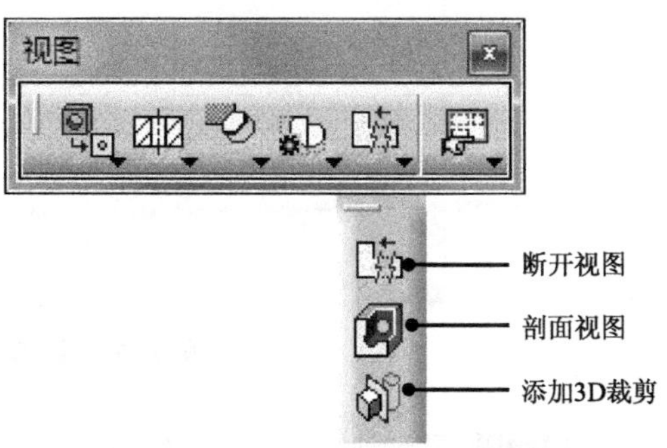

图6-30　局部剖视图命令

CATIA命令	●选择下列菜单【插入】|【视图】|【断开视图】|【剖面视图】命令。 ●单击【视图】工具栏上的【剖面视图】按钮。

Step03 单击【视图】工具栏上的【剖面视图】按钮，连续选取多个点，在最后点处双击封闭形成多边形，如图6-31所示。

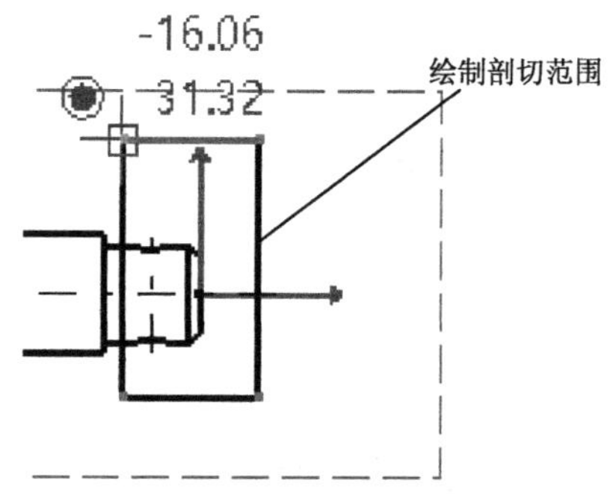

图6-31　创建局部剖轮廓

Step04 系统弹出【3D查看器】对话框，选中【动画】复选框，如图6-32所示。

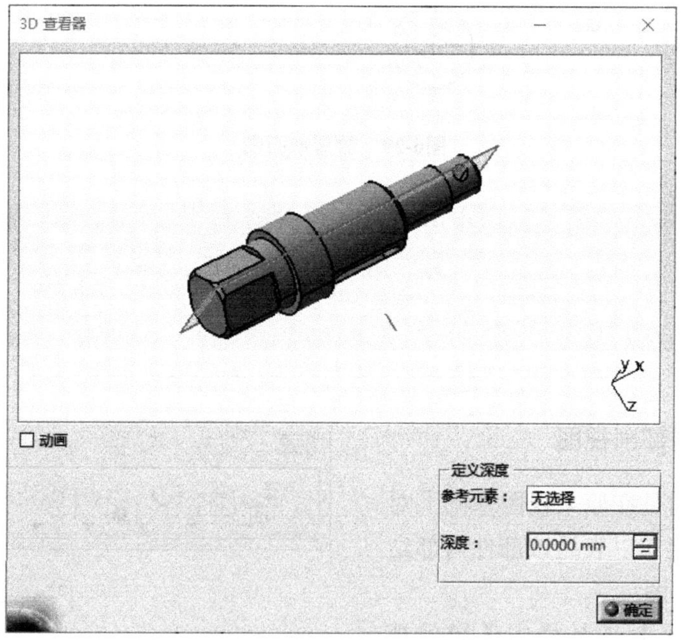

图6-32　【3D查看器】对话框

Step05 移动剖切平面。系统提示：移动平面或使用元素选择平面的位置。激活【3D查看器】对话框中的【参考元素】编辑框，本例中保持默认，单击【确定】按钮，即生成剖面视图，如图6-33所示。

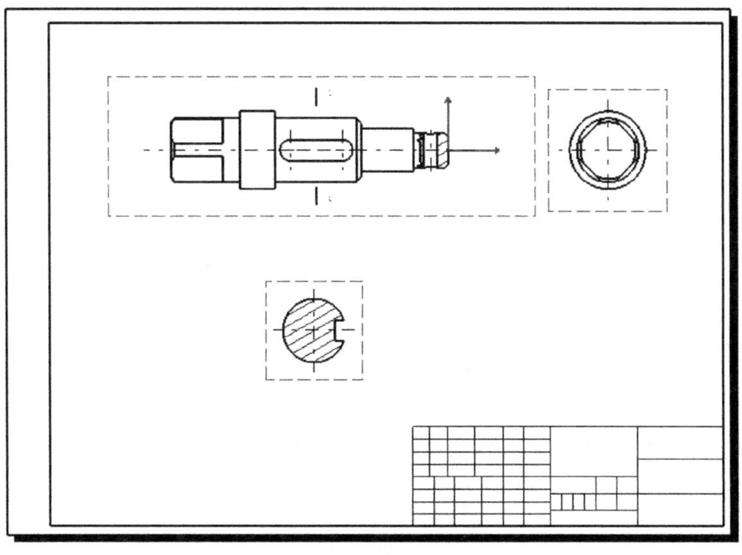

图6-33　创建剖视图

提示

作为剖面的轮廓线一旦生成，无法再对其进行编辑；局部剖视图生成后，在特征树中选择生成剖视图的视图，单击鼠标右键，在弹出的快捷菜单选择【辅助视图对象】|【移除剖面】命令将其删除。

6.6　工程图中的草图绘制

6.6　视频精讲

CATIA V5R21中所创建的工程图往往与模型相关，改变模型时视图随之发生变化。同时它也提供了草图绘制功能，利用草图绘制功能可以修改视图线条，或者在没有模型的情况下直接利用草图工具创建出所需的视图。所创建的草图曲线将作为视图中与视图相关的曲线，并可关联地约束到视图中的几何体。

工程图中草图绘制方法与零件环境中草图绘制方法基本相同，利用【几何图形创建】工具栏和【几何图形修改】工具栏上的相关命令进行绘制。

6.6.1 【几何图形创建】工具栏

【几何图形创建】工具栏用于创建二维图形元素，如图6-34所示。

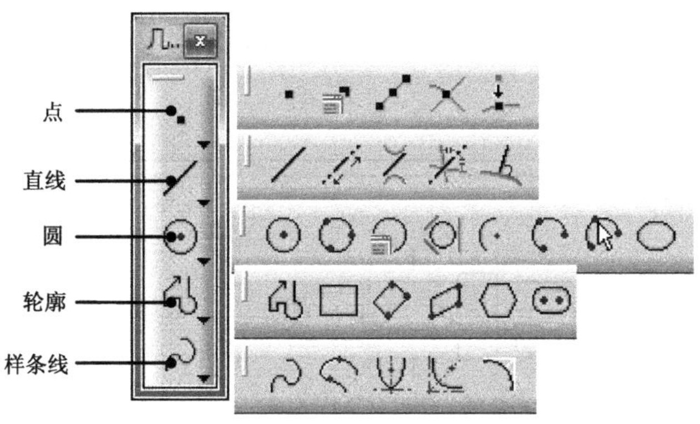

图6-34 【几何图形创建】工具栏

6.6.2 【几何图形修改】工具栏

【几何图形修改】工具栏用于编辑二维图形元素，如图6-35所示。

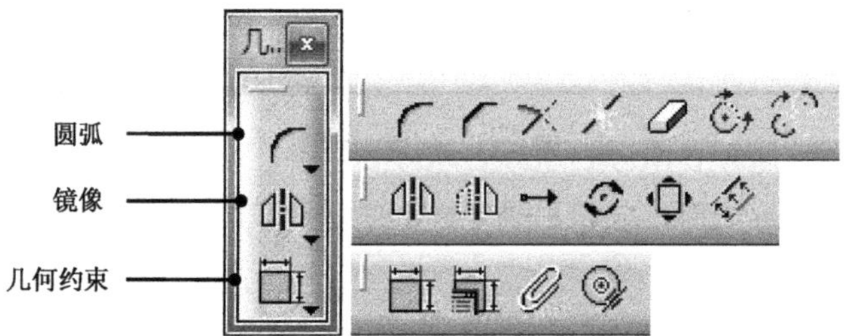

图6-35 【几何图形修改】工具栏

CATIA 命令	● 选择下列菜单【插入】|【几何图形创建】命令。 ● 单击【几何图形创建】工具栏【直线】按钮。

操作步骤

Step01 单击【几何图形创建】工具栏【直线】按钮，弹出【工具控制板】工具栏，捕捉如图6-36所示的两点绘制直线。

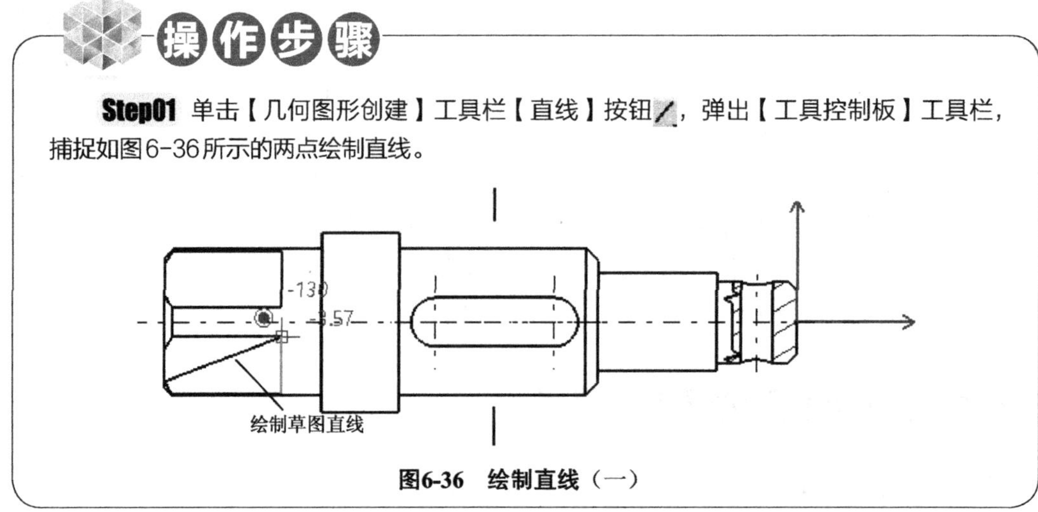

图6-36 绘制直线（一）

Step02 单击【几何图形创建】工具栏【直线】按钮╱，弹出【工具控制板】工具栏，捕捉如图6-37所示的两点绘制直线。

绘制草图直线

图6-37 绘制直线（二）

Step03 同理绘制其他两条直线，如图6-38所示。

图6-38 绘制直线（三）

6.7 创建修饰特征

6.7 视频精讲

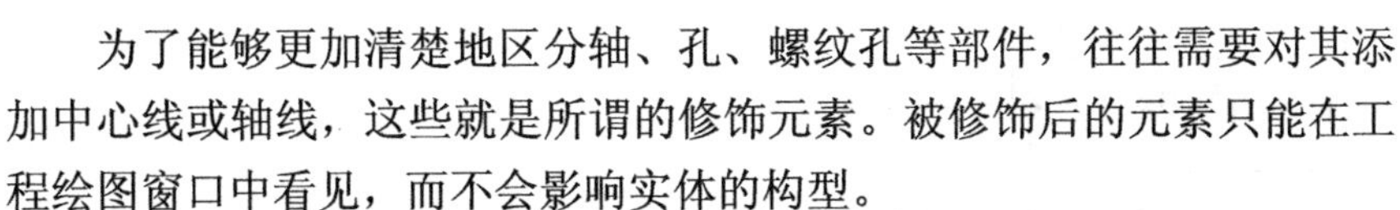

为了能够更加清楚地区分轴、孔、螺纹孔等部件，往往需要对其添加中心线或轴线，这些就是所谓的修饰元素。被修饰后的元素只能在工程绘图窗口中看见，而不会影响实体的构型。

6.7.1 自动显示中心线

从三维模型生成工程图时，系统可自动将原模型中的旋转特征、孔特征和一些回转结构的中心线和轴线添加出来。

选择下拉菜单【工具】|【选项】命令，在弹出的【选项】对话框中，选择【工程制图】选项中的【视图】选项卡，选中要显示的中心线或轴线前面复选框，如图6-39所示。

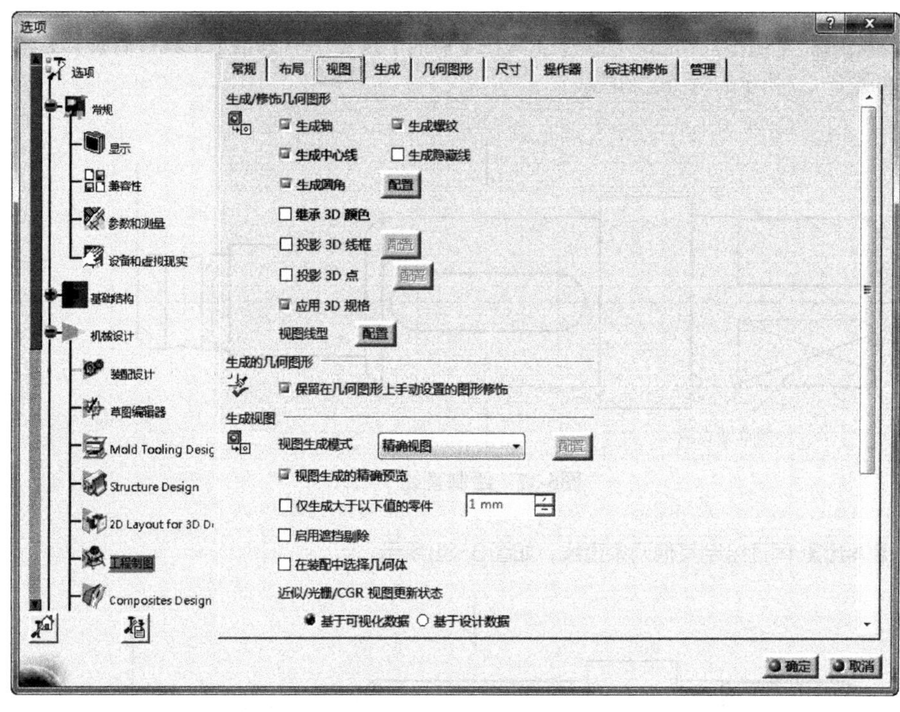

图6-39 【选项】对话框

本例中在工程图环境设置中已经对【视图】选项卡内容进行设置，因此出现中心线符号等。

6.7.2 创建和编辑修饰特征

修饰特征的主要命令通过在【修饰】工具栏下的相关命令按钮来实现，如图6-40所示。

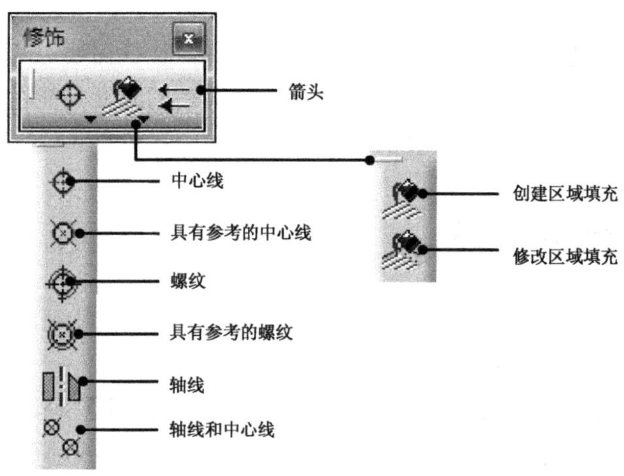

图6-40 【修饰】工具栏

下面以中心线为例介绍中心线的创建方法。单击【修饰】工具栏上的【中心线】按钮，选择圆系统自动生成中心线。单击中心线的控制点，将其拖动到合适位置，在视图空白处单击完成绘制，如图6-41所示。

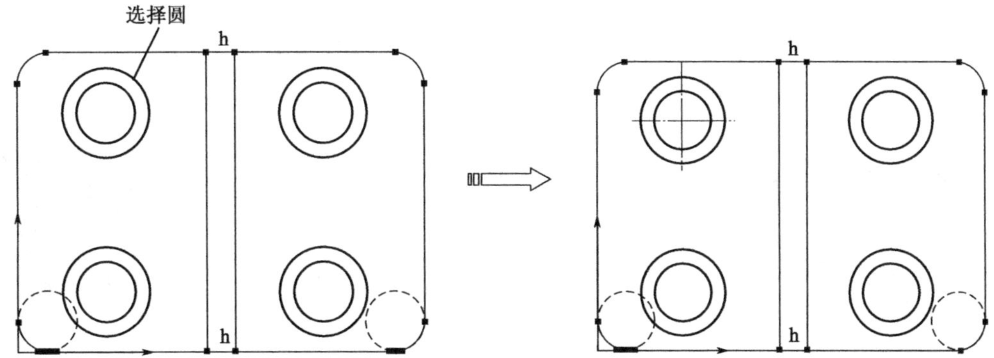

图6-41　创建中心线

CATIA命令	● 选择下列菜单【插入】|【修饰】|【轴和螺纹】命令。 ● 单击【修饰】工具栏上的【中心线】按钮。

按住Ctrl键分别单独调整各个中心的长度，如图6-42所示。

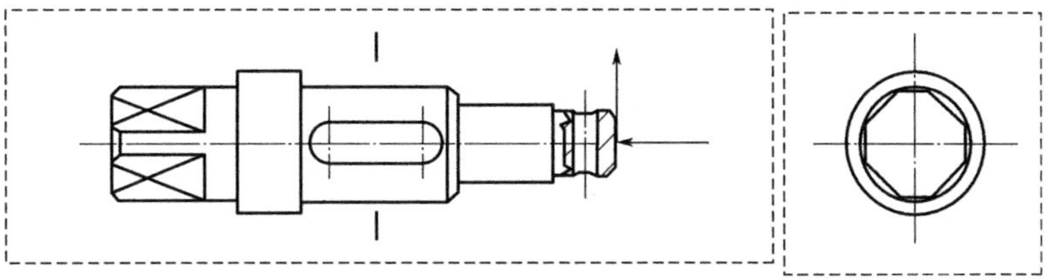

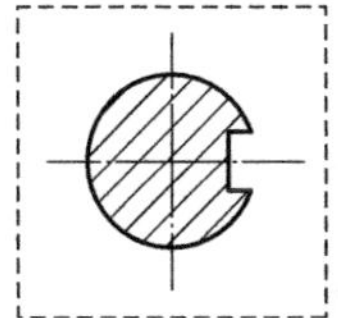

图6-42　修改修饰特征

提示

创建中心线后，单击中心线，在中心线的端点处将出现4个操作符号，可以拖动这些符号使中心线延长或缩短，如只需要调整一个端点的位置，则可以在拖动时按住Ctrl键。

6.8 标注尺寸

尺寸标注是工程图的一个重要组成部分，直接影响到实际的生产和加工。CATIA提供了方便的尺寸标注功能。

6.8.1 标注工程图尺寸

6.8.1 视频精讲

CATIA V5R21提供了多种尺寸标注方式，单击【尺寸标注】工具栏中【尺寸】按钮右下角的小三角形，弹出有关标注尺寸命令按钮，如图6-43所示。

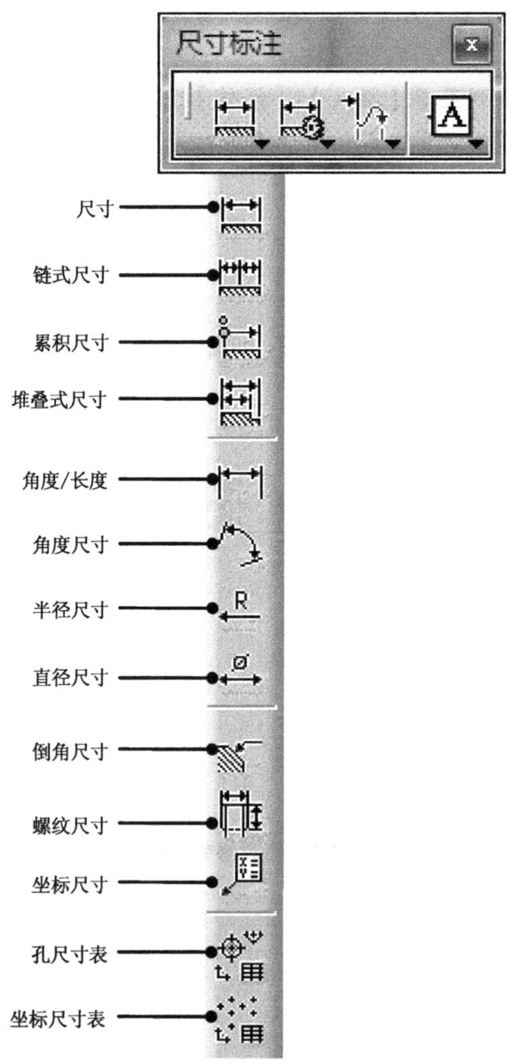

图6-43 尺寸标注命令

CATIA 命令	● 选择下列菜单【插入】|【尺寸标注】|【尺寸】命令。 ● 单击【尺寸标注】工具栏上的【尺寸】按钮。

Step01 单击【尺寸标注】工具栏上的【尺寸】按钮，弹出【工具控制板】工具栏，选择需要标注的元素，移动鼠标使尺寸移到合适位置，单击鼠标左键，系统自动完成尺寸标注，如图6-44所示。

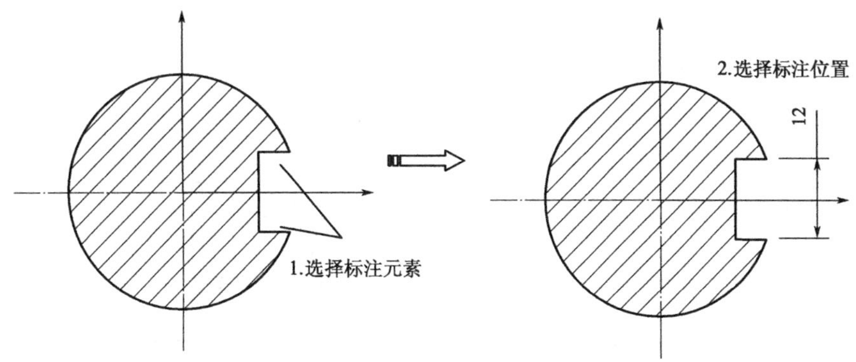

图6-44　标注长度尺寸

Step02 选择尺寸“12”，激活【尺寸属性】工具栏，选择尺寸文字标注样式，选择公差样式“ISONUM”，在【偏差】框中输入“-0.018/-0.061”，按Enter键确定，如图6-45所示。

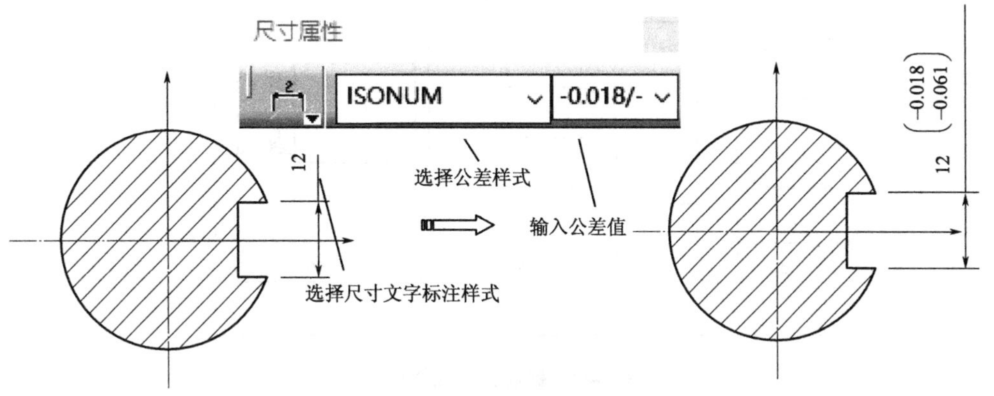

图6-45　设置尺寸公差

Step03 单击【尺寸标注】工具栏上的【尺寸】按钮，弹出【工具控制板】工具栏，选择圆和竖线，单击鼠标右键，选择【扩展线定位】|【定位4】命令，然后移动鼠标使尺寸移到合适位置，单击鼠标左键，系统自动完成尺寸标注，如图6-46所示。

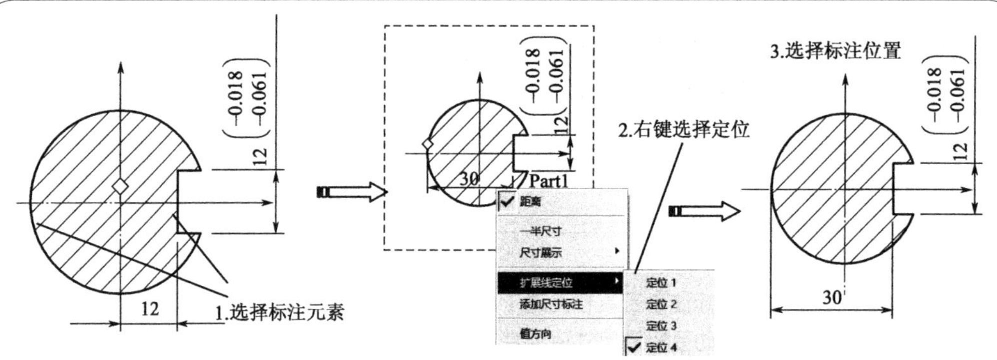

图6-46 标注长度尺寸（一）

Step04 单击【尺寸标注】工具栏上的【尺寸】按钮，弹出【工具控制板】工具栏，选择需要标注元素，移动鼠标使尺寸移到合适位置，单击鼠标左键，系统自动完成尺寸标注，如图6-47所示。

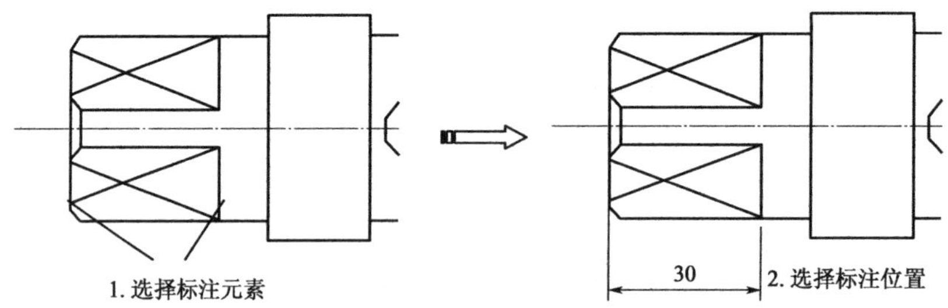

图6-47 标注长度尺寸（二）

Step05 重复上述尺寸标注过程，标注其他尺寸，如图6-48所示。

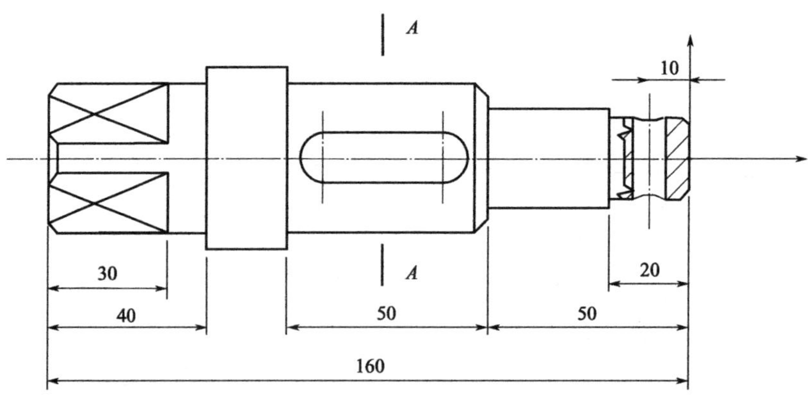

图6-48 标注其他线性尺寸

Step06 单击【尺寸标注】工具栏上的【直径尺寸】按钮，弹出【工具控制板】工具栏，选中所需元素，移动鼠标使尺寸移到合适位置，单击鼠标左键，系统自动完成尺寸标注，如图6-49所示。

Step07 重复上述尺寸标注过程，标注其他尺寸，如图6-50所示。

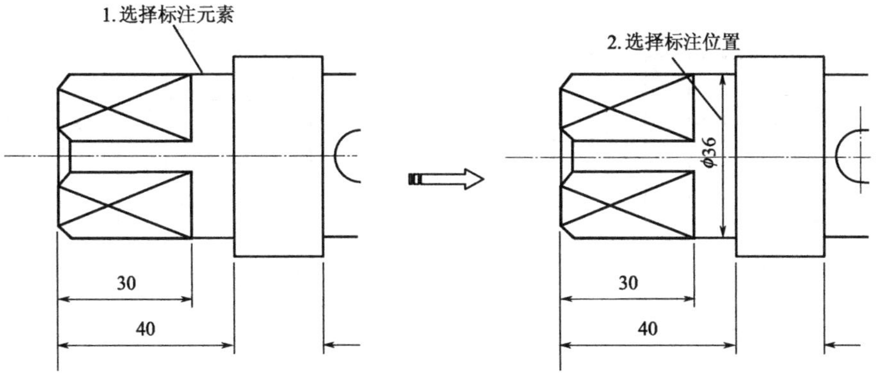

图6-49　创建直径尺寸标注

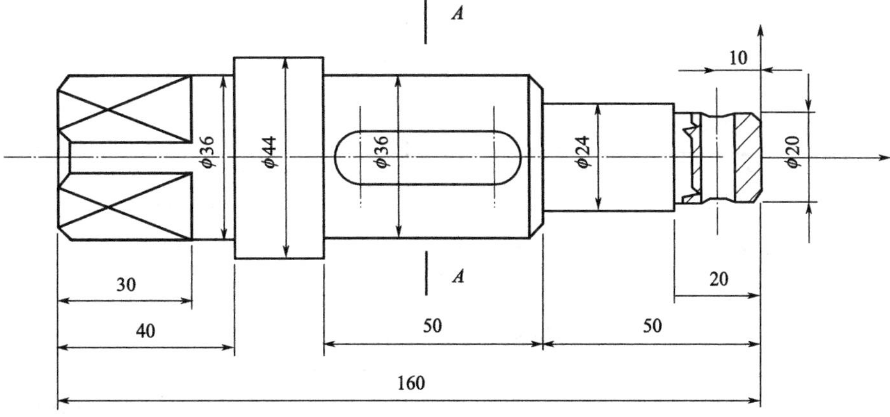

图6-50　标注其他线性尺寸

Step08 选择尺寸"36"，激活【尺寸属性】工具栏，选择尺寸文字标注样式，选择公差样式"ISONUM"，在【偏差】框中输入"-0.018/-0.061"，按Enter键确定，如图6-51所示。

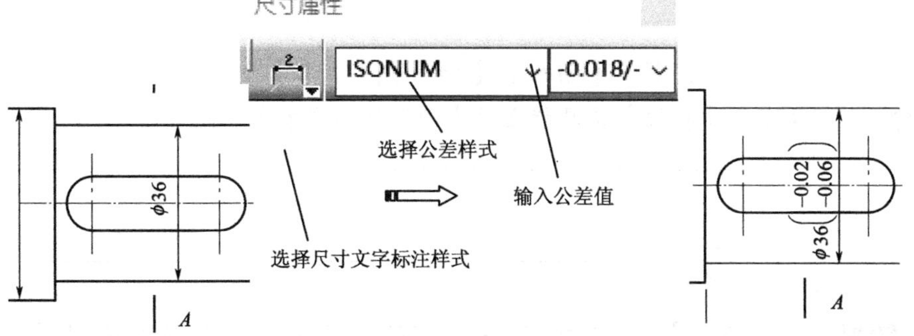

图6-51　设置尺寸公差

Step09 单击【尺寸标注】工具栏上的【倒角尺寸】按钮，弹出【工具控制板】工具栏，选择角度类型，然后选中欲标注的线，选择参考线或面，移动鼠标使尺寸移到合适位置，单击鼠标左键，系统自动完成尺寸标注，如图6-52所示。

Step10 重复上述尺寸标注过程，标注其他尺寸，如图6-53所示。

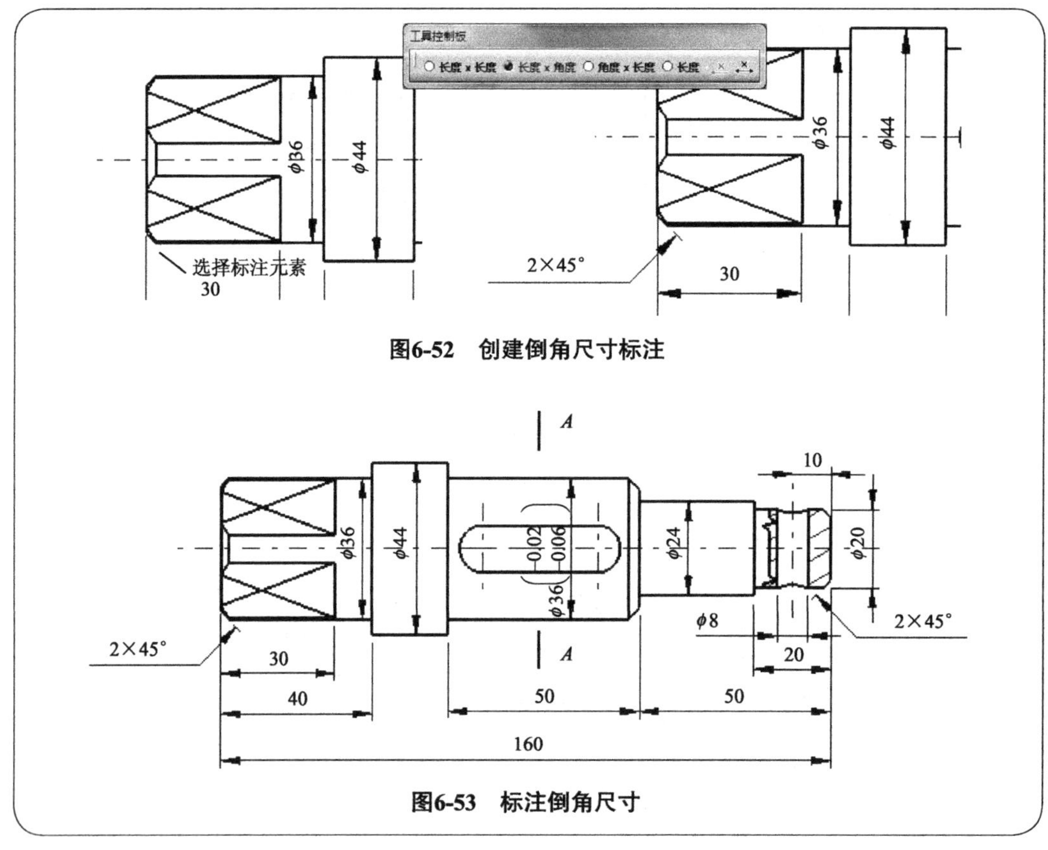

图6-52　创建倒角尺寸标注

图6-53　标注倒角尺寸

6.8.2　使用文本标注尺寸

在工程图中有时可采用文本方式注释图形的尺寸，例如标注中心孔尺寸参数。

6.8.2　视频精讲

CATIA 命令	• 选择下列菜单【插入】|【标注】|【文本】命令。 • 单击【标注】工具栏上的【带引线的文本】按钮。

Step01　单击【标注】工具栏上的【带引线的文本】按钮，选中引出线箭头所指位置，选中欲标注文字的位置，弹出【文本编辑器】对话框，输入文字（可以通过选择字体输入汉字），单击【确定】按钮，完成文字添加，如图6-54所示。

Step02　单击【标注】工具栏上的【带引线的文本】按钮，选中引出线箭头所指位置，选中欲标注文字的位置，弹出【文本编辑器】对话框，输入文字（可以通过选择字体输入汉字），单击【确定】按钮，完成文字添加，如图6-55所示。

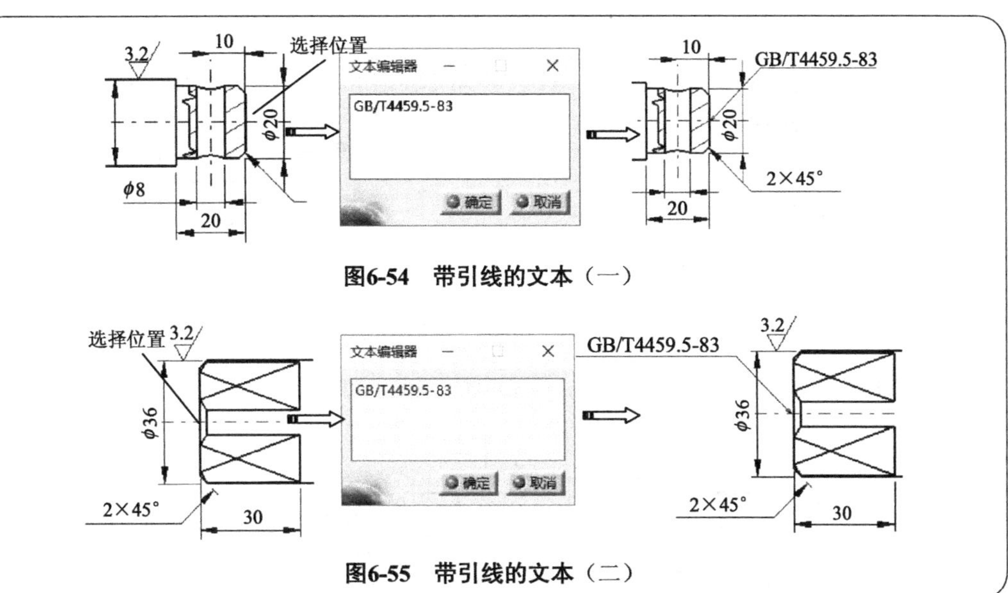

图6-54 带引线的文本（一）

图6-55 带引线的文本（二）

6.9 标注粗糙度

6.9 视频精讲

零件表面粗糙度对零件的使用性能和使用寿命影响很大。因此，在保证零件的尺寸、形状和位置精度的同时，不能忽视表面粗糙度的影响。粗糙度符号用于标注粗糙度符号。

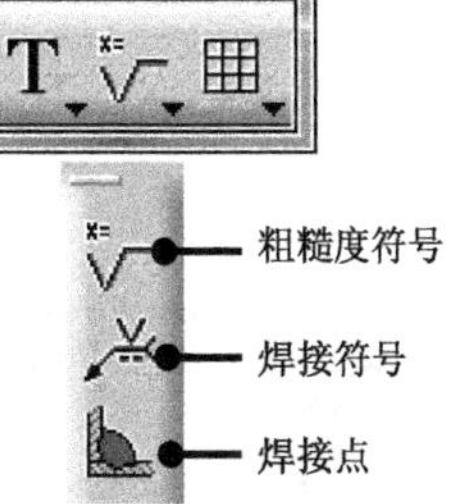

图6-56 粗糙度和焊接符号命令

单击【标注】工具栏中【文本】按钮T右下角的小三角形，弹出有关标注粗糙度和焊接符号命令按钮，如图6-56所示。

CATIA命令	• 选择下列菜单【插入】|【标注】|【符号】命令。 • 单击【标注】工具栏上的【粗糙度符号】按钮。

Step01 单击【标注】工具栏上的【粗糙度符号】按钮，选择粗糙度符号所在位置，在弹出的【粗糙度符号】对话框中输入粗糙度的值、选择粗糙度类型，单击【确定】按钮即可完成粗糙度符号标注，如图6-57所示。

提示

技术要点：按住Shift键和鼠标左键可以对粗糙度位置进行微调。

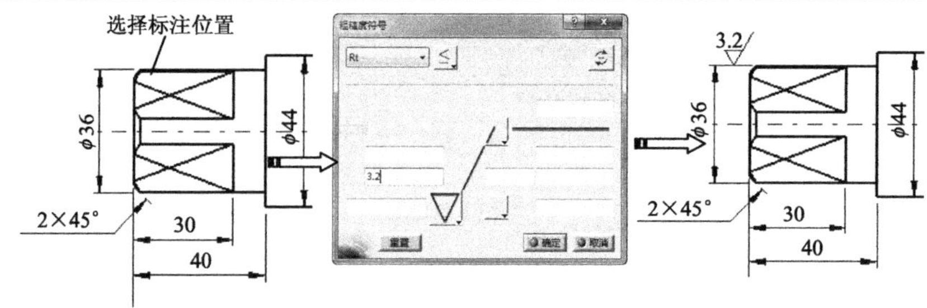

图6-57 创建粗糙度符号

Step02 重复上述粗糙度创建过程，标注其他粗糙度，如图6-58所示。

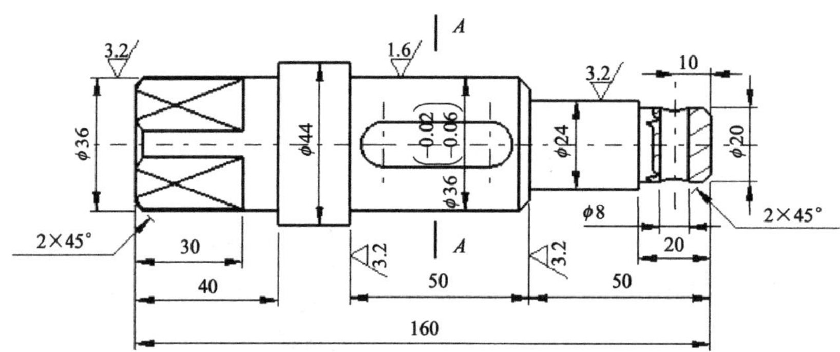

图6-58 标注其他粗糙度符号

提示

单击【粗糙度符号】对话框右上角的【反转】按钮，可反转粗糙度符号的方向。

Step03 单击【标注】工具栏上的【粗糙度符号】按钮，单击视图空白处，在弹出的【粗糙度符号】对话框中输入粗糙度的值、选择粗糙度类型，单击【确定】按钮即可完成粗糙度符号标注，如图6-59所示。

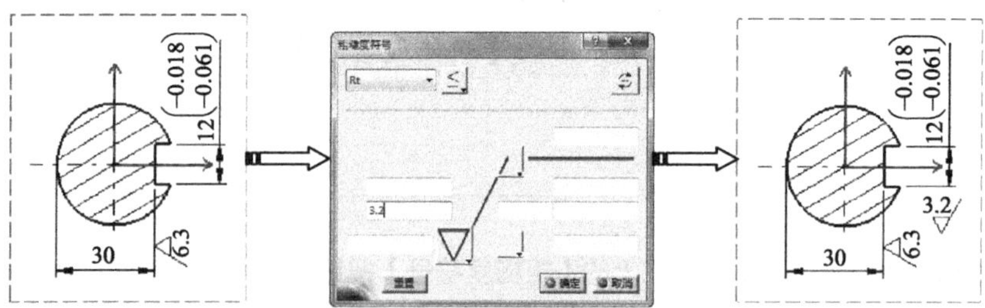

图6-59 创建粗糙度符号

Step04 选中标注的表面粗糙度，单击鼠标右键，在弹出的快捷菜单中选择【添加引出线】命令，选择引线添加的边线，如图6-60所示。

Step05 选中标注的表面粗糙度，单击鼠标右键，在弹出的快捷菜单中选择【添加引出线】命令，选择引线添加的边线，如图6-61所示。

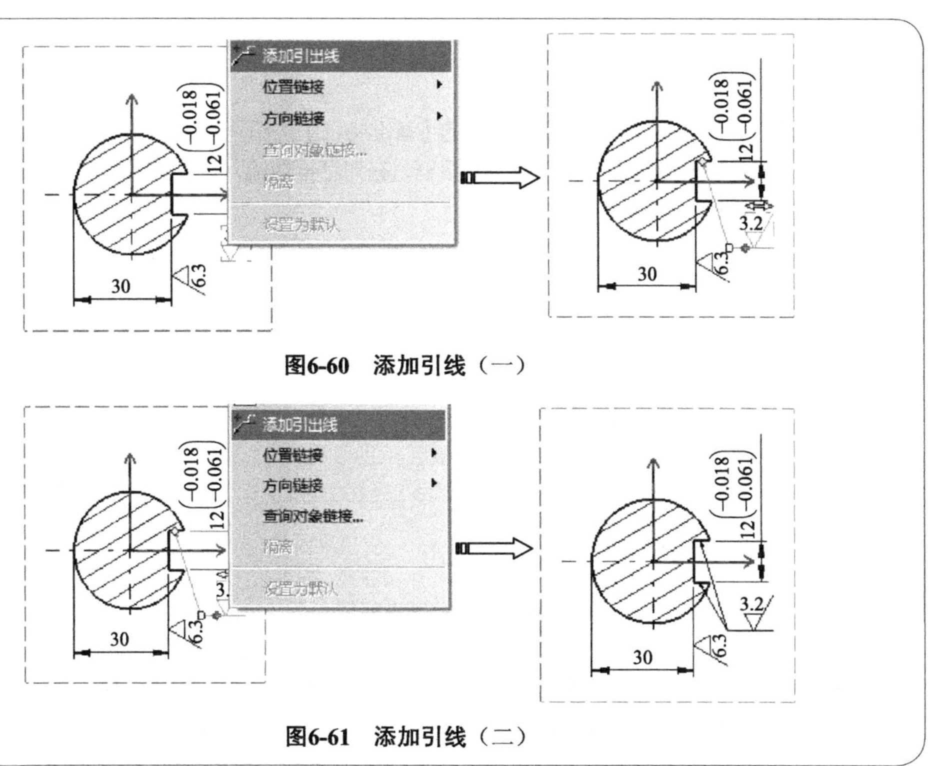

图6-60　添加引线（一）

图6-61　添加引线（二）

6.10　基准特征和形位公差

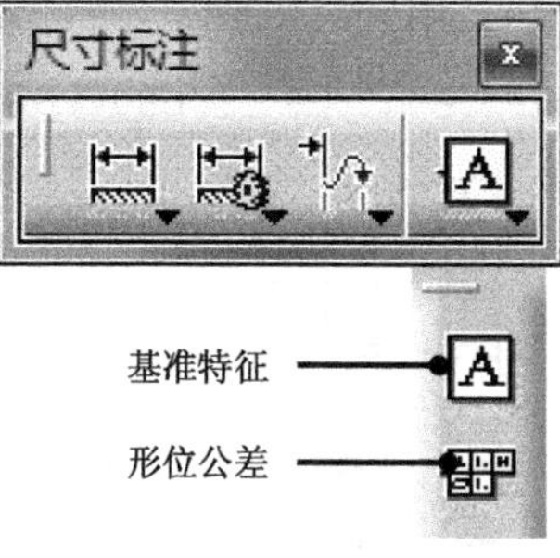

图6-62　标注公差命令

零件在加工后形成的各种误差是客观存在的，除了尺寸误差外，还存在着形状误差和位置误差。工程图标注完尺寸之后，就要为其标注形状和位置公差。

CATIA V5R21中提供的公差功能主要包括：基准和形位公差等。单击【尺寸标注】工具栏中【基准特征】按钮右下角的小三角形，弹出有关标注公差命令按钮，如图6-62所示。

6.10.1　标注基准特征符号

6.10　视频精讲

单击【尺寸标注】工具栏上的【基准特征】按钮，再单击图上要标注基准的直线或尺寸线，出现【创建基准特征】对话框，在对话框中输入基准代号，单击【确定】按钮，即标注出基准特征。

CATIA 命令	• 选择下列菜单【插入】|【尺寸标注】|【公差】命令。 • 单击【尺寸标注】工具栏上的【基准特征】按钮。

操作步骤

Step01 单击【尺寸标注】工具栏上的【基准特征】按钮，再单击图上要标注基准的直线或尺寸线，出现【创建基准特征】对话框，在对话框中输入基准代号，单击【确定】按钮，则标注出基准特征，如图6-63所示。

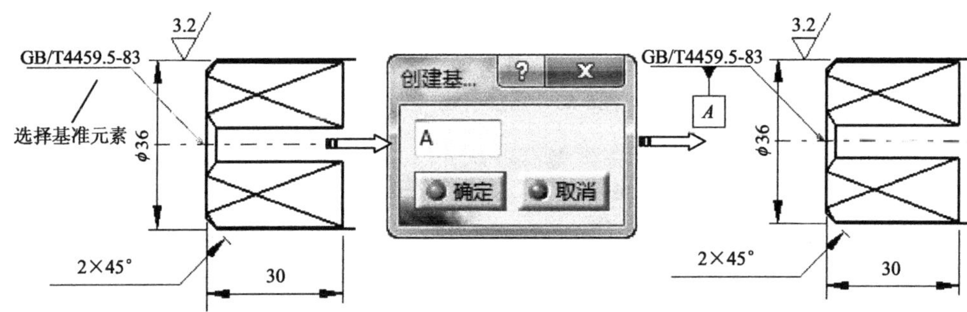

图6-63 创建基准特征（一）

Step02 单击【尺寸标注】工具栏上的【基准特征】按钮，再单击图上要标注基准的直线或尺寸线，出现【创建基准特征】对话框，在对话框中输入基准代号，单击【确定】按钮，则标注出基准特征，如图6-64所示。

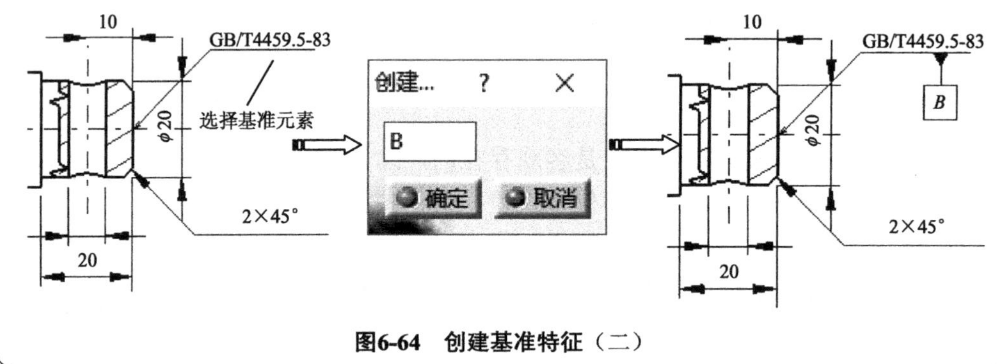

图6-64 创建基准特征（二）

6.10.2 创建形位公差

单击【尺寸标注】工具栏上的【形位公差】按钮，再单击图上要标注公差的直线或尺寸线，出现【形位公差】对话框，设置形位公差参数，单击【确定】按钮，完成形位公差标注。

CATIA 命令	• 选择下列菜单【插入】|【尺寸标注】|【公差】命令。 • 单击【尺寸标注】工具栏上的【形位公差】按钮。

Step03 单击【尺寸标注】工具栏上的【形位公差】按钮，再单击图上要标注公差的直线或尺寸线，出现【形位公差】对话框，设置形位公差参数，单击【确定】按钮，完成形位公差标注，如图6-65所示。

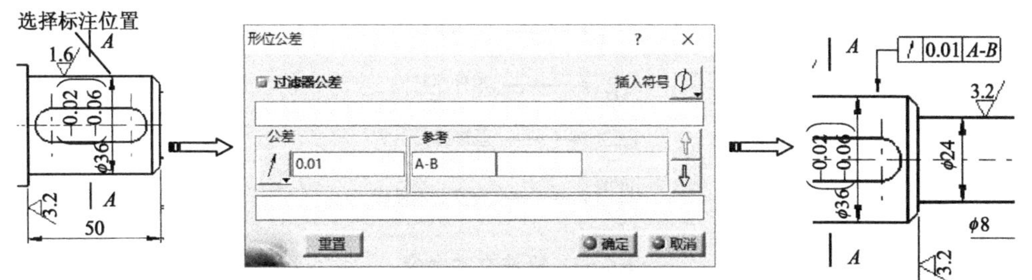

图6-65　标注形位公差

如果箭头与选择对象表面垂直，在选择对象时同时按住Shift键，另外调整公差框位置时可按住Shift键和鼠标左键进行微调。

Step04 重复上述形位公差创建，标注其他形位公差，如图6-66所示。

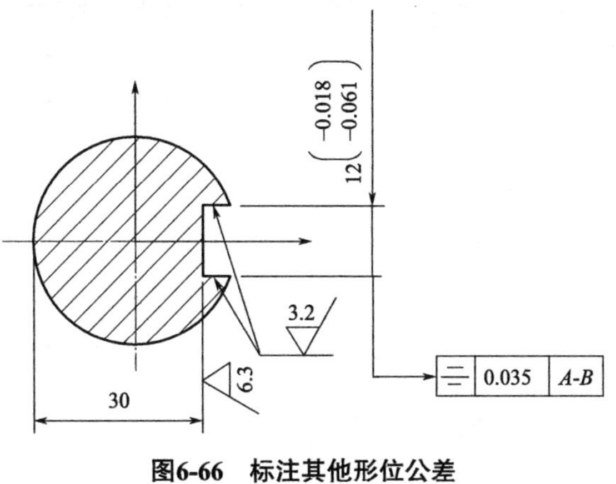

图6-66　标注其他形位公差

6.11　标注文本

6.11　视频精讲

标注文本是指在工程图中添加文字信息说明。

单击【标注】工具栏中【文本】按钮T右下角的小三角形，弹出有关标注文本命令按钮，如图6-67所示。

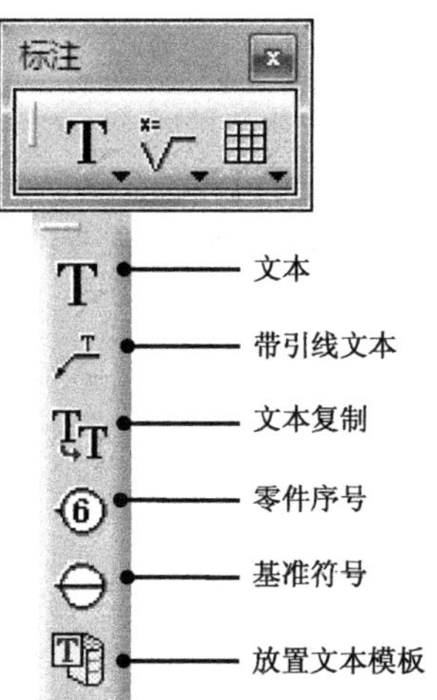

图6-67 标注文本命令

CATIA 命令

- 选择下列菜单【插入】|【标注】|【文本】命令。
- 单击【标注】工具栏上的【文本】按钮。

操作步骤

Step01 选择下拉菜单【编辑】|【图纸背景】命令，进入图纸背景环境。

Step02 单击【标注】工具栏上的【文本】按钮T，选择欲标注文字的位置，弹出【文本编辑器】对话框，输入文字（可以通过选择字体输入汉字），单击【确定】按钮，完成文字添加，如图6-68所示。

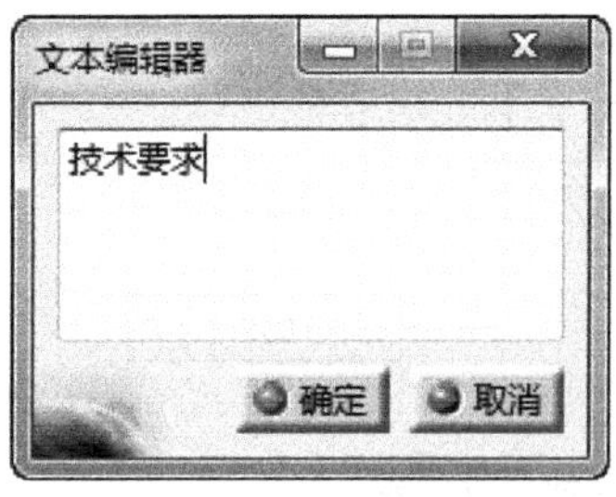

图6-68 创建文本（一）

Step03 单击【标注】工具栏上的【文本】按钮T，选择"技术要求"下方为标注文字的位置，弹出【文本编辑器】对话框，输入文字（可以通过选择字体输入汉字），单击【确定】按钮，完成文字添加，如图6-69所示。

提示

如果要输入多行文本，可按Shift键+Enter键进行换行。

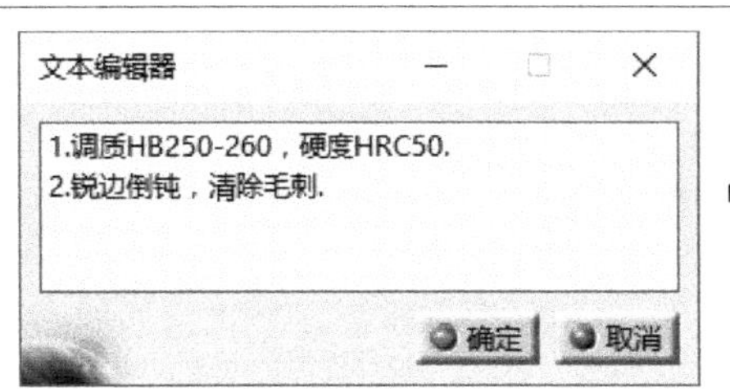

技术要求

1. 调质HB250-260，硬度HRC50。
2. 锐边倒钝，清除毛刺。

图6-69 创建文本（二）

Step04 选择【编辑】|【工作视图】命令，返回图纸窗口，如图6-70所示。

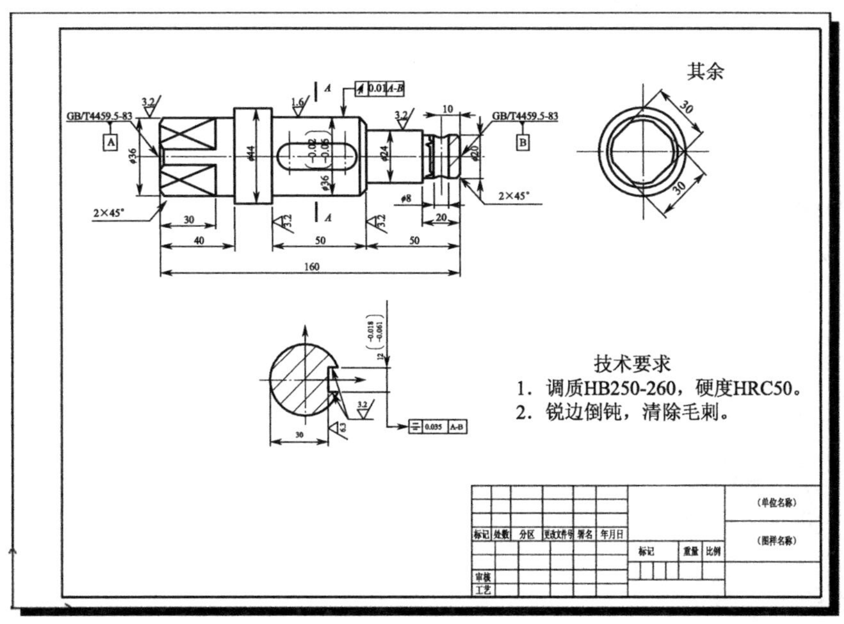

图6-70 完成工程图

6.12 保存工程图文件

选择下拉菜单【文件】|【保存】命令，会弹出【另存为】对话框，选择合适的保存路径和文件名后，单击【保存】按钮即可保存文件。

本章小结

本章介绍了CATIA工程图绘制方法和过程，主要内容有设置工程图环境、创建图纸页、创建工程视图、工程图中的草绘、修饰特征、标注尺寸、标注粗糙度等。通过本章的学习熟悉了CATIA工程图绘制的方法和流程，希望大家按照讲解方法再进一步进行实例练习。

07

第7章

实体特征设计实例

实体特征造型是CATIA软件典型的造型方式，本章通过5个典型实例来介绍各类实体建模的方法和步骤。希望通过本章的学习，使读者轻松掌握CATIA实体特征造型功能的基本应用。

本章实例

- 水龙头阀体造型
- 电饭煲产品设计
- 加油桶产品设计
- 车床拨叉产品设计
- 曲轴箱泵体产品设计

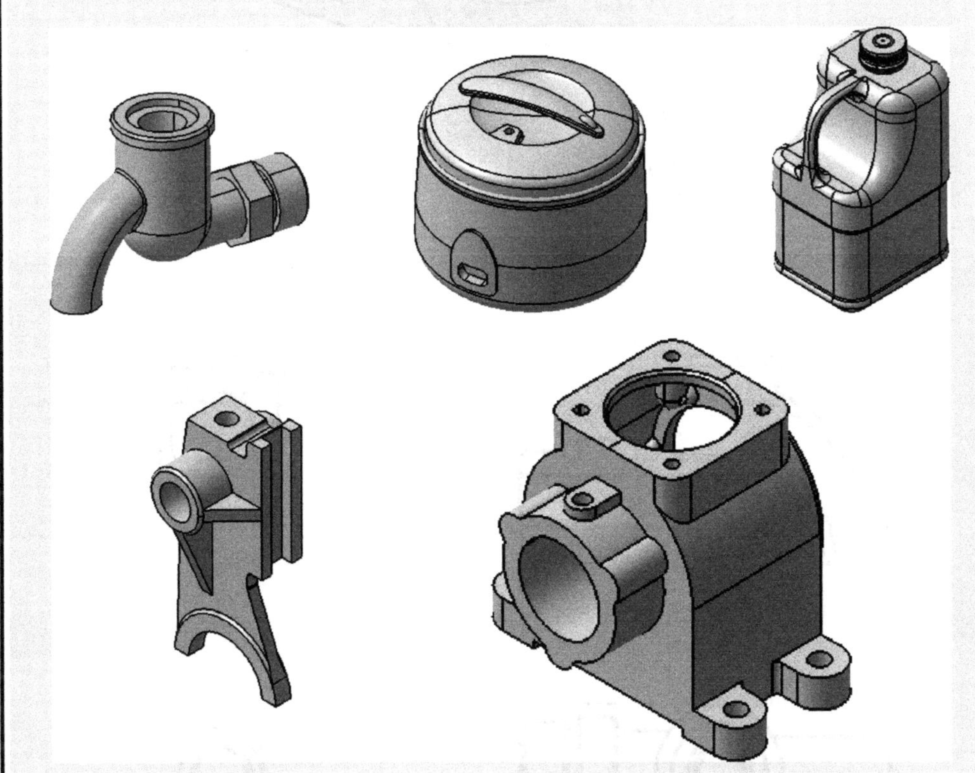

7.1 综合实例1——水龙头阀体造型设计

7.1 视频精讲

以水龙头阀体为例来对实体特征设计相关知识进行综合性应用，水龙头阀体模型结构如图7-1所示。

7.1.1 水龙头阀体结构分析

水龙头是日常生活常用装置，阀体是骨架主体，如图7-2所示，其外形结构流畅圆滑美观，内部要有合理的沟道，使水流流畅。

图7-1 水龙头阀体模型

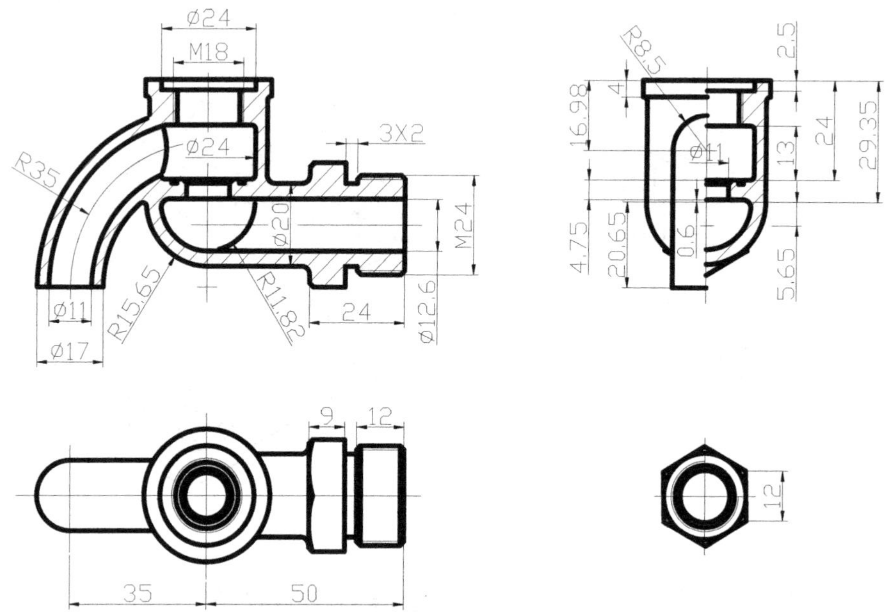

图7-2 水龙头图纸结构

7.1.2 水龙头阀体造型思路分析

水龙头阀体的CATIA实体建模流程如下。

（1）零件分析，拟订总体建模思路

总体思路是：首先对模型结构进行分析和分解，分解为相应的部分——阀体基体、进水口、出水口和内水道等，根据总体结构布局与相互之间的关系，按照先外部结构后内部结构的方式来依次创建各部分，如图7-3所示。

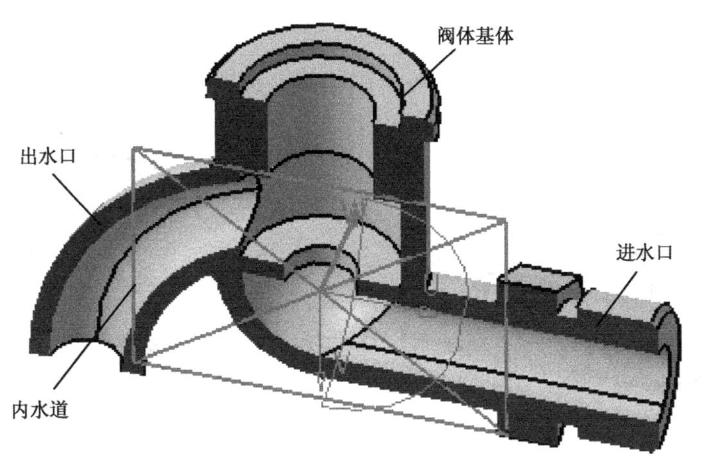

图7-3　水龙头阀体的模型分解

（2）阀体基体的特征造型

水龙头阀体基体为回转体结构，可采用草图→旋转体特征实现，如图7-4所示。

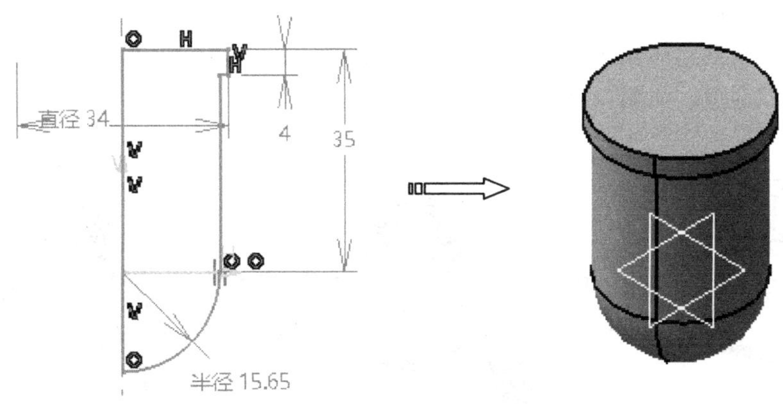

图7-4　阀体基体的创建过程

（3）水龙头阀体进水口

根据坚持先主后次（或主次交叉）的原则，首先绘制进水口主要结构，再绘制六方止台，如图7-5所示。

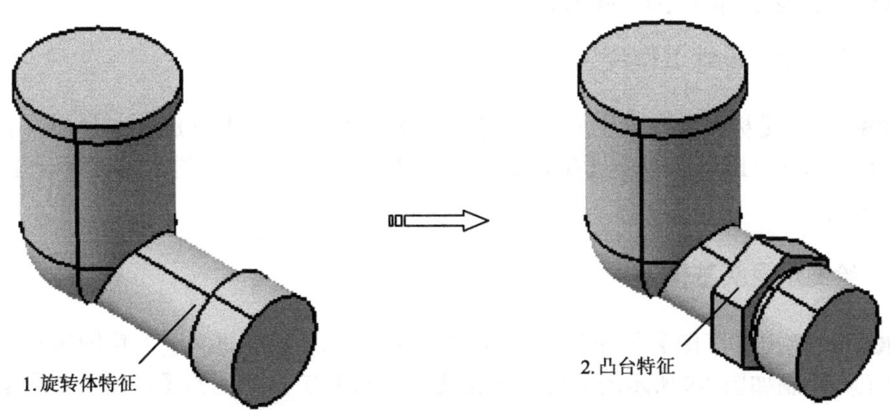

图7-5　阀体进水口的创建过程

（4）水龙头阀体出水口

水龙头阀体出水口为扫掠结构，可采用肋特征实现，如图7-6所示。

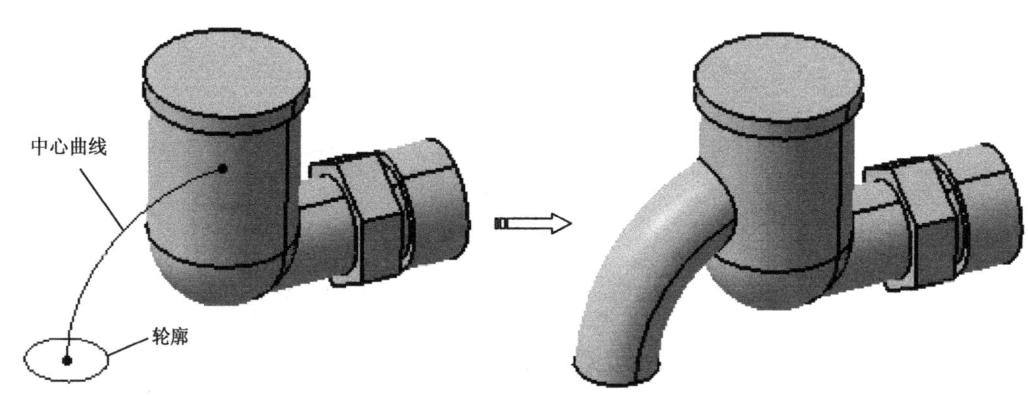

图7-6　阀体出水口的创建过程

（5）水龙头阀体内水道

采用旋转槽创建阀操作通道，再次采用旋转槽创建阀进水口通道，最后采用开槽特征创建出水口通道，如图7-7所示。

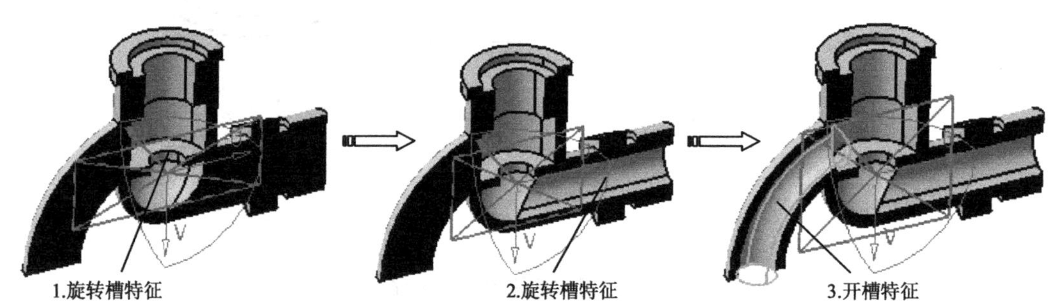

图7-7　阀体内水道的创建过程

7.1.3　水龙头阀体造型操作过程

7.1.3.1　启动零件设计工作台

Step01 在【标准】工具栏中单击【新建】按钮，弹出【新建】对话框，在【类型列表】中选择“Part”，单击【确定】按钮新建一个零件文件，进入零件设计工作台，如图7-8所示。

7.1.3.2　绘制水龙头基体

Step02 单击【草图】按钮，选择*ZX*平面作为草绘平面，进入草图编辑器。利用草绘工具绘制如图7-9所示的草图。单击【工作台】工具栏上的【退出工作台】按钮，完成草图绘制。

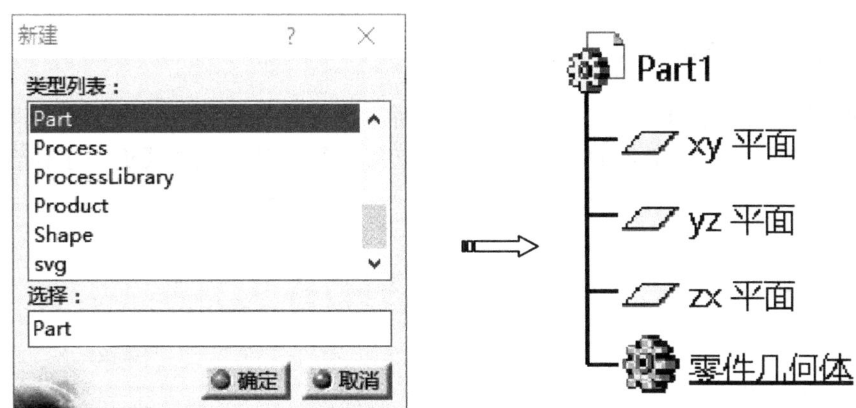

图7-8　启动零件设计工作台

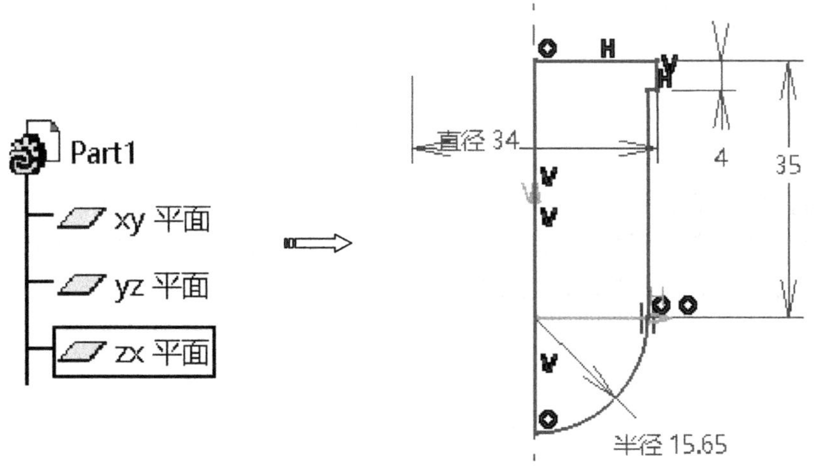

图7-9　绘制草图

Step03 单击【基于草图的特征】工具栏上的【旋转体】按钮，弹出【定义旋转体】对话框，选择上一步草图为旋转截面，自动选择草图轴线为轴线，单击【确定】按钮，完成旋转，如图7-10所示。

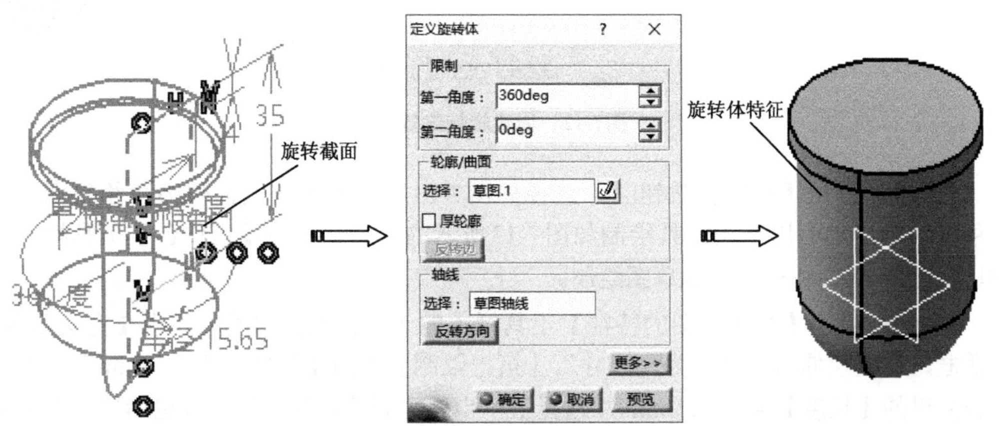

图7-10　创建旋转体特征

7.1.3.3 绘制水龙头进水口

Step04 单击【草图】按钮，选择*ZX*平面作为草绘平面，进入草图编辑器。利用草绘工具绘制如图7-11所示的草图。单击【工作台】工具栏上的【退出工作台】按钮，完成草图绘制。

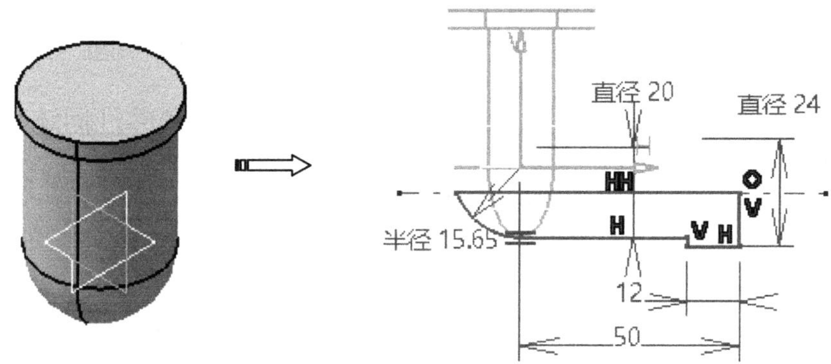

图7-11 绘制草图

Step05 单击【基于草图的特征】工具栏上的【旋转体】按钮，选择旋转截面，弹出【定义旋转体】对话框，选择上一步草图为旋转截面，自动选择草图轴线为轴线，单击【确定】按钮，完成旋转，如图7-12所示。

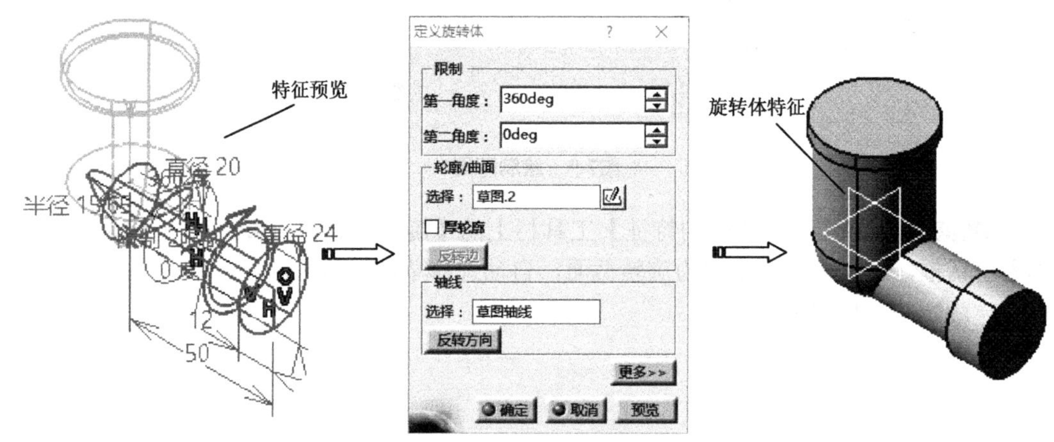

图7-12 创建旋转体特征

Step06 单击【草图】按钮，选择如图7-13所示的实体表面作为草绘平面，进入草图编辑器。利用草绘工具绘制如图7-13所示的草图。单击【工作台】工具栏上的【退出工作台】按钮，完成草图绘制。

Step07 单击【基于草图的特征】工具栏上的【凸台】按钮，弹出【定义凸台】对话框，设置拉伸深度类型为“尺寸”，［第一限制］里的【长度】为“24mm”，［第二限制］里的【长度】为“−15mm”，选择上一步所绘制的草图，特征预览确认无误后单击【确定】按钮完成拉伸特征，如图7-14所示。

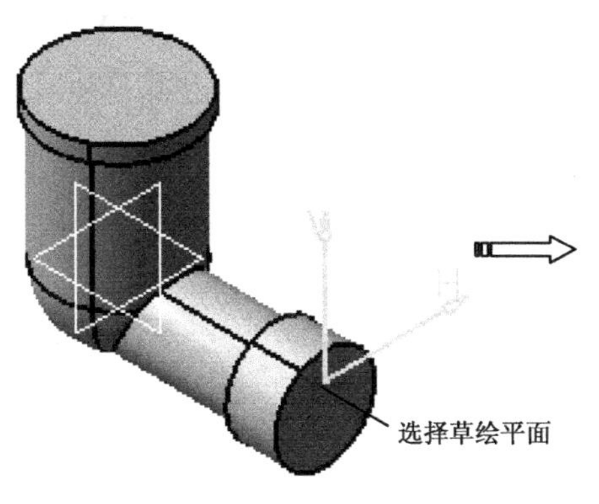

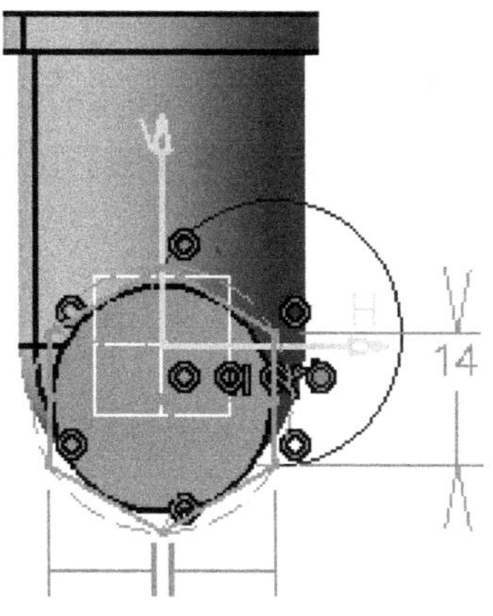

图7-13　绘制草图

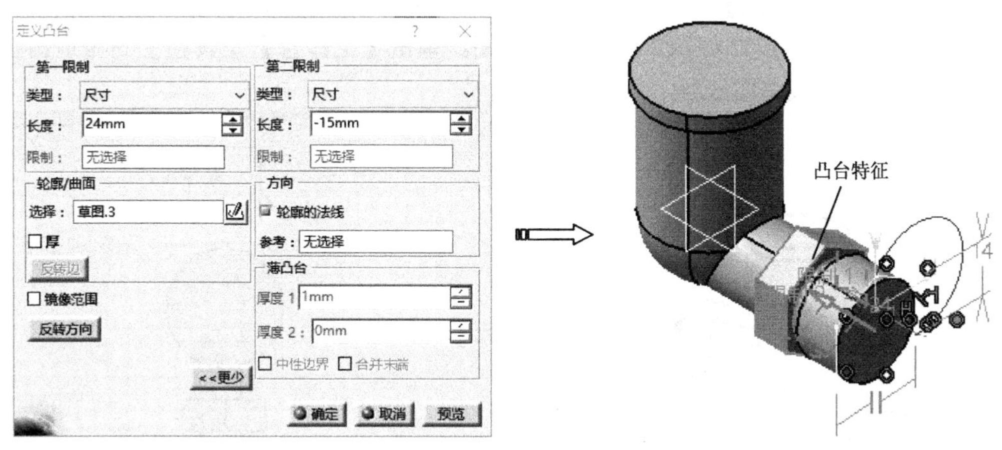

图7-14　创建凸台特征

7.1.3.4　创建水龙头出水口

Step08 单击【草图】按钮，在工作窗口选择草图平面*YZ*平面，进入草图编辑器。利用六边形等工具绘制如图7-15所示的草图。单击【工作台】工具栏上的【退出工作台】按钮，完成草图绘制。

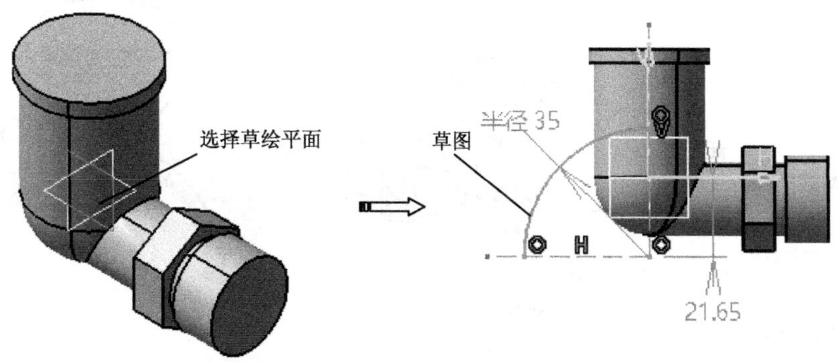

图7-15　绘制草图截面

Step09 单击【线框】工具栏上的【平面】按钮，弹出【平面定义】对话框，在【平面类型】下拉列表中选择【曲线的法线】选项，选择一条曲线，单击【确定】按钮，系统自动完成平面创建，如图7-16所示。

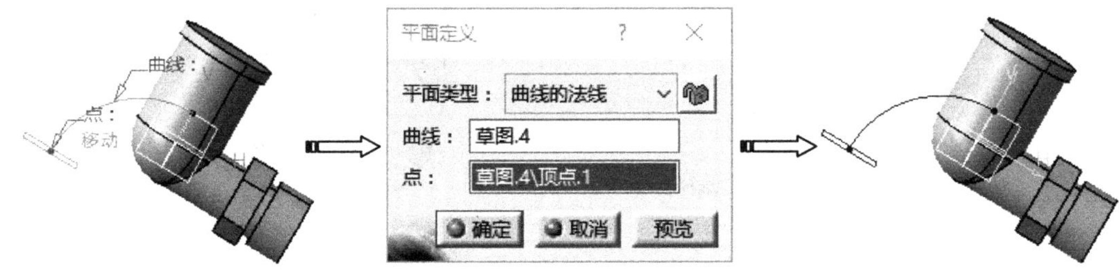

图7-16 曲线的法线创建平面

Step10 单击【草图】按钮，在工作窗口选择上一步创建的平面，进入草图编辑器。利用草图等工具绘制如图7-17所示的草图。单击【工作台】工具栏上的【退出工作台】按钮，完成草图绘制。

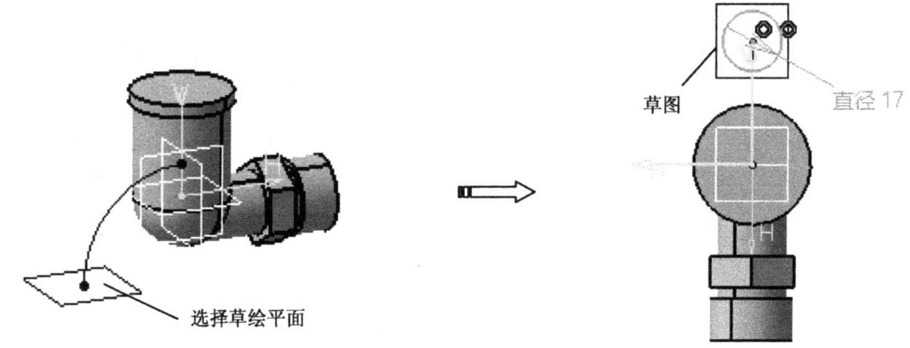

图7-17 绘制草图截面

Step11 单击【基于草图的特征】工具栏上的【肋】按钮，弹出【定义肋】对话框，选择第一个草图为轮廓，第二个草图为中心曲线，单击【确定】按钮创建肋特征，如图7-18所示。

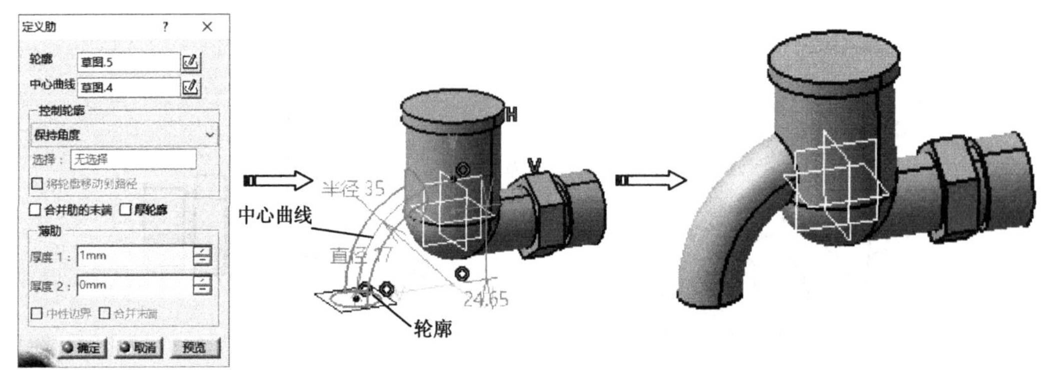

图7-18 创建肋特征

7.1.3.5 创建水龙头内水道

Step12 单击【草图】按钮，选择*YZ*平面作为草绘平面，进入草图编辑器。利用草绘工具绘制如图7-19所示的草图。单击【工作台】工具栏上的【退出工作台】按钮，完成草图绘制。

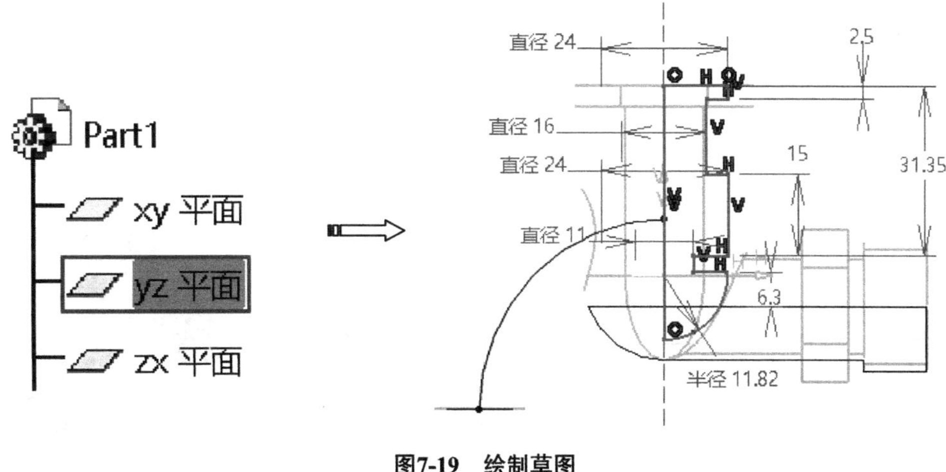

图7-19 绘制草图

Step13 单击【基于草图的特征】工具栏上的【旋转槽】按钮，弹出【定义旋转体】对话框，选择上一步草图为旋转截面，选择*Z*轴为轴线，单击【确定】按钮，完成旋转，如图7-20所示。

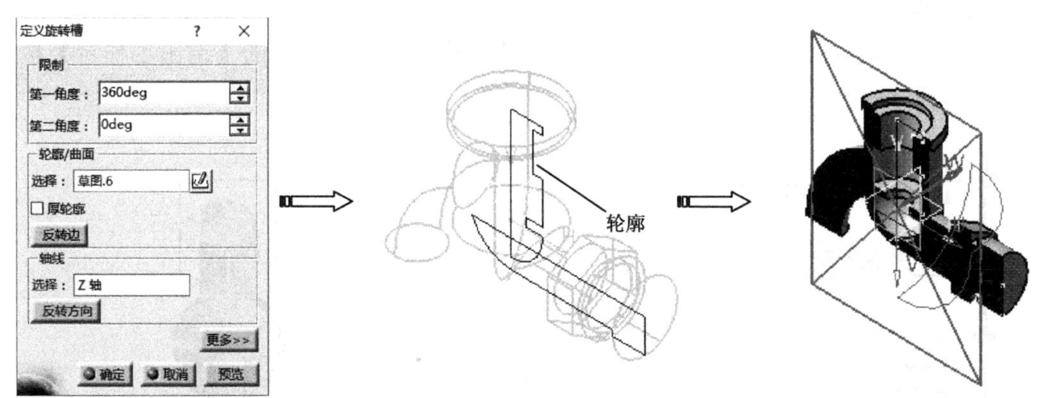

图7-20 创建旋转槽特征

Step14 单击【草图】按钮，选择*YZ*平面作为草绘平面，进入草图编辑器。利用草绘工具绘制如图7-21所示的草图。单击【工作台】工具栏上的【退出工作台】按钮，完成草图绘制。

Step15 单击【基于草图的特征】工具栏上的【旋转槽】按钮，弹出【定义旋转体】对话框，选择上一步草图为旋转截面，选择草图轴线为轴线，单击【确定】按钮，完成旋转，如图7-22所示。

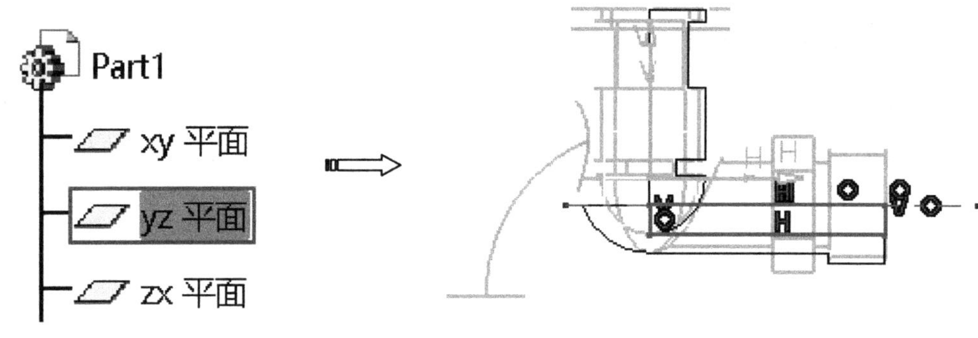

图7-21 绘制草图

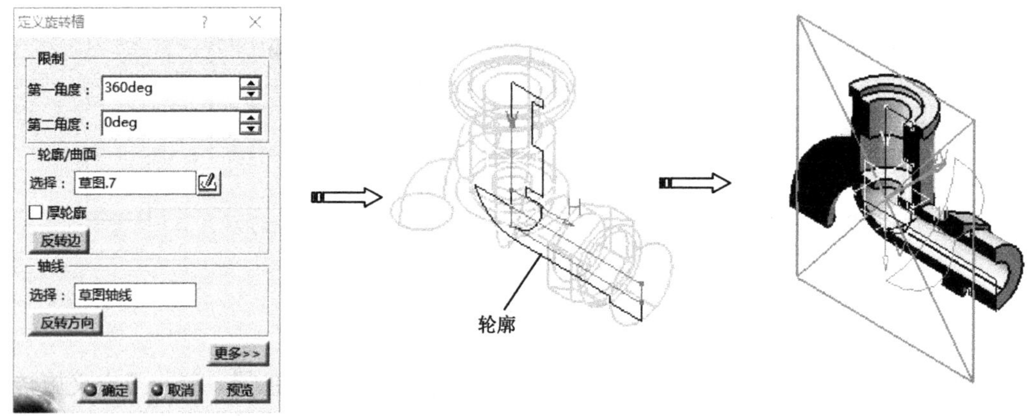

图7-22 创建旋转槽特征

Step16 选择【平面1】为草绘平面，单击【草图】按钮，进入草图编辑器。利用圆等工具绘制如图7-23所示的草图。单击【工作台】工具栏上的【退出工作台】按钮，完成草图绘制。

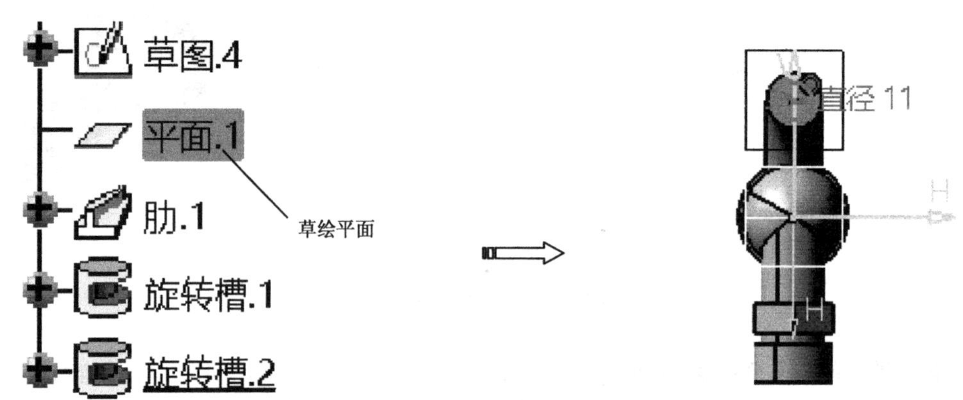

图7-23 绘制草图

Step17 单击【基于草图的特征】工具栏上的【开槽】按钮，弹出【定义开槽】对话框，选择上一步草图为轮廓，选择“草图.4”为中心曲线，单击【确定】按钮，完成开槽特征，如图7-24所示。

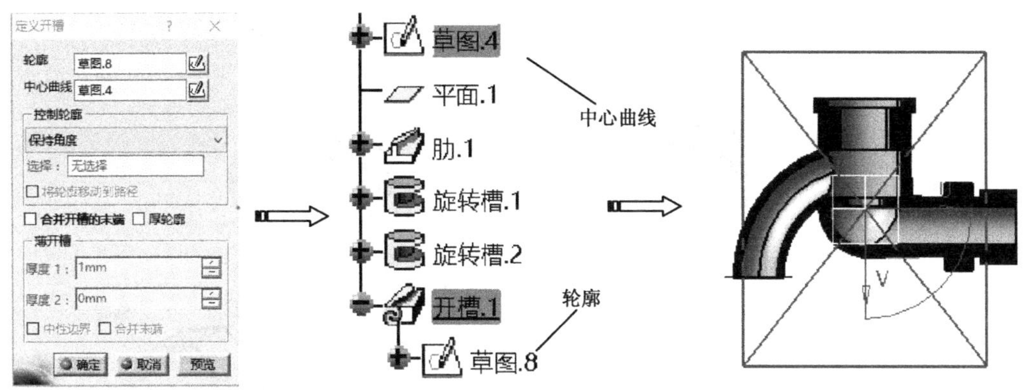

图7-24 创建开槽特征

7.1.3.6 创建修饰特征

Step18 单击【修饰特征】工具栏上的【倒角】按钮，弹出【定义倒角】对话框，激活【要倒角的对象】选择框，选择如图7-26所示的边线，在【模式】下拉列表中选择“长度1/角度”，【长度1】为1mm，【拓展】为“相切”，单击【确定】按钮完成倒角特征，如图7-25所示。

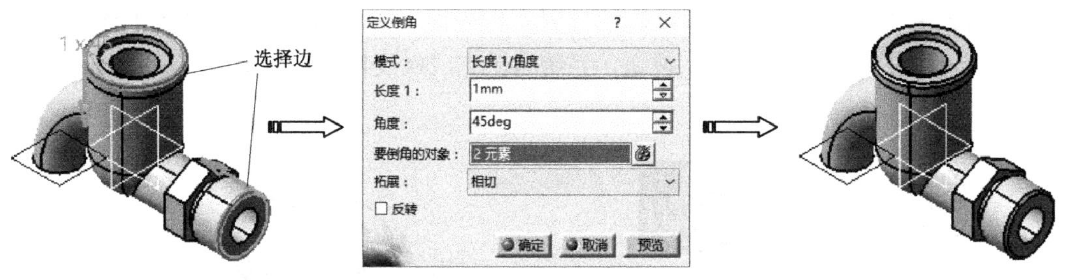

图7-25 创建倒角特征

Step19 单击【修饰特征】工具栏上的【倒圆角】按钮，弹出【倒圆角定义】对话框，在【要圆角化的对象】选择框中选择如图7-26所示的边线，在【半径】输入框输入“5mm”，单击【确定】按钮完成。

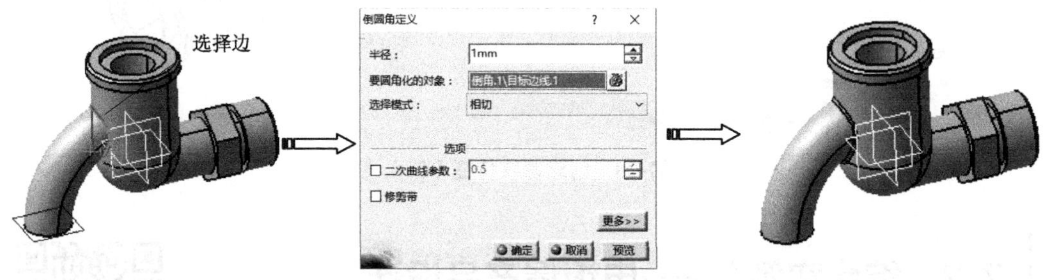

图7-26 创建倒圆角特征

Step20 单击【修饰特征】工具栏上的【内螺纹/外螺纹】按钮，弹出【定义内螺纹/外螺纹】对话框，激活【侧面】编辑框，选择产生螺纹的零件实体表面，激活【限制面】编辑框，选择限制螺纹起始位置实体表面（必须为平面），选择【类型】为

“公制粗牙螺纹”，单击【确定】按钮，系统自动完成螺纹特征，如图7-27所示。

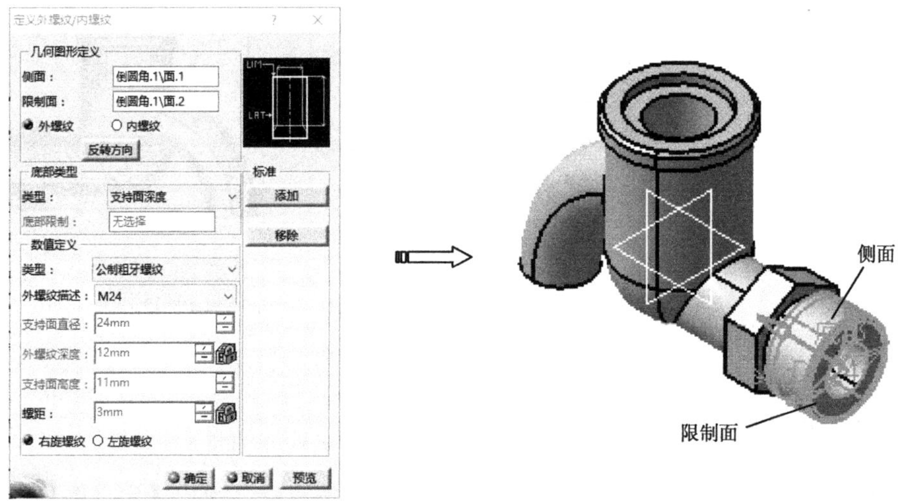

图7-27 创建螺纹特征（一）

Step21 单击【修饰特征】工具栏上的【内螺纹/外螺纹】按钮，弹出【定义内螺纹/外螺纹】对话框，激活【侧面】编辑框，选择产生螺纹的零件实体表面，激活【限制面】编辑框，选择限制螺纹起始位置实体表面（必须为平面），选择【类型】为“公制粗牙螺纹”，单击【确定】按钮，系统自动完成螺纹特征，如图7-28所示。

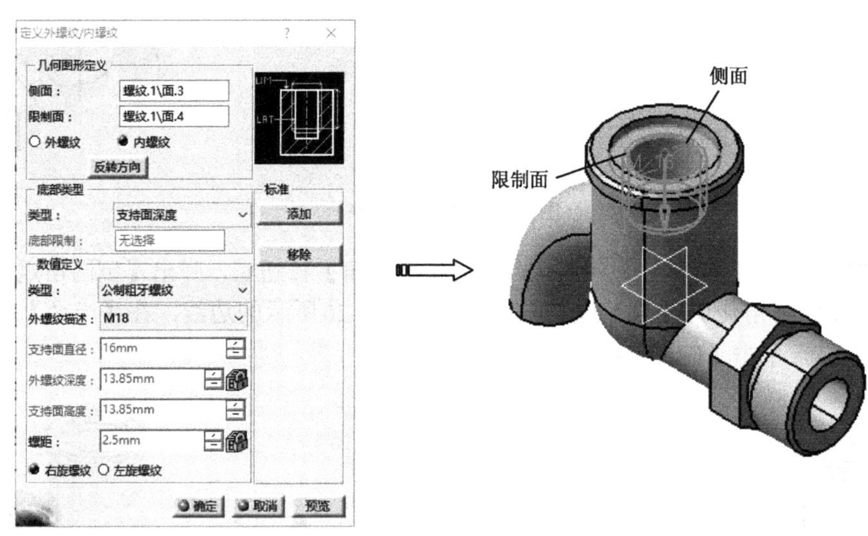

图7-28 创建螺纹特征（二）

7.2 综合实例2——电饭煲产品设计

7.2 视频精讲

以电饭煲阀体为例来对实体特征设计相关知识进行综合性应用，水龙头阀体模型结构如图7-29所示。

图7-29　电饭煲模型

7.2.1　电饭煲结构分析

电饭煲是日常生活常用装置如图7-30所示，主要由基体、盖子、提手、电源插座等组成，外形结构圆润光滑。

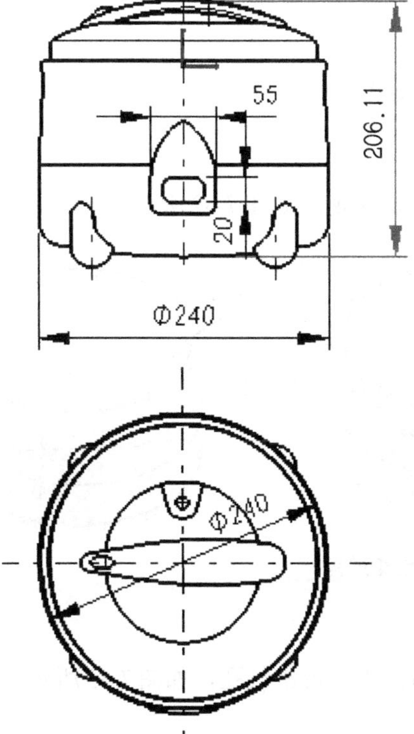

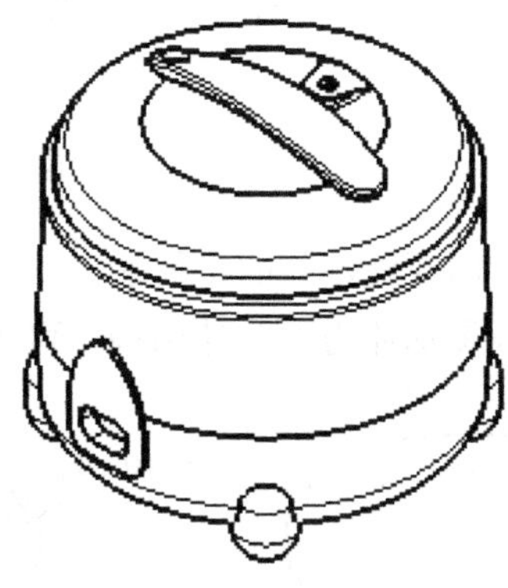

图7-30　电饭煲图纸结构

7.2.2 电饭煲造型思路分析

电饭煲的CATIA实体建模流程如下。

（1）零件分析，拟订总体建模思路

总体思路是：首先对模型结构进行分析和分解，分解为相应的部分——电饭煲基体、煲盖、把手、插口和支腿等，根据总体结构布局与相互之间的关系，按照先下部结构后上部结构、先主体再细节的方式来依次创建各部分，如图7-31所示。

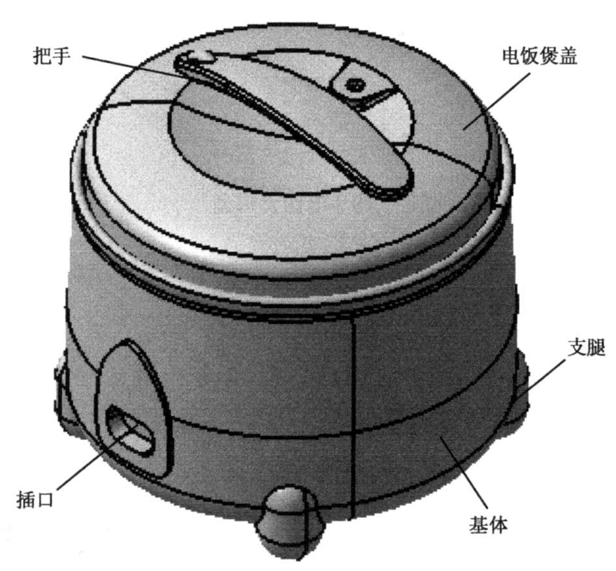

图7-31 电饭煲的模型分解

（2）电饭煲基体的特征造型

电饭煲基体为回转体结构，可采用旋转体特征实现，如图7-32所示。

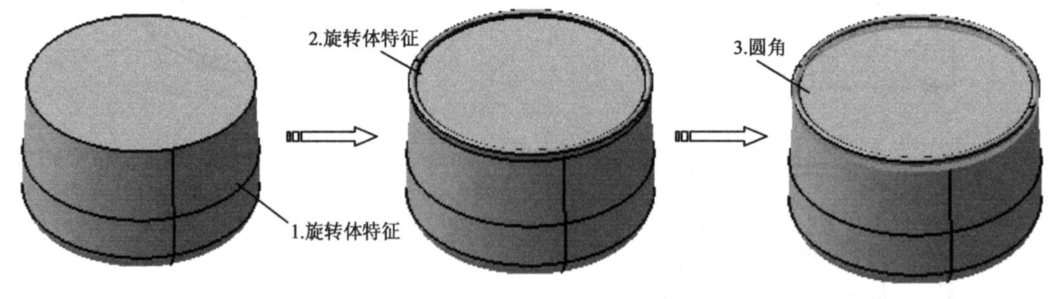

图7-32 电饭煲的创建过程

（3）电饭煲盖

根据结构的回转体，首先采用电饭煲盖主体，再凸台出气孔，如图7-33所示。

（4）电饭煲把手

根据曲面实体建模顺序，一般是先曲线，再曲面，最后由曲面生成实体，如图7-34所示。

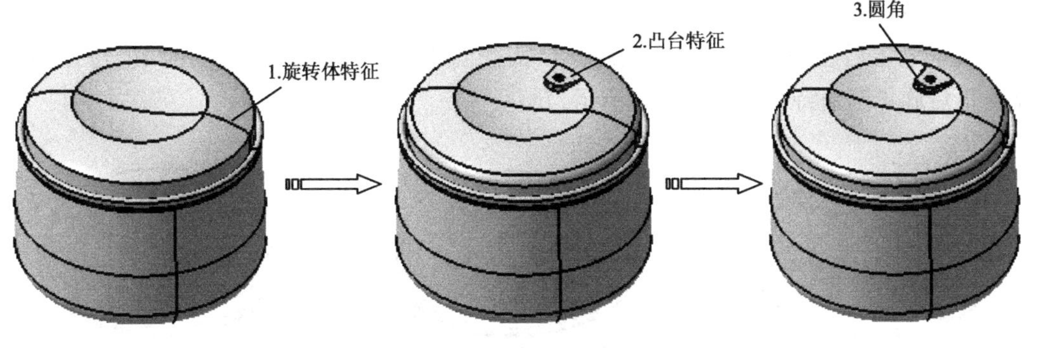

1.旋转体特征
2.凸台特征
3.圆角

图7-33　电饭煲盖的创建过程

半径 15
85
85
35
28
38
10
半径 100
半径 50
1.创建曲线
2.创建曲面
3.曲面修剪
4.封闭曲面实体
5.凸台
6.圆角

图7-34　电饭煲把手的创建过程

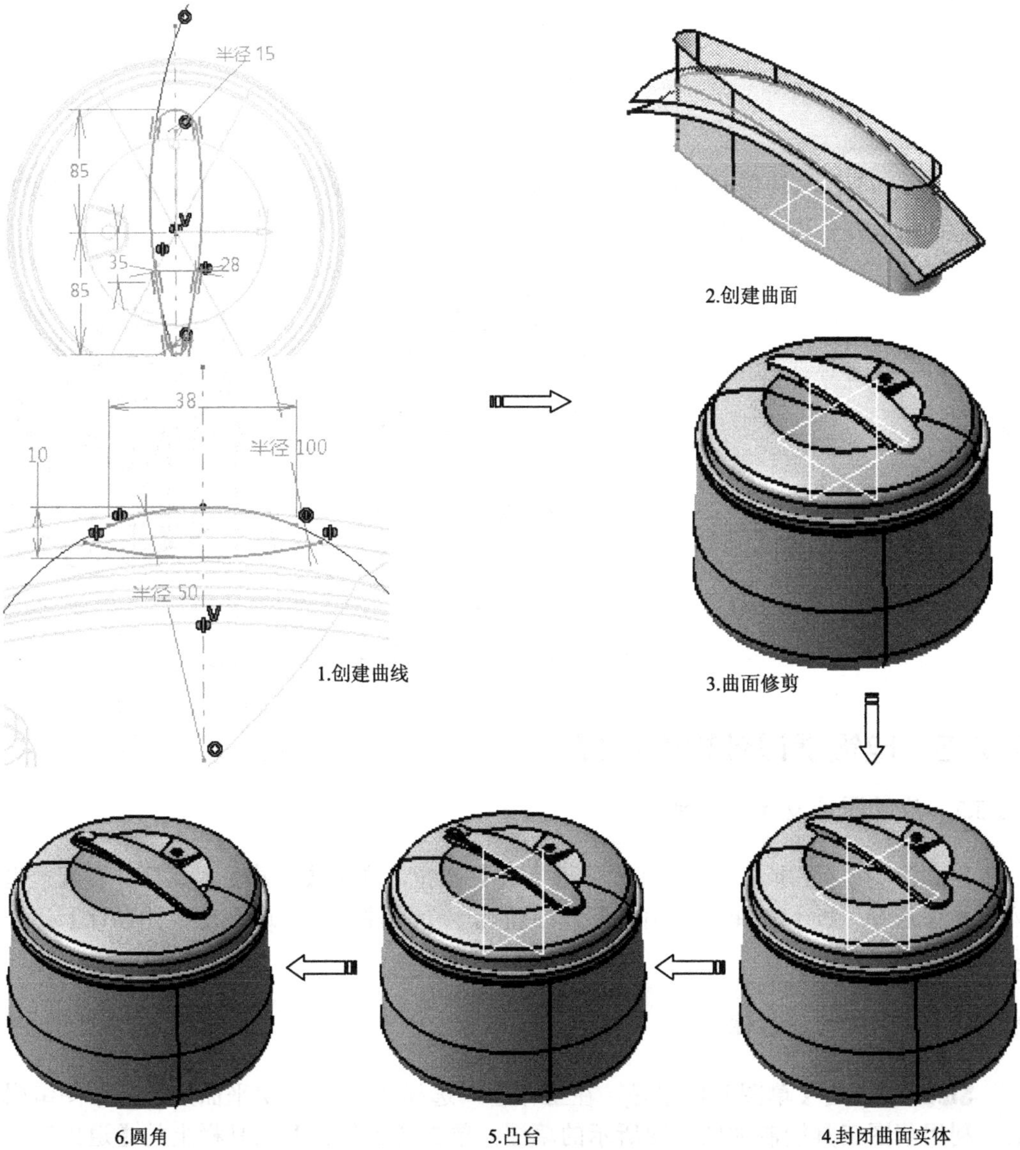

（5）电饭煲插口

根据先主后次的原则，首先采用凸台特征创建插口实体，然后采用凹槽特征创建槽，最后施加圆角特征，如图7-35所示。

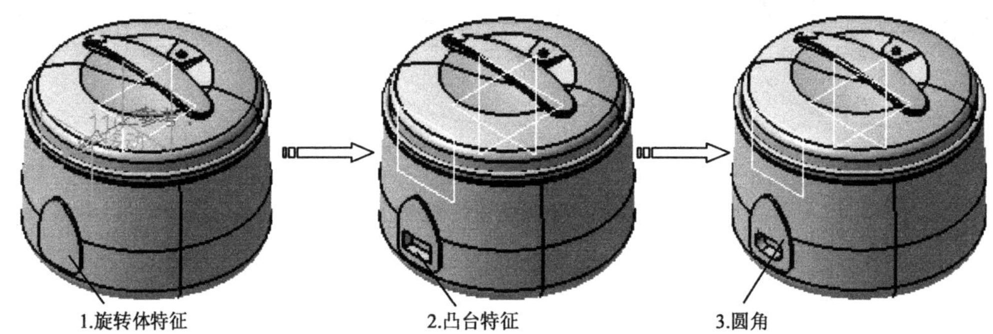

图7-35 电饭煲插口的创建过程

（6）电饭煲支腿

支腿为4个，结构相同，可先通过旋转体特征创建一个支腿，然后采用阵列完成其余支腿的创建，如图7-36所示。

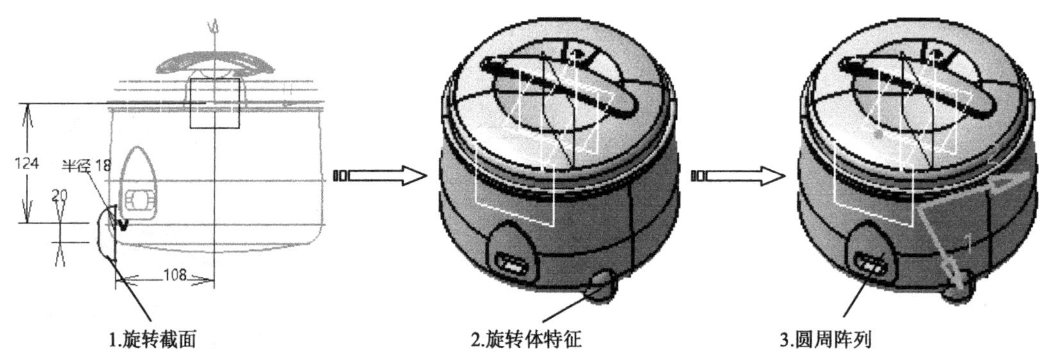

图7-36 电饭煲支腿的创建过程

7.2.3 电饭煲设计操作过程

7.2.3.1 启动零件设计工作台

Step01 在【标准】工具栏中单击【新建】按钮，弹出【新建】对话框，在【类型列表】中选择“Part”，单击【确定】按钮新建一个零件文件，进入【零件设计】工作台，如图7-37所示。

7.2.3.2 绘制电饭煲基体

Step02 单击【草图】按钮，在工作窗口选择草图平面*YZ*平面，进入草图编辑器。利用草图工具绘制如图7-38所示的草图。单击【工作台】工具栏上的【退出工作台】按钮，完成草图绘制。

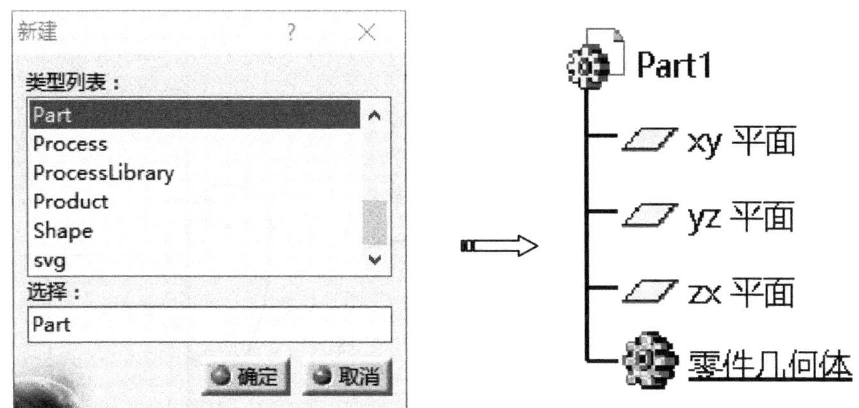

图7-37　启动零件设计工作台

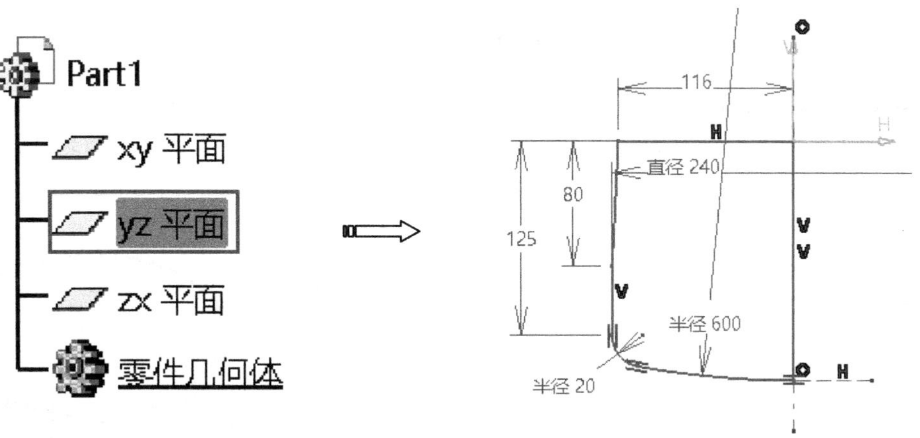

图7-38　绘制草图

Step03 单击【基于草图的特征】工具栏上的【旋转体】按钮，选择旋转截面，弹出【定义旋转体】对话框，选择上一步草图为旋转截面，自动选择草图轴线为轴线，单击【确定】按钮，完成旋转，如图7-39所示。

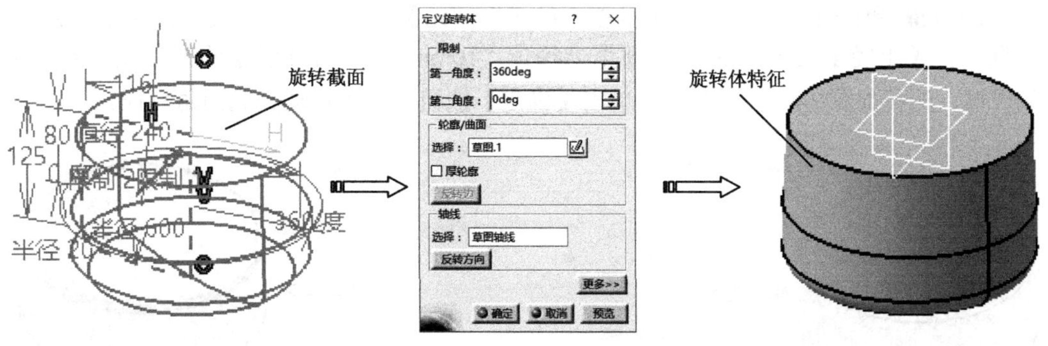

图7-39　创建旋转体特征

Step04 单击【草图】按钮，在工作窗口选择草图平面*YZ*平面，进入草图编辑器。利用草图工具绘制如图7-40所示的草图。单击【工作台】工具栏上的【退出工作台】按钮，完成草图绘制。

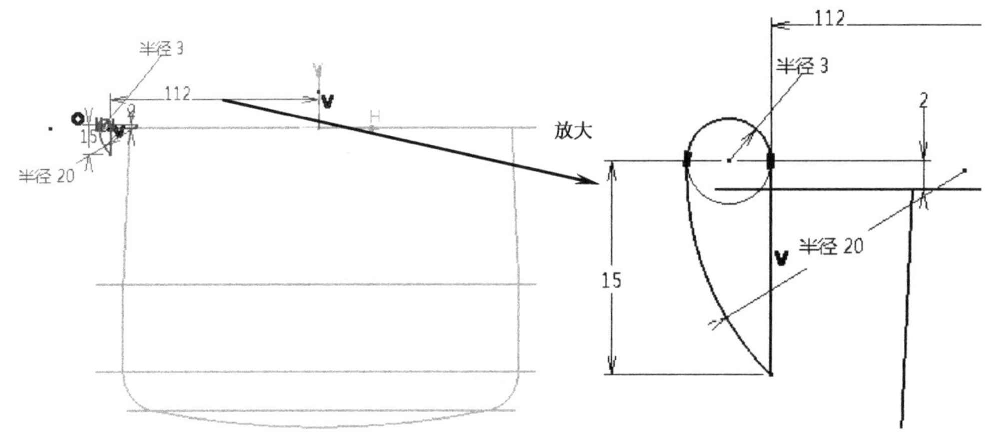

图7-40 绘制草图

Step05 单击【基于草图的特征】工具栏上的【旋转体】按钮，选择旋转截面，弹出【定义旋转体】对话框，选择上一步草图为旋转槽截面，选择Z轴为轴线，单击【确定】按钮，系统自动完成旋转体特征，如图7-41所示。

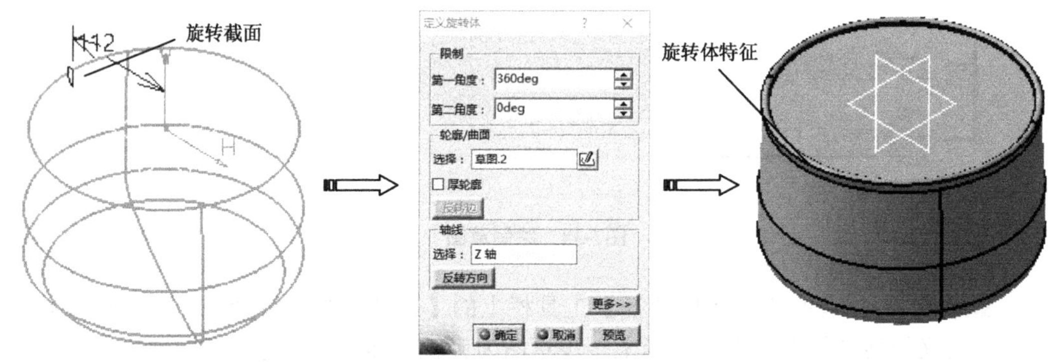

图7-41 创建旋转体

Step06 单击【修饰特征】工具栏上的【倒圆角】按钮，弹出【倒圆角定义】对话框，在【半径】文本框中输入圆角半径值“10mm”，然后激活【要圆角化的对象】编辑框，选择如图7-42所示的边，单击【确定】按钮，系统自动完成圆角特征。

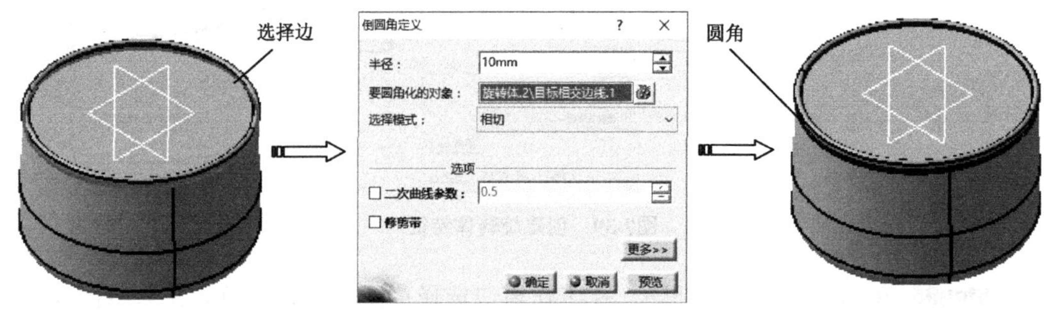

图7-42 创建倒圆角

7.2.3.3　绘制电饭煲盖

Step07 单击【草图】按钮，在工作窗口选择草图平面*YZ*平面，进入草图编辑器。利用草图工具绘制如图7-43所示的草图。单击【工作台】工具栏上的【退出工作台】按钮，完成草图绘制。

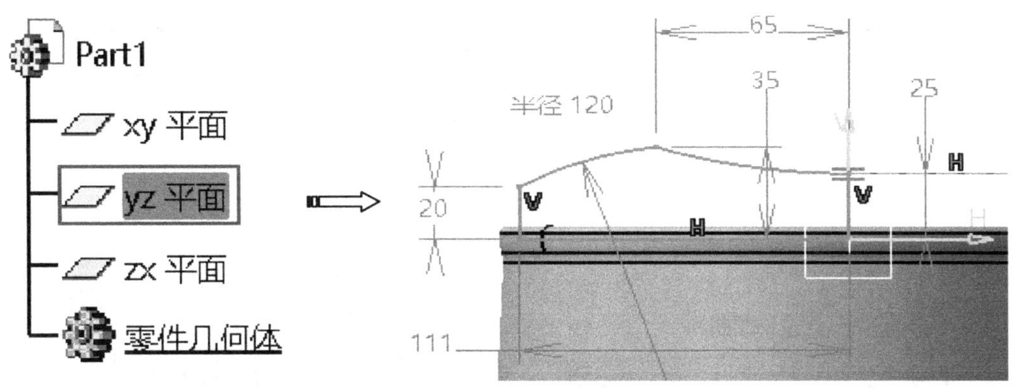

图7-43　绘制草图

Step08 单击【基于草图的特征】工具栏上的【旋转体】按钮，选择旋转截面，弹出【定义旋转体】对话框，选择上一步草图为旋转槽截面，单击【确定】按钮，系统自动完成旋转体特征，如图7-44所示。

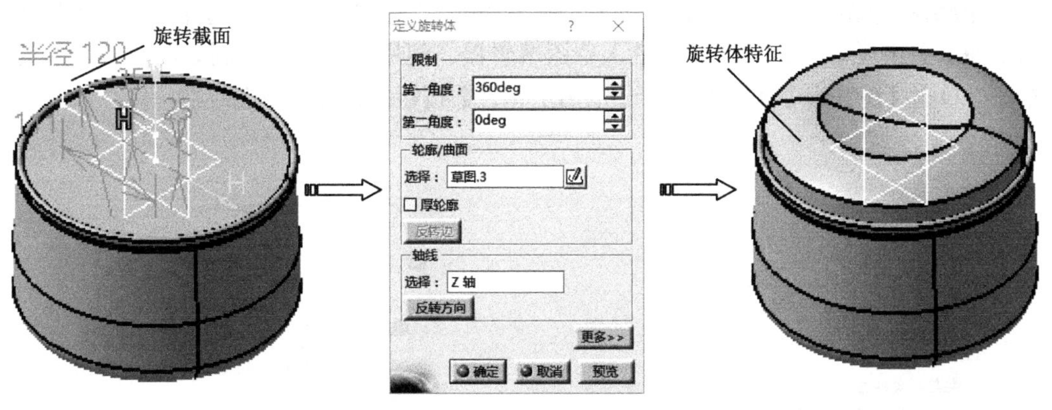

图7-44　创建旋转体

Step09 单击【修饰特征】工具栏上的【倒圆角】按钮，弹出【倒圆角定义】对话框，在【半径】文本框中输入圆角半径值“10mm”，然后激活【要圆角化的对象】编辑框，选择如图7-45所示的边，单击【确定】按钮，系统自动完成圆角特征。

Step10 单击【参考元素】工具栏上的【平面】按钮，弹出【平面定义】对话框，在【平面类型】下拉列表中选择“通过平面曲线”选项，选择如图7-46所示的边线，单击【确定】按钮，系统自动完成平面创建。

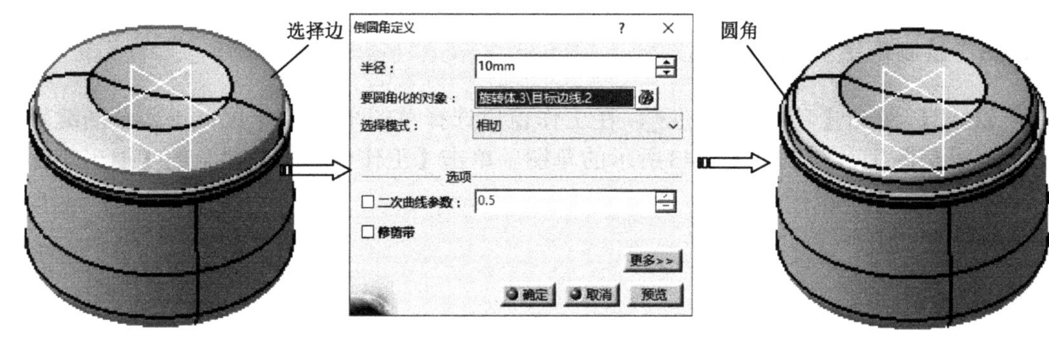

图7-45 创建倒圆角

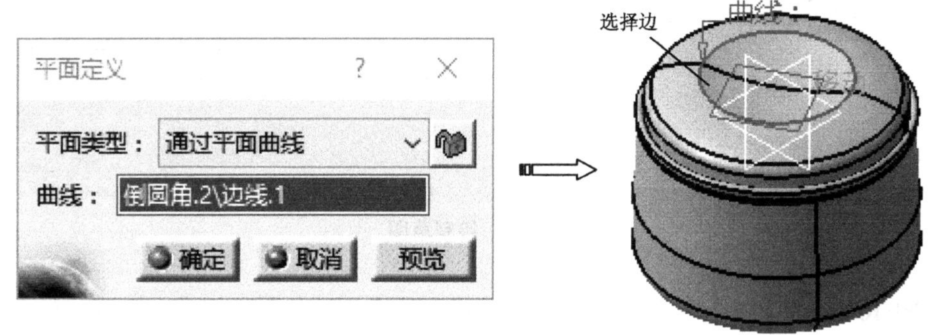

图7-46 创建平面

Step11 单击【定位草图】按钮，弹出【草图定位】对话框，选择上一步所创建的平面，单击【草图】按钮，进入草图编辑器。利用草图工具绘制如图7-47所示的草图。单击【工作台】工具栏上的【退出工作台】按钮，完成草图绘制。

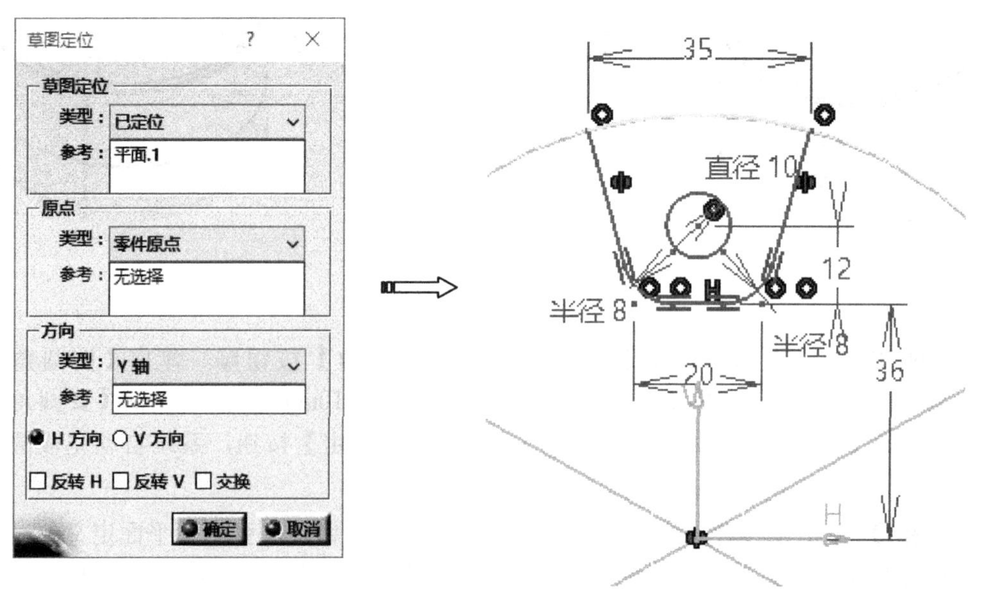

图7-47 绘制草图

Step12 单击【基于草图的特征】工具栏上的【凸台】按钮，弹出【定义凸台】对话框，选择上一步所绘制的草图，拉伸类型为“直到下一个”，单击【确定】按钮完成拉伸特征，如图7-48所示。

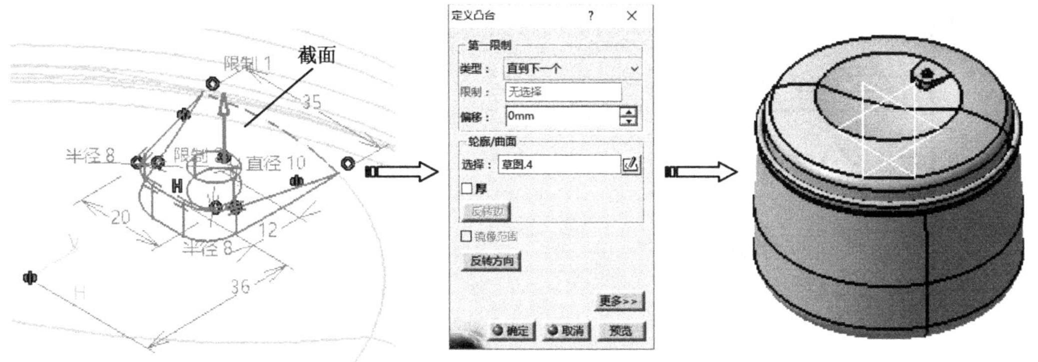

图7-48　创建凸台特征

Step13 单击【修饰特征】工具栏上的【倒圆角】按钮，弹出【倒圆角定义】对话框，在【半径】文本框中输入圆角半径值“2mm”，然后激活【要圆角化的对象】编辑框，选择如图7-49所示的边，单击【确定】按钮，系统自动完成圆角特征。

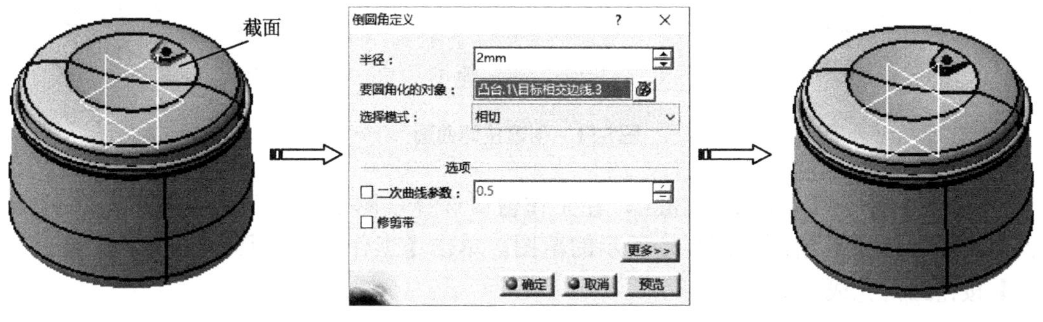

图7-49　创建倒圆角

7.2.3.4　绘制电饭煲把手

Step14 在菜单栏执行【开始】|【形状】|【创成式外形设计】命令，系统自动进入创成式外形设计工作台。

Step15 单击【草图】按钮，在工作窗口选择草图平面*XY*平面，进入草图编辑器。利用草图工具绘制如图7-50所示的草图。单击【工作台】工具栏上的【退出工作台】按钮，完成草图绘制。

Step16 单击【曲面】工具栏上的【拉伸】按钮，弹出【拉伸曲面定义】对话框，选择上一步草图为拉伸截面，设置拉伸深度为“60mm”，选中【镜像范围】复选框，单击【确定】按钮，系统自动完成拉伸曲面创建，如图7-51所示。

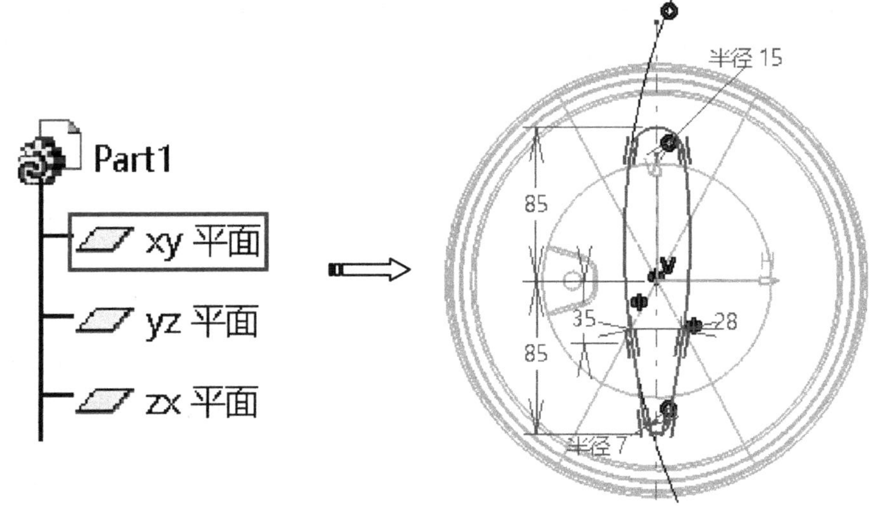

图7-50　绘制草图

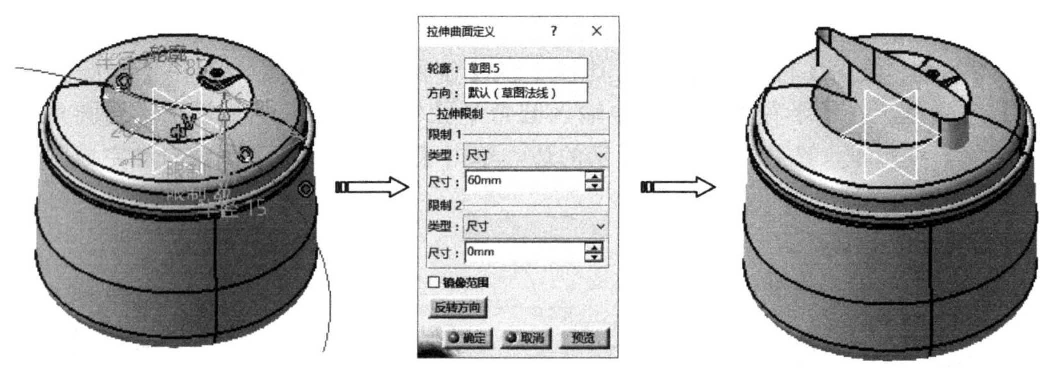

图7-51　创建拉伸曲面

Step17　单击【草图】按钮，在工作窗口选择草图平面*YZ*平面，进入草图编辑器。利用草图工具绘制如图7-52所示的草图。单击【工作台】工具栏上的【退出工作台】按钮，完成草图绘制。

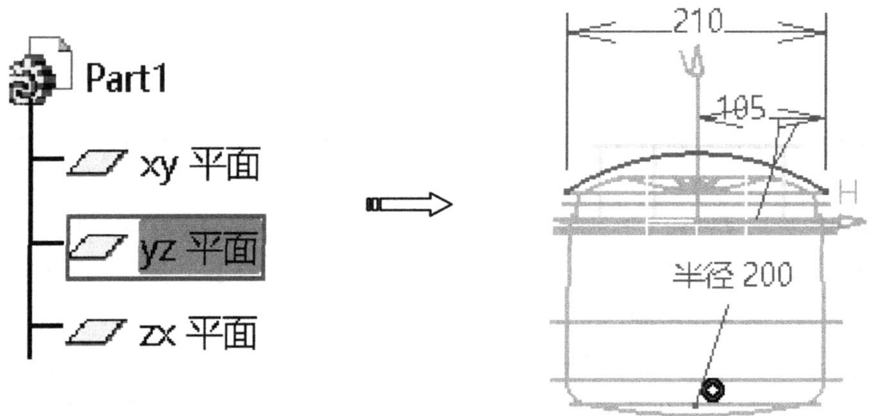

图7-52　绘制草图

Step18 单击【参考元素】工具栏上的【平面】按钮，弹出【平面定义】对话框，在【平面类型】下拉列表中选择“曲线的法线”选项，选择上一步草图曲线和端点，单击【确定】按钮，系统自动完成平面创建，如图7-53所示。

图7-53 创建平面

Step19 选择上一步创建平面作为草绘平面，单击【草图】按钮，进入草图编辑器。利用草图工具绘制如图7-54所示的草图。单击【工作台】工具栏上的【退出工作台】按钮，完成草图绘制。

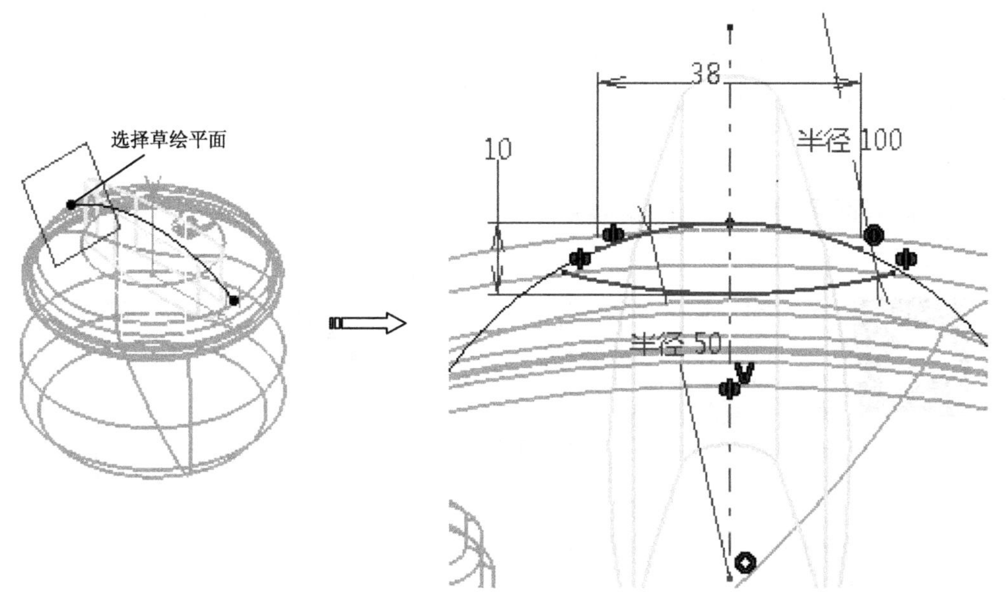

图7-54 绘制草图

Step20 单击【曲面】工具栏上的【扫掠】按钮，弹出【扫掠曲面定义】对话框，在【轮廓类型】选择【显式】图标，在【子类型】下拉列表中选择“使用参考曲面”选项，激活【轮廓】选择框，单击鼠标右键选择【创建提取】命令，弹出【提取定义】对话框，选择草图一条曲面作为轮廓，选择如图7-55所示草图作为引导曲线，单击【确定】按钮，系统自动完成扫掠曲面创建。

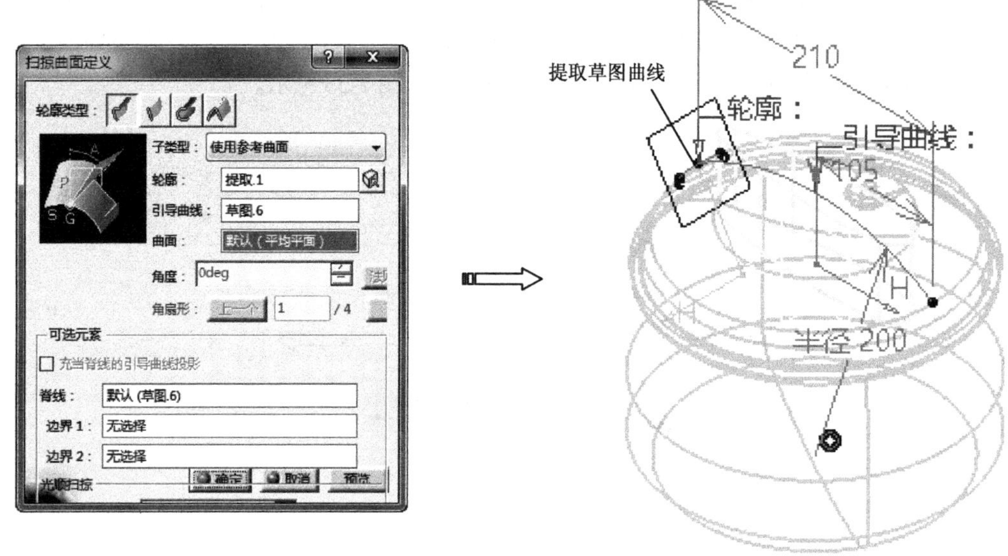

图7-55 创建扫掠曲面（一）

Step21 单击【曲面】工具栏上的【扫掠】按钮，弹出【扫掠曲面定义】对话框，在【轮廓类型】选择【显式】图标，在【子类型】下拉列表中选择“使用参考曲面”选项，激活【轮廓】选择框，单击鼠标右键选择【创建提取】命令，弹出【提取定义】对话框，选择草图一条曲面作为轮廓，选择如图7-56所示草图作为引导曲线，单击【确定】按钮，系统自动完成扫掠曲面创建。

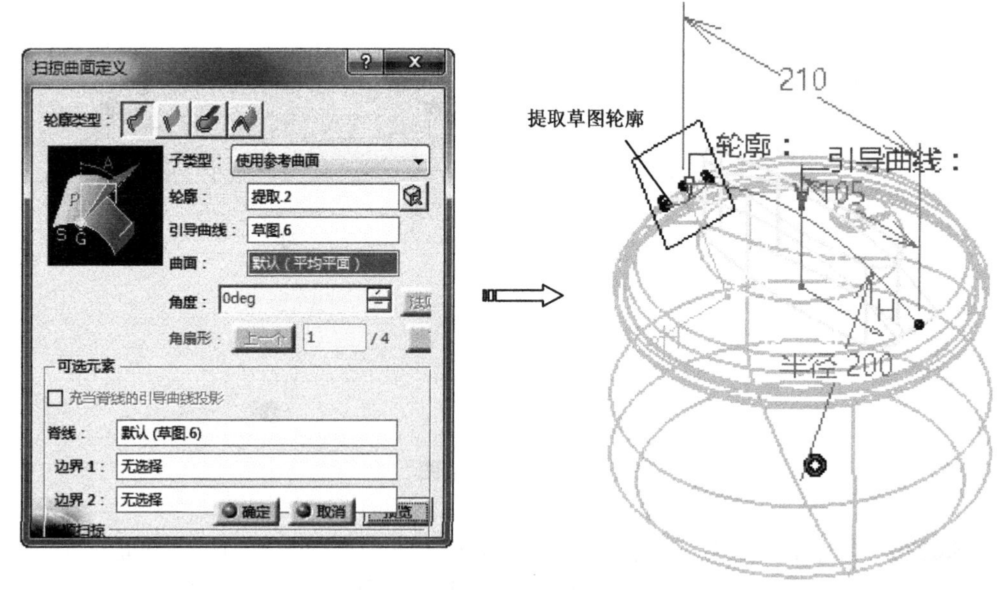

图7-56 创建扫掠曲面（二）

Step22 单击【操作】工具栏上的【修剪】按钮，弹出【修剪定义】对话框，选择如图7-57所示要修剪的曲面，单击【确定】按钮，系统自动完成修剪操作。

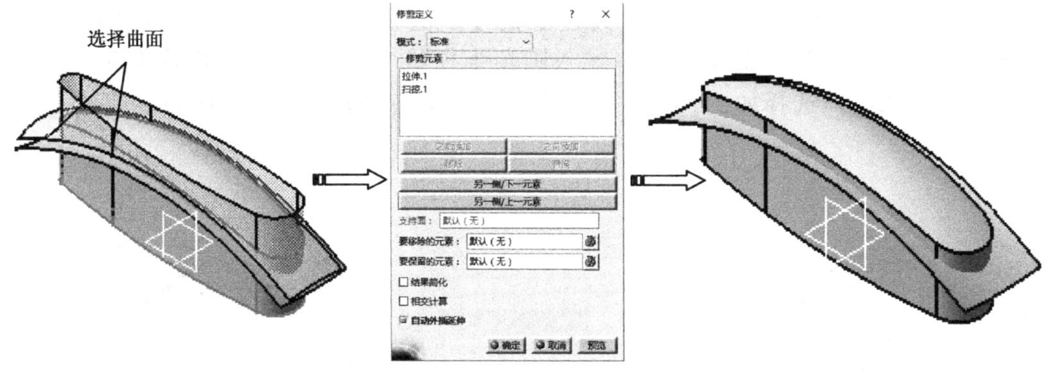

图7-57　创建修剪操作（一）

Step23 单击【操作】工具栏上的【修剪】按钮，弹出【修剪定义】对话框，选择如图7-58所示要修剪的曲面，单击【确定】按钮，系统自动完成修剪操作。

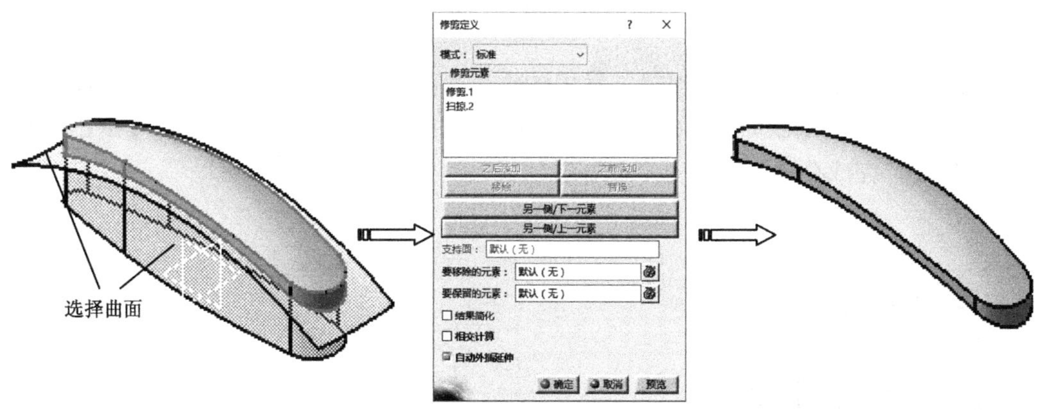

图7-58　创建修剪操作（二）

Step24 在菜单栏执行【开始】|【机械设计】|【零件设计】，进入零件设计工作台。

Step25 单击【基于曲面的特征】工具栏上的【封闭曲面】按钮，弹出【定义封闭曲面】对话框，选择上一步修剪曲面为目标封闭曲面，单击【确定】按钮，系统创建封闭曲面实体特征，如图7-59所示。

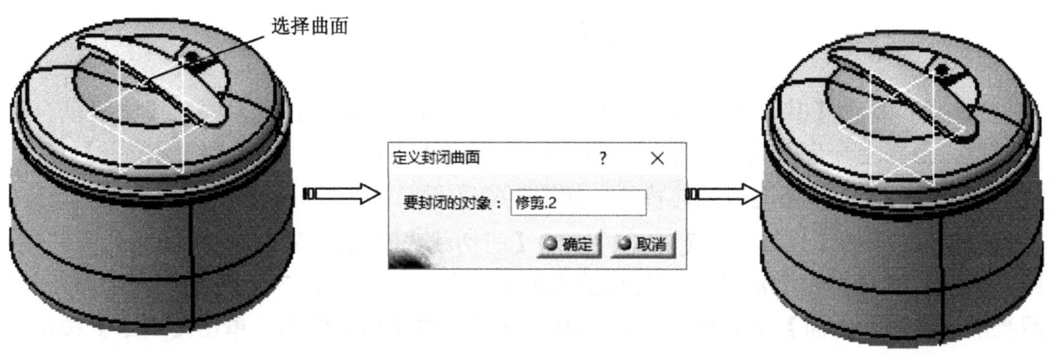

图7-59　创建封闭曲面实体特征

Step26 单击【修饰特征】工具栏上的【倒圆角】按钮，弹出【倒圆角定义】对话框，在【半径】文本框中输入圆角半径值“2mm”，然后激活【要圆角化的对象】编辑框，选择如图7-60所示的边，单击【确定】按钮，系统自动完成圆角特征。

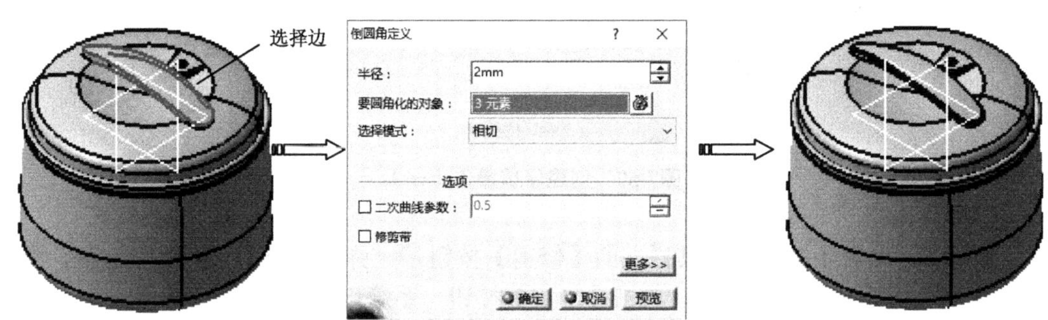

图7-60 创建倒圆角特征

Step27 单击【草图】按钮，在工作窗口选择草图平面*YZ*平面，进入草图编辑器。利用草图工具绘制如图7-61所示的草图。单击【工作台】工具栏上的【退出工作台】按钮，完成草图绘制。

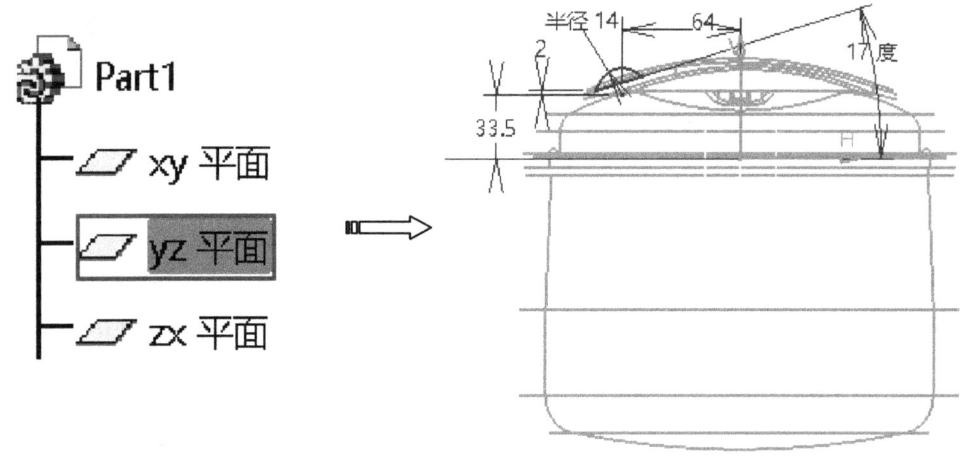

图7-61 绘制草图

Step28 单击【基于草图的特征】工具栏上的【凸台】按钮，弹出【定义凸台】对话框，选择上一步所绘制的草图，设置拉伸深度为“4mm”，选中【镜像范围】复选框，单击【确定】按钮完成拉伸特征，如图7-62所示。

Step29 单击【修饰特征】工具栏上的【三切线内圆角】按钮，弹出【定义三切线内圆角】对话框，激活【要圆角化的面】编辑框，选择如图7-63所示的两个面，然后激活【要移除的面】编辑框，选择如图7-63所示的要移除的面，单击【确定】按钮，系统自动完成圆角特征。

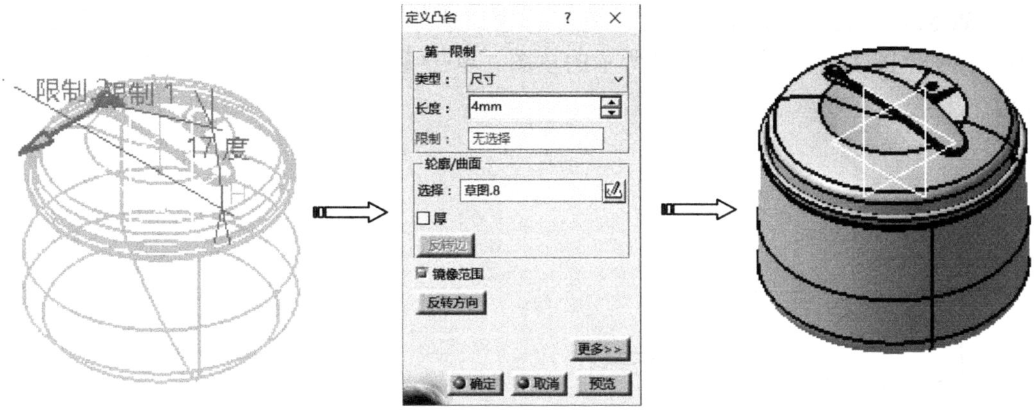

图7-62　创建凸台特征

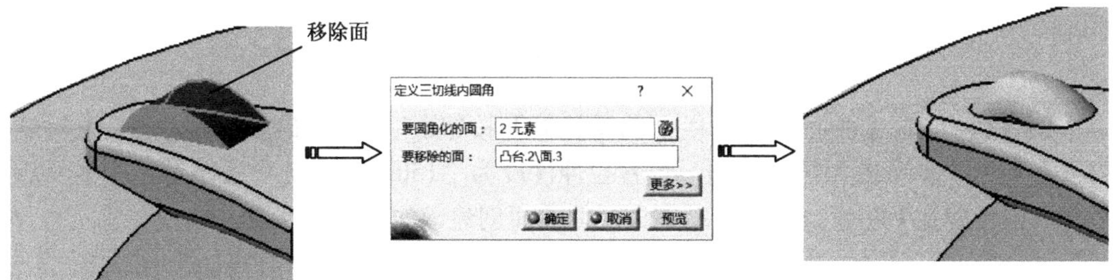

图7-63　创建圆角

7.2.3.5　绘制电饭煲插口

Step30 单击【草图】按钮，在工作窗口选择草图平面*YZ*平面，进入草图编辑器。利用草图工具绘制如图7-64所示的草图。单击【工作台】工具栏上的【退出工作台】按钮，完成草图绘制。

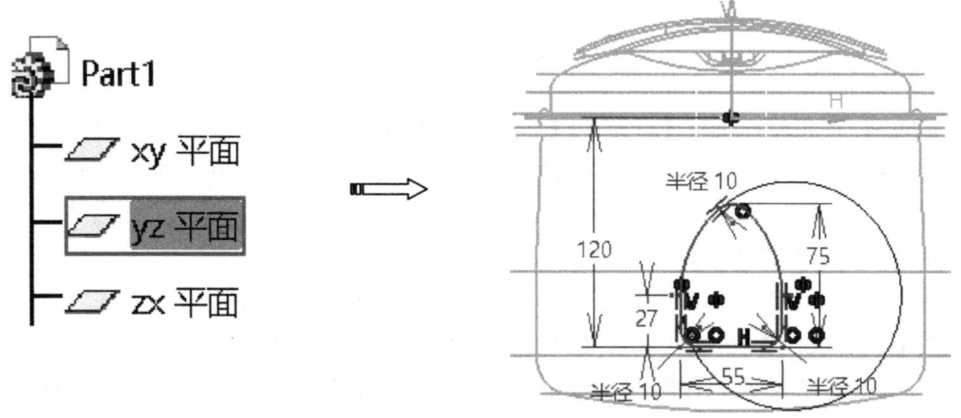

图7-64　绘制草图

Step31 在菜单栏执行【开始】|【形状】|【创成式外形设计】命令，系统自动进入创成式外形设计工作台。

Step32 单击【草图】按钮，在工作窗口选择草图平面*XY*平面，进入草图编辑器。利用草图工具绘制如图7-65所示的草图。单击【工作台】工具栏上的【退出工作台】按钮，完成草图绘制。

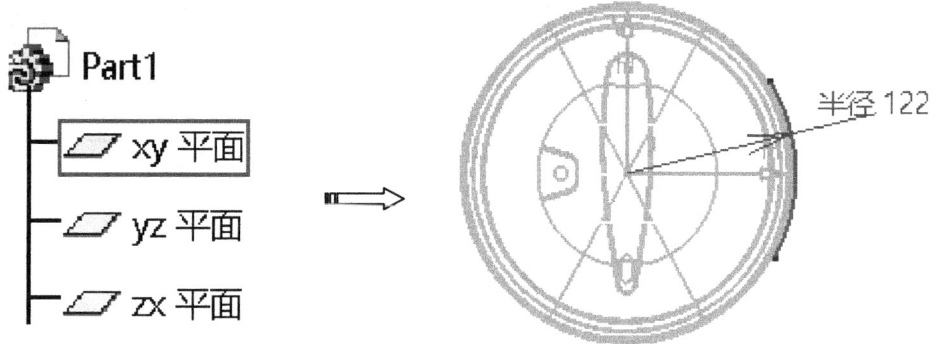

图7-65 绘制草图

Step33 单击【曲面】工具栏上的【拉伸】按钮，弹出【拉伸曲面定义】对话框，选择上一步草图为拉伸截面，设置拉伸深度为“150mm”，选中【镜像范围】复选框，单击【确定】按钮，系统自动完成拉伸曲面创建，如图7-66所示。

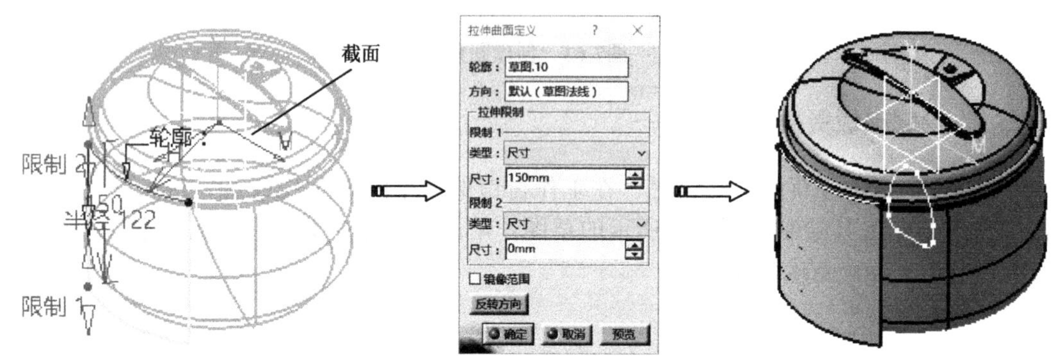

图7-66 创建拉伸曲面

Step34 在菜单栏执行【开始】|【机械设计】|【零件设计】，进入零件设计工作台。

Step35 单击【基于草图的特征】工具栏上的【凸台】按钮，弹出【定义凸台】对话框，选择如图7-67所示的草图，拉伸类型为“直到曲面”，单击【确定】按钮完成拉伸特征，如图7-67所示。

Step36 单击【参考元素】工具栏上的【平面】按钮，弹出【平面定义】对话框，在【平面类型】下拉列表中选择“偏移平面”选项，选择*YZ*平面作为参考，在【偏移】文本框输入偏移距离“110mm”，单击【确定】按钮，系统自动完成平面创建，如图7-68所示。

Step37 选择上一步创建的平面为草绘平面，单击【草图】按钮，利用草图工具绘制如图7-69所示的草图。单击【工作台】工具栏上的【退出工作台】按钮，完成草图绘制。

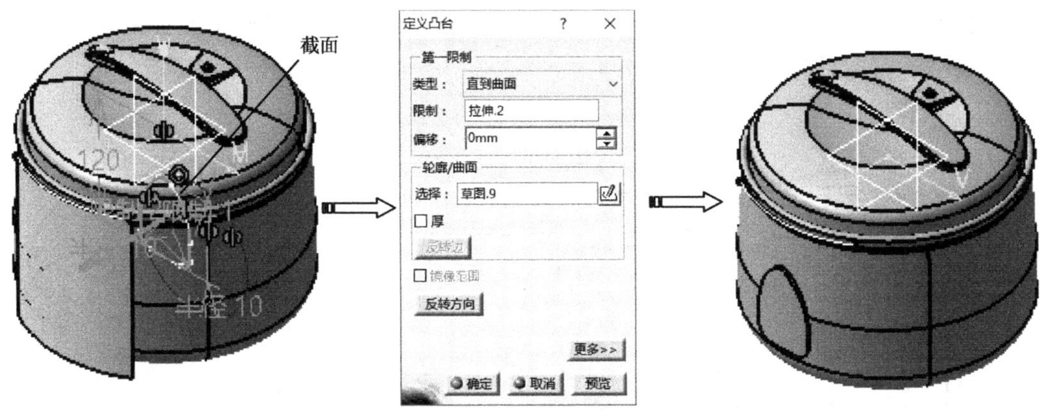

图7-67　创建凸台特征

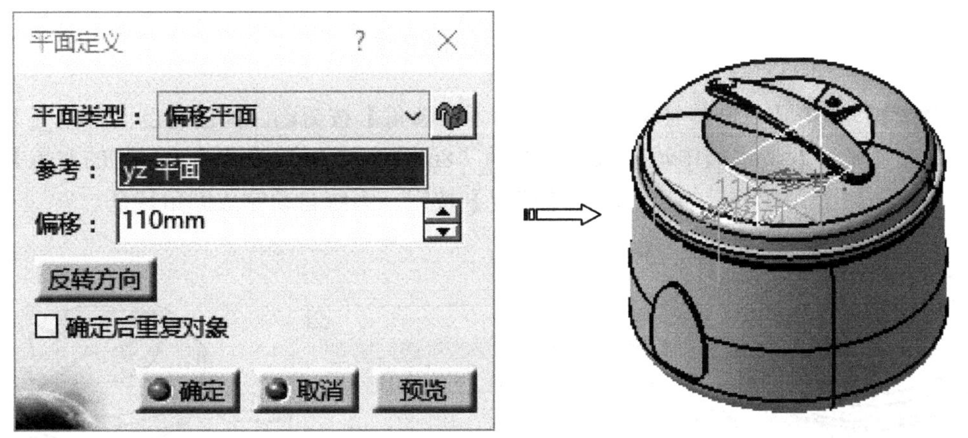

图7-68　创建平面

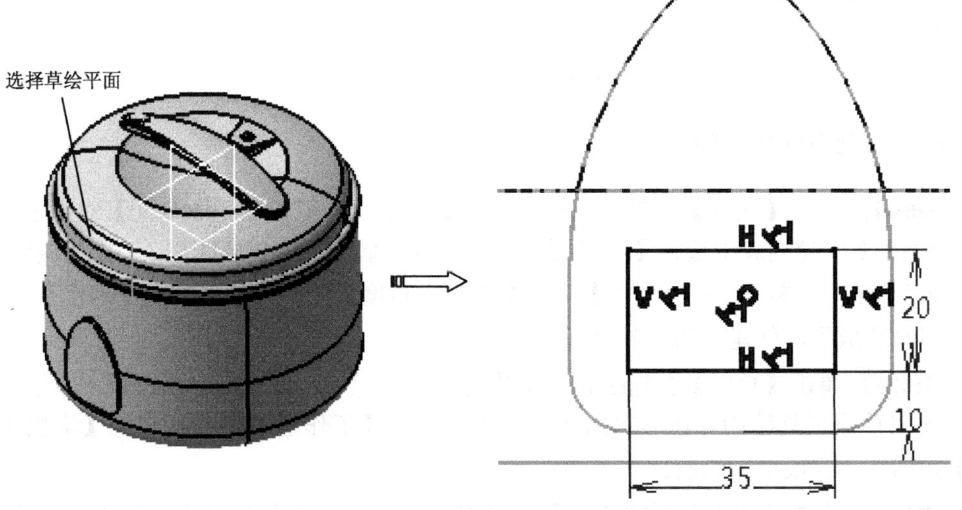

图7-69　绘制草图

Step38 单击【基于草图的特征】工具栏上的【凹槽】按钮，选择上一步草图，弹出【定义凹槽】对话框，设置凹槽类型为“直到最后”，单击【确定】按钮，系统自动完成凹槽特征，如图7-70所示。

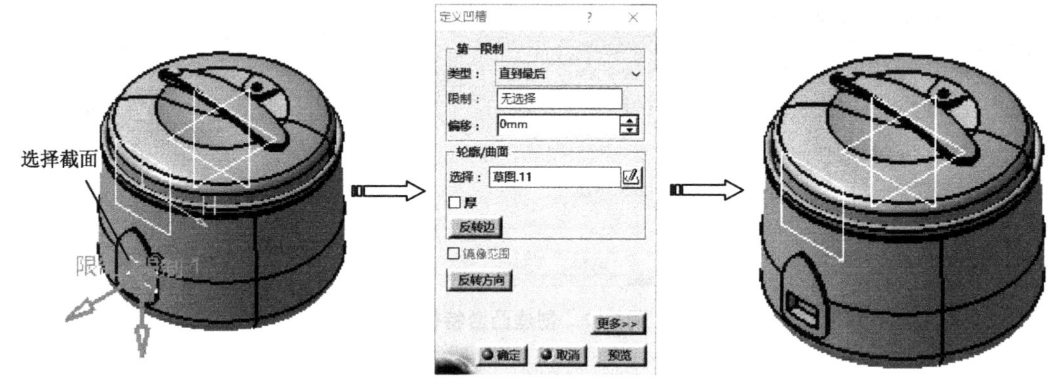

图7-70 创建凹槽特征

Step39 单击【修饰特征】工具栏上的【倒圆角】按钮，弹出【倒圆角定义】对话框，在【半径】文本框中输入圆角半径值“8mm”，然后激活【要圆角化的对象】编辑框，选择如图7-71所示的边，单击【确定】按钮，系统自动完成圆角特征。

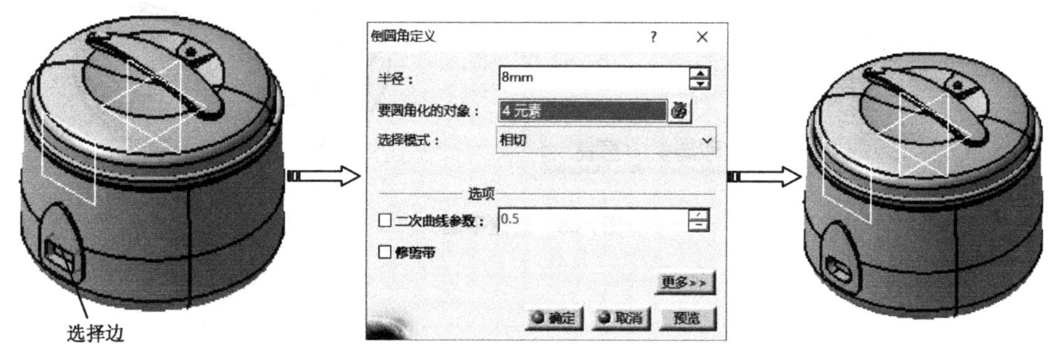

图7-71 创建倒圆角特征

7.2.3.6 绘制电饭煲支腿

Step40 单击【线框】工具栏上的【平面】按钮，弹出【平面定义】对话框，在【平面类型】下拉列表中选择【与平面成一定角度或垂直】选项，选择*Z*轴作为旋转轴，选择*ZX*平面作为参考，在【角度】文本框中输入角度值“45deg”，单击【确定】按钮，系统自动完成平面创建，如图7-72所示。

Step41 单击【草图】按钮，在工作窗口选择上一步创建的平面，进入草图编辑器。利用草图工具绘制如图7-73所示的草图。单击【工作台】工具栏上的【退出工作台】按钮，完成草图绘制。

Step42 单击【基于草图的特征】工具栏上的【旋转体】按钮，选择旋转截面，弹出【定义旋转体】对话框，选择上一步草图为旋转截面，自动选择草图轴线为轴线，单击【确定】按钮，完成旋转，如图7-74所示。

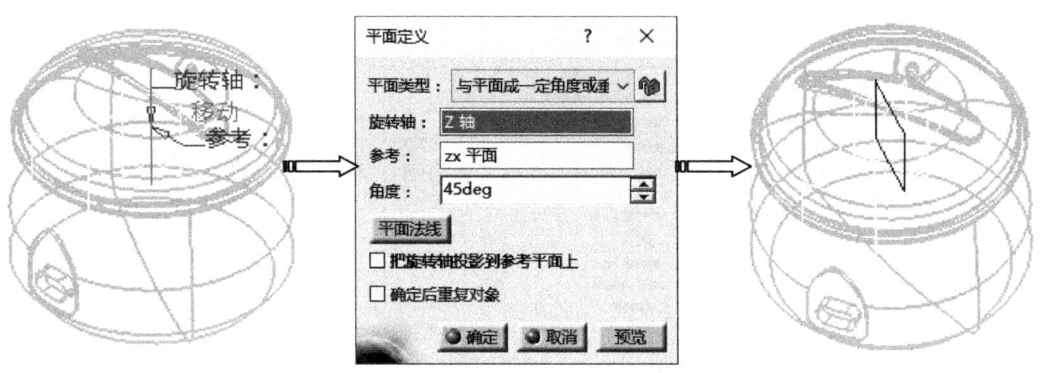

图7-72 与平面成一定角度或垂直创建平面

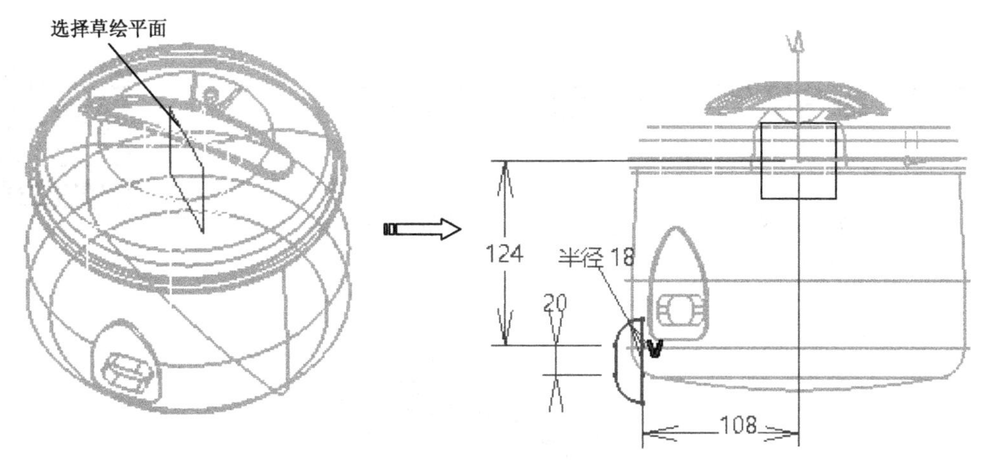

图7-73 绘制草图

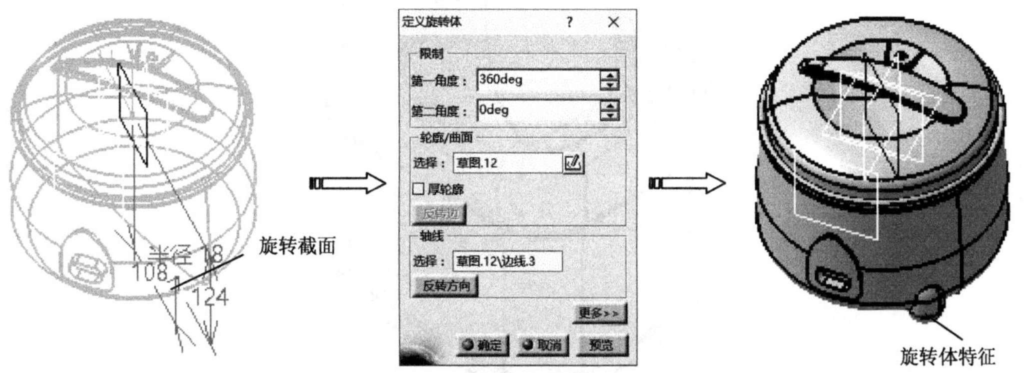

图7-74 创建旋转体特征

Step43 选择如图7-75所示要阵列的孔特征，单击【变换特征】工具栏上的【圆形阵列】按钮，弹出【定义圆形阵列】对话框，在【轴向参考】选项卡中设置【参数】为“实例和角度间距”，【实例】为“4”，【角度间距】为“90deg”，激活【参考元素】编辑框，选择“Z轴”，单击【预览】按钮显示预览，单击【确定】按钮完成圆形阵列，如图7-75所示。

图7-75　创建圆形阵列

7.3　综合实例3——加油桶产品设计

7.3　视频精讲

以加油桶为例来对实体特征设计相关知识进行综合性应用，水龙头阀体模型结构如图7-76所示。

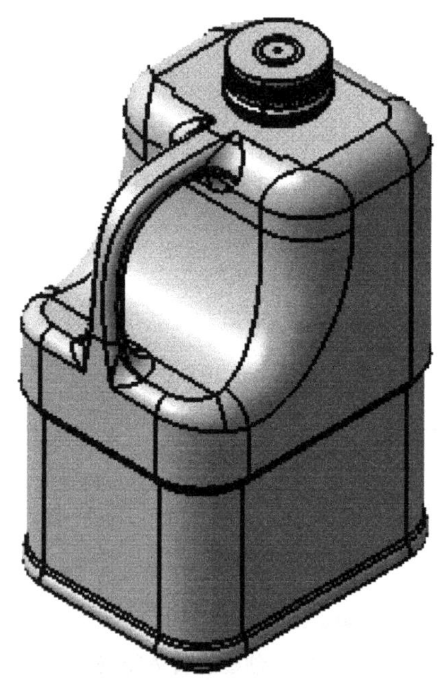

图7-76　加油桶模型

7.3.1　加油桶结构分析

加油桶结构如图7-77所示，主要由桶体、把手、桶盖等组成，外形结构光顺，整体结构紧凑。

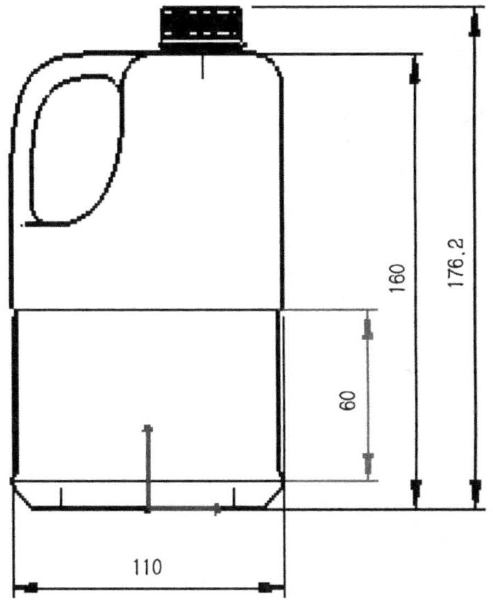

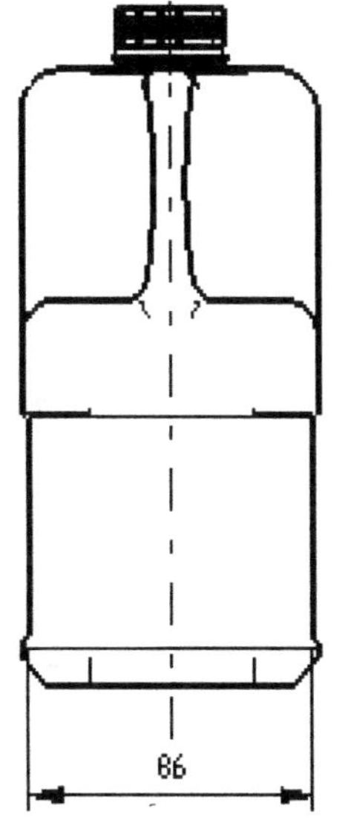

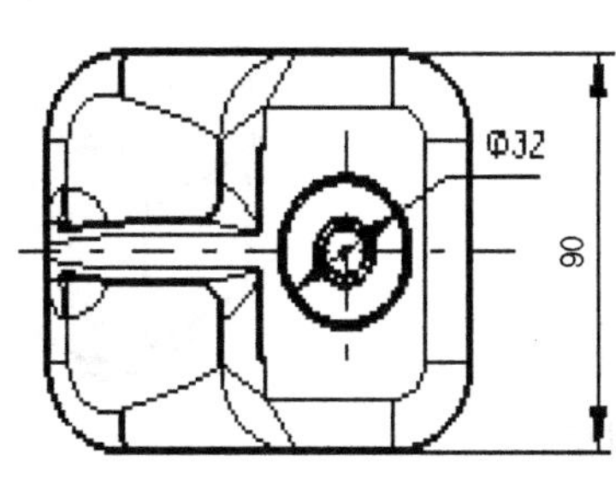

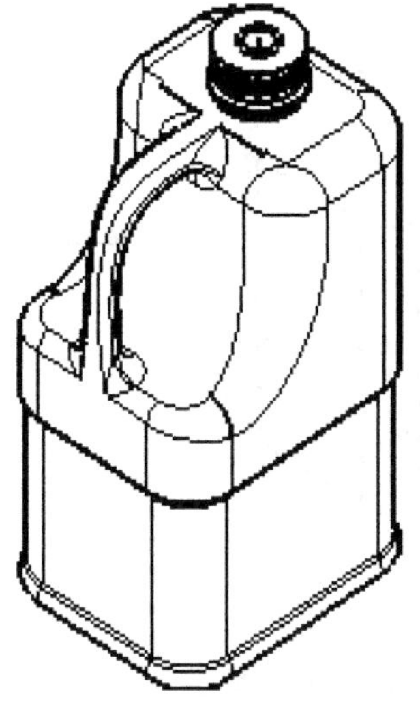

图7-77　加油桶图纸结构

7.3.2　加油桶造型思路分析

加油桶的CATIA实体建模流程如下。

（1）零件分析，拟订总体建模思路

总体思路是：首先对模型结构进行分析和分解，分解为相应的部分——加油桶桶体、加油桶把手和加油桶油盖等，根据总体结构布局与相互之间的关系，按照先整体再局部、先通体再桶盖的顺序来依次创建各部分，如图7-78所示。

（2）加油桶桶体的特征造型

根据先主要后修饰的顺序，首先采用凸台特征创建桶体，其次采用凹槽特征创建把手空间，最后采用旋转体完成桶口实体创建，如图7-79所示。

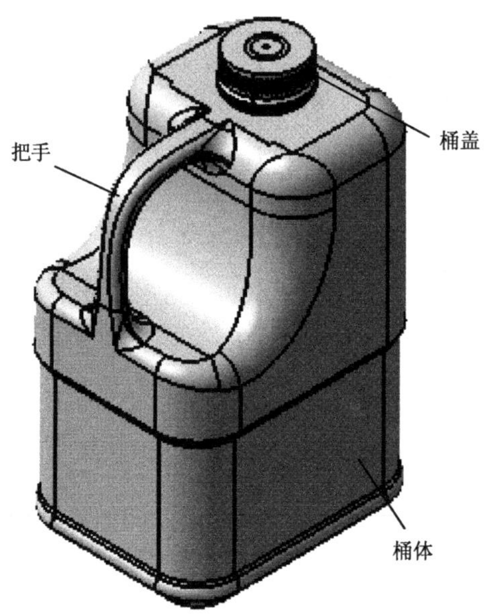

图7-78 加油桶的模型分解

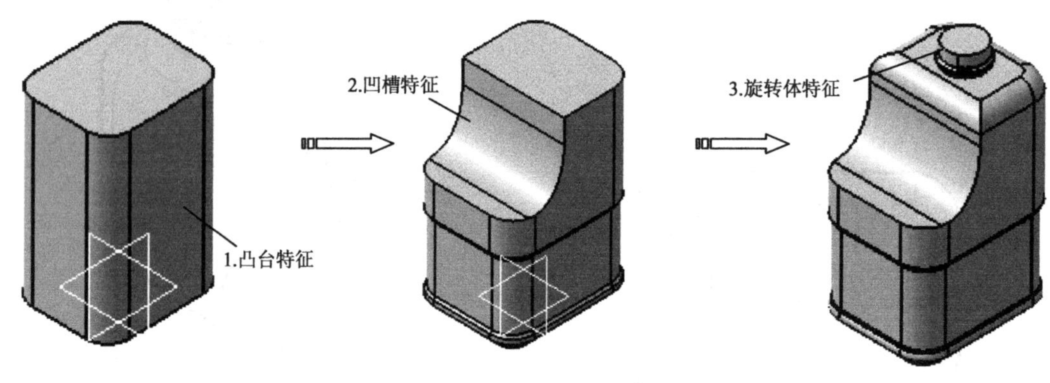

图7-79 桶体的创建过程

（3）加油桶把手

利用创建新几何体的方法创建出把手的基本结构，并将几何体添加到零件几何体；对桶体和把手进行变半径圆角或倒圆角，最后抽壳生成薄壁实体，如图7-80所示。

（4）加油桶油盖

首先采用旋转体特征创建桶盖基本结构，再次利用旋转槽创建刻槽结构，最后通过圆周阵列完成整体造型，如图7-81所示。

7.3.3 加油桶设计操作过程

7.3.3.1 启动零件设计工作台

Step01 在【标准】工具栏中单击【新建】按钮，弹出【新建】对话框，在【类型列表】中选择“Part”，单击【确定】按钮新建一个零件文件，进入零件设计工作台，如图7-82所示。

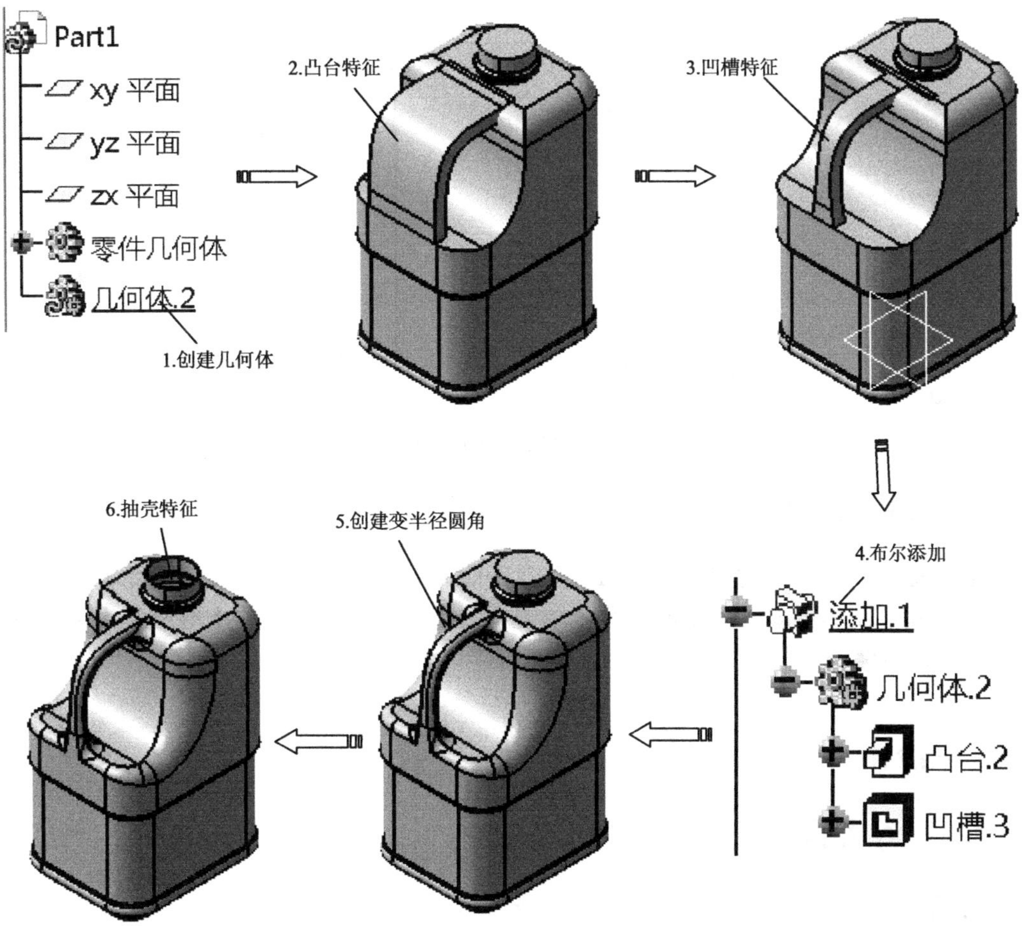

Part1
xy 平面
yz 平面
zx 平面
零件几何体
几何体.2
1.创建几何体
2.凸台特征
3.凹槽特征
4.布尔添加
添加.1
几何体.2
凸台.2
凹槽.3
5.创建变半径圆角
6.抽壳特征

图7-80　加油桶把手的创建过程

Part1
xy 平面
yz 平面
zx 平面
零件几何体
几何体.3
1. 创建几何体
2. 旋转体特征
3. 旋转槽特征
4. 圆周阵列

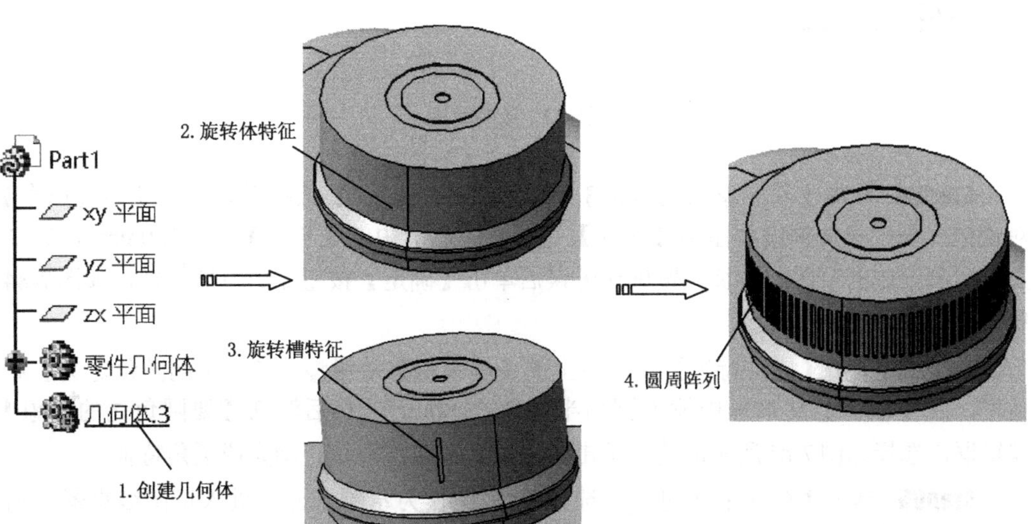

图7-81　加油桶油盖的创建过程

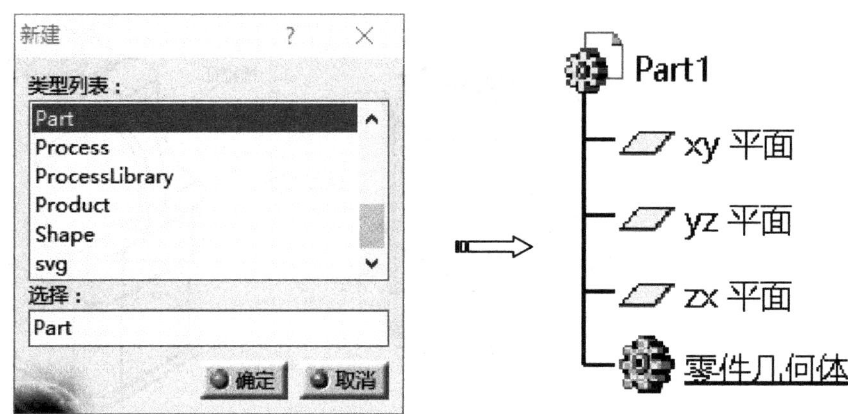

图7-82 启动零件设计工作台

7.3.3.2 绘制加油桶桶体

Step02 单击【草图】按钮，选择*XY*平面作为草绘平面，进入草图编辑器。利用草绘工具绘制如图7-83所示的草图。单击【工作台】工具栏上的【退出工作台】按钮，完成草图绘制。

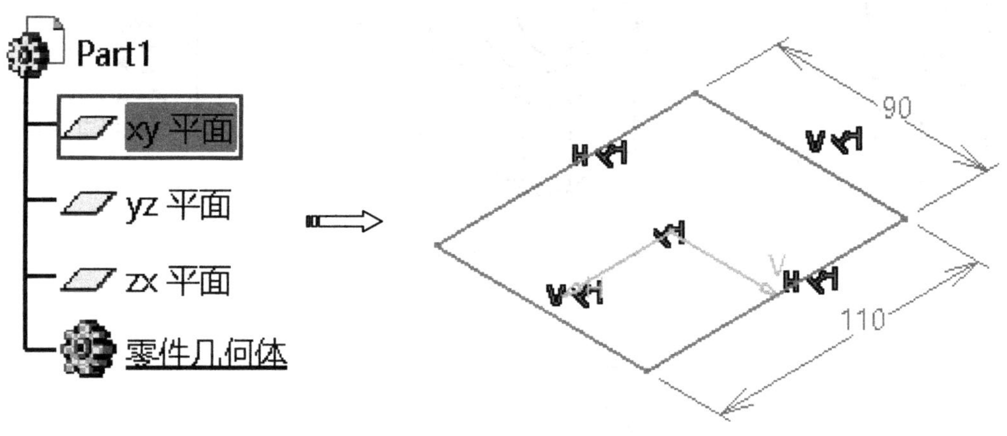

图7-83 绘制草图

Step03 单击【基于草图的特征】工具栏上的【凸台】按钮，弹出【定义凸台】对话框，设置拉伸深度类型为【尺寸】，［第一限制］中的【长度】为“160mm”，选择上一步所绘制的草图，特征预览确认无误后单击【确定】按钮完成拉伸特征，如图7-84所示。

Step04 单击【修饰特征】工具栏上的【倒圆角】按钮，弹出【倒圆角定义】对话框，在【半径】文本框中输入圆角半径值“20mm”，然后激活【要圆角化的对象】编辑框，选择如图7-85所示的边，单击【确定】按钮，系统自动完成圆角特征。

Step05 单击【草图】按钮，选择*XY*平面作为草绘平面，进入草图编辑器。利用草绘工具绘制如图7-86所示的草图。单击【工作台】工具栏上的【退出工作台】按钮，完成草图绘制。

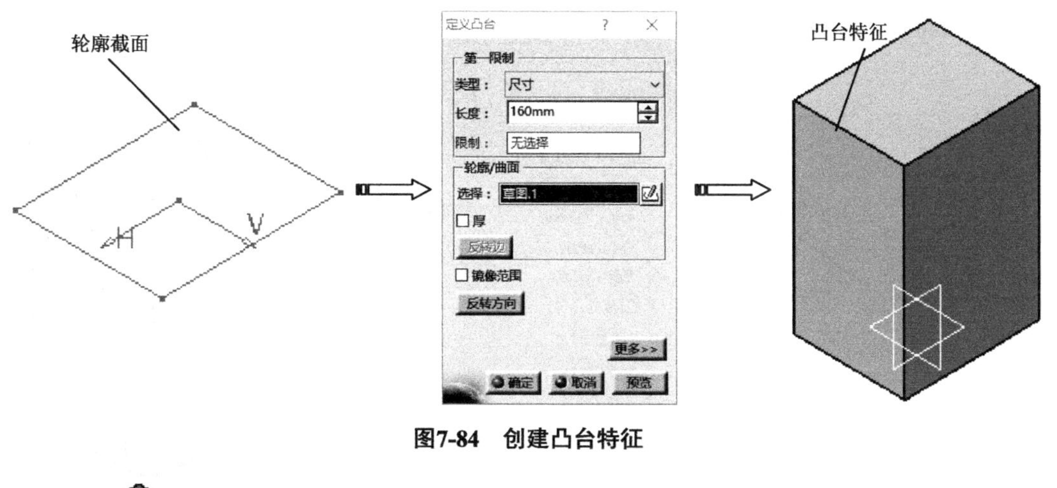

图7-84　创建凸台特征

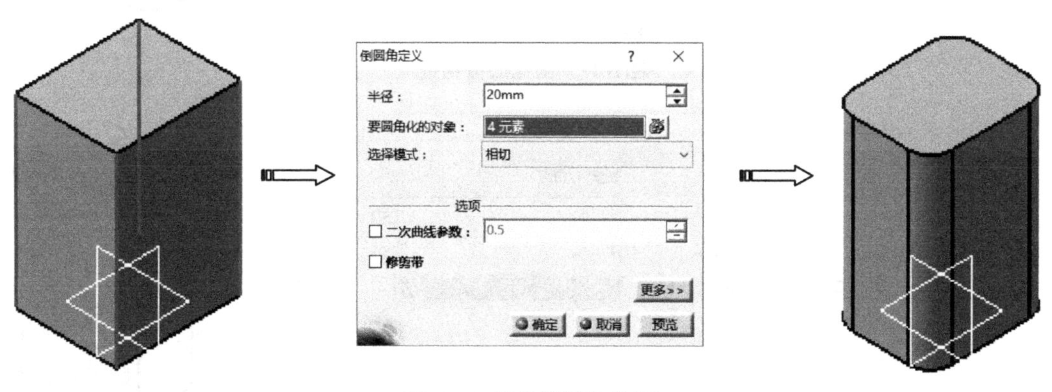

图7-85　创建倒圆角特征

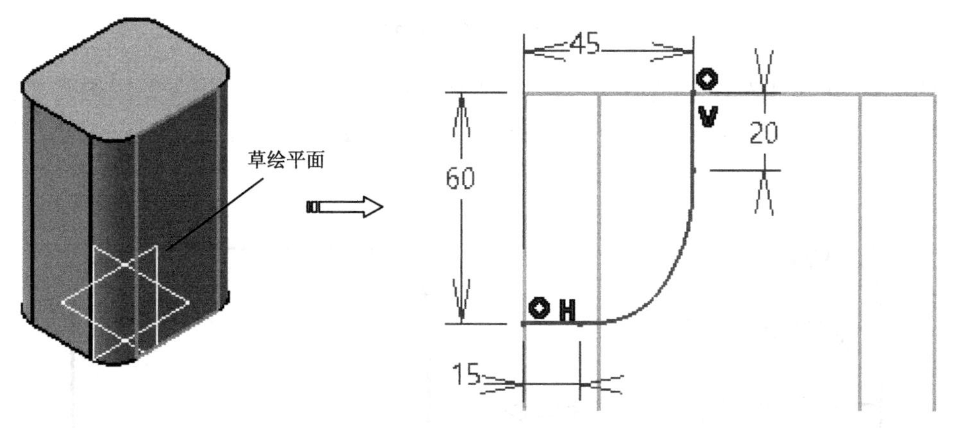

图7-86　绘制草图

Step06 单击【基于草图的特征】工具栏上的【凹槽】按钮，选择上一步草图，弹出【定义凹槽】对话框，设置【类型】为“直到最后”，单击【确定】按钮，系统自动完成凹槽特征，如图7-87所示。

Step07 单击【修饰特征】工具栏上的【倒角】按钮，弹出【定义倒角】对话框，激活【要倒角的对象】选择框，选择如图7-88所示的边线，在【模式】下拉列表中选择“长度1/角度”，【长度1】为“8mm”，【拓展】为“相切”，单击【确定】按钮完成倒角特征，如图7-88所示。

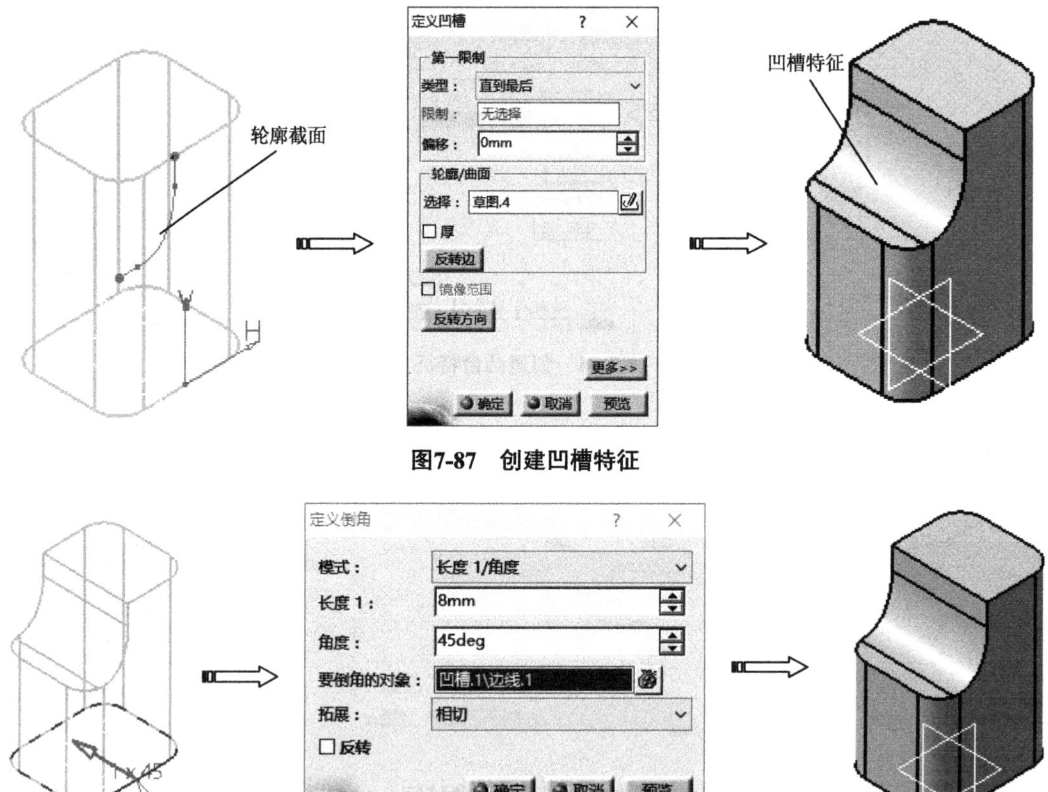

图7-87　创建凹槽特征

图7-88　创建倒角特征

Step08 单击【草图】按钮，选择*XY*平面作为草绘平面，进入草图编辑器。利用草绘工具绘制如图7-89所示的草图。单击【工作台】工具栏上的【退出工作台】按钮，完成草图绘制。

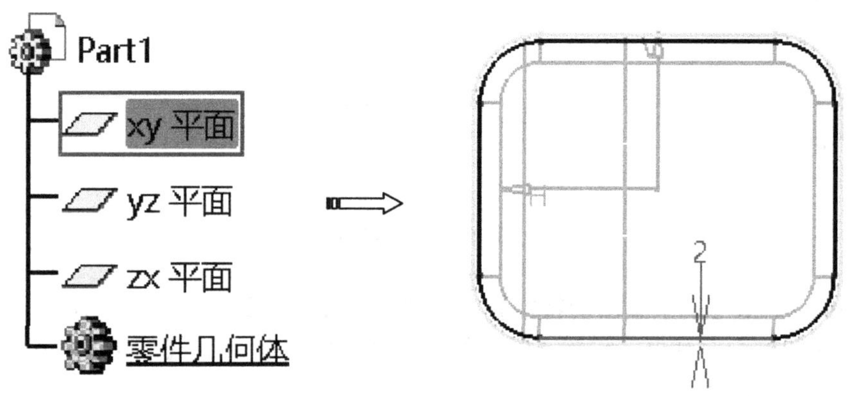

图7-89　绘制草图

Step09 单击【基于草图的特征】工具栏上的【凹槽】按钮，选择上一步草图，弹出【定义凹槽】对话框，设置【类型】为“直到最后”，单击【确定】按钮，系统自动完成凹槽特征，如图7-90所示。

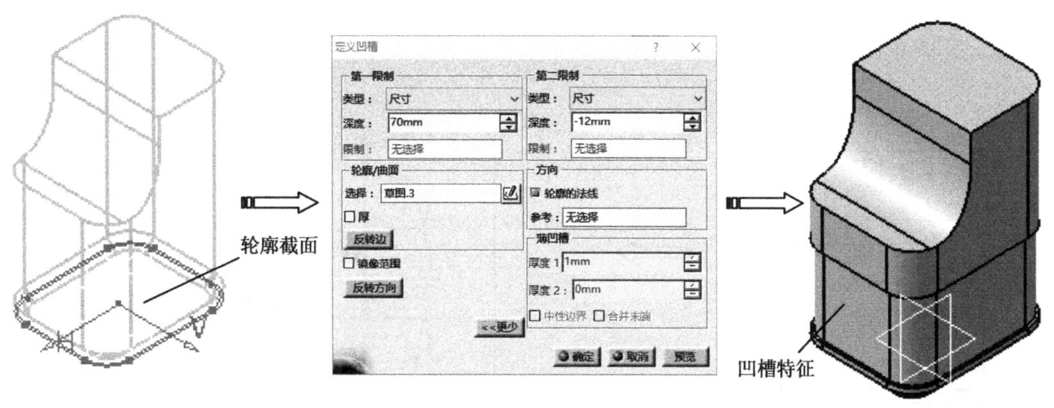

图7-90　创建凹槽特征

Step10 单击【修饰特征】工具栏上的【倒圆角】按钮，弹出【倒圆角定义】对话框，在【半径】文本框中输入圆角半径值“2mm”，然后激活【要圆角化的对象】编辑框，选择如图7-91所示的边，单击【确定】按钮，系统自动完成圆角特征。

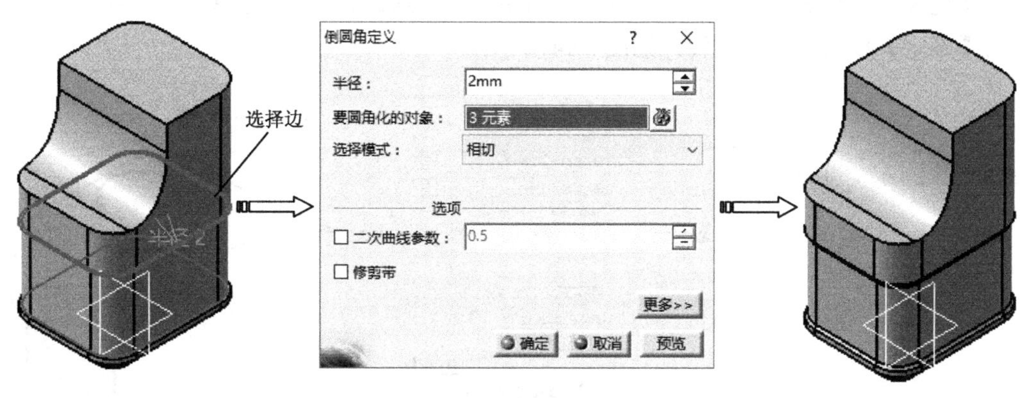

图7-91　创建倒圆角特征

Step11 单击【修饰特征】工具栏上的【三切线内圆角】按钮，弹出【定义三切线内圆角】对话框，激活【要圆角化的面】选择框，依次选择两个圆角连接面，然后激活【要移除的面】选择框，选择一个将要移除的面，单击【确定】按钮完成三切线内圆角，如图7-92所示。

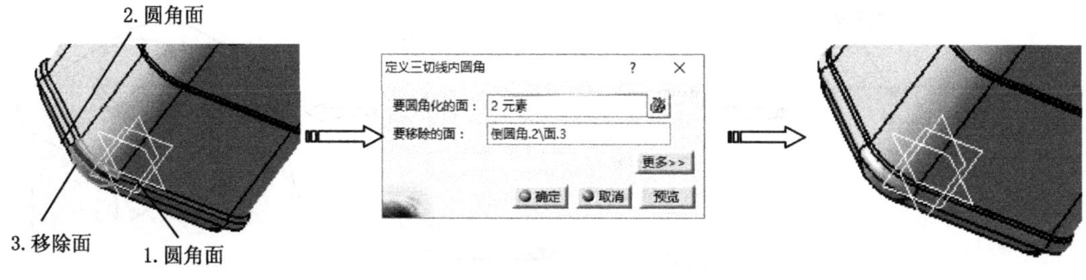

图7-92　创建三切线内圆角

Step12 单击【草图】按钮，选择XY平面作为草绘平面，进入草图编辑器。利用草绘工具绘制如图7-93所示的草图。单击【工作台】工具栏上的【退出工作台】按钮，完成草图绘制。

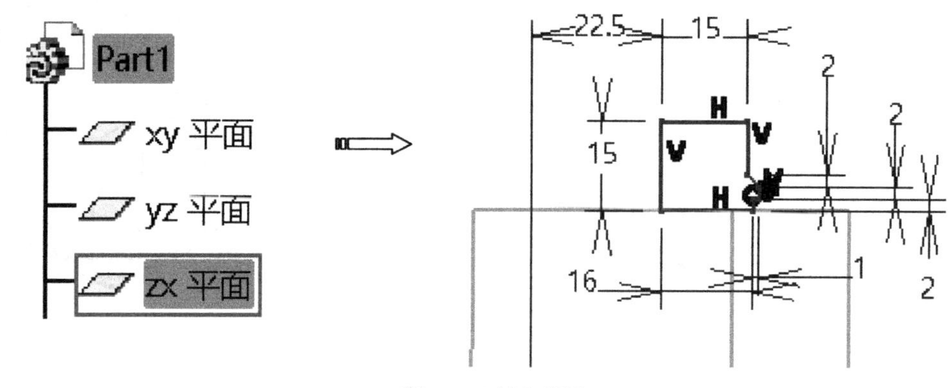

图7-93 创建草图

Step13 单击【基于草图的特征】工具栏上的【旋转体】按钮，选择旋转截面，弹出【定义旋转体】对话框，选择上一步草图为旋转截面，自动选择草图轴线为轴线，单击【确定】按钮，完成旋转，如图7-94所示。

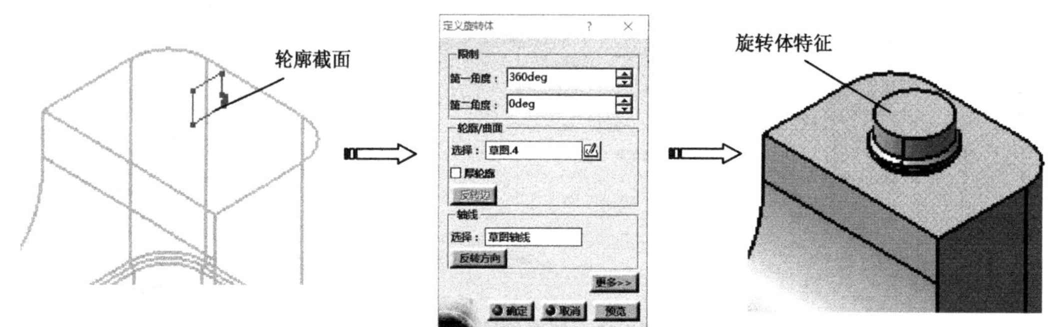

图7-94 创建旋转体特征

Step14 单击【修饰特征】工具栏上的【倒圆角】按钮，弹出【倒圆角定义】对话框，在【半径】文本框中输入圆角半径值“0.5mm”，然后激活【要圆角化的对象】编辑框，选择如图7-95所示的3条边，单击【确定】按钮，系统自动完成圆角特征。

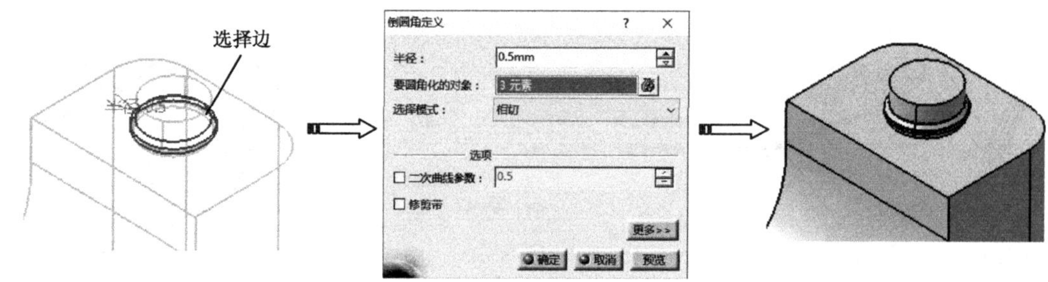

图7-95 创建倒圆角特征（一）

Step15 单击【修饰特征】工具栏上的【倒圆角】按钮，弹出【倒圆角定义】对话框，在【半径】文本框中输入圆角半径值“12mm”，然后激活【要圆角化的对象】编辑框，选择如图7-96所示的2条边，单击【确定】按钮，系统自动完成圆角特征。

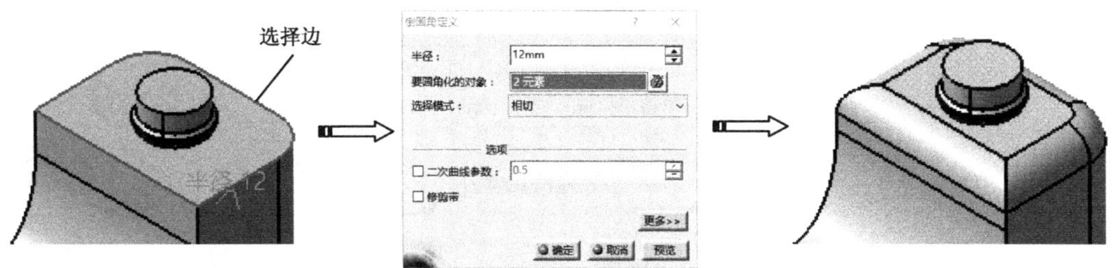

图7-96 创建倒圆角特征（二）

7.3.3.3 绘制加油桶把手

Step16 选择下拉菜单【插入】|【几何体】命令，插入新的几何体，特征树上出现“几何体.2”节点，并设置为当前工作对象，如图7-97所示。

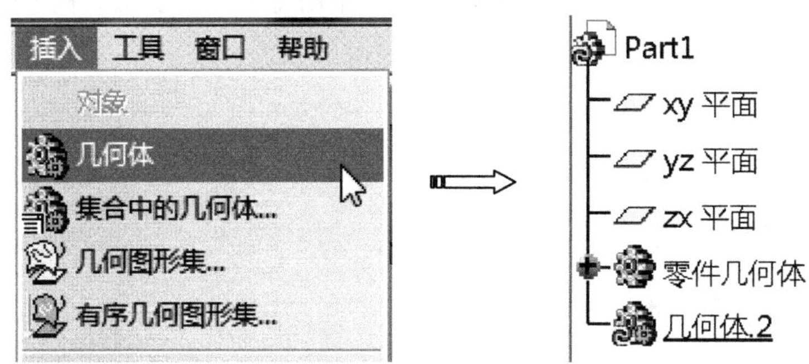

图7-97 插入新几何体

Step17 单击【草图】按钮，在工作窗口选择草图平面*ZX*平面，进入草图编辑器。利用草绘工具绘制如图7-98所示的草图。单击【工作台】工具栏上的【退出工作台】按钮，完成草图绘制。

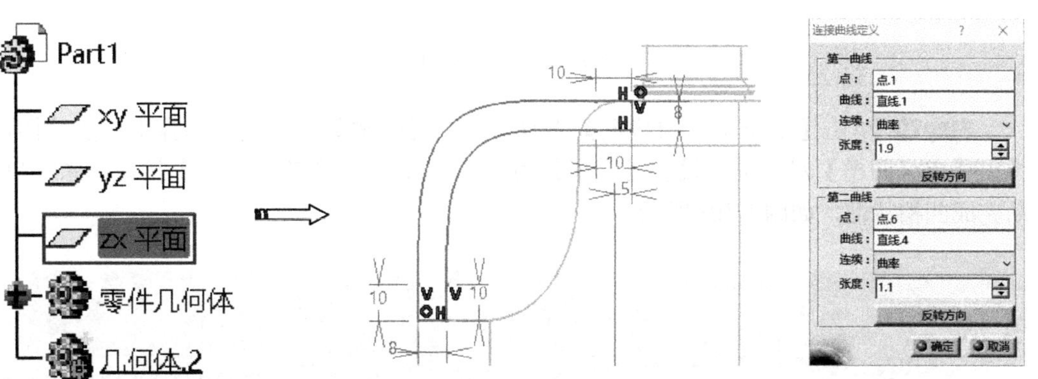

图7-98 创建草图

Step18 单击【基于草图的特征】工具栏上的【凸台】按钮，弹出【定义凸台】对话框，选择上一步所绘制的草图，拉伸深度为24mm，选中【镜像范围】复选框，单击【确定】按钮完成拉伸特征，如图7-99所示。

图7-99 创建凸台特征

Step19 单击【草图】按钮，在工作窗口选择草图平面*YZ*平面，进入草图编辑器。利用草绘工具绘制如图7-100所示的草图。单击【工作台】工具栏上的【退出工作台】按钮，完成草图绘制。

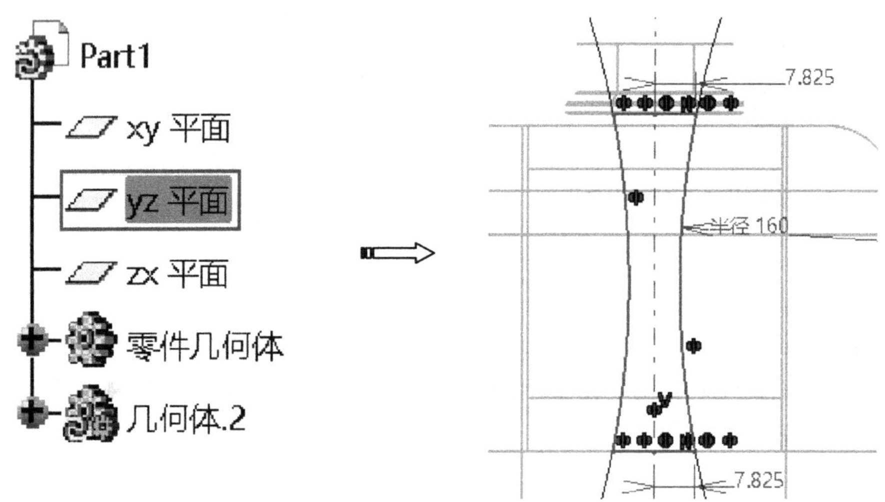

图7-100 创建草图

Step20 单击【基于草图的特征】工具栏上的【凹槽】按钮，选择上一步草图，弹出【定义凹槽】对话框，设置【类型】为“直到最后”，单击【确定】按钮，系统自动完成凹槽特征，如图7-101所示。

技术要点

单击【反向边】该按钮，可反转凹槽去除方向。

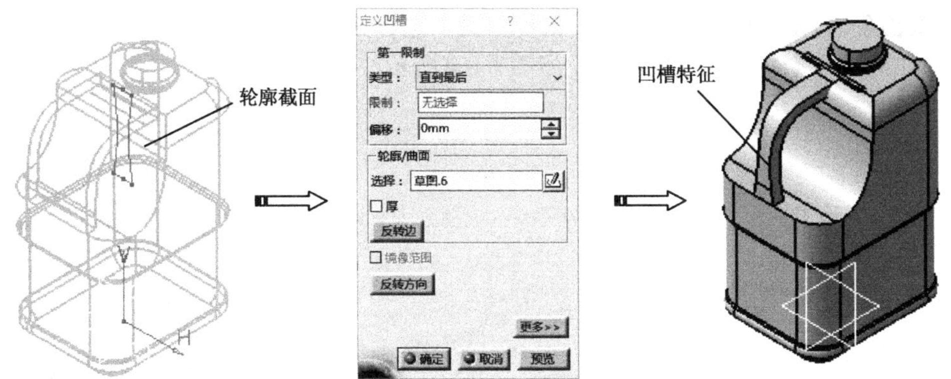

图7-101　创建凹槽特征

Step21 在特征树上选中“零件几何体”节点，单击鼠标右键，在弹出的快捷菜单中选择【定义工作对象】命令，单击【布尔操作】工具栏上的【添加】按钮，弹出【添加】对话框，如图7-102所示。激活【添加】选择框，选择几何体2（加油桶把手）为添加对象实体，激活【到】选择框，选择零件几何体，单击【确定】按钮，系统完成添加特征，如图7-102所示。

图7-102　添加几何体

Step22 单击【修饰特征】工具栏上的【可变半径圆角】按钮，弹出【可变半径圆角定义】对话框，在【要圆角化的边线】选择框中选择如图7-103所示的边线。

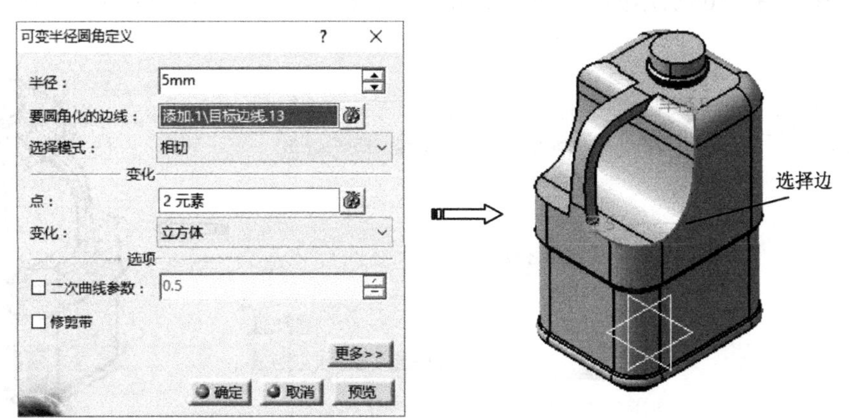

图7-103　选择圆角边线

第07章 实体特征设计实例

Step23 在【点】选择框中单击鼠标右键，选择【创建点】命令，添加2个点和半径，单击【确定】按钮完成倒圆角，如图7-104所示。

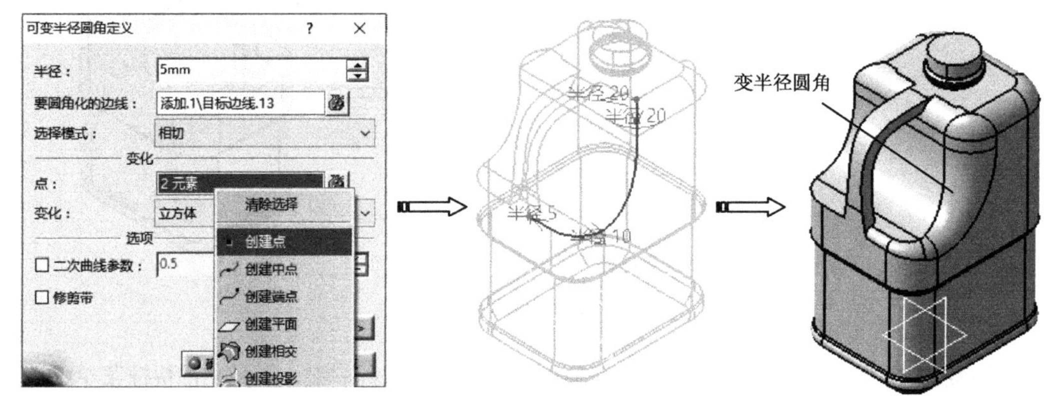

图7-104 创建圆角（一）

Step24 同理，对另一侧进行变半径倒圆角，如图7-105所示。

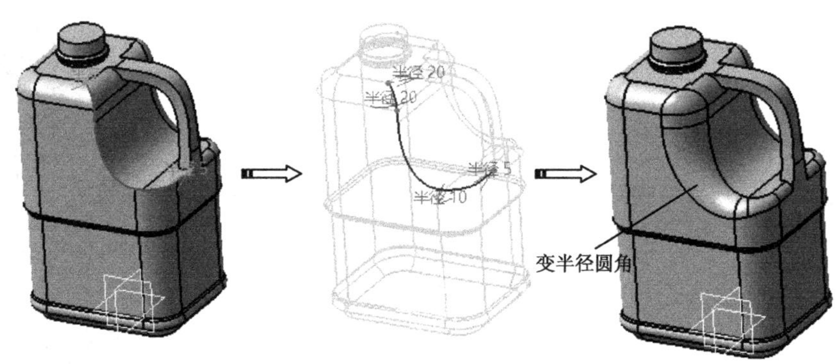

图7-105 创建圆角（二）

Step25 单击【修饰特征】工具栏上的【倒圆角】按钮，弹出【倒圆角定义】对话框，在【半径】文本框中输入圆角半径值“3mm”，然后激活【要圆角化的对象】编辑框，选择如图7-106所示的4条边，单击【确定】按钮，系统自动完成圆角特征。

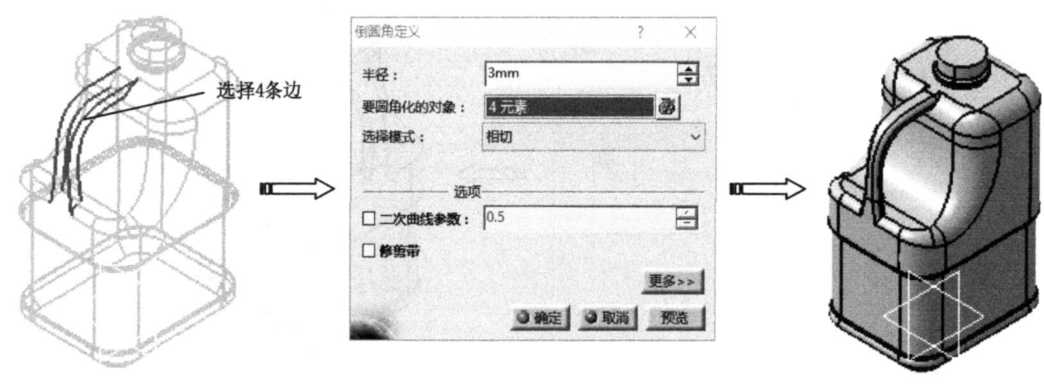

图7-106 创建倒圆角特征（一）

Step26 单击【修饰特征】工具栏上的【倒圆角】按钮，弹出【倒圆角定义】对话框，在【半径】文本框中输入圆角半径值“8mm”，然后激活【要圆角化的对象】编辑框，选择如图7-107所示的2条边，单击【确定】按钮，系统自动完成圆角特征。

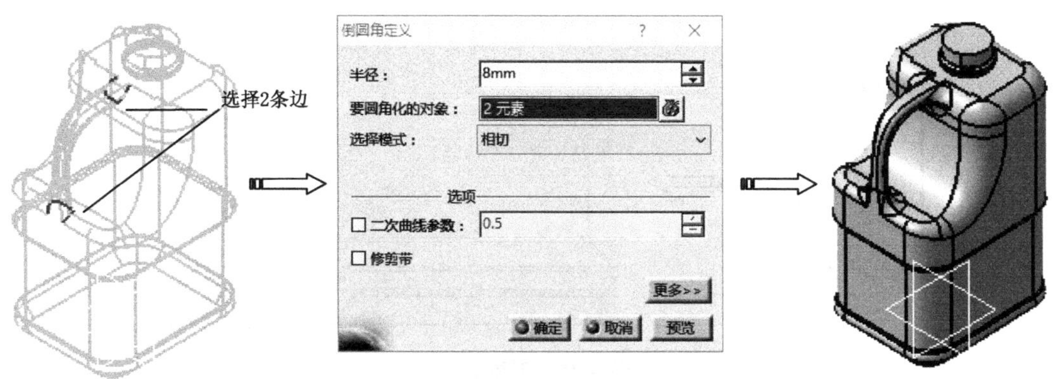

图7-107 创建倒圆角特征（二）

Step27 单击【修饰特征】工具栏上的【盒体】按钮，弹出【定义盒体】对话框，【默认内侧厚度】文本框中输入“1mm”，激活【要移除的面】编辑框，选择如图7-108所示抽壳时去除的实体表面，单击【确定】按钮，系统自动完成抽壳特征。

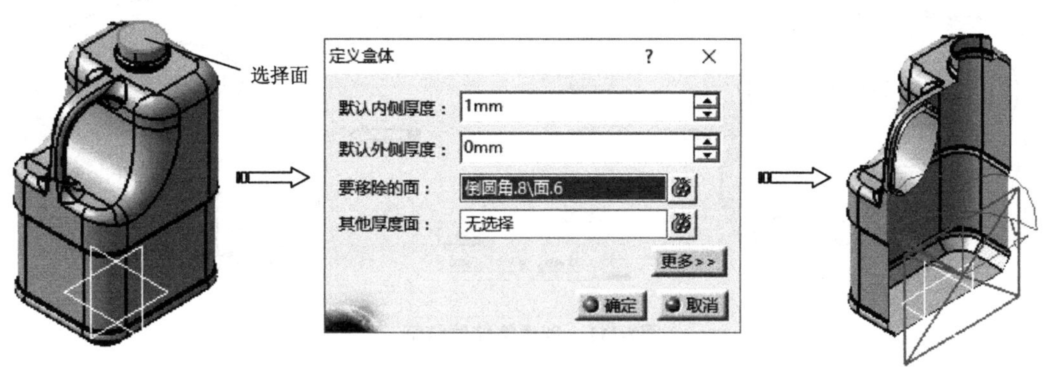

图7-108 创建抽壳特征

7.3.3.4 绘制加油桶油盖

Step28 选择下拉菜单【插入】|【几何体】命令，插入新的几何体，特征树上出现“几何体.3”节点，并设置为当前工作对象，如图7-109所示。

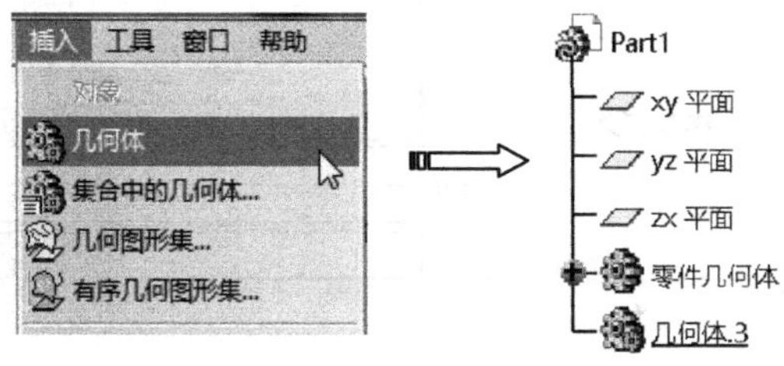

图7-109 插入新几何体

第07章 实体特征设计实例

Step29 单击【草图】按钮，选择*XY*平面作为草绘平面，进入草图编辑器。利用草绘工具绘制如图7-110所示的草图。单击【工作台】工具栏上的【退出工作台】按钮，完成草图绘制。

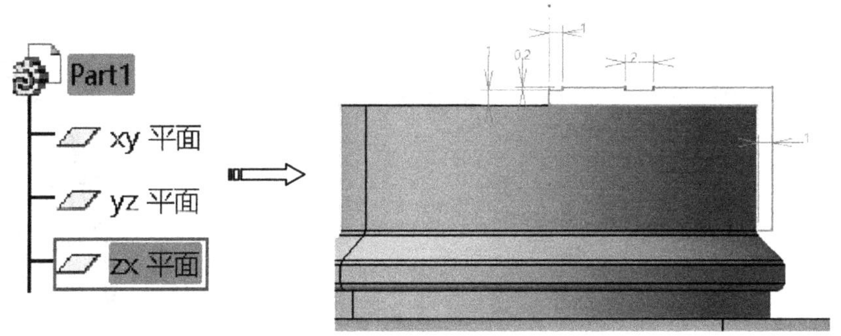

图7-110 创建草图

Step30 单击【基于草图的特征】工具栏上的【旋转体】按钮，选择旋转截面，弹出【定义旋转体】对话框，选择上一步草图为旋转截面，自动选择草图轴线为轴线，单击【确定】按钮，完成旋转，如图7-111所示。

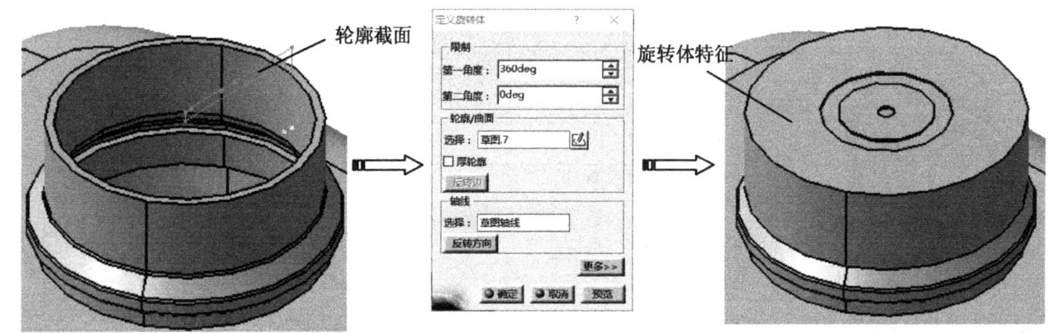

图7-111 创建旋转体特征

Step31 单击【草图】按钮，选择*XY*平面作为草绘平面，进入草图编辑器。利用草绘工具绘制如图7-112所示的草图。单击【工作台】工具栏上的【退出工作台】按钮，完成草图绘制。

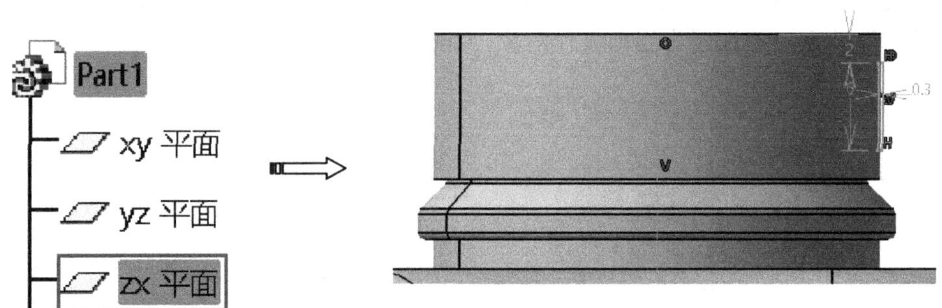

图7-112 创建草图

Step32 单击【基于草图的特征】工具栏上的【旋转槽】按钮，弹出【定义旋转体】对话框，选择上一步草图为旋转截面，单击【确定】按钮，完成旋转，如图7-113所示。

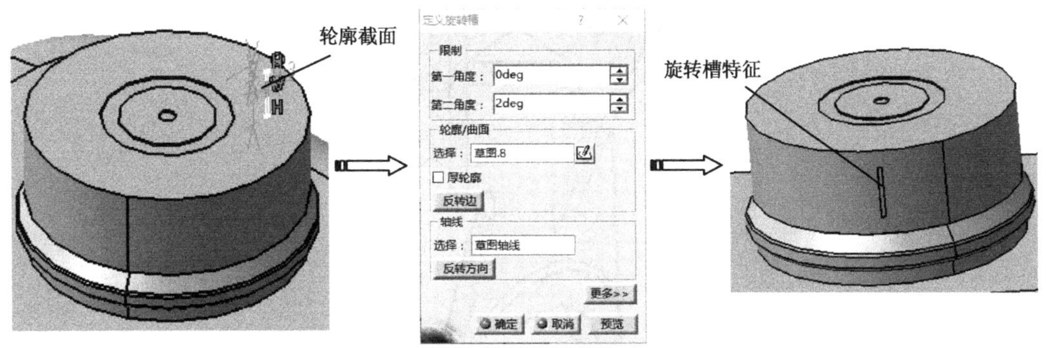

图7-113　创建旋转槽

Step33 选择如图7-114所示要阵列的槽，单击【变换特征】工具栏上的【圆形阵列】按钮，弹出【定义圆形阵列】对话框，在【轴向参考】选项卡中设置【参数】为“实例和总角度”,【实例】为“90”,【角度】为“360deg”，激活【参考元素】编辑框，选择如图7-114所示的外圆柱面，单击【确定】按钮完成圆形阵列。

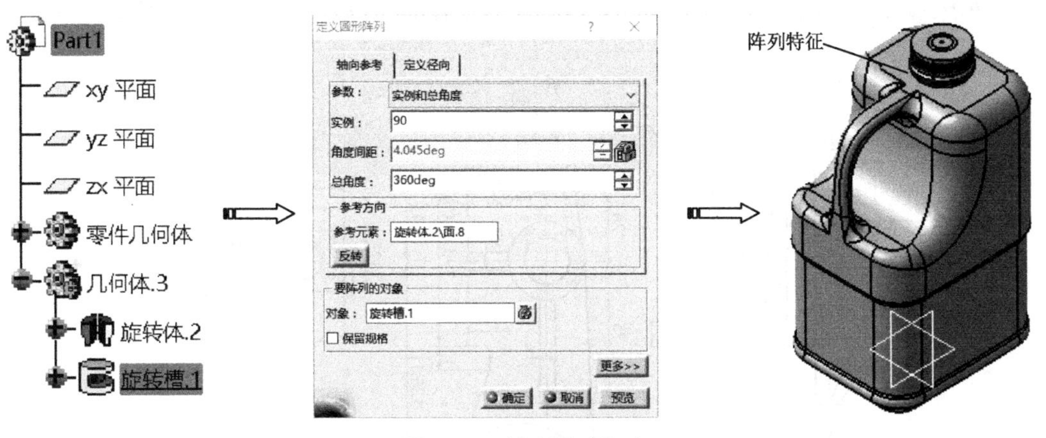

图7-114　创建圆形阵列

7.4　综合实例4——车床拨叉产品设计

7.4　视频精讲

以车床拨叉为例来对实体特征设计相关知识进行综合性应用，车床拨叉结构如图7-115所示。

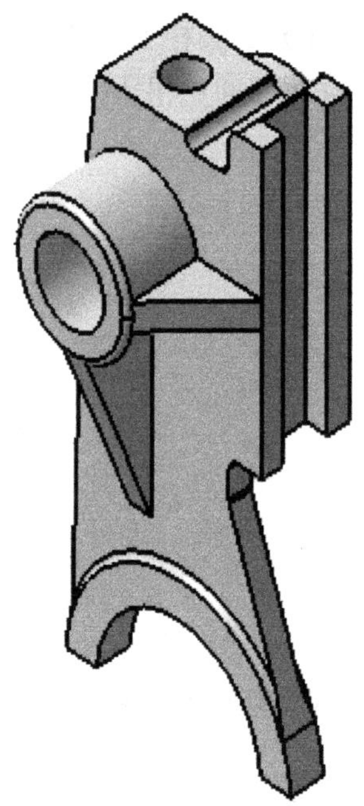

图7-115 车床拨叉模型

7.4.1 车床拨叉结构分析

车床拨叉结构如图7-116所示，主要由拨叉安装部、拨叉操作部以及圆角等组成。

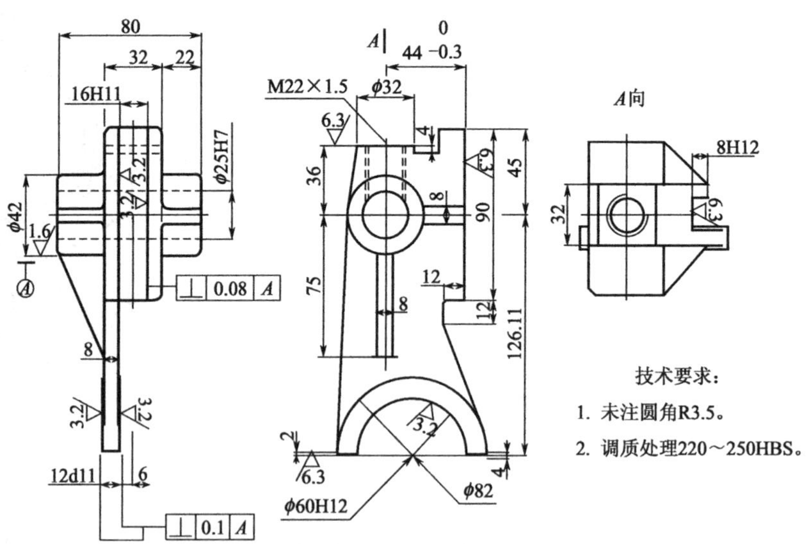

图7-116 车床拨叉结构图纸

7.4.2 车床拨叉造型思路分析

车床拨叉的CATIA实体建模流程如下。

（1）零件分析，拟订总体建模思路

总体思路是：首先对模型结构进行分析和分解，分解为相应的部分——拨叉安装部、拨叉操作部等，根据总体结构布局与相互之间的关系，按照先上后下的顺序来依次创建各部分，如图7-117所示。

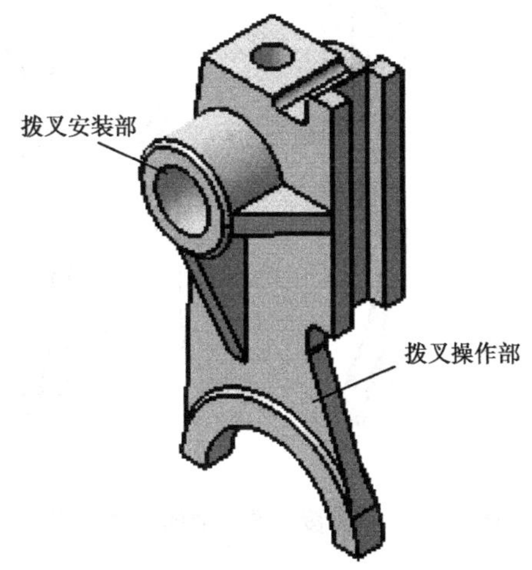

图7-117　车床拨叉的模型分解

（2）车床拨叉安装部的特征造型

首先采用凸台、凹槽特征创建结构本体，其次采用孔特征创建安装孔，最后采用肋特征创建筋板，如图7-118所示。

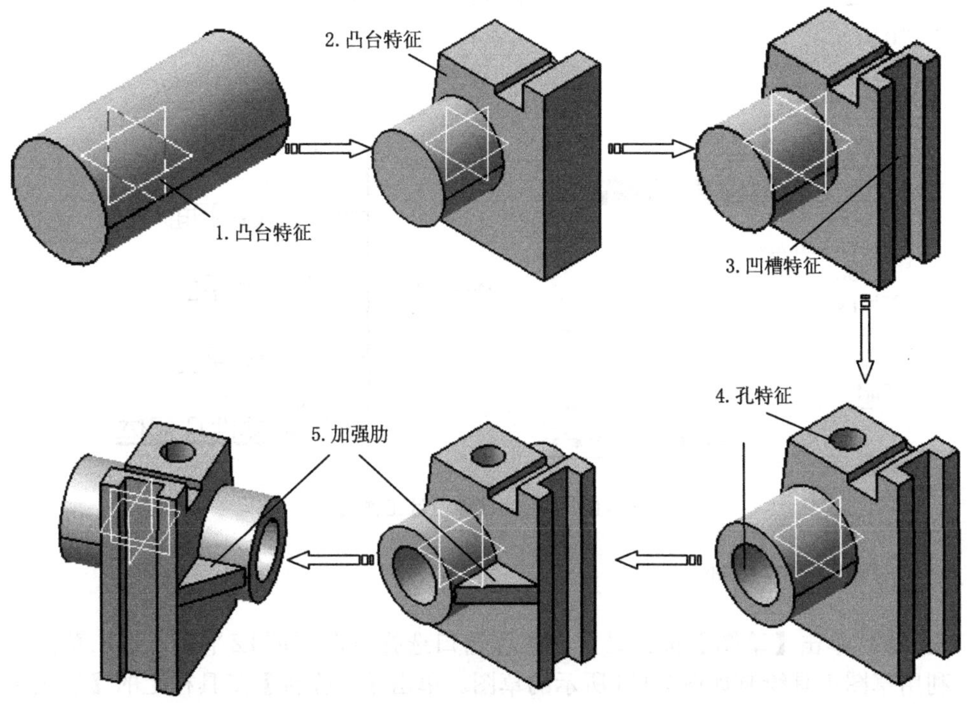

图7-118　车床拨叉安装部的创建过程

（3）车床拨叉操作部的特征造型

利用凸台特征创建出基本结构，其次采用加强肋创建筋板，最后进行倒角修饰，如图7-119所示。

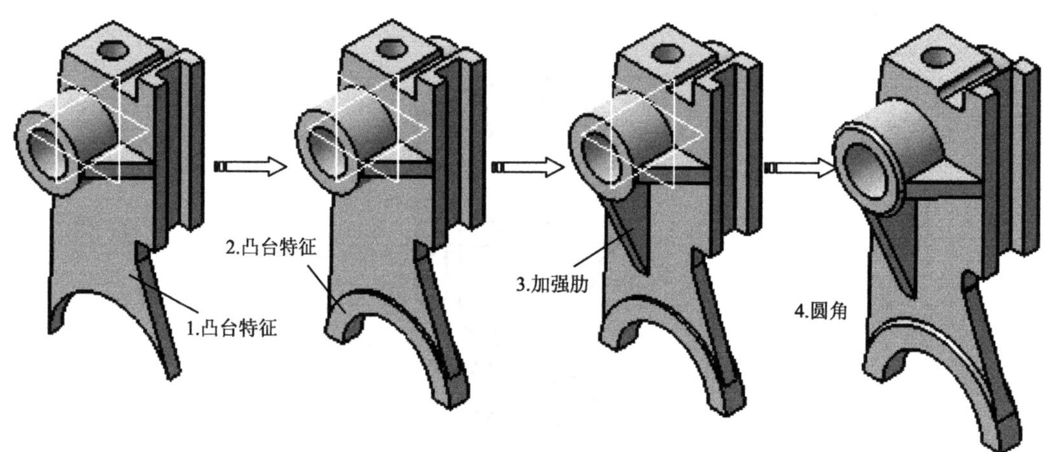

图7-119　车床拨叉操作部的创建过程

7.4.3　车床拨叉设计操作过程

7.4.3.1　启动零件设计工作台

Step01　在【标准】工具栏中单击【新建】按钮，弹出【新建】对话框，在【类型列表】中选择“Part”，单击【确定】按钮新建一个零件文件，进入零件设计工作台，如图7-120所示。

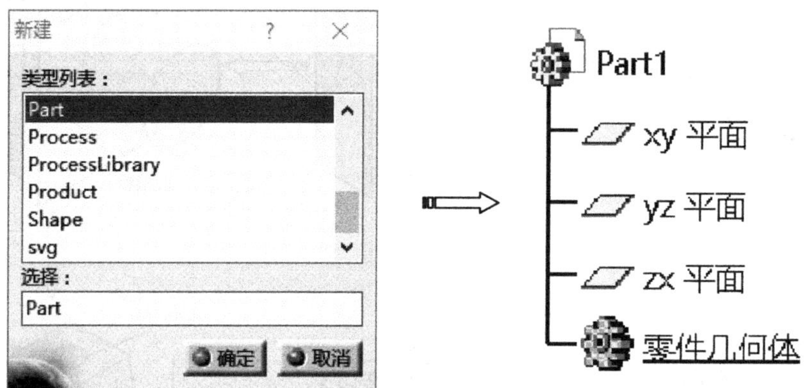

图7-120　启动零件设计工作台

7.4.3.2　创建拨叉安装部

Step02　单击【草图】按钮，在工作窗口选择草图平面*YZ*平面，进入草图编辑器。利用草图工具绘制如图7-121所示的草图。单击【工作台】工具栏上的【退出工作台】按钮，完成草图绘制。

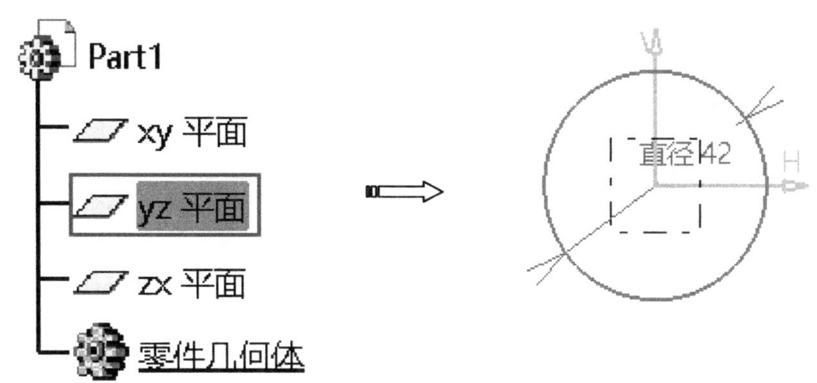

图7-121　绘制草图

Step03 单击【基于草图的特征】工具栏上的【凸台】按钮，弹出【定义凸台】对话框，设置拉伸深度类型为“尺寸”，[第一限制] 的【长度】为“26mm”，[第二限制] 的【长度】为“54mm”，选择上一步所绘制的草图，特征预览确认无误后单击【确定】按钮完成拉伸特征，如图7-122所示。

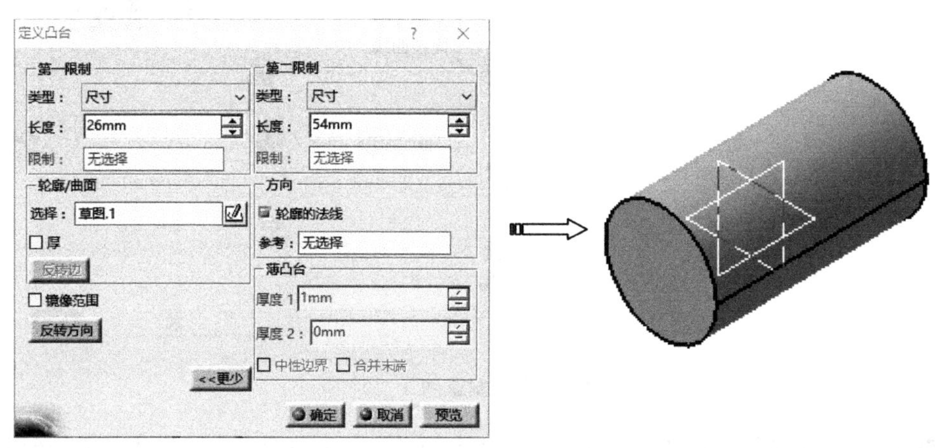

图7-122　创建凸台特征

Step04 单击【草图】按钮，在工作窗口选择草图平面*YZ*平面，进入草图编辑器。利用草图工具绘制如图7-123所示的草图。单击【工作台】工具栏上的【退出工作台】按钮，完成草图绘制。

Step05 单击【草图】按钮，在工作窗口选择草图平面*YZ*平面，进入草图编辑器。选中上一步创建的草图，单击【投影3D图元】按钮等工具绘制如图7-124所示的草图。单击【工作台】工具栏上的【退出工作台】按钮，完成草图绘制。

选定投影线然后右键选择“隔离”，然后选择约束中的“固定”，固定选择后是外部约束，最后进行修剪。

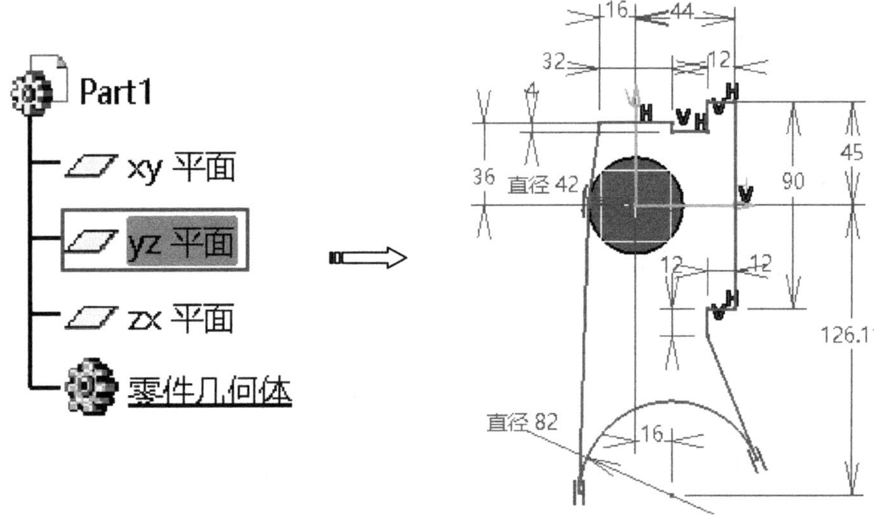

图7-123 绘制草图（一）

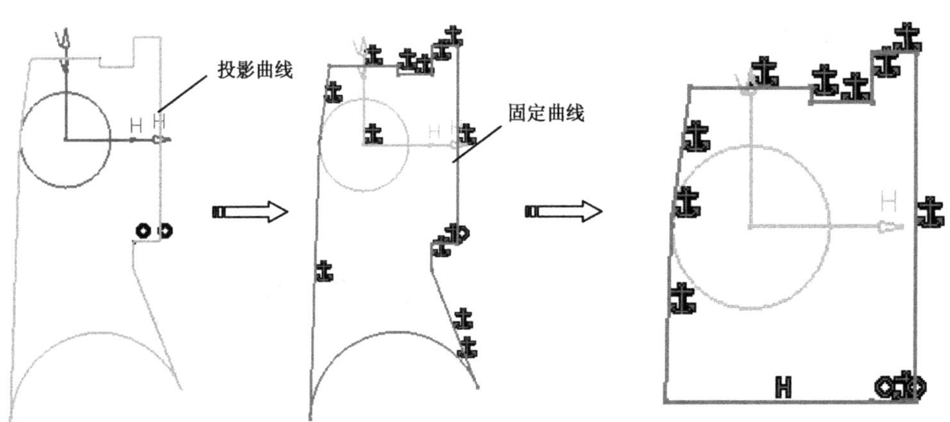

图7-124 绘制草图（二）

Step06 单击【基于草图的特征】工具栏上的【凸台】按钮，弹出【定义凸台】对话框，设置拉伸深度类型为“尺寸”，[第一限制] 的【长度】为“32mm”，选择上一步所绘制的草图，特征预览确认无误后单击【确定】按钮完成拉伸特征，如图7-125所示。

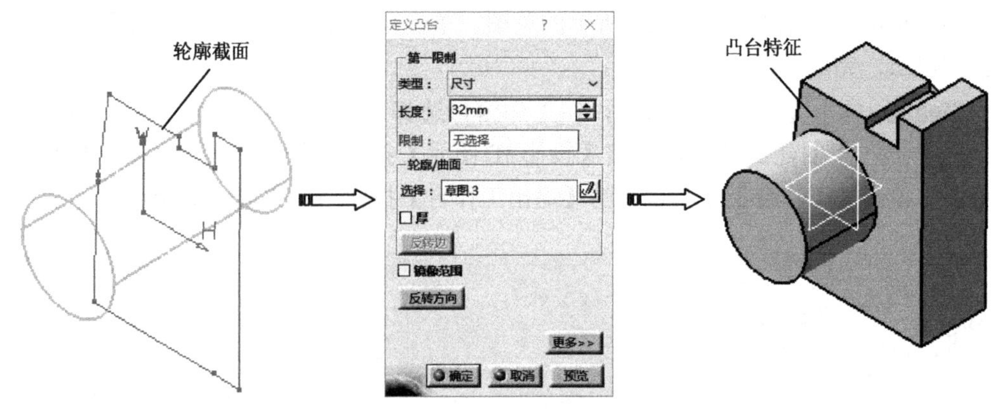

图7-125 创建凸台特征

Step07 单击【草图】按钮，在工作窗口选择实体表面，进入草图编辑器。利用草图工具绘制如图7-126所示的草图。单击【工作台】工具栏上的【退出工作台】按钮，完成草图绘制。

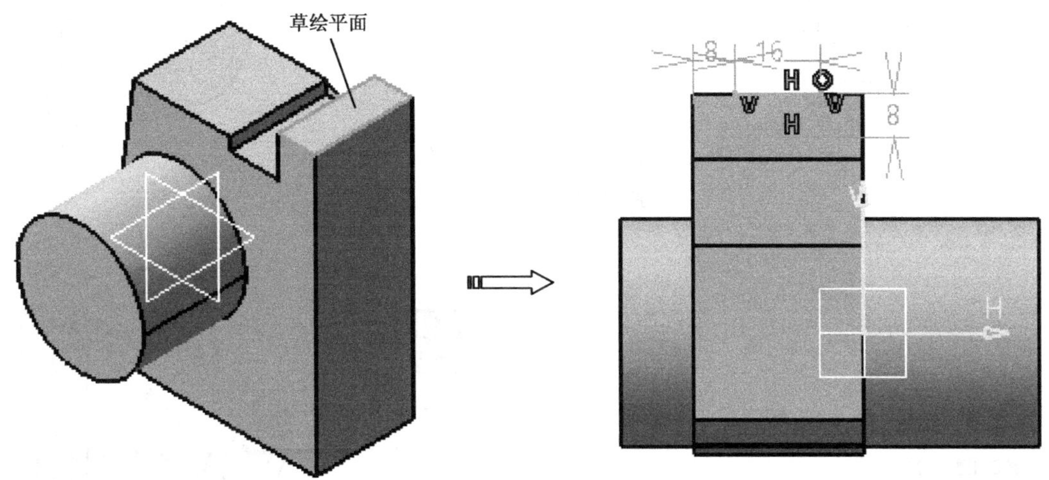

图7-126　绘制草图

Step08 单击【基于草图的特征】工具栏上的【凹槽】按钮，选择上一步草图，弹出【定义凹槽】对话框，设置凹槽类型为“直到最后”，单击【确定】按钮，系统自动完成凹槽特征，如图7-127所示。

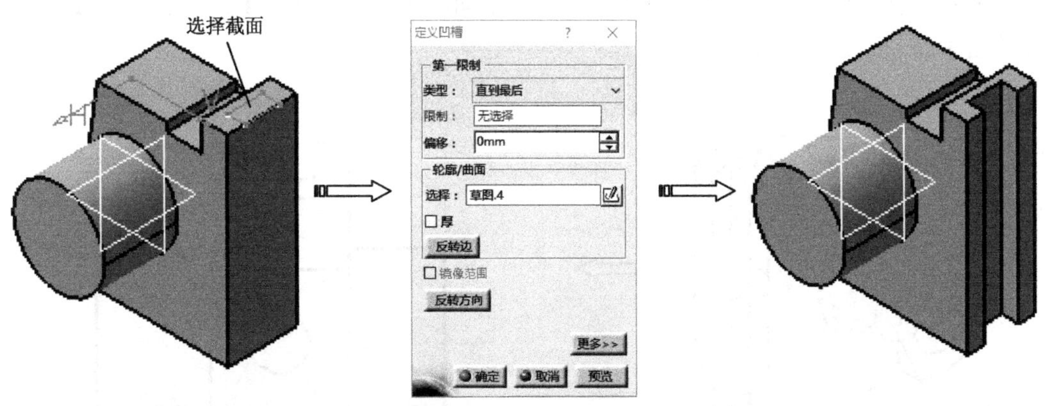

图7-127　创建凹槽特征

Step09 按住Ctrl键选定圆形表面的同时选定圆边界，单击【基于草图的特征】工具栏上的【孔】按钮，弹出【定义孔】对话框，设置【直径】为“25mm”，选择“直到最后”，单击【确定】按钮创建孔特征，如图7-128所示。

Step10 按住Ctrl键两条边和打孔表面，单击【基于草图的特征】工具栏上的【孔】按钮，双击编辑定位尺寸为16mm，弹出【定义孔】对话框，设置螺纹直径为16mm，单击【确定】按钮创建孔特征，如图7-129所示。

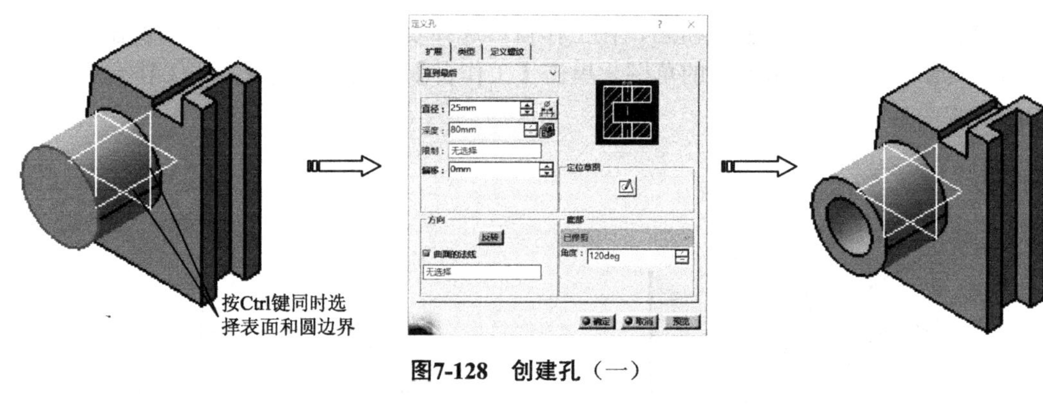

图7-128　创建孔（一）

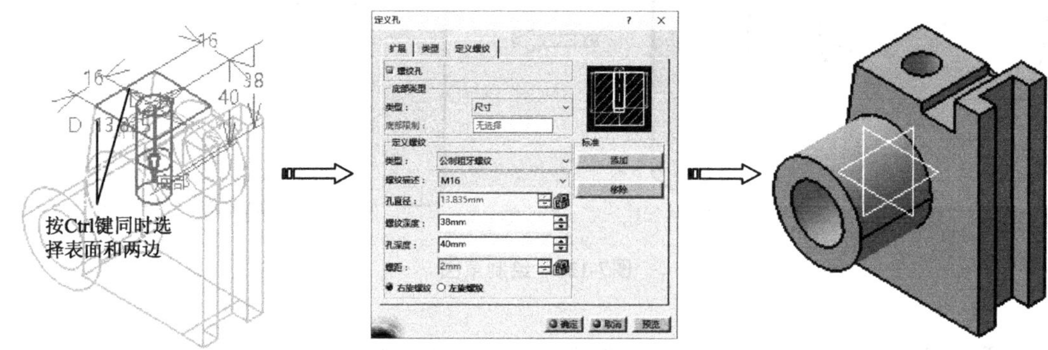

图7-129　创建孔（二）

Step11　单击【草图】按钮，在工作窗口选择草图平面*XY*平面，进入草图编辑器。利用草图绘制工具绘制如图7-130所示的草图。单击【工作台】工具栏上的【退出工作台】按钮，完成草图绘制。

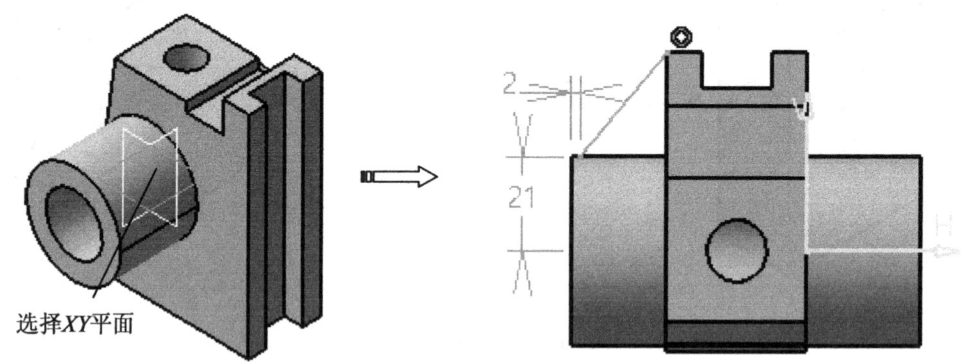

图7-130　绘制草图截面

Step12　单击【基于草图的特征】工具栏上的【加强肋】按钮，弹出【定义加强肋】对话框，选择上一步绘制草图作为轮廓，【模式】为“从侧面”，【厚度1】为“8mm”，单击【确定】按钮，完成加强肋特征，如图7-131所示。

Step13　重复上述过程，创建草图并启动加强肋特征创建另一侧加强筋，如图7-132所示。

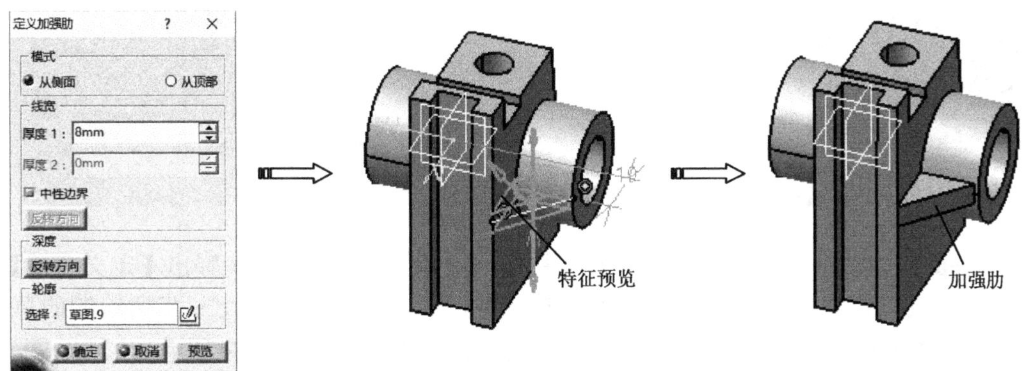

图7-131　创建加强肋特征（一）

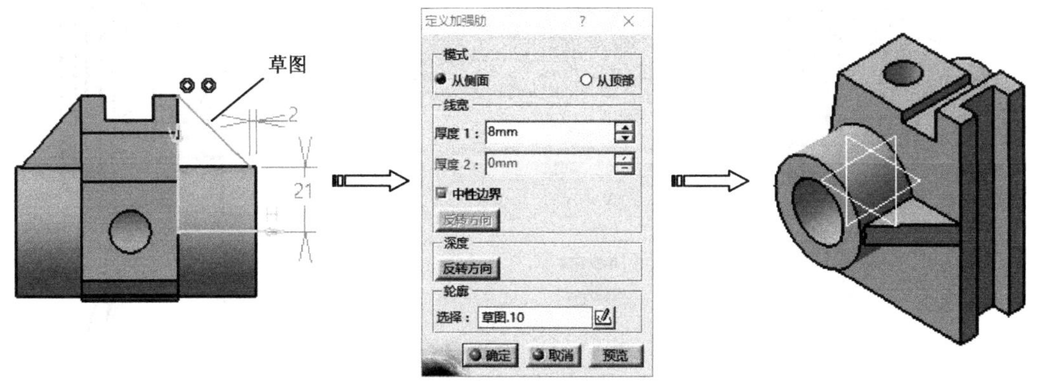

图7-132　创建加强肋特征（二）

7.4.3.3　创建拔叉操作部

Step14　单击【草图】按钮，在工作窗口选择草图平面*YZ*平面，进入草图编辑器。选中【草图2】，单击【投影3D图元】按钮等工具绘制如图7-133所示的草图。单击【工作台】工具栏上的【退出工作台】按钮，完成草图绘制。

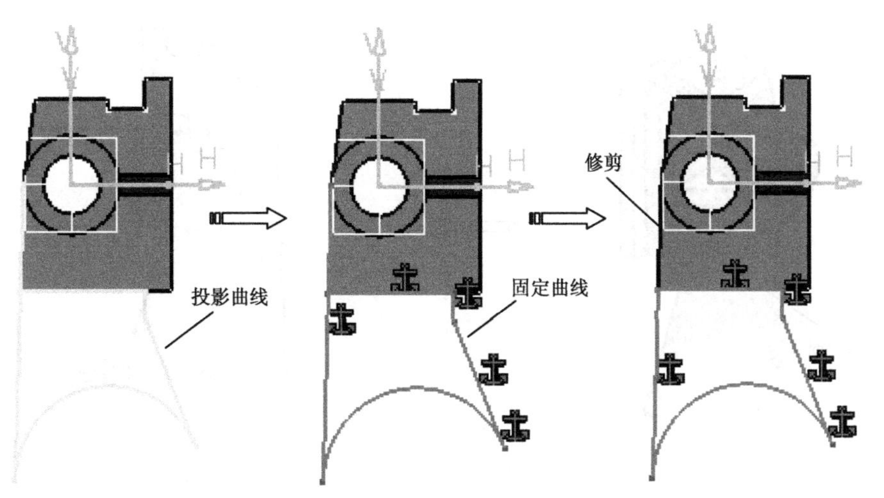

图7-133　绘制草图

技术要点

选定投影线然后右键选择“隔离”，然后选择约束中的“固定”，固定选择后是外部约束，最后进行修剪。

Step15 单击【基于草图的特征】工具栏上的【凸台】按钮，弹出【定义凸台】对话框，设置拉伸深度类型为“尺寸”，【长度】为“8mm”，选择上一步所绘制的草图，特征预览确认无误后单击【确定】按钮完成拉伸特征，如图7-134所示。

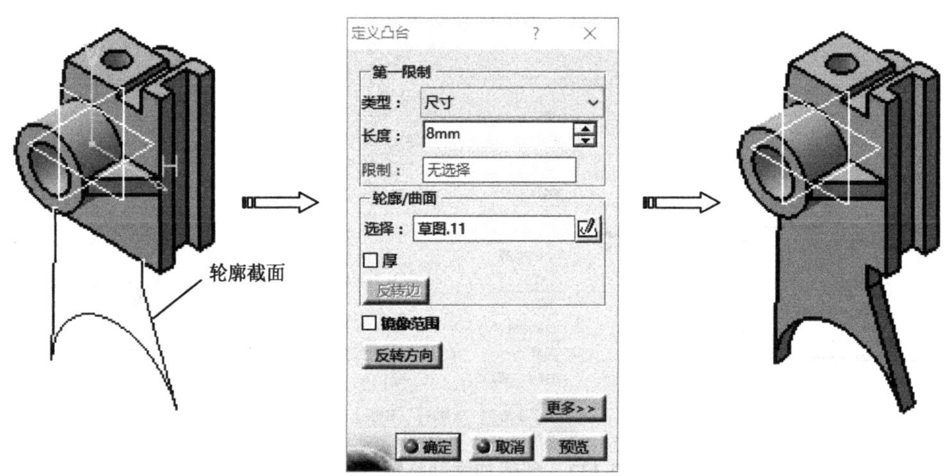

图7-134 创建凸台特征

Step16 单击【草图】按钮，在工作窗口选择实体表面，进入草图编辑器。利用草图工具绘制如图7-135所示的草图。单击【工作台】工具栏上的【退出工作台】按钮，完成草图绘制。

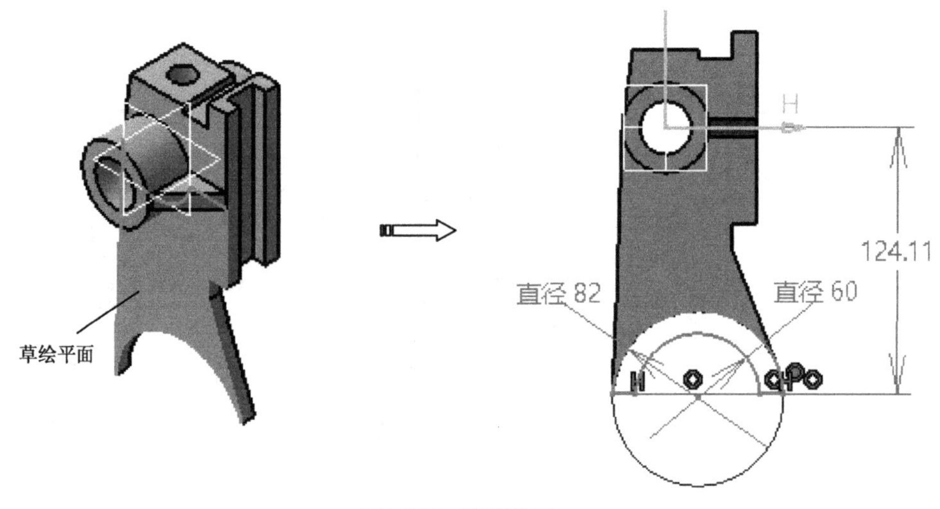

图7-135 绘制草图

Step17 单击【基于草图的特征】工具栏上的【凸台】按钮，弹出【定义凸台】对话框，设置拉伸深度类型为“尺寸”，[第一限制] 的【长度】为“2mm”，[第二限制] 的【长度】为“10mm”，选择上一步所绘制的草图，特征预览确认无误后单击【确定】按钮完成拉伸特征，如图7-136所示。

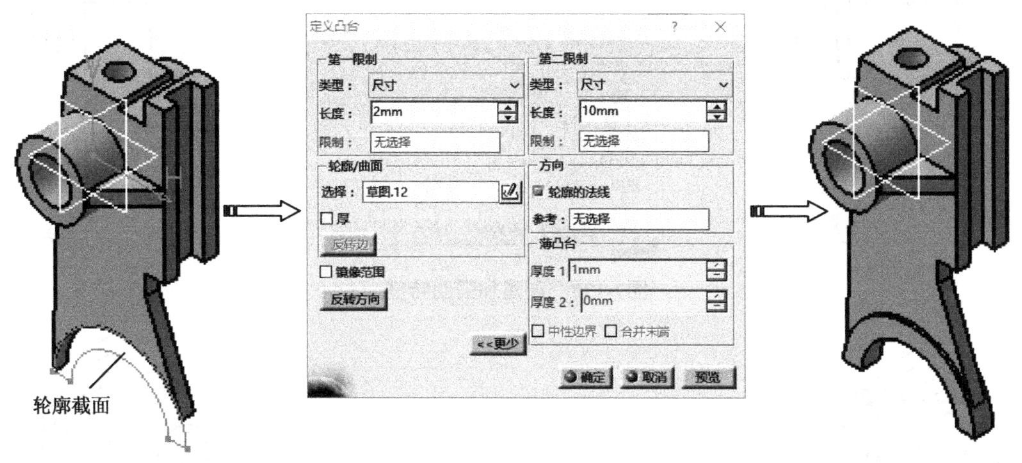

图7-136　创建凸台特征

Step18 单击【草图】按钮，在工作窗口选择草图平面*ZX*平面，进入草图编辑器。利用草图绘制工具绘制如图7-137所示的草图。单击【工作台】工具栏上的【退出工作台】按钮，完成草图绘制。

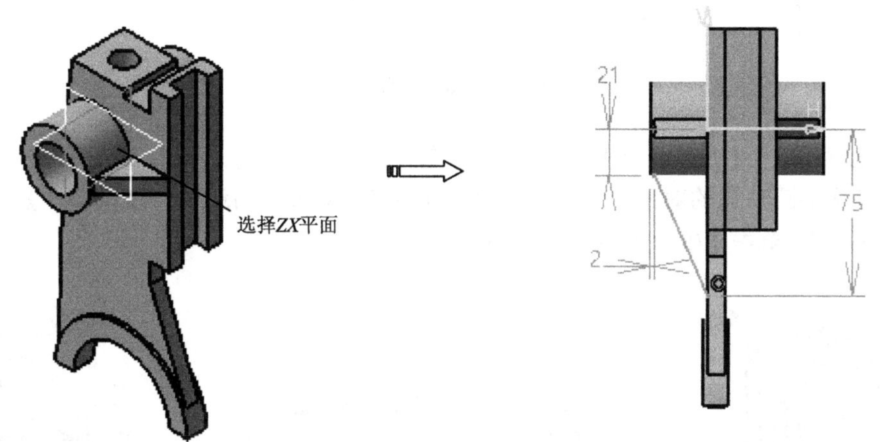

图7-137　绘制草图截面

Step19 单击【基于草图的特征】工具栏上的【加强肋】按钮，弹出【定义加强肋】对话框，选择上一步绘制草图作为轮廓，【模式】为“从侧面”，【厚度1】为“8mm”，单击【确定】按钮，完成加强肋特征，如图7-138所示。

Step20 单击【修饰特征】工具栏上的【倒圆角】按钮，弹出【倒圆角定义】对话框，在【要圆角化的对象】选择框中选择如图7-139所示的边线，在【半径】输入框输入“2mm”，单击【确定】按钮完成圆角。

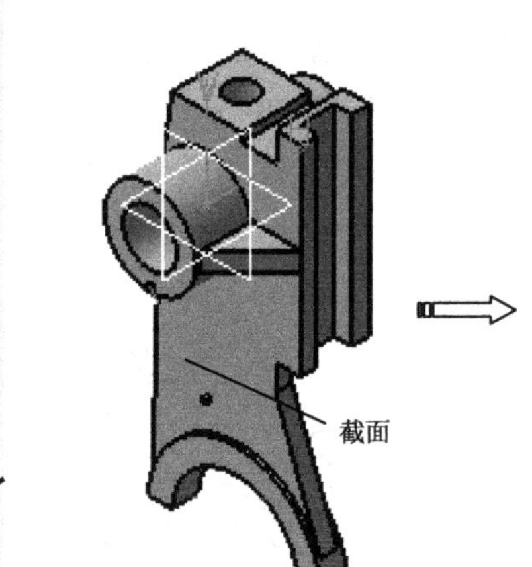

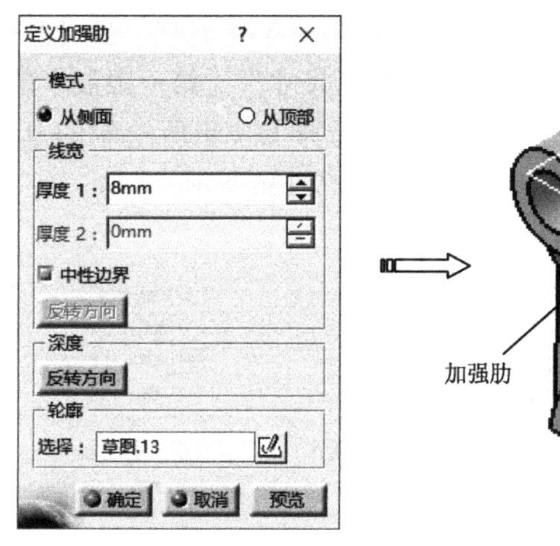

图7-138 创建加强肋特征

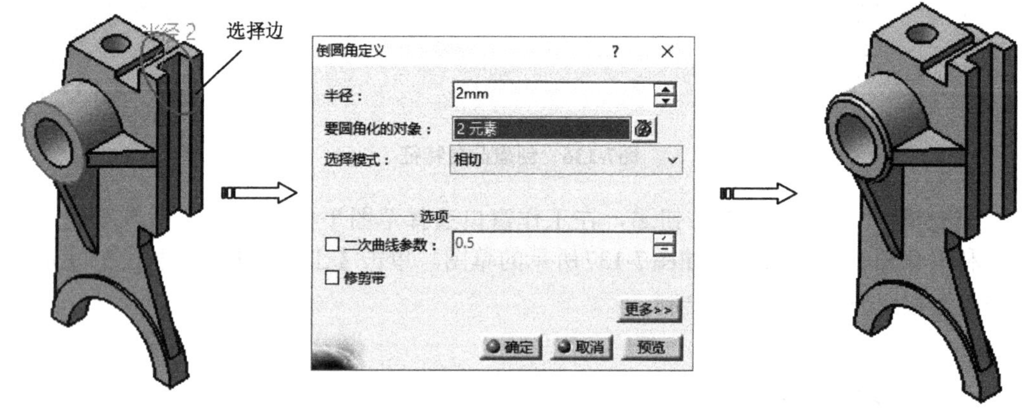

图7-139 创建倒圆角特征（一）

Step21 单击【修饰特征】工具栏上的【倒圆角】按钮，弹出【倒圆角定义】对话框，在【要圆角化的对象】选择框中选择如图7-140所示的边线，在【半径】输入框输入“3mm”，单击【确定】按钮完成圆角。

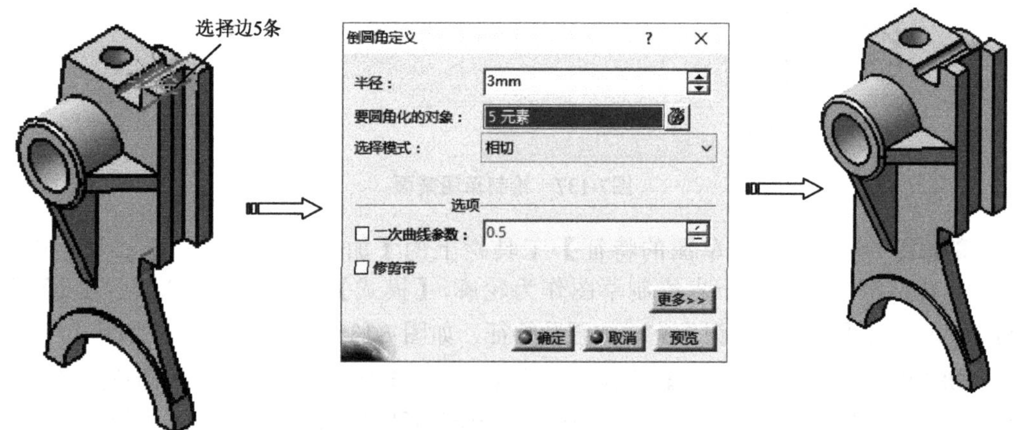

图7-140 创建倒圆角特征（二）

7.5 综合实例5——曲轴箱泵体设计

7.5 视频精讲

以曲轴箱泵体为例来对实体特征设计相关知识进行综合性应用，曲轴箱泵体结构如图7-141所示。

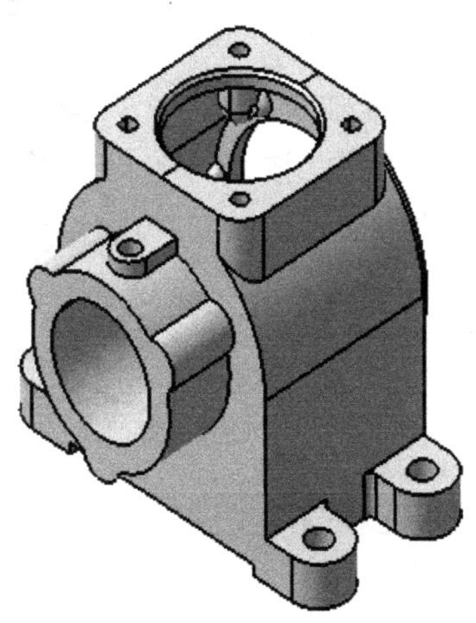

图7-141 曲轴箱泵体模型

7.5.1 曲轴箱泵体结构分析

曲轴箱泵体结构如图7-142所示，主要由基体、上连接部、后连接部、前连接部组成，结构完整，图形较为复杂。

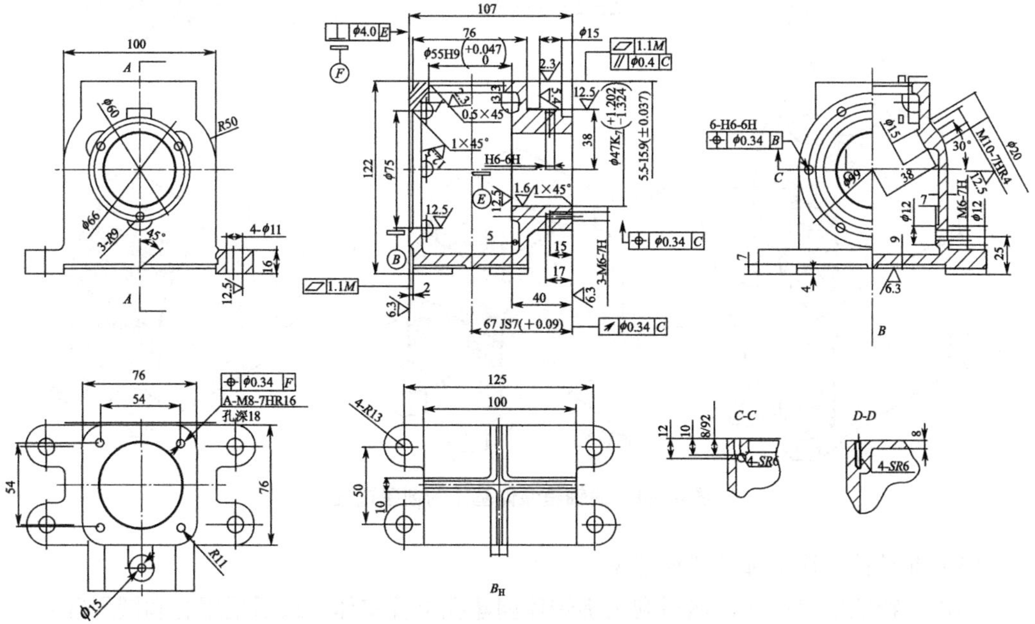

图7-142 曲轴箱泵体模型图

7.5.2 曲轴箱泵体造型思路分析

曲轴箱泵体的CATIA实体建模流程如下。

（1）零件分析，拟订总体建模思路

总体思路是：首先对模型结构进行分析和分解，分解为相应的部分——泵体基体、上连接部、后连接部和前连接部等，根据总体结构布局与相互之间的关系，按照先基体再局部、先内再外的顺序来依次创建各部分，如图7-143所示。

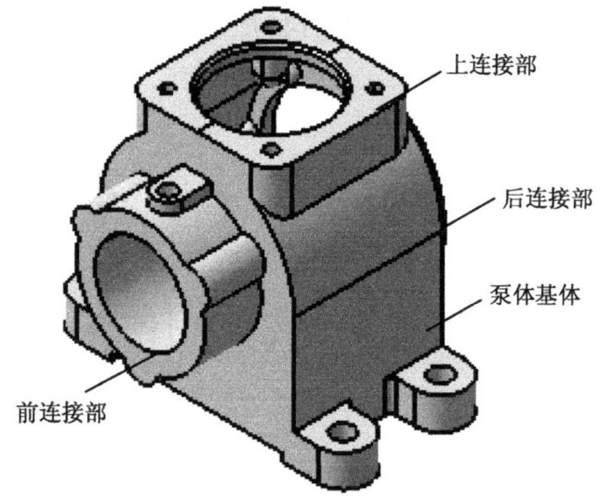

图7-143 曲轴箱泵体的模型分解

（2）曲轴箱泵体基体的特征造型

采用先整体后局部的顺序，首先采用凸台、抽壳特征创建结构基体，其次采用凸台和凹槽创建底座，最后采用孔和圆周阵列创建安装孔，如图7-144所示。

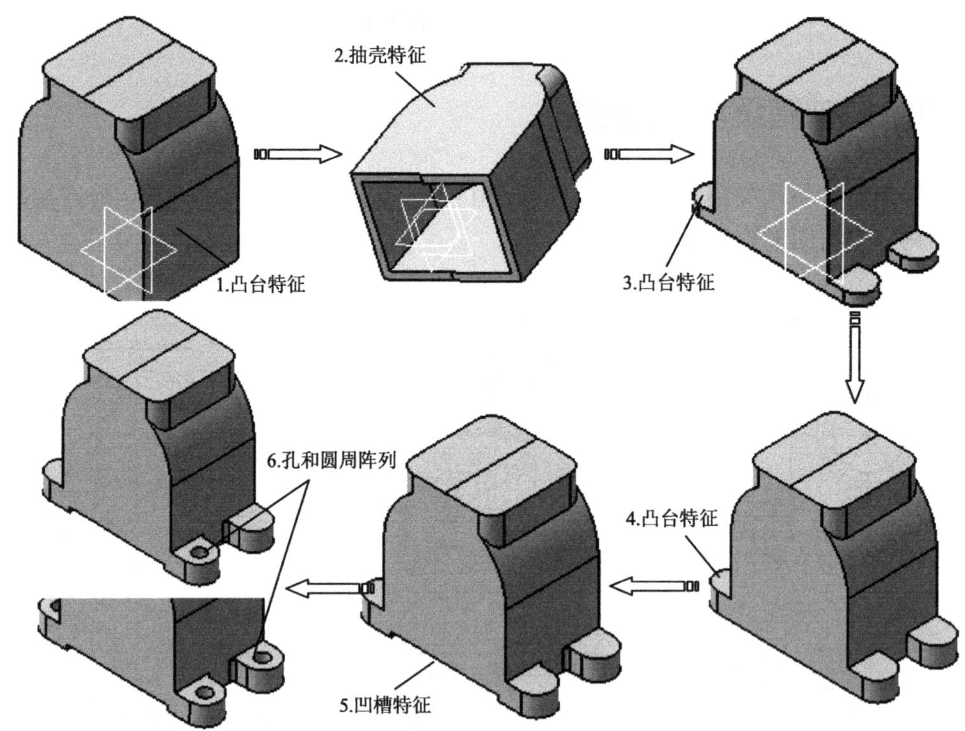

图7-144 曲轴箱泵体基体的创建过程

（3）曲轴箱上连接部的特征造型

利用孔特征创建通孔，然后利用旋转体创建孔位置实体，最后采用孔和圆周阵列创建连接孔，如图7-145所示。

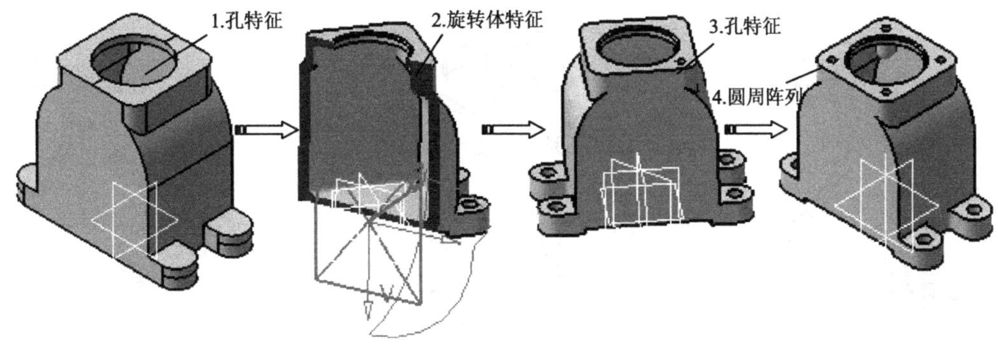

图7-145　曲轴箱上连接部的创建过程

（4）曲轴箱后连接部的特征造型

利用凸台和孔特征创建通孔结构，然后利用旋转体创建孔位置实体，最后采用孔和圆周阵列创建连接孔，如图7-146所示。

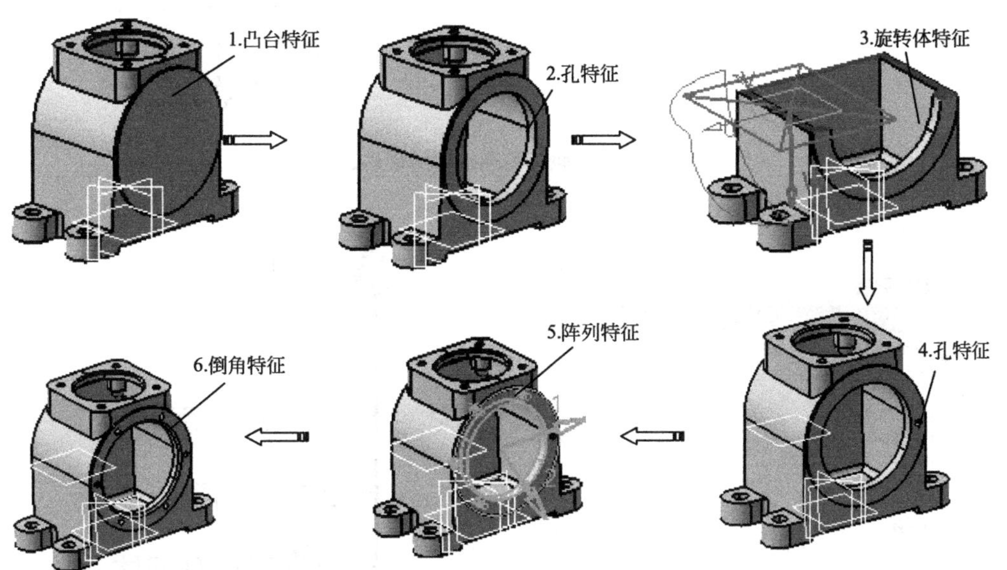

图7-146　曲轴箱后连接部的创建过程

（5）曲轴箱前连接部的特征造型

利用凸台和孔特征创建主体结构，然后凸台和孔特征创建加油孔，最后采用圆角特征进行修饰，如图7-147所示。

7.5.3　曲轴箱泵体设计操作过程

7.5.3.1　启动零件设计工作台

Step01 在【标准】工具栏中单击【新建】按钮，弹出【新建】对话框，在【类型列表】中选择“Part”，单击【确定】按钮新建一个零件文件，进入零件设计工作台，如图7-148所示。

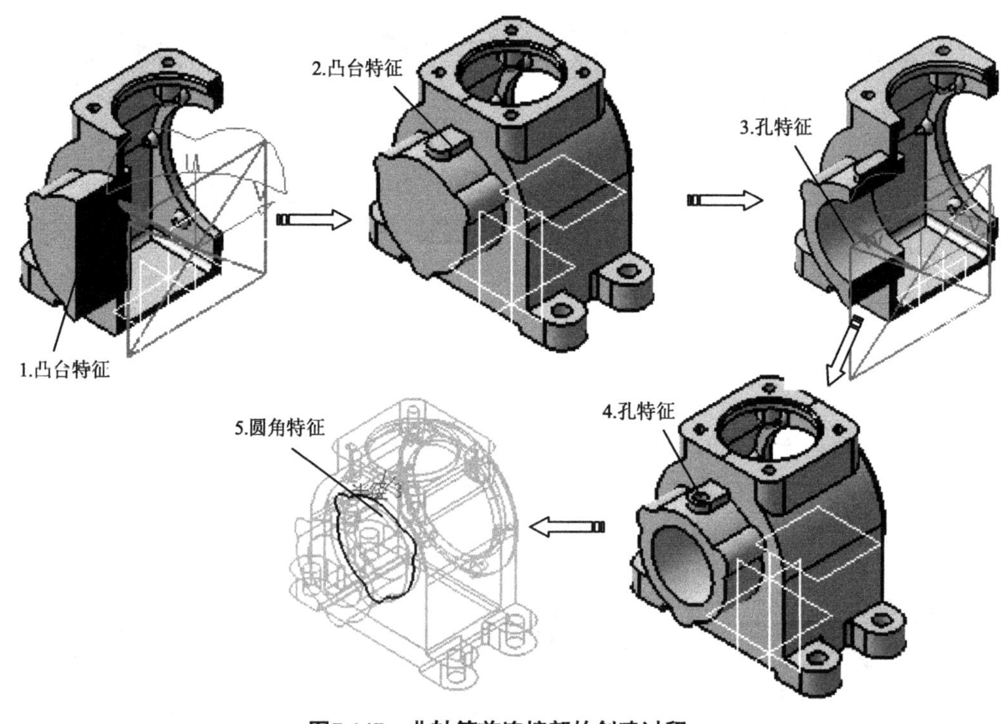

图7-147 曲轴箱前连接部的创建过程

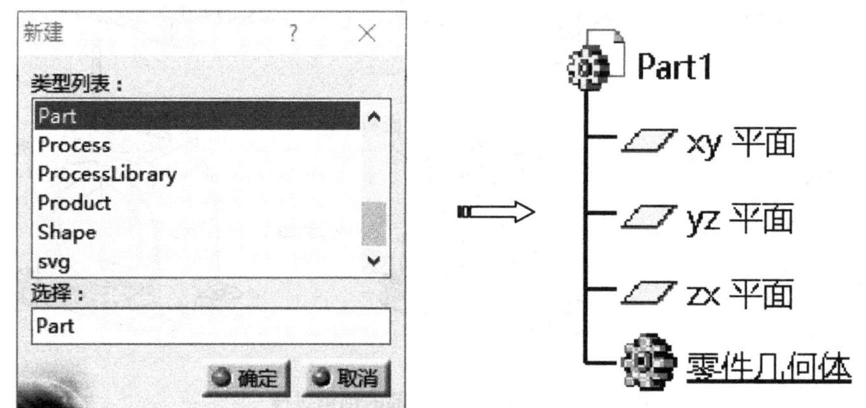

图7-148 启动零件设计工作台

7.5.3.2 绘制曲轴箱泵体基体

Step02 单击【草图】按钮，在工作窗口选择草图平面*YZ*平面，进入草图编辑器。利用草图工具绘制如图7-149所示的草图。单击【工作台】工具栏上的【退出工作台】按钮，完成草图绘制。

Step03 单击【基于草图的特征】工具栏上的【凸台】按钮，弹出【定义凸台】对话框，设置拉伸深度类型为“尺寸”,【长度】为“38mm”，选中【镜像范围】复选框，选择上一步所绘制的草图，特征预览确认无误后单击【确定】按钮完成拉伸特征，如图7-150所示。

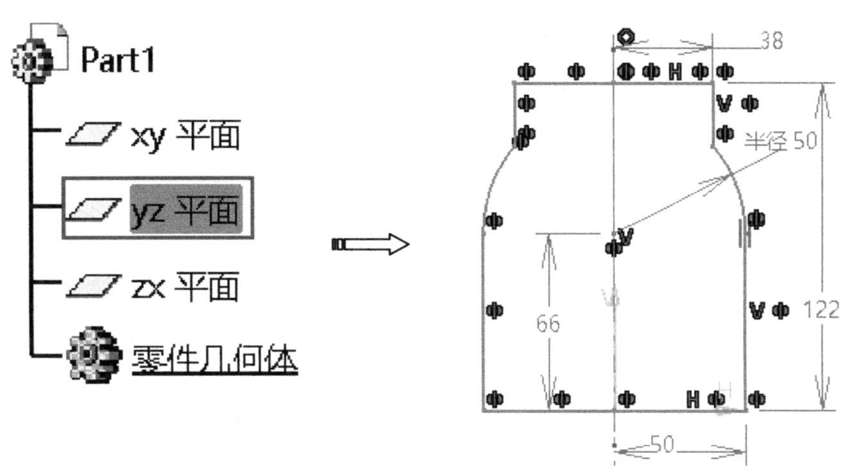

图7-149　绘制草图

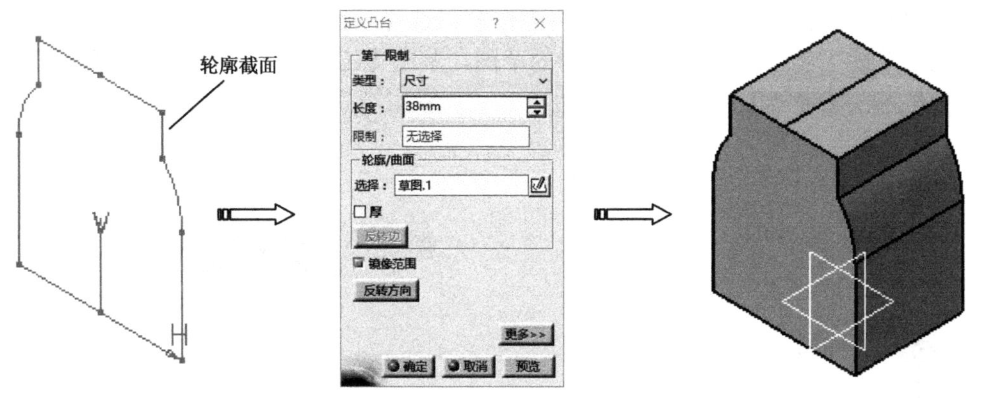

图7-150　创建凸台特征

Step04 单击【修饰特征】工具栏上的【倒圆角】按钮，弹出【倒圆角定义】对话框，在【半径】文本框中输入圆角半径值“11mm”，然后激活【要圆角化的对象】编辑框，选择如图7-151所示的4条边，单击【确定】按钮，系统自动完成圆角特征。

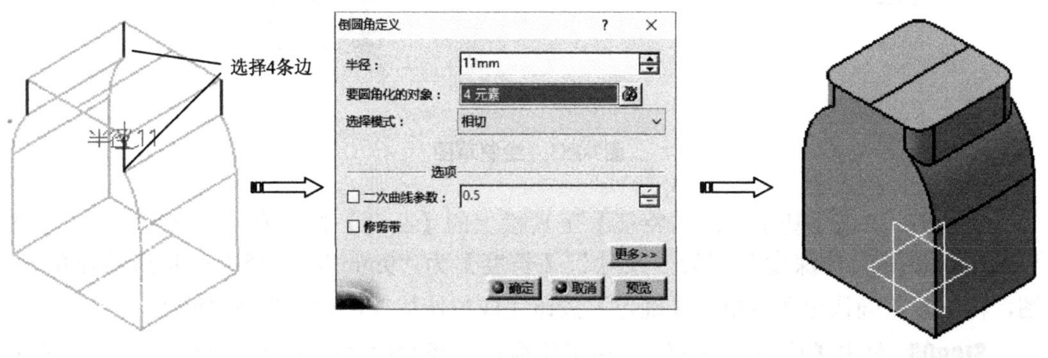

图7-151　创建倒圆角特征

Step05 单击【修饰特征】工具栏上的【盒体】按钮，弹出【定义盒体】对话

第07章 实体特征设计实例

框，在【默认内侧厚度】文本框中输入“6mm”，激活【要移除的面】编辑框，选择如图7-152所示抽壳时去除的实体表面，单击【确定】按钮，系统自动完成抽壳特征，如图7-152所示。

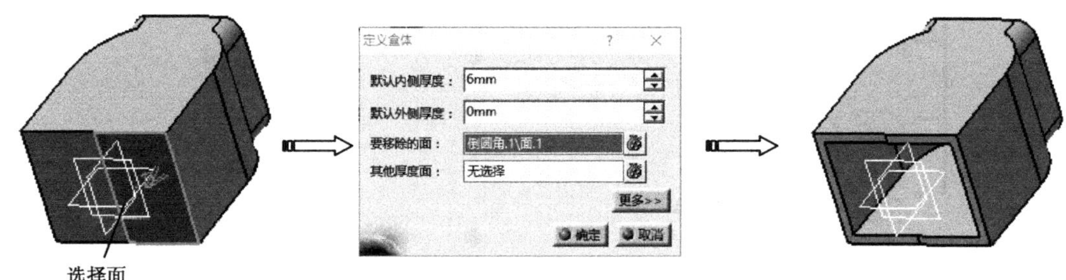

图7-152　创建抽壳特征

Step06 单击【草图】按钮，在工作窗口选择草图平面*XY*平面，进入草图编辑器。利用草图工具绘制如图7-153所示的草图。单击【工作台】工具栏上的【退出工作台】按钮，完成草图绘制。

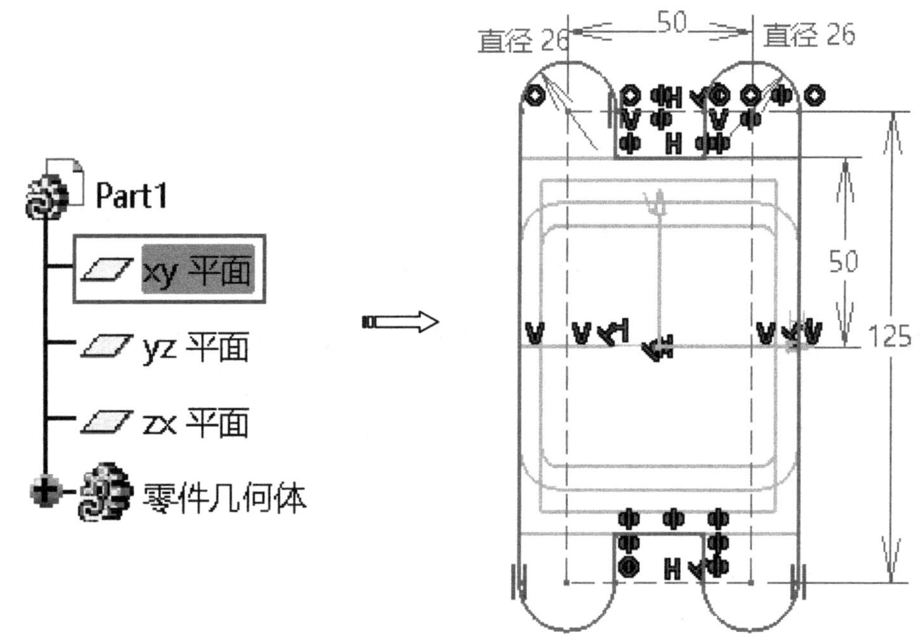

图7-153　绘制草图

Step07 单击【基于草图的特征】工具栏上的【凸台】按钮，弹出【定义凸台】对话框，设置拉伸深度类型为“尺寸”，【长度】为“9mm”，选择上一步所绘制的草图，特征预览确认无误后单击【确定】按钮完成拉伸特征，如图7-154所示。

Step08 单击【草图】按钮，在工作窗口选择实体表面作为草图平面，进入草图编辑器。利用草图工具绘制如图7-155所示的草图。单击【工作台】工具栏上的【退出工作台】按钮，完成草图绘制。

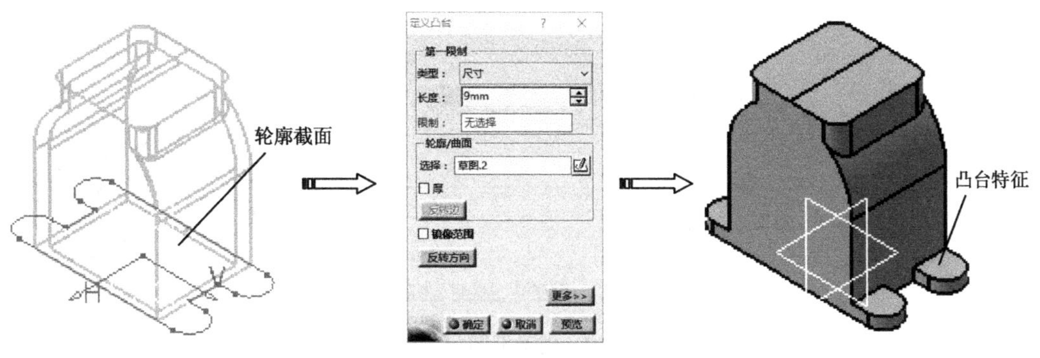

图7-154 创建凸台特征

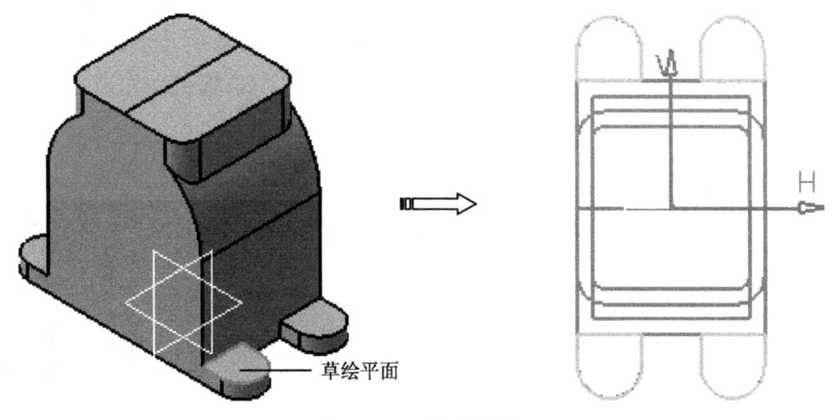

图7-155 绘制草图

Step09 单击【基于草图的特征】工具栏上的【凸台】按钮，弹出【定义凸台】对话框，设置拉伸深度类型为“尺寸”，［第一限制］的【长度】为“7mm”，［第二限制］的【长度】为“9mm”，选择上一步所绘制的草图，特征预览确认无误后单击【确定】按钮完成拉伸特征，如图7-156所示。

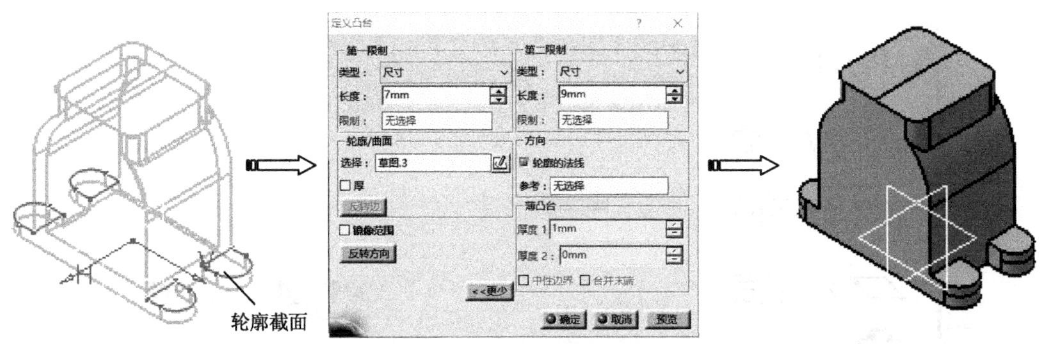

图7-156 创建凸台特征

Step10 单击【修饰特征】工具栏上的【倒圆角】按钮，弹出【倒圆角定义】对话框，在【半径】文本框中输入圆角半径值“3mm”，然后激活【要圆角化的对象】编辑框，选择如图7-157所示的4条边，单击【确定】按钮，系统自动完成圆角特征。

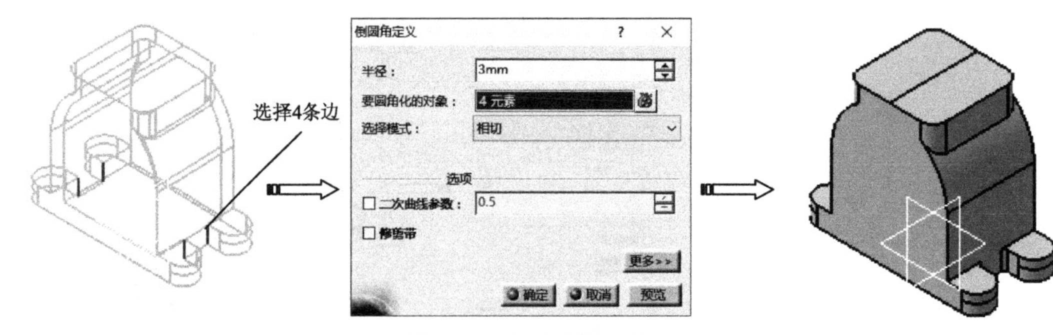

图7-157 创建倒圆角特征

Step11 单击【修饰特征】工具栏上的【倒圆角】按钮，弹出【倒圆角定义】对话框，在【半径】文本框中输入圆角半径值“3mm”，然后激活【要圆角化的对象】编辑框，选择如图7-158所示的2条边，单击【确定】按钮，系统自动完成圆角特征。

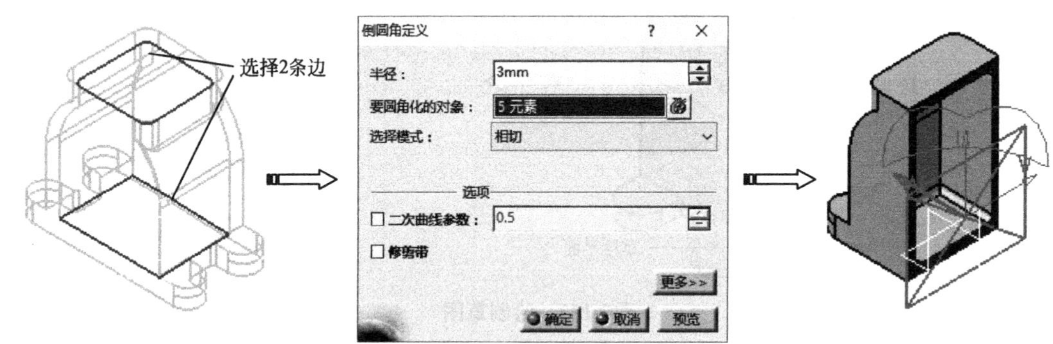

图7-158 创建倒圆角特征

Step12 单击【草图】按钮，在工作窗口选择草图平面*XY*平面，进入草图编辑器。利用草图工具绘制如图7-159所示的草图。单击【工作台】工具栏上的【退出工作台】按钮，完成草图绘制。

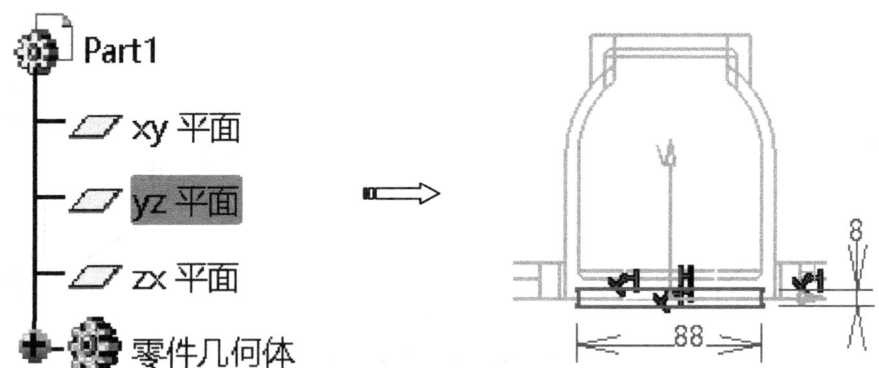

图7-159 绘制草图

Step13 单击【基于草图的特征】工具栏上的【凹槽】按钮，选择上一步草图，弹出【定义凹槽】对话框，设置凹槽类型为“尺寸”，【深度】为“60mm”，选中【镜像范围】复选框，单击【确定】按钮，系统自动完成凹槽特征，如图7-160所示。

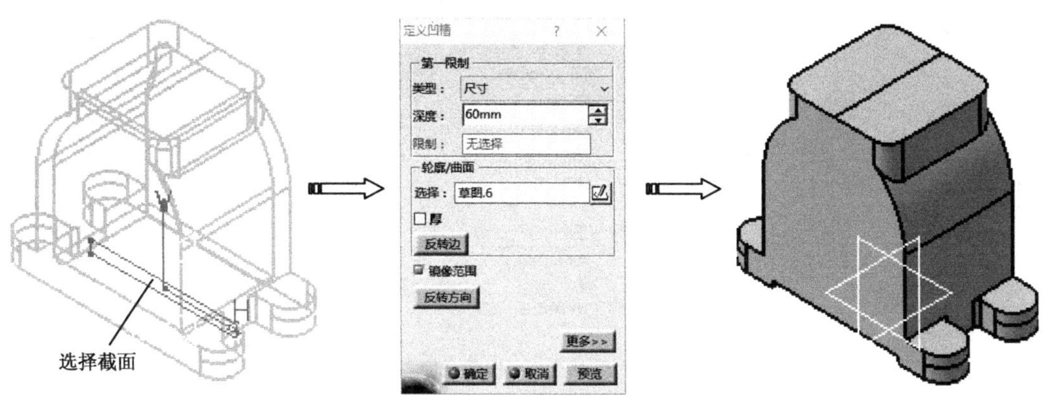

图7-160　创建凹槽特征

Step14 按住Ctrl键选择圆弧边和打孔表面，单击【基于草图的特征】工具栏上的【孔】按钮，弹出【定义孔】对话框，设置［直径］为“11mm”，单击【确定】按钮创建孔特征，如图7-161所示。

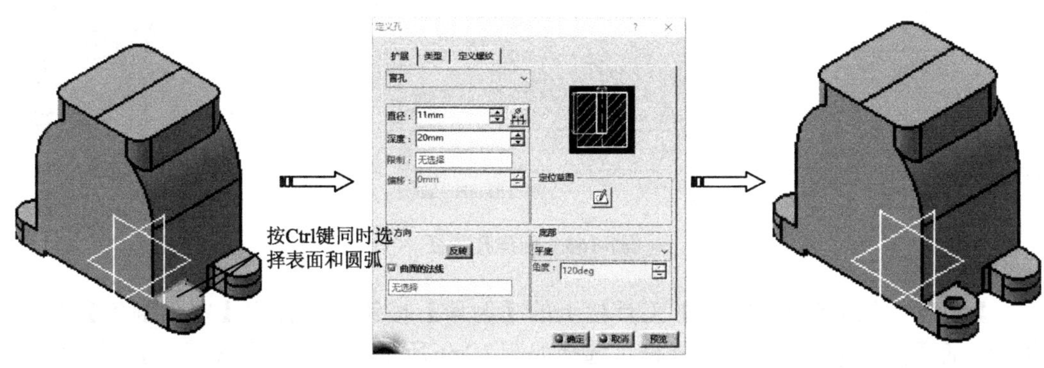

图7-161　创建孔

Step15 选择如图7-162所示要阵列的孔特征，单击【变换特征】工具栏上的【矩形阵列】按钮，弹出【定义矩形阵列】对话框。激活【第一方向】选项卡中的【参考元素】编辑框，选择“*Y*轴”为方向参考，设置【实例】为“2”,【间距】为“125mm”；激活【第二方向】选项卡中的【参考元素】编辑框，选择“*X*轴”为方向参考，设置【实例】为“2”,【间距】为“50mm”，单击【预览】按钮显示预览，单击【确定】按钮完成矩形阵列，如图7-162所示。

7.5.3.3　绘制曲轴箱上连接部

Step16 单击【基于草图的特征】工具栏上的【孔】按钮，选择钻孔的实体表面后，在弹出【定义孔】对话框中设置［深度］为“10mm”、【直径】为“55mm”，单击【定位草图】按钮，进入草图编辑器，约束定位钻孔位置，单击【工作台】工具栏上的【退出工作台】按钮，单击【确定】按钮完成孔特征，如图7-163所示。

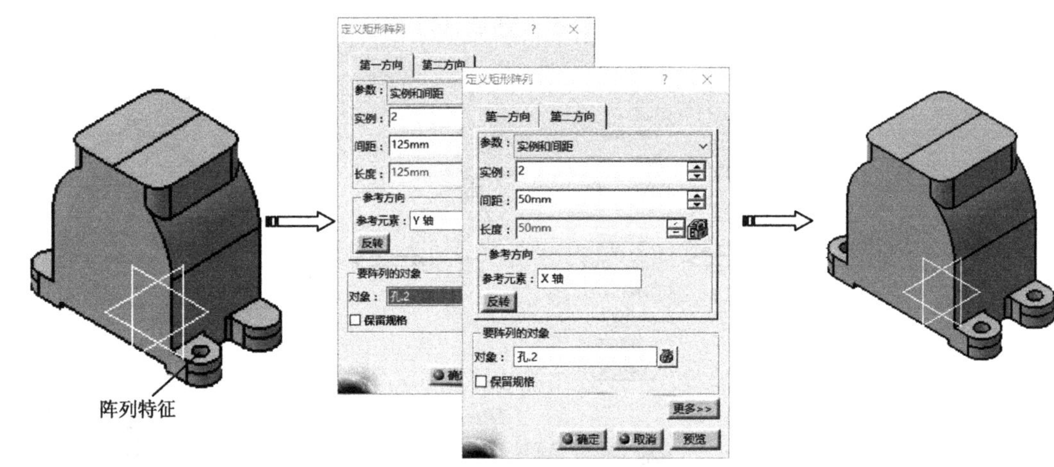

图7-162　创建矩形阵列

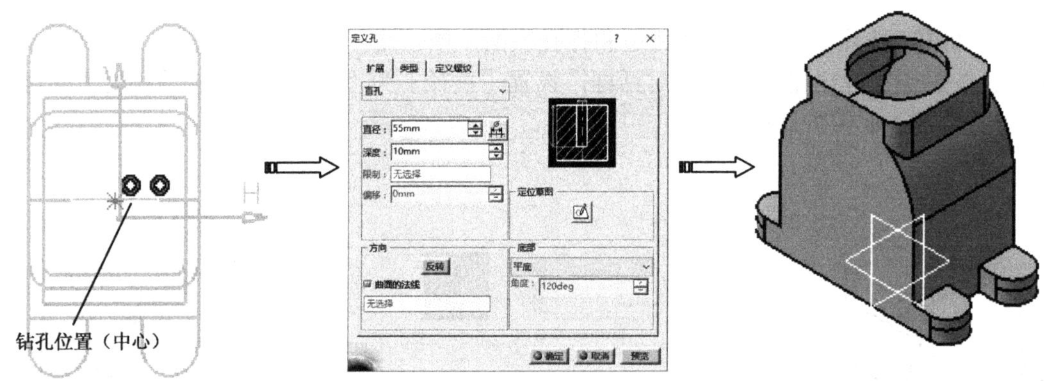

图7-163　创建孔特征

Step17 单击【修饰特征】工具栏上的【倒角】按钮，弹出【定义倒角】对话框，激活【要倒角的对象】选择框，选择如图7-166所示的边线，在【模式】下拉列表中选择“长度1/角度”，【长度1】为“1.5mm”，【拓展】为“相切”，单击【确定】按钮完成倒角特征，如图7-164所示。

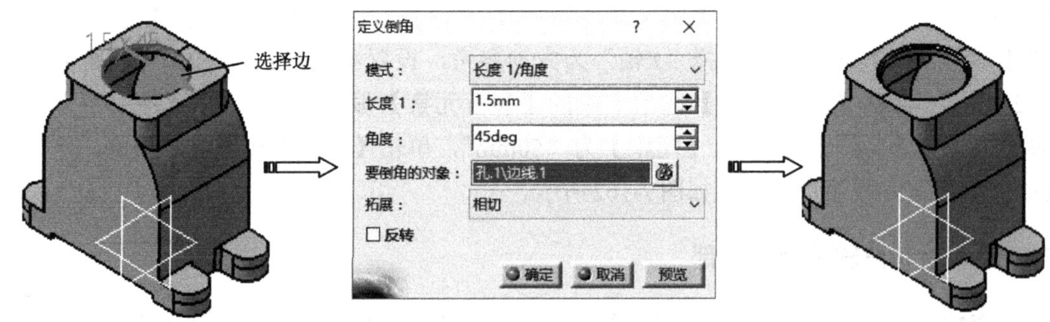

图7-164　创建倒角特征

Step18 单击【线框】工具栏上的【平面】按钮，弹出【平面定义】对话框，在【平面类型】下拉列表中选择【与平面成一定角度或垂直】选项，选择Z轴作为旋转轴，选择*ZX*平面作为参考，在【角度】文本框中输入角度值“45deg”，单击【确定】按钮，系统自动完成平面创建，如图7-165所示。

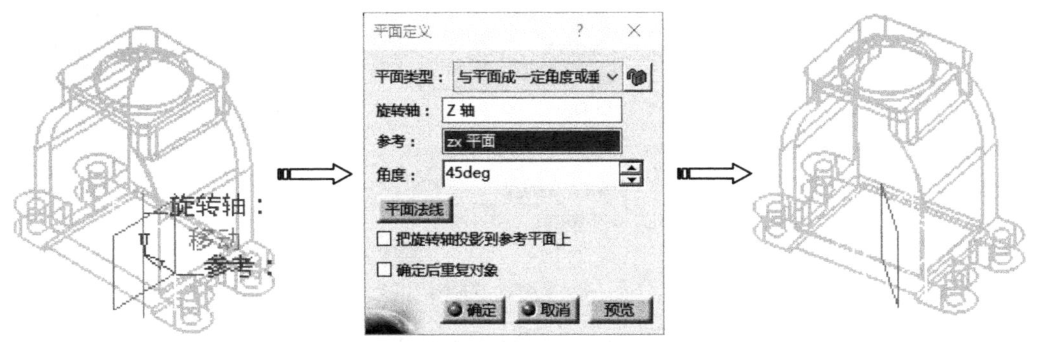

图7-165　与平面成一定角度或垂直创建平面

Step19 单击【草图】按钮，在工作窗口选择上一步创建的平面，进入草图编辑器。利用草图工具绘制如图7-166所示的草图。单击【工作台】工具栏上的【退出工作台】按钮，完成草图绘制。

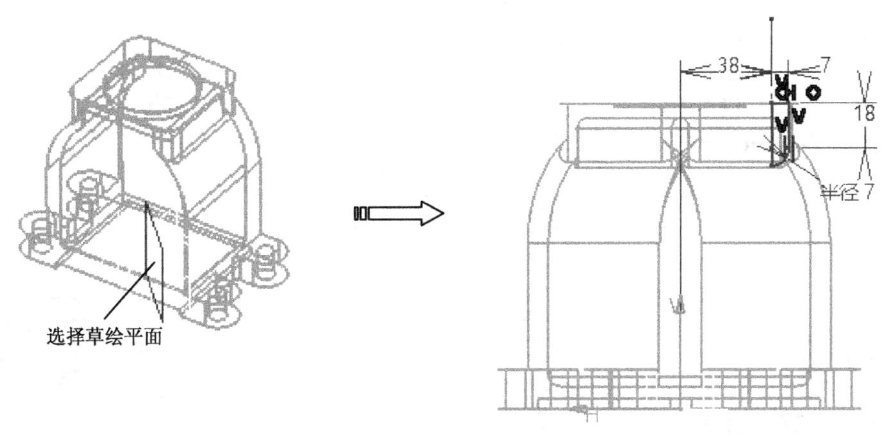

图7-166　绘制草图

Step20 单击【基于草图的特征】工具栏上的【旋转体】按钮，选择旋转截面，弹出【定义旋转体】对话框，选择上一步草图为旋转截面，自动选择草图轴线为轴线，单击【确定】按钮，完成旋转，如图7-167所示。

Step21 按住Ctrl选择草图的端点和钻孔平面，单击【基于草图的特征】工具栏上的【孔】按钮，在弹出【定义孔】对话框中设置［类型］为“公制粗牙螺纹”，［螺纹描述］为“M8”，单击【确定】按钮完成孔特征，如图7-168所示。

Step22 按住Ctrl键选择要阵列的孔和旋转体特征，单击【变换特征】工具栏上的【圆形阵列】按钮，弹出【定义圆形阵列】对话框，在【轴向参考】选项卡中设置【参数】为“实例和角度间距”，【实例】为“4”，【角度间距】为“90deg”，激活【参考元素】编辑框，选择“*Z*轴”，单击【预览】按钮显示预览，单击【确定】按钮完成圆形阵列，如图7-169所示。

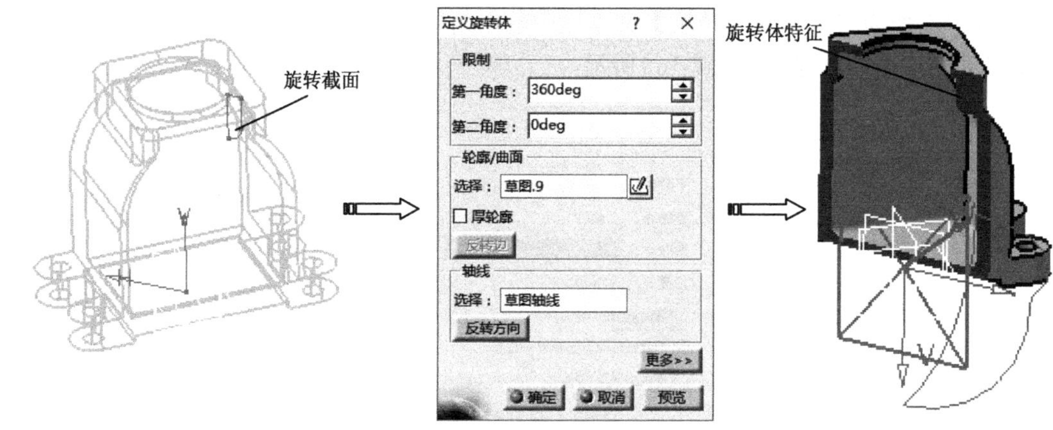

图7-167　创建旋转体特征

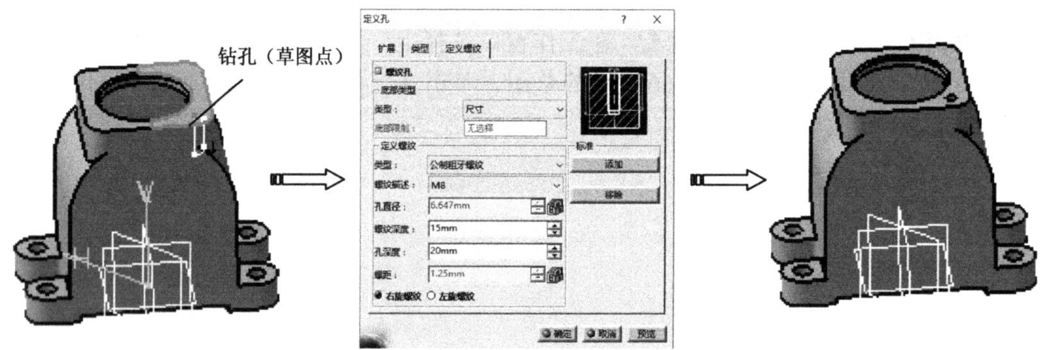

图7-168　创建孔特征

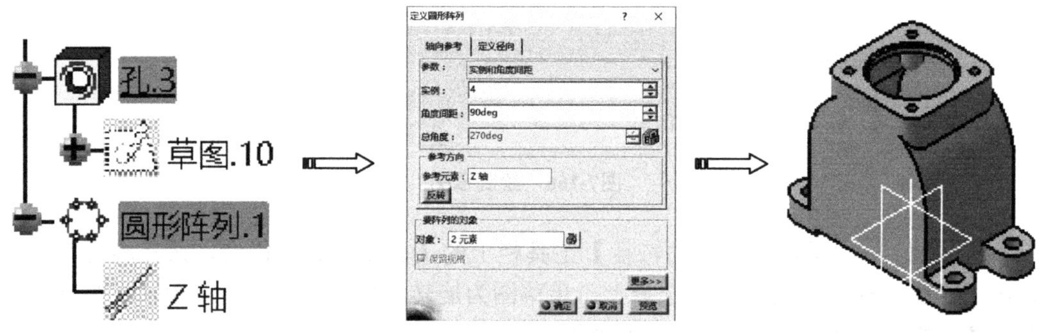

图7-169　创建圆形阵列

7.5.3.4　绘制曲轴箱后连接部

Step23 单击【草图】按钮，在工作窗口选择如图7-170所示的表面，进入草图编辑器。利用草图工具绘制如图7-170所示的草图。单击【工作台】工具栏上的【退出工作台】按钮，完成草图绘制。

Step24 单击【基于草图的特征】工具栏上的【凸台】按钮，弹出【定义凸台】对话框，设置拉伸深度类型为“尺寸”,【长度】为“2mm”，选中【镜像范围】复选框，选择上一步所绘制的草图，特征预览确认无误后单击【确定】按钮完成拉伸特征，如图7-171所示。

图7-170　绘制草图

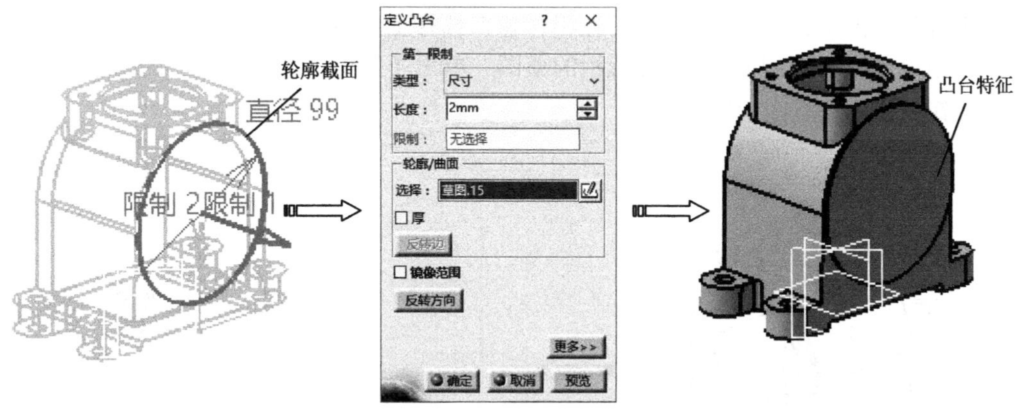

图7-171　创建凸台特征

Step25　按住Ctrl键选择圆弧边和打孔表面，单击【基于草图的特征】工具栏上的【孔】按钮，弹出【定义孔】对话框，设置［直径］为“75mm”，单击【确定】按钮创建孔特征，如图7-172所示。

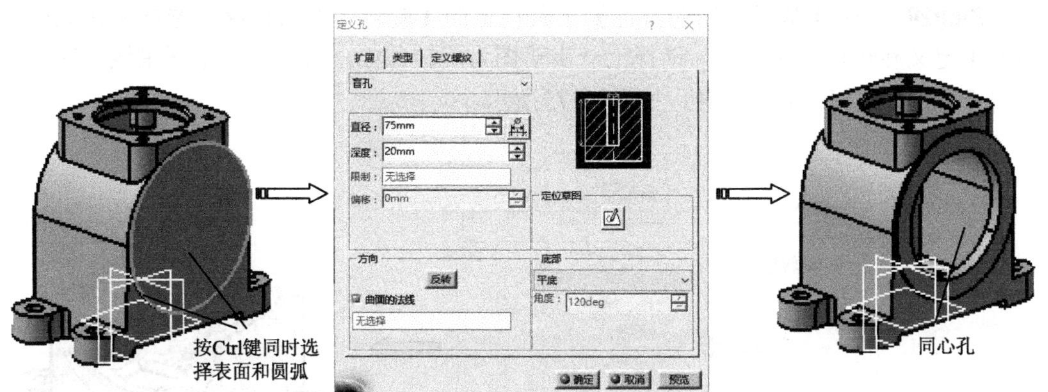

图7-172　创建孔

Step26　单击【线框】工具栏上的【平面】按钮，弹出【平面定义】对话框，在【平面类型】下拉列表中选择【偏移平面】选项，选择实体上表面，在【偏移】文本框中输入“56mm”，单击【确定】按钮，系统自动完成平面创建，如图7-173所示。

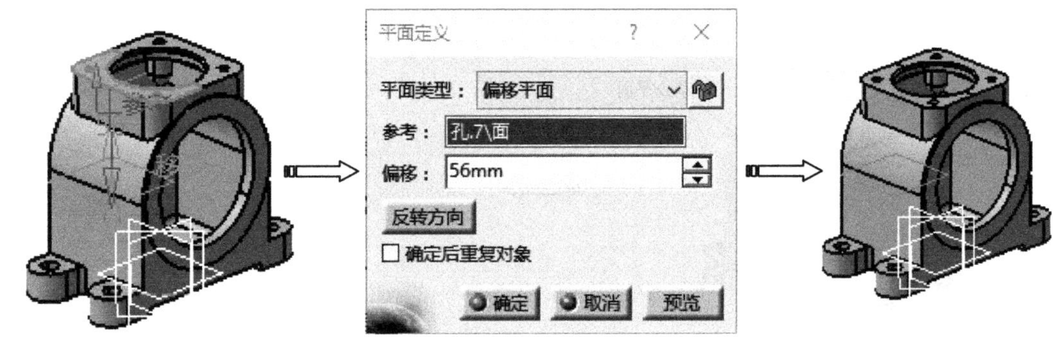

图7-173 创建平面

Step27 单击【草图】按钮，在工作窗口选择上一步创建的平面，进入草图编辑器。利用草图工具绘制如图7-174所示的草图。单击【工作台】工具栏上的【退出工作台】按钮，完成草图绘制。

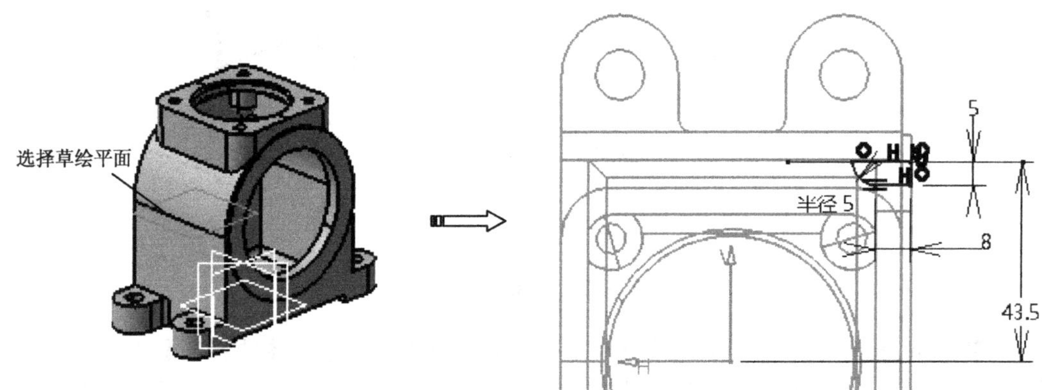

图7-174 绘制草图

Step28 单击【基于草图的特征】工具栏上的【旋转体】按钮，选择旋转截面，弹出【定义旋转体】对话框，选择上一步草图为旋转截面，自动选择草图轴线为轴线，单击【确定】按钮，完成旋转，如图7-175所示。

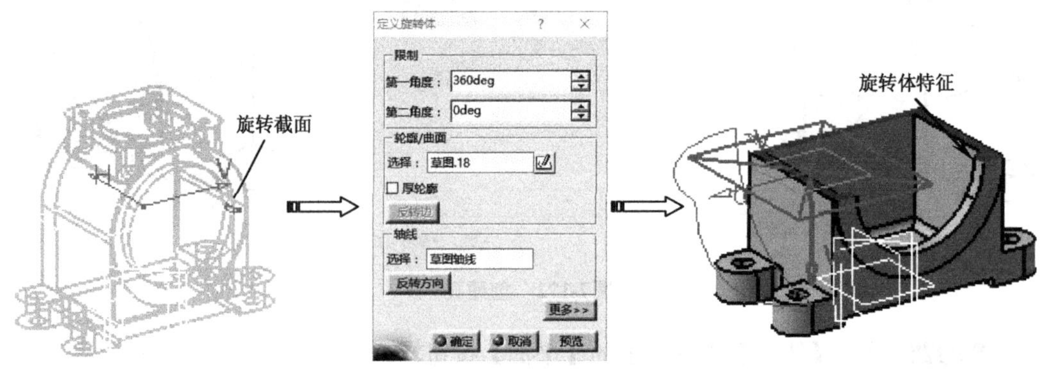

图7-175 创建旋转体特征

Step29 按住Ctrl键选择草图的端点和钻孔平面，单击【基于草图的特征】工具栏上的【孔】按钮，在弹出的【定义孔】对话框中设置［类型］为“公制粗牙螺纹”，［螺纹描述］为“M6”，单击【确定】按钮完成孔特征，如图7-176所示。

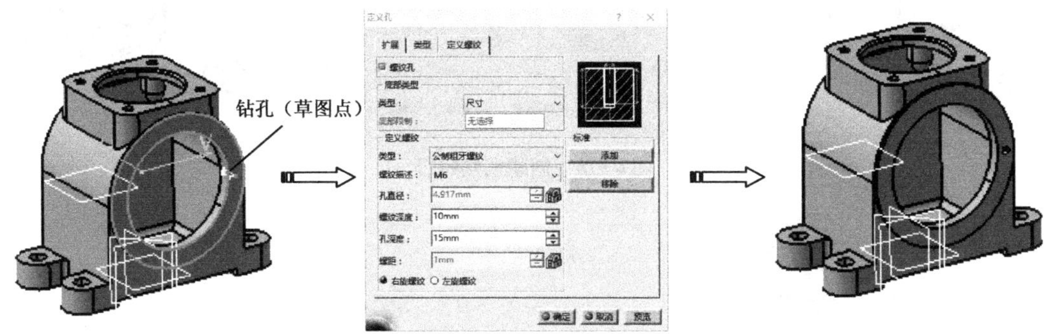

图7-176　创建孔特征

Step30 按住Ctrl键选择要阵列的孔和旋转体特征，单击【变换特征】工具栏上的【圆形阵列】按钮，弹出【定义圆形阵列】对话框，在【轴向参考】选项卡中设置【参数】为“实例和角度间距”，【实例】为“6”，【角度间距】为“60deg”，激活【参考元素】编辑框，选择圆孔为参考方向，单击【预览】按钮显示预览，单击【确定】按钮完成圆形阵列，如图7-177所示。

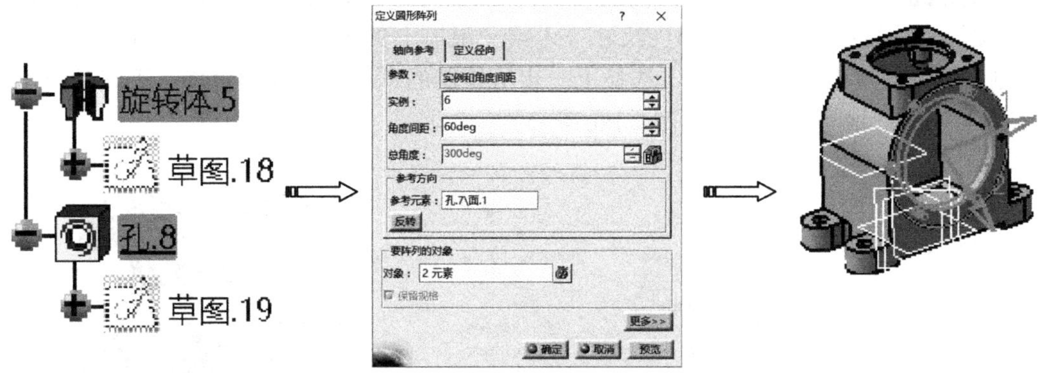

图7-177　创建圆形阵列

Step31 单击【修饰特征】工具栏上的【倒角】按钮，弹出【定义倒角】对话框，激活【要倒角的对象】选择框，选择如图7-178所示的边线，在【模式】下拉列表中选择“长度1/角度”，【长度1】为“2mm”，【拓展】为“相切”，单击【确定】按钮完成倒角特征，如图7-178所示。

7.5.3.5　绘制曲轴箱前连接部

Step32 单击【草图】按钮，在工作窗口选择如图7-179所示的表面，进入草图编辑器。利用草图工具绘制如图7-179所示的草图。单击【工作台】工具栏上的【退出工作台】按钮，完成草图绘制。

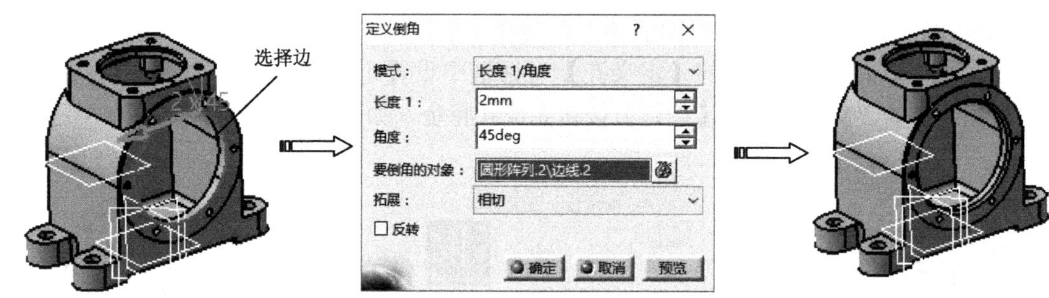

图7-178 创建倒角特征

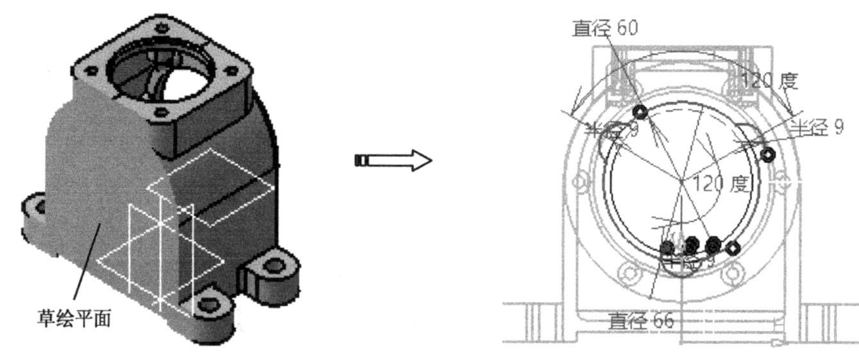

图7-179 绘制草图

Step33 单击【基于草图的特征】工具栏上的【凸台】按钮，弹出【定义凸台】对话框，设置拉伸深度类型为“尺寸”，［第一限制］的【长度】为“29mm”，［第二限制］的【长度】为“11mm”，选择上一步所绘制的草图，特征预览确认无误后单击【确定】按钮完成拉伸特征，如图7-180所示。

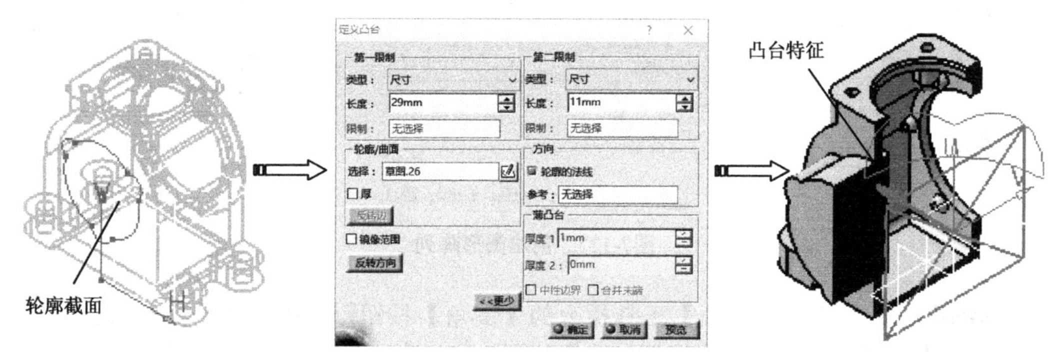

图7-180 创建凸台特征

Step34 单击【草图】按钮，在工作窗口选择【平面2】，进入草图编辑器。利用草图工具绘制如图7-181所示的草图。单击【工作台】工具栏上的【退出工作台】按钮，完成草图绘制。

Step35 单击【基于草图的特征】工具栏上的【凸台】按钮，弹出【定义凸台】对话框，设置拉伸深度类型为“尺寸”，【长度】为38mm，选择上一步所绘制的草图，特征预览确认无误后单击【确定】按钮完成拉伸特征，如图7-182所示。

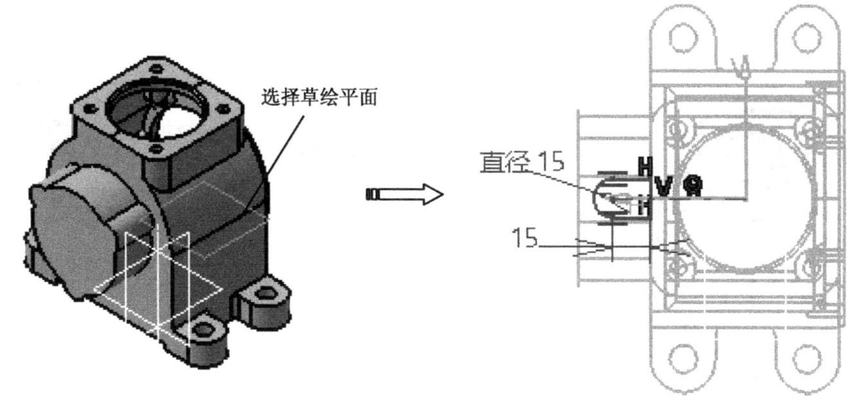

图7-181　绘制草图

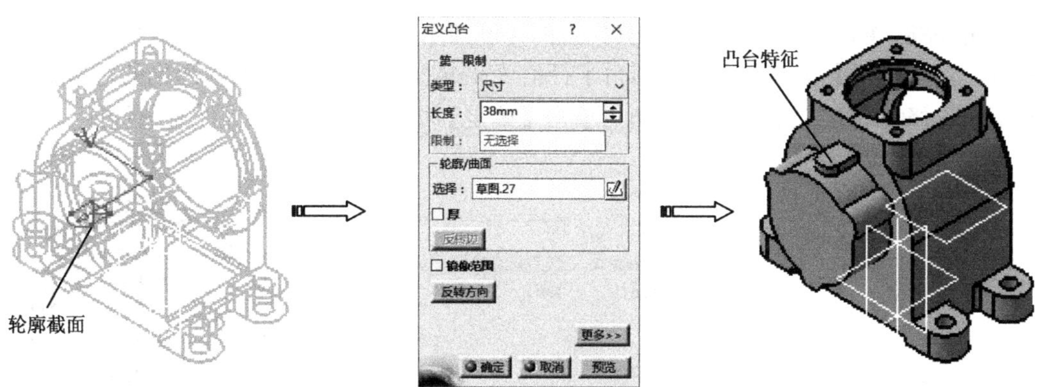

图7-182　创建凸台特征

Step36 按住Ctrl键选择圆弧边和打孔表面，单击【基于草图的特征】工具栏上的【孔】按钮，弹出【定义孔】对话框，设置［直径］为“47mm”，单击【确定】按钮创建孔特征，如图7-183所示。

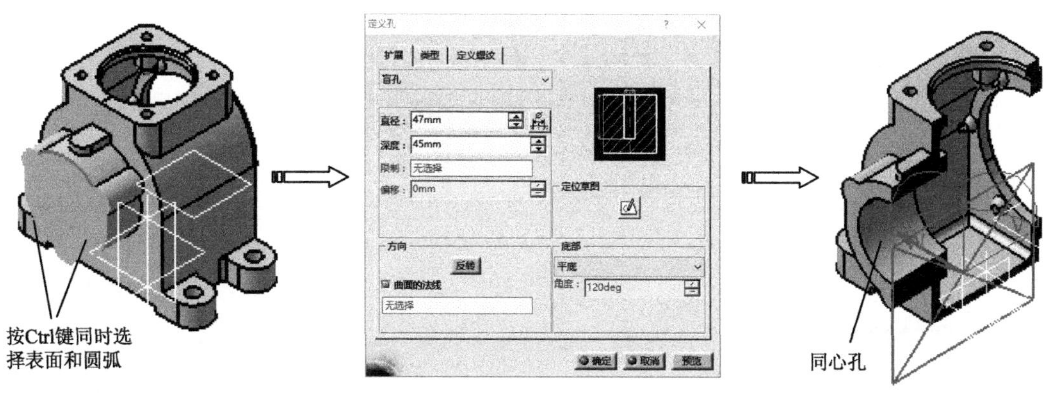

图7-183　创建孔（一）

Step37 按住Ctrl键选择圆弧边和打孔表面，单击【基于草图的特征】工具栏上的【孔】按钮，弹出【定义孔】对话框，设置M10螺纹孔，单击【确定】按钮创建孔特征，如图7-184所示。

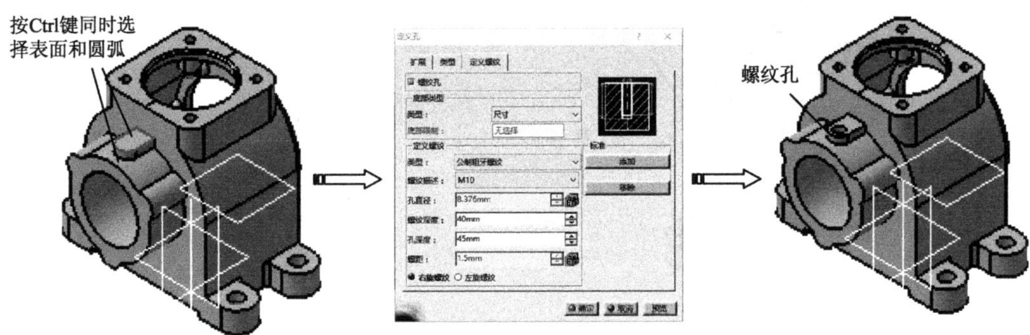

图7-184　创建孔（二）

Step38 单击【修饰特征】工具栏上的【倒圆角】按钮，弹出【倒圆角定义】对话框，在【半径】文本框中输入圆角半径值“3mm”，然后激活【要圆角化的对象】编辑框，选择如图7-185所示的1条边，单击【确定】按钮，系统自动完成圆角特征。

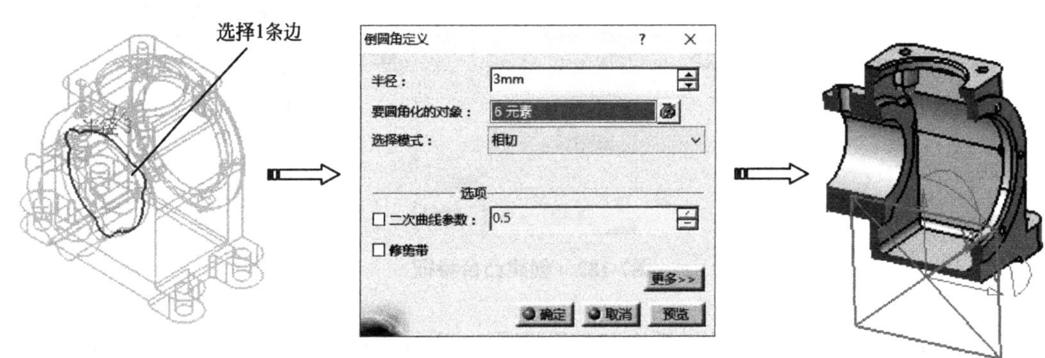

图7-185　创建倒圆角特征

08 第8章 曲面造型设计实例

曲面特征造型是CATIA软件典型的造型方式，本章通过5个典型实例来介绍各类曲面造型的方法和步骤。希望通过本章的学习，使读者轻松掌握CATIA曲面特征造型功能的基本应用。

本章实例

- 风扇叶轮
- 旋转按钮
- 操作盘
- 吹风机
- 台灯

8.1 综合实例1——风扇叶轮产品设计

8.1 视频精讲

本节中，以一个工业产品——风扇叶轮设计实例来详解曲面产品设计和应用技巧。风扇叶轮设计造型如图8-1所示。

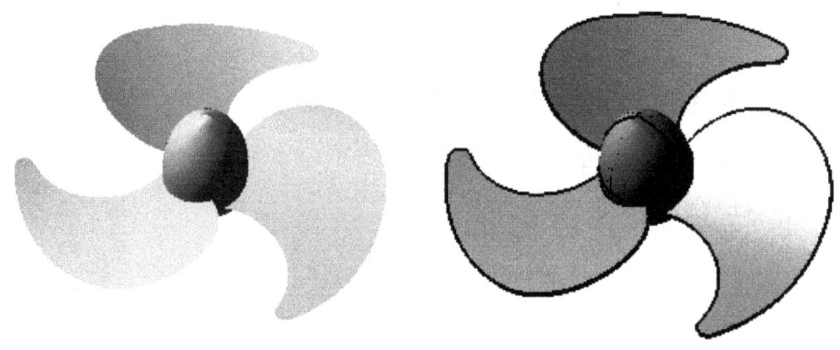

图8-1 风扇叶轮

8.1.1 风扇叶轮造型思路分析

风扇叶轮是日常生活用品，其外形结构流畅圆滑美观，扇叶对称均布。风扇叶轮的CATIA曲面实体建模流程如下。

（1）零件分析，拟订总体建模思路

按风扇叶轮的曲面结构特点对曲面进行分解，可分解为扇轴曲面和扇叶曲面，扇叶曲面为3个，结构相同、均布分布，如图8-2所示。

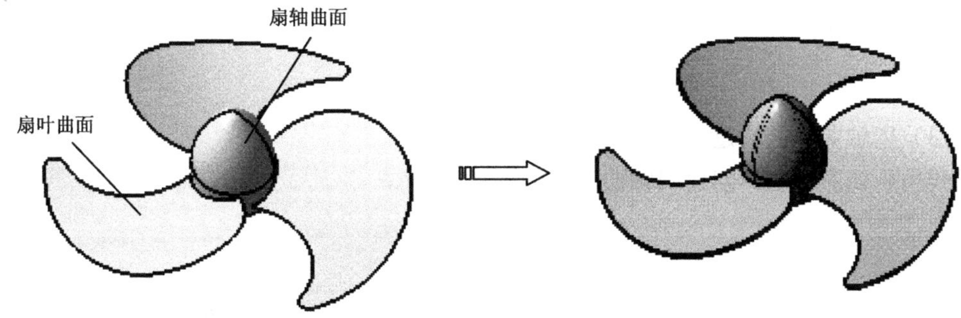

图8-2 曲面分解

根据曲面实体建模顺序，一般是先曲线，再曲面，最后由曲面生成实体，如图8-3所示。

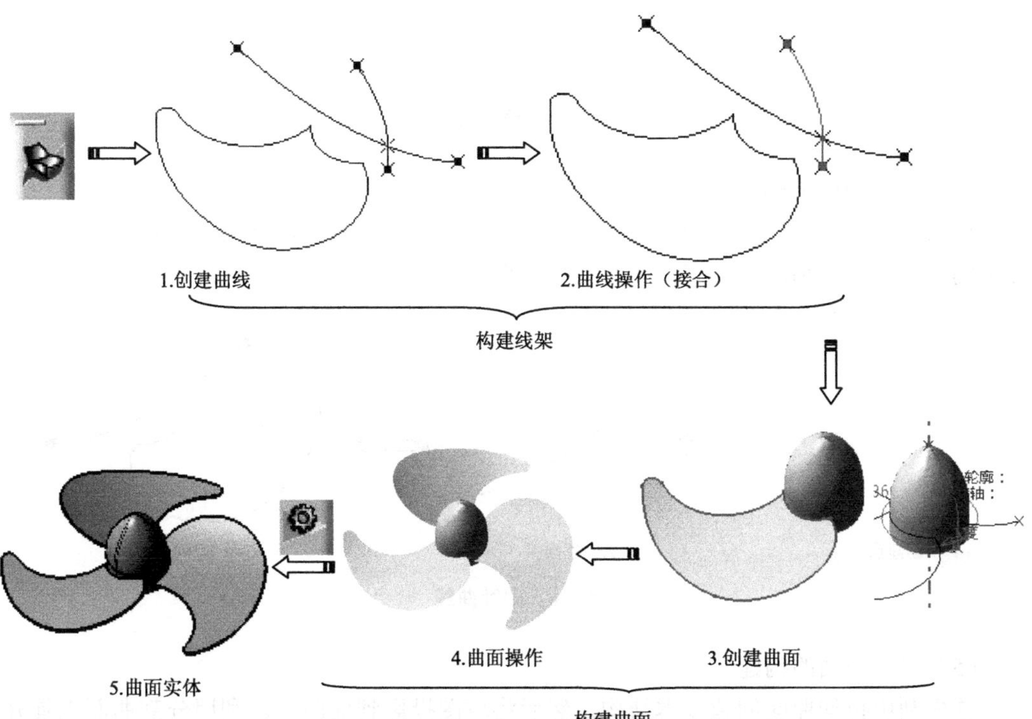

图8-3 风扇叶轮创建基本流程

（2）扇轴曲线的构建

曲线创建按照点、线、面的顺序，首先创建点，然后利用直线和圆弧功能创建曲线，最后通过曲线操作接合功能将曲线接合在一起而形成整体曲线，如图8-4所示。

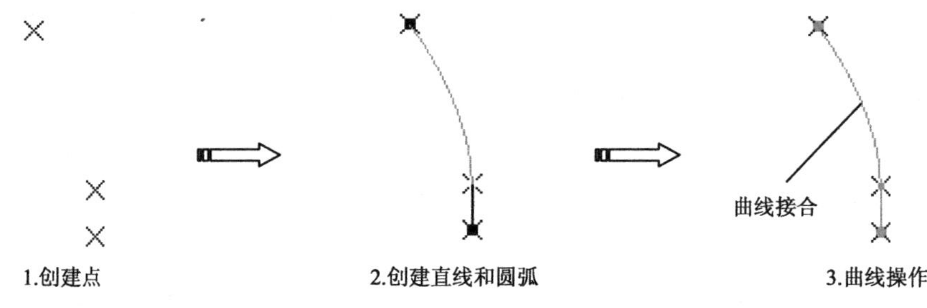

图8-4　扇轴曲线

（3）扇轴曲面的构建

利用旋转曲面工具创建扇轴曲面，如图8-5所示。

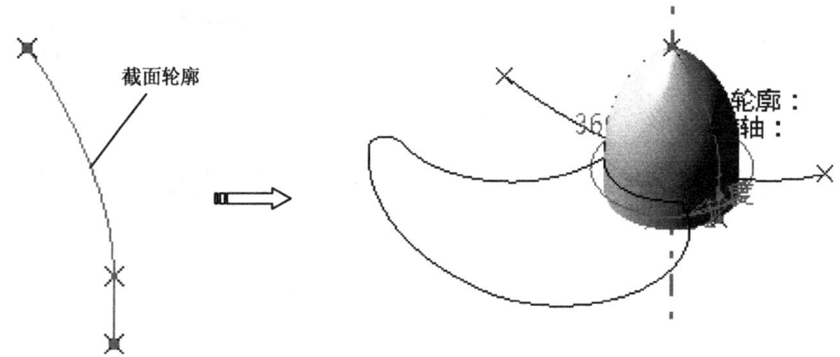

图8-5　扇轴曲面

（4）扇叶曲线的构建

曲线创建按照点、线、面的顺序，首先创建点，然后利用圆弧功能创建曲线，对于复杂的平面图形可借助草图工具来绘制，如图8-6所示。

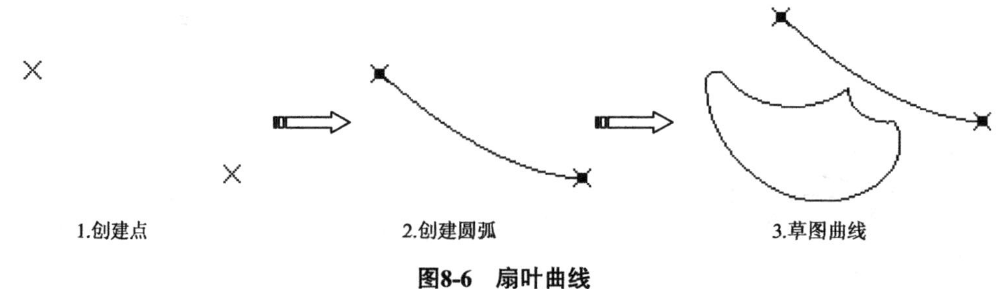

图8-6　扇叶曲线

（5）扇叶曲面的构建

首先利用拉伸曲面创建基本结构，然后将草图投影到曲面上，利用分割曲面工具分割拉伸曲面，最后采用圆周阵列功能复制扇叶曲面造型，如图8-7所示。

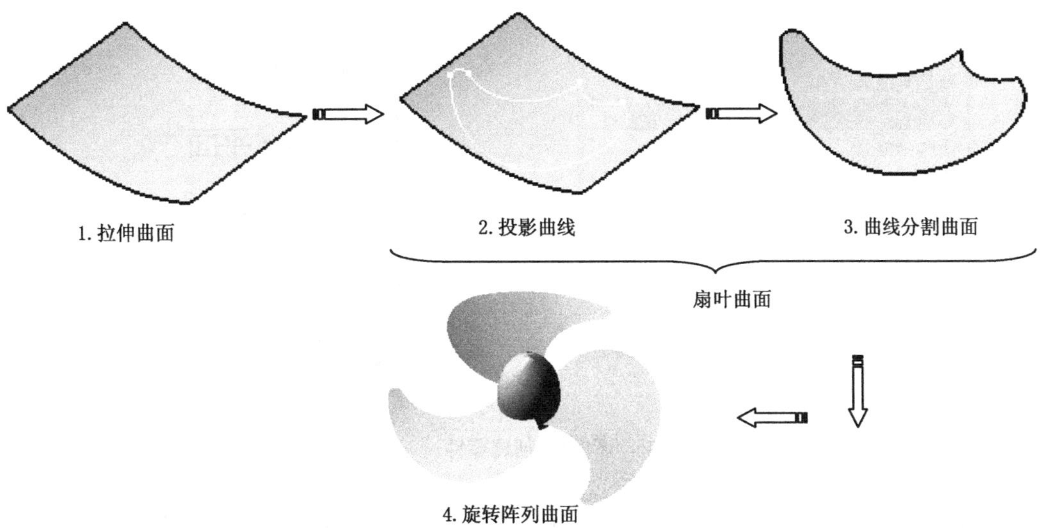

图8-7　曲面创建过程

（6）曲面创建实体

在零件设计工作台中，首先利用曲面加厚特征创建叶轮的基体曲面，然后通过加强肋创建内部支撑，最后利用凸台和孔特征完成造型，如图8-8所示。

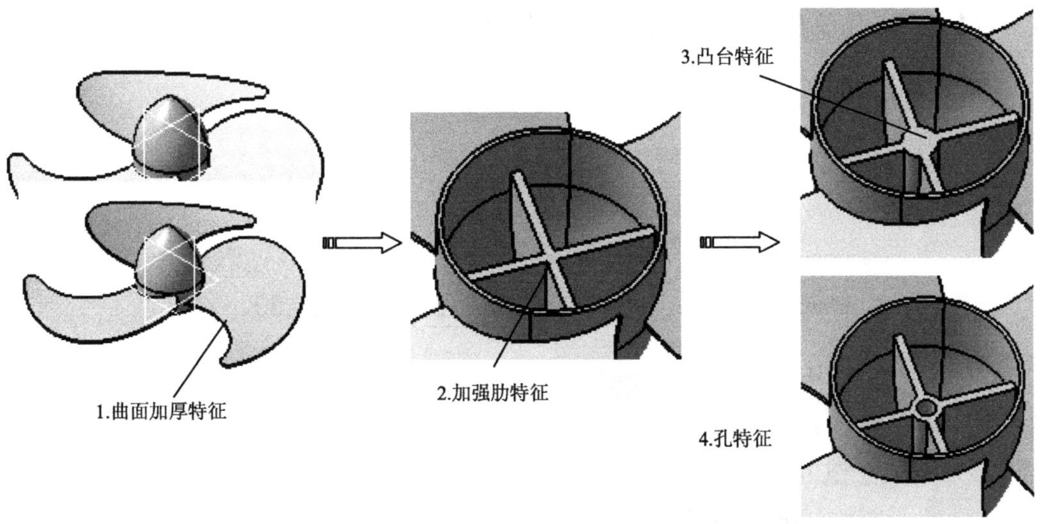

图8-8　曲面创建实体特征

8.1.2　风扇叶轮造型操作过程

8.1.2.1　启动创成式外形设计工作台

Step01 在【标准】工具栏中单击【新建】按钮，弹出【新建】对话框，在【类型列表】中选择“Part”，单击【确定】按钮新建一个零件文件，进入零件设计工作台，如图8-9所示。

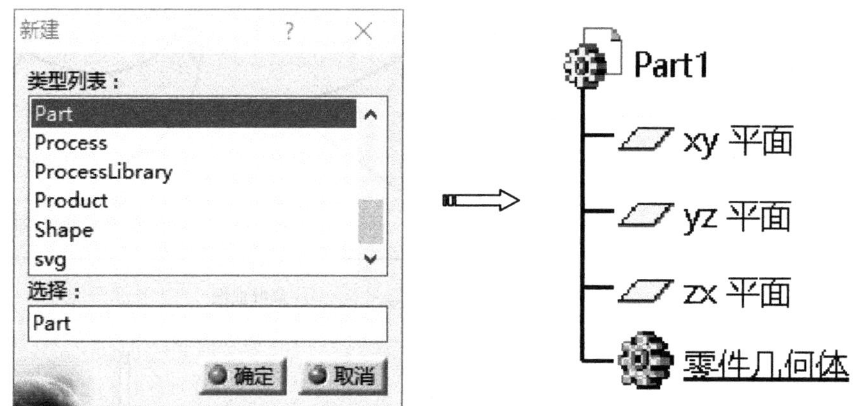

图8-9 创建零件

Step02 选择【开始】|【形状】|【创成式外形设计】命令，进入创成式外形设计工作台。

8.1.2.2 创建线框

Step03 创建点。单击【线框】工具栏上的【点】按钮，弹出【点定义】对话框，在【点类型】下拉列表中选择“坐标”选项，输入*X*、*Y*、*Z*坐标为（0,0,80），单击【确定】按钮，系统自动完成点创建，如图8-10所示。

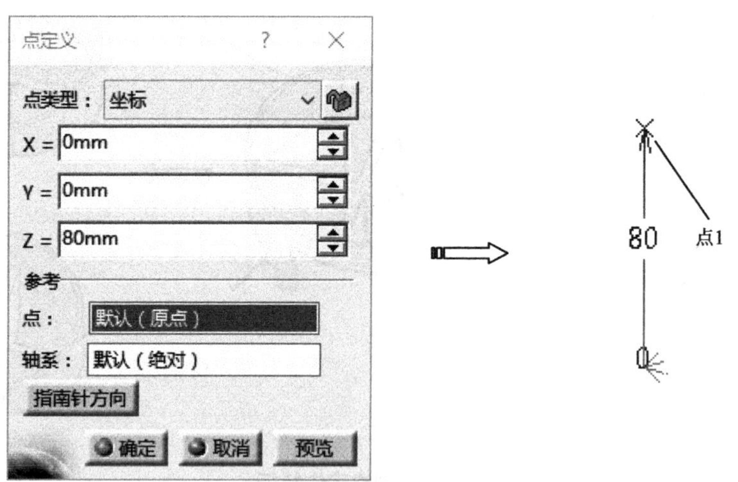

图8-10 创建坐标点（一）

Step04 创建点。单击【线框】工具栏上的【点】按钮，弹出【点定义】对话框，在【点类型】下拉列表中选择“坐标”选项，输入*X*、*Y*、*Z*坐标为（0,40,–20），单击【确定】按钮，系统自动完成点创建，如图8-11所示。

Step05 创建点。单击【线框】工具栏上的【点】按钮，弹出【点定义】对话框，在【点类型】下拉列表中选择“坐标”选项，输入*X*、*Y*、*Z*坐标为（0,40,10），单击【确定】按钮，系统自动完成点创建，如图8-12所示。

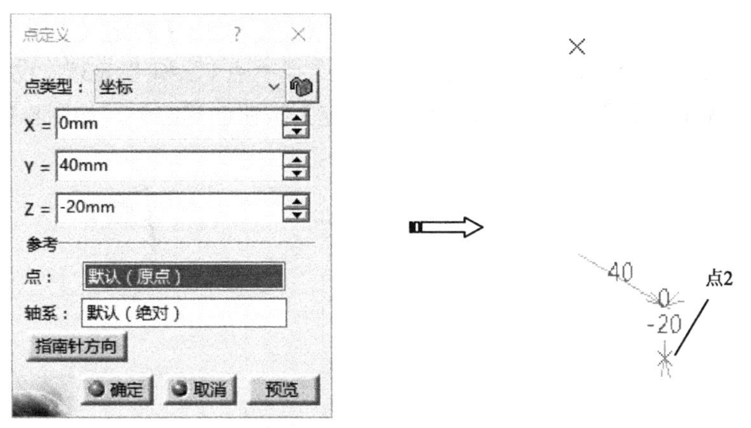

图8-11　创建坐标点（二）

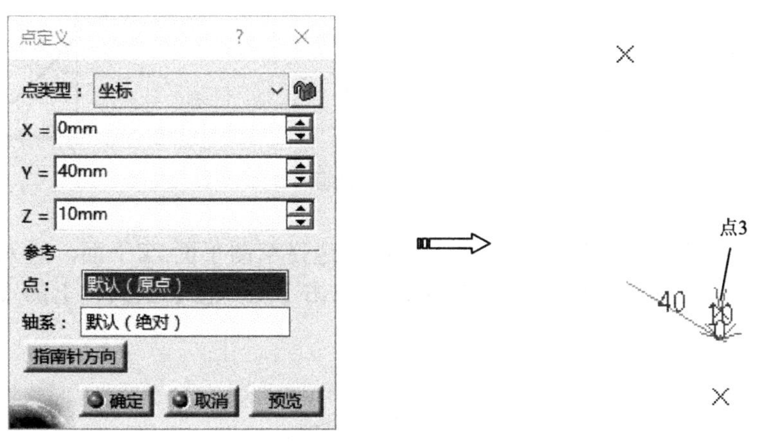

图8-12　创建坐标点（三）

Step06 单击【参考元素】工具栏上的【直线】按钮，弹出【直线定义】对话框，在【线型】下拉列表中选择“点-点”选项，选择点2和点3作为参考，单击【确定】按钮，系统自动完成直线创建，如图8-13所示。

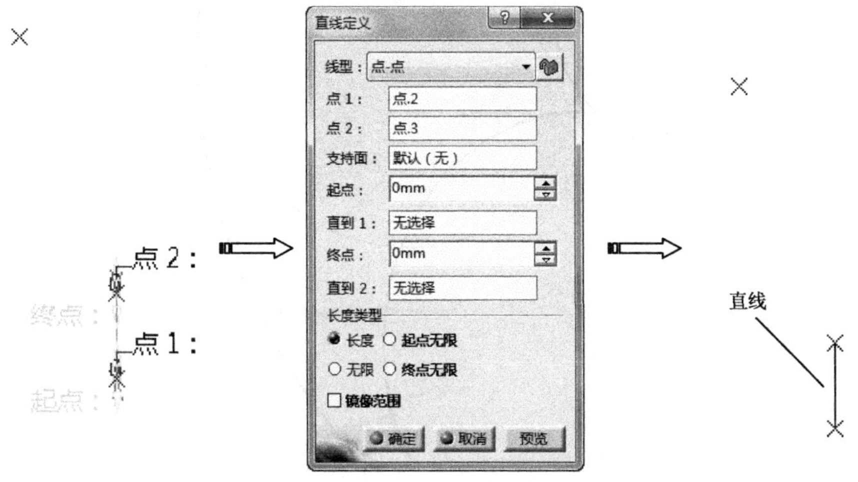

图8-13　点-点创建直线

Step07 单击【线框】工具栏上的【圆】按钮，弹出【圆定义】对话框，在【圆类型】下拉列表中选择"两点和半径"选项，选择"点1"和"点3"，设置【支持面】为"yz平面"，【半径】为"82mm"，单击【确定】按钮创建圆弧，如图8-14所示。

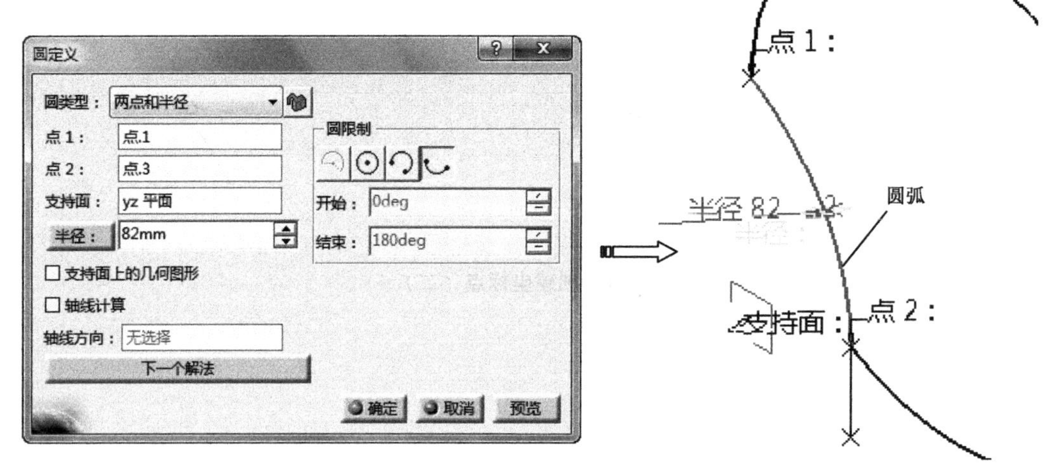

图8-14 创建圆弧

Step08 单击【草图】按钮，在工作窗口选择草图平面*YZ*平面，进入草图编辑器。利用圆等工具绘制如图8-15所示的草图。单击【工作台】工具栏上的【退出工作台】按钮，完成草图绘制。

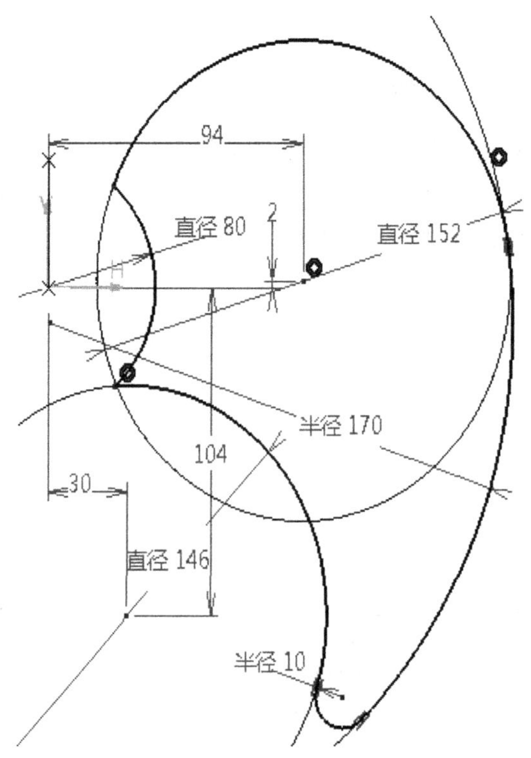

图8-15 绘制草图

Step09 创建点。单击【线框】工具栏上的【点】按钮▪，弹出【点定义】对话框，在【点类型】下拉列表中选择“坐标”选项，输入X、Y、Z坐标为（0,−140,−10），单击【确定】按钮，系统自动完成点创建，如图8-16所示。

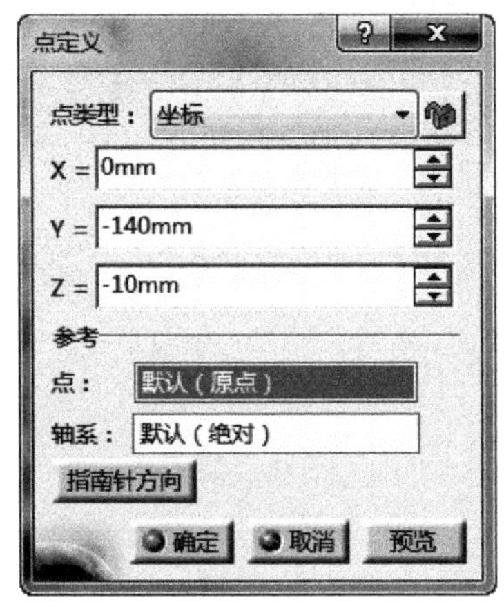

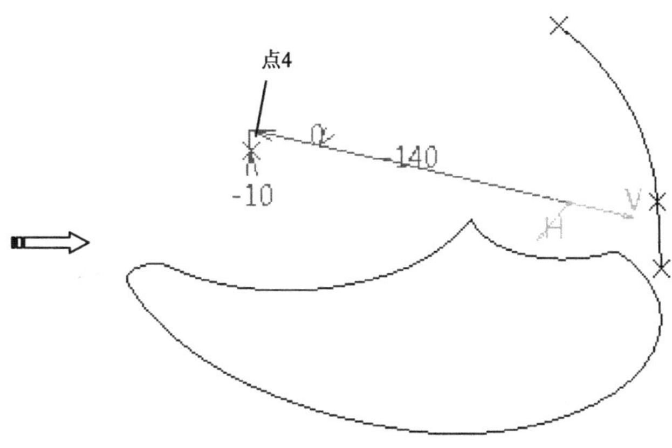

图8-16 创建坐标点（一）

Step10 创建点。单击【线框】工具栏上的【点】按钮▪，弹出【点定义】对话框，在【点类型】下拉列表中选择“坐标”选项，输入X、Y、Z坐标为（0,128,55），单击【确定】按钮，系统自动完成点创建，如图8-17所示。

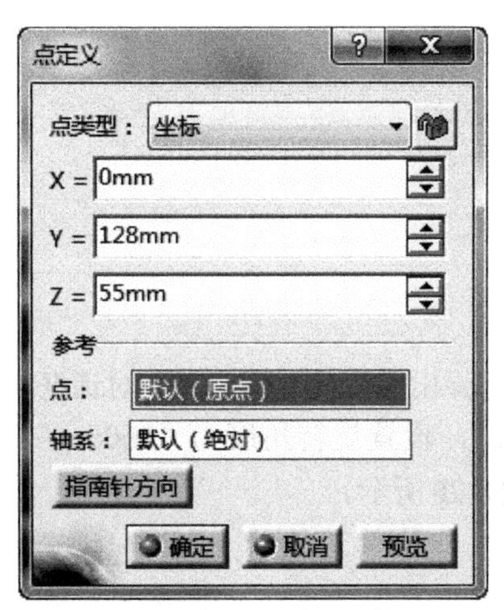

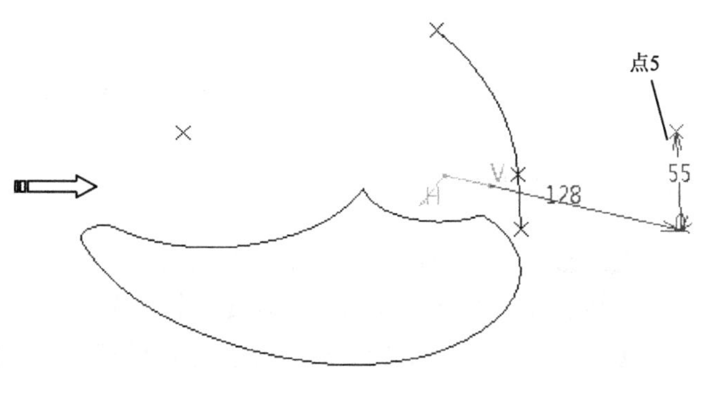

图8-17 创建坐标点（二）

Step11 单击【线框】工具栏上的【圆】按钮○，弹出【圆定义】对话框，在【圆类型】下拉列表中选择“两点和半径”选项，选择“点4”和“点5”，设置【支持面】为“yz平面”，【半径】为“380mm”，单击【确定】按钮创建圆弧，如图8-18所示。

Step12 单击【操作】工具栏上的【接合】按钮，弹出【接合定义】对话框，选择如图8-19所示的直线和圆弧，单击【确定】按钮，系统自动完成结合操作，如图8-19所示。

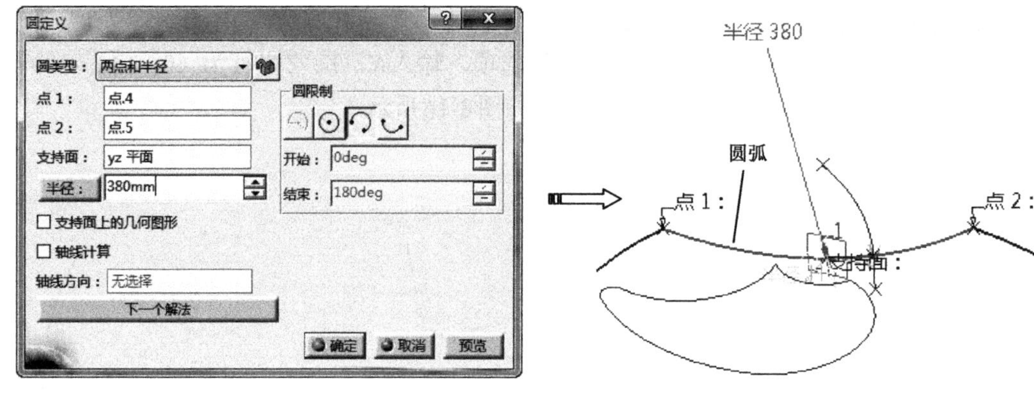

图8-18 创建圆弧

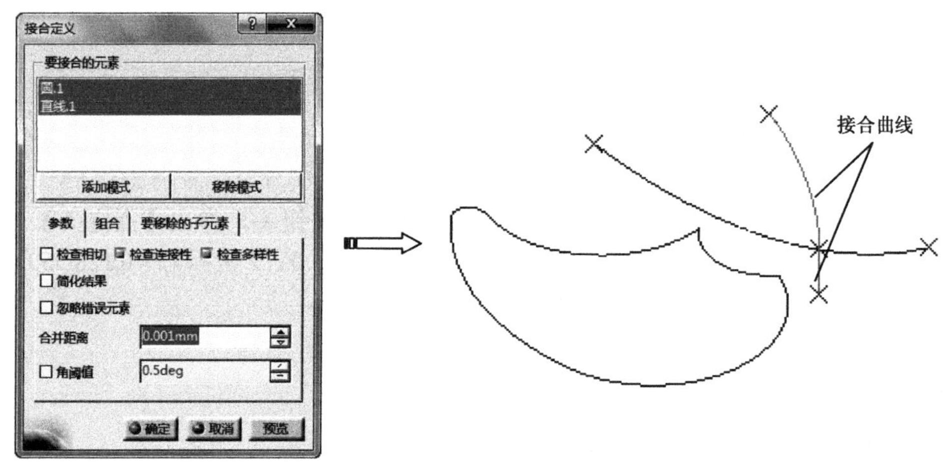

图8-19 创建接合曲线

8.1.2.3 创建曲面

Step13 单击【曲面】工具栏上的【旋转】按钮，弹出【旋转曲面定义】对话框，选择“接合.1”为旋转截面，设置【旋转轴】为“Z轴”，设置旋转角度为“360deg”，单击【确定】按钮，系统自动完成旋转曲面创建，如图8-20所示。

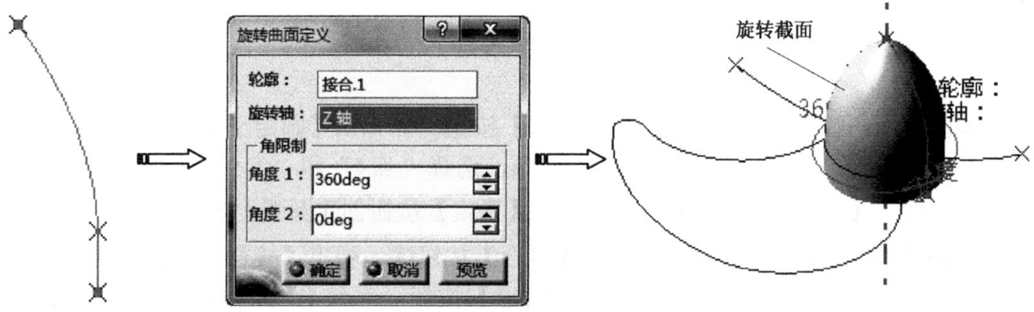

图8-20 创建旋转曲面

Step14 单击【曲面】工具栏上的【拉伸】按钮，弹出【拉伸曲面定义】对话框，选择如图8-21所示的圆弧为拉伸截面，设置【方向】为“X部件”，【尺寸】为“180mm”，单击【确定】按钮，系统自动完成拉伸曲面创建，如图8-21所示。

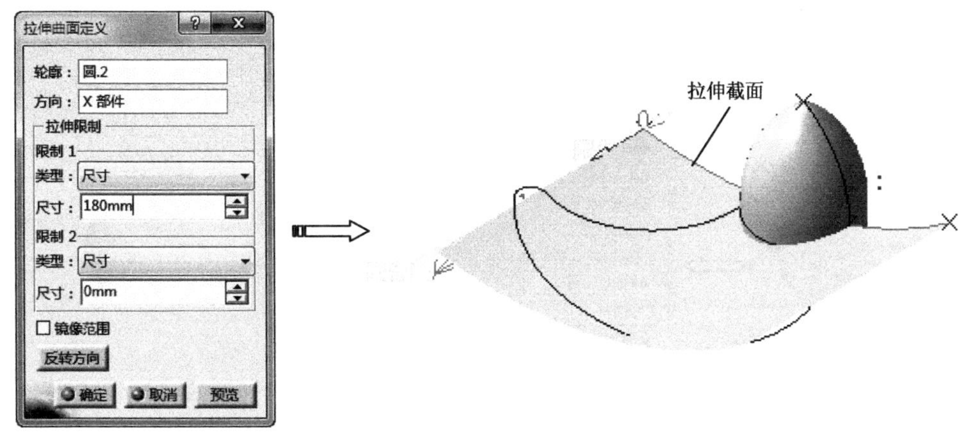

图8-21 拉伸曲面

Step15 单击【线框】工具栏上的【投影】按钮，弹出【投影定义】对话框，在【投影类型】下拉列表中选择“沿某一方向”选项，选择“草图1”作为投影的曲线，选择拉伸曲面为支持面，选择“Z部件”为投影方向，单击【确定】按钮，系统自动完成投影曲线创建，如图8-22所示。

图8-22 创建投影曲线

Step16 单击【操作】工具栏上的【分割】按钮，弹出【定义分割】对话框，激活【要切除的元素】编辑框选择拉伸曲面，然后激活【切除元素】编辑框，选择投影曲线作为切除元素，单击【确定】按钮，系统自动完成分割操作，如图8-23所示。

图8-23 创建分割

Step17 选择分割后的曲面，单击【复制】工具栏上的【圆形阵列】按钮，弹出【定义圆形阵列】对话框，在【轴向参考】选项卡中设置【参数】为“实例和角度间距”，【实例】为“3”，【角度间距】为“120deg”，激活【参考元素】编辑框，选择“Z轴”，单击【确定】按钮完成圆形阵列，如图8-24所示。

图8-24 创建圆形阵列

8.1.2.4 曲面创建实体

Step18 选择【开始】|【机械设计】|【零件设计】命令，转入零件设计工作台。

Step19 单击【基于曲面的特征】工具栏上的【厚曲面】按钮，弹出【定义厚曲面】对话框，激活【分割图元】编辑框，选择如图8-25所示的曲面，箭头指向加厚方向，激活【第一偏置】和【第二偏置】文本框输入“1mm”，单击【确定】按钮，完成加厚特征，如图8-25所示。

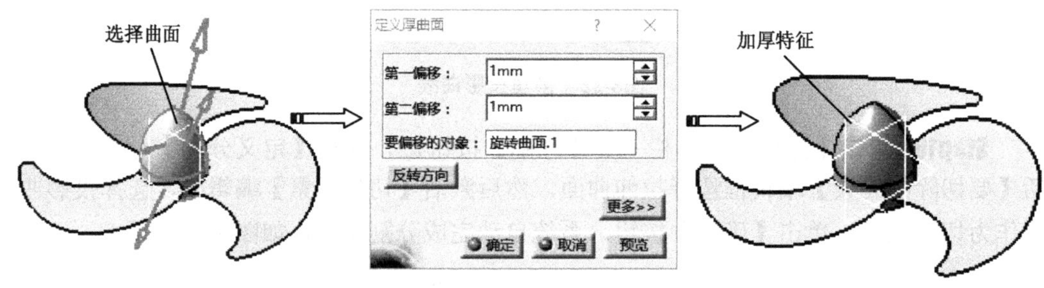

图8-25 创建加厚特征（一）

Step20 单击【基于曲面的特征】工具栏上的【厚曲面】按钮，弹出【定义厚曲面】对话框，激活【分割图元】编辑框，选择如图8-26所示的曲面，箭头指向加厚方向，激活【第一偏移】文本框，输入“2mm”，单击【确定】按钮，完成加厚特征，如图8-26所示。

Step21 单击【基于曲面的特征】工具栏上的【厚曲面】按钮，弹出【定义厚曲面】对话框，激活【分割图元】编辑框，选择如图8-27所示的曲面，箭头指向加厚方向，激活【第一偏移】文本框，输入“2mm”，单击【确定】按钮，完成加厚特征，如图8-27所示。

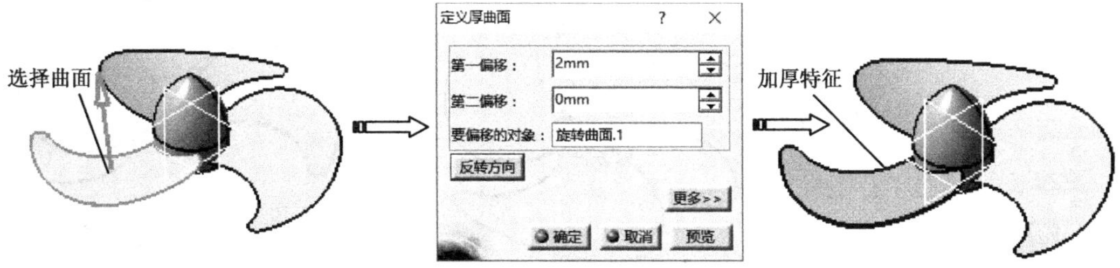

图8-26　创建加厚特征（二）

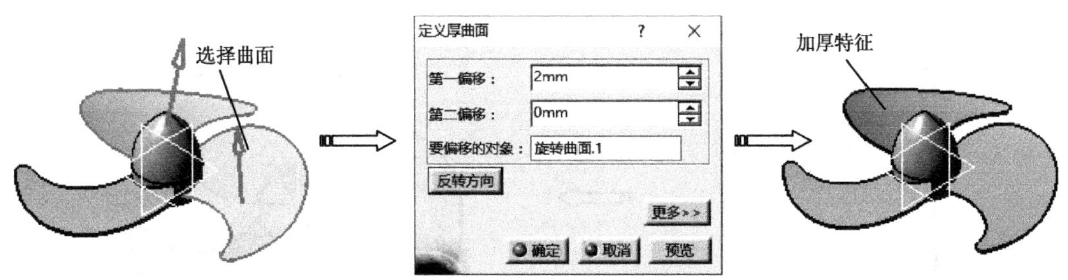

图8-27　创建加厚特征（三）

Step22 单击【草图】按钮，选择*XY*平面作为草绘平面，进入草图编辑器。利用草绘工具绘制如图8-28所示的草图。单击【工作台】工具栏上的【退出工作台】按钮，完成草图绘制。

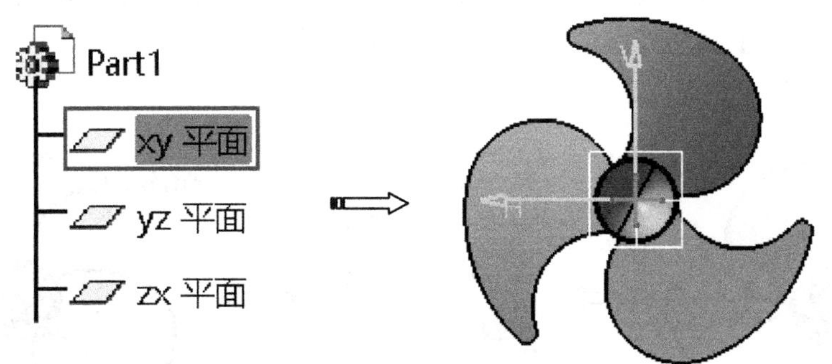

图8-28　绘制草图

Step23 单击【基于草图的特征】工具栏上的【加强肋】按钮，弹出【定义加强肋】对话框，选择上一步绘制草图作为轮廓，选择【模式】为“从顶部”，【厚度1】为“4mm”，单击【确定】按钮，完成加强肋特征，如图8-29所示。

Step24 单击【草图】按钮，选择*XY*平面作为草绘平面，进入草图编辑器。利用草绘工具绘制如图8-30所示的草图。单击【工作台】工具栏上的【退出工作台】按钮，完成草图绘制。

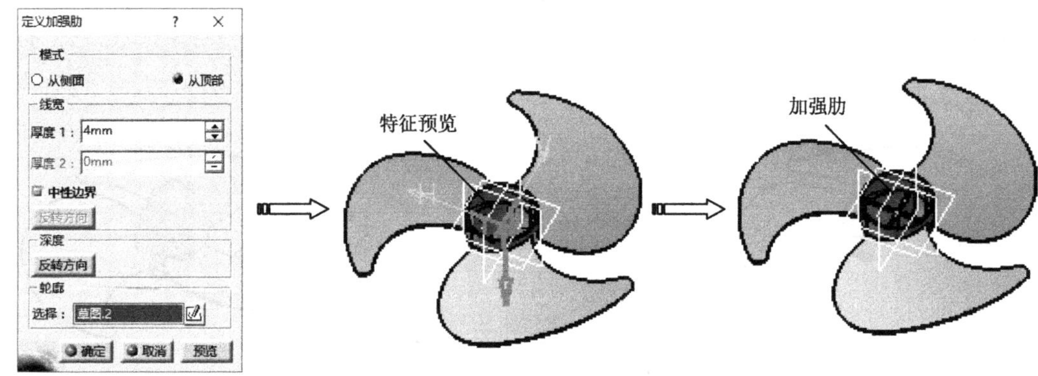

图8-29 创建加强肋特征

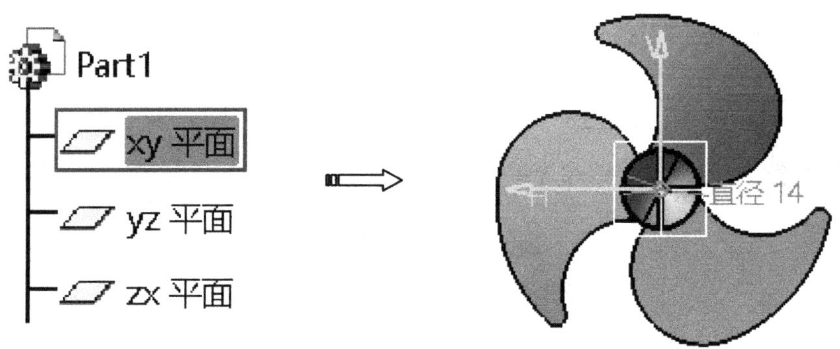

图8-30 绘制草图

Step25 单击【基于草图的特征】工具栏上的【凸台】按钮，弹出【定义凸台】对话框，设置拉伸深度类型为“直到最后”，选择上一步所绘制的草图，特征预览确认无误后单击【确定】按钮完成拉伸特征，如图8-31所示。

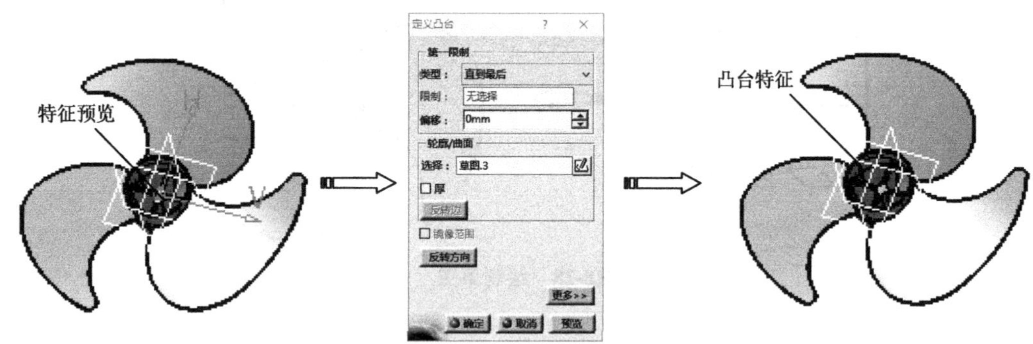

图8-31 创建凸台特征

Step26 按住Ctrl键选定圆形表面的同时选定圆边界，单击【基于草图的特征】工具栏上的【孔】按钮，弹出【定义孔】对话框，设置螺纹直径为10mm，单击【确定】按钮创建孔特征，如图8-32所示。

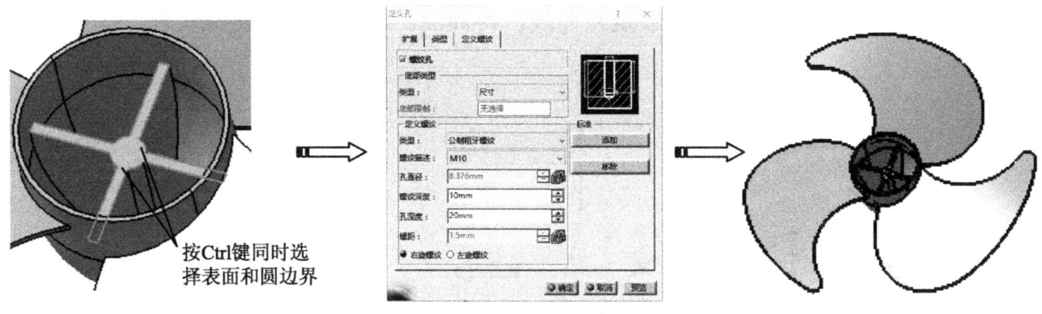

图8-32　创建孔

8.2　综合实例2——旋转按钮产品设计

8.2　视频精讲

本节中，以一个工业产品——旋转按钮设计实例来详解曲面产品设计和应用技巧。风扇叶轮设计造型如图8-33所示。

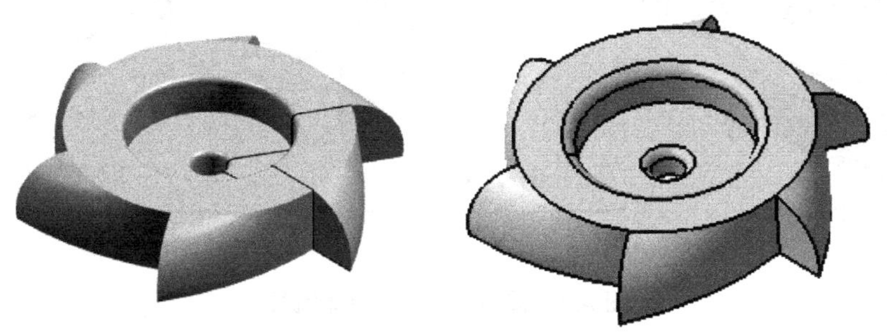

图8-33　旋转按钮

8.2.1　旋转按钮造型思路分析

旋转按钮外形结构流畅圆滑美观，圆周均布。旋转按钮的CATIA曲面实体建模流程如下。

（1）零件分析，拟订总体建模思路

按旋转按钮的曲面结构特点对曲面进行分解，可分解为上曲面、下曲面和外轮廓曲面，如图8-34所示。

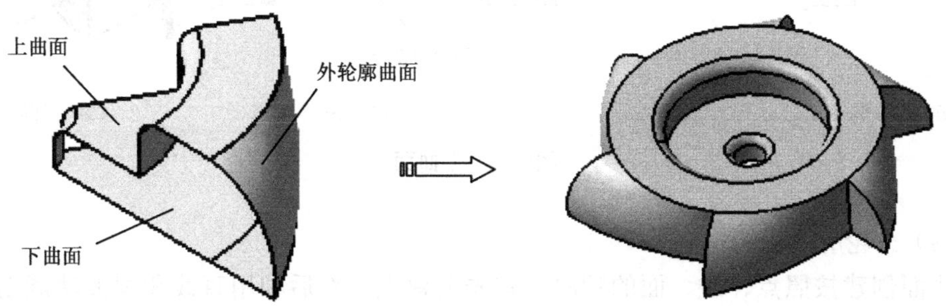

图8-34　曲面分解

根据曲面实体建模顺序，一般是先曲线，再曲面，最后由曲面生成实体，如图8-35所示。

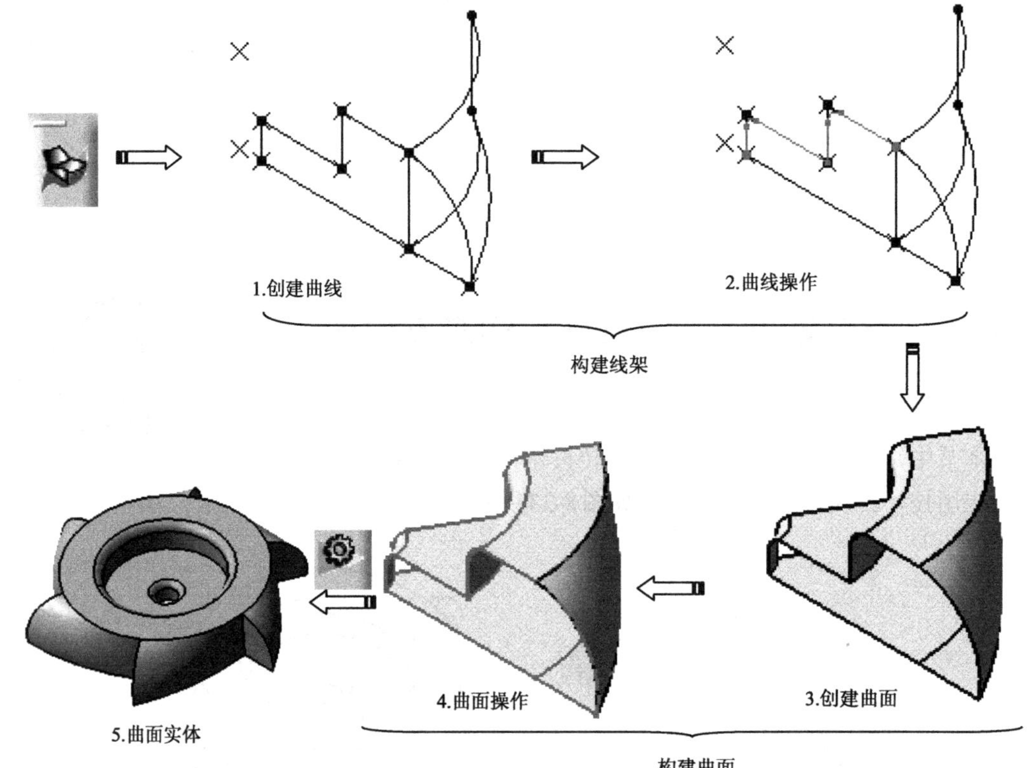

图8-35 旋转按钮创建基本流程

（2）上部曲面的构建

曲面创建按照点、线、面的顺序，首先创建点，然后利用直线功能创建曲线，最后通过圆角和操作接合功能将曲线接合在一起而形成整体曲线，曲面采用旋转曲面来实现，如图8-36所示。

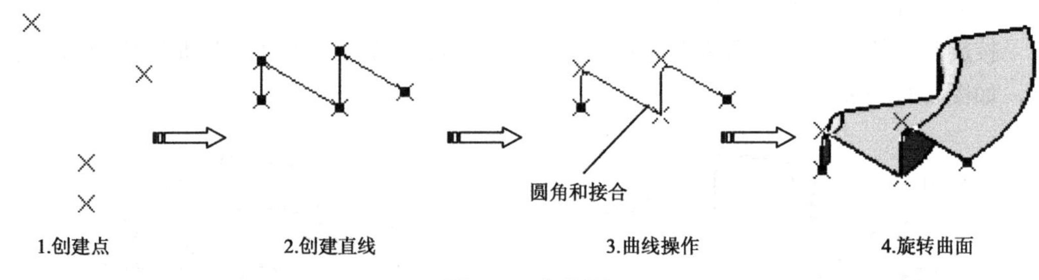

图8-36 上曲面

（3）外轮廓曲面的构建

曲面创建按照点、线、面的顺序，首先创建点，然后利用直线和圆弧功能创建曲线，最后通过多截面曲面来实现，如图8-37所示。

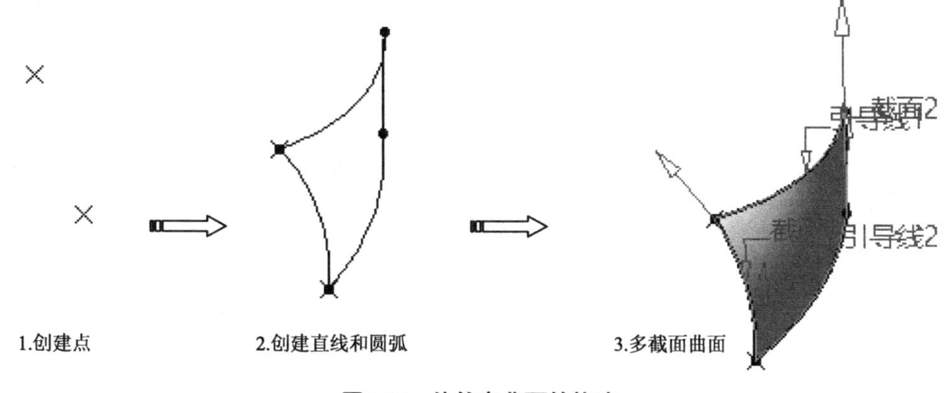

图8-37　外轮廓曲面的构建

（4）下曲面的构建

曲面创建按照点、线、面的顺序，首先创建点，然后利用直线功能创建曲线，最后通过旋转曲面和填充曲面完成曲面造型，如图8-38所示。

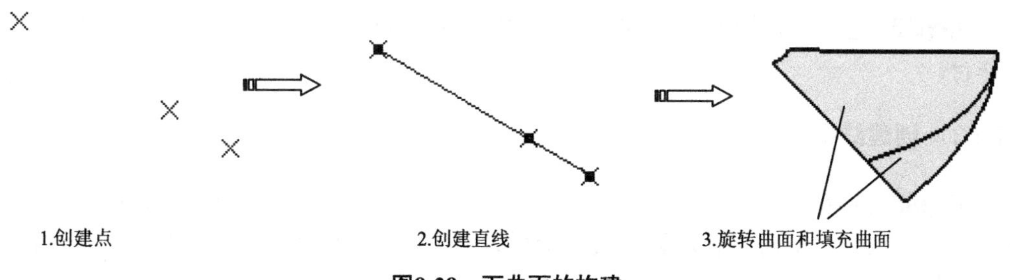

图8-38　下曲面的构建

（5）曲面创建实体

在零件设计工作台中，首先将所有曲面接合，然后利用封闭曲面创建实体，最后利用圆周阵列特征完成造型，如图8-39所示。

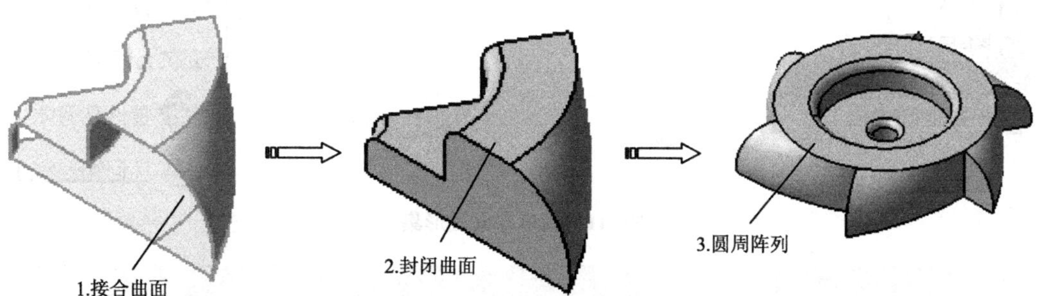

图8-39　曲面创建实体特征

8.2.2　旋转按钮造型操作过程

8.2.2.1　启动创成式外形设计工作台

Step01　在【标准】工具栏中单击【新建】按钮，弹出【新建】对话框，在【类型列表】中选择“Part”，单击【确定】按钮新建一个零件文件，进入【零件设计】工作台，如图8-40所示。

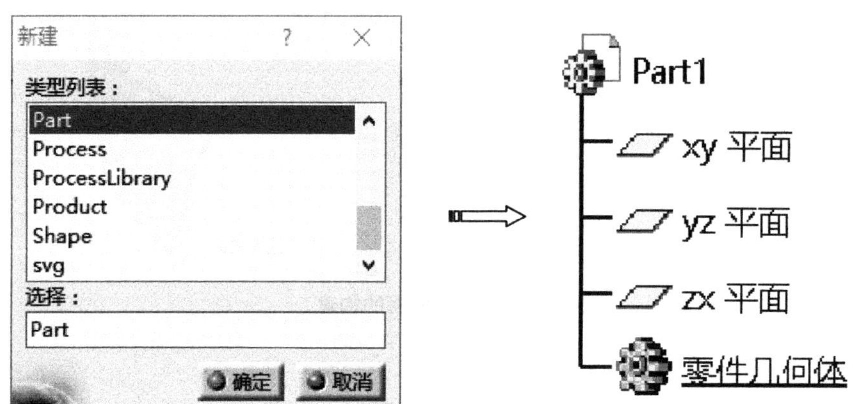

图8-40 创建零件

Step02 选择【开始】|【形状】|【创成式外形设计】命令，进入创成式外形设计工作台。

8.2.2.2 创建线框

Step03 选择下拉菜单【插入】|【几何图形集】命令，弹出【插入几何图形集】对话框，保持默认，单击【确定】按钮，特征树上出现“几何图形集.1”节点，并设置为当前工作对象，如图8-41所示。

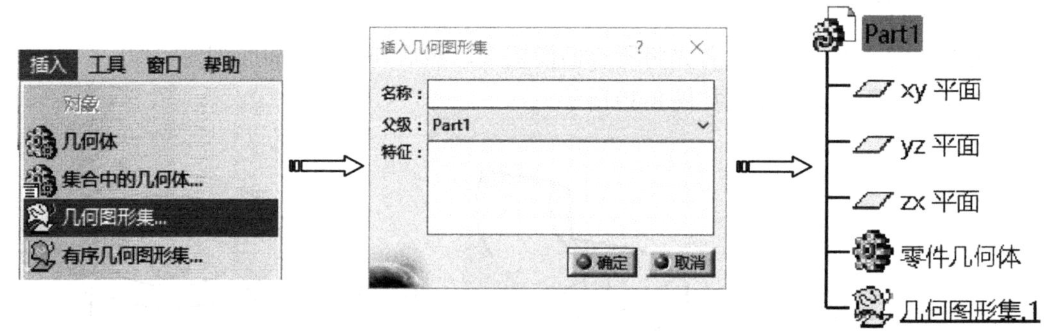

图8-41 创建几何图形集

Step04 创建点。单击【线框】工具栏上的【点】按钮，弹出【点定义】对话框，在【点类型】下拉列表中选择“坐标”选项，输入*X*、*Y*、*Z*坐标为（0,3,0），单击【确定】按钮，系统自动完成点创建，如图8-42所示。

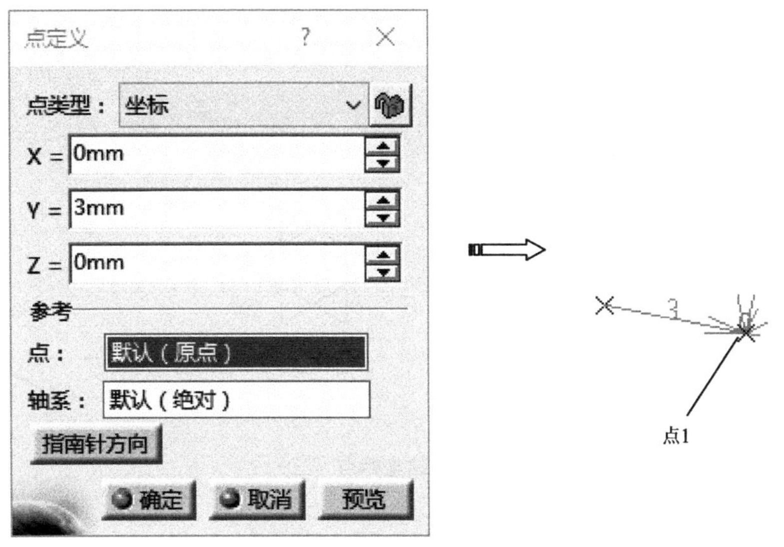

图8-42　创建坐标点（一）

Step05 创建点。单击【线框】工具栏上的【点】按钮，弹出【点定义】对话框，在【点类型】下拉列表中选择“坐标”选项，【参考】框选择“点1”，输入*X*、*Y*、*Z*坐标为（0,0,5），单击【确定】按钮，系统自动完成点创建，如图8-43所示。

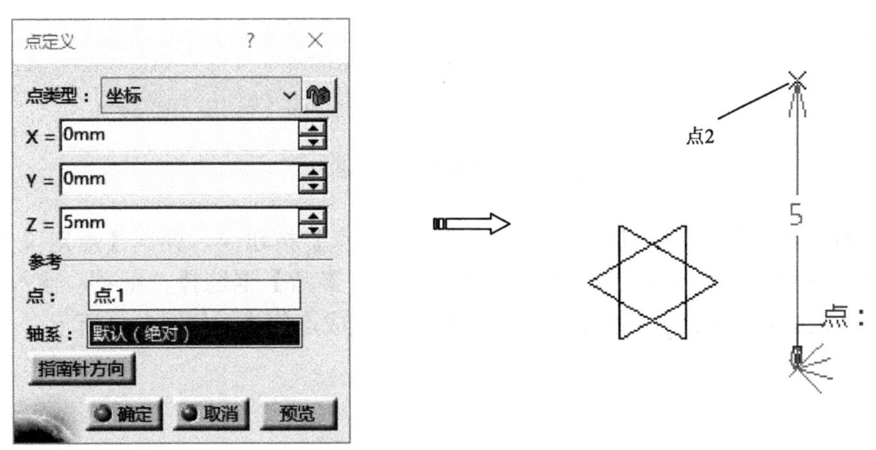

图8-43　创建坐标点（二）

Step06 创建点。单击【线框】工具栏上的【点】按钮，弹出【点定义】对话框，在【点类型】下拉列表中选择“坐标”选项，【参考】框选择“点2”，输入*X*、*Y*、*Z*坐标为（0,12,0），单击【确定】按钮，系统自动完成点创建，如图8-44所示。

Step07 创建点。单击【线框】工具栏上的【点】按钮，弹出【点定义】对话框，在【点类型】下拉列表中选择“坐标”选项，【参考】框选择“点3”，输入*X*、*Y*、*Z*坐标为（0,0,7），单击【确定】按钮，系统自动完成点创建，如图8-45所示。

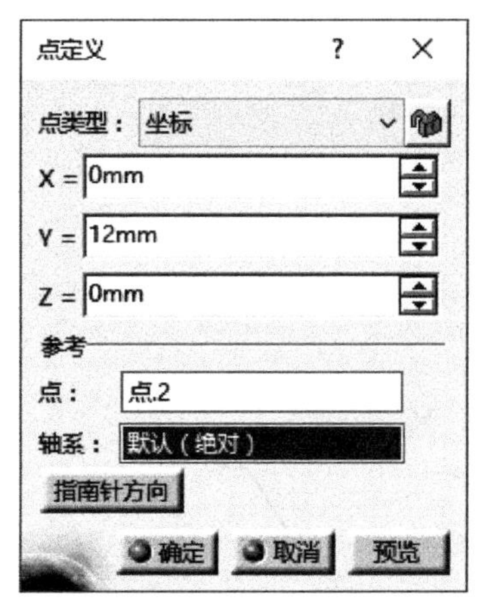

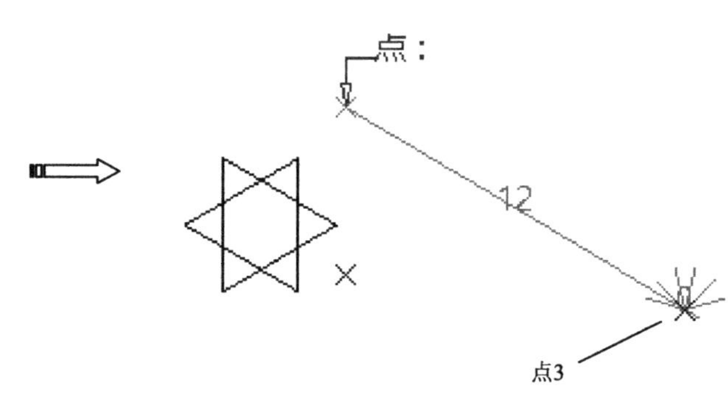

图8-44　创建坐标点（三）

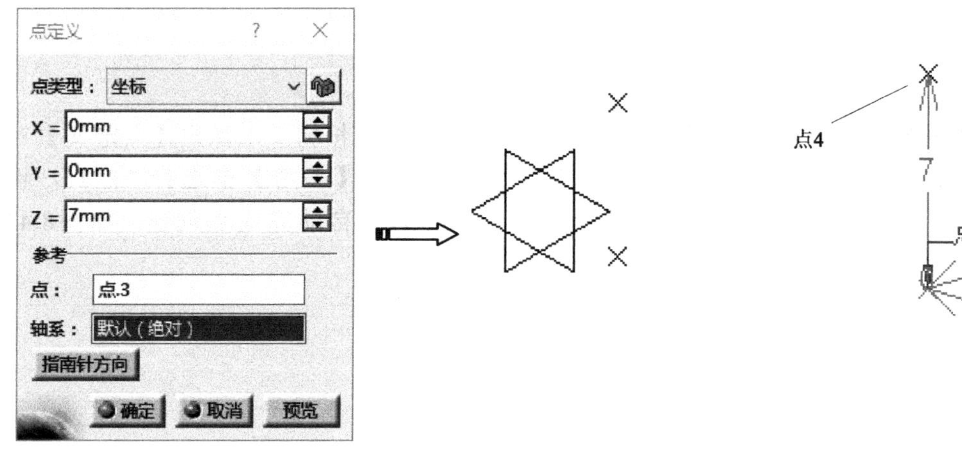

图8-45　创建坐标点（四）

Step08 创建点。单击【线框】工具栏上的【点】按钮，弹出【点定义】对话框，在【点类型】下拉列表中选择“坐标”选项，【参考】框选择“点4”，输入*X*、*Y*、*Z*坐标为（0,10,0），单击【确定】按钮，系统自动完成点创建，如图8-46所示。

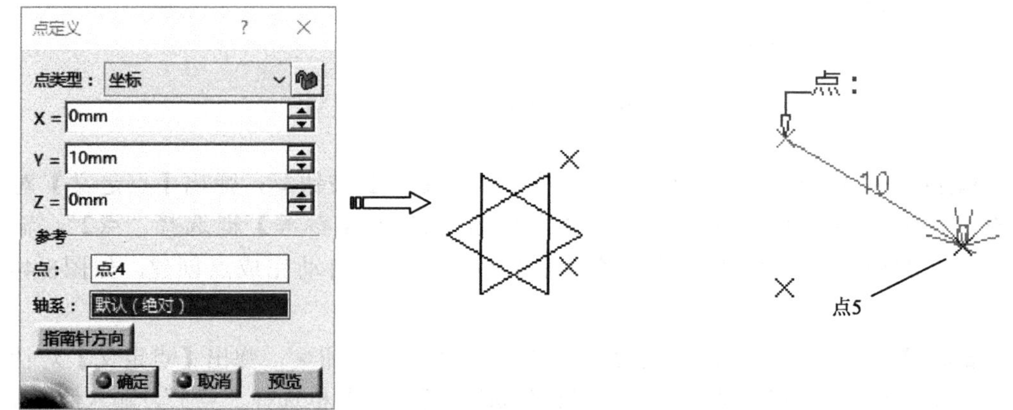

图8-46　创建坐标点（五）

Step09 创建点。单击【线框】工具栏上的【点】按钮，弹出【点定义】对话框，在【点类型】下拉列表中选择“坐标”选项，【参考】框选择“点5”，输入*X*、*Y*、*Z*坐标为（0,0,−12），单击【确定】按钮，系统自动完成点创建，如图8-47所示。

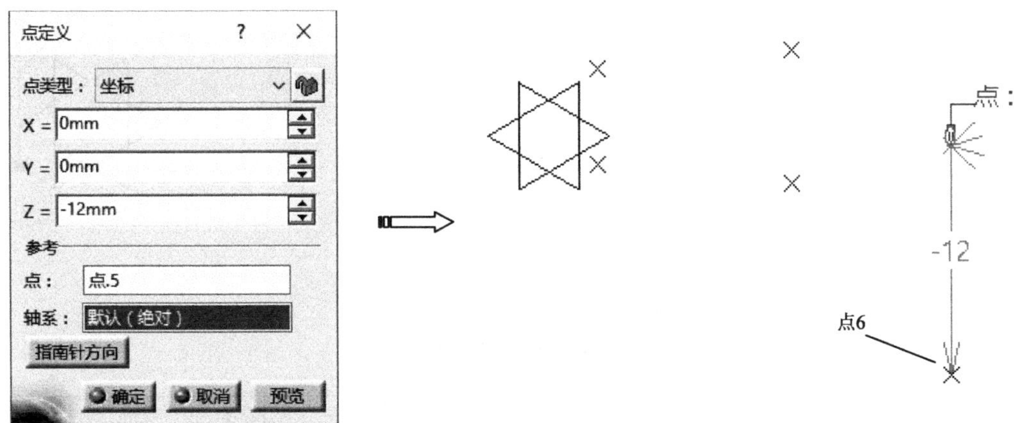

图8-47 创建坐标点（六）

Step10 创建点。单击【线框】工具栏上的【点】按钮，弹出【点定义】对话框，在【点类型】下拉列表中选择“坐标”选项，【参考】框选择“点6”，输入*X*、*Y*、*Z*坐标为（0,9,0），单击【确定】按钮，系统自动完成点创建，如图8-48所示。

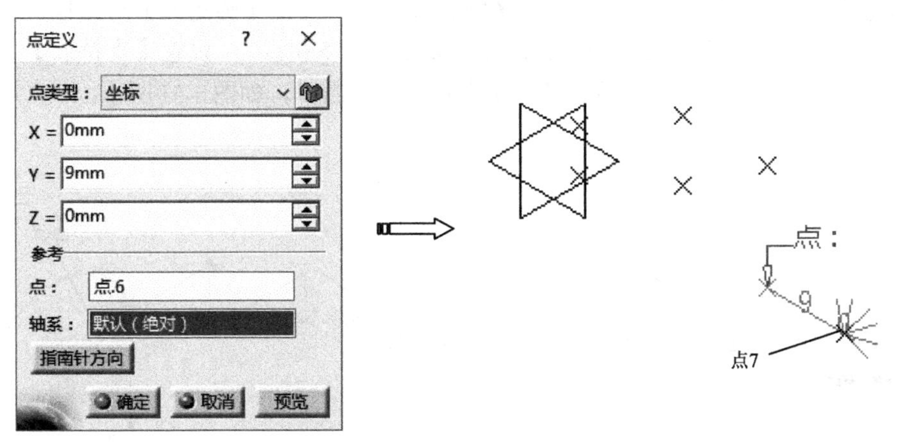

图8-48 创建坐标点（七）

Step11 单击【参考元素】工具栏上的【直线】按钮，弹出【直线定义】对话框，在【线型】下拉列表中选择“点-点”选项，选择点1和点2作为参考，单击【确定】按钮，系统自动完成直线创建，如图8-49所示。

Step12 重复上述过程，单击【参考元素】工具栏上的【直线】按钮，将所有其余点连接成直线，如图8-50所示。

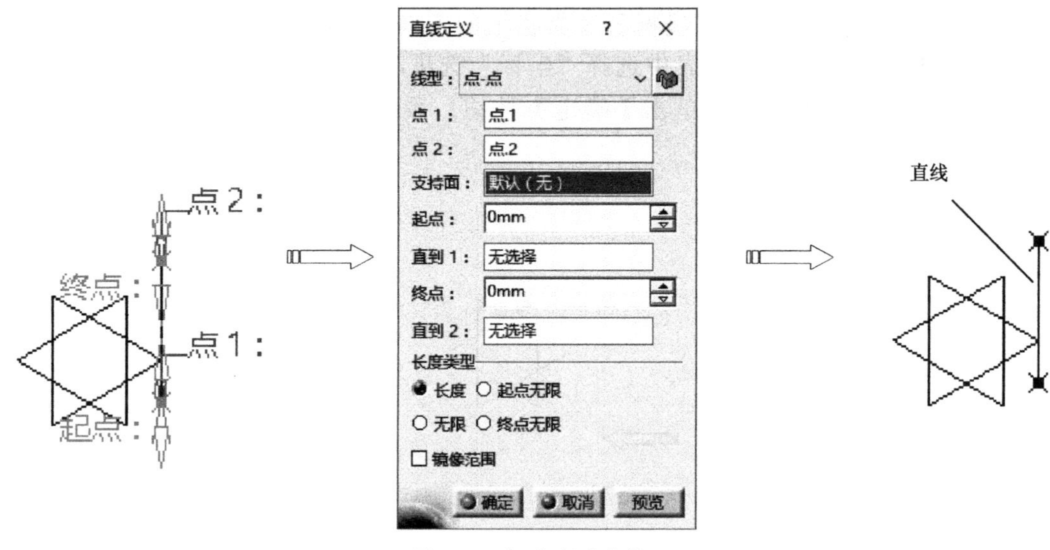

图8-49 点-点创建直线

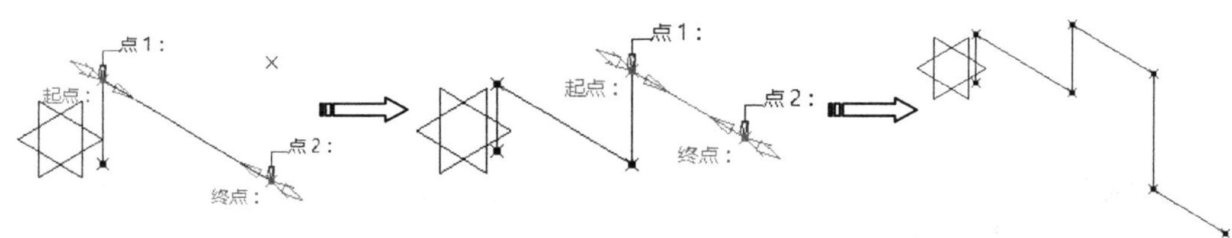

图8-50 创建直线

Step13 单击【线框】工具栏上的【圆】按钮，弹出【圆定义】对话框，在【圆类型】下拉列表中选择“两点和半径”选项，选择点5和点7，设置【支持面】为“yz平面”，【半径】为“10mm”，单击【确定】按钮创建圆弧，如图8-51所示。

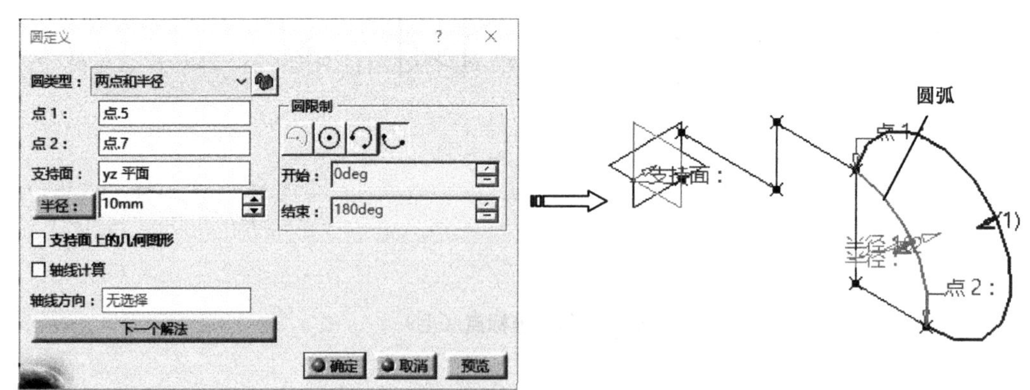

图8-51 创建圆弧

Step14 创建点。单击【线框】工具栏上的【点】按钮，弹出【点定义】对话框，在【点类型】下拉列表中选择“坐标”选项，输入*X*、*Y*、*Z*坐标为（0,0,12），单击【确定】按钮，系统自动完成点创建，如图8-52所示。

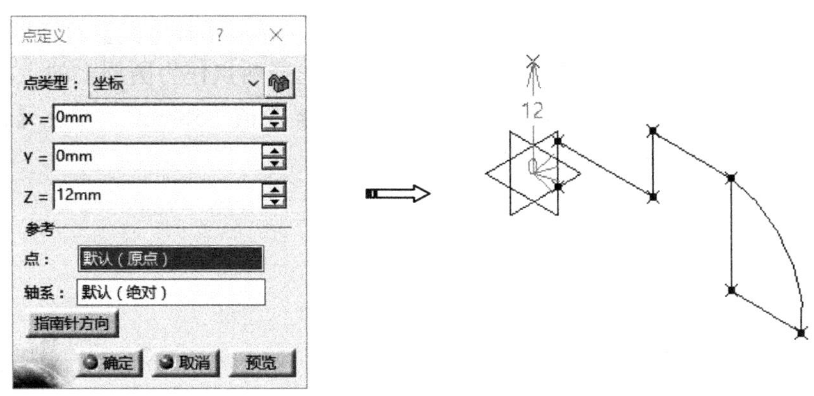

图8-52　创建坐标点

Step15 单击【线框】工具栏上的【圆】按钮，弹出【圆定义】对话框，在【圆类型】下拉列表中选择“中心和半径”选项，选择点8作为圆心，选择*XY*平面作为圆弧的支持面，在【半径】文本框中输入半径值“25mm”，在【开始】和【结束】文本框中分别输入开始结束角度“90deg”“150deg”，单击【确定】按钮，系统自动完成圆创建，如图8-53所示。

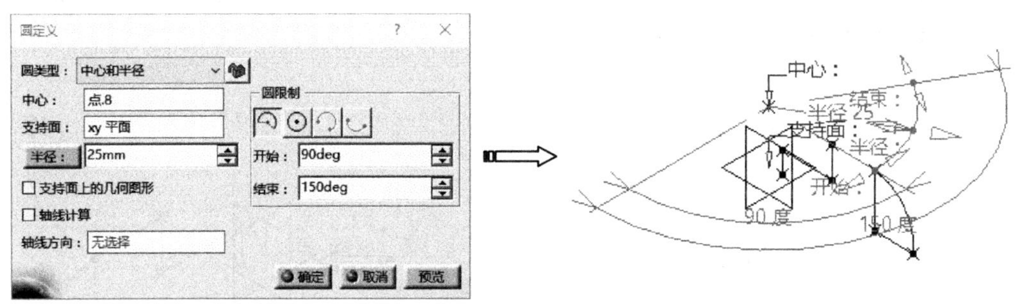

图8-53　圆心和半径

Step16 单击【参考元素】工具栏上的【直线】按钮，弹出【直线定义】对话框，在【线型】下拉列表中选择“点-方向”选项，选择圆弧端点作为起点，选择*Z*轴作为方向参考，在【终点】文本框中输入长度数值“12mm”，单击【确定】按钮，系统自动完成直线创建，如图8-54所示。

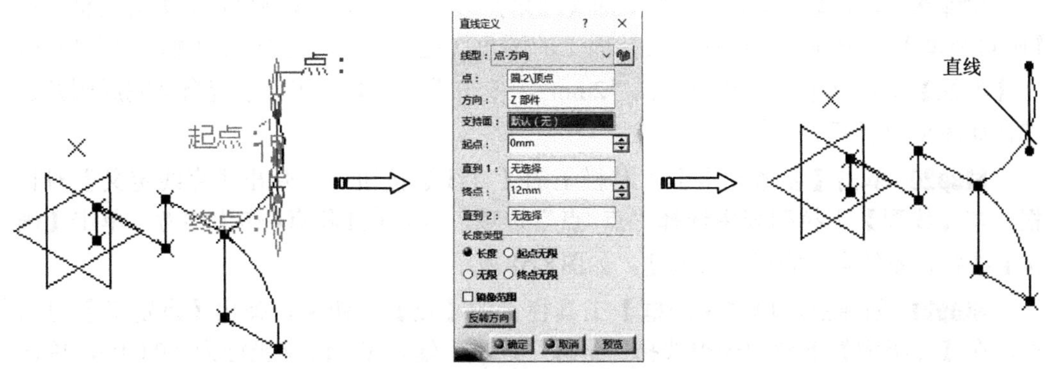

图8-54　点-方向创建直线

Step17 单击【线框】工具栏上的【圆】按钮，弹出【圆定义】对话框，在【圆类型】下拉列表中选择“两点和半径”选项，依次选择两点作为圆周上的点，选择*XY*平面作为圆弧的支持面，在【半径】文本框中输入半径值“58mm”，单击【确定】按钮，系统自动完成圆创建，如图8-55所示。

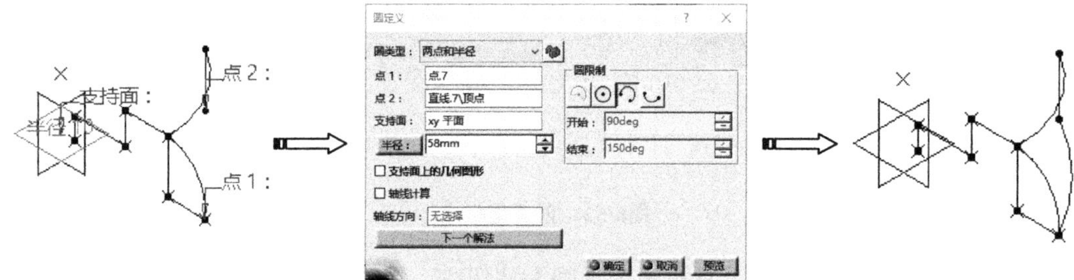

图8-55　两点和半径

Step18 单击【线框】工具栏上的【圆角】按钮，弹出【圆角定义】对话框，在【圆角类型】下拉列表中选择“支持面上的圆角”选项，依次选择倒圆角的两条曲线，在【半径】文本框中输入圆角半径“1.5mm”，单击【确定】按钮，系统自动完成圆角创建，如图8-56所示。

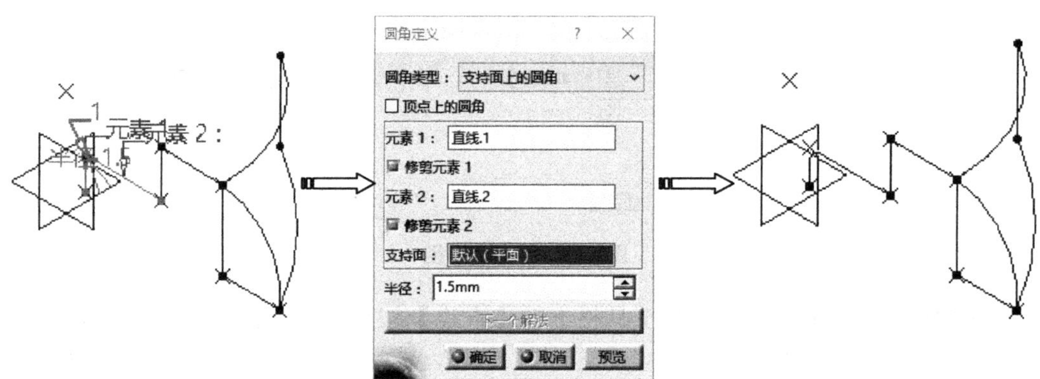

图8-56　创建圆角（一）

Step19 单击【线框】工具栏上的【圆角】按钮，弹出【圆角定义】对话框，在【圆角类型】下拉列表中选择“支持面上的圆角”选项，依次选择倒圆角的两条曲线，在【半径】文本框中输入圆角半径“2mm”，单击【确定】按钮，系统自动完成圆角创建，如图8-57所示。

Step20 单击【参考元素】工具栏上的【直线】按钮，弹出【直线定义】对话框，在【线型】下拉列表中选择“点-点”选项，选择点1和点6作为参考，单击【确定】按钮，系统自动完成直线创建，如图8-58所示。

Step21 创建点。单击【线框】工具栏上的【点】按钮，弹出【点定义】对话框，在【点类型】下拉列表中选择“坐标”选项，输入*X*、*Y*、*Z*坐标为（0,0,0），单击【确定】按钮，系统自动完成点创建，如图8-59所示。

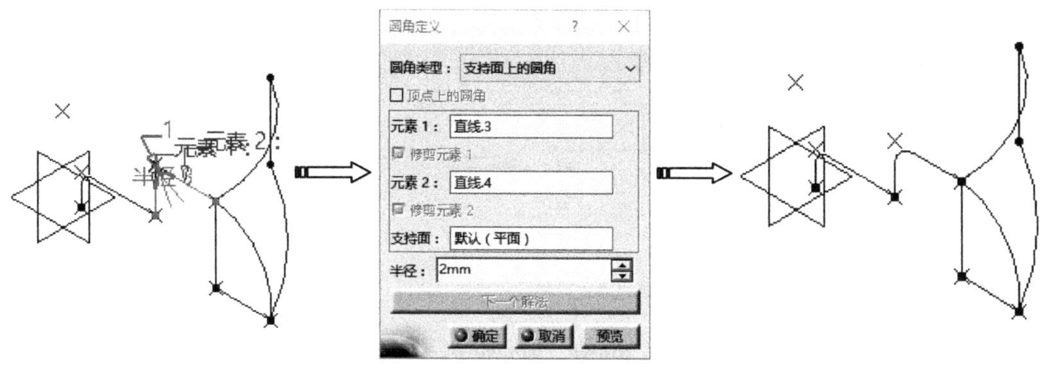

图8-57　创建圆角（二）

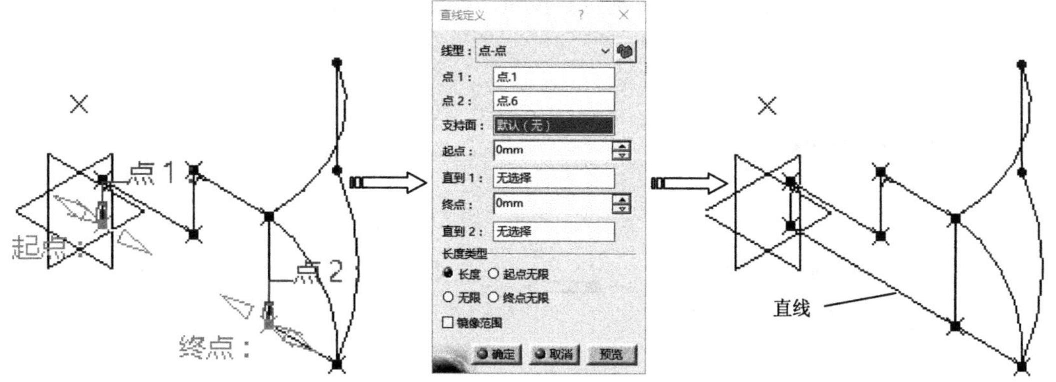

图8-58　点-点创建直线

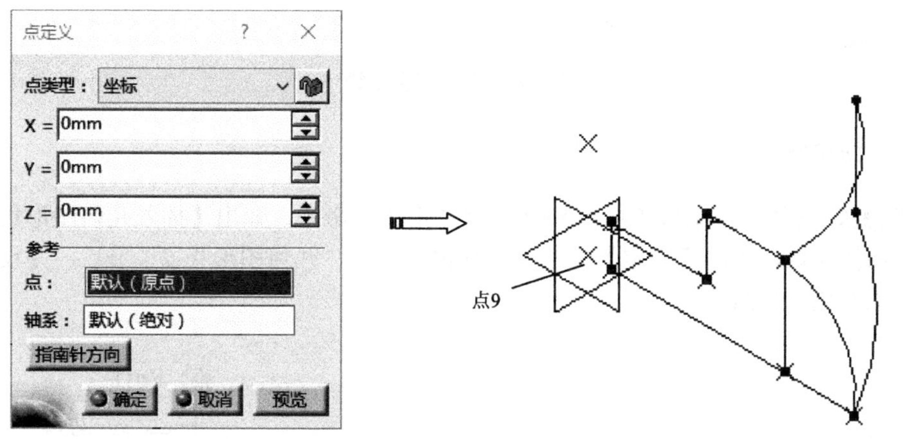

图8-59　创建坐标点

Step22 单击【线框】工具栏上的【圆】按钮，弹出【圆定义】对话框，在【圆类型】下拉列表中选择“中心和半径”选项，选择点9作为圆心，选择*XY*平面作为圆弧的支持面，在【半径】文本框中输入半径值“25mm”，在【开始】和【结束】文本框中分别输入开始结束角度“90deg”“150deg”，单击【确定】按钮，系统自动完成圆创建，如图8-60所示。

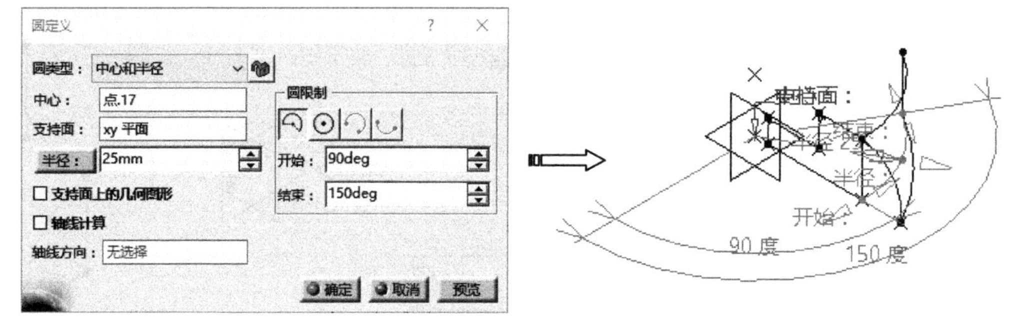

图8-60　圆心和半径

Step23 单击【操作】工具栏上的【接合】按钮，弹出【接合定义】对话框，选择如图8-61所示的直线和圆角，单击【确定】按钮，系统自动完成接合操作，如图8-61所示。

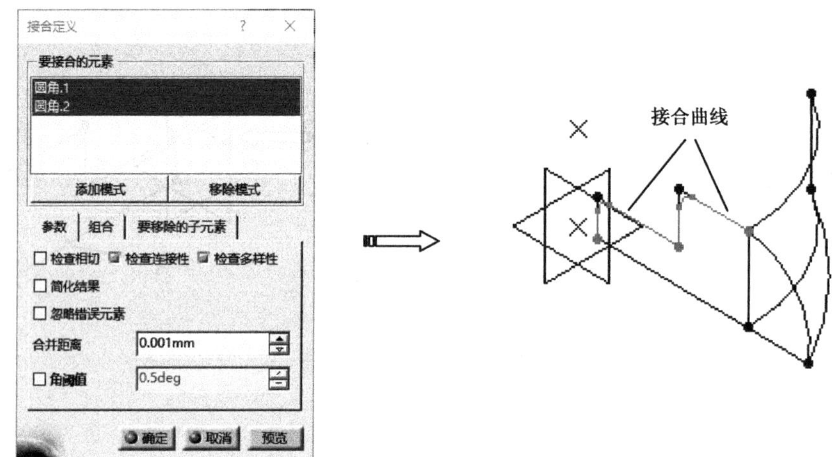

图8-61　创建接合曲线

8.2.2.3　创建曲面

Step24 选择下拉菜单【插入】|【几何图形集】命令，弹出【插入几何图形集】对话框，保持默认，单击【确定】按钮，特征树上出现“几何图形集.2”节点，并设置为当前工作对象，如图8-62所示。

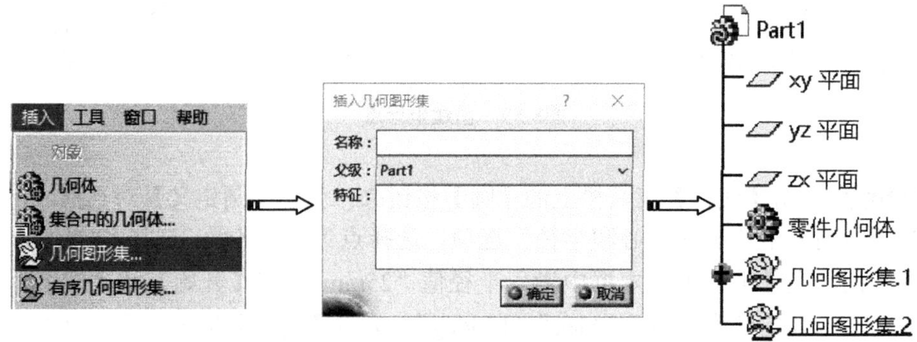

图8-62　创建几何图形集

Step25 单击【曲面】工具栏上的【旋转】按钮，弹出【旋转曲面定义】对话框，选择接合曲线作为旋转截面，Z轴为旋转轴，设置旋转角度后单击【确定】按钮，系统自动完成旋转曲面创建，如图8-63所示。

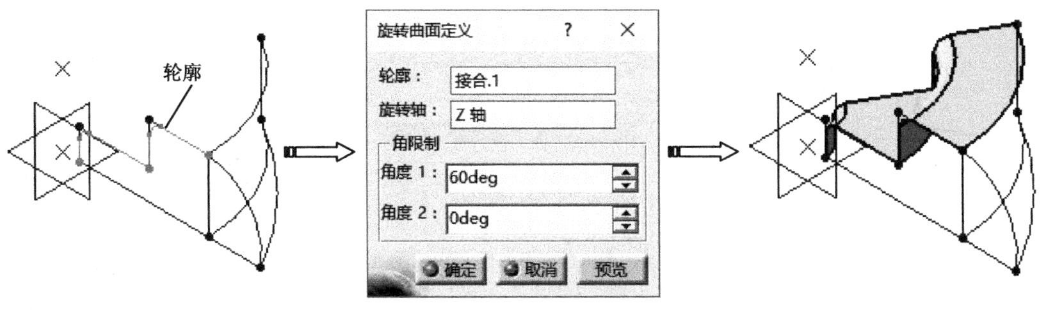

图8-63 旋转曲面

Step26 单击【曲面】工具栏上的【多截面曲面】按钮，弹出【多截面曲面定义】对话框，依次选取如图8-64所示的截面线，单击激活【引导线】选择框，选择如图8-64所示的曲线作为引导线。单击【确定】按钮，系统自动完成多截面曲面创建。

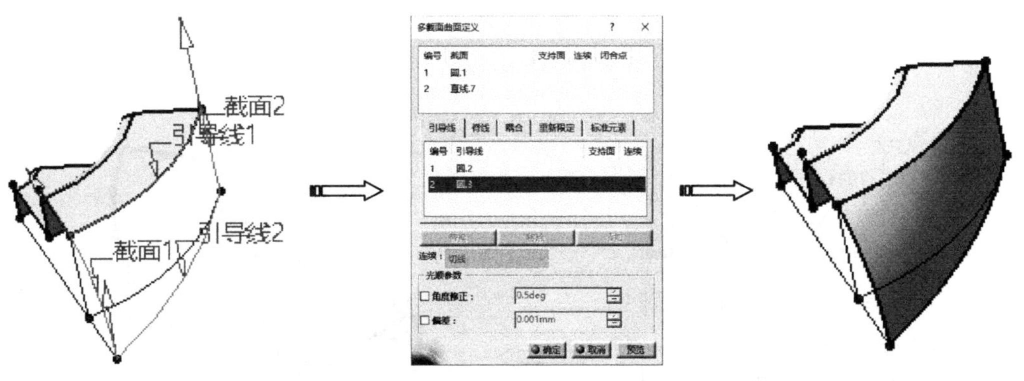

图8-64 创建多截面曲面

Step27 单击【曲面】工具栏上的【旋转】按钮，弹出【旋转曲面定义】对话框，选择直线作为旋转截面，Z轴为旋转轴，设置旋转角度后单击【确定】按钮，系统自动完成旋转曲面创建，如图8-65所示。

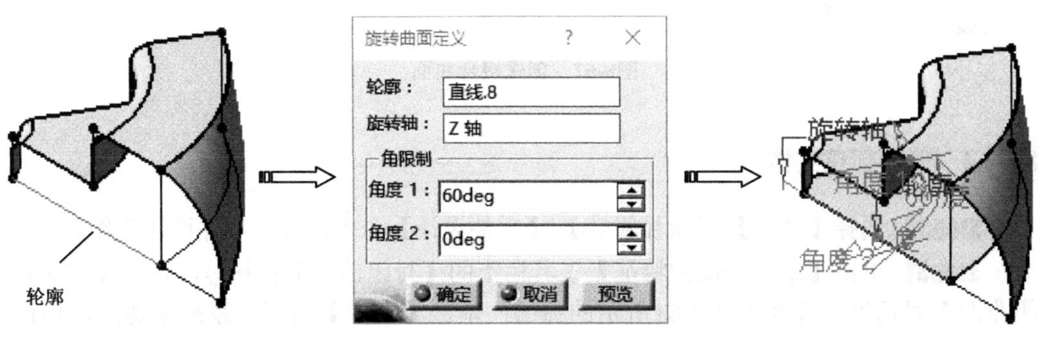

图8-65 旋转曲面

Step28 单击【曲面】工具栏上的【填充】按钮，弹出【填充曲面定义】对话框，选择如图8-66所示的封闭曲线，单击【确定】按钮，系统自动完成填充曲面创建，如图8-66所示。

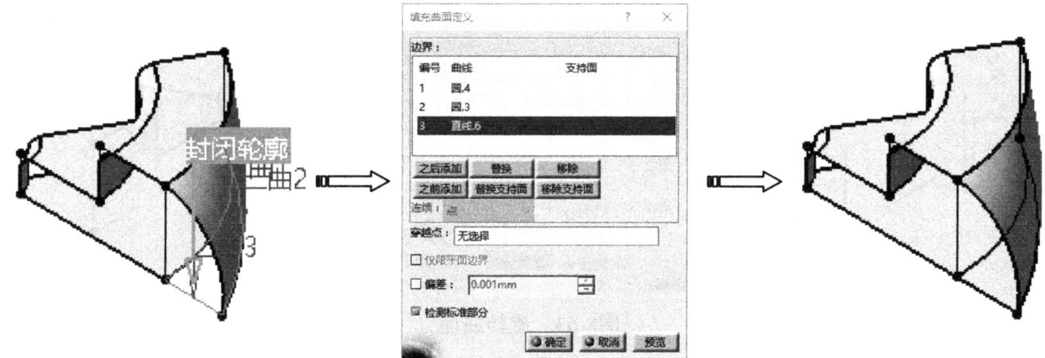

图8-66 创建填充曲面

Step29 单击【操作】工具栏上的【接合】按钮，弹出【接合定义】对话框，选择如图8-67所示的所有曲面，单击【确定】按钮，系统自动完成接合操作，如图8-67所示。

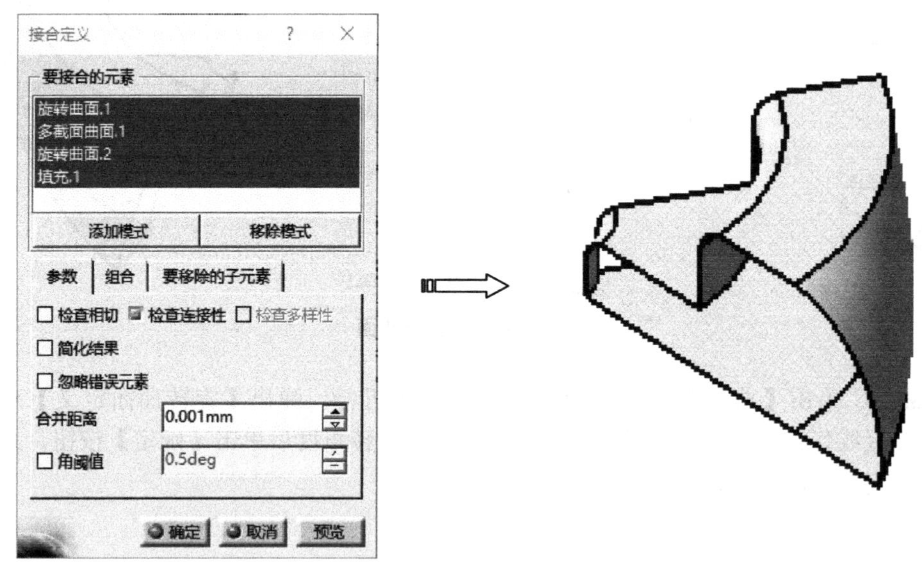

图8-67 创建接合曲面

8.2.2.4 曲面创建实体

Step30 选择【开始】|【机械设计】|【零件设计】命令，转入零件设计工作台。

Step31 单击【基于曲面的特征】工具栏上的【封闭曲面】按钮，弹出【定义封闭曲面】对话框，选择如图8-68所示的曲面，单击【确定】按钮，系统创建封闭曲面实体特征，如图8-68所示。

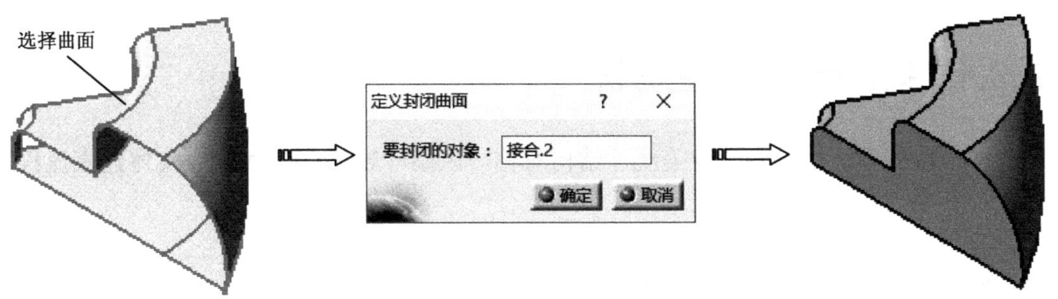

图8-68　创建封闭曲面特征

Step32 选择如图8-69所示要阵列的孔特征，单击【变换特征】工具栏上的【圆形阵列】按钮，弹出【定义圆形阵列】对话框，在【轴向参考】选项卡中设置【参数】为“实例和角度间距”，【实例】为“6”，【角度间距】为“60”，激活【参考元素】编辑框，选择“Z轴”，单击【预览】按钮显示预览，单击【确定】按钮完成圆形阵列，如图8-69所示。

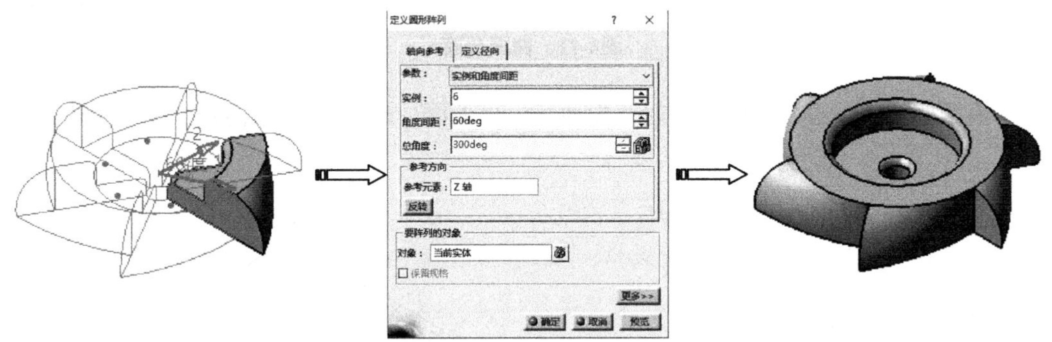

图8-69　创建圆形阵列

8.3　综合实例3——操作盘产品设计

8.3　视频精讲

本节中，以一个玩具产品——操作盘设计实例来详解曲面产品设计和应用技巧。操作盘设计造型如图8-70所示。

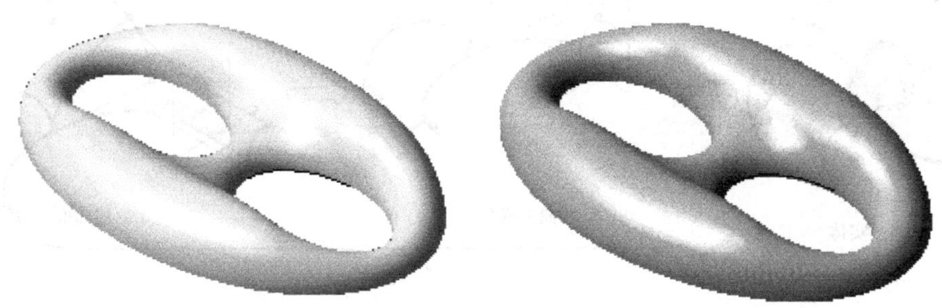

图8-70　操作盘

8.3.1 操作盘造型思路分析

操作盘外形结构流畅圆滑美观，结构对称。风扇叶轮的CATIA曲面实体建模流程如下。

（1）零件分析，拟订总体建模思路

按操作盘曲面结构对称的特点，绘制时可只绘制1/4部分，如图8-71所示。

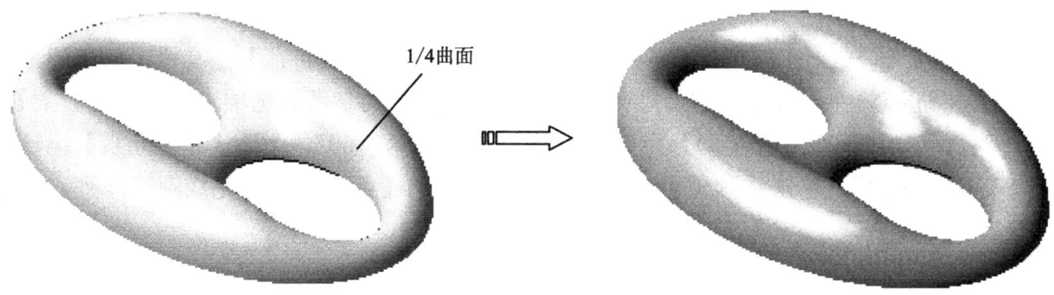

图8-71 曲面分解

根据曲面实体建模顺序，一般是先曲线，再曲面，最后由曲面生成实体，如图8-72所示。

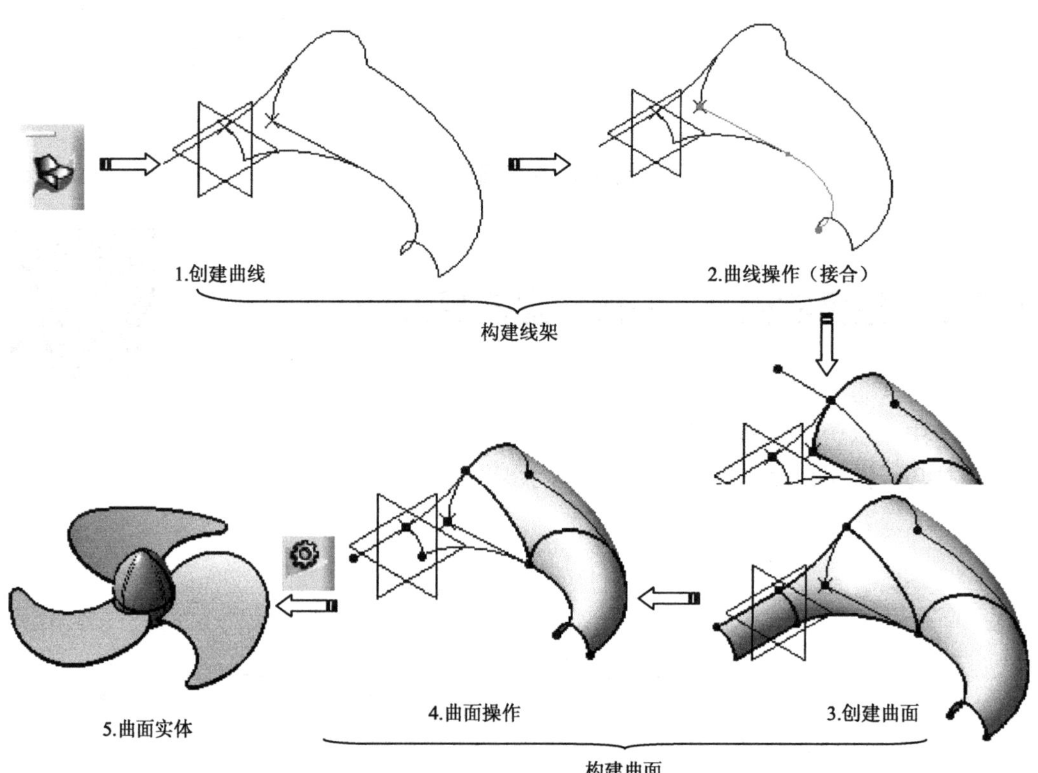

图8-72 操作盘创建基本流程

（2）曲线的构建

曲线创建按照点、线、面的顺序，首先创建点和草图，然后利用直线和圆弧功能创建曲线，最后通过拆解、连接、接合等操作绘制曲线线架结构，如图8-73所示。

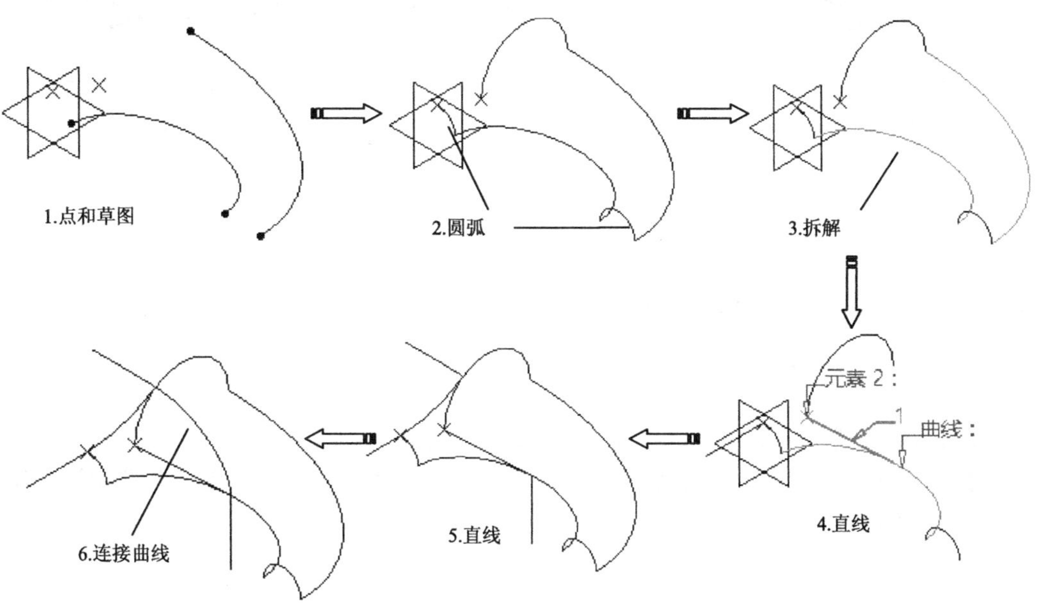

图8-73　曲线创建过程

（3）曲面的构建

利用旋转曲面工具创建扇轴曲面，如图8-74所示。

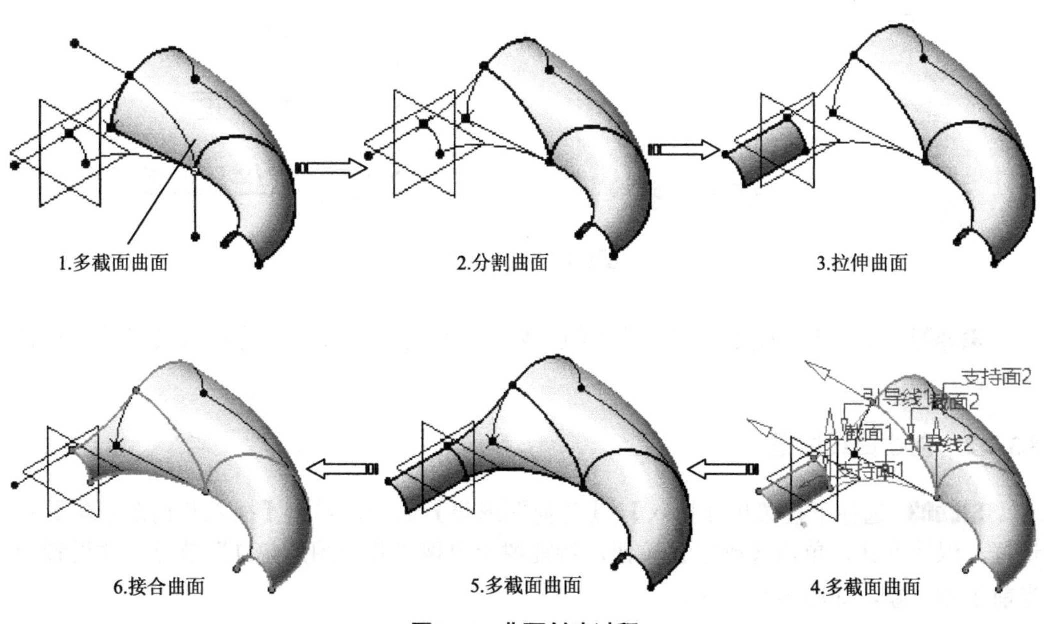

图8-74　曲面创建过程

（4）曲面创建实体

在零件设计工作台中，利用曲面加厚特征创建操作盘实体模型，如图8-75所示。

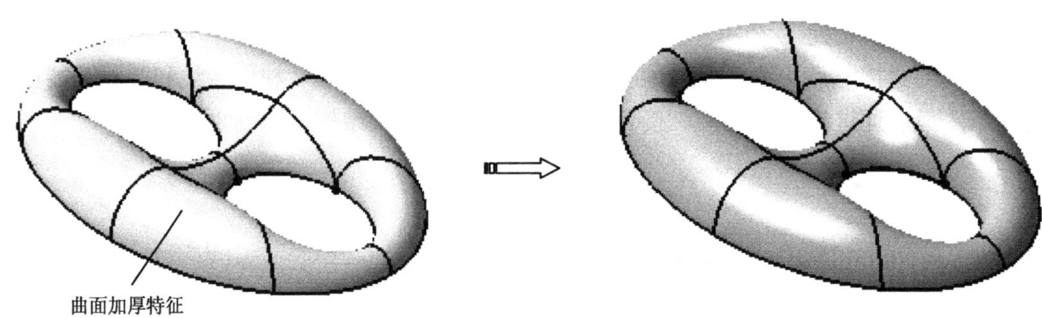

图8-75　曲面创建实体特征

8.3.2　操作盘设计操作过程

8.3.2.1　启动创成式外形设计工作台

Step01 在【标准】工具栏中单击【新建】按钮，弹出【新建】对话框，在【类型列表】中选择“Part”，单击【确定】按钮新建一个零件文件，进入【零件设计】工作台，如图8-76所示。

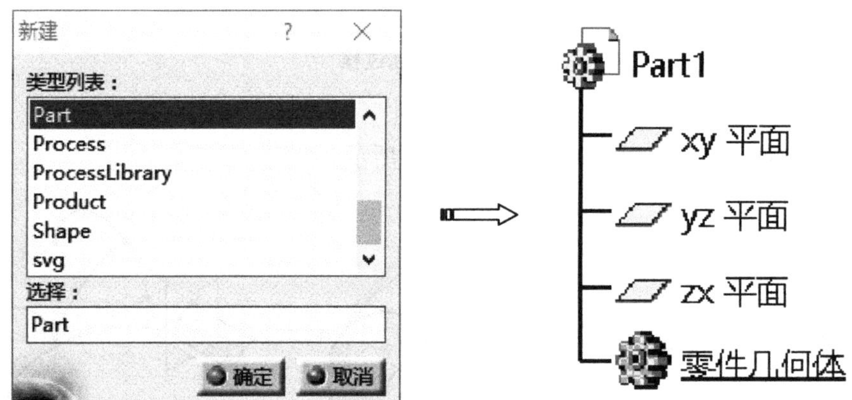

图8-76　创建零件

Step02 选择【开始】|【形状】|【创成式外形设计】命令，进入创成式外形设计工作台。

8.3.2.2　创建曲线线框

Step03 选择下拉菜单【插入】|【几何图形集】命令，弹出【插入几何图形集】对话框，保持默认，单击【确定】按钮，特征树上出现“几何图形集.1”节点，并设置为当前工作对象，如图8-77所示。

Step04 单击【草图】按钮，在工作窗口选择草图平面*XY*平面，进入草图编辑器。利用椭圆等工具绘制如图8-78所示的草图。单击【工作台】工具栏上的【退出工作台】按钮，完成草图绘制。

图8-77　创建几何图形集

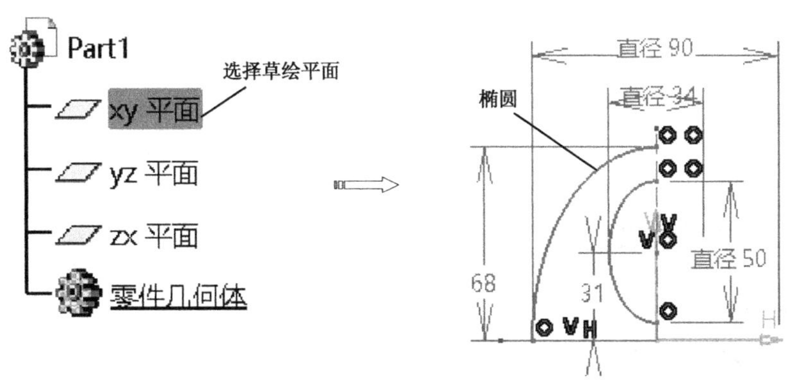

图8-78　绘制草图截面

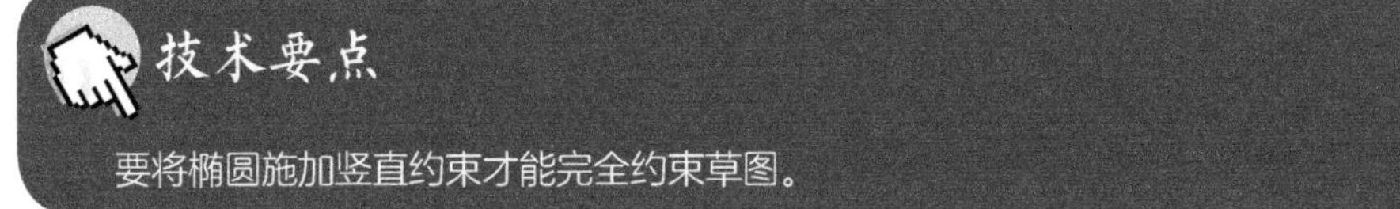

Step05 单击【线框】工具栏上的【点】按钮，弹出【点定义】对话框，在【点类型】下拉列表中选择“坐标”选项，输入（-15,0,0），单击【确定】按钮，系统自动完成点创建，如图8-79所示。

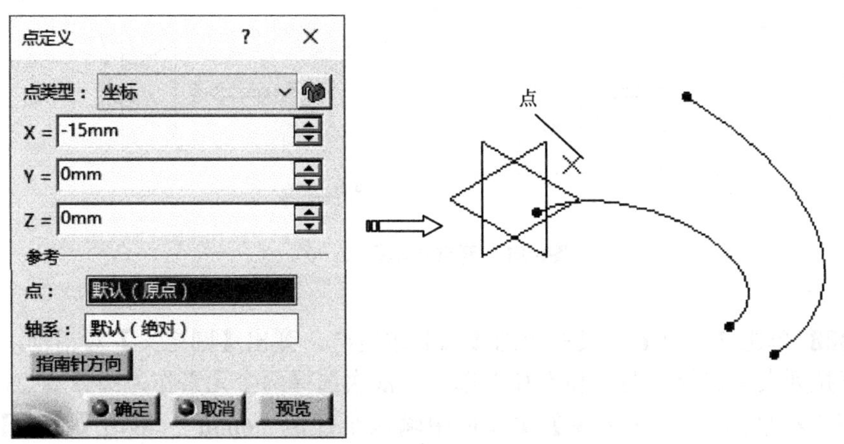

图8-79　创建坐标点（一）

单击【锁定】按钮可锁定点类型，防止在选择元素时自动改变点的类型。

Step06 单击【线框】工具栏上的【点】按钮，弹出【点定义】对话框，在【点类型】下拉列表中选择“坐标”选项，输入（0,0,6），单击【确定】按钮，系统自动完成点创建，如图8-80所示。

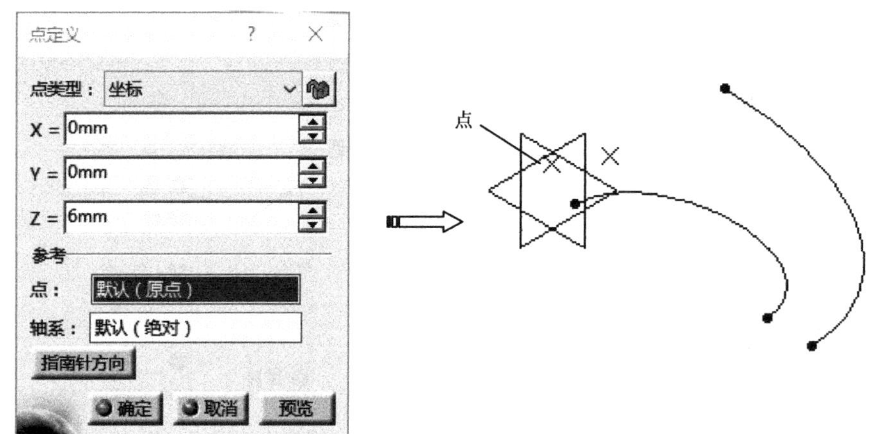

图8-80 创建坐标点（二）

Step07 单击【线框】工具栏上的【圆】按钮，弹出【圆定义】对话框，在【圆类型】下拉列表中选择“两点和半径”选项，依次选择两个元素作为圆弧端点，【支持面】选择“*ZX*平面”，在【半径】文本框中输入半径值“15mm”，单击【确定】按钮，系统自动完成圆弧创建，如图8-81所示。

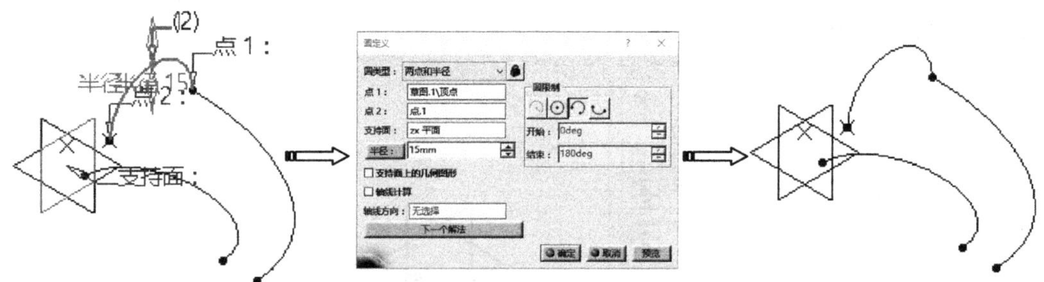

图8-81 两点和半径（一）

Step08 单击【线框】工具栏上的【圆】按钮，弹出【圆定义】对话框，在【圆类型】下拉列表中选择“两点和半径”选项，依次选择两个元素作为圆弧端点，【支持面】选择“zx平面”，在【半径】文本框中输入半径值“6mm”，单击【确定】按钮，系统自动完成圆弧创建，如图8-82所示。

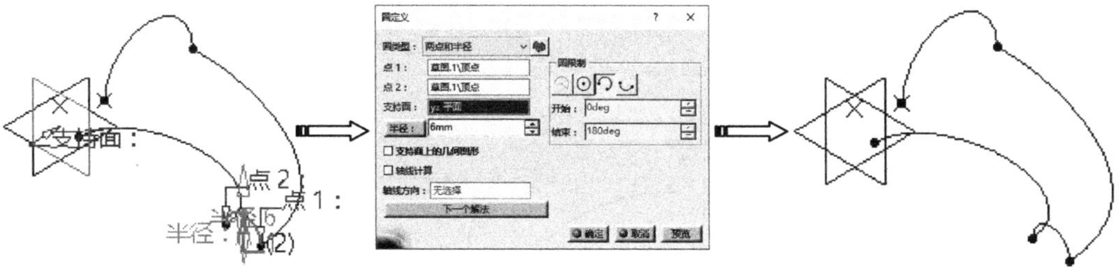

图8-82　两点和半径（二）

Step09 单击【线框】工具栏上的【圆】按钮，弹出【圆定义】对话框，在【圆类型】下拉列表中选择【两点和半径】选项，依次选择两个元素作为圆弧端点，【支持面】选择“yz平面”，在【半径】文本框中输入半径值“6mm”，单击【确定】按钮，系统自动完成圆弧创建，如图8-83所示。

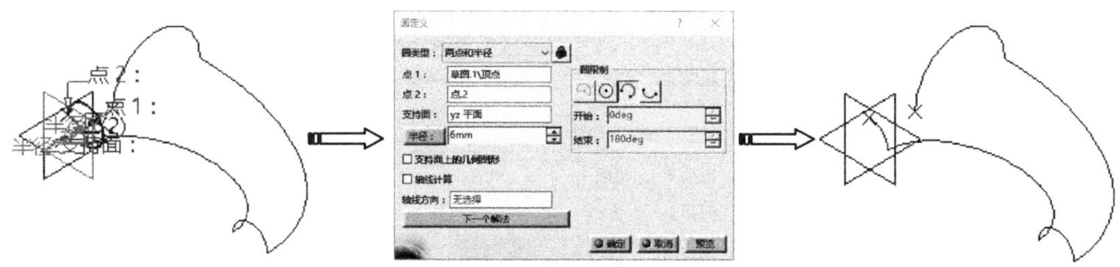

图8-83　两点和半径（三）

Step10 单击【操作】工具栏上的【拆解】按钮，弹出【拆解】对话框，选择拆解元素，单击【所有单元】图标，然后单击【确定】按钮，系统自动完成拆解操作，如图8-84所示。显示所有的单元即草图中的所有元素，其中圆由两个单元组成。

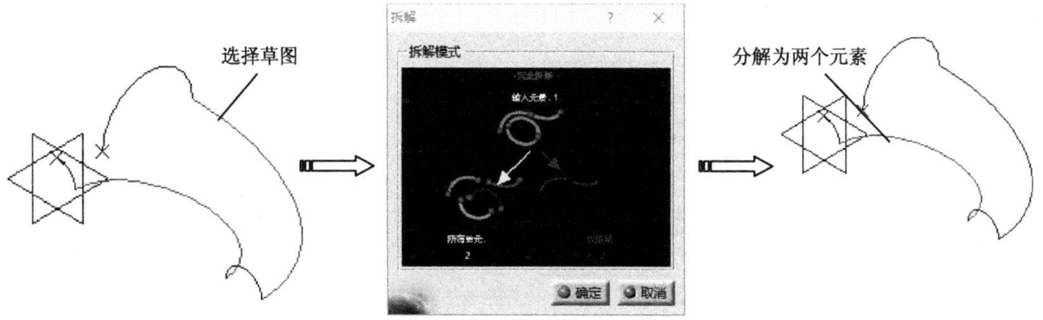

图8-84　所有单元

Step11 单击【参考元素】工具栏上的【直线】按钮，弹出【直线定义】对话框，在【线型】下拉列表中选择“点-方向”选项，选择一个点作为起点，选择一个参考元素（直线、平面）作为方向参考，在【终点】文本框中输入长度数值“20mm”，单击【确定】按钮，系统自动完成直线创建，如图8-85所示。

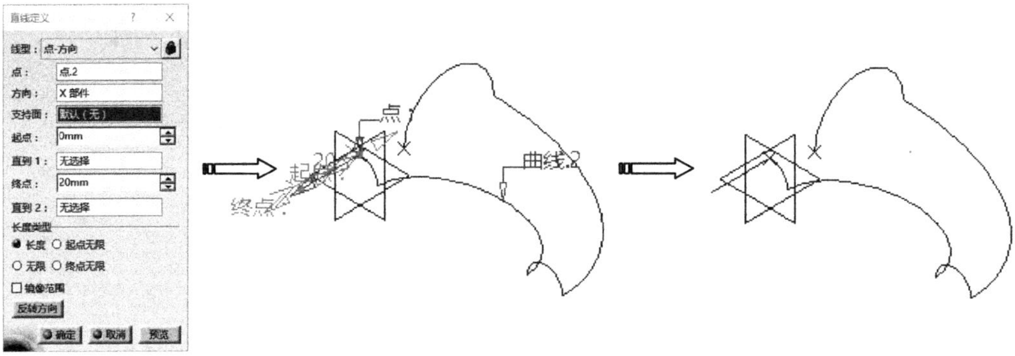

图8-85　创建直线

Step12 单击【参考元素】工具栏上的【直线】按钮，弹出【直线定义】对话框，在【线型】下拉列表中选择“曲线的切线”选项，【类型】为“双切线”，选择一个点作为起点，选择曲线作为切线，单击【确定】按钮，系统自动完成直线创建，如图8-86所示。

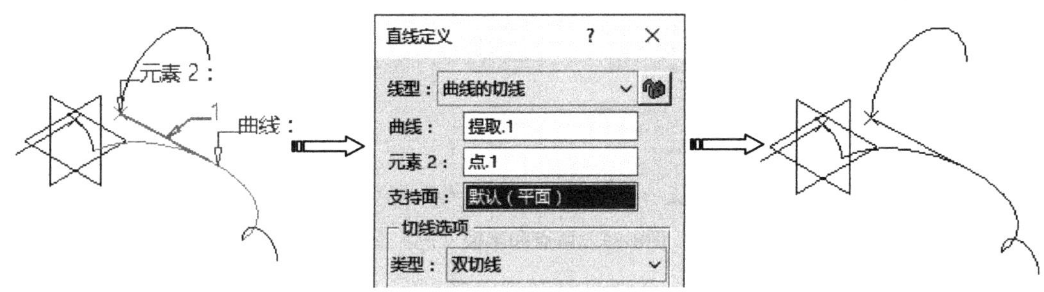

图8-86　点和曲线相切

Step13 单击【线框】工具栏上的【圆】按钮，弹出【圆定义】对话框，在【圆类型】下拉列表中选择“双切线和半径”选项，取消【修剪元素】复选框，依次选择两个元素作为圆弧相切元素，在【半径】文本框中输入半径值“39.5mm”，单击【确定】按钮，系统自动完成圆创建，如图8-87所示。

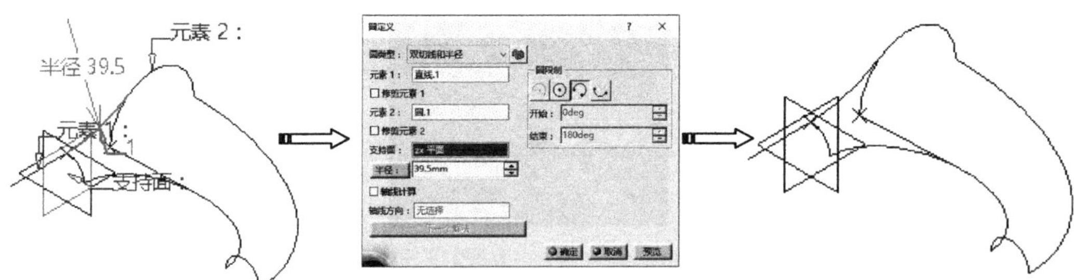

图8-87　双切线和半径

Step14 单击【操作】工具栏上的【分割】按钮，弹出【定义分割】对话框，选中【保留双侧】复选框，激活【要切除的元素】编辑框选择需要被分割的曲线或曲面，然后激活【切除元素】编辑框，选择曲线或曲面作为切除元素，单击【确定】按钮，系统自动完成分割操作，如图8-88所示。

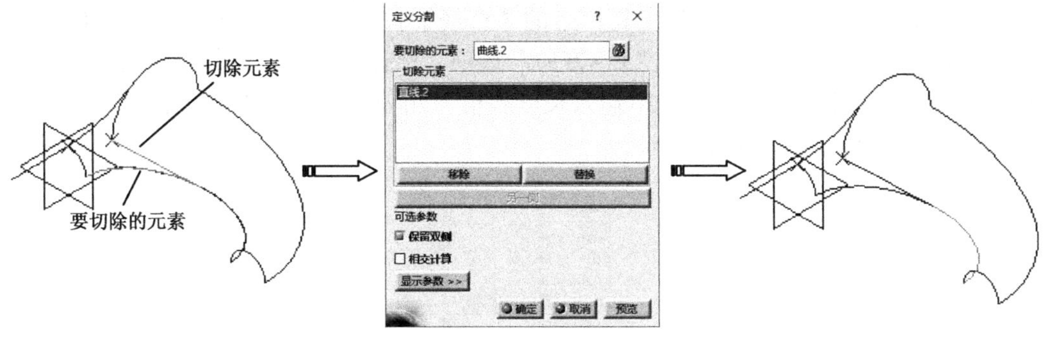

图8-88 创建分割

Step15 单击【操作】工具栏上的【接合】按钮，弹出【接合定义】对话框，依次选择如图8-89所示的曲线，单击【确定】按钮，系统自动完成接合操作，如图8-89所示。

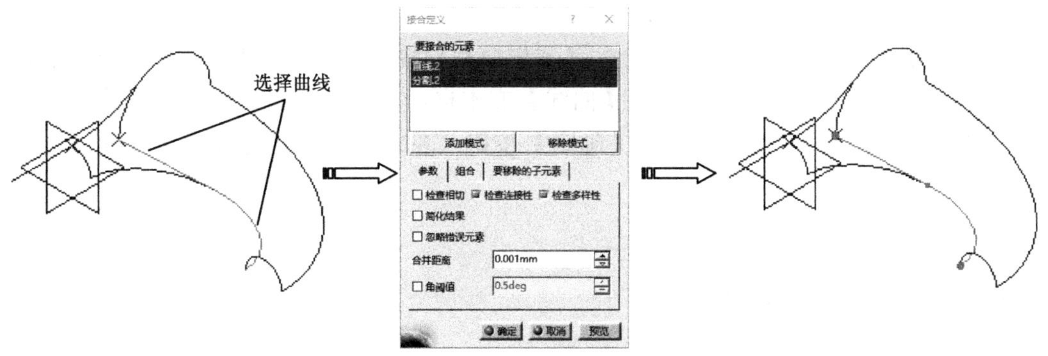

图8-89 创建接合

Step16 单击【参考元素】工具栏上的【直线】按钮，弹出【直线定义】对话框，在【线型】下拉列表中选择"点-方向"选项，选择一个点作为起点，选择Y轴作为方向参考，在【终点】文本框中输入长度数值"20mm"，单击【确定】按钮，系统自动完成直线创建，如图8-90所示。

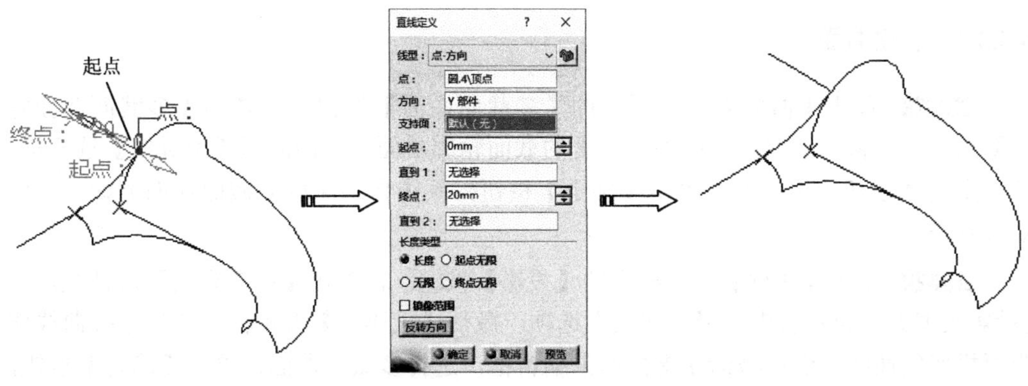

图8-90 创建直线（一）

Step17 单击【参考元素】工具栏上的【直线】按钮，弹出【直线定义】对话框，在【线型】下拉列表中选择“点-方向”选项，选择一个点作为起点，选择Z轴作为方向参考，在【终点】文本框中输入长度数值“20mm”，单击【确定】按钮，系统自动完成直线创建，如图8-91所示。

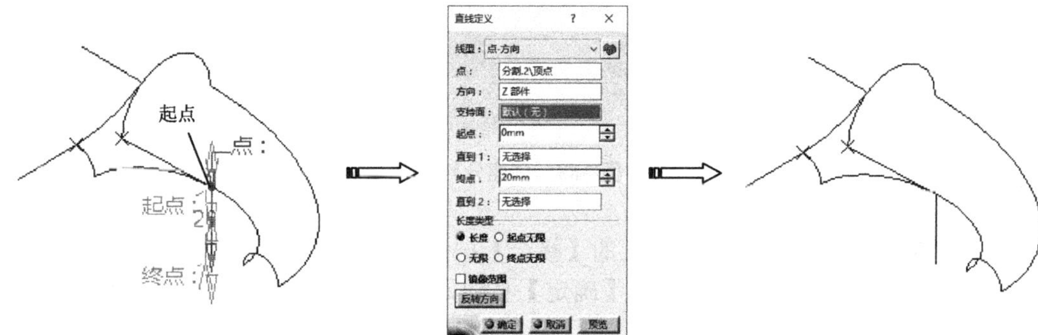

图8-91 创建直线（二）

Step18 单击【线框】工具栏上的【连接曲线】按钮，弹出【连接曲线定义】对话框，依次选择两个曲线分别填入【曲线】文本框，依次选择如图8-92所示的两条直线，设置【弧度】为“0.9”，单击【确定】按钮，系统自动完成连接曲线创建，如图8-92所示。

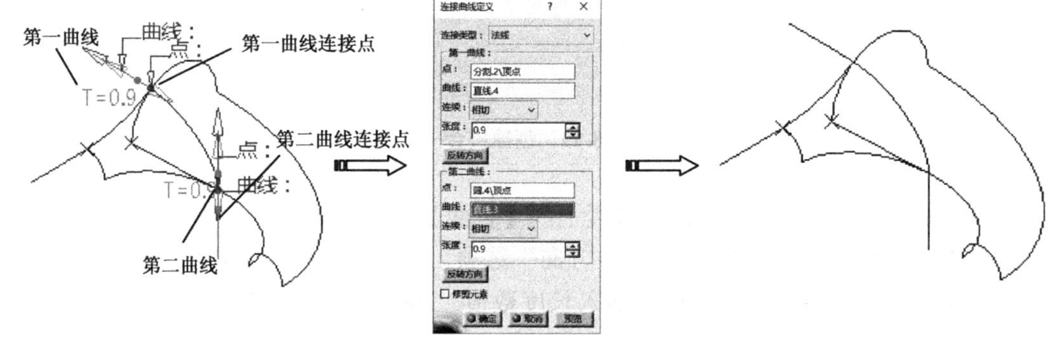

图8-92 创建连接曲线

8.3.2.3 创建曲面

Step19 单击【曲面】工具栏上的【多截面曲面】按钮，弹出【多截面曲面定义】对话框，依次选取两个或两个以上的截面轮廓曲面，单击激活【引导线】选择框，选择所需曲线作为引导线，单击【确定】按钮，系统自动完成多截面曲面创建，如图8-93所示。

Step20 单击【线框】工具栏上的【投影】按钮，弹出【投影定义】对话框，在【投影类型】下拉列表中选择“法线”选项，激活【投影的】编辑框，选择连接曲线作为要投影的曲线，然后激活【支持面】编辑框，选择多截面曲面，单击【确定】按钮，系统自动完成投影曲线创建，如图8-94所示。

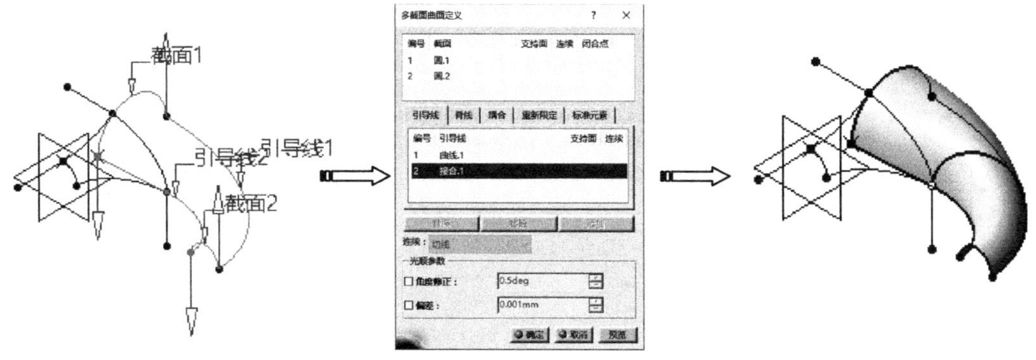

图8-93 创建多截面曲面

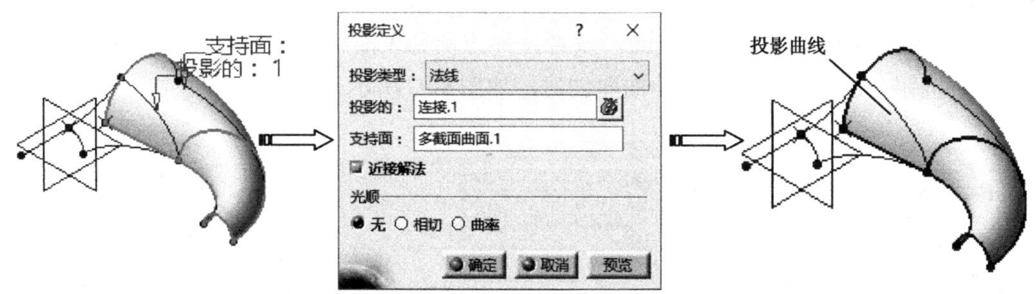

图8-94 创建投影曲线

Step21 单击【操作】工具栏上的【分割】按钮，弹出【定义分割】对话框，激活【要切除的元素】编辑框选择多截面曲面，然后激活【切除元素】编辑框，选择投影曲线作为切除元素，单击【确定】按钮，系统自动完成分割操作，如图8-95所示。

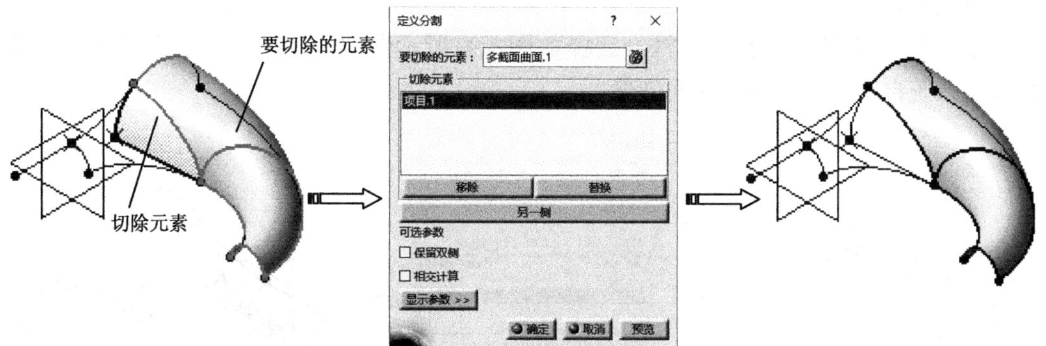

图8-95 创建分割曲面

Step22 单击【曲面】工具栏上的【多截面曲面】按钮，弹出【多截面曲面定义】对话框，依次选取两个或两个以上的截面轮廓曲面，单击激活【引导线】选择框，选择所需曲线作为引导线，单击【确定】按钮，系统自动完成多截面曲面创建，如图8-96所示。

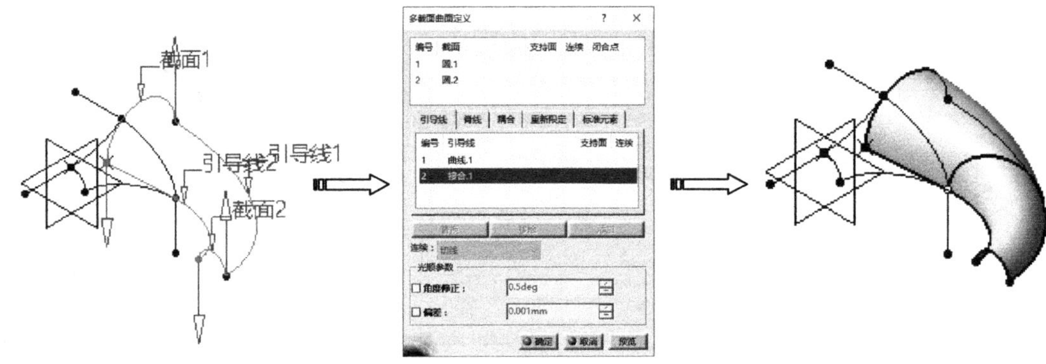

图8-96 创建多截面曲面

Step23 单击【曲面】工具栏上的【拉伸】按钮，弹出【拉伸曲面定义】对话框，选择如图8-97所示的拉伸截面，设置拉伸方向为X轴，【尺寸】为“20mm”，单击【确定】按钮，系统自动完成拉伸曲面创建，如图8-97所示。

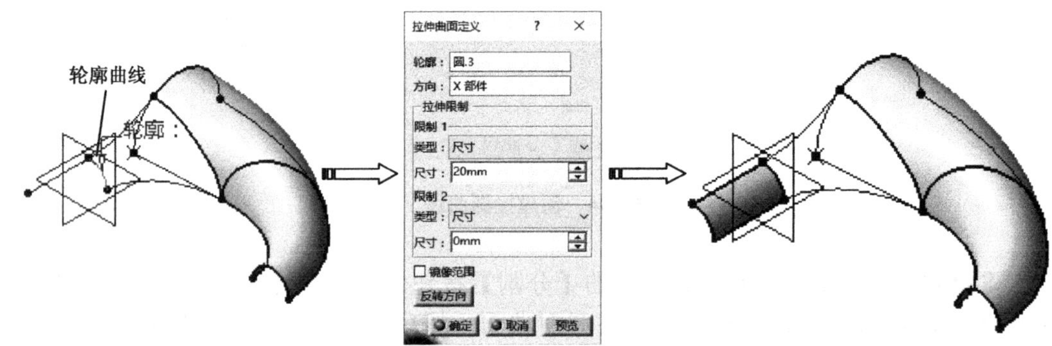

图8-97 创建拉伸曲面

Step24 单击【曲面】工具栏上的【多截面曲面】按钮，弹出【多截面曲面定义】对话框，依次如图8-98所示的曲线作为截面轮廓，并选择相应的曲面作为相切曲面，单击激活【引导线】选择框，选择如图8-98所示曲线作为引导线，单击【确定】按钮，系统自动完成多截面曲面创建。

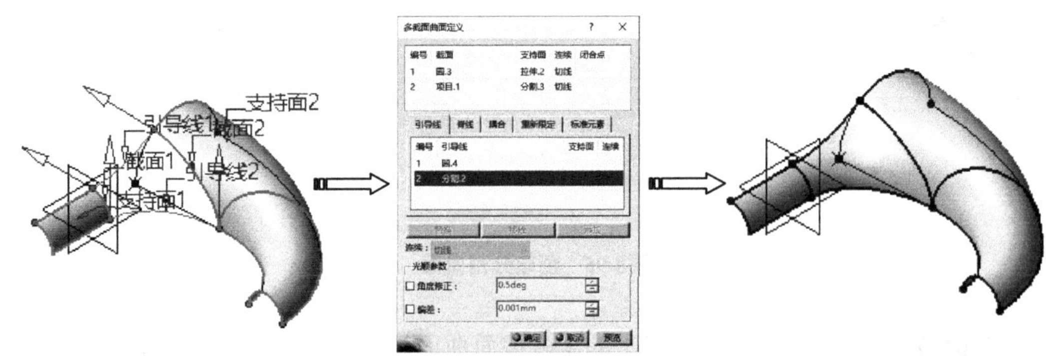

图8-98 创建多截面曲面

Step25 单击【操作】工具栏上的【接合】按钮，弹出【接合定义】对话框，依次选择一组曲面或曲线，单击【确定】按钮，系统自动完成接合操作，如图8-99所示。

图8-99　创建接合

8.3.2.4　曲面创建实体

Step26 选择【开始】|【机械设计】|【零件设计】命令，转入零件设计工作台。

Step27 单击【基于曲面的特征】工具栏上的【厚曲面】按钮，弹出【定义厚曲面】对话框，激活【分割图元】编辑框，选择如图8-100所示的曲面，箭头指向加厚方向，激活【第一偏移】和【第二偏移】文本框均输入“1mm”，单击【确定】按钮，完成加厚特征，如图8-100所示。

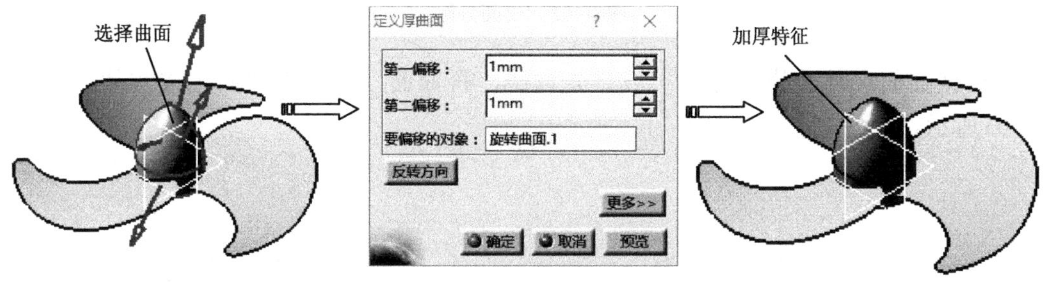

图8-100　创建加厚特征

8.4　综合实例4——吹风机产品设计

8.4　视频精讲

本节中，以一个生活产品——吹风机产品设计实例来详解曲面产品设计和应用技巧。风扇叶轮设计造型如图8-101所示。

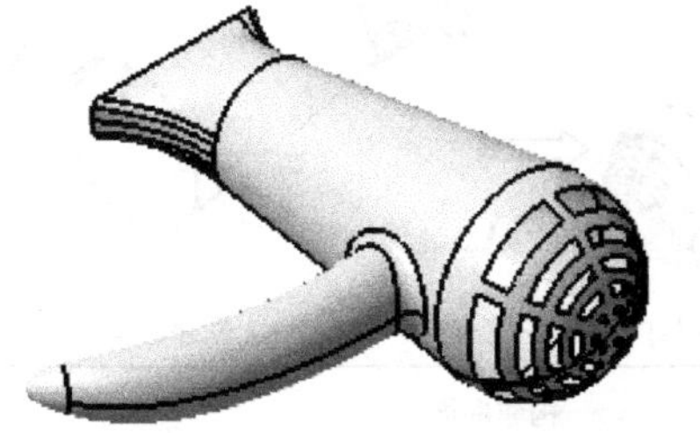

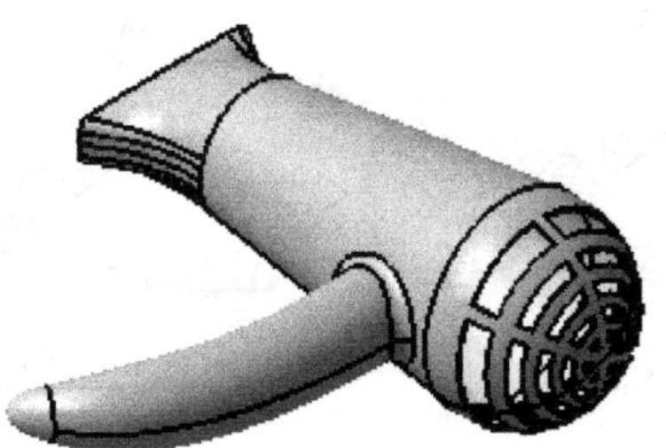

图8-101　吹风机

8.4.1 吹风机造型思路分析

吹风机是日常生活用品，其外形结构流畅圆滑美观。吹风机的CATIA曲面实体建模流程如下。

（1）零件分析，拟订总体建模思路

按吹风机的曲面结构特点对曲面进行分解，可分解为基体曲面、把手曲面、出风口曲面、进风口曲面，如图8-102所示。

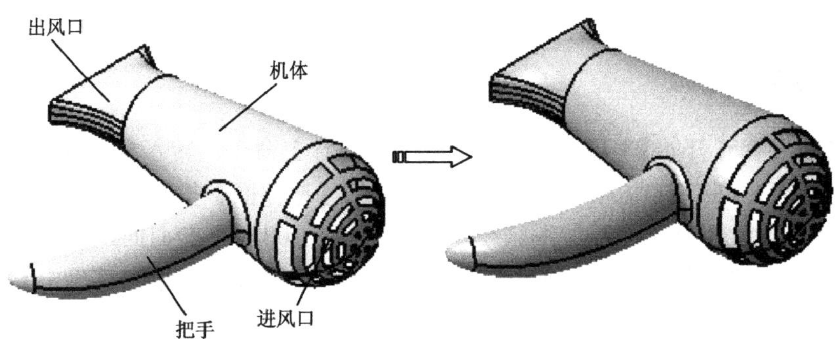

图8-102 曲面分解

根据曲面实体建模顺序，一般是先曲线，再曲面，最后由曲面生成实体，如图8-103所示。

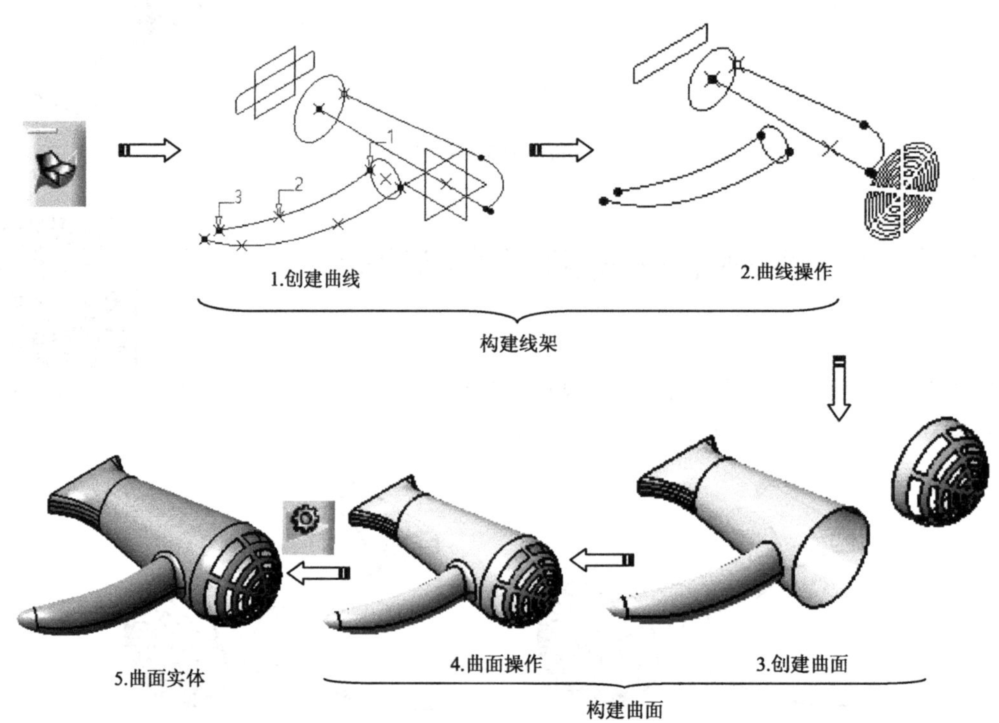

图8-103 风扇叶轮创建基本流程

（2）机体和把手曲面

曲面创建按照点、线、面的顺序，首先创建点，然后利用创成式曲线功能创建曲线，通过旋转曲面、扫掠曲面和填充曲面功能创建曲面，最后利用修剪曲面和圆角曲面功能完成曲面创建，如图8-104所示。

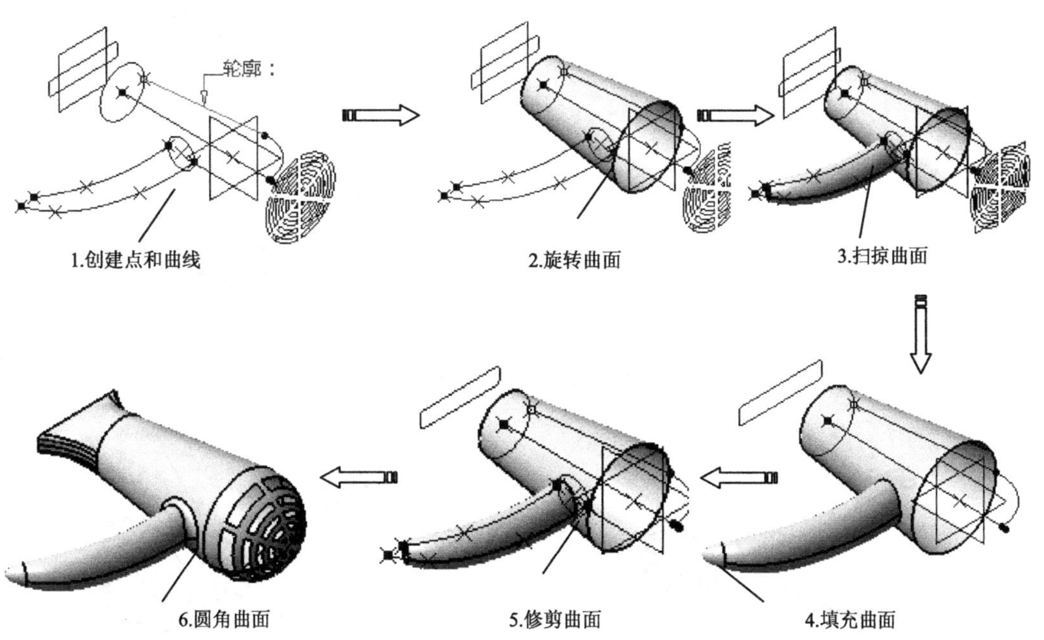

图8-104　机体和把手曲面

（3）出风口曲面

曲面创建按照点、线、面的顺序，首先创建圆和草图，然后通过多截面曲面功能完成曲面创建，如图8-105所示。

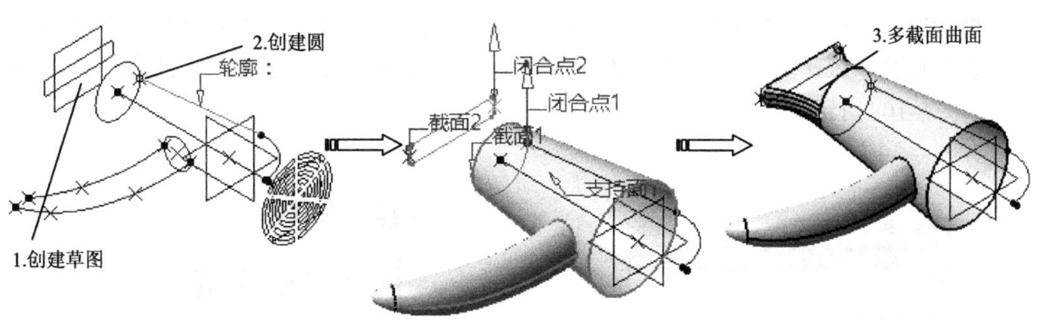

图8-105　出风口曲面

（4）进风口曲面

曲面创建按照点、线、面的顺序，首先创建圆弧和草图，然后创建旋转曲面作为基体曲面，利用投影曲线分割基体曲面完成曲面创建，如图8-106所示。

（5）曲面创建实体

在零件设计工作台中，首先利用曲面加厚特征完成造型，如图8-107所示。

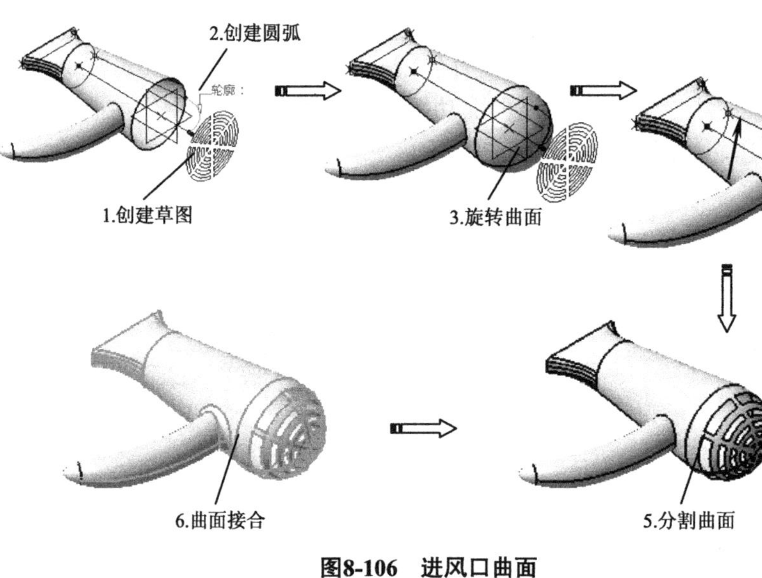

图8-106　进风口曲面

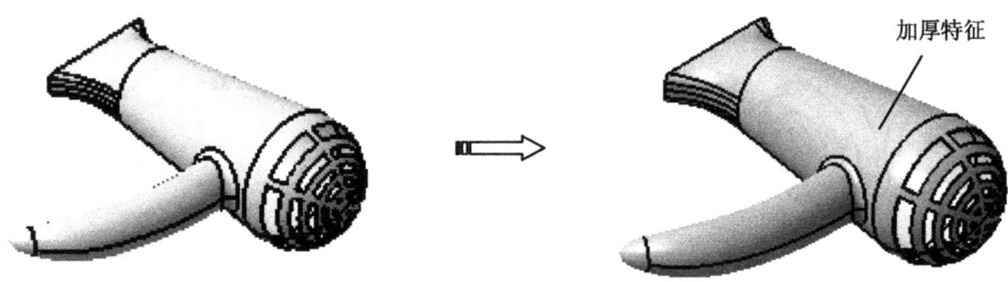

图8-107　曲面创建实体特征

8.4.2　吹风机产品造型操作过程

8.4.2.1　启动创成式外形设计工作台

Step01 在【标准】工具栏中单击【新建】按钮，弹出【新建】对话框，在【类型列表】中选择“Part”，单击【确定】按钮新建一个零件文件，进入“零件设计”工作台，如图8-108所示。

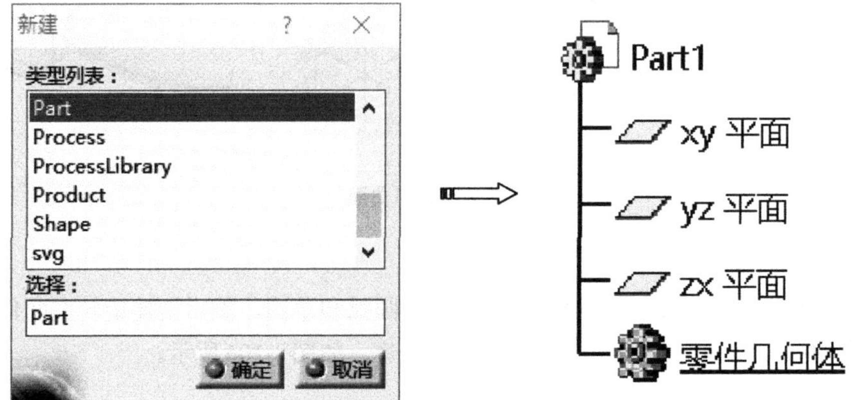

图8-108　创建零件

Step02 选择【开始】|【形状】|【创成式外形设计】命令，进入创成式外形设计工作台。

8.4.2.2 创建线框

Step03 选择下拉菜单【插入】|【几何图形集】命令，弹出【插入几何图形集】对话框，保持默认，单击【确定】按钮，特征树上出现“几何图形集.1”节点，并设置为当前工作对象，如图8-109所示。

图8-109 创建几何图形集

Step04 创建点。单击【线框】工具栏上的【点】按钮，弹出【点定义】对话框，在【点类型】下拉列表中选择“坐标”选项，输入X、Y、Z坐标为（0,0,0），单击【确定】按钮，系统自动完成点创建，如图8-110所示。

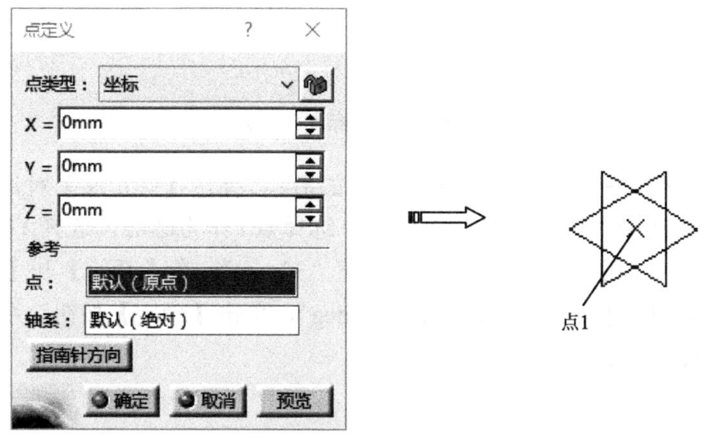

图8-110 创建坐标点（一）

Step05 创建点。单击【线框】工具栏上的【点】按钮，弹出【点定义】对话框，在【点类型】下拉列表中选择“坐标”选项，输入X、Y、Z坐标为（−20,−100,0），单击【确定】按钮，系统自动完成点创建，如图8-111所示。

Step06 创建点。单击【线框】工具栏上的【点】按钮，弹出【点定义】对话框，在【点类型】下拉列表中选择“坐标”选项，输入X、Y、Z坐标为（0,−100,0），单击【确定】按钮，系统自动完成点创建，如图8-112所示。

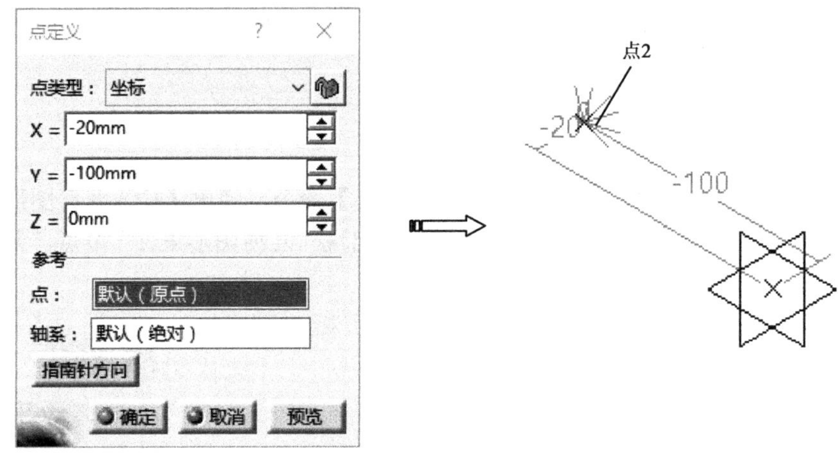

图8-111 创建坐标点（二）

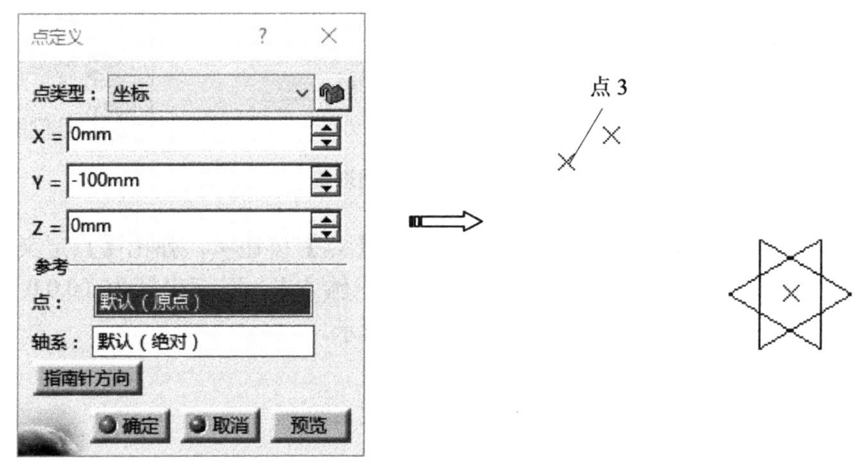

图8-112 创建坐标点（三）

Step07 单击【线框】工具栏上的【圆】按钮，弹出【圆定义】对话框，在【圆类型】下拉列表中选择“中心和半径”选项，选择点1作为圆心，选择*XY*平面作为圆弧的支持面，在【半径】文本框中输入半径值“32mm”，在【开始】和【结束】文本框中分别输入开始和结束角度“90deg”、“270deg”，单击【确定】按钮，系统自动完成圆创建，如图8-113所示。

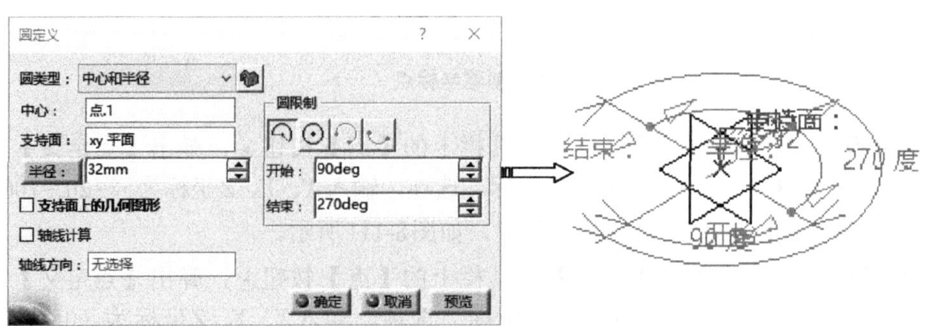

图8-113 中心和半径

Step08 单击【参考元素】工具栏上的【直线】按钮，弹出【直线定义】对话框，在【线型】下拉列表中选择“曲线的切线”选项，【类型】为“双切线”，选择点2作为起点，选择圆弧作为切线，单击【确定】按钮，系统自动完成直线创建，如图8-114所示。

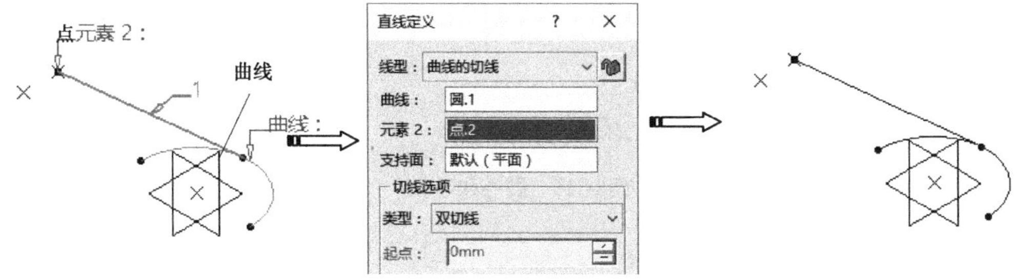

图8-114　点和曲线相切

Step09 单击【参考元素】工具栏上的【直线】按钮，弹出【直线定义】对话框，在【线型】下拉列表中选择“点-方向”选项，选择点3作为起点，选择*Y*轴作为方向参考，输入长度数值“135mm”，单击【确定】按钮，系统自动完成直线创建，如图8-115所示。

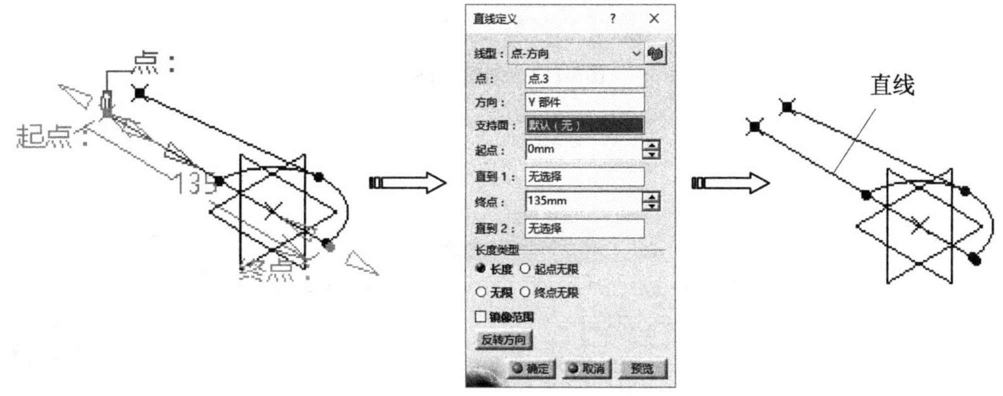

图8-115　点-方向创建直线

Step10 单击【线框】工具栏上的【圆】按钮，弹出【圆定义】对话框，在【圆类型】下拉列表中选择“中心和半径”选项，选择点3作为圆心，选择*ZX*平面作为圆弧的支持面，在【半径】文本框中输入半径值“20mm”，单击【确定】按钮，系统自动完成整圆创建，如图8-116所示。

Step11 单击【操作】工具栏上的【分割】按钮，弹出【定义分割】对话框，激活【要切除的元素】编辑框选择圆弧，然后激活【切除元素】编辑框，选择直线作为切除元素，单击【确定】按钮，系统自动完成分割操作，如图8-117所示。

Step12 单击【线框】工具栏上的【平面】按钮，弹出【平面定义】对话框，在【平面类型】下拉列表中选择“偏移平面”选项，选择*ZX*平面，在【偏移】文本框中输入“135mm”，单击【确定】按钮，系统自动完成平面创建，如图8-118所示。

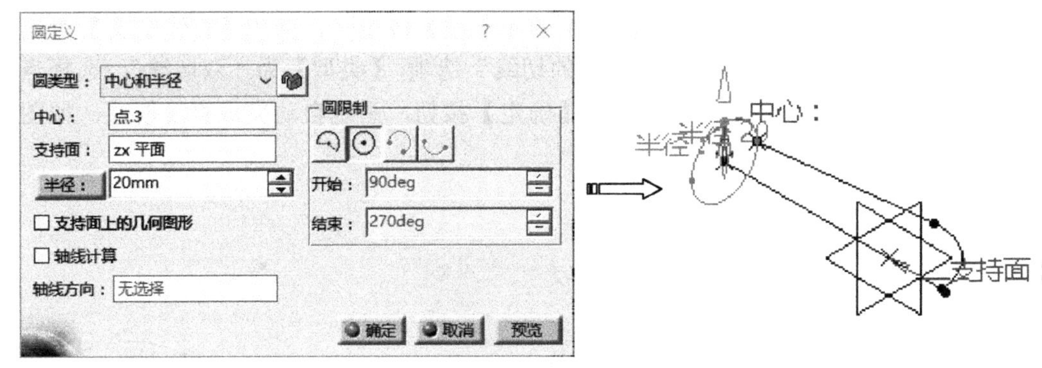

图8-116 圆心和半径

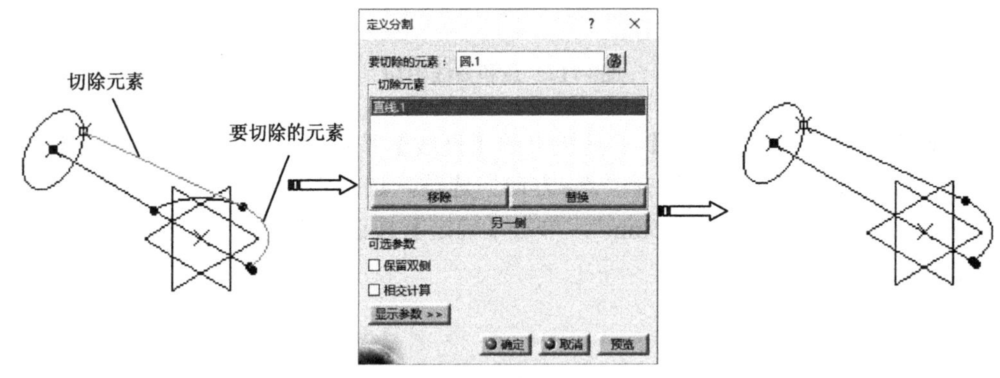

图8-117 创建分割

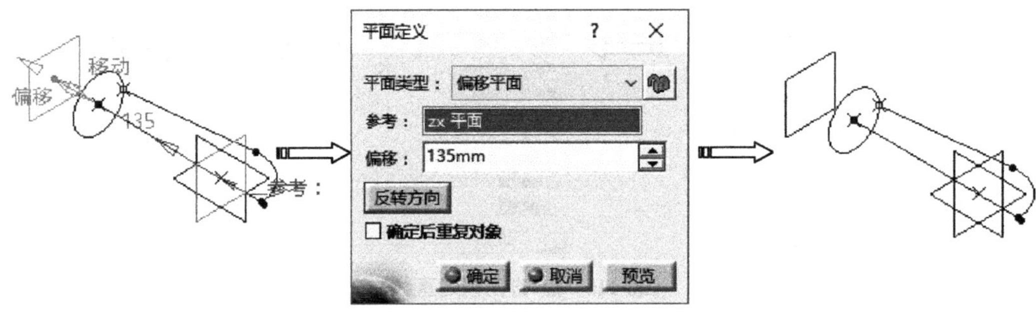

图8-118 创建平面

Step13 单击【草图】按钮，在工作窗口选择上一步创建的平面，进入草图编辑器。利用草图工具绘制如图8-119所示的草图。单击【工作台】工具栏上的【退出工作台】按钮，完成草图绘制。

Step14 创建点。单击【线框】工具栏上的【点】按钮，弹出【点定义】对话框，在【点类型】下拉列表中选择“坐标”选项，输入*X*、*Y*、*Z*坐标为（20,–27,0），单击【确定】按钮，系统自动完成点创建，如图8-120所示。

Step15 单击【线框】工具栏上的【圆】按钮，弹出【圆定义】对话框，在【圆类型】下拉列表中选择“中心和半径”选项，选择点4作为圆心，选择*ZX*平面作为圆

选择草绘平面

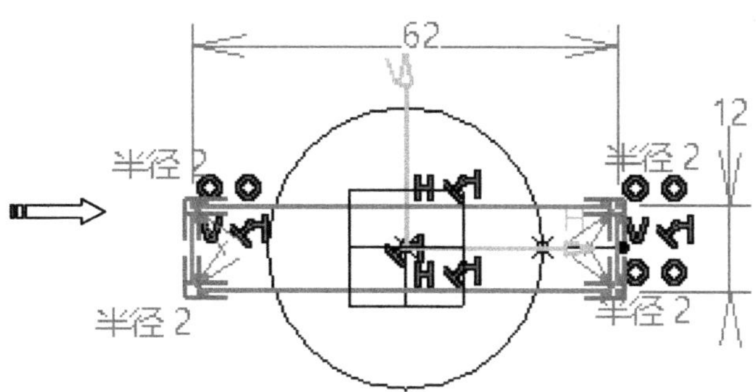

图8-119　绘制草图

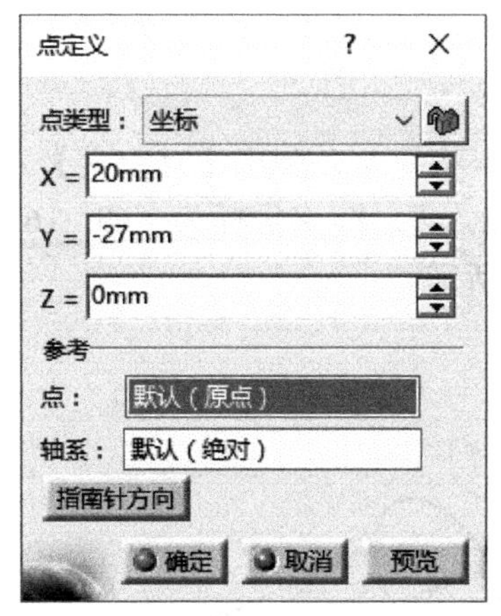

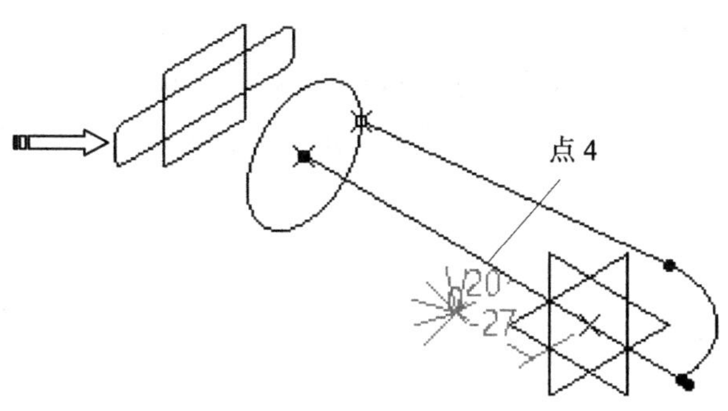

图8-120　创建坐标点

弧的支持面，在【半径】文本框中输入半径值“12mm”，单击【确定】按钮，系统自动完成整圆创建，如图 8-121 所示。

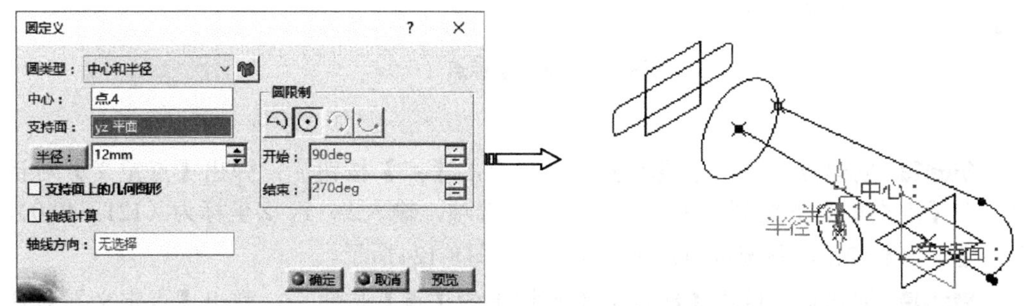

图8-121　中心和半径

Step16 单击【线框】工具栏上的【点】按钮 ，弹出【点定义】对话框，在【点类型】下拉列表中选择“曲线上”选项，选择圆，单击其后按钮，弹出【极值定义】对话框，设置 Y 部件最大值，单击【最近端点】按钮，单击【确定】按钮，系统自动完成点创建，如图8-122所示。

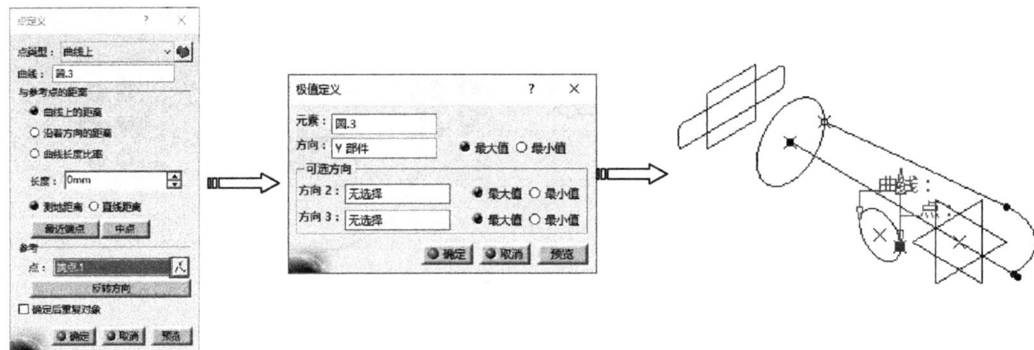

图8-122　曲线上的点

Step17 创建点。单击【线框】工具栏上的【点】按钮，弹出【点定义】对话框，在【点类型】下拉列表中选择“坐标”选项，输入*X*、*Y*、*Z*坐标为（69,−16,0），单击【确定】按钮，系统自动完成点创建，如图8-123所示。

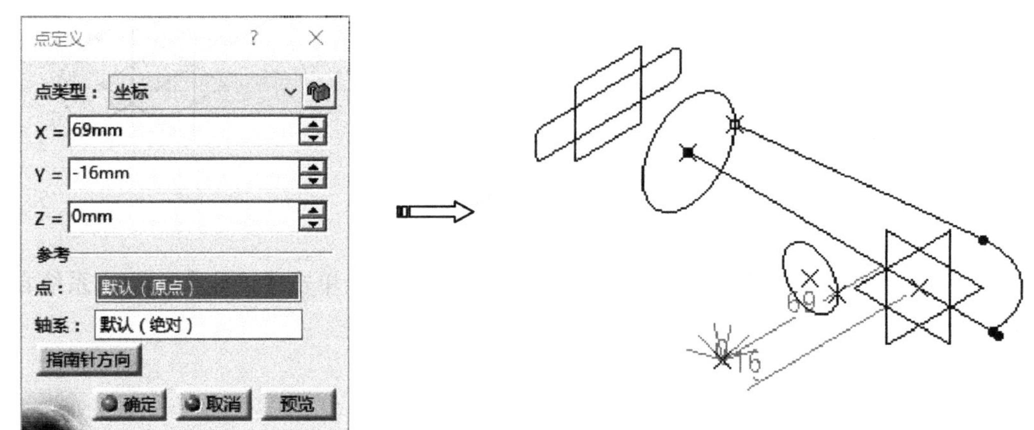

图8-123　创建坐标点（一）

Step18 创建点。单击【线框】工具栏上的【点】按钮，弹出【点定义】对话框，在【点类型】下拉列表中选择“坐标”选项，输入*X*、*Y*、*Z*坐标为（121,−40,0），单击【确定】按钮，系统自动完成点创建，如图8-124所示。

Step19 创建点。单击【线框】工具栏上的【点】按钮，弹出【点定义】对话框，在【点类型】下拉列表中选择“坐标”选项，输入*X*、*Y*、*Z*坐标为（132,−59,0），单击【确定】按钮，系统自动完成点创建，如图8-125所示。

Step20 单击【线框】工具栏上的【样条线】按钮，弹出【样条线定义】对话框，依次在图形区选择样条曲线控制点，单击【确定】按钮，系统自动完成样条线创建，如图8-126所示。

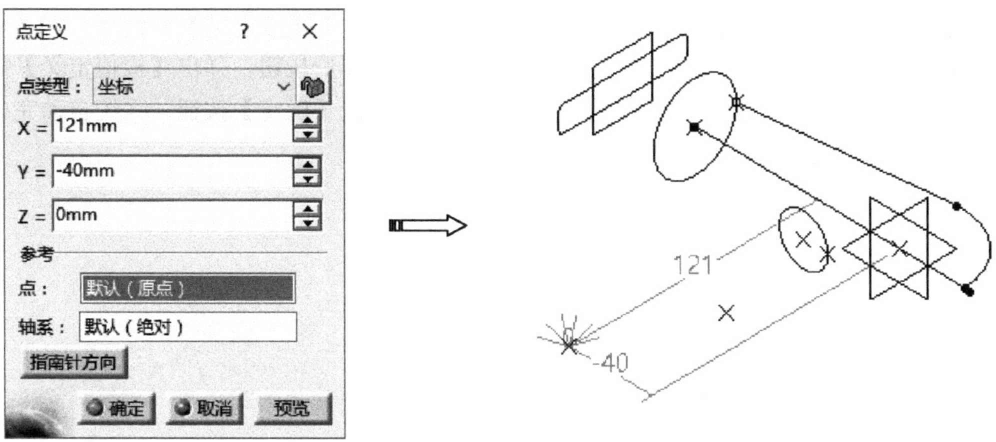

图8-124　创建坐标点（二）

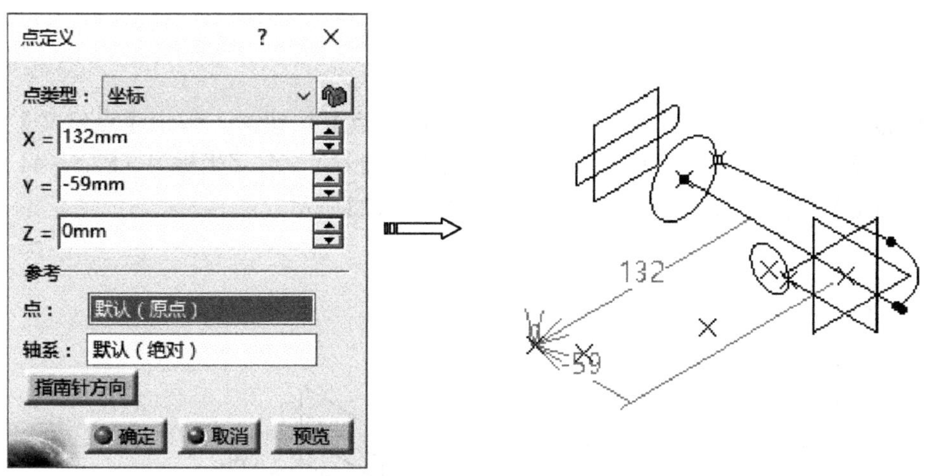

图8-125　创建坐标点（三）

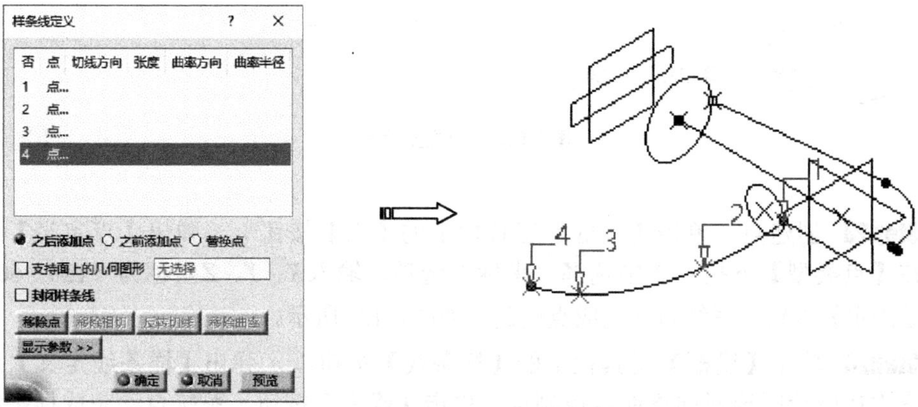

图8-126　样条曲线

Step21 单击【线框】工具栏上的【点】按钮，弹出【点定义】对话框，在【点类型】下拉列表中选择“曲线上”选项，选择圆，单击其后按钮，弹出【极值定义】对话框，设置Y部件最小值，单击【最近端点】按钮，单击【确定】按钮，系统自动完成点创建，如图8-127所示。

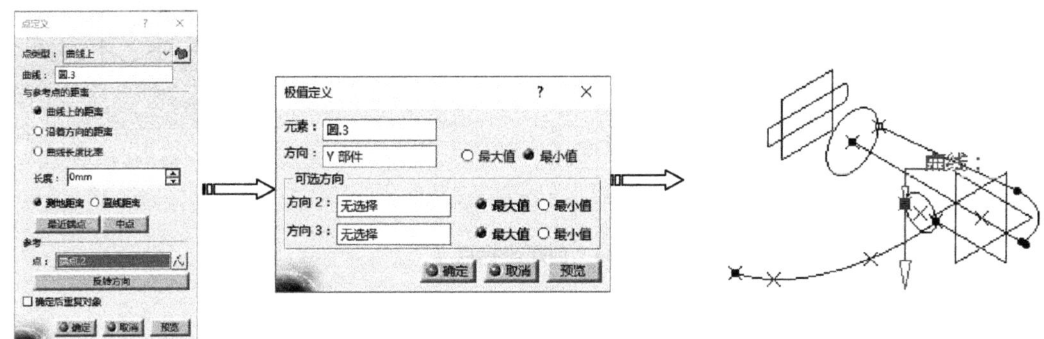

图8-127　曲线上的点

Step22 创建点。单击【线框】工具栏上的【点】按钮，弹出【点定义】对话框，在【点类型】下拉列表中选择“坐标”选项，输入*X*、*Y*、*Z*坐标为（87.5,−44.5,0），单击【确定】按钮，系统自动完成点创建，如图8-128所示。

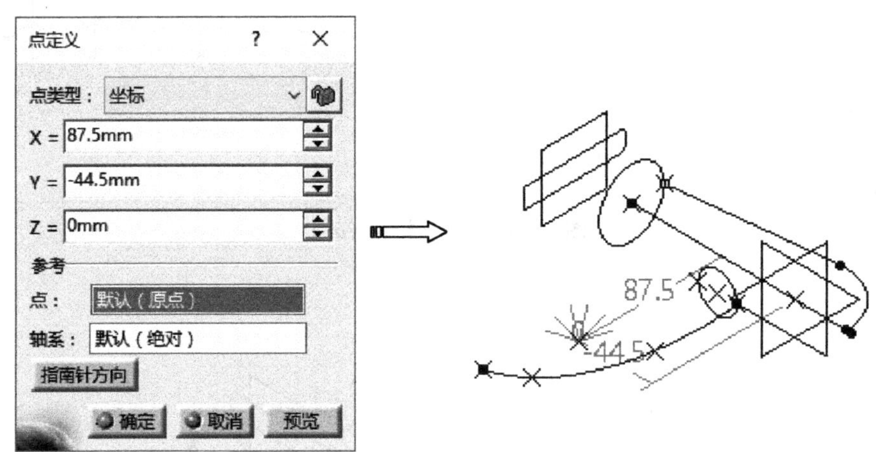

图8-128　创建坐标点

Step23 创建点。单击【线框】工具栏上的【点】按钮，弹出【点定义】对话框，在【点类型】下拉列表中选择“坐标”选项，输入*X*、*Y*、*Z*坐标为（120,−60,0），单击【确定】按钮，系统自动完成点创建，如图8-129所示。

Step24 单击【线框】工具栏上的【样条线】按钮，弹出【样条线定义】对话框，依次在图形区选择样条曲线控制点，单击【确定】按钮，系统自动完成样条线创建，如图8-130所示。

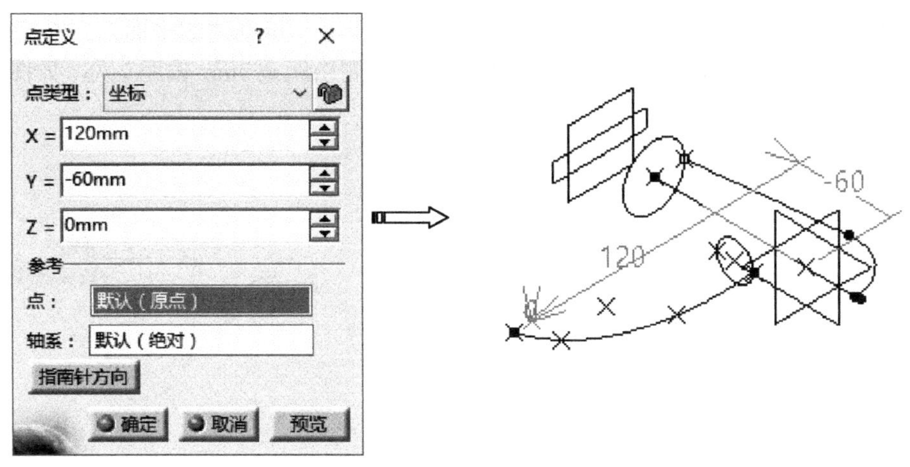

图8-129 创建点

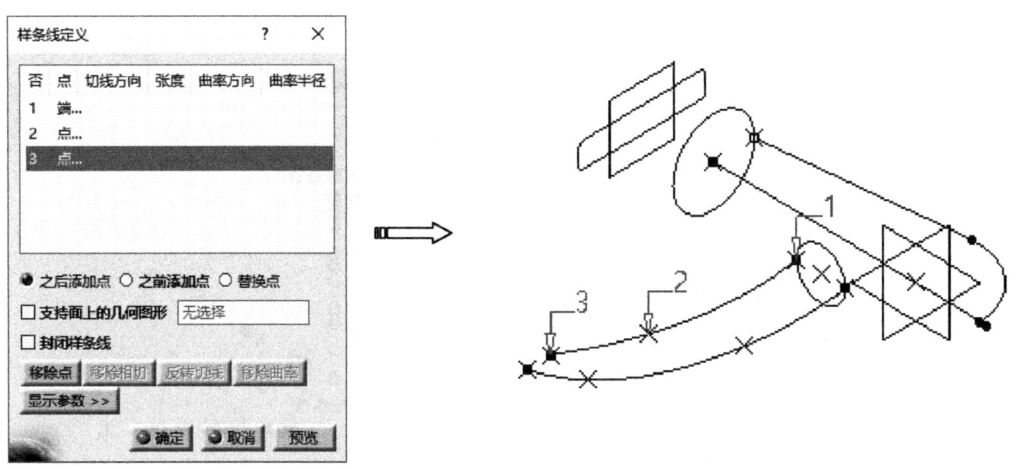

图8-130 样条曲线

Step25 单击【线框】工具栏上的【平面】按钮，弹出【平面定义】对话框，在【平面类型】下拉列表中选择“偏移平面”选项，选择*ZX*平面，在【偏移】文本框中输入“60mm”，单击【确定】按钮，系统自动完成平面创建，如图8-131所示。

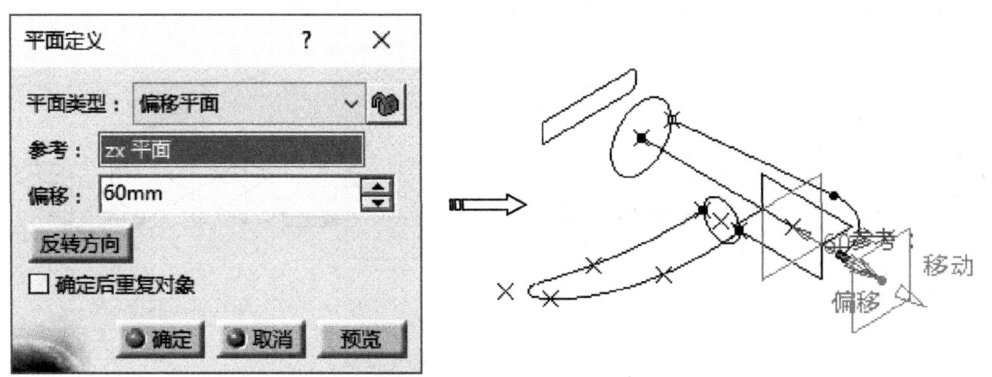

图8-131 创建平面

Step26 单击【草图】按钮，在工作窗口选择上一步创建的平面2，进入草图编辑器。利用圆绘制直径为62mm的圆，将该圆向内侧以距离3mm偏距9次，如图8-132所示。

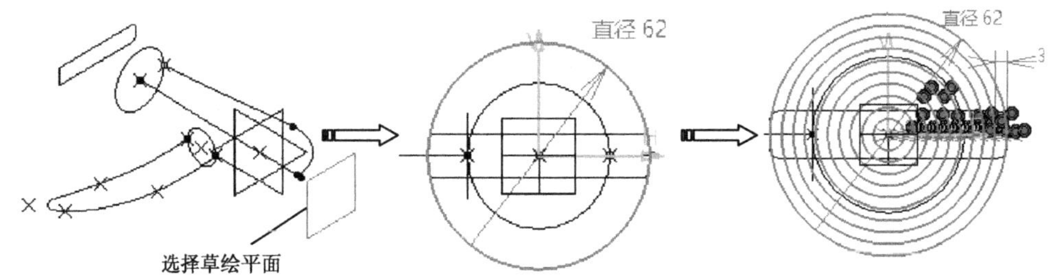

图8-132 绘制草图

Step27 绘制夹角为60°的两条直线，偏置2mm，修剪草图如图8-133所示。单击【工作台】工具栏上的【退出工作台】按钮，完成草图绘制。

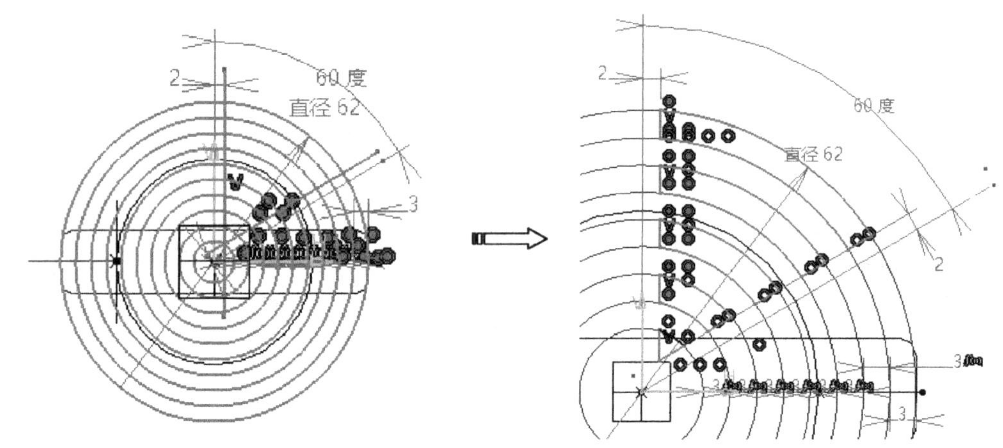

图8-133 绘制草图

Step28 选择要阵列的草图，单击【复制】工具栏上的【圆形阵列】按钮，弹出【定义圆形阵列】对话框，在【轴向参考】选项卡中设置【参数】为“实例和角度间距”,【实例】为“6”,【角度间距】为“60deg”，激活【参考元素】编辑框，选择Y轴，单击【预览】按钮显示预览，单击【确定】按钮完成圆形阵列，如图8-134所示。

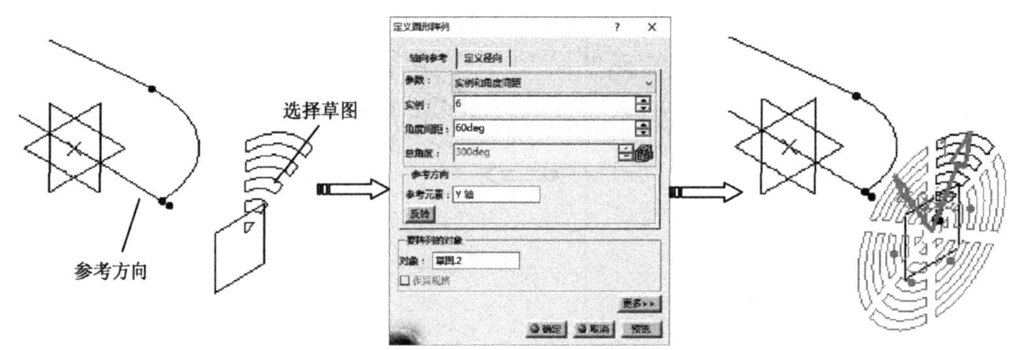

图8-134 创建圆形阵列

8.4.2.3 创建机体和把手曲面

Step29 选择下拉菜单【插入】|【几何图形集】命令，弹出【插入几何图形集】对话框，保持默认，单击【确定】按钮，特征树上出现“几何图形集.2”节点，并设置为当前工作对象，如图8-135所示。

图8-135 创建几何图形集

Step30 单击【曲面】工具栏上的【旋转】按钮，弹出【旋转曲面定义】对话框，选择直线为旋转截面，【旋转轴】为“Y轴”，设置旋转角度为360°，单击【确定】按钮，系统自动完成旋转曲面创建，如图8-136所示。

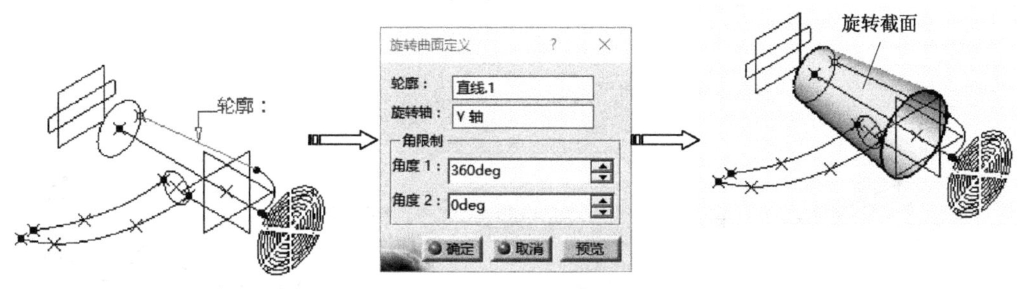

图8-136 创建旋转曲面

Step31 单击【曲面】工具栏上的【扫掠】按钮，弹出【扫掠曲面定义】对话框，在【轮廓类型】选择【显式】图标，在【子类型】下拉列表中选择“使用两条引导曲线”选项，选择圆作为轮廓，选择两条样条曲线作为引导曲线，在【定位类型】下拉列表中选择“两个点”选项，单击【确定】按钮，系统自动完成扫掠曲面创建，如图8-137所示。

Step32 单击【操作】工具栏上的【修剪】按钮，弹出【修剪定义】对话框，选择需要修剪的两个曲面，单击【确定】按钮，系统自动完成修剪操作，如图8-138所示。

Step33 单击【曲面】工具栏上的【填充】按钮，弹出【填充曲面定义】对话框框，选择边界曲线，并选择扫掠曲面作为支持面，单击【确定】按钮，系统自动完成填充曲面创建，如图8-139所示。

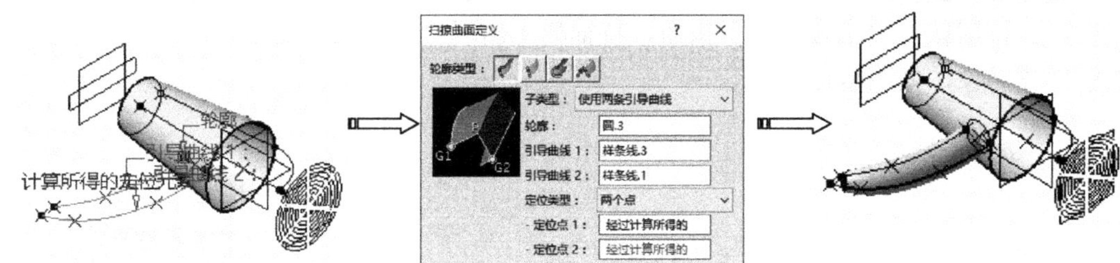

图8-137　创建扫掠曲面

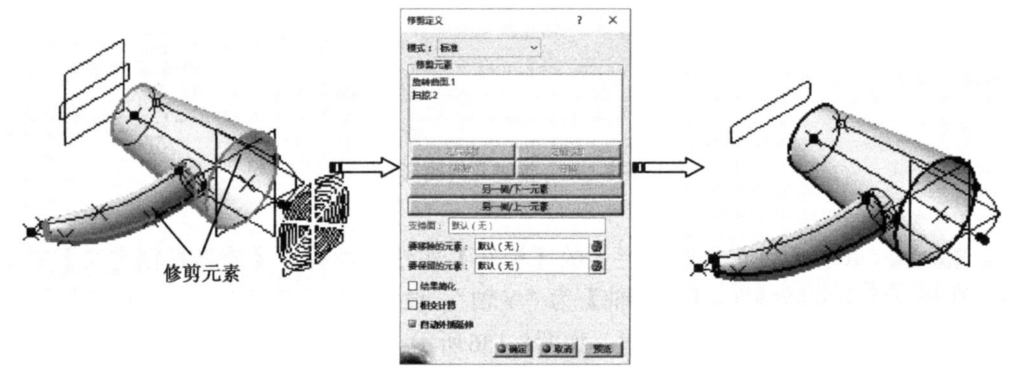

图8-138　创建修剪

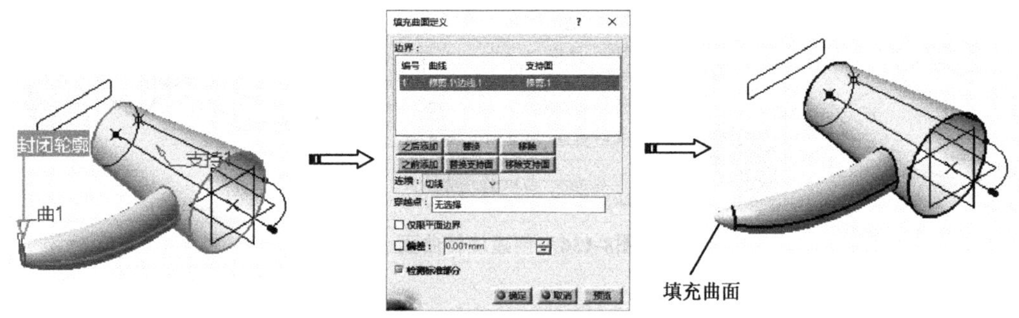

图8-139　填充曲面

8.4.2.4　创建出风口曲面

Step34 选择下拉菜单【插入】|【几何图形集】命令，弹出【插入几何图形集】对话框，保持默认，单击【确定】按钮，特征树上出现“几何图形集.3”节点，并设置为当前工作对象，如图8-140所示。

Step35 单击【线框】工具栏上的【相交】按钮，弹出【相交定义】对话框，依次选择草图和*XY*平面，单击【确定】按钮，系统自动完成相交点创建，如图8-141所示。

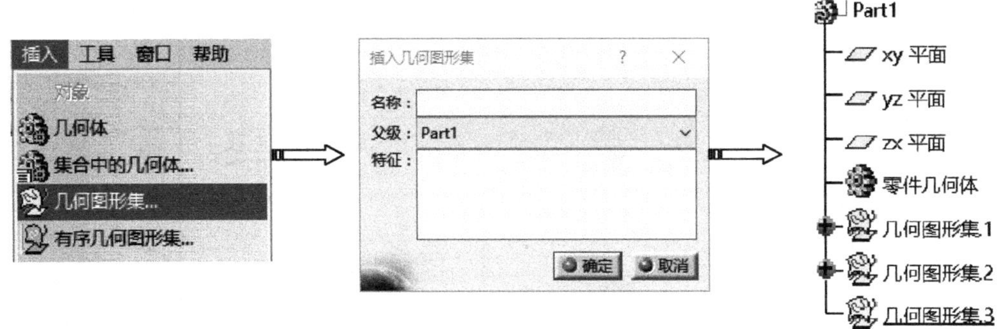

图8-140　创建几何图形集

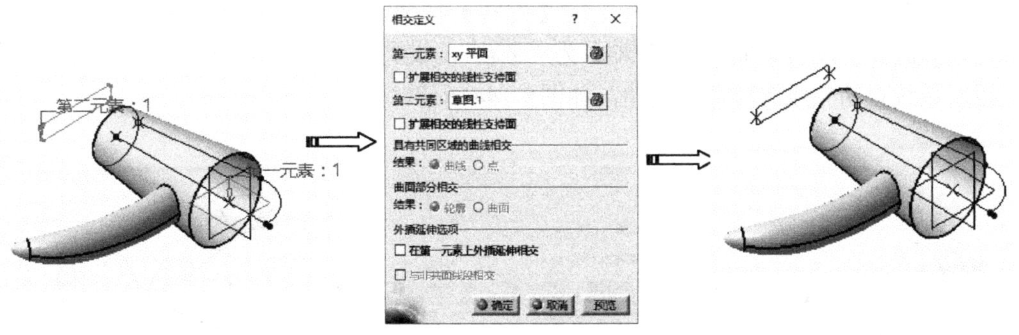

图8-141　创建相交曲线

Step36 单击【曲面】工具栏上的【多截面曲面】按钮，弹出【多截面曲面定义】对话框，依次如图8-142所示的曲线作为截面轮廓，并选择相应的曲面作为相切曲面，单击【确定】按钮，系统自动完成多截面曲面创建。

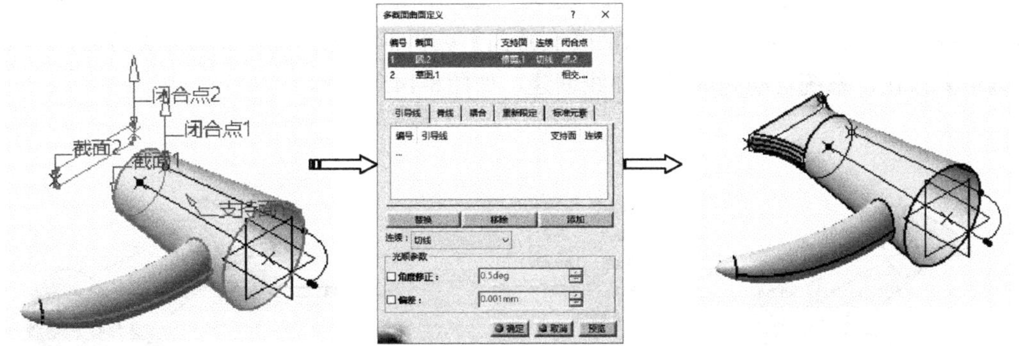

图8-142　创建多截面曲面

8.4.2.5　创建进风口曲面

Step37 选择下拉菜单【插入】|【几何图形集】命令，弹出【插入几何图形集】对话框，保持默认，单击【确定】按钮，特征树上出现“几何图形集.4”节点，并设置为当前工作对象，如图8-143所示。

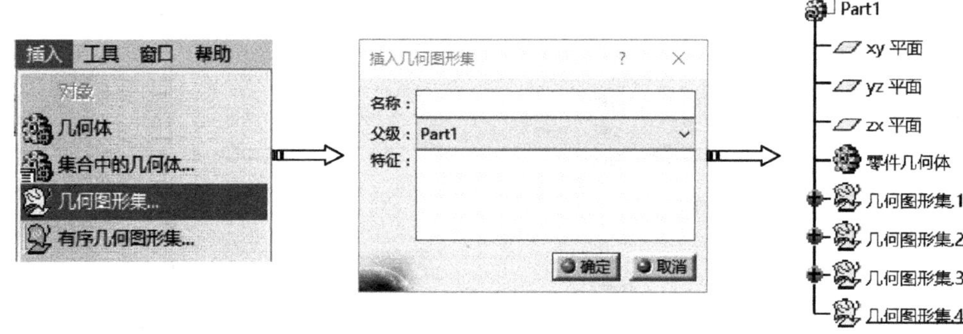

图8-143　创建几何图形集

Step38 单击【曲面】工具栏上的【旋转】按钮，弹出【旋转曲面定义】对话框，选择圆弧为旋转截面，【旋转轴】为“Y轴”，设置旋转角度为360°，单击【确定】按钮，系统自动完成旋转曲面创建，如图8-144所示。

图8-144　创建旋转曲面

Step39 单击【线框】工具栏上的【投影】按钮，弹出【投影定义】对话框，在【投影类型】下拉列表中选择“沿某一方向”选项，激活【投影的】编辑框，选择要投影的草图和圆周阵列曲线，然后激活【支持面】编辑框，选择旋转曲面为支持面，单击【确定】按钮，系统自动完成投影曲线创建，如图8-145所示。

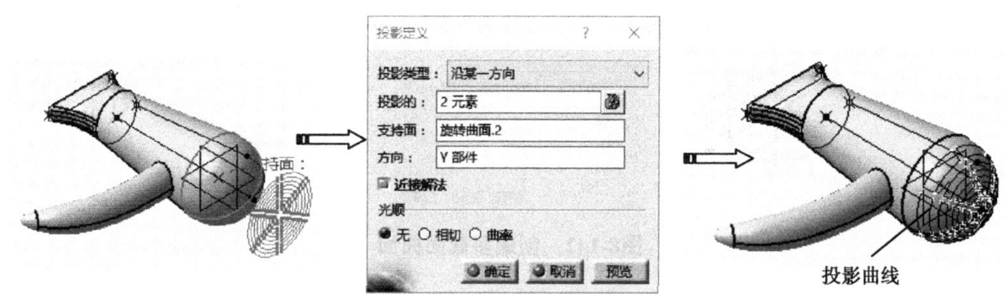

图8-145　创建投影曲线

Step40 单击【操作】工具栏上的【分割】按钮，弹出【定义分割】对话框，激活【要切除的元素】编辑框选择需要旋转曲面，然后激活【切除元素】编辑框，选择投影曲线作为切除元素，单击【确定】按钮，系统自动完成分割操作，如图8-146所示。

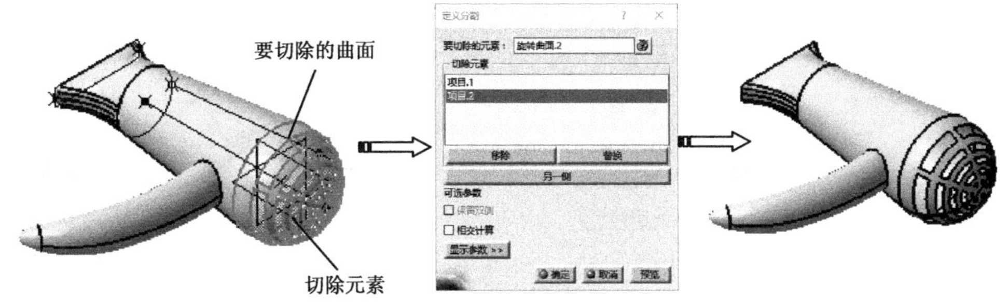

图8-146　创建分割

Step41 单击【操作】工具栏上的【倒圆角】按钮，弹出【倒圆角定义】对话框，激活【要圆角化的对象】编辑框，选择需要倒圆角的棱边，设置倒角参数。在【半径】文本框中输入半径值“5mm”，单击【确定】按钮，系统自动完成圆角操作，如图8-147所示。

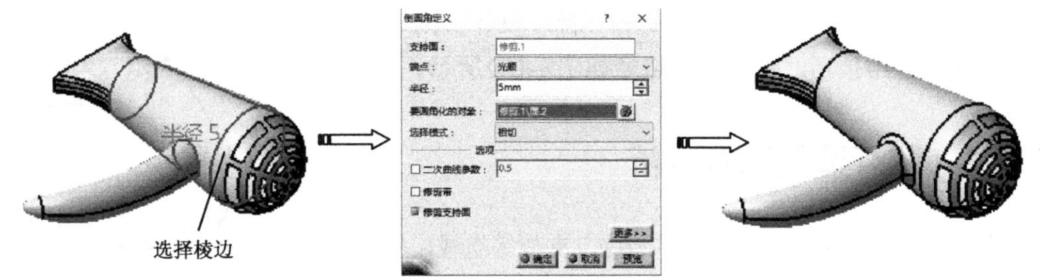

图8-147　倒圆角

Step42 单击【操作】工具栏上的【接合】按钮，弹出【接合定义】对话框，依次选择所有曲面，单击【确定】按钮，系统自动完成接合操作，如图8-148所示。

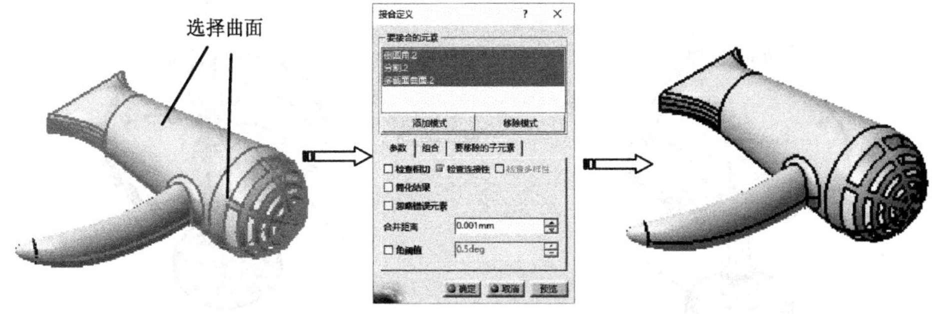

图8-148　创建接合

8.4.2.6　曲面创建实体

Step43 选择【开始】|【机械设计】|【零件设计】命令，转入零件设计工作台。

Step44 单击【基于曲面的特征】工具栏上的【厚曲面】按钮，弹出【定义厚曲面】对话框，激活【要偏移的对象】编辑框，选择如图8-149所示的曲面，箭头指向加厚方向，激活【第一偏移】文本框输入“1mm”，单击【确定】按钮，完成加厚特征。

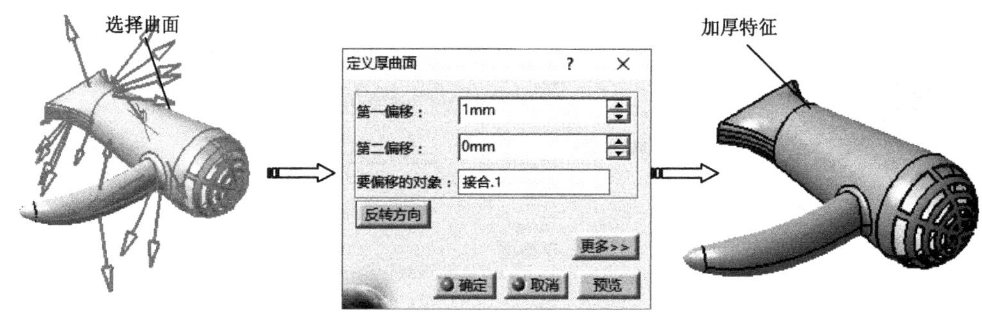

图8-149 创建加厚特征

8.5 综合实例5——台灯产品设计

8.5 视频精讲

本节中，以一个日常生活产品——台灯设计实例来详解曲面产品设计和应用技巧。台灯设计造型如图8-150所示。

图8-150 台灯

8.5.1 台灯造型思路分析

台灯模型主要由灯台、灯罩、装饰、支架等组成，外形结构流畅圆滑美观，结构对称。台灯模型的CATIA曲面实体建模流程如下。

（1）零件分析，拟订总体建模思路

根据台灯结构特点，可分解为灯台、灯罩、支架等组成，如图8-151所示。

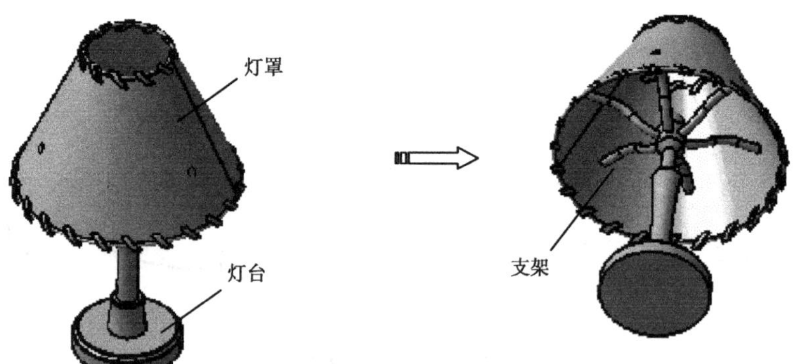

图8-151 模型分解

（2）台灯灯台的构建

根据灯台回转体结构的特点，首先采用旋转体特征创建底座，然后采用倒角和圆角特征完成造型，如图8-152所示。

（3）台灯灯罩的构建

根据曲面实体建模顺序，一般是先曲线，再曲面，最后由曲面生成实体，如图8-153所示。

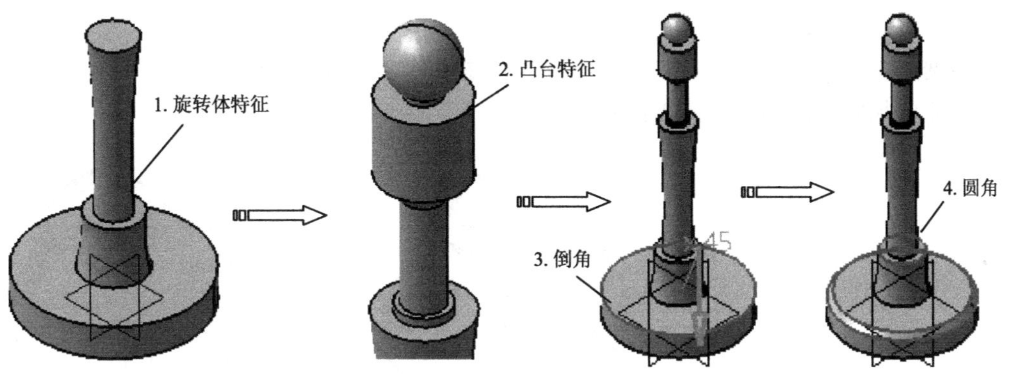

1. 旋转体特征
2. 凸台特征
3. 倒角
4. 圆角

图8-152　台灯灯台的创建过程

180
25度
35
125
1. 草图
2. 旋转曲面
3. 拉伸曲面
160
115度
构建曲面
4. 扫掠曲面
5. 分割曲面
6.平移曲面
曲面操作
7. 加厚曲面
8. 封闭曲面
9. 阵列特征
曲面实体特征

图8-153　台灯灯罩创建过程

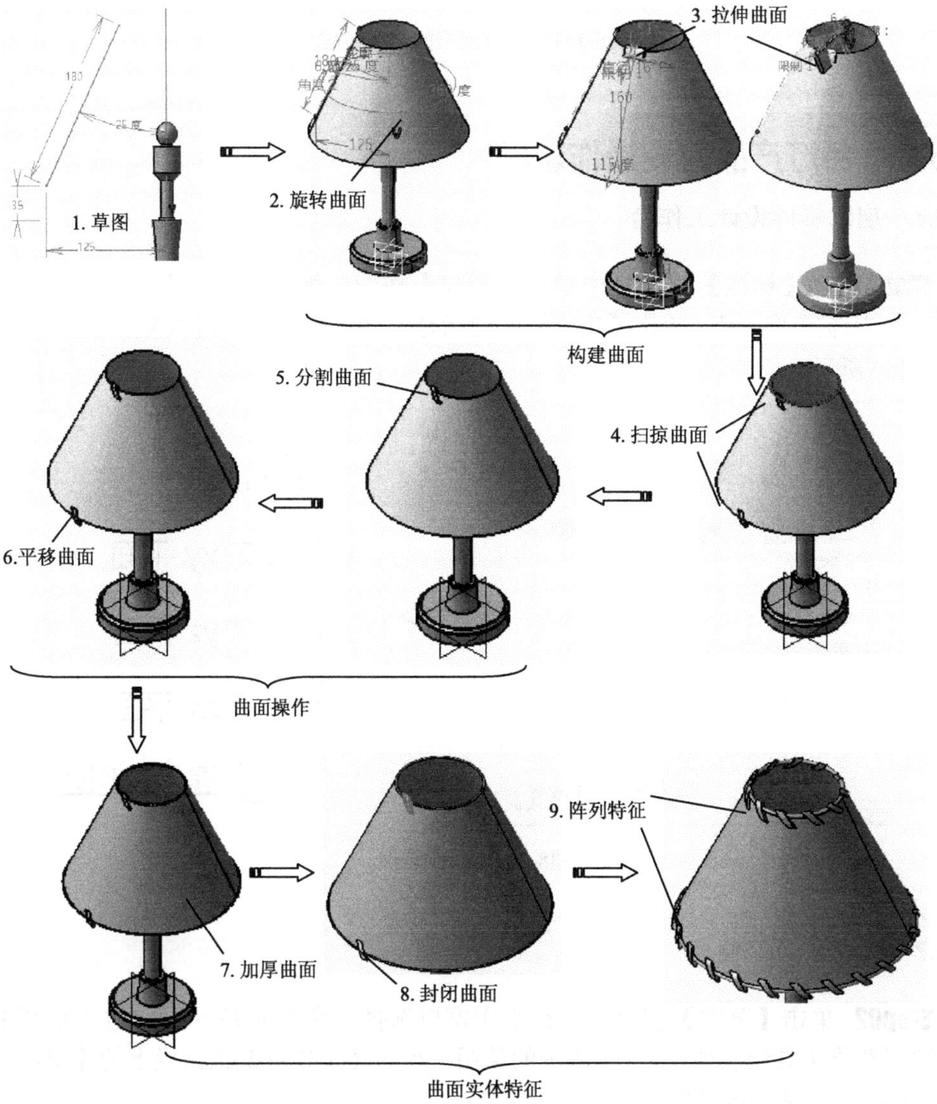

（4）台灯支架的构建

根据先主后次的原则，首先采用肋特征创建实体，然后采用移除面特征删除多余实体，最后施加圆周阵列，如图8-154所示。

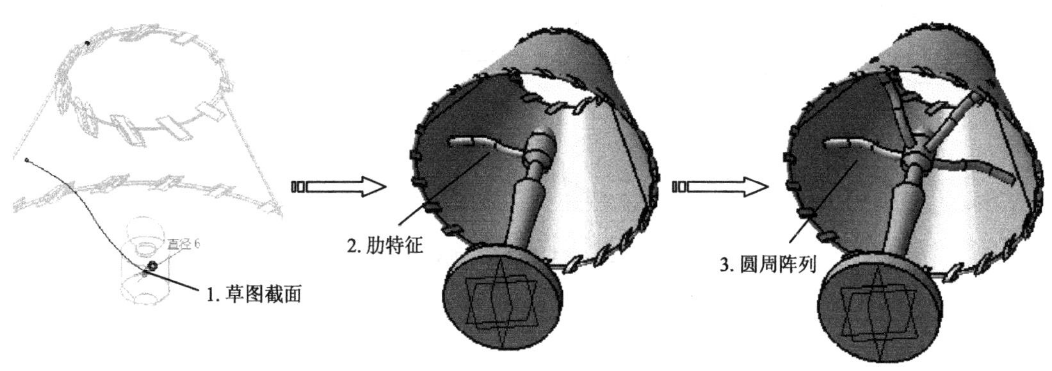

图8-154 台灯支架的创建过程

8.5.2 台灯产品造型操作过程

8.5.2.1 启动零件设计工作台

Step01 在【标准】工具栏中单击【新建】按钮，弹出【新建】对话框，在【类型列表】中选择“Part”，单击【确定】按钮新建一个零件文件，进入零件设计工作台，如图8-155所示。

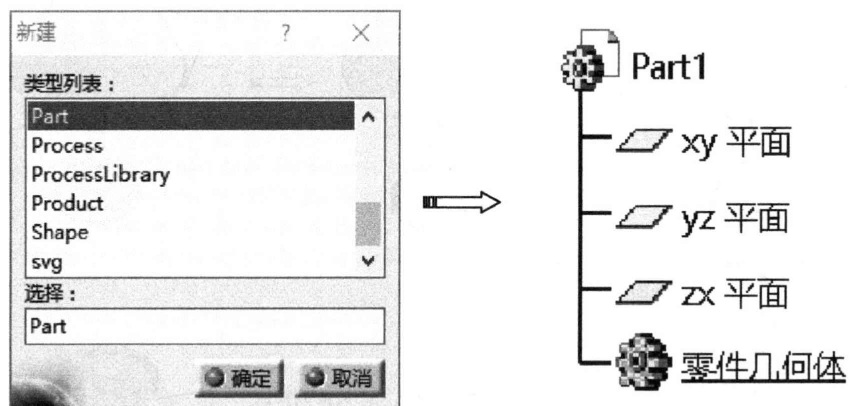

图8-155 创建零件

8.5.2.2 创建台灯灯台

Step02 单击【草图】按钮，在工作窗口选择草图平面*YZ*平面，进入草图编辑器。利用草绘工具绘制如图8-156所示的草图。单击【工作台】工具栏上的【退出工作台】按钮，完成草图绘制。

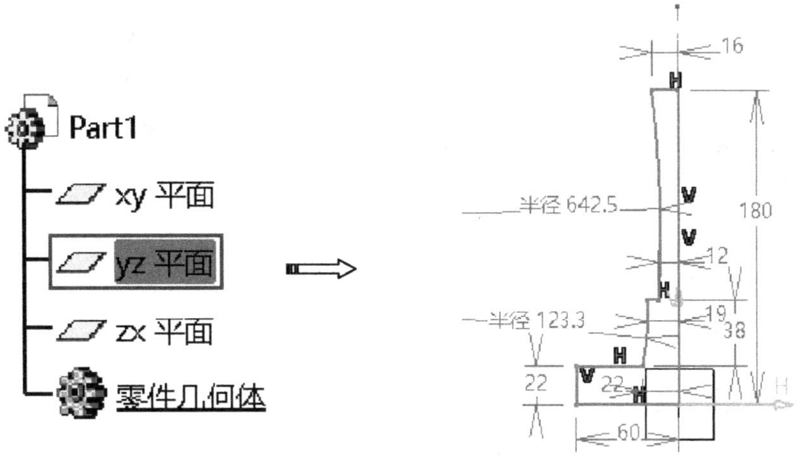

图8-156　绘制草图

Step03 单击【基于草图的特征】工具栏上的【旋转体】按钮，选择旋转截面，弹出【定义旋转体】对话框，选择上一步草图为旋转槽截面，单击【确定】按钮，系统自动完成旋转体特征，如图8-157所示。

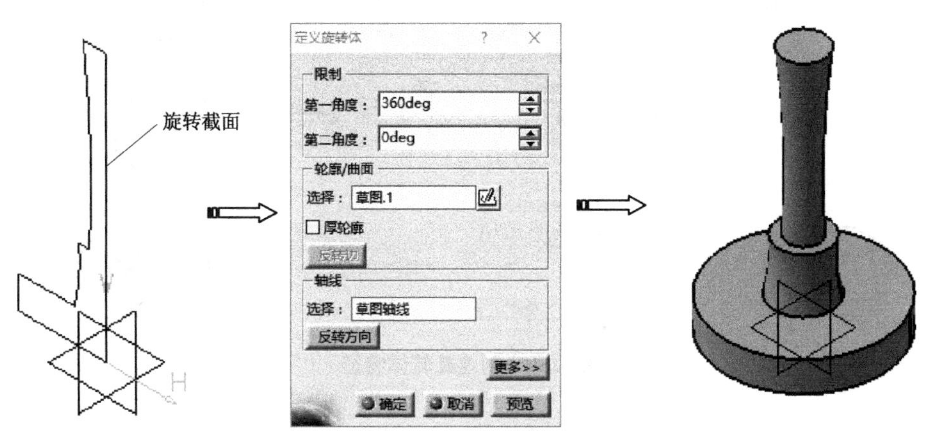

图8-157　创建旋转体特征

Step04 单击【草图】按钮，在工作窗口选择草图平面*YZ*平面，进入草图编辑器。利用草绘工具绘制如图8-158所示的草图。单击【工作台】工具栏上的【退出工作台】按钮，完成草图绘制。

Step05 单击【基于草图的特征】工具栏上的【旋转体】按钮，选择旋转截面，弹出【定义旋转体】对话框，选择上一步草图为旋转槽截面，单击【确定】按钮，系统自动完成旋转体特征，如图8-159所示。

Step06 单击【修饰特征】工具栏上的【倒角】按钮，弹出【定义倒角】对话框，激活【要倒角的对象】编辑框，选择如图8-160所示的边线，单击【确定】按钮，系统自动完成倒角特征。

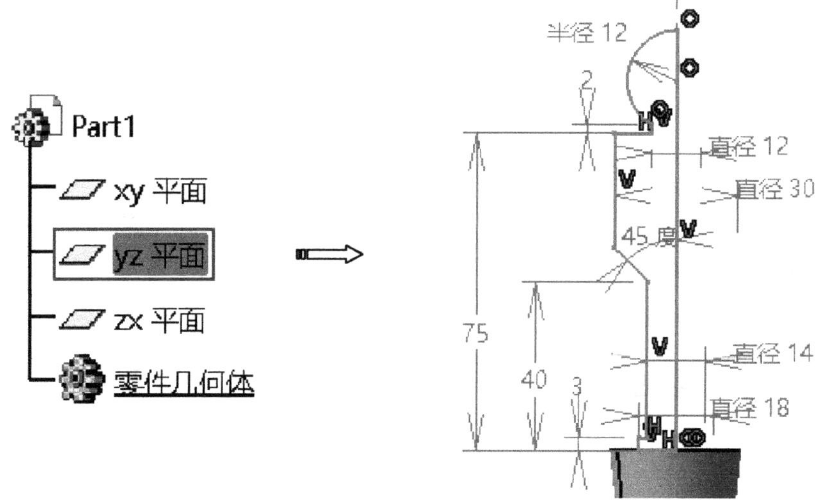

图8-158 绘制草图

图8-159 创建旋转体特征

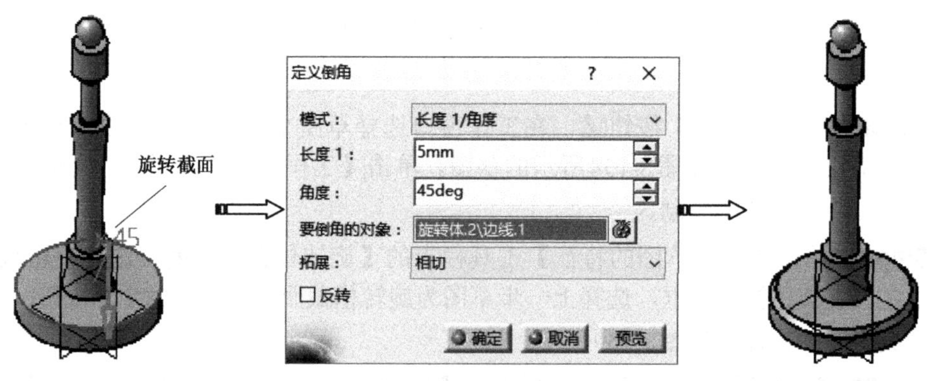

图8-160 创建倒角

Step07 单击【修饰特征】工具栏上的【倒圆角】按钮，弹出【倒圆角定义】对话框，在【半径】文本框中输入圆角半径值“2mm”，然后激活【要圆角化的对象】编辑框，选择如图8-161所示的边，单击【确定】按钮，系统自动完成圆角特征。

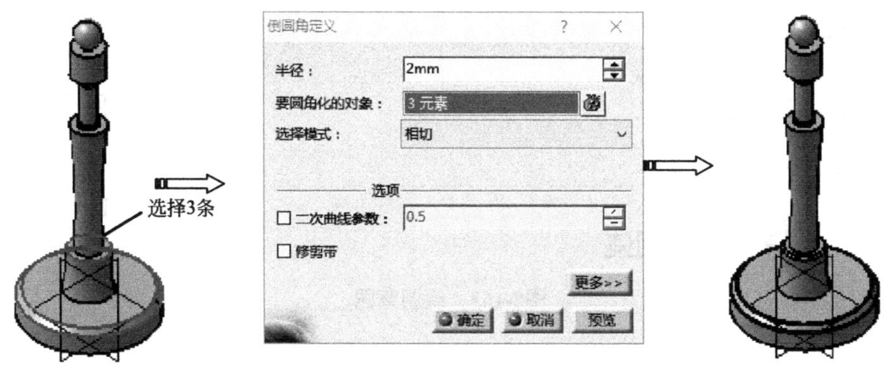

图8-161　创建倒圆角特征

8.5.2.3　创建台灯灯罩

Step08 在菜单栏执行【开始】|【形状】|【创成式外形设计】命令，系统自动进入创成式外形设计工作台。

Step09 选择下拉菜单【插入】|【几何图形集】命令，弹出【插入几何图形集】对话框，保持默认，单击【确定】按钮，特征树上出现“几何图形集.1”节点，并设置为当前工作对象，如图8-162所示。

图8-162　创建几何图形集

Step10 单击【草图】按钮，在工作窗口选择草图平面*YZ*平面，进入草图编辑器。利用草绘工具绘制如图8-163所示的草图。单击【工作台】工具栏上的【退出工作台】按钮，完成草图绘制。

Step11 单击【曲面】工具栏上的【旋转】按钮，弹出【旋转曲面定义】对话框，选择上一步所创建草图作为轮廓，设置旋转角度后单击【确定】按钮，系统自动完成旋转曲面创建，如图8-164所示。

Step12 单击【草图】按钮，在工作窗口选择草图平面*ZX*平面，进入草图编辑器。利用草绘工具绘制如图8-165所示的草图。单击【工作台】工具栏上的【退出工作台】按钮，完成草图绘制。

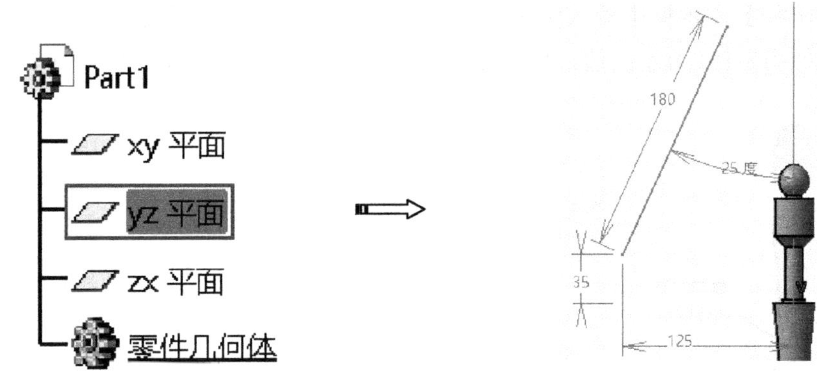

图8-163 绘制草图

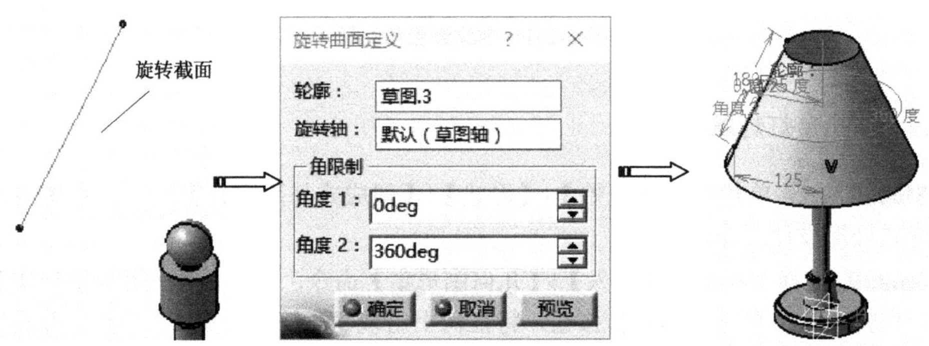

图8-164 创建旋转曲面

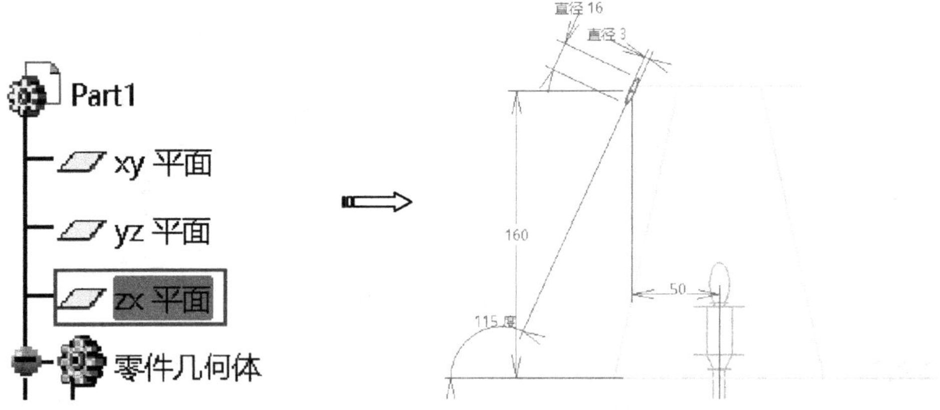

图8-165 绘制草图

Step13 单击【曲面】工具栏上的【拉伸】按钮，弹出【拉伸曲面定义】对话框，选择上一步草图为拉伸截面，设置拉伸深度为15mm，选中【镜像范围】复选框，单击【确定】按钮，系统自动完成拉伸曲面创建，如图8-166所示。

Step14 单击【草图】按钮，在工作窗口选择草图平面*YZ*平面，进入草图编辑器。利用草绘工具绘制如图8-167所示的草图。单击【工作台】工具栏上的【退出工作台】按钮，完成草图绘制。

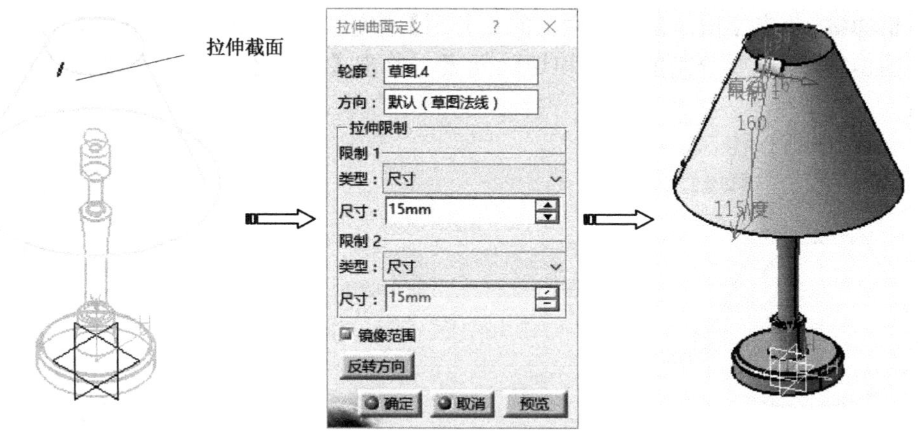

图8-166　创建拉伸曲面

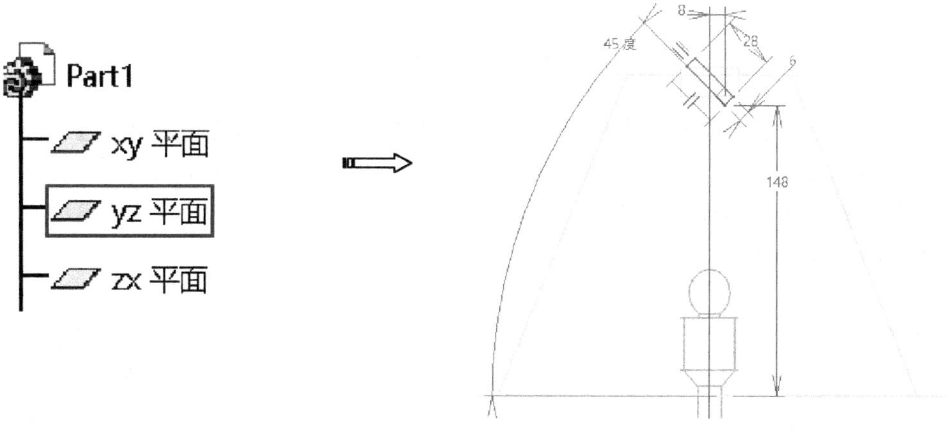

图8-167　绘制草图

Step15 单击【曲面】工具栏上的【拉伸】按钮，弹出【拉伸曲面定义】对话框，选择上一步草图为拉伸截面，设置拉伸深度为80mm，单击【确定】按钮，系统自动完成拉伸曲面创建，如图8-168所示。

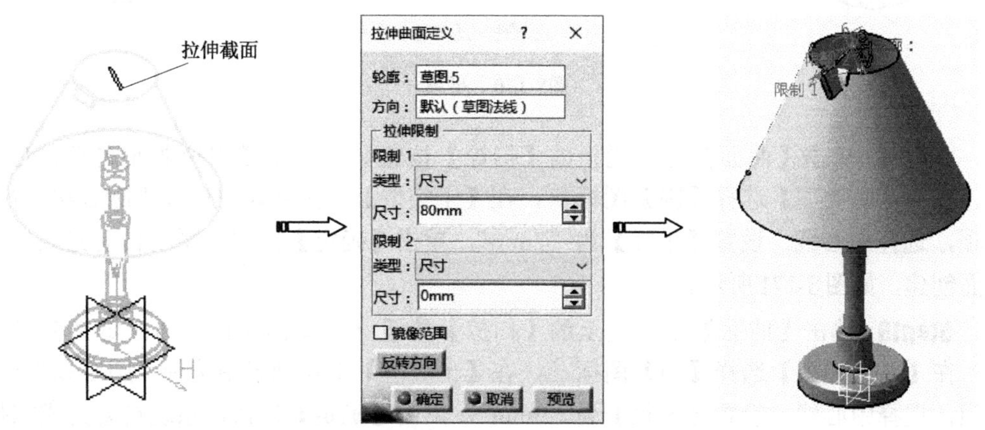

图8-168　创建拉伸曲面

Step16 单击【操作】工具栏上的【分割】按钮，弹出【定义分割】对话框，选择如图8-169所示要分割的曲面和切除元素，单击【确定】按钮，系统自动完成分割操作。

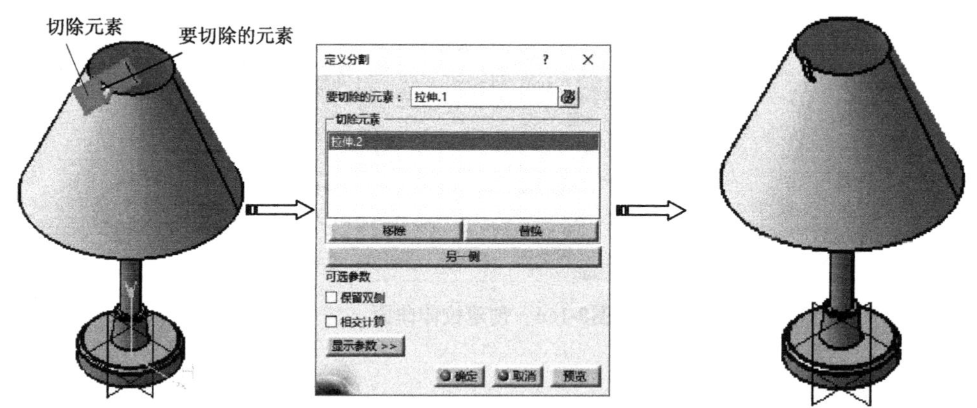

图8-169 创建分割

Step17 单击【操作】工具栏上的【平移】按钮，弹出【平移定义】对话框，在【向量定义】下拉列表中选择“坐标”类型，选择上述分割曲面，设置“X”为“74mm”、“Y”为“0mm”，“Z”为“-159mm”，单击【确定】按钮，系统自动完成平移操作，如图8-170所示。

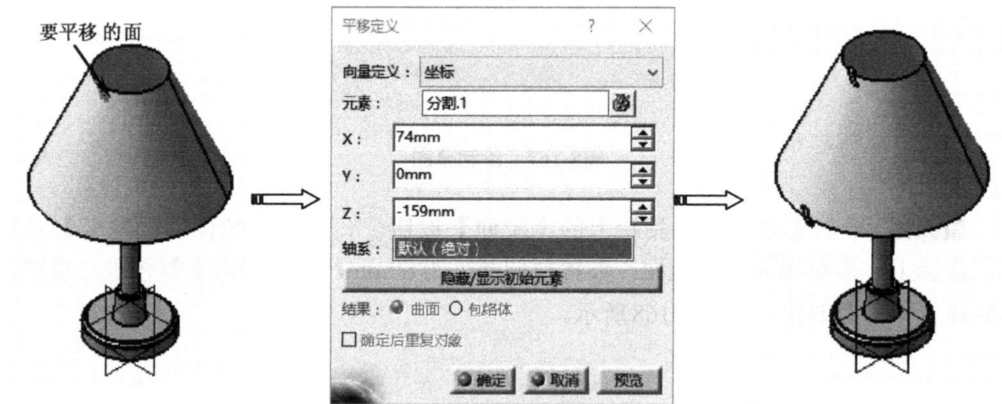

图8-170 平移

Step18 单击【曲面】工具栏上的【扫掠】按钮，弹出【扫掠曲面定义】对话框，在【轮廓类型】选择【圆】图标，在【子类型】下拉列表中选择“圆心和半径”选项，选择中心线，设置【半径】为“2mm”，单击【确定】按钮，系统自动完成扫掠曲面创建，如图8-171所示。

Step19 单击【曲面】工具栏上的【扫掠】按钮，弹出【扫掠曲面定义】对话框，在【轮廓类型】选择【圆】图标，在【子类型】下拉列表中选择“圆心和半径”选项，选择中心线，设置【半径】为“2mm”，单击【确定】按钮，系统自动完成扫掠曲面创建，如图8-172所示。

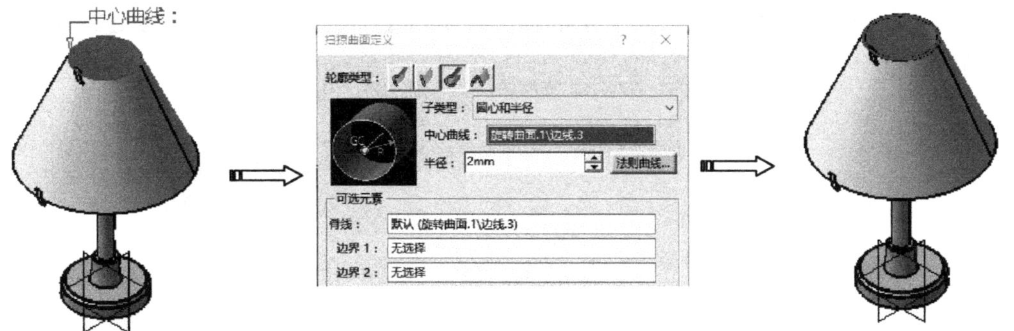

图8-171　圆心和半径（一）

图8-172　圆心和半径（二）

Step20　在菜单栏执行【开始】|【机械设计】|【零件设计】，进入【零件设计】工作台。

Step21　单击【基于曲面的特征】工具栏上的【厚曲面】按钮，弹出【定义后曲面】对话框，选择灯罩曲面，在【第一偏移】文本框中输入加厚值“1mm”，单击【确定】按钮，系统创建曲面加厚实体特征，如图8-173所示。

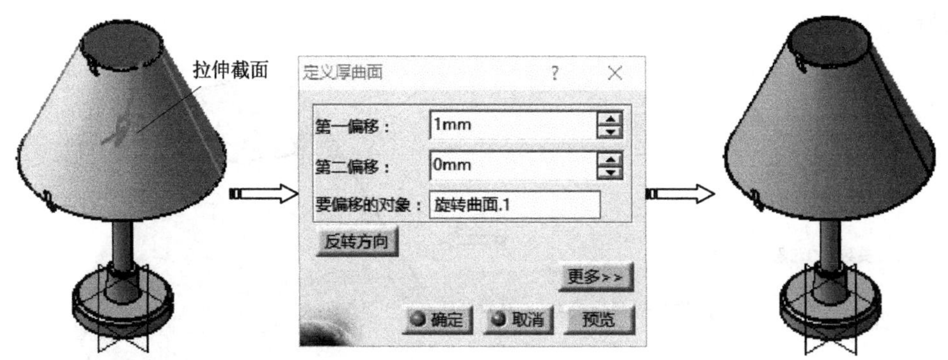

图8-173　创建厚曲面

Step22　单击【基于曲面的特征】工具栏上的【封闭曲面】按钮，弹出【定义封闭曲面】对话框，选择如图8-174所示的曲面，单击【确定】按钮，系统创建封闭曲面实体特征。

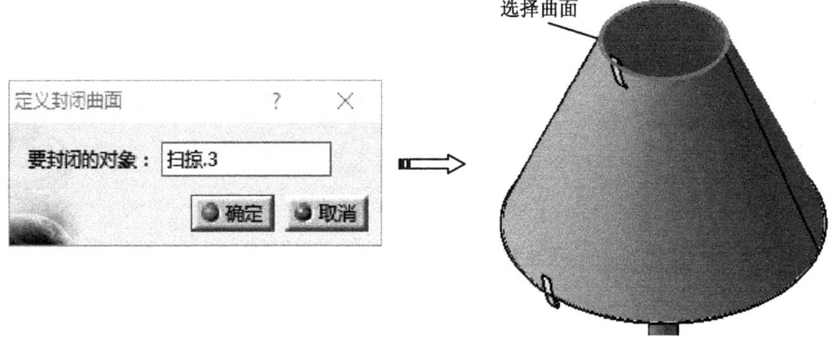

图8-174 创建封闭曲面特征（一）

Step23 单击【基于曲面的特征】工具栏上的【封闭曲面】按钮，弹出【定义封闭曲面】对话框，选择如图8-175所示的曲面，单击【确定】按钮，系统创建封闭曲面实体特征。

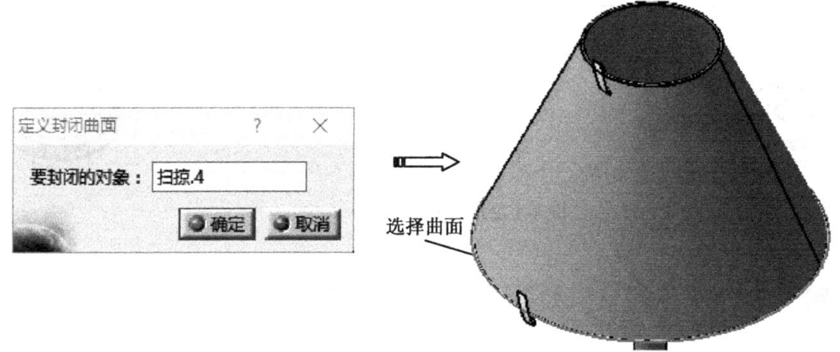

图8-175 创建封闭曲面特征（二）

Step24 单击【基于曲面的特征】工具栏上的【封闭曲面】按钮，弹出【定义封闭曲面】对话框，选择如图8-176所示的曲面，单击【确定】按钮，系统创建封闭曲面实体特征。

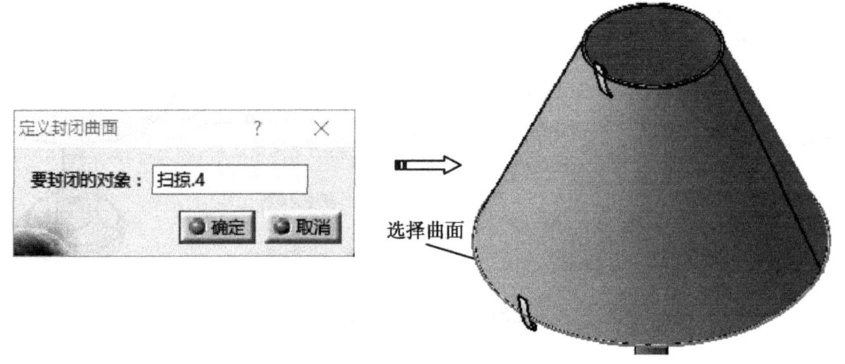

图8-176 创建封闭曲面特征（三）

Step25 单击【基于曲面的特征】工具栏上的【封闭曲面】按钮，弹出【定义封闭曲面】对话框，选择如图8-177所示的曲面，单击【确定】按钮，系统创建封闭曲面实体特征。

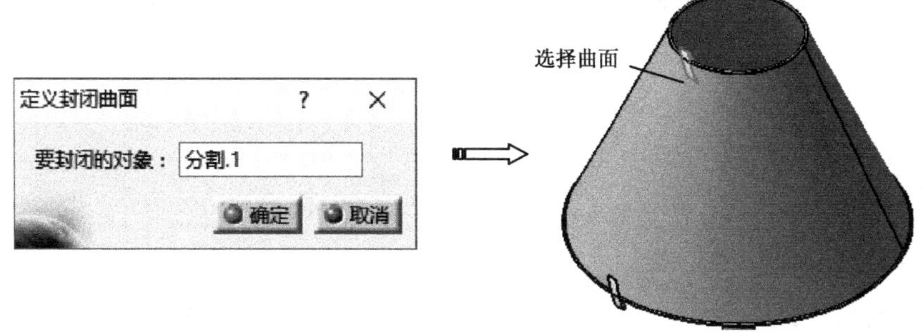

图8-177 创建封闭曲面特征（四）

Step26 选择如图8-178所示要封闭曲面特征，单击【变换特征】工具栏上的【圆形阵列】按钮，弹出【定义圆形阵列】对话框，在【轴向参考】选项卡中设置【参数】为“实例和总角度”，【实例】为“12”，【总角度】为“360deg”，激活【参考元素】编辑框，选择“Z轴”，单击【预览】按钮显示预览，单击【确定】按钮完成圆形阵列，如图8-178所示。

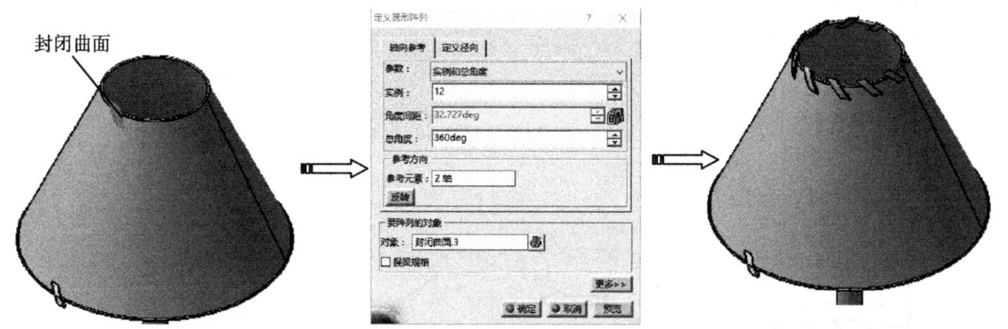

图8-178 创建圆形阵列

Step27 同理，封闭另一个扫掠曲面，并进行圆周阵列，在【轴向参考】选项卡中设置【参数】为“实例和总角度”，【实例】为“12”，【总角度】为“360deg”，激活【参考图元】编辑框，选择“Z轴”，如图8-179所示。

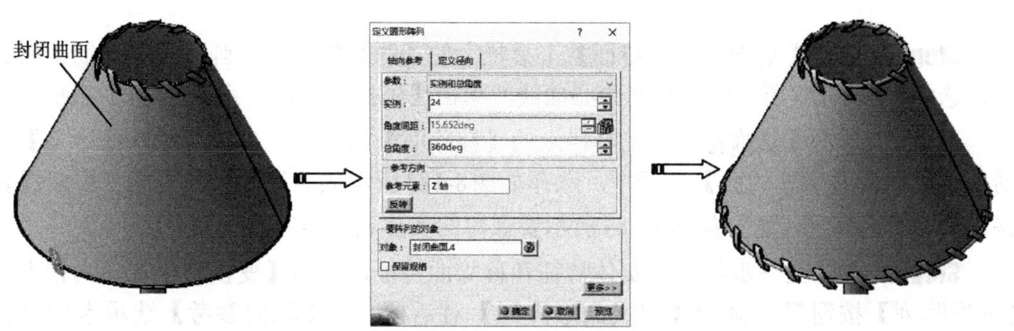

图8-179 封闭阵列特征

8.5.2.4 创建台灯支架

Step28 单击【草图】按钮，在工作窗口选择草图平面YZ平面，进入草图编辑器。利用草绘工具绘制如图8-180所示的草图。单击【工作台】工具栏上的【退出工作台】按钮，完成草图绘制。

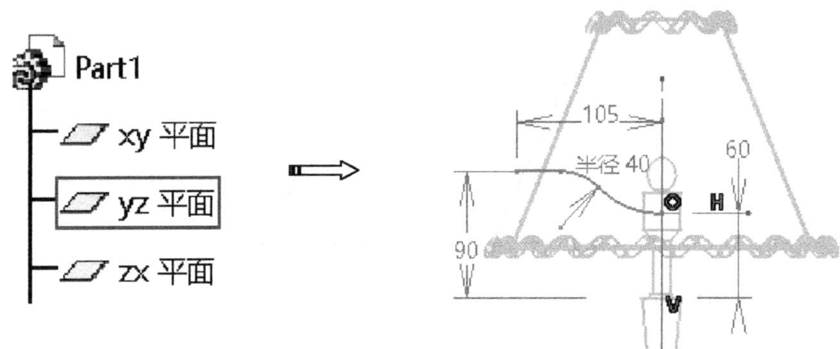

图8-180 绘制草图（一）

Step29 单击【草图】按钮，在工作窗口选择草图平面ZX平面，进入草图编辑器。利用草绘工具绘制如图8-181所示的圆。单击【工作台】工具栏上的【退出工作台】按钮，完成草图绘制。

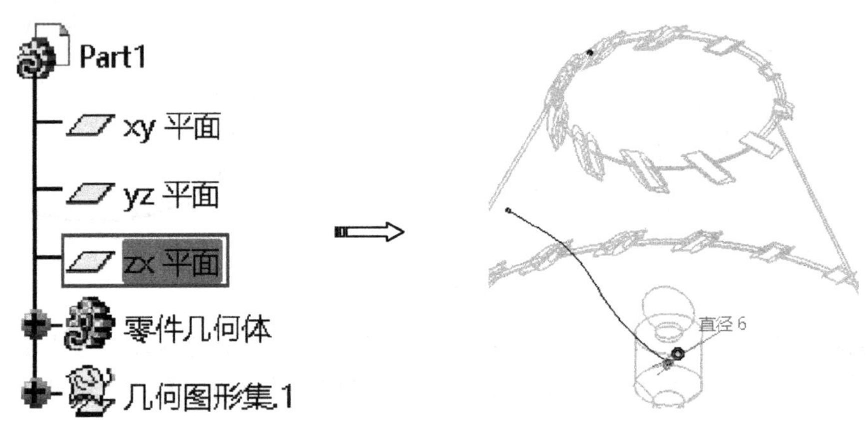

图8-181 绘制草图（二）

Step30 单击【基于草图的特征】工具栏上的【肋】按钮，弹出【定义肋】对话框，选择如图8-182所示的轮廓和中心曲线，单击【确定】按钮，系统创建肋特征。

Step31 单击【修饰特征】工具栏上的【移除面】按钮，弹出【移除面定义】对话框，激活【要移除的面】选择框，选择如图8-183所示的要移除实体表面，激活【要保留的面】选择框，选择如图8-183所示要保留的实体表面，完成移除面。

Step32 选择上一步创建肋实体特征和移除面特征，单击【变换特征】工具栏上的【圆形阵列】按钮，弹出【定义圆形阵列】对话框，在【轴向参考】选项卡中设置【参数】为“实例和总角度”,【实例】为“6”,【总角度】为“360deg”，激活【参考图

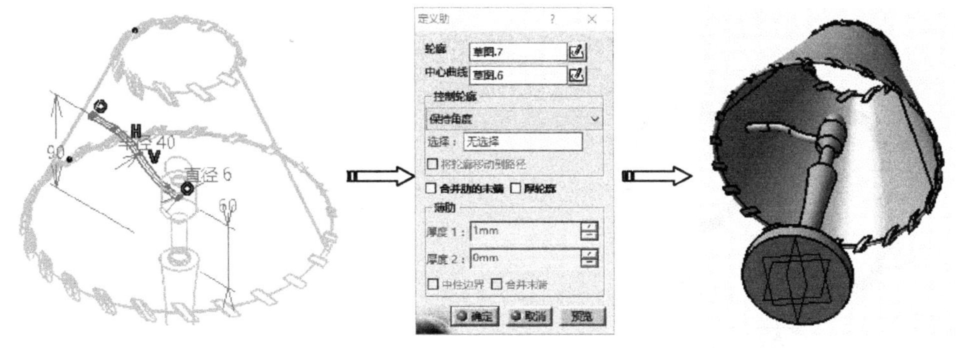

图8-182　创建肋特征

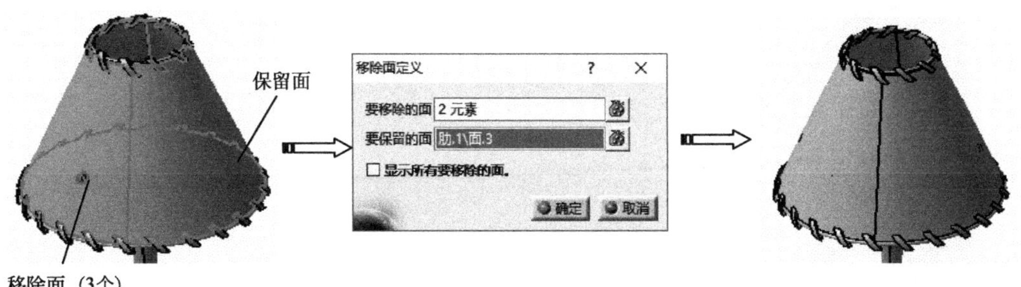

图8-183　创建移除面特征

元】编辑框，选择“Z轴”，单击【预览】按钮显示预览，单击【确定】按钮完成圆形阵列，如图8-184所示。

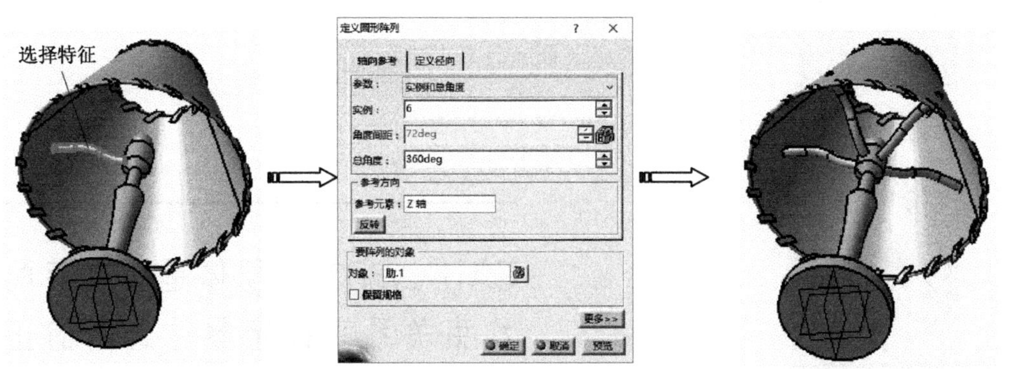

图8-184　创建环形阵列

09 第9章 装配体设计实例

CATIA V5R21装配体是通过装配约束关系来确定零件之间的正确位置和相互关系的。本章通过3个典型实例来介绍装配体设计的方法和步骤。希望通过本章的学习，使读者轻松掌握CATIA装配功能的基本应用。

本章实例

- 定滑轮装配
- 机械手装配
- 滑动轴承座装配

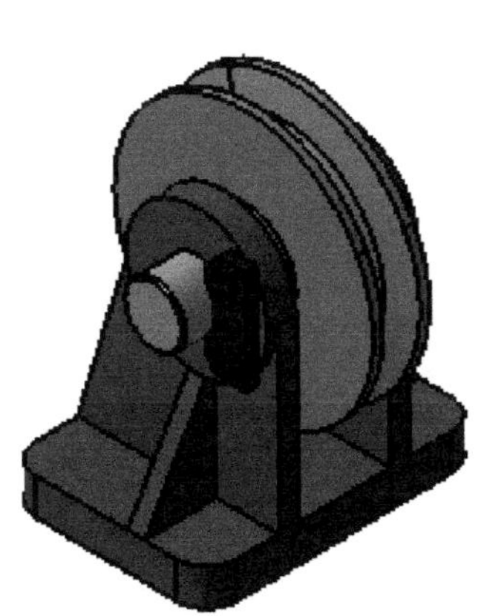

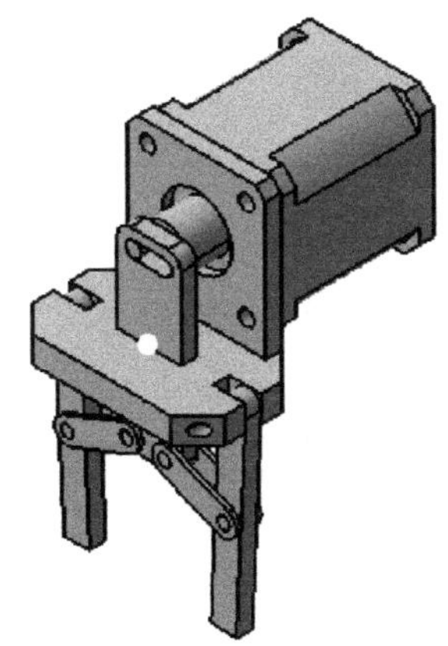

9.1 综合实例1——定滑轮装配体设计

9.1 视频精讲

本节中以定滑轮装配实例来详解产品装配设计过程和应用技巧。定滑轮结构如图9-1所示。

图9-1 定滑轮装配

9.1.1 定滑轮装配设计思路分析

首先通过实体造型、曲面造型等方法创建装配零件几何模型，然后利用加载现有零件添加到装配体，最后利用装配约束方法施加约束，完成装配结构。

（1）创建装配体结构

选择创建“Product”文件，并进入装配设计工作台，如图9-2所示。

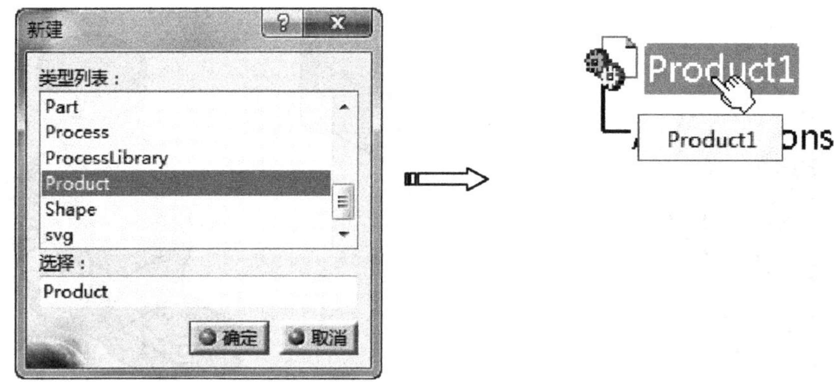

图9-2 创建装配体文件

（2）装配支架零件

首先选择添加现有部件将支架零件加载到装配体文件，然后利用装配约束方法固定该支架零件，如图9-3所示。

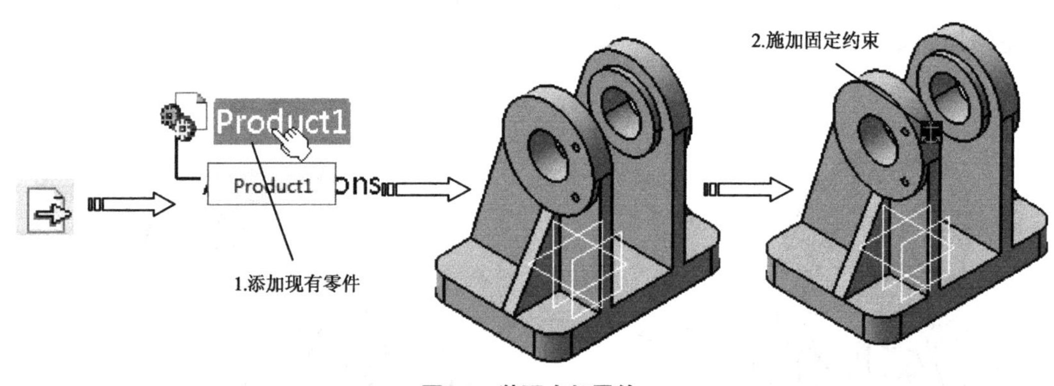

图9-3 装配支架零件

（3）装配滑轮零件

首先选择添加现有部件将滑轮零件加载到装配体文件，然后利用移动工具调整好零件位置，最后利用装配约束方法约束该滑轮零件，如图9-4所示。

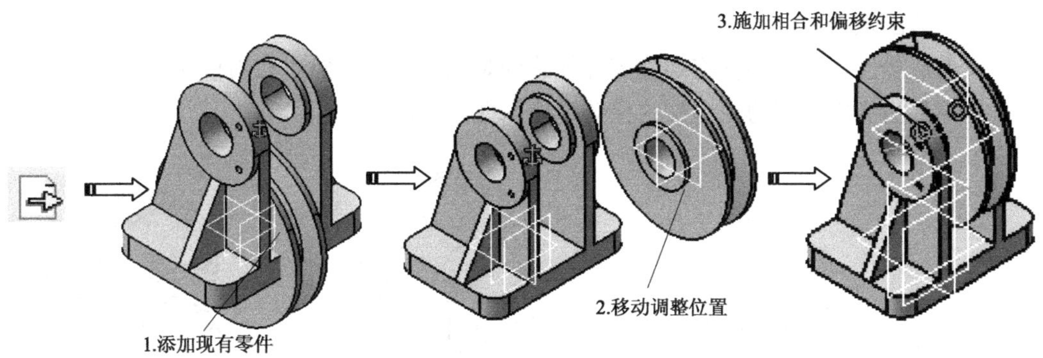

图9-4　装配滑轮

（4）装配心轴零件

首先选择添加现有部件将心轴零件加载到装配体文件，然后利用移动工具调整好零件位置，最后利用装配约束方法约束该心轴零件，如图9-5所示。

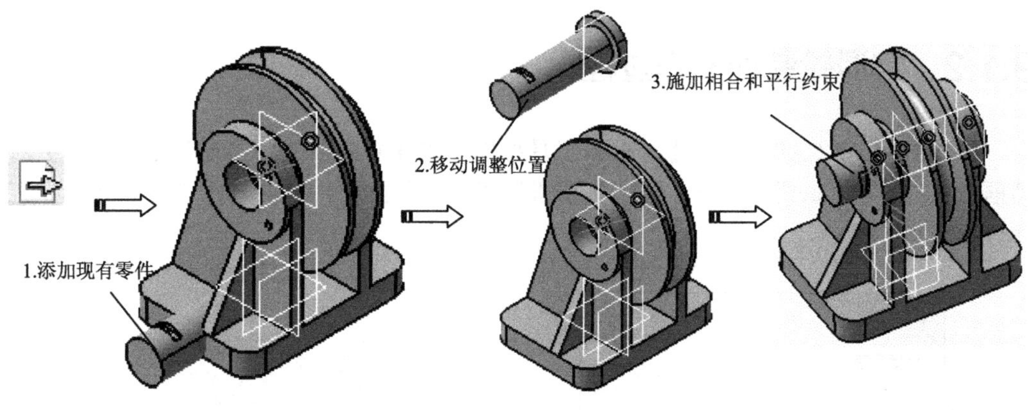

图9-5　装配心轴

（5）装配压板零件

首先选择添加现有部件将压板零件加载到装配体文件，然后利用移动工具调整好零件位置，最后利用装配约束方法约束该心轴零件，如图9-6所示。

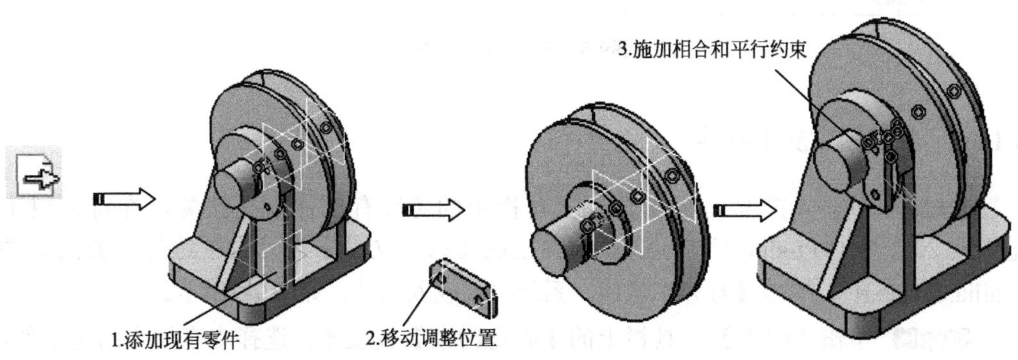

图9-6　装配压板

（6）装配螺栓零件

首先选择添加现有部件将螺栓零件加载到装配体文件，然后利用移动工具调整好零件位置，最后利用装配约束方法约束该螺栓零件，如图9-7所示。

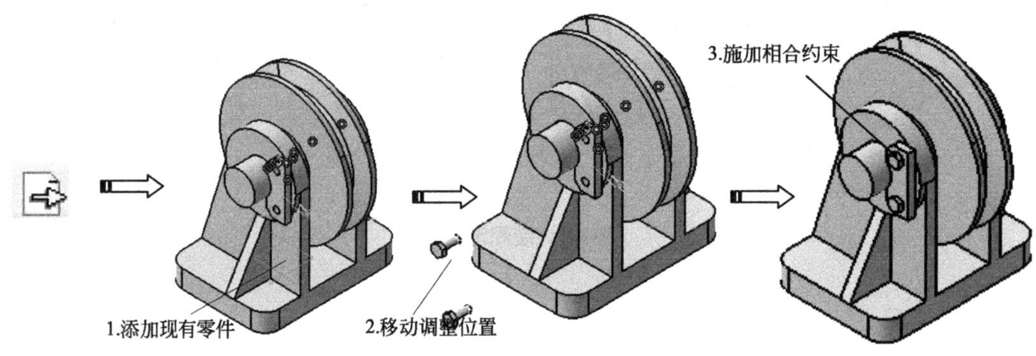

图9-7 装配螺栓

9.1.2 定滑轮装配操作过程

Step01 启动CATIA，在【标准】工具栏中单击【新建】按钮，在弹出【新建】对话框中选择“Product”。单击【确定】按钮新建一个装配文件，并进入“装配设计”工作台，如图9-8所示。

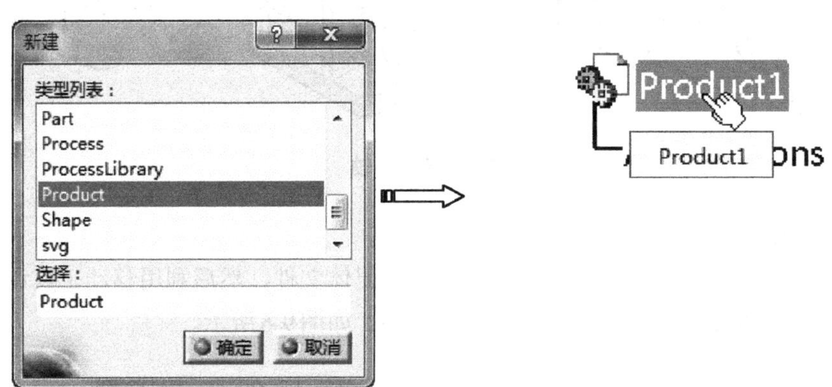

图9-8 进入装配工作台

9.1.2.1 加载固定支架零件

Step02 单击【产品结构工具】工具栏中的【现有部件】按钮，在特征树中选取插入位置（“Product1”节点），在弹出的【选择文件】对话框中选择需要的文件“zhijia.CATPart”，单击【打开】按钮，系统自动载入部件，如图9-9所示。

Step03 单击【约束】工具栏上的【固定约束】按钮，选择支座作为固定部件，系统自动创建固定约束，如图9-10所示。

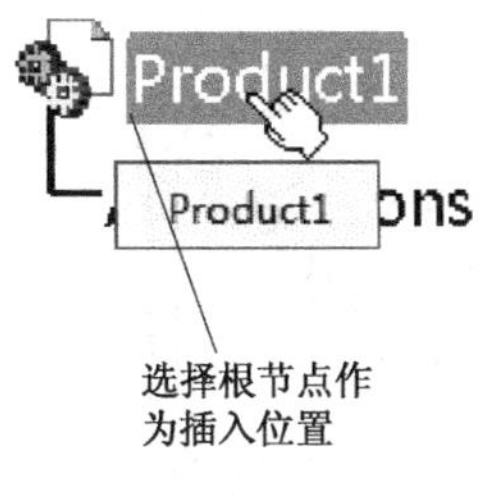

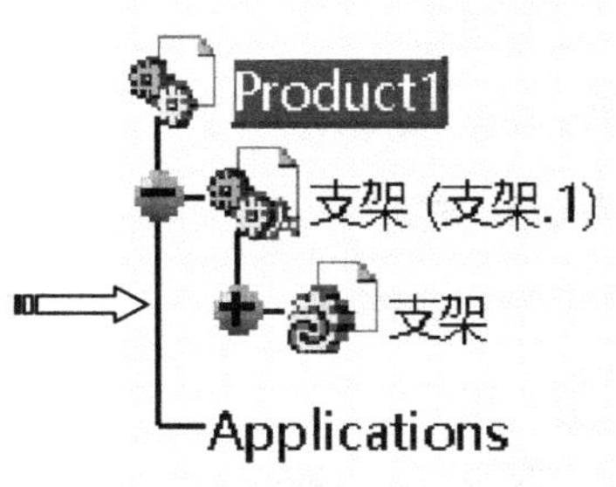

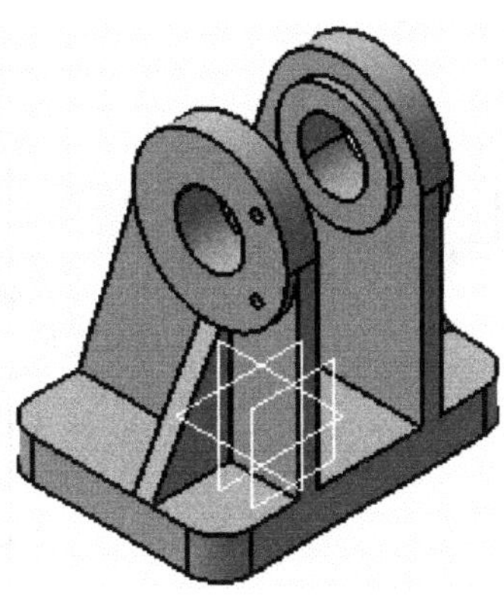

图9-9　加载第一个零件

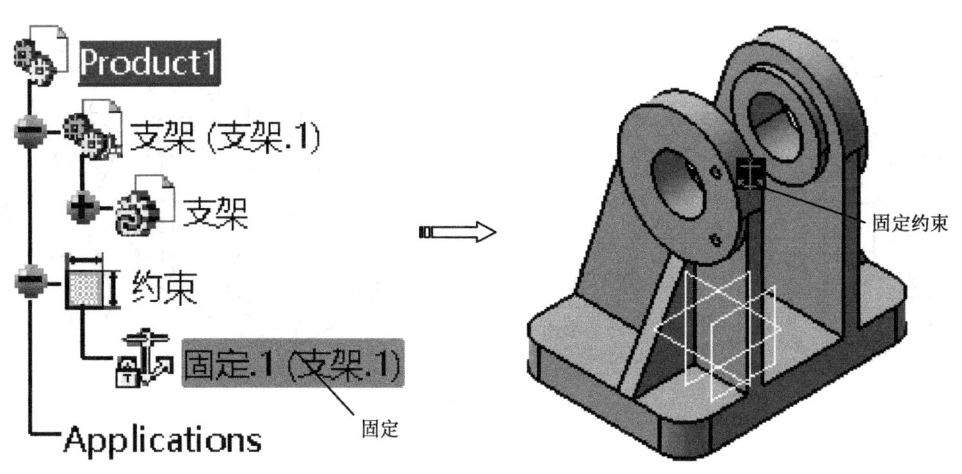

图9-10　固定约束

9.1.2.2　加载约束滑轮

（1）加载第二个零件

Step04 单击【产品结构工具】工具栏中的【现有部件】按钮，在特征树中选取Product1节点，弹出【选择文件】对话框，选择需要文件hualun.CATPart，单击【打开】按钮，系统自动载入部件，如图9-11所示。

（2）移动第二个零件

Step05 单击【移动】工具栏上的【操作】按钮，弹出【操作参数】对话框，利用移动操作调整好位置，如图9-12所示。

（3）约束第二个零件

Step06 单击【约束】工具栏上的【相合约束】按钮，风机轴线和和底座孔轴线，单击【确定】按钮，完成约束，如图9-13所示。

Step07 单击【约束】工具栏上的【偏移约束】按钮，分别选择风机端面和机座端面，弹出【约束属性】对话框，在【偏移】框中输入距离值1mm，单击【确定】

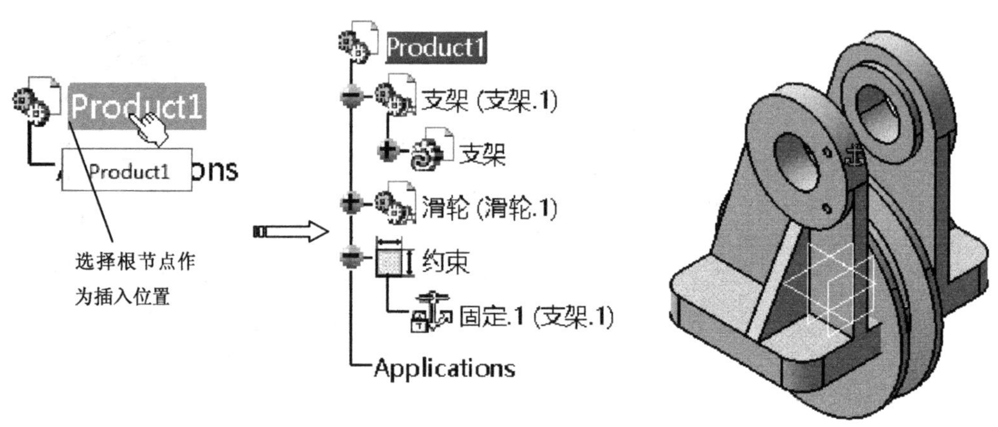

图9-11 加载第二个零件

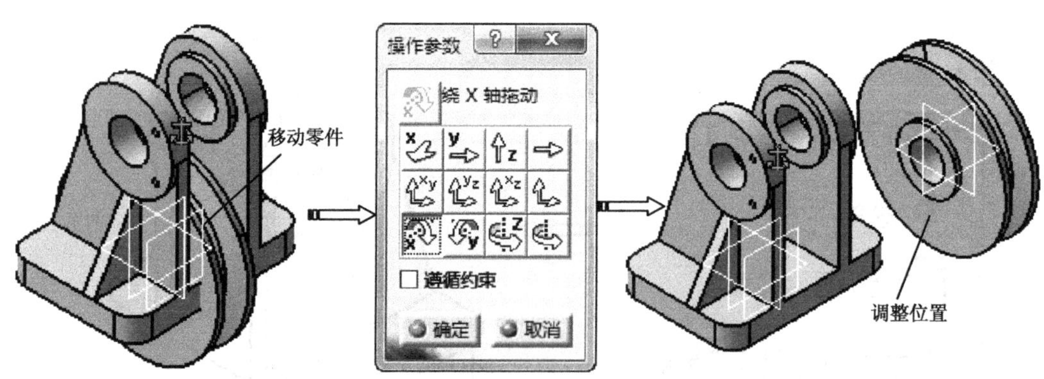

图9-12 移动滑轮

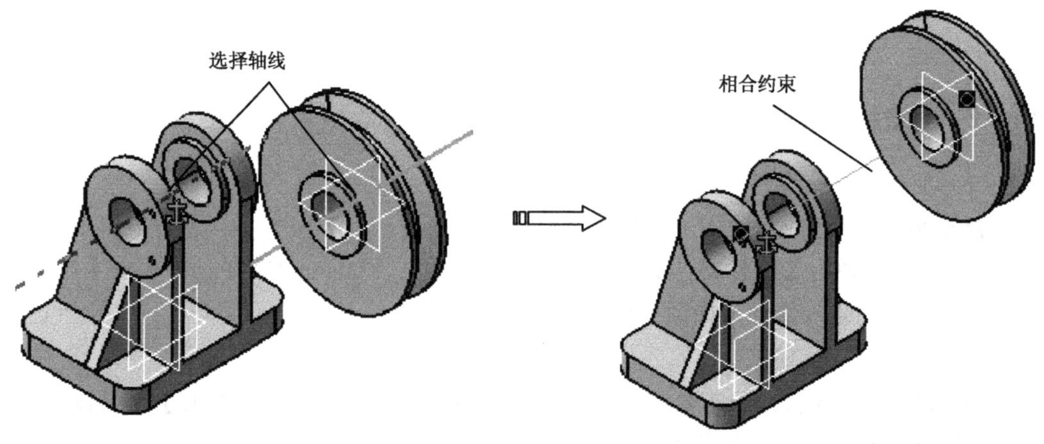

图9-13 创建相合约束

按钮，如图9-14所示。

9.1.2.3 加载约束心轴

（1）加载零件

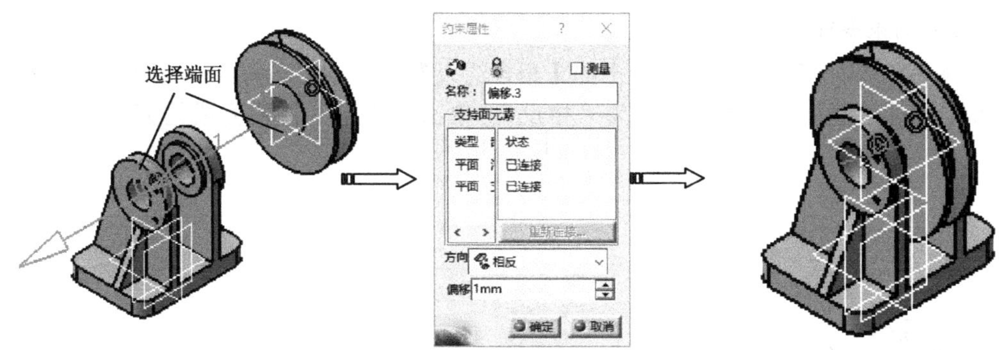

图9-14　创建偏移约束

Step08 单击【产品结构工具】工具栏中的【现有部件】按钮，在特征树中选取“Product1”节点，弹出【选择文件】对话框，选择需要的文件“hualun.CATPart”，单击【打开】按钮，系统自动载入部件，如图9-15所示。

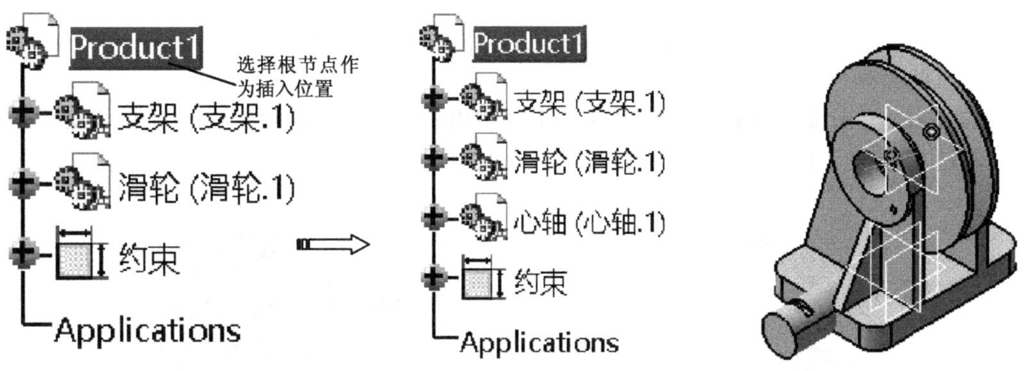

图9-15　加载第三个零件

（2）移动零件

Step09 单击【移动】工具栏上的【操作】按钮，弹出【操作参数】对话框，利用移动操作调整好位置，如图9-16所示。

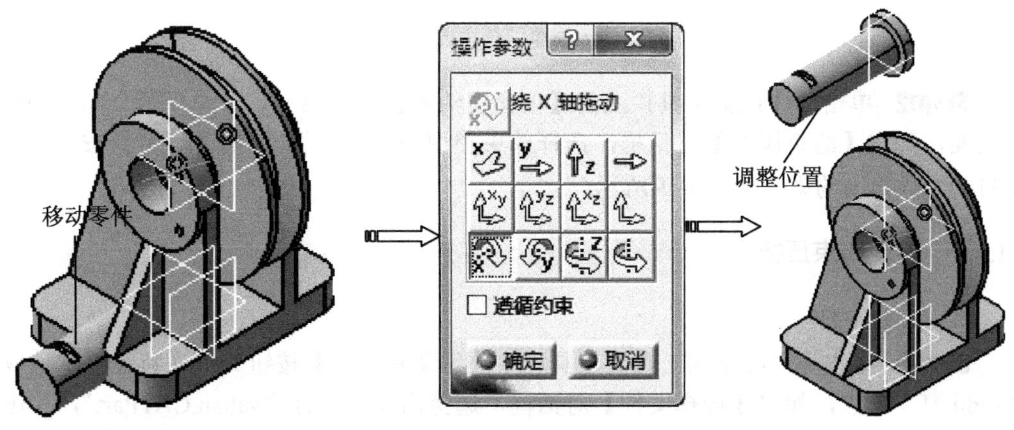

图9-16　移动心轴

（3）约束零件

Step10 单击【约束】工具栏上的【相合约束】按钮，选择两个端面，弹出【约束属性】对话框，选择【方向】为“相反”，单击【确定】按钮完成约束，如图9-17所示。

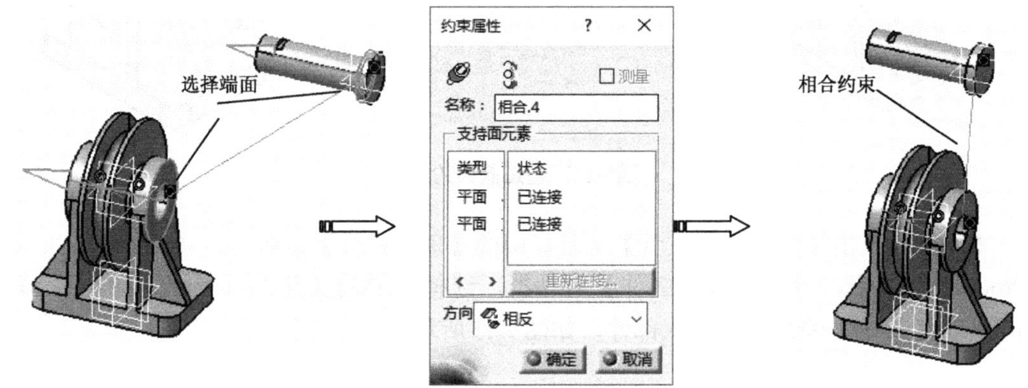

图9-17 创建相合约束（一）

Step11 单击【约束】工具栏上的【相合约束】按钮，选择风机轴线和和底座孔轴线，单击【确定】按钮，完成约束，如图9-18所示。

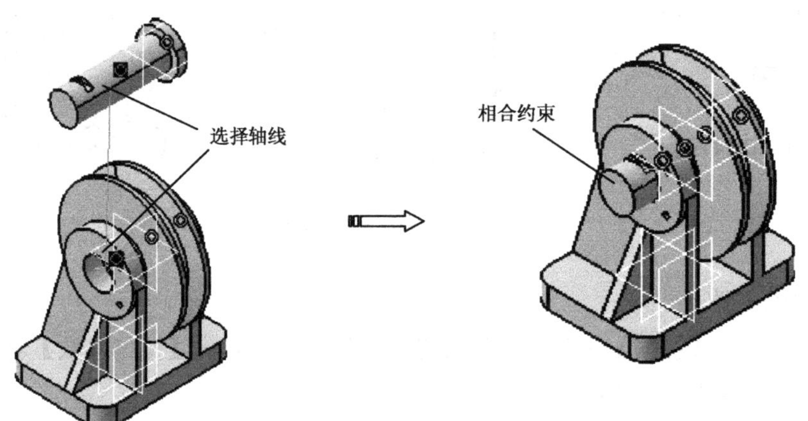

图9-18 创建相合约束（二）

Step12 单击【约束】工具栏上的【偏角度约束】按钮，依次选择两个部件的约束表面，弹出【约束属性】对话框，选择约束类型为“平行”，单击【确定】按钮，系统自动完成角度约束，如图9-19所示。

9.1.2.4 加载约束压板

（1）加载零件

Step13 单击【产品结构工具】工具栏中的【现有部件】按钮，在特征树中选取“Product1”节点，弹出【选择文件】对话框，选择需要的文件“yaban.CATPart”，单击【打开】按钮，系统自动载入部件，如图9-20所示。

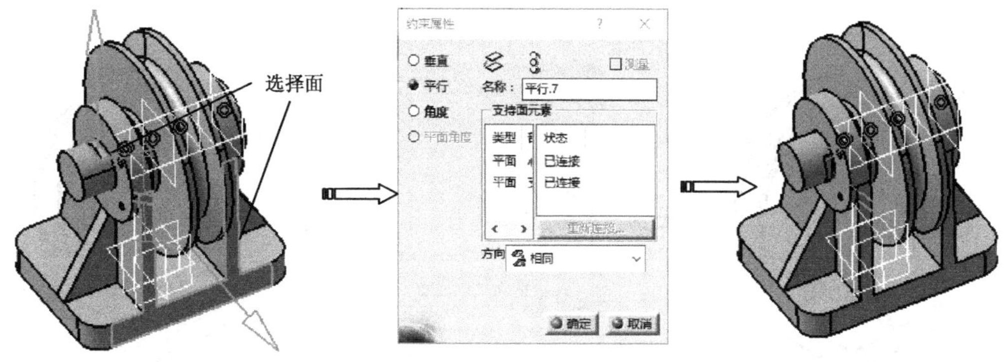

图9-19　施加平行约束

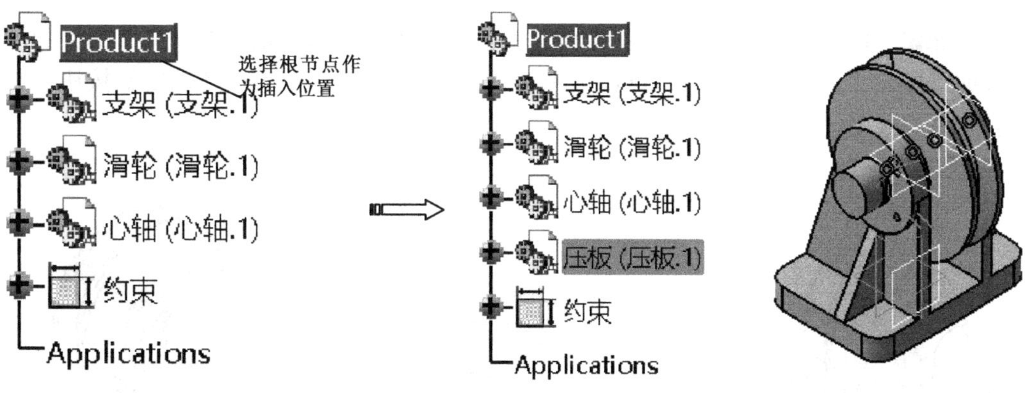

图9-20　加载第四个零件

（2）移动零件

Step14　单击【移动】工具栏上的【操作】按钮，弹出【操作参数】对话框，利用移动操作调整好位置，如图9-21所示。

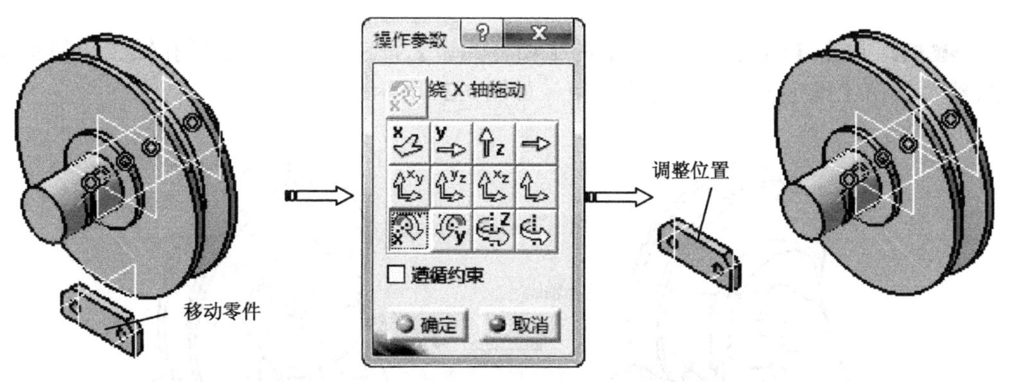

图9-21　移动零件

（3）约束零件

Step15　单击【约束】工具栏上的【相合约束】按钮，选择两个端面，弹出【约束属性】对话框，选择【方向】为“相反”，单击【确定】按钮完成约束，如图9-22所示。

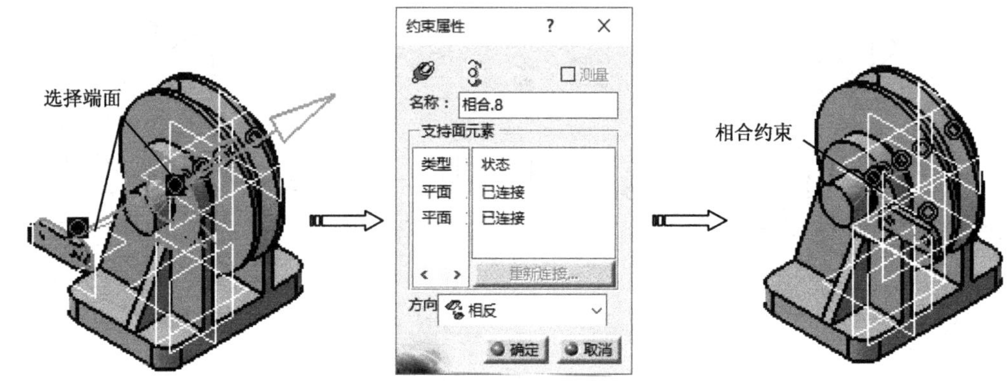

图9-22 创建相合约束

Step16 单击【约束】工具栏上的【偏角度约束】按钮，依次选择两个部件的约束表面，弹出【约束属性】对话框，选择约束类型为“平行”，单击【确定】按钮，系统自动完成角度约束，如图9-23所示。

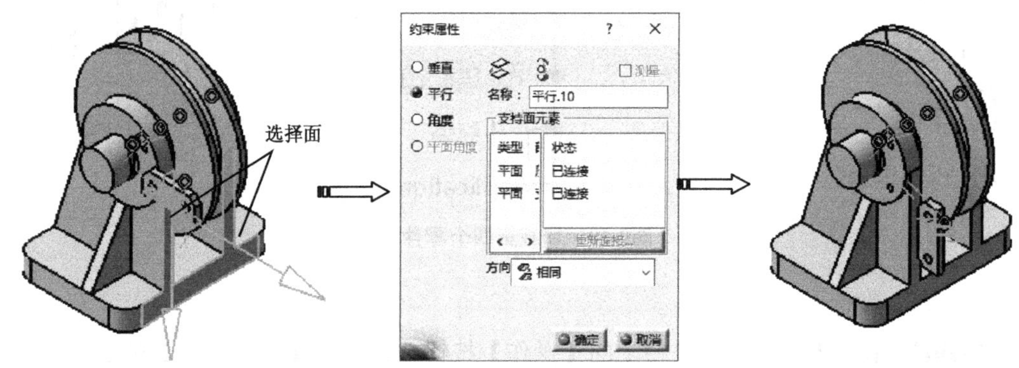

图9-23 角度约束

Step17 单击【约束】工具栏上的【相合约束】按钮，选择压板孔轴线和和支架孔轴线，单击【确定】按钮，完成约束，如图9-24所示。

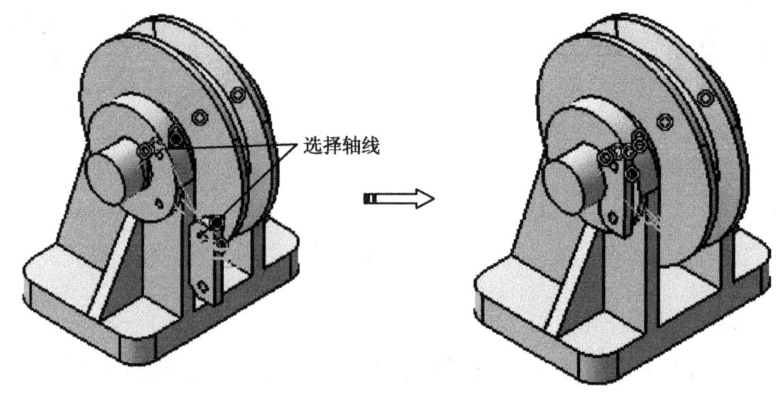

图9-24 创建相合约束

9.1.2.5 加载约束螺栓

（1）加载零件

Step18 单击【产品结构工具】工具栏中的【现有部件】按钮，在特征树中选取“Product1”节点，弹出【选择文件】对话框，选择需要的文件“lushuanM10.CATPart”，单击【打开】按钮，系统自动载入部件，如图9-25所示。

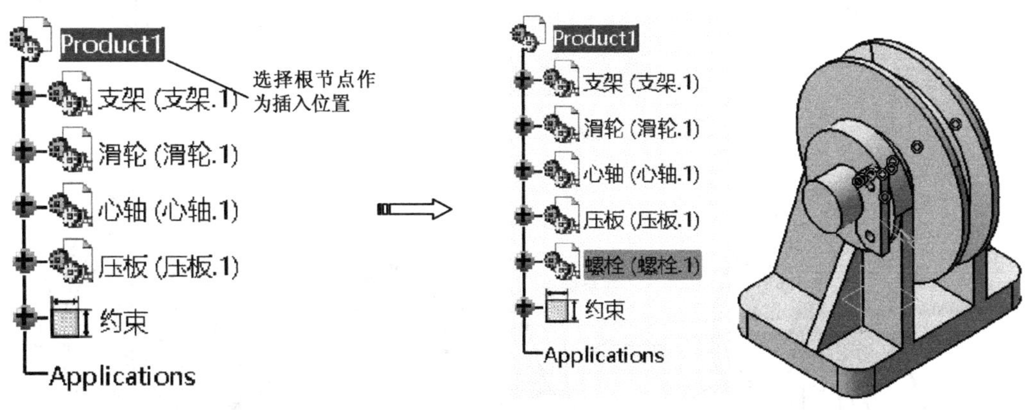

图9-25 加载第五个零件

Step19 在特征树中选中螺栓，单击鼠标右键选择【复制】命令，然后选中“Product1”节点，单击鼠标右键选择【粘贴】命令，复制螺栓，如图9-26所示。

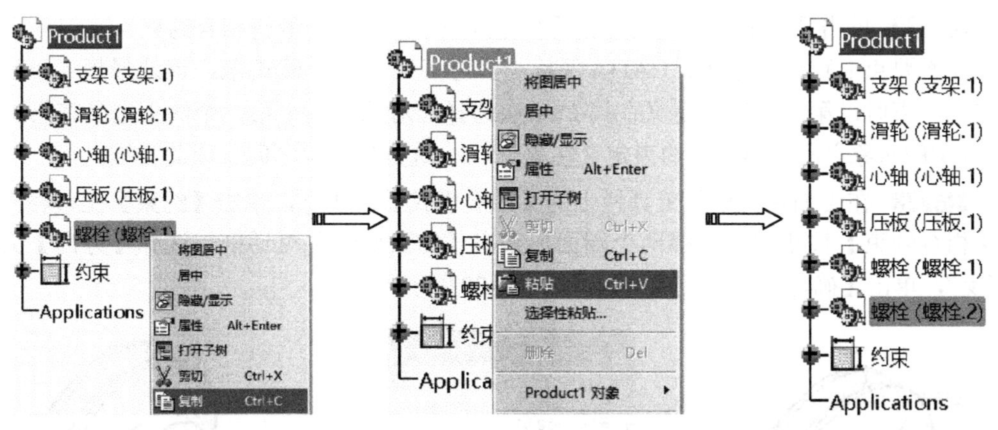

图9-26 复制螺栓

（2）移动零件

Step20 单击【移动】工具栏上的【操作】按钮，弹出【操作参数】对话框，利用移动操作调整好螺栓的位置，如图9-27所示。

（3）约束零件

Step21 单击【约束】工具栏上的【相合约束】按钮，选择螺栓轴线和和压板孔轴线，再次选择另一个螺栓轴线和压板孔轴线，如图9-28所示。

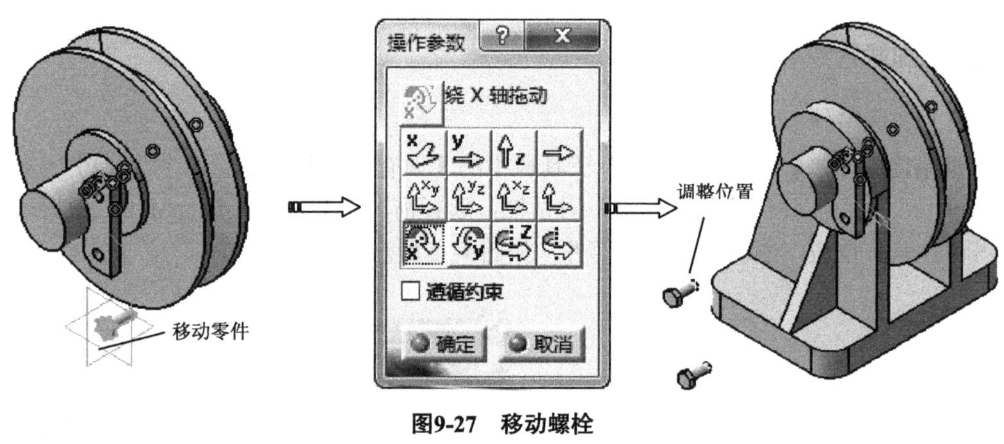

图9-27 移动螺栓

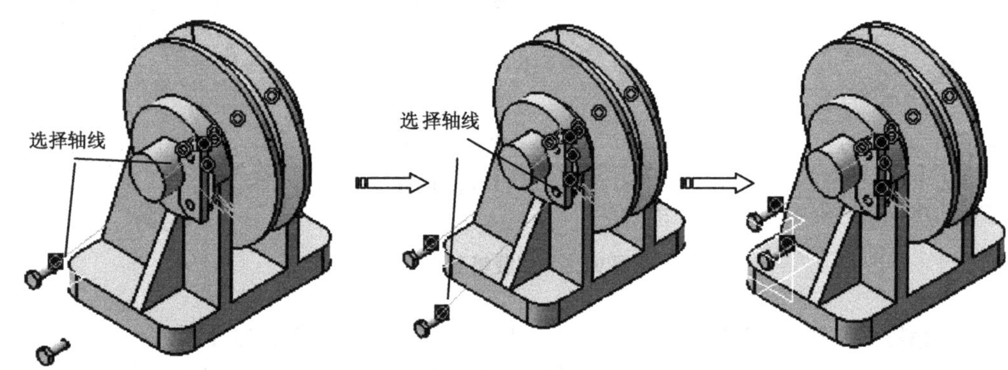

图9-28 创建相合约束（一）

Step22 单击【约束】工具栏上的【相合约束】按钮，取消相合约束。

技术要点：默认状态下，CATIA保持“多对多”的选择模式，该选择模式下连续定制约束时，第一个约束定义在第1、2次选择的对象之间；第二个约束定义在第3、4次选定的对象之间；第三个约束定义在第5、6个选定的对象之间；依此类推。

Step23 在【创建约束】工具栏上的【堆叠模式】模式，单击【约束】工具栏上的【相合约束】按钮，选择两个端面，弹出【约束属性】对话框，选择【方向】为“相反”，单击【确定】按钮完成约束，如图9-29所示。

图9-29 创建相合约束（二）

技术要点：在【创建约束】工具栏上的【堆叠模式】模式下连续定制约束时，第一个约束定义在第1、2次选择的对象之间；第二个约束定义在第1、3次选定的对象之间；第三个约束定义在第1、4个选定的对象之间；依此类推。

9.1.2.6 创建爆炸图

Step24 单击【移动】工具栏上的【分解】按钮，弹出【分解】对话框，在【深度】框中选择“所有级别”，激活【选择集】编辑框，在特征树中选择装配根节点（即选择所有的装配组件）作为要分解的装配组件，在【类型】下拉列表中选择“3D”，如图9-30所示。

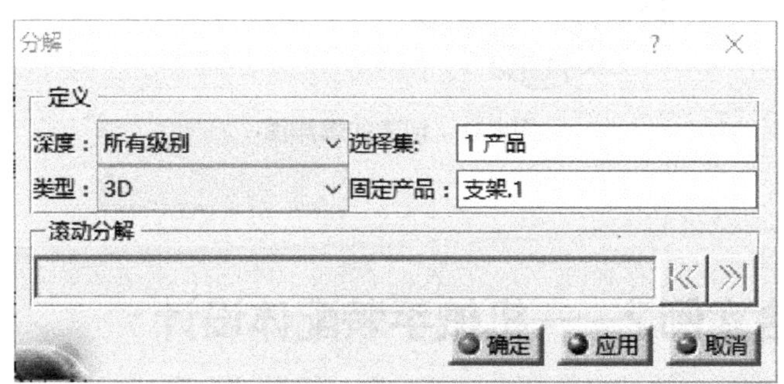

图9-30 【分解】对话框

Step25 激活【固定产品】编辑框，选择如图9-31所示的零件为固定零件。

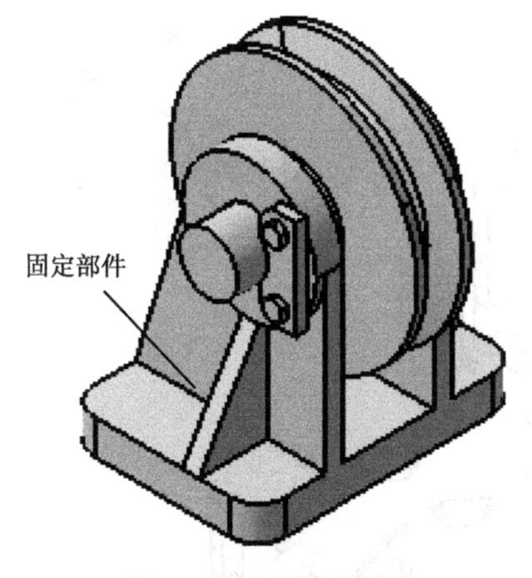

图9-31 选择固定零件

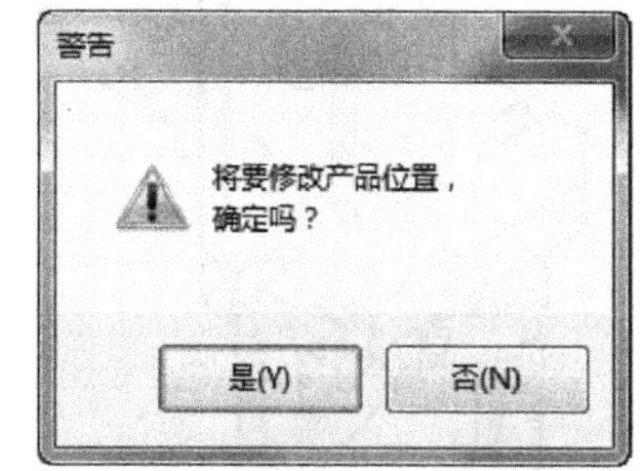

图9-32 【警告】对话框

Step26 单击【确定】按钮，弹出【警告】对话框，如图9-32所示。单击【是】按钮，完成分解。

Step27 可用3D指南针在分解视图内移动产品，并在视图中显示分解预览效果，如图9-33所示。

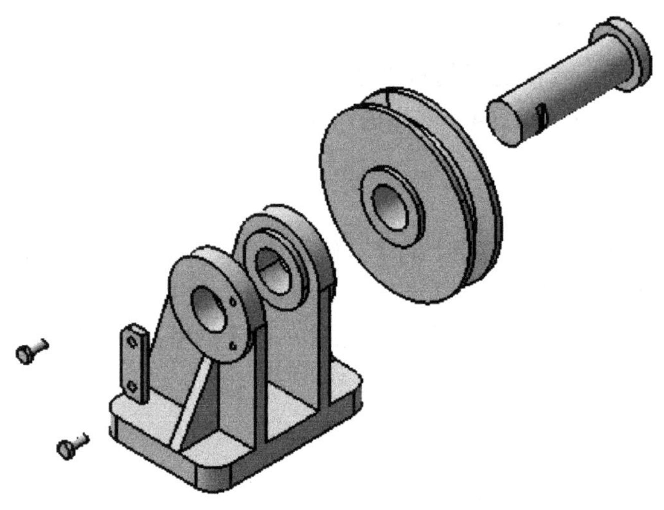

图9-33 创建的爆炸图

9.2 综合实例2——机械手装配体设计

9.2 视频精讲

本节中以机械手装配实例来详解产品装配设计过程和应用技巧。机械手结构如图9-34所示。

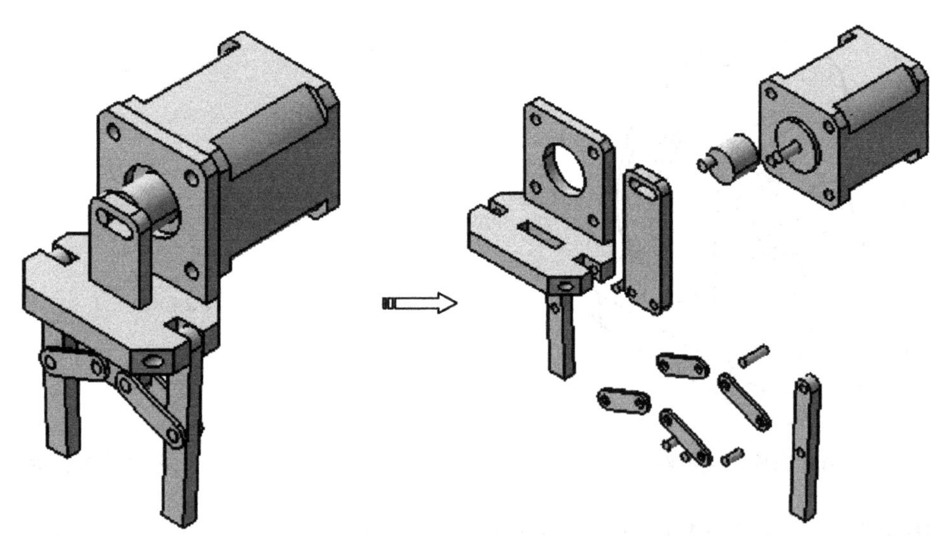

图9-34 机械手装配

9.2.1 机械手装配设计思路分析

首先通过实体造型、曲面造型等方法创建装配零件几何模型，然后利用加载现有零件添加到装配体，最后利用装配约束方法施加约束，完成装配结构。

（1）创建装配体结构

选择创建“Product”文件，并进入装配设计工作台，如图9-35所示。

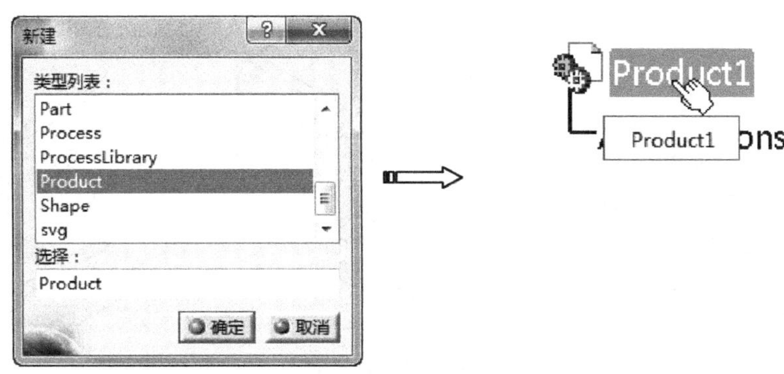

图9-35　创建装配体文件

（2）装配底座零件

首先选择添加现有部件将支架零件加载到装配体文件，然后利用装配约束方法固定该支架零件，如图9-36所示。

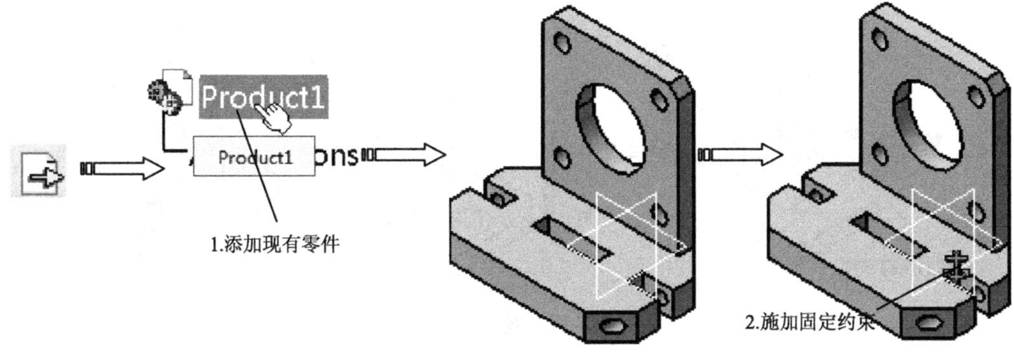

图9-36　装配底座零件

（3）装配电机零件

首先选择添加现有部件将电机零件加载到装配体文件，然后利用移动工具调整好零件位置，最后利用装配约束方法约束该电机零件，如图9-37所示。

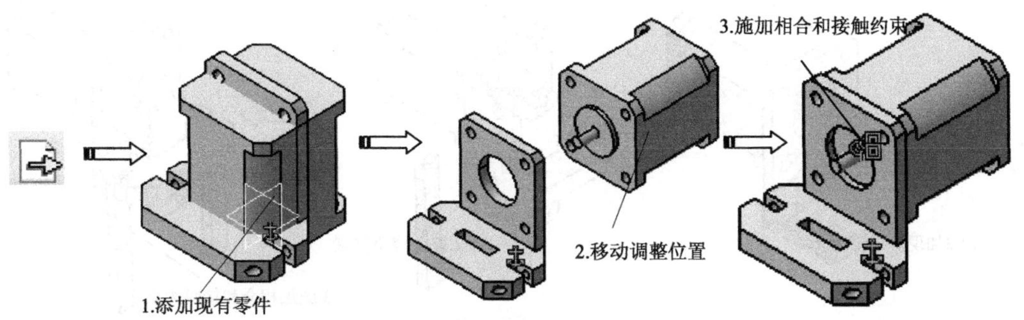

图9-37　装配电机零件

（4）装配偏心轴零件

首先选择添加现有部件将偏心轴零件加载到装配体文件，然后利用移动工具调整好零件位置，最后利用装配约束方法约束该偏心轴零件，如图9-38所示。

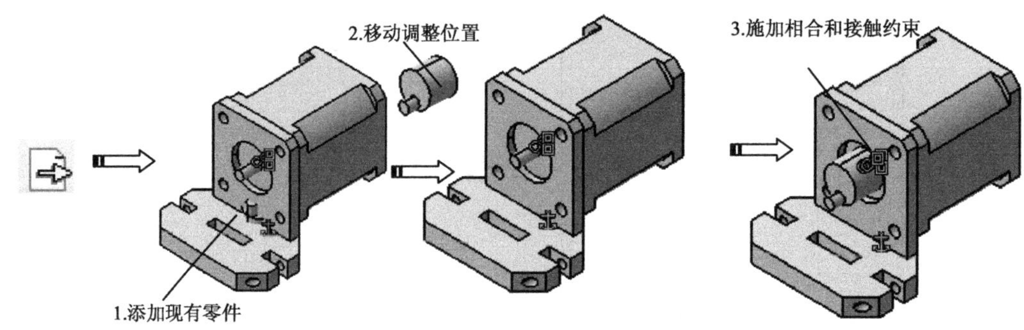

图9-38 装配偏心轴

（5）装配连杆1零件

首先选择添加现有部件将连杆1零件加载到装配体文件，然后利用移动工具调整好零件位置，最后利用装配约束方法约束该连杆1零件，如图9-39所示。

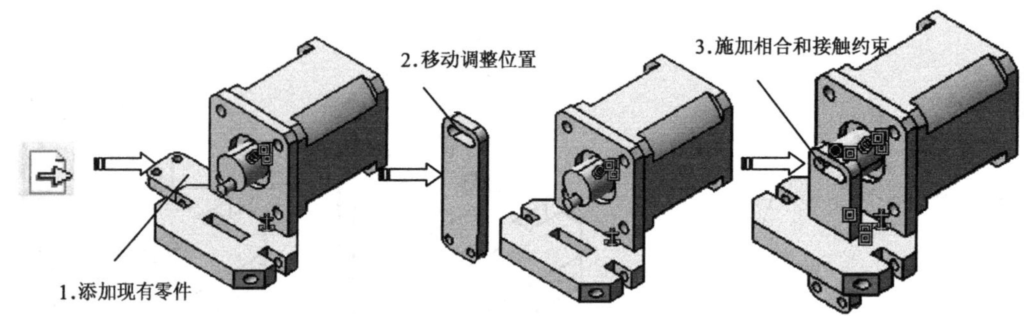

图9-39 装配连杆1

（6）装配手指零件

首先选择添加现有部件将手指零件加载到装配体文件，然后利用移动工具调整好零件位置，最后利用装配约束方法约束该手指零件，如图9-40所示。

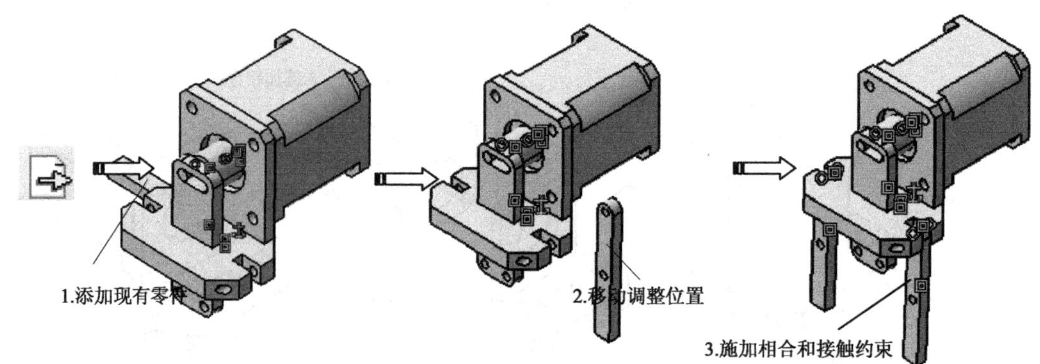

图9-40 装配手指零件

（7）装配连杆2零件

首先选择添加现有部件将连杆2零件加载到装配体文件，然后利用移动工具调整好零件位置，最后利用装配约束方法约束该连杆2零件，如图9-41所示。

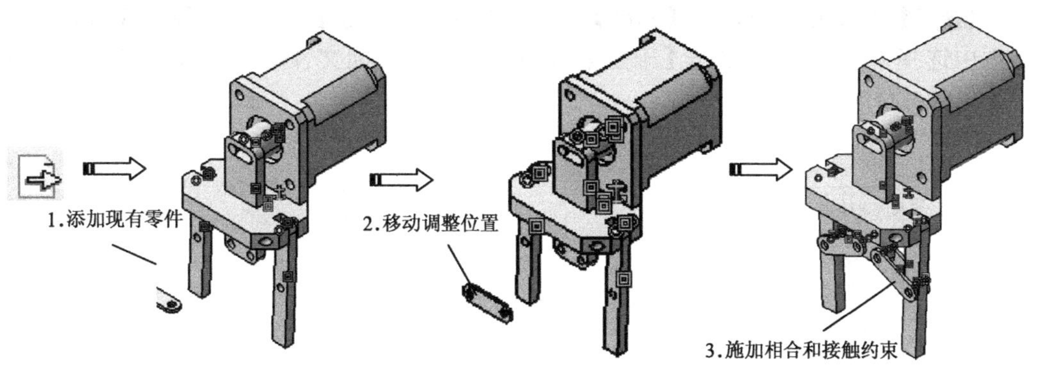

图9-41　装配连杆2

（8）装配销轴零件

首先选择添加现有部件将销轴零件加载到装配体文件，然后利用移动工具调整好零件位置，最后利用装配约束方法约束该销轴零件，如图9-42所示。

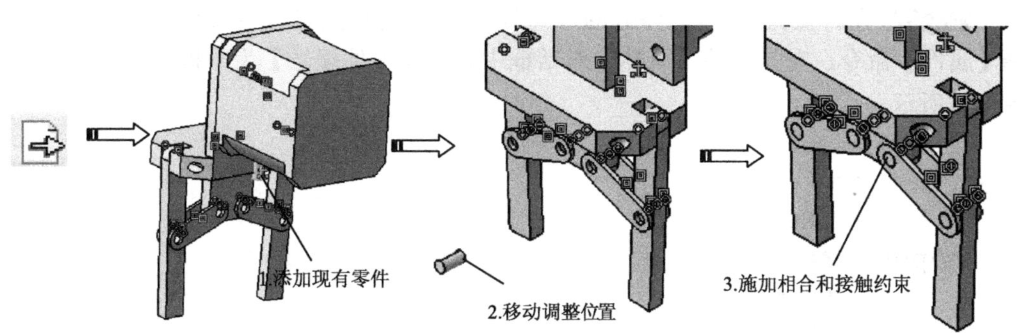

图9-42　装配销轴

（9）装配销轴1零件

首先选择添加现有部件将销轴1零件加载到装配体文件，然后利用移动工具调整好零件位置，最后利用装配约束方法约束该销轴1零件，如图9-43所示。

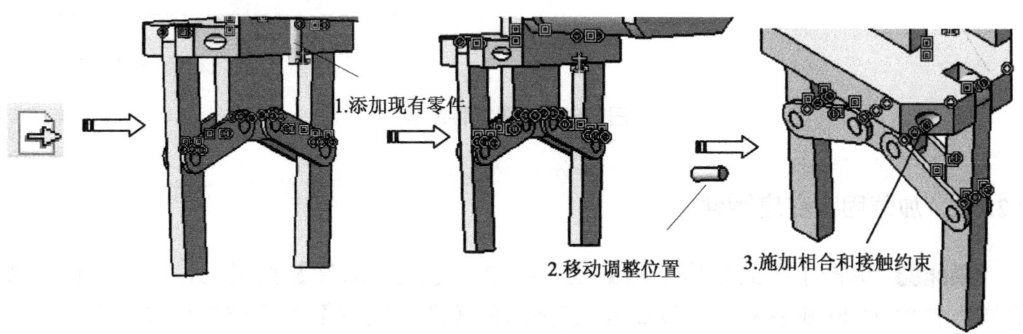

图9-43　装配销轴1

9.2.2 机械手装配操作过程

Step01 启动CATIA，在【标准】工具栏中单击【新建】按钮，在弹出【新建】对话框中选择“Product”。单击【确定】按钮新建一个装配文件，并进入装配设计工作台，如图9-44所示。

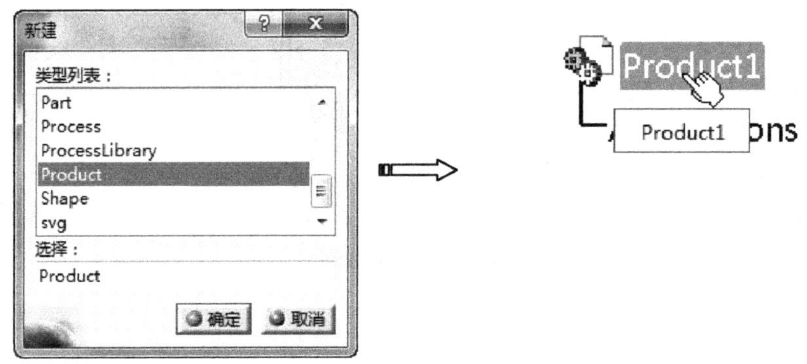

图9-44 进入装配工作台

Step02 在特征树中选择“Product1”节点，单击鼠标右键，在弹出的快捷菜单选择【属性】命令，在弹出的【属性】对话框中修改【零件编号】为“机械手总装”，如图9-45所示。

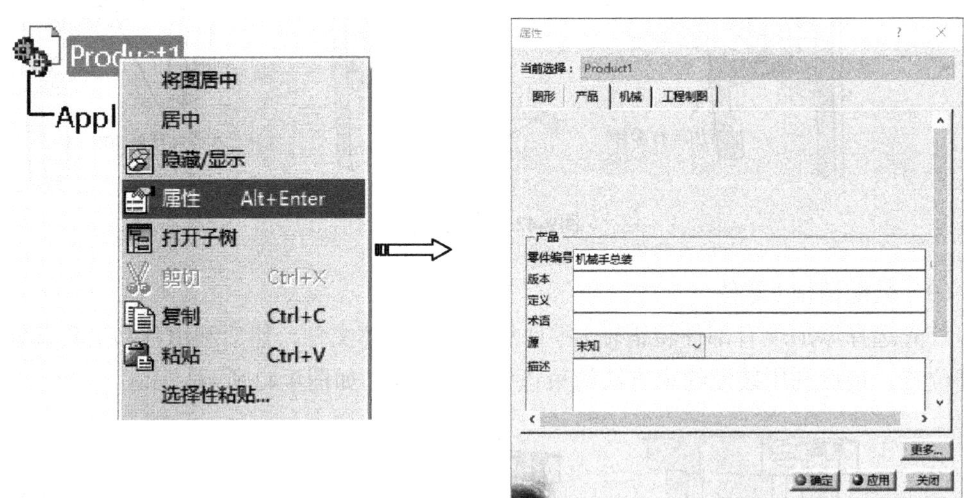

图9-45 设置零件编号

9.2.2.1 加载固定底座零件

Step03 单击【产品结构工具】工具栏中的【现有部件】按钮，在特征树中选取插入位置（“机械手总装”节点），在弹出的【选择文件】对话框中选择需要的文件“dizuo.CATPart”，单击【打开】按钮，系统自动载入部件，如图9-46所示。

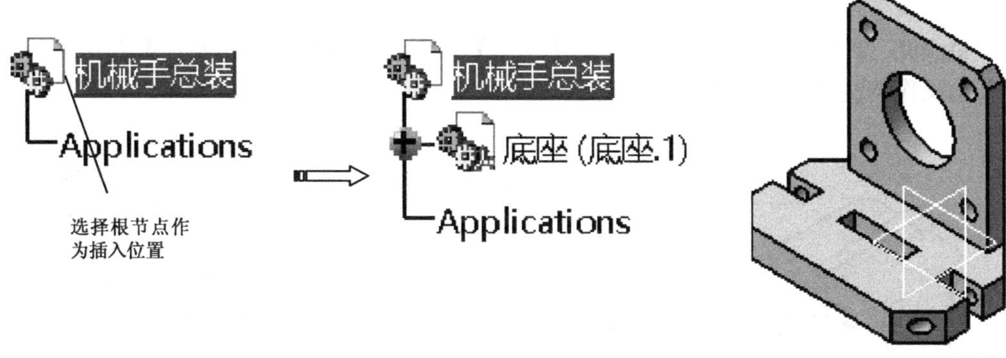

图9-46 加载第一个零件

Step04 单击【约束】工具栏上的【固定约束】按钮，选择底座作为固定部件，系统自动创建固定约束，如图9-47所示。

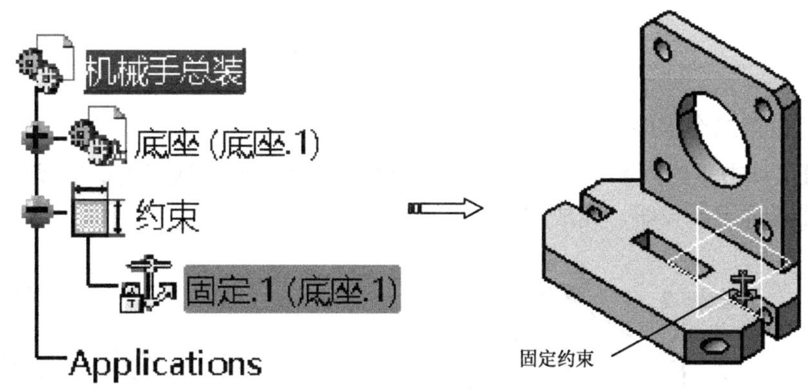

图9-47 固定约束

9.2.2.2 加载约束电机

（1）加载第二个零件

Step05 单击【产品结构工具】工具栏中的【现有部件】按钮，在特征树中选取“机械手总装”节点，弹出【选择文件】对话框，选择需要的文件“dianji.CATPart”，单击【打开】按钮，系统自动载入部件，如图9-48所示。

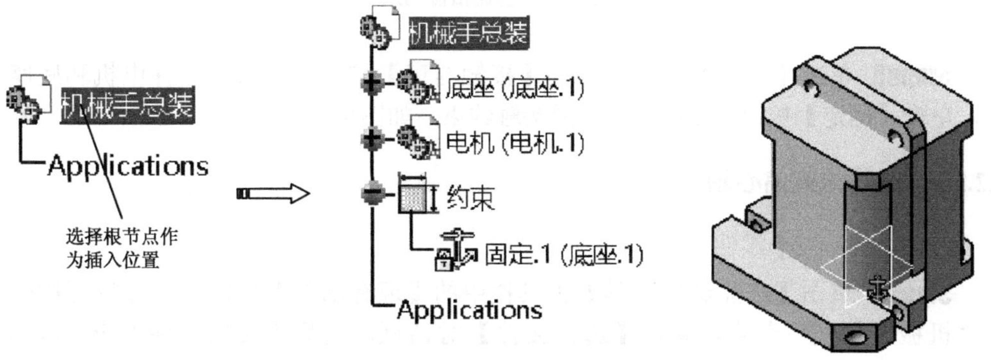

图9-48 加载第二个零件

（2）移动第二个零件

Step06 单击【移动】工具栏上的【操作】按钮，弹出【操作参数】对话框，利用移动操作调整好位置，如图9-49所示。

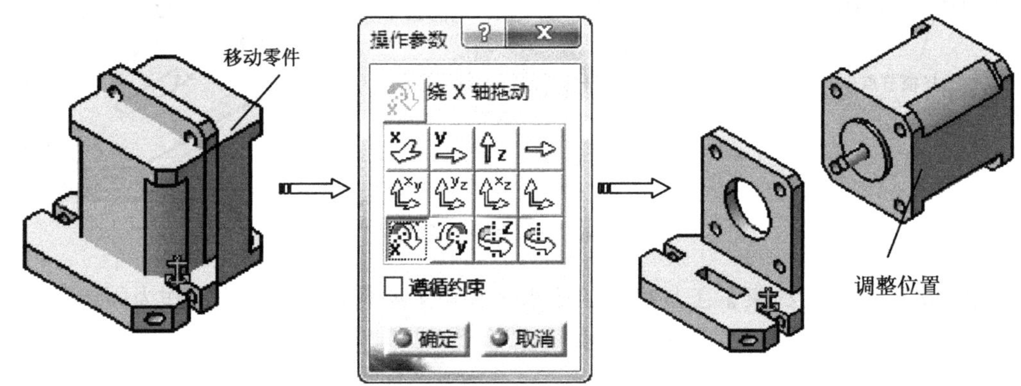

图9-49 移动第二个零件

（3）约束第二个零件

Step07 单击【约束】工具栏上的【相合约束】按钮，选择电机轴线和和底座孔轴线，单击【确定】按钮，完成约束，如图9-50所示。

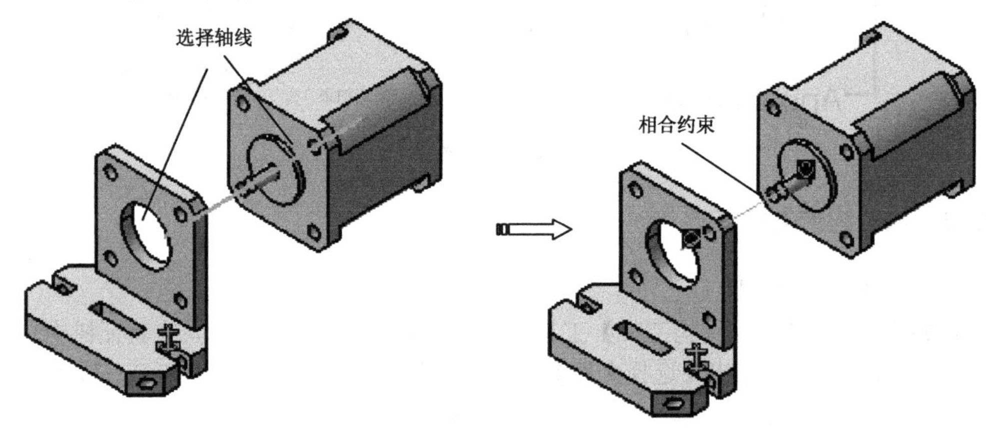

图9-50 创建相合约束

Step08 单击【约束】工具栏上的【接触约束】按钮，依次选择电机和底座表面，单击【确定】按钮，系统自动完成接触约束，如图9-51所示。

9.2.2.3 加载约束偏心轴

（1）加载第三个零件

Step09 单击【产品结构工具】工具栏中的【现有部件】按钮，在特征树中选取“机械手总装”节点，弹出【选择文件】对话框，选择需要的文件“pianxinzhou.CATPart”，单击【打开】按钮，系统自动载入部件，如图9-52所示。

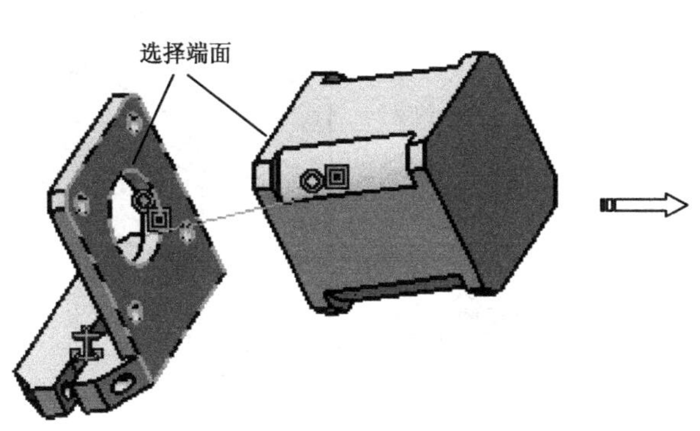

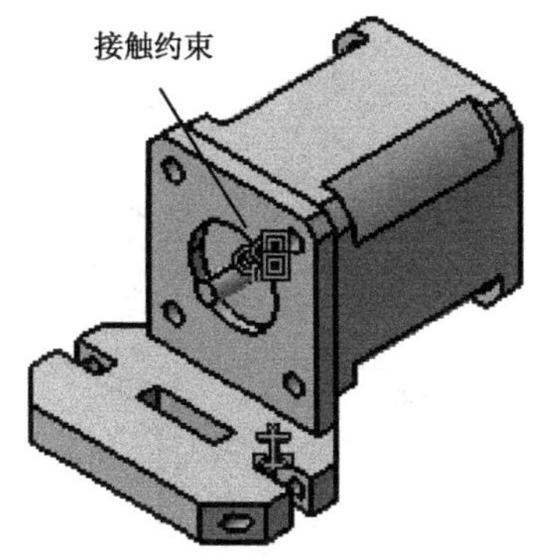

图9-51　创建接触约束

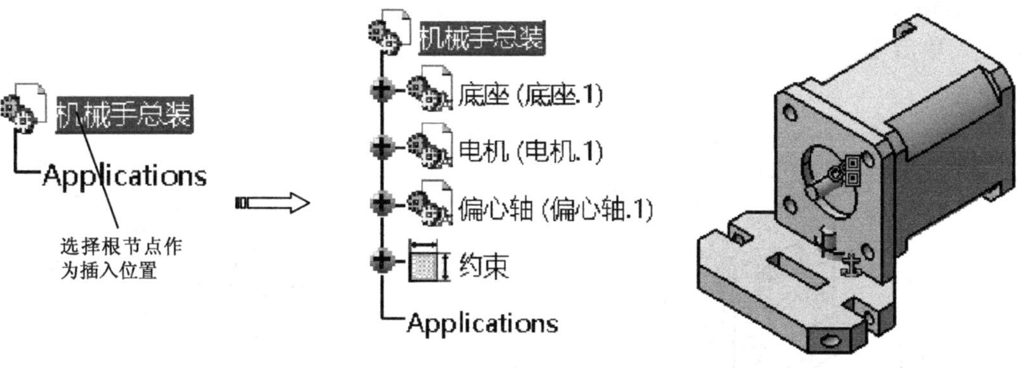

图9-52　加载第三个零件

（2）移动第三个零件

Step10　单击【移动】工具栏上的【操作】按钮，弹出【操作参数】对话框，利用移动操作调整好位置，如图9-53所示。

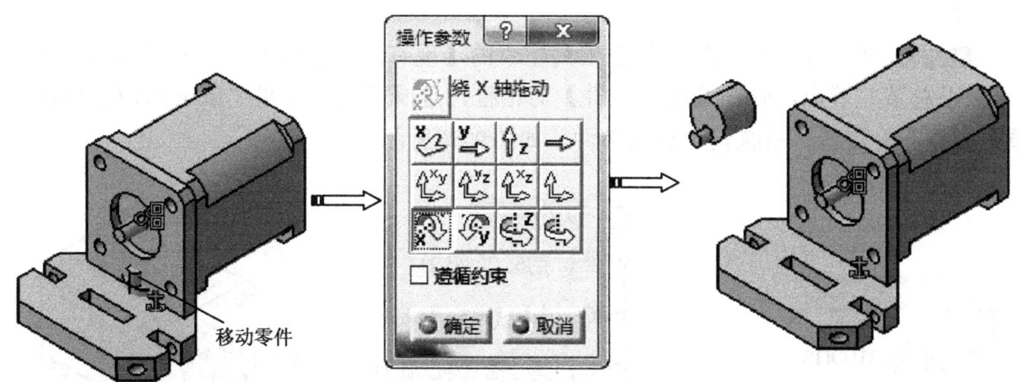

图9-53　移动第三个零件

（3）约束第三个零件

Step11　单击【约束】工具栏上的【相合约束】按钮，选择如图9-54所示的轴线，单击【确定】按钮完成约束。

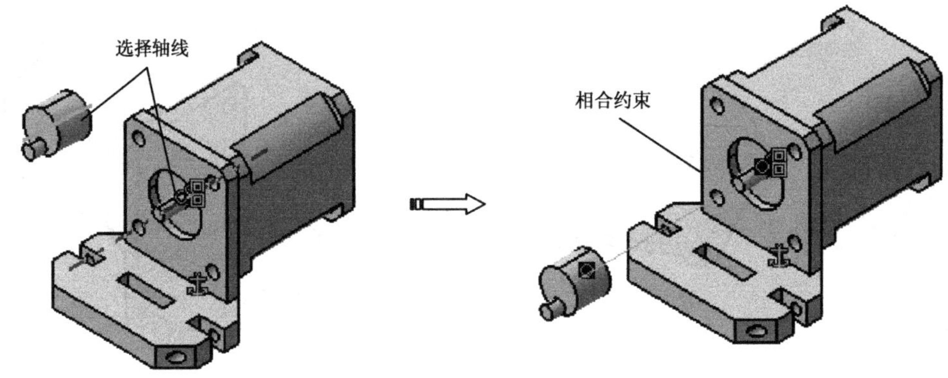

图9-54 创建相合约束

Step12 单击【约束】工具栏上的【接触约束】按钮，依次选择如图9-55所示的表面，单击【确定】按钮，系统自动完成接触约束。

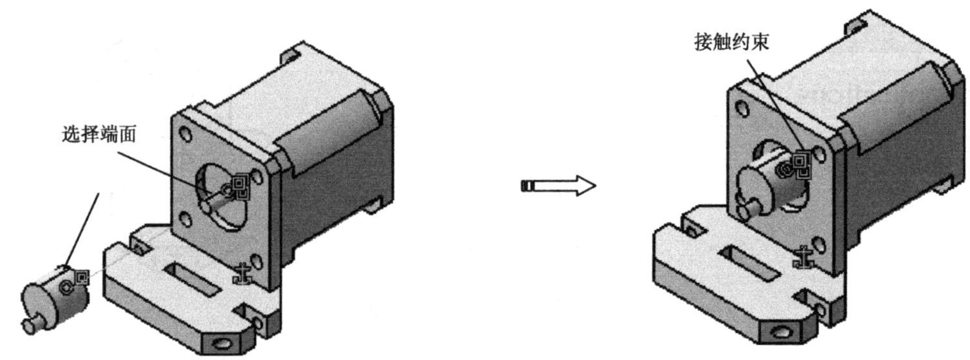

图9-55 创建接触约束

9.2.2.4 加载约束连杆1

（1）加载第四个零件

Step13 单击【产品结构工具】工具栏中的【现有部件】按钮，在特征树中选取“机械手总装”节点，弹出【选择文件】对话框，选择需要的文件“liangan1.CATPart”，单击【打开】按钮，系统自动载入部件，如图9-56所示。

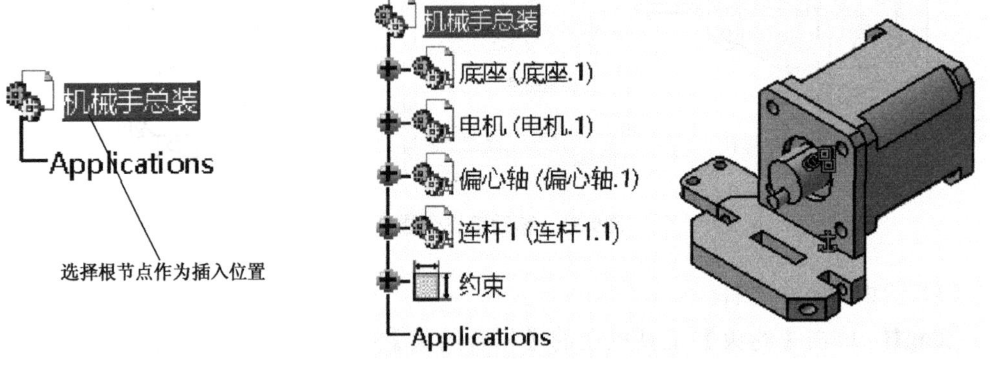

图9-56 加载第四个零件

（2）移动第四个零件

Step14 单击【移动】工具栏上的【操作】按钮，弹出【操作参数】对话框，利用移动操作调整好位置，如图9-57所示。

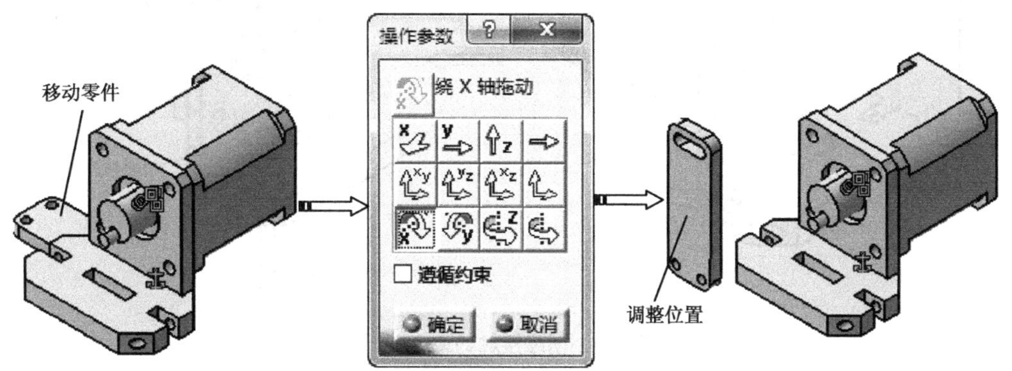

图9-57　移动第四个零件

（3）约束第四个零件

Step15 单击【约束】工具栏上的【接触约束】按钮，选择如图9-58所示部件表面，系统自动完成接触约束。

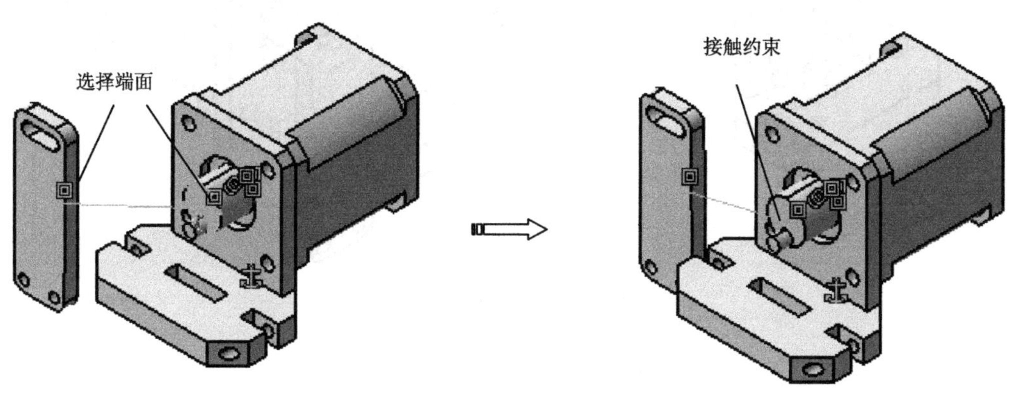

图9-58　创建接触约束（一）

Step16 单击【约束】工具栏上的【接触约束】按钮，选择如图9-59所示部件表面，系统自动完成接触约束。

Step17 单击【约束】工具栏上的【相合约束】按钮，选择如图9-60所示轴线，单击【确定】按钮，完成约束。

9.2.2.5　加载约束手指

（1）加载第五个零件

Step18 单击【产品结构工具】工具栏中的【现有部件】按钮，在特征树中选取“机械手总装”节点，弹出【选择文件】对话框，选择需要的文件“shouzhi.CATPart”，单击【打开】按钮，系统自动载入部件，如图9-61所示。

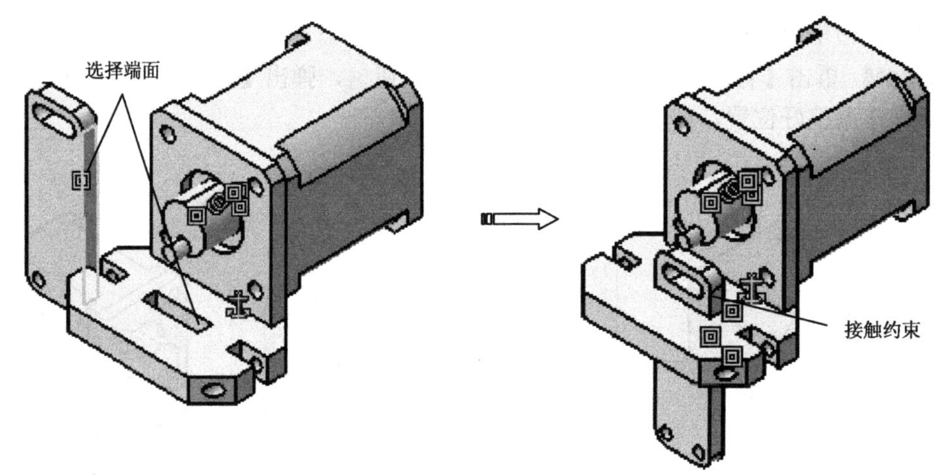

图9-59 创建接触约束（二）

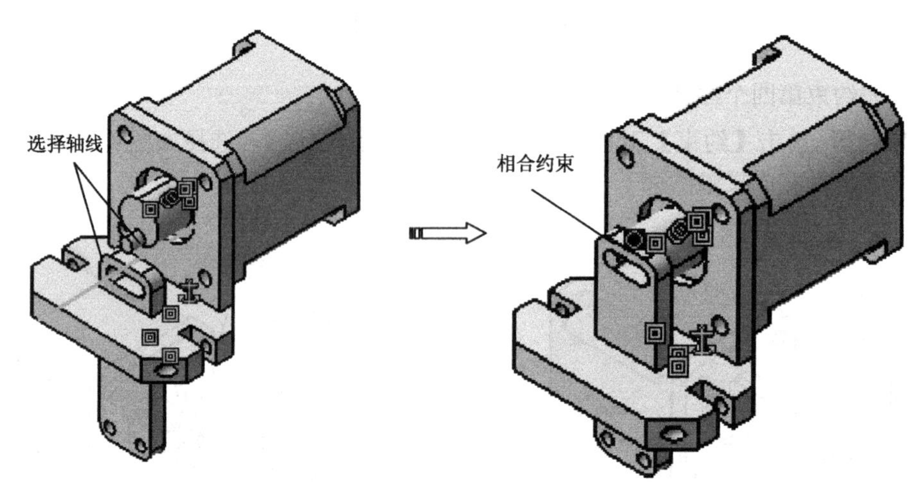

图9-60 创建相合约束

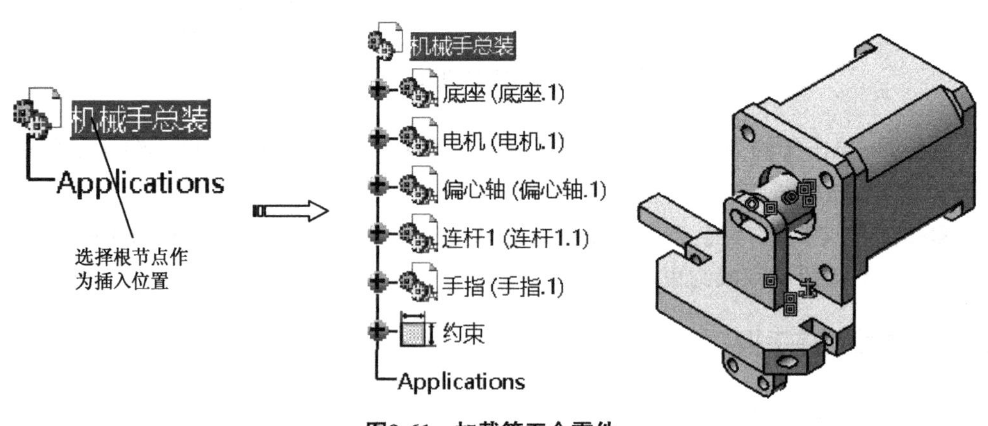

图9-61 加载第五个零件

（2）移动第五个零件

Step19 单击【移动】工具栏上的【操作】按钮，弹出【操作参数】对话框，利用移动操作调整好位置，如图9-62所示。

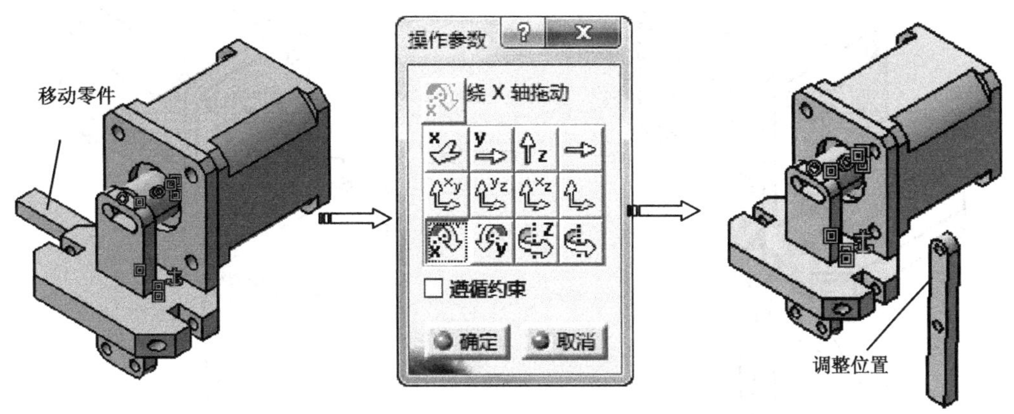

图9-62 移动第五个零件

（3）约束第五个零件

Step20 单击【约束】工具栏上的【相合约束】按钮，选择偏心轮小轴和和电机轴线，单击【确定】按钮，完成约束，如图9-63所示。

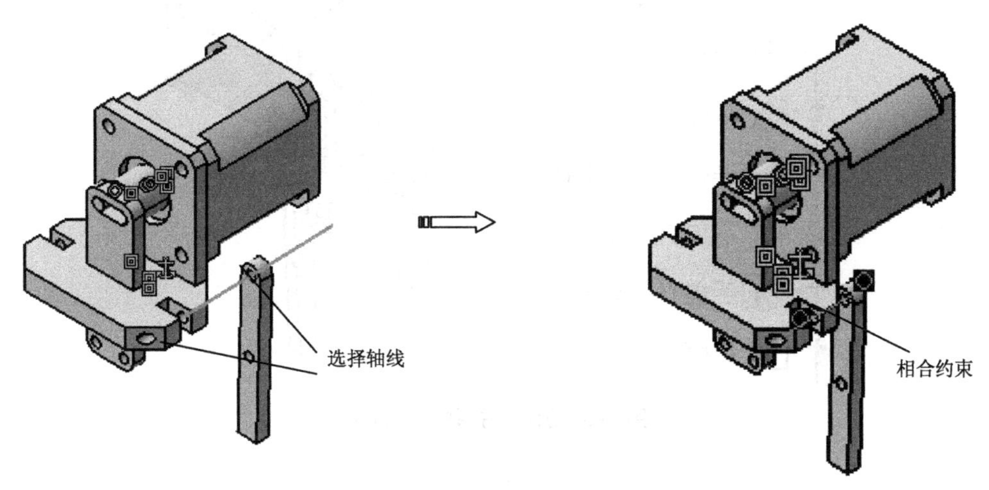

图9-63 创建相合约束

Step21 单击【约束】工具栏上的【接触约束】按钮，选择如图9-64所示部件表面，系统自动完成接触约束。

Step22 重复上述步骤，再次加载手指并建立约束，如图9-65所示。

9.2.2.6 加载约束连杆2

（1）加载第六个零件

Step23 单击【产品结构工具】工具栏中的【现有部件】按钮，在特征树中选取“机械手总装”节点，弹出【选择文件】对话框，选择需要的文件“liangan2.CATPart”，单击【打开】按钮，系统自动载入部件，如图9-66所示。

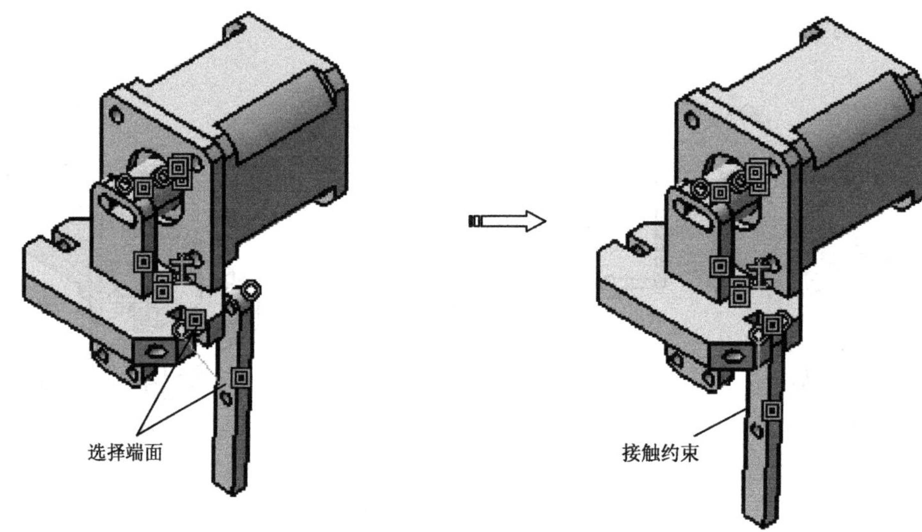

图9-64 创建接触约束

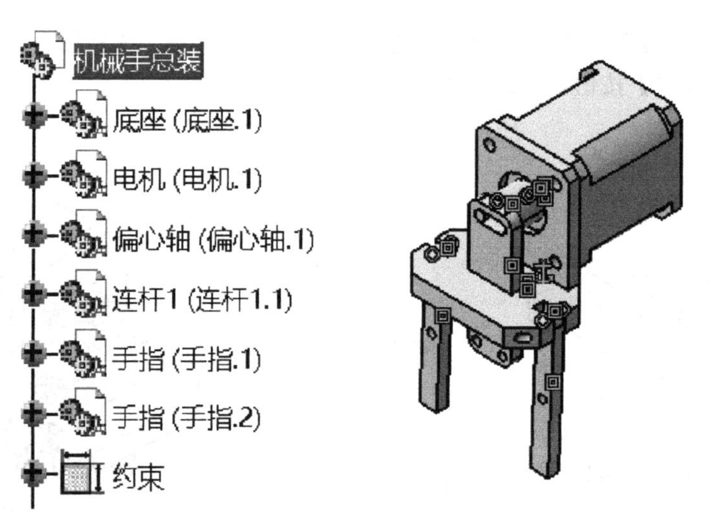

图9-65 加载手指并建立约束

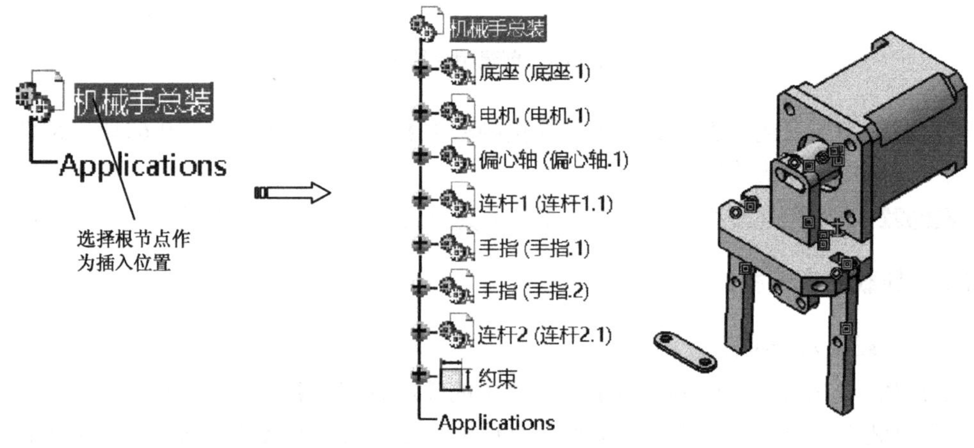

图9-66 加载第六个零件

（2）移动第六个零件

Step24 单击【移动】工具栏上的【操作】按钮，弹出【操作参数】对话框，利用移动操作调整好位置，如图9-67所示。

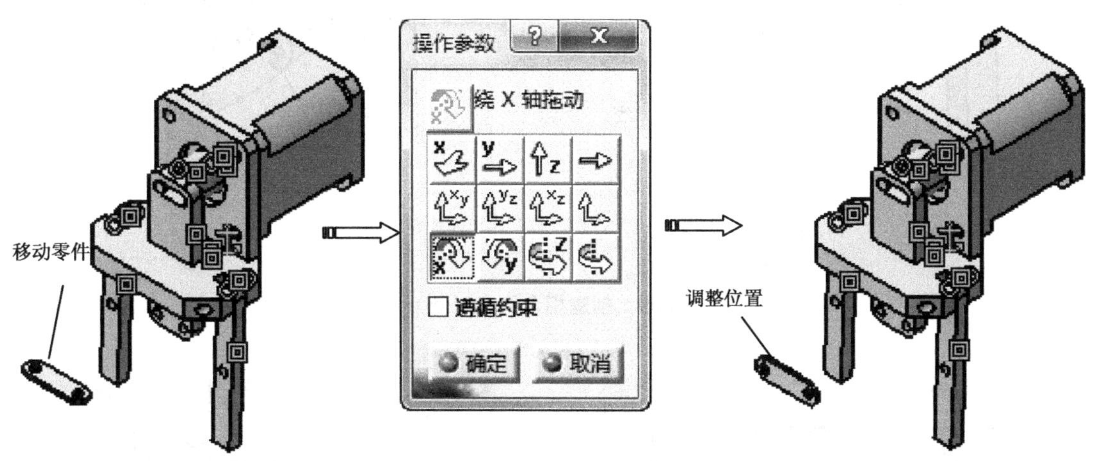

图9-67 移动第六个零件

（3）约束第六个零件

Step25 单击【约束】工具栏上的【接触约束】按钮，选择如图9-68所示部件表面，系统自动完成接触约束。

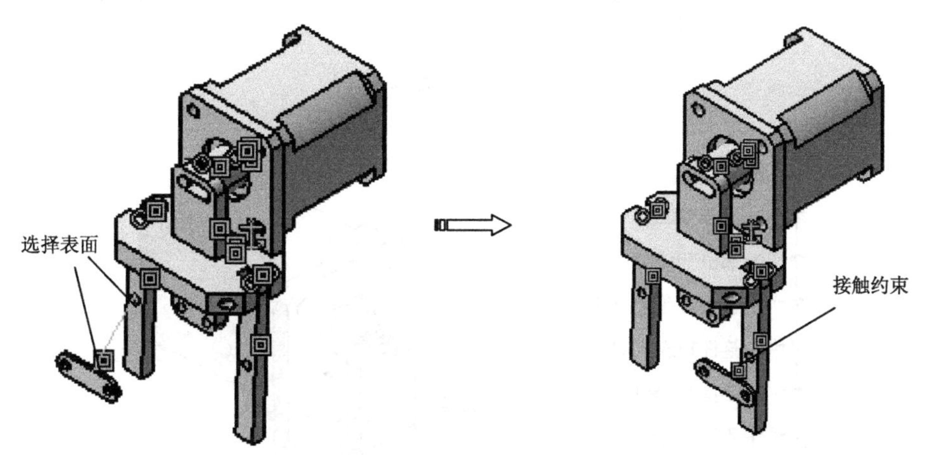

图9-68 创建接触约束

Step26 单击【约束】工具栏上的【相合约束】按钮，选择如图9-69所示轴线，单击【确定】按钮，完成约束。

Step27 单击【约束】工具栏上的【相合约束】按钮，选择如图9-70所示轴线，单击【确定】按钮，完成约束。

Step28 重复上述步骤，加载连杆2并建立约束，如图9-71所示。

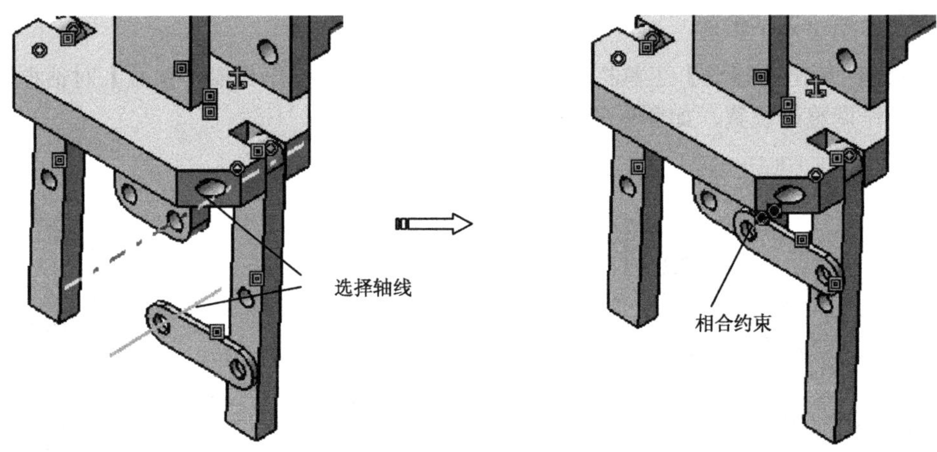

图9-69 创建相合约束（一）

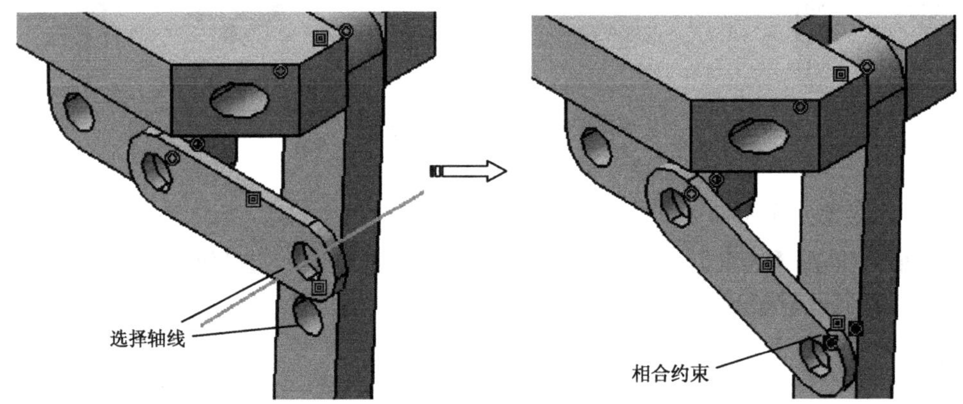

图9-70 创建相合约束（二）

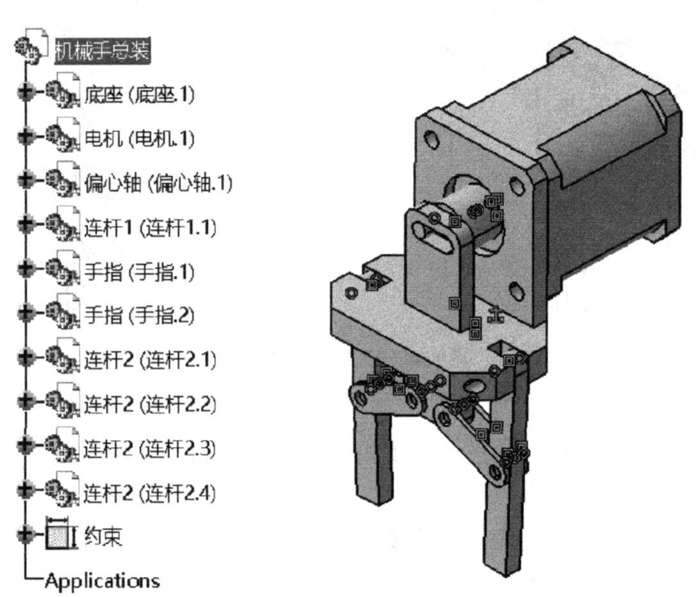

图9-71 加载连杆2并建立约束

9.2.2.7 加载约束销轴

（1）加载第七个零件

Step29 单击【产品结构工具】工具栏中的【现有部件】按钮，在特征树中选取“机械手总装”节点，弹出【选择文件】对话框，选择需要的文件“xiaozhou.CATPart”，单击【打开】按钮，系统自动载入部件，如图9-72所示。

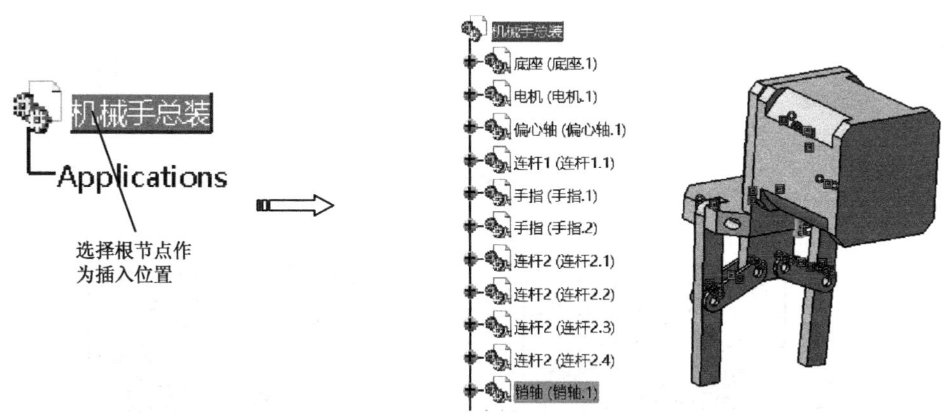

图9-72 加载第七个零件

（2）移动第七个零件

Step30 单击【移动】工具栏上的【操作】按钮，弹出【操作参数】对话框，利用移动操作调整好位置，如图9-73所示。

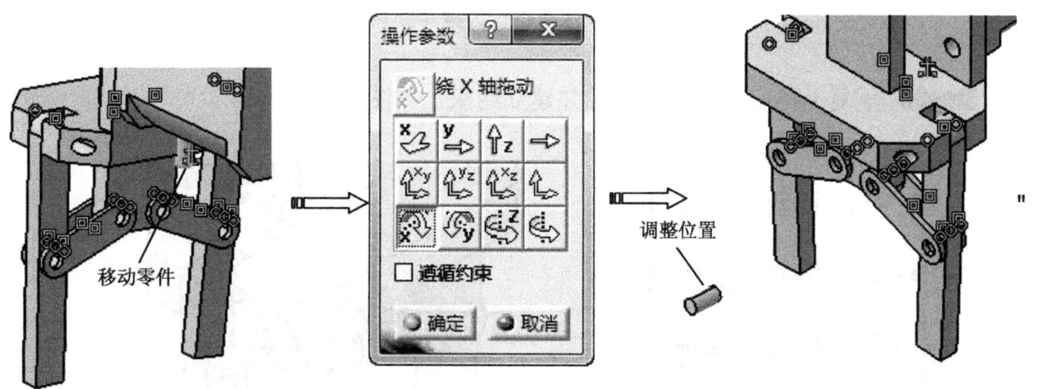

图9-73 移动第七个零件

（3）约束第七个零件

Step31 单击【约束】工具栏上的【相合约束】按钮，选择如图9-74所示轴线，单击【确定】按钮，完成约束。

Step32 单击【约束】工具栏上的【相合约束】按钮，选择如图9-75所示表面，单击【确定】按钮，完成约束。

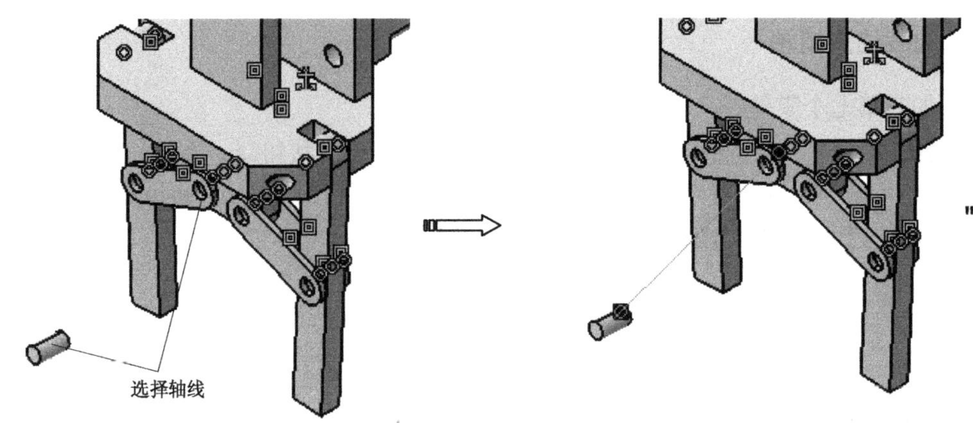

图9-74　创建相合约束（一）

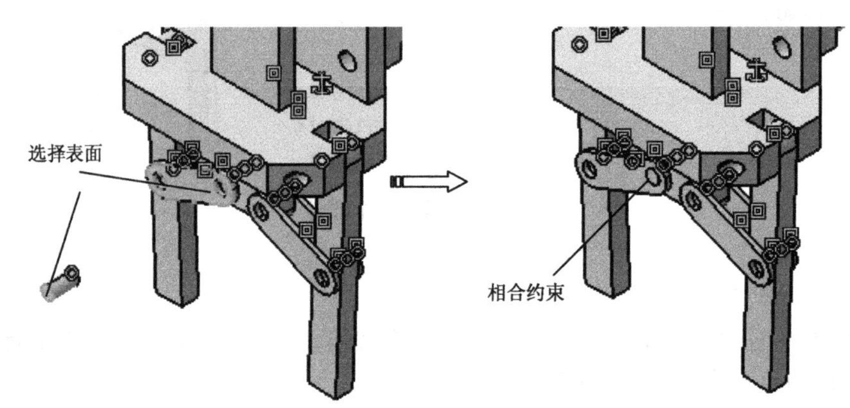

图9-75　创建相合约束（二）

Step33 重复上述步骤，加载销轴并建立约束，如图9-76所示。

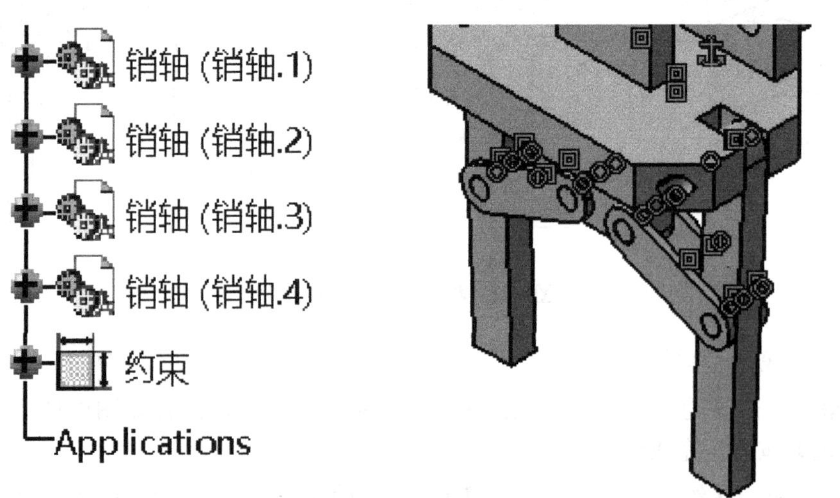

图9-76　加载销轴并建立约束

9.2.2.8 加载约束销轴1

（1）加载第八个零件

Step34 单击【产品结构工具】工具栏中的【现有部件】按钮，在特征树中选取“机械手总装”节点，弹出【选择文件】对话框，选择需要的文件“xiaozhou1.CATPart”，单击【打开】按钮，系统自动载入部件，如图9-77所示。

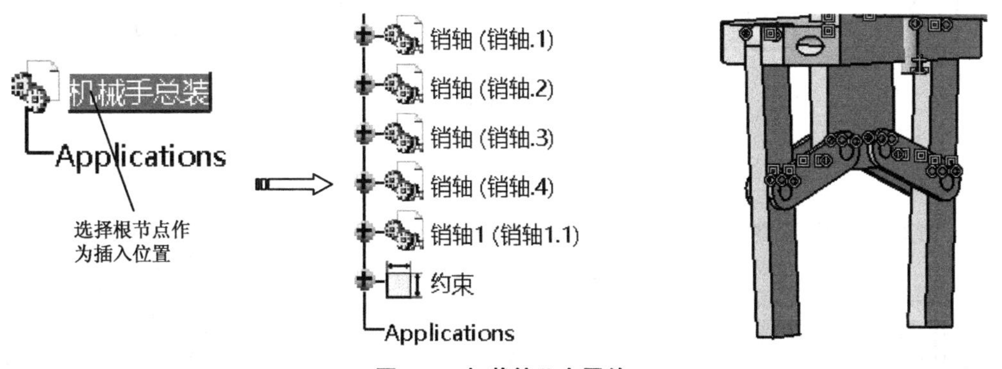

图9-77 加载第八个零件

（2）移动第八个零件

Step35 单击【移动】工具栏上的【操作】按钮，弹出【操作参数】对话框，利用移动操作调整好位置，如图9-78所示。

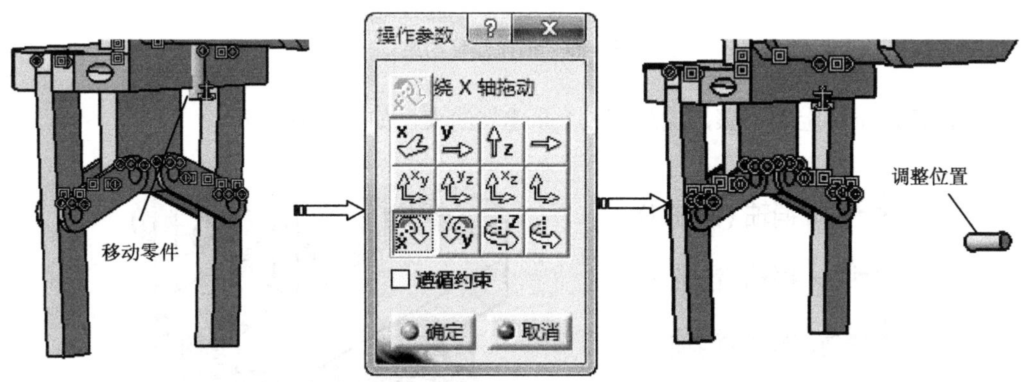

图9-78 移动第八个零件

（3）约束第八个零件

Step36 单击【约束】工具栏上的【相合约束】按钮，选择如图9-79所示轴线，单击【确定】按钮，完成约束。

Step37 单击【约束】工具栏上的【偏移约束】按钮，分别选择端面，弹出【约束属性】对话框，在【偏移】框中输入距离值“10mm”，单击【确定】按钮，如图9-80所示。

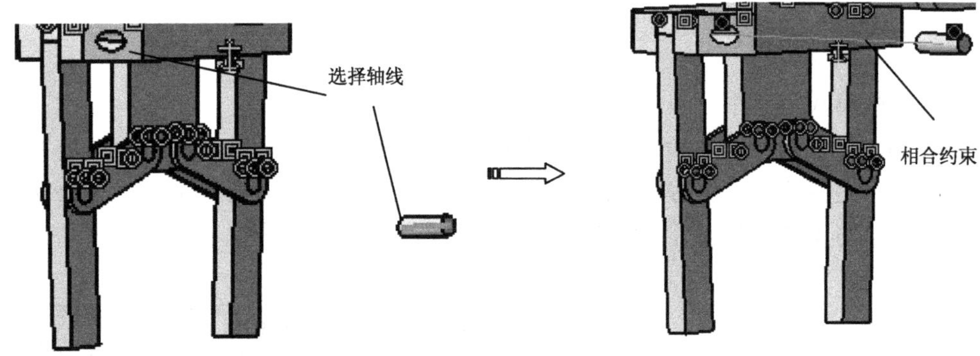

图9-79 创建相合约束

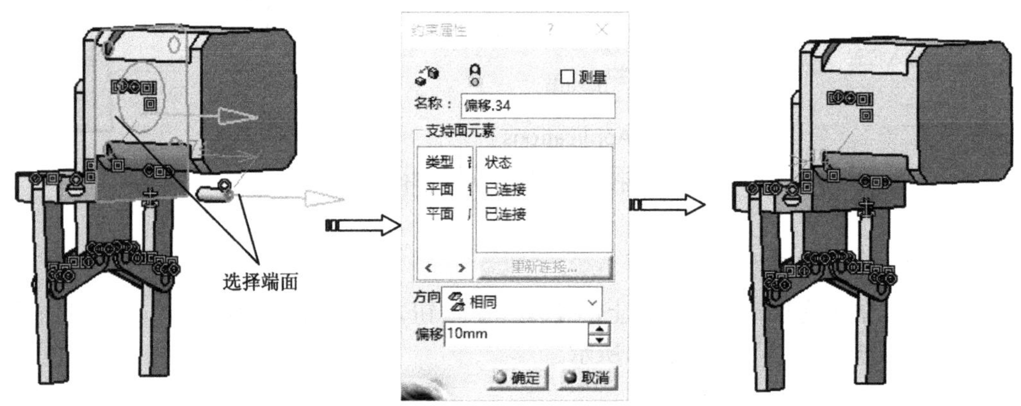

图9-80 创建偏移约束

Step38 重复上述步骤，加载销轴1并建立约束，如图9-81所示。

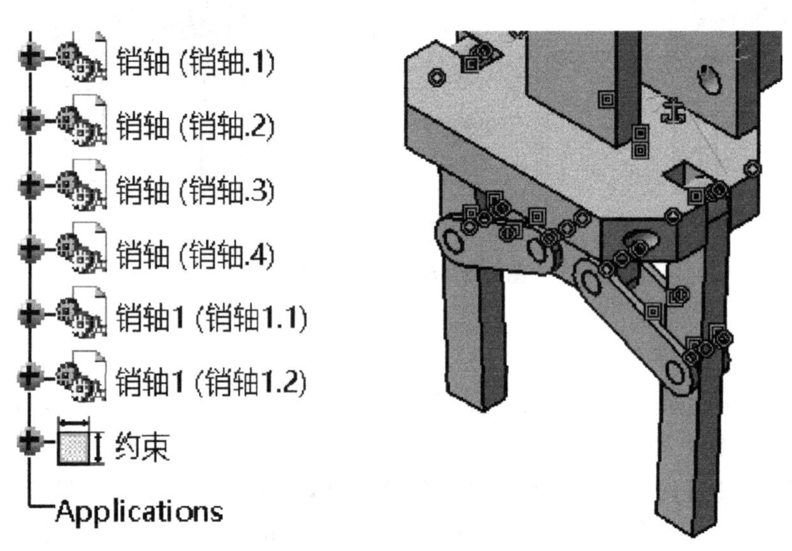

图9-81 加载销轴1并建立约束

9.2.2.9　创建爆炸图

Step39 单击【移动】工具栏上的【分解】按钮，弹出【分解】对话框，在【深度】框中选择“所有级别”，激活【选择集】编辑框，在特征树中选择装配根节点（即选择所有的装配组件）作为要分解的装配组件，在【类型】下拉列表中选择“3D”，如图9-82所示。

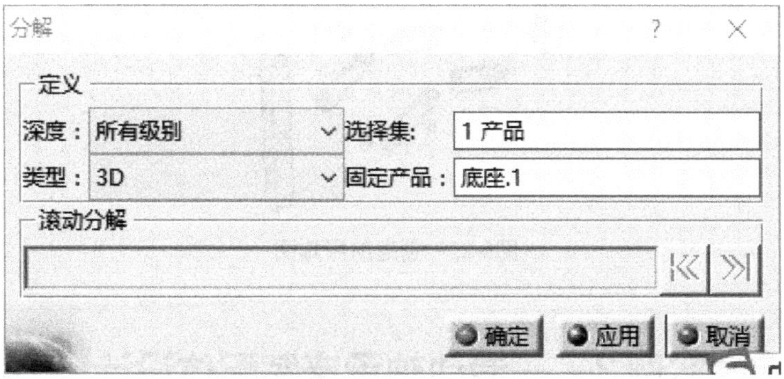

图9-82　【分解】对话框

Step40 激活【固定产品】编辑框，选择如图9-83所示的零件为固定零件。

Step41 单击【确定】按钮，弹出【警告】对话框，如图9-84所示。单击【是】按钮，完成分解。

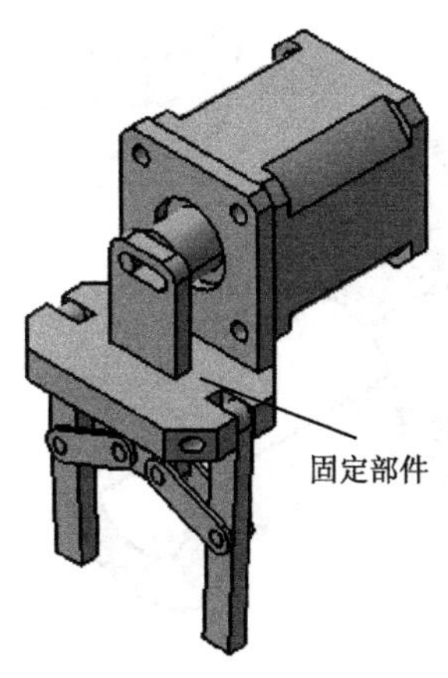

图9-83　选择固定零件

图9-84　【警告】对话框

Step42 可用3D指南针在分解视图内移动产品，并在视图中显示分解预览效果，如图9-85所示。

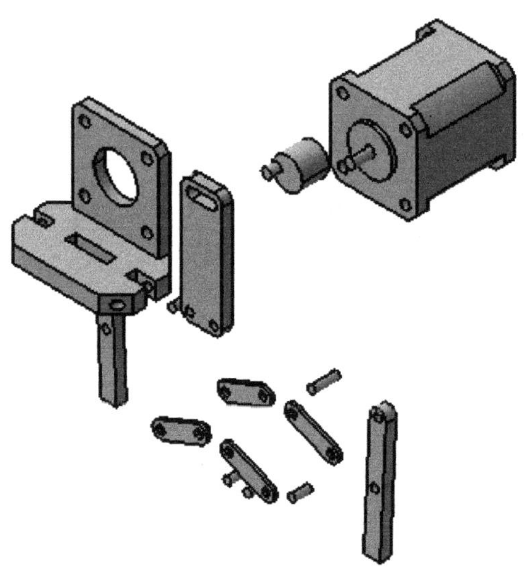

图9-85 创建的爆炸图

9.3 综合实例3——滑动轴承座装配体设计

9.3 视频精讲

本节中以滑动轴承座装配实例来详解产品装配设计过程和应用技巧。机械手结构如图9-86所示。

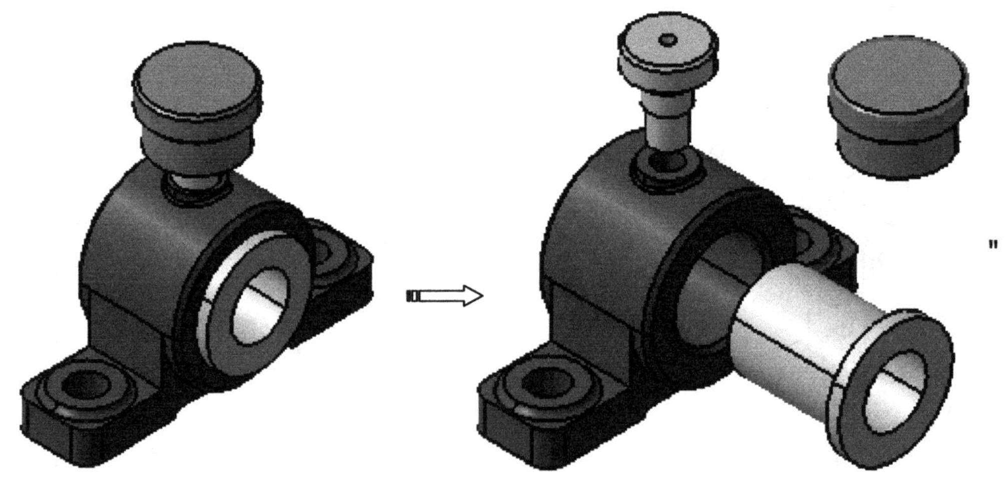

图9-86 滑动轴承座装配

9.3.1 滑动轴承座装配设计思路分析

首先通过实体造型、曲面造型等方法创建装配零件几何模型，然后利用加载现有零件添加到装配体，最后利用装配约束方法施加约束，完成装配结构。

（1）创建装配体结构

选择创建“Product”文件，并进入装配设计工作台，如图9-87所示。

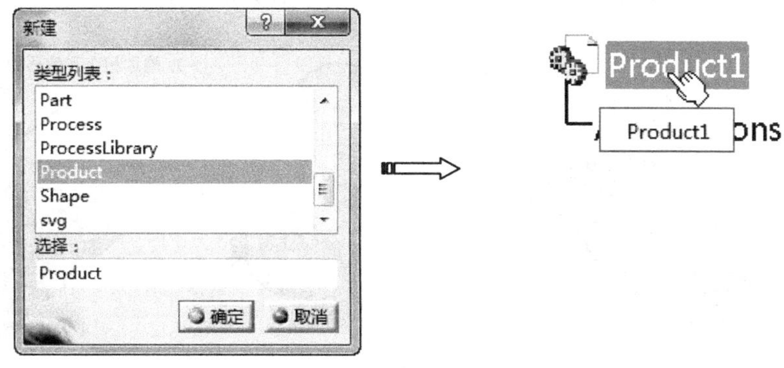

图9-87　创建装配体文件

（2）装配底座零件

首先选择添加现有部件将支架零件加载到装配体文件，然后利用装配约束方法固定该支架零件，如图9-88所示。

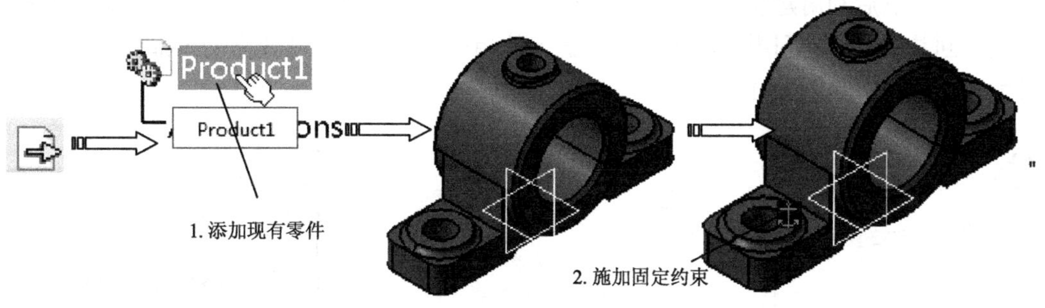

图9-88　装配底座零件

（3）装配油杯零件

首先选择添加现有部件将油杯零件加载到装配体文件，然后利用移动工具调整好零件位置，最后利用装配约束方法约束该油杯零件，如图9-89所示。

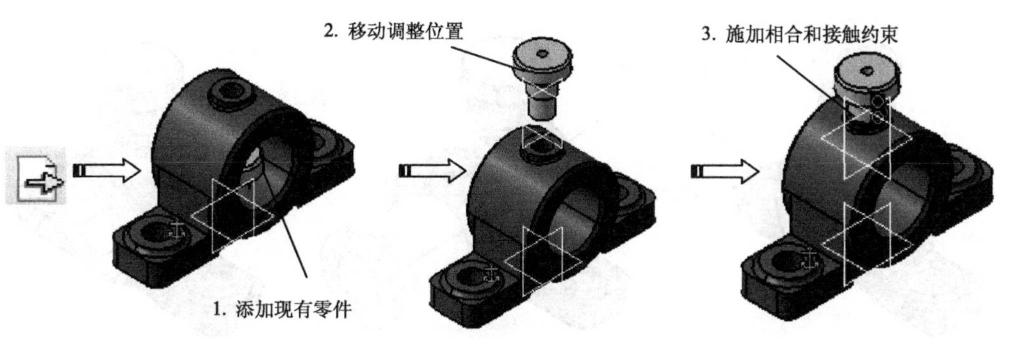

图9-89　装配油杯零件

（4）装配杯罩零件

首先选择添加现有部件将杯罩零件加载到装配体文件，然后利用移动工具调整好零件位置，最后利用装配约束方法约束该杯罩零件，如图9-90所示。

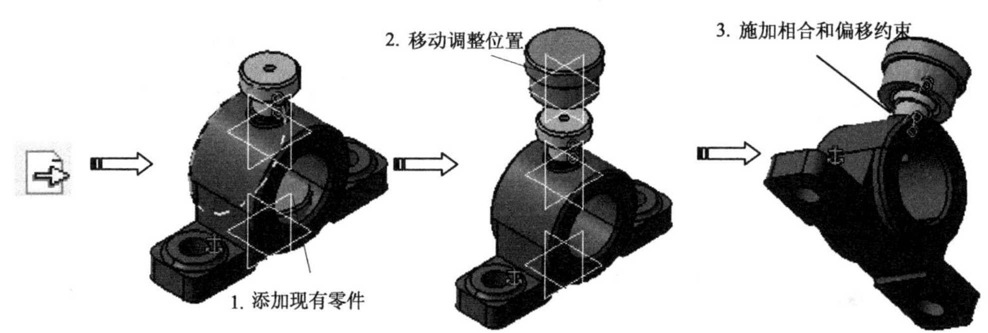

图9-90　装配杯罩零件

（5）自顶向下创建轴套零件

单击【产品结构工具】工具栏中的【零件】按钮，系统提示“选择部件以插入新零件”，在特征树中选择部件节点，创建新零件。双击零件标识系统自动切换到零件设计模块。然后利用建模命令和方法创建新的几何对象，最后完成后双击特征树中的根节点返回装配模块。利用【约束】工具栏上的相关命令按钮对新建立的零部件对象施加装配约束定位，如图9-91所示。

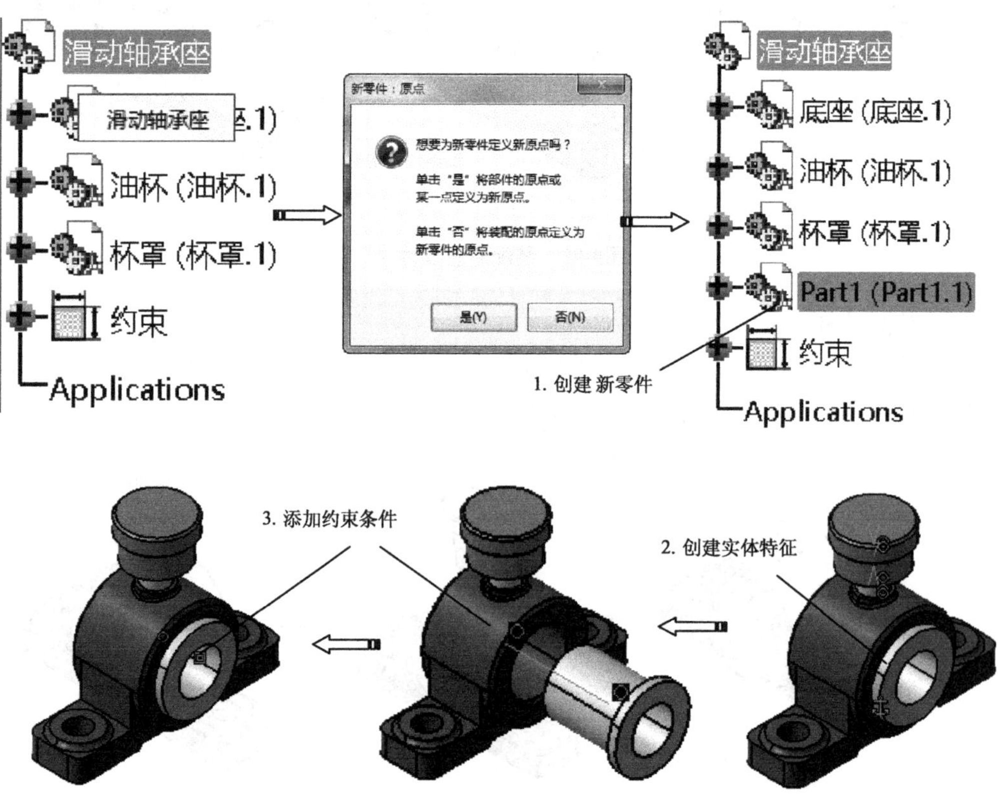

图9-91　创建轴套零件

9.3.2 滑动轴承座装配操作过程

Step01 启动CATIA，在【标准】工具栏中单击【新建】按钮，在弹出【新建】对话框中选择“Product”。单击【确定】按钮新建一个装配文件，并进入装配设计工作台，如图9-92所示。

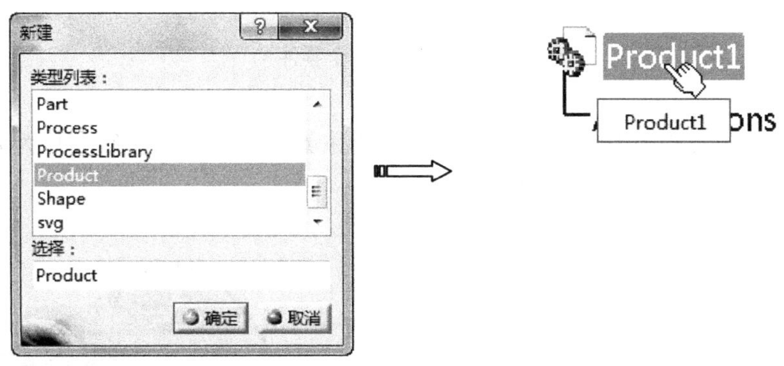

图9-92 进入装配工作台

Step02 在特征树中选择“Product1”节点，单击鼠标右键，在弹出的快捷菜单选择【属性】命令，在弹出【属性】对话框中修改【零件编号】为“滑动轴承座”，如图9-93所示。

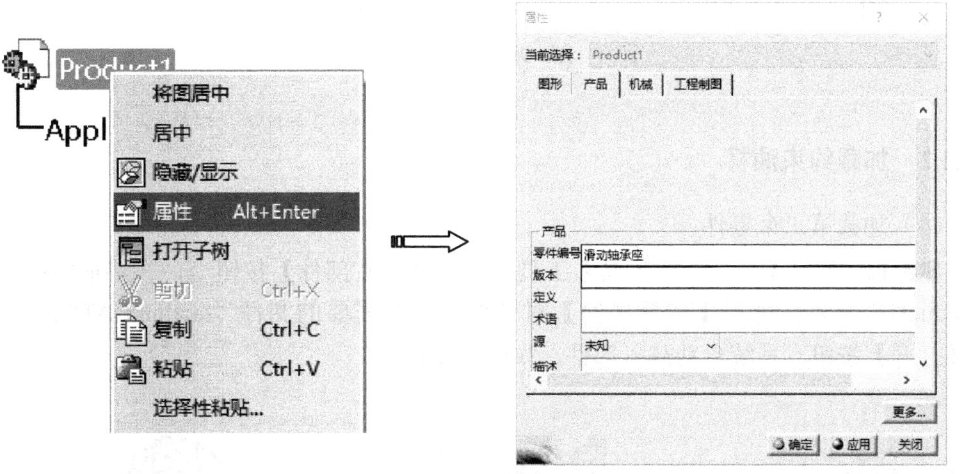

图9-93 修改零件编号

9.3.2.1 加载固定底座

Step03 单击【产品结构工具】工具栏中的【现有部件】按钮，在特征树中选取插入位置（“滑动轴承座”节点），在弹出的【选择文件】对话框中选择需要的文件“dizuo.CATPart”，单击【打开】按钮，系统自动载入部件，如图9-94所示。

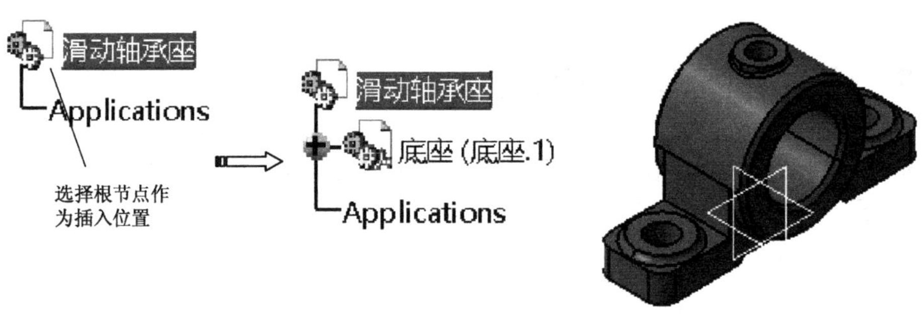

图9-94 加载第一个零件

Step04 单击【约束】工具栏上的【固定约束】按钮，选择底座作为固定部件，系统自动创建固定约束，如图9-95所示。

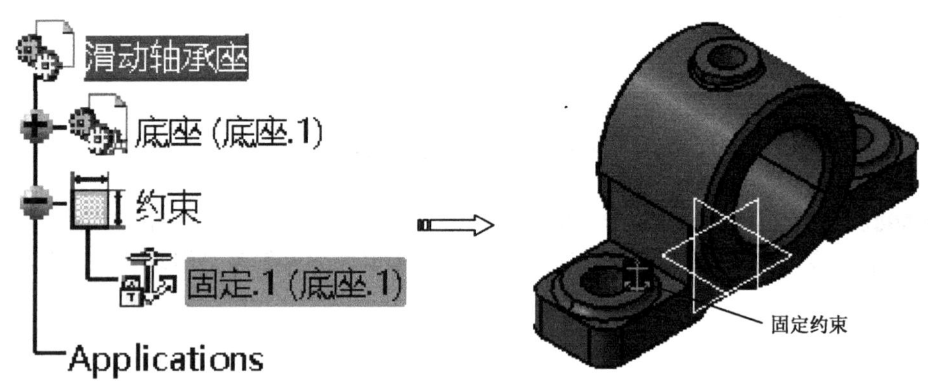

图9-95 固定约束

9.3.2.2 加载约束油杯

（1）加载第二个零件

Step05 单击【产品结构工具】工具栏中的【现有部件】按钮，在特征树中选取“Product1”节点，弹出【选择文件】对话框，选择需要的文件“hualun.CATPart”，单击【打开】按钮，系统自动载入部件，如图9-96所示。

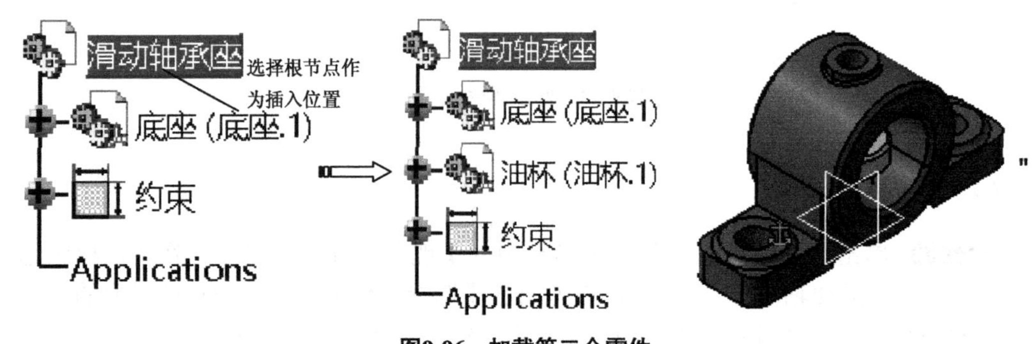

图9-96 加载第二个零件

（2）移动第二个零件

Step06 单击【移动】工具栏上的【操作】按钮，弹出【操作参数】对话框，利用移动操作调整好位置，如图9-97所示。

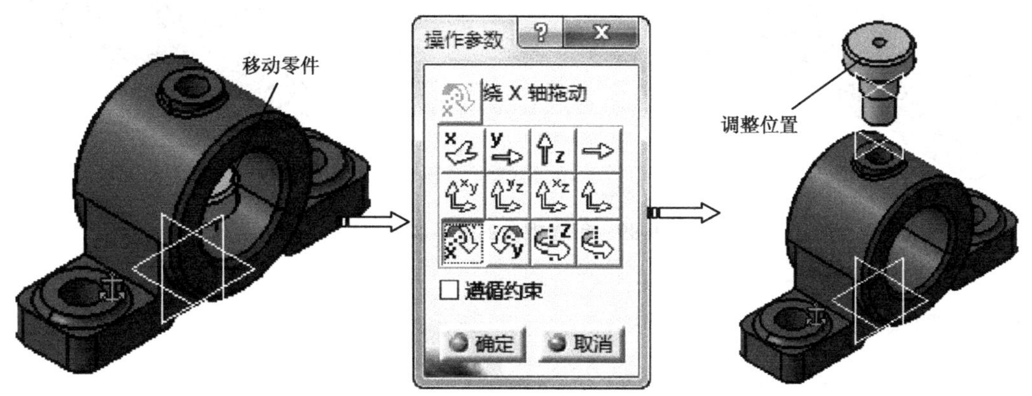

图9-97 移动第二个零件

（3）约束第二个零件

Step07 单击【约束】工具栏上的【相合约束】按钮，选择风机轴线和和底座孔轴线，单击【确定】按钮，完成约束，如图9-98所示。

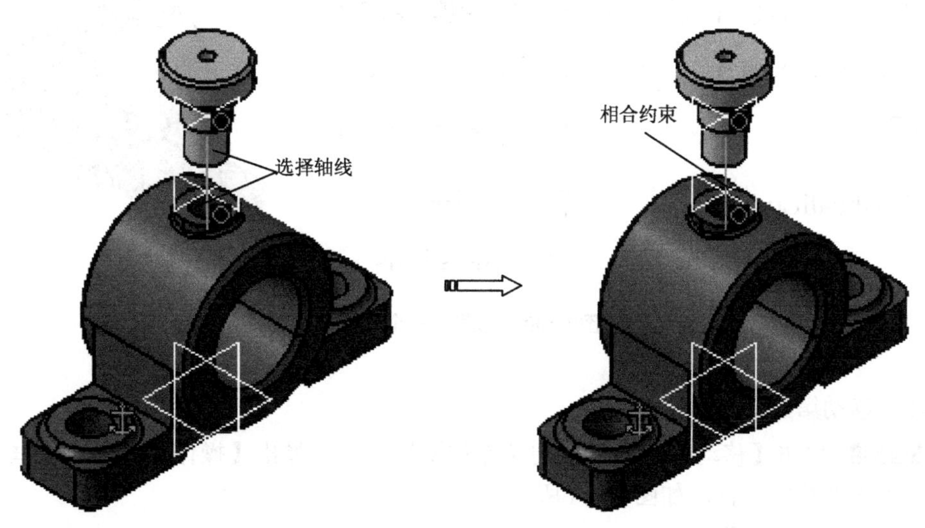

图9-98 创建相合约束（一）

Step08 单击【约束】工具栏上的【相合约束】按钮，选择两个端面，弹出【约束属性】对话框，选择【方向】为“相反”，单击【确定】按钮完成约束，如图9-99所示。

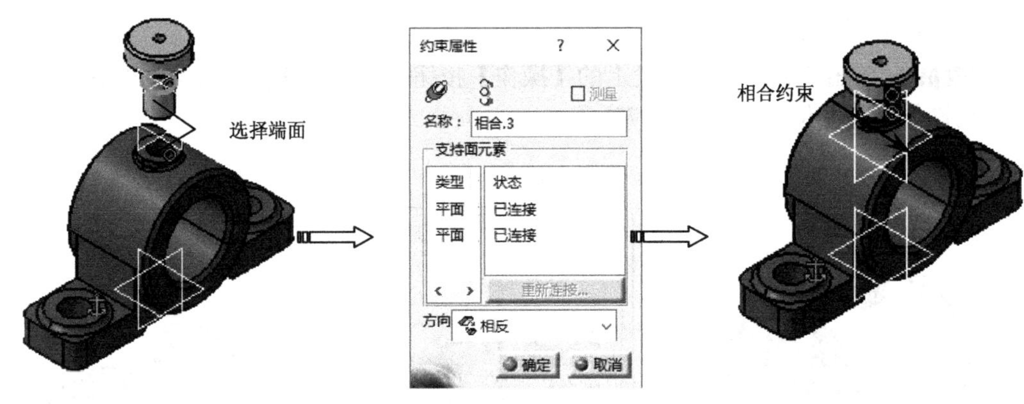

图9-99　创建相合约束（二）

9.3.2.3　加载约束杯罩

（1）加载第三个零件

Step09 单击【产品结构工具】工具栏中的【现有部件】按钮，在特征树中选取“Product1”节点，弹出【选择文件】对话框，选择需要的文件“hualun.CATPart”，单击【打开】按钮，系统自动载入部件，如图9-100所示。

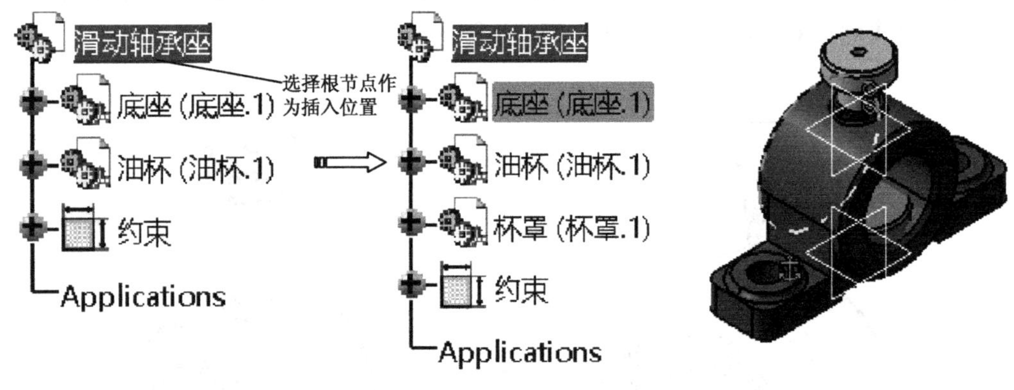

图9-100　加载第三个零件

（2）移动第三个零件

Step10 单击【移动】工具栏上的【操作】按钮，弹出【操作参数】对话框，利用移动操作调整好位置，如图9-101所示。

（3）约束第三个零件

Step11 单击【约束】工具栏上的【相合约束】按钮，选择如图9-102所示的轴线，单击【确定】按钮，完成约束，如图9-102所示。

Step12 单击【约束】工具栏上的【偏移约束】按钮，分别选择风机端面和机座端面，弹出【约束属性】对话框，在【偏移】框中输入距离值“−7mm”，单击【确定】按钮，如图9-103所示。

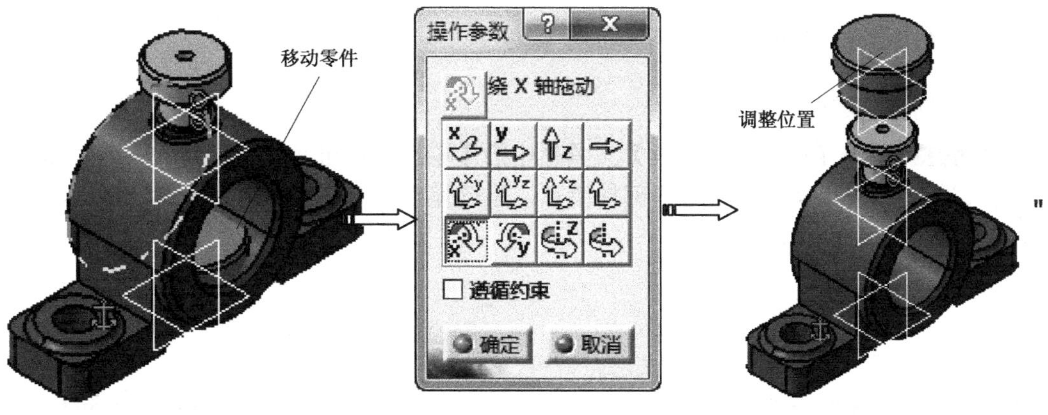

图9-101　移动第三个零件

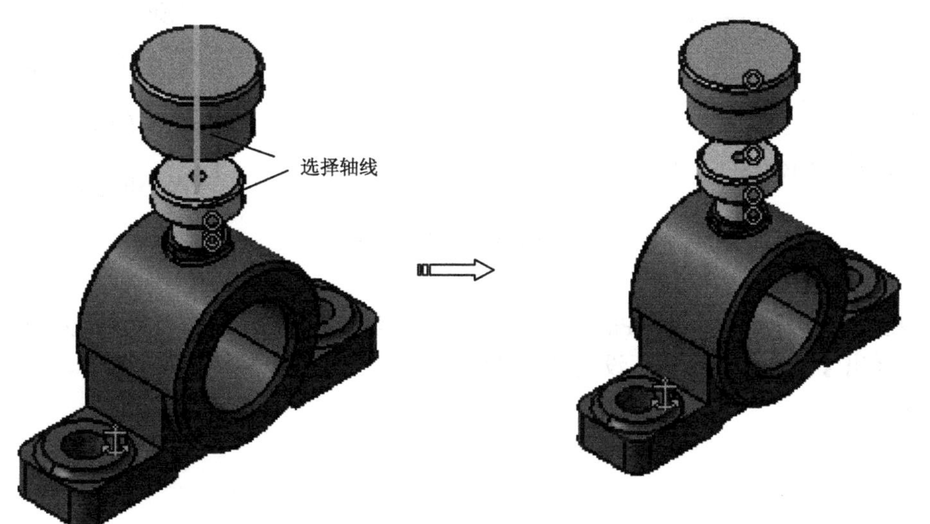

图9-102　创建相合约束

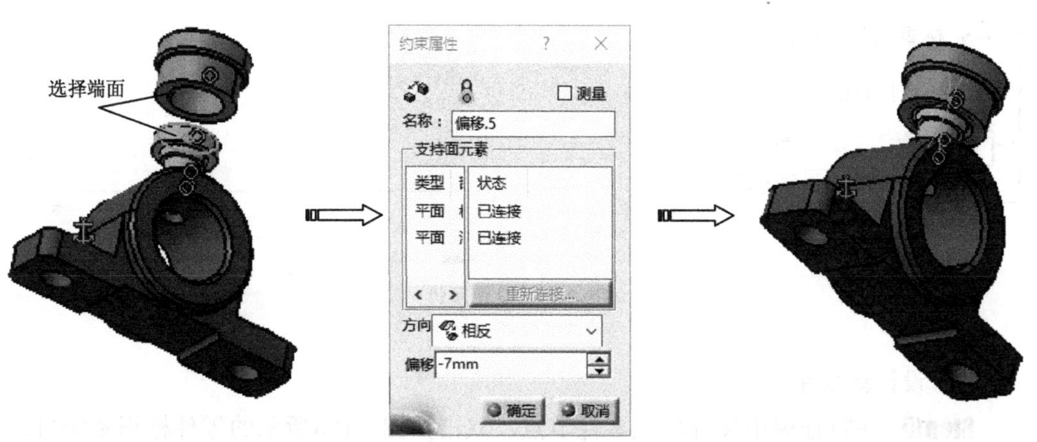

图9-103　创建偏移约束

第09章　装配体设计实例

9.3.2.4 创建轴套零件

（1）创建新零件

Step13 单击【产品结构工具】工具栏中的【零件】按钮，系统提示“选择部件以插入新零件”，在特征树中选择部件节点，系统弹出【新零件：原点】对话框，单击【是】按钮，如图9-104所示。

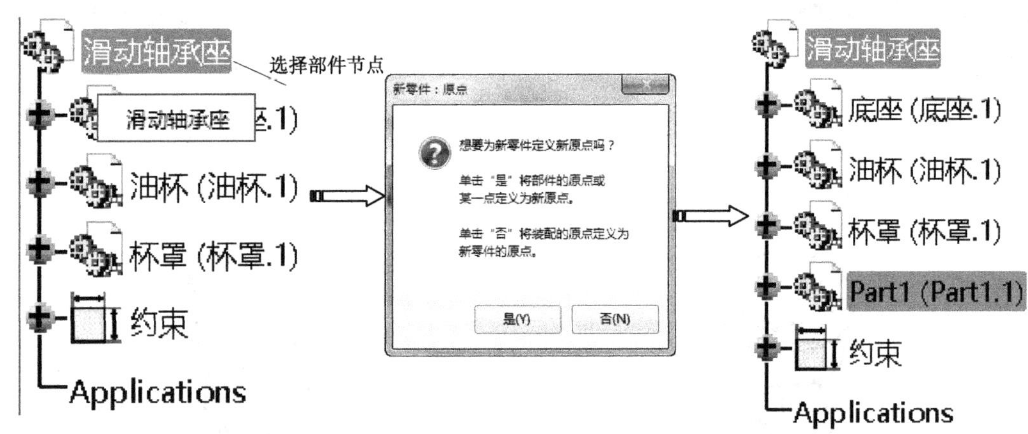

图9-104 创建新零件

Step14 选择新创建的“Part1”，单击鼠标右键，在弹出的快捷菜单中选择【属性】命令，弹出【属性】对话框，设置【零件编号】为“轴套”，如图9-105所示。

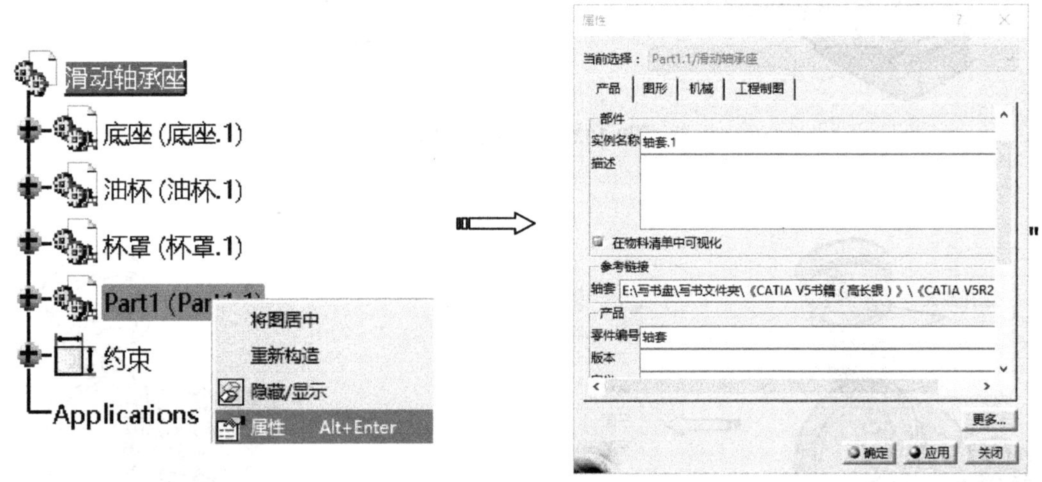

图9-105 设置属性

（2）设计新零件

Step15 在特征树中展开新建零件节点，双击如图9-106所示的零件标识系统自动切换到零件设计模块。

图9-106　零件设计工作台

Step16 单击【草图】按钮，在工作窗口选择实体表面，进入草图编辑器。利用草图工具绘制如图9-107所示的草图。单击【工作台】工具栏上的【退出工作台】按钮，完成草图绘制。

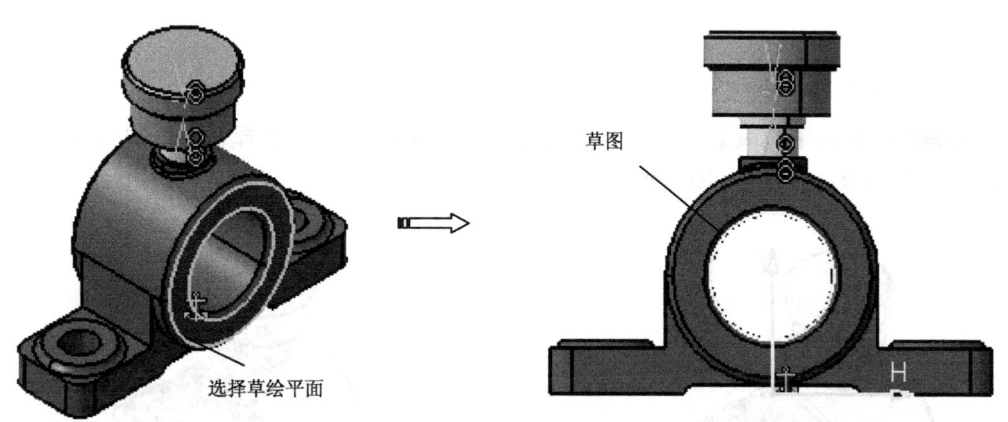

图9-107　绘制草图截面

Step17 单击【基于草图的特征】工具栏上的【凸台】按钮，弹出【定义凸台】对话框，设置【第一限制】的拉伸深度类型为“尺寸”，【第一限制】的【长度】为4mm，【第二限制】的拉伸深度类型为“直到平面”，选择另一个端面作为限制条件，选择上一步所绘制的草图，特征预览确认无误后单击【确定】按钮完成拉伸特征，如图9-108所示。

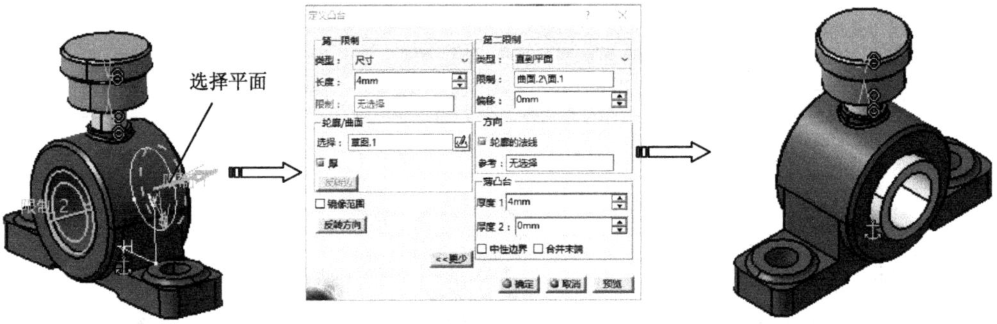

图9-108 创建凸台特征（一）

Step18 单击【基于草图的特征】工具栏上的【凸台】按钮，弹出【定义凸台】对话框，设置拉伸深度类型为“尺寸”，【长度】为4mm，选择该命令，弹出【提取定义】对话框，提取凸台轮廓边线，特征预览确认无误后单击【确定】按钮完成拉伸特征，如图9-109所示。

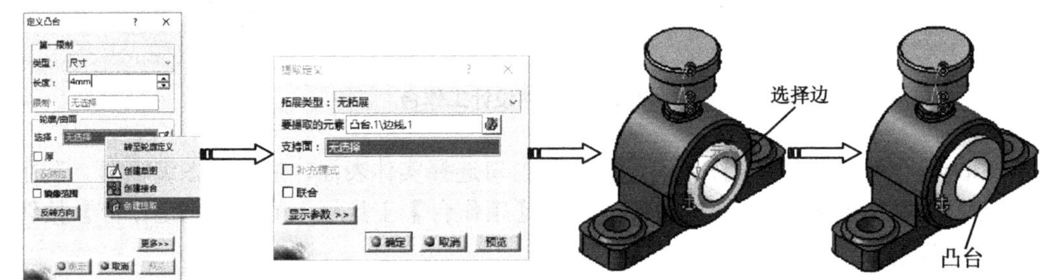

图9-109 创建凸台特征（二）

（3）施加约束条件

Step19 单击【约束】工具栏上的【相合约束】按钮，选择轴线，单击【确定】按钮，完成约束，如图9-110所示。

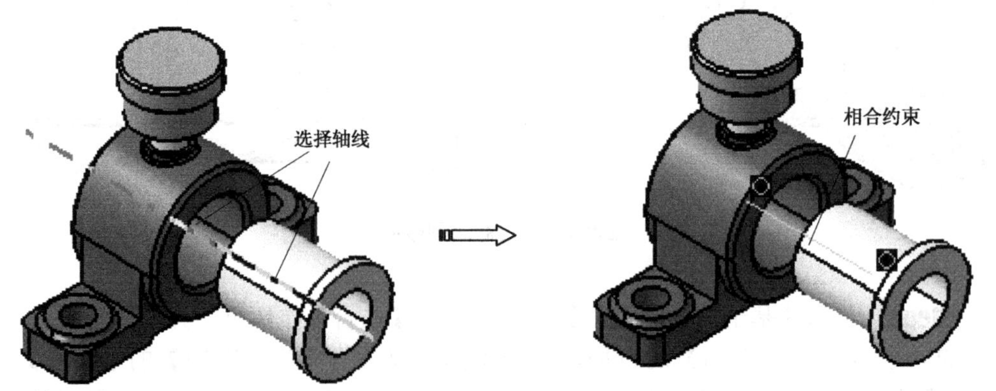

图9-110 创建相合约束

Step20 单击【约束】工具栏上的【接触约束】按钮，依次选择电机和底座表面，单击【确定】按钮，系统自动完成接触约束，如图9-111所示。

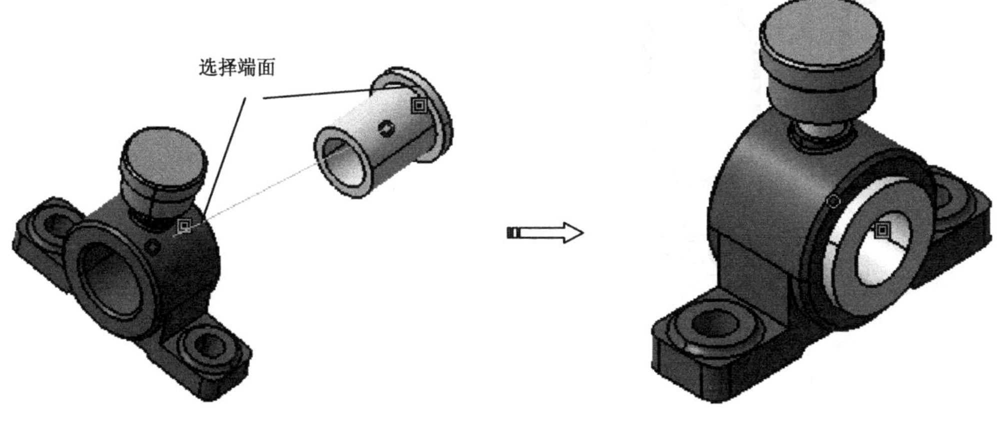

图9-111　创建接触约束

10 第10章 工程图设计实例

零件按其结构特点、视图表达、尺寸标注、制造方法等，大致可分为轴套类、盘盖类、箱体类和叉架类等四种类型。本节将通过实例来讲解CATIA工程图绘制基本知识的综合应用，通过对典型零件的工程图的绘制，使读者掌握工程图相关知识在实际产品中的具体应用方法和过程。

本章内容

- 盘盖类工程图设计
- 箱体类工程图设计
- 装配体工程图设计

本章实例

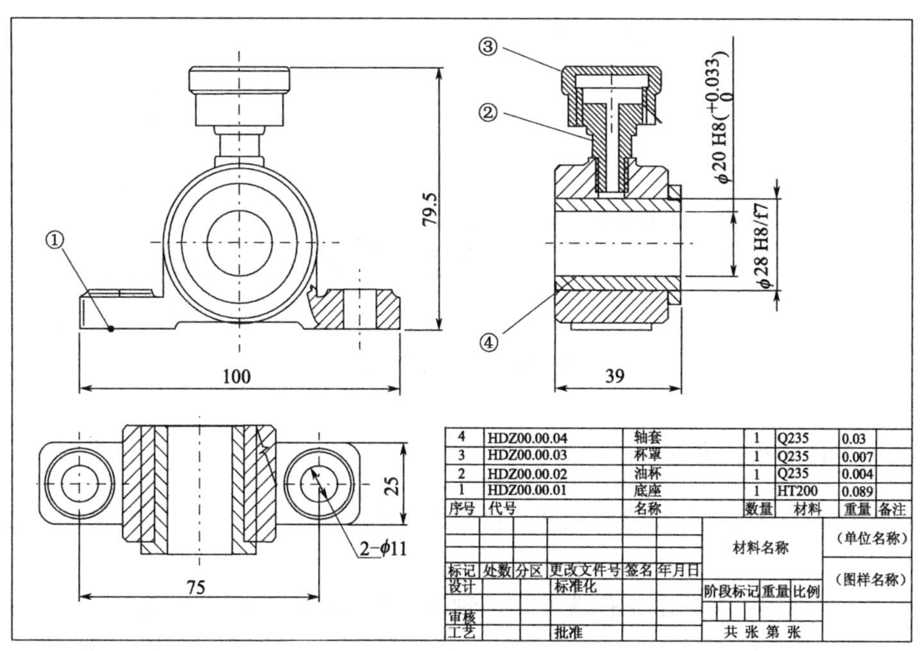

10.1 盘盖类零件工程图设计

10.1 视频精讲

盘盖类主要起传动、连接、支承、密封等作用，如手轮、法兰盘、各种端盖等。为了巩固前面各章制图基础知识，本节以盘盖类零件为例来讲解该类型零件的工程图绘制方法和过程，如图10-1所示。

10.1.1 法兰盘工程图分析

10.1.1.1 结构分析

盘盖类零件主体由共轴回转体组成，一般轴向尺寸较小、径向尺寸较大，其上常有凸台、凹坑、螺孔、销孔、轮辐等局部结构。

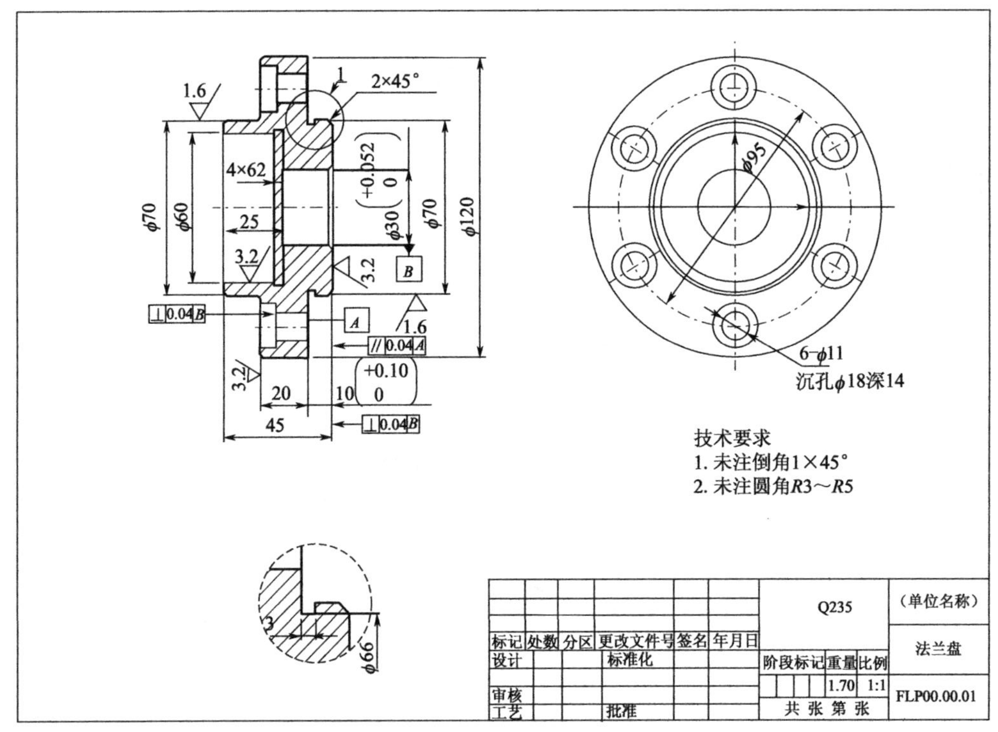

图10-1　法兰盘工程图

10.1.1.2　工程图表达方法

盘盖类零件的毛坯有铸件或锻件，机械加工以车削为主，一般需要两个以上基本视图：

- 主视图：按照加工位置原则，轴向水平放置，采用剖视图表达零件内部特征。视图具有对称面时，可作半剖视；无对称面时，可作全剖或局部剖视。
- 左（右）视图：表达外形，反映孔、槽、筋板等结构分布，需要注意的是轮辐和肋板的规定画法。

10.1.1.3　尺寸标注

盘盖类零件的尺寸一般为两大类：轴向尺寸和径向尺寸。径向尺寸的主要基准是回转轴线，轴向尺寸的主要基准是重要的端面。

定形和定位尺寸都较明显，尤其是在圆周上分布的小孔的定位圆直径是这类零件的典型定位尺寸，多个小孔一般采用如“4-ϕ18均布”形式标注，均布即等分圆周，角度定位尺寸就不必标注了。内外结构形状尺寸应分开标注。

10.1.1.4　技术要求

配合要求或用于轴向定位的表面，其表面粗糙度和尺寸精度要求较高，端面与轴心线之间常有形位公差要求。

10.1.2 法兰盘工程图绘制过程

本例零件工程图的绘制通常采用的步骤为：创建图纸→引入图框和标题栏→创建工程视图→标注尺寸→标注形位公差→标注粗糙度→文本注释（技术要求）等。法兰盘工程图绘制过程详述如下。

10.1.2.1 打开法兰盘模型

Step01 启动CATIA后，单击【标准】工具栏上的【打开】按钮，打开【选择文件】对话框，选择“falanpan.CATPart”，单击【打开】按钮，文件打开后如图10-2所示。

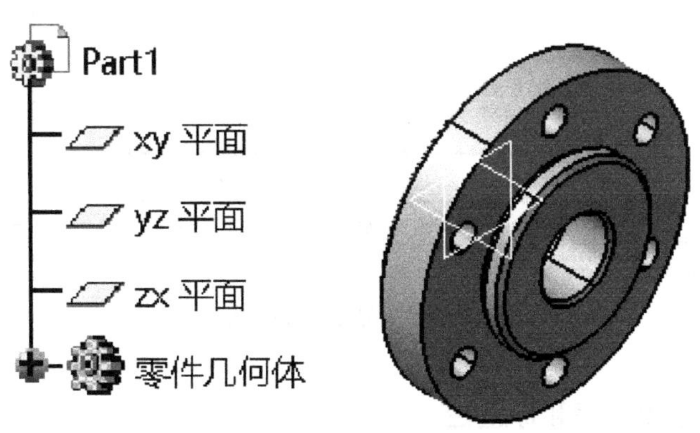

图10-2 打开三维模型零件

10.1.2.2 创建图纸页

Step02 选择菜单栏【文件】|【新建】命令，弹出【新建】对话框，在【类型列表】中选择“Drawing”选项，单击【确定】按钮，如图10-3所示。

Step03 在弹出的【新建工程图】对话框中选择【标准】为“GB”,【图纸样式】为“A3 ISO”等，如图10-4所示。

图10-3 【新建】对话框

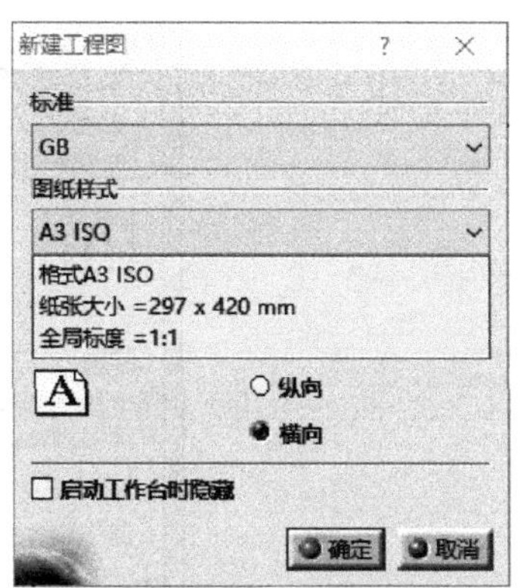

图10-4 【新建工程图】对话框

第10章 工程图设计实例

Step04 单击【确定】按钮，进入工程制图工作台，如图10-5所示。

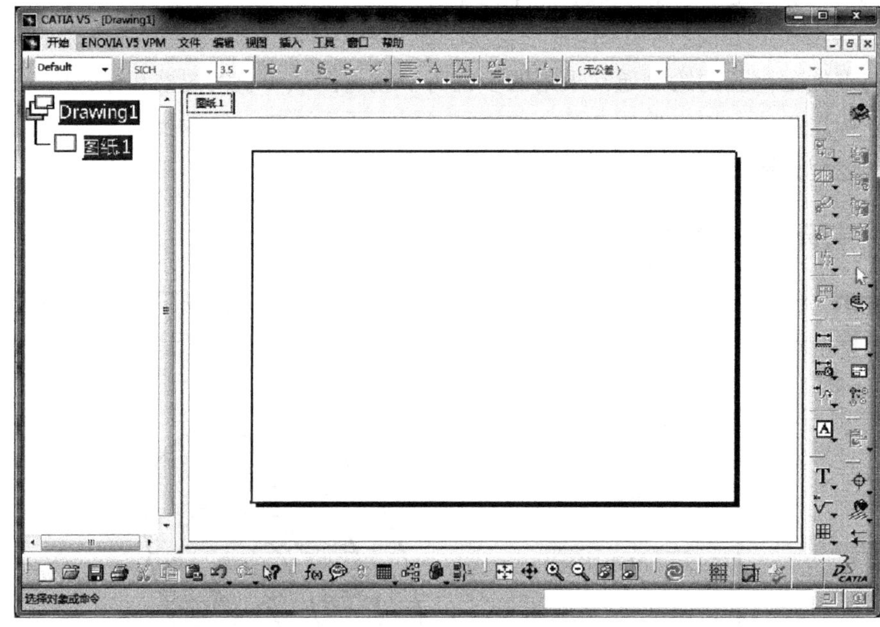

图10-5 创建空白图纸

10.1.2.3 创建工程图图框和标题栏

Step05 选择菜单栏【文件】|【页面设置】命令，系统弹出【页面设置】对话框，如图10-6所示。

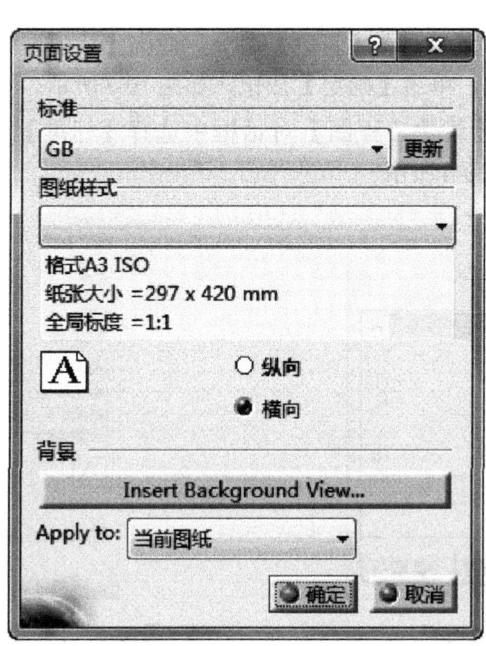

图10-6 【页面设置】对话框

Step06 单击【Insert Background View】按钮，弹出【将元素插入图纸】对话框，如图10-7所示。单击【浏览】按钮，选择“A3_heng.CATDrawing”的图样样板文件，单击【打开】按钮，单击【插入】按钮返回【页面设置】对话框。

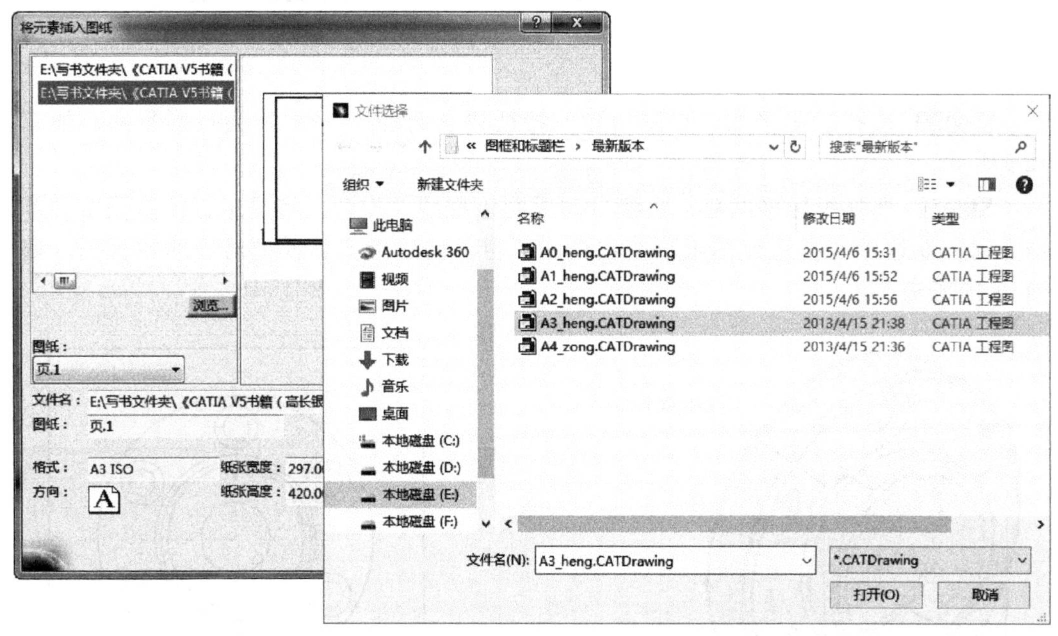

图10-7 选择图框和标题栏模板

Step07 单击【确定】按钮，引入已有的图框和标题栏，如图10-8所示。

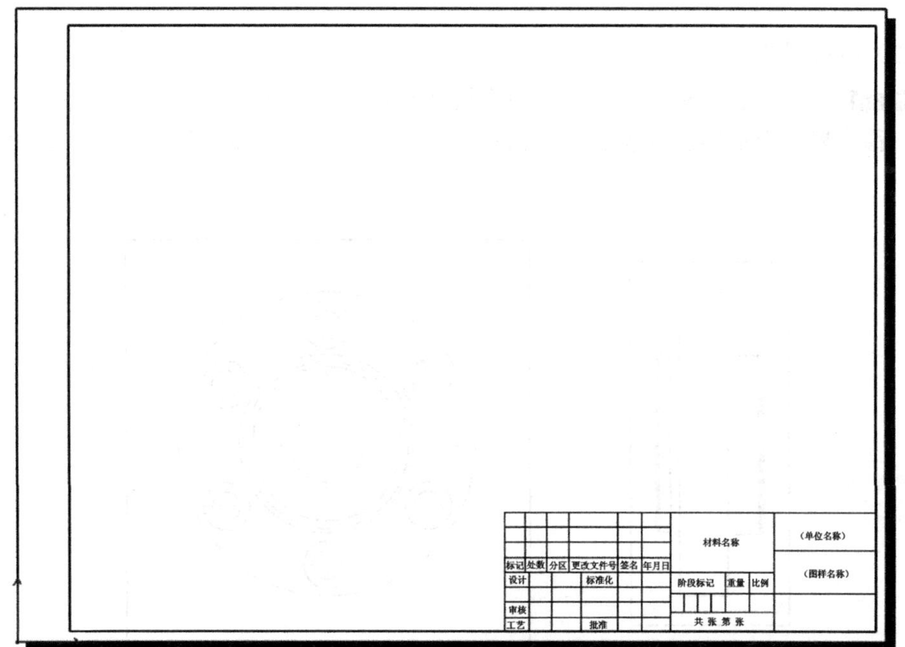

图10-8 引入图框和标题栏

10.1.2.4 创建视图

（1）创建主视图

Step08 单击【视图】工具栏上的【正视图】按钮，系统提示：将当前窗口切换到3D模型窗口，选择下拉菜单【窗口】|【falanpan.CATPart】命令，切换到零件模型窗口。

Step09 选择投影平面。在图形区或特征树上选择*ZX*平面作为投影平面，如图10-9所示。

Step10 选择投影平面后，系统自动返回工程图工作台，将显示正视图预览，单击方向控制器中心按钮或图纸页空白处，即自动创建出实体模型对应的主视图，如图10-10所示。

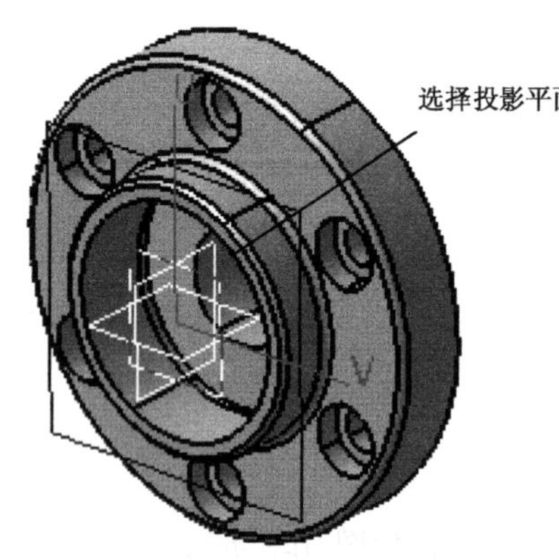

图10-9 选择投影平面

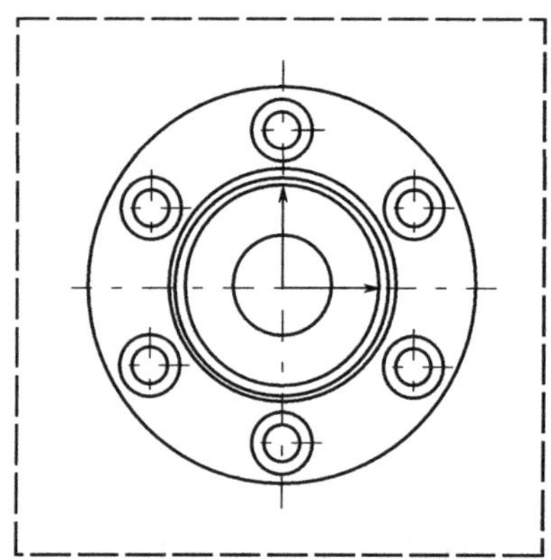

图10-10 创建主视图

（2）投影视图

Step11 单击【视图】工具栏上的【投影视图】按钮，在窗口中出现投影视图预览。移动鼠标至所需视图位置，单击鼠标左键，即生成所需的投影视图，如图10-11所示。

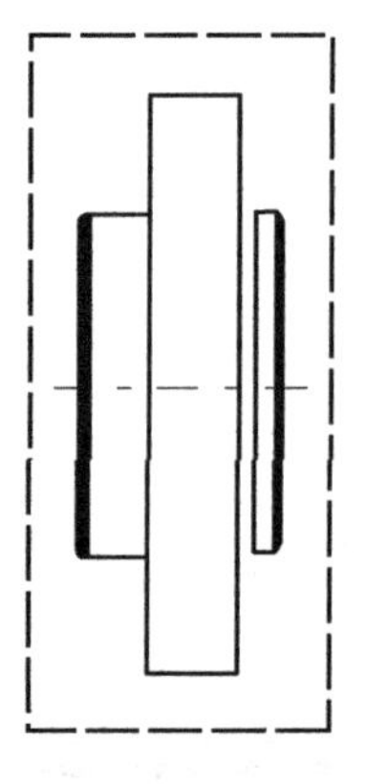

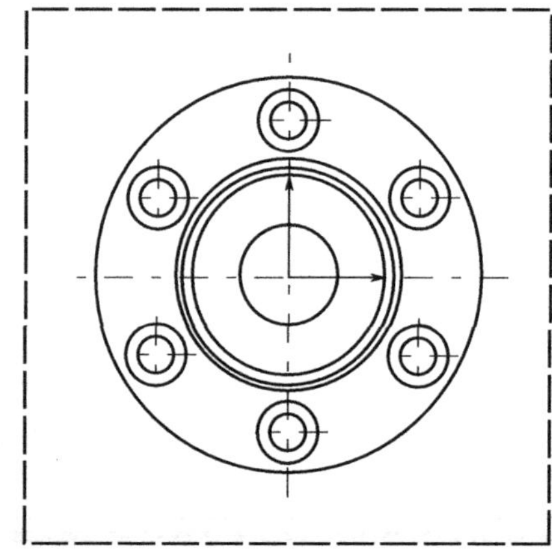

图10-11 创建投影视图

（3）创建局部剖视图

Step12 双击激活投影视图，单击【视图】工具栏上的【剖面视图】按钮，连续选取多个点，在最后点处双击封闭形成多边形，如图10-12所示。

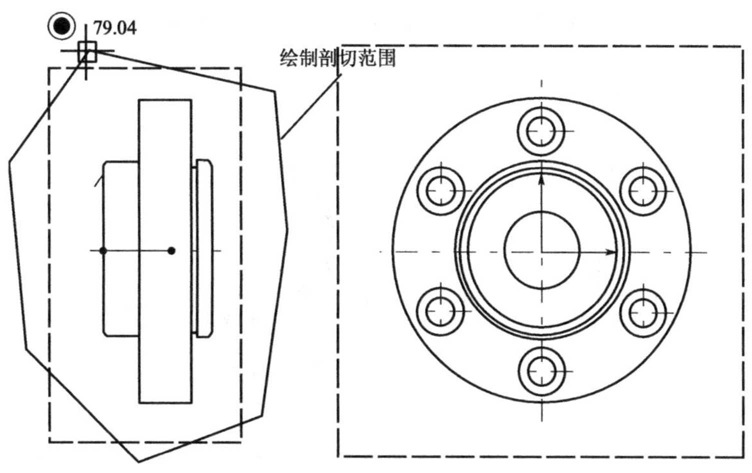

图10-12　创建局部剖视图

Step13 系统弹出【3D查看器】对话框，显示出剖切面预览，如图10-13所示。

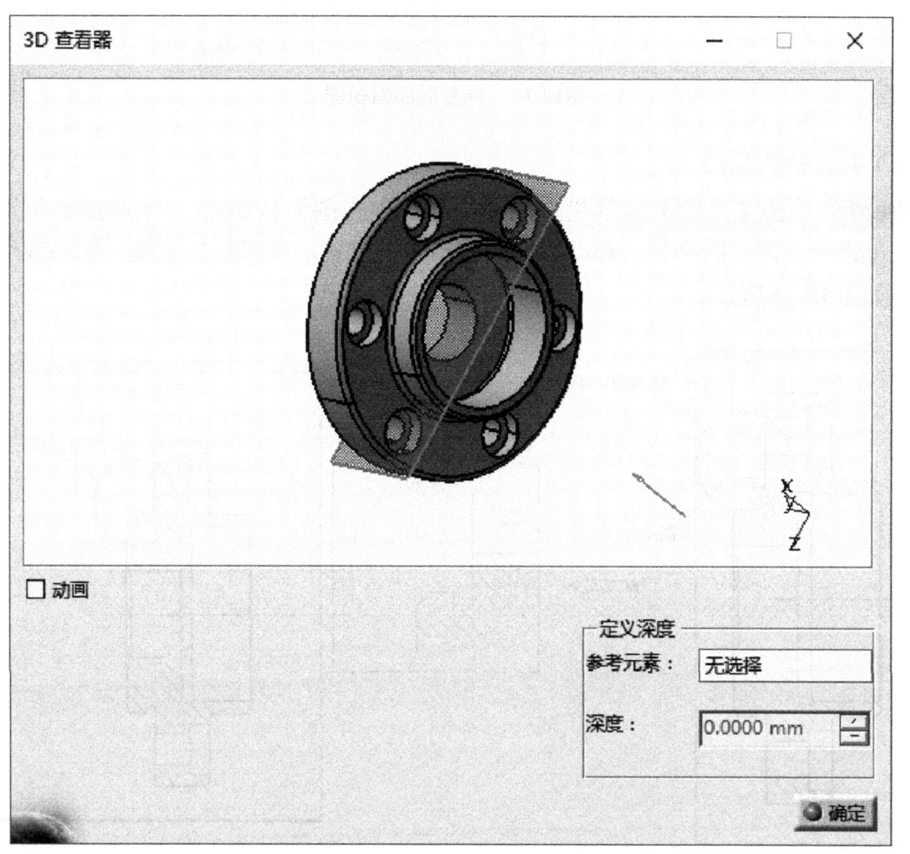

图10-13　【3D查看器】对话框

Step14 移动剖切平面。系统提示：移动平面或使用元素选择平面的位置。激活【3D查看器】对话框中的【参考元素】编辑框，本例中保持默认，单击【确定】按钮，即生成剖面视图，如图10-14所示。

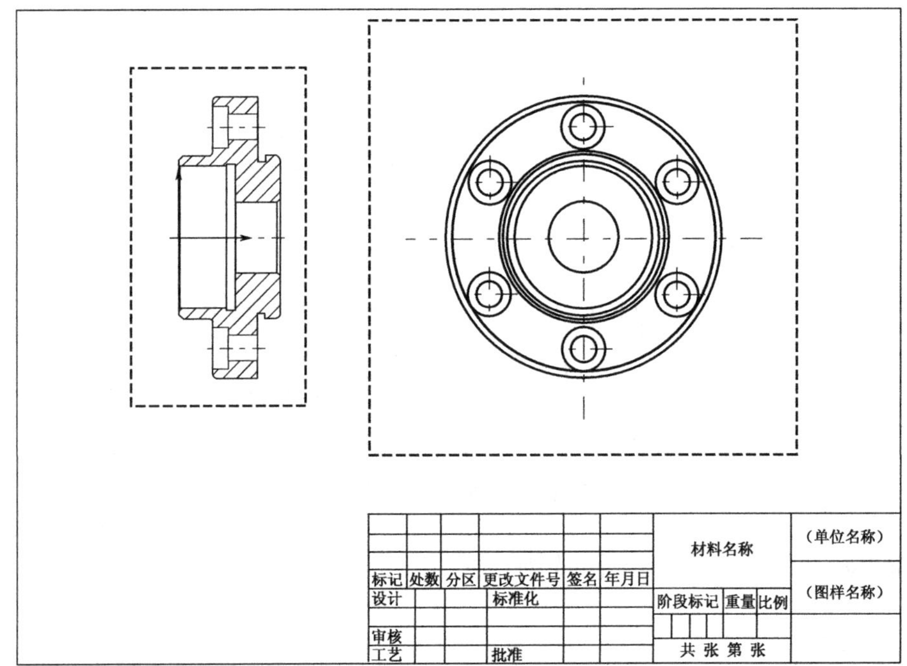

图10-14 创建局部剖视图

（4）局部放大视图

Step15 单击【视图】工具栏上的【快速详细视图】按钮，选择圆心位置，然后再次单击一点确定圆半径，移动鼠标到视图所需位置，单击鼠标左键，即生成所需的视图，如图10-15所示。

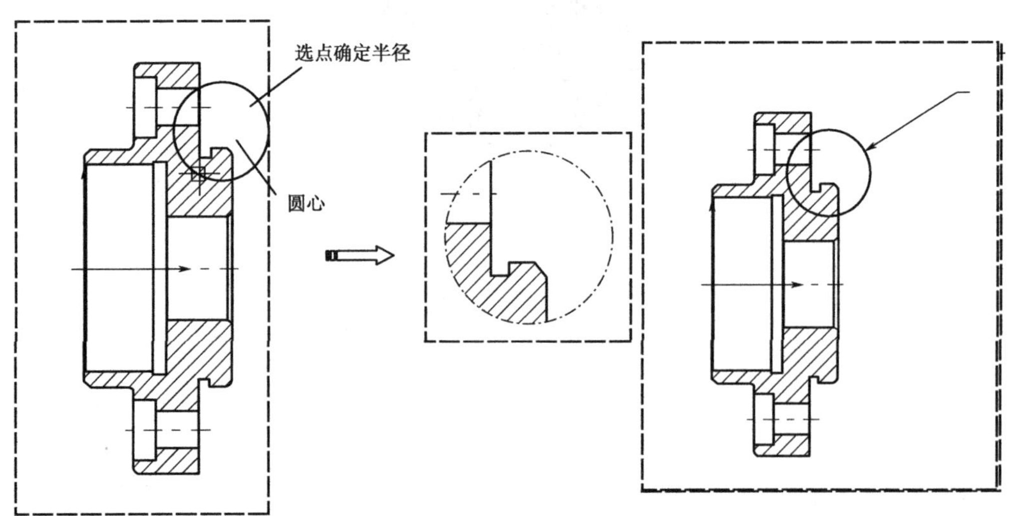

图10-15 创建快速详细视图

Step16 修改视图标识。在局部放大视图中选中视图边界，单击鼠标右键，在弹出的快捷菜单中选择【属性】命令，弹出【属性】对话框，修改【ID】为“Ⅰ”，如图10-16所示。

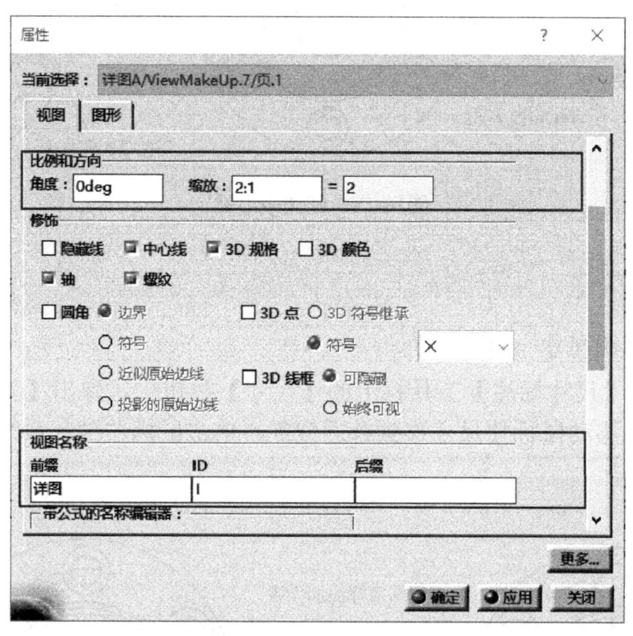

图10-16 【属性】对话框

Step17 单击【确定】按钮，视图标识变成Ⅰ，如图10-17所示。

10.1.2.5 创建修饰特征

Step18 删除视图中定位孔中心线，在标注分布圆中心线时，可先按住Ctrl键选择所有的孔圆，然后再单击【具有参考的中心线】按钮，选择如图10-18所示的圆作为参考元素，系统自动标注多个中心线。

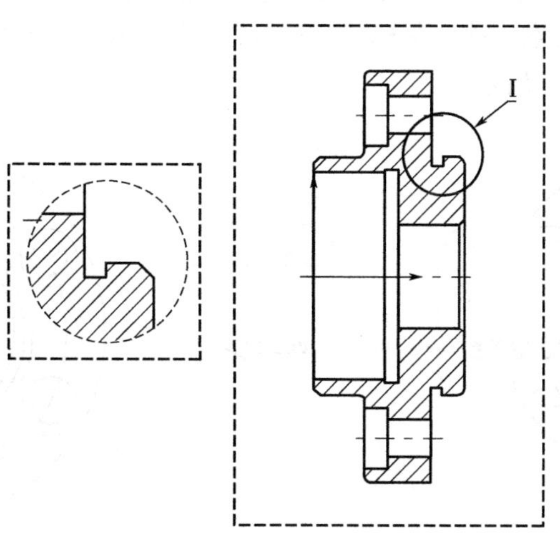

图10-17 修改后的视图标识

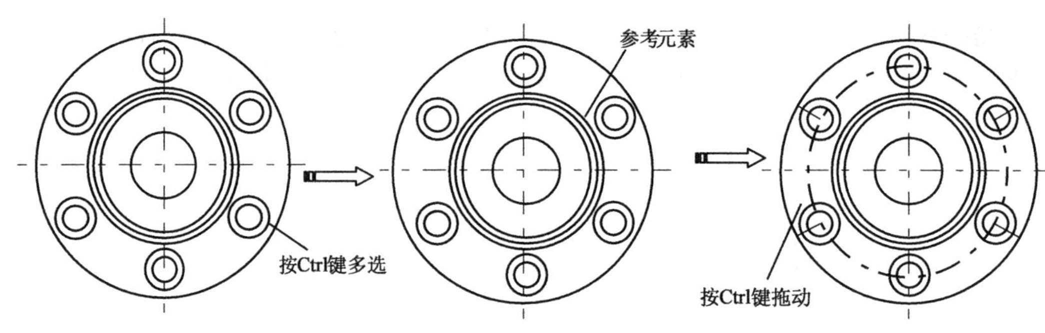

图10-18 延伸中心线

10.1.2.6 标注尺寸

（1）标注右视图尺寸

Step19 单击【尺寸标注】工具栏上的【尺寸】按钮，弹出【工具控制板】工具栏，选择分布圆，移动鼠标使尺寸移到合适位置，单击鼠标左键，系统自动完成尺寸标注，如图10-19所示。

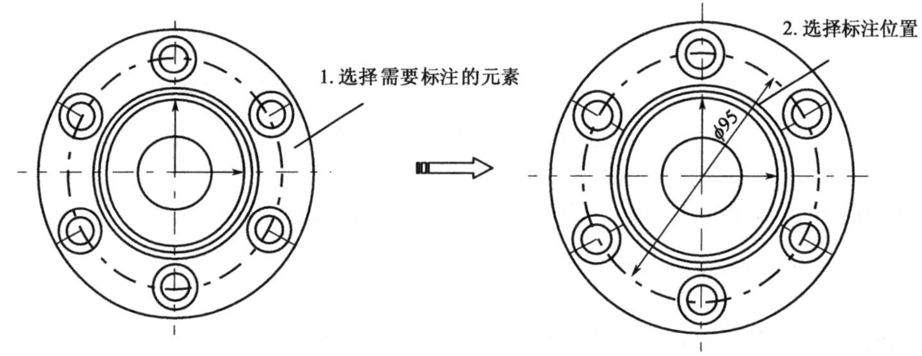

图10-19 标注直径尺寸（一）

Step20 单击【尺寸标注】工具栏上的【尺寸】按钮，弹出【工具控制板】工具栏，选择需要标注的元素，移动鼠标使尺寸移到合适位置，单击鼠标左键，系统自动完成尺寸标注，如图10-20所示。

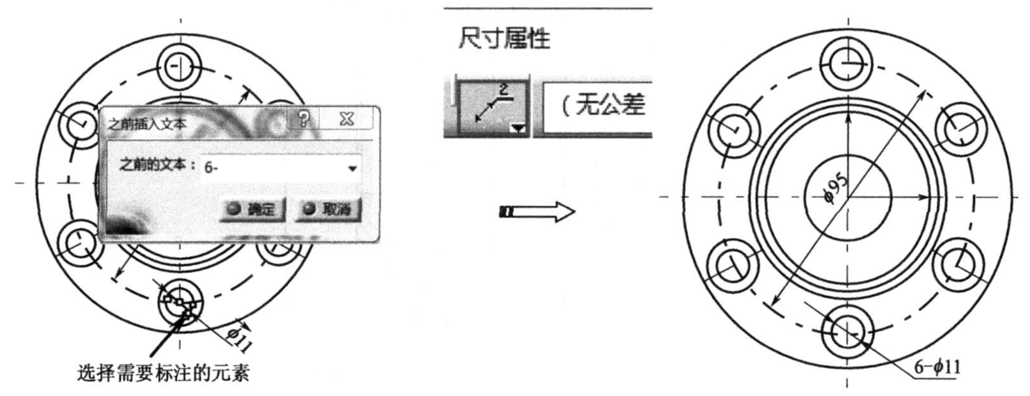

图10-20 标注直径尺寸（二）

Step21 单击【标注】工具栏上的【文本】按钮，选择欲标注文字的位置，弹出【文本编辑器】对话框，输入文字，单击【确定】按钮，完成文字添加，如图10-21所示。

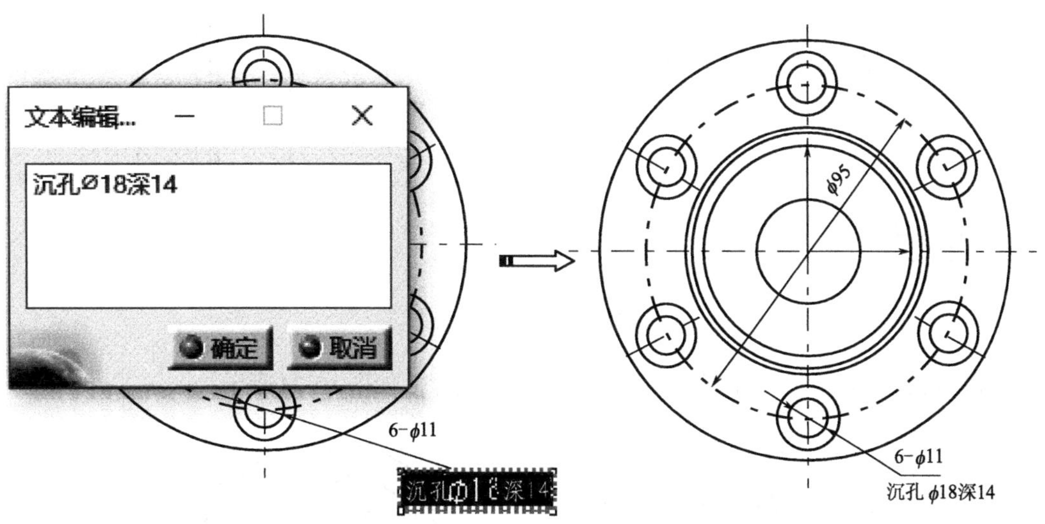

图10-21 创建文本

（2）标注主视图尺寸

Step22 单击【尺寸标注】工具栏上的【尺寸】按钮，弹出【工具控制板】工具栏，选择需要标注的元素，移动鼠标使尺寸移到合适位置，单击鼠标左键，系统自动完成尺寸标注，如图10-22所示。

Step23 选择直径“30”尺寸，激活【尺寸属性】工具栏，选择尺寸文字标注样式，选择公差样式“ISONUM”，在【偏差】框中输入“0.052/0”，按Enter键确定，如图10-23所示。

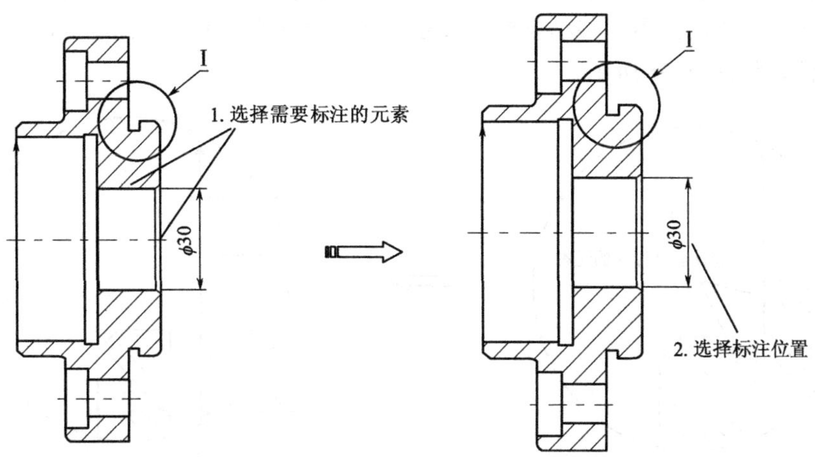

图10-22 标注长度尺寸

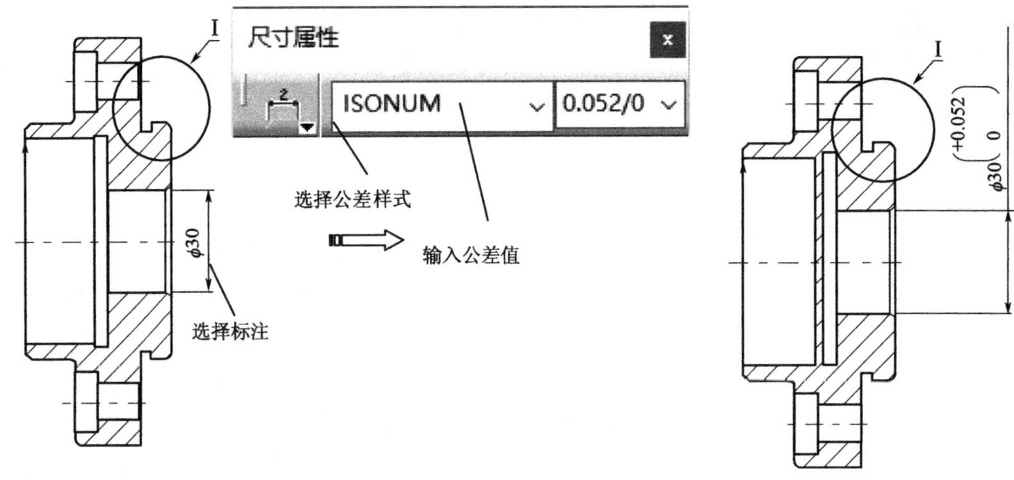

图10-23 设置尺寸公差

Step24 重复上述尺寸标注过程，标注其余尺寸，如图10-24所示。

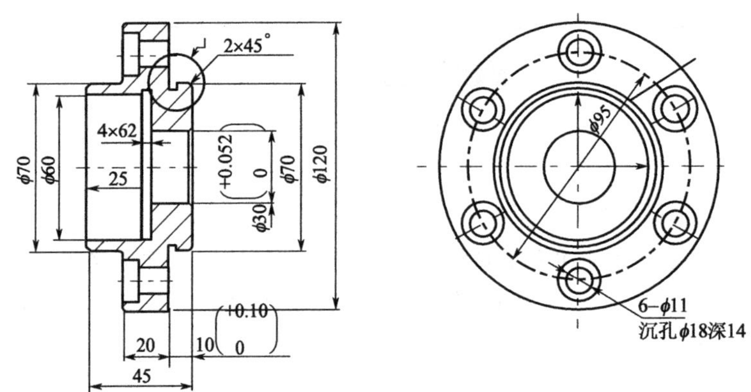

图10-24 标注尺寸（一）

（3）标注放大视图

Step25 单击【尺寸标注】工具栏上的【尺寸】按钮，弹出【工具控制板】工具栏，选择需要标注的元素，移动鼠标使尺寸移到合适位置，单击鼠标左键，系统自动完成尺寸标注，如图10-25所示。

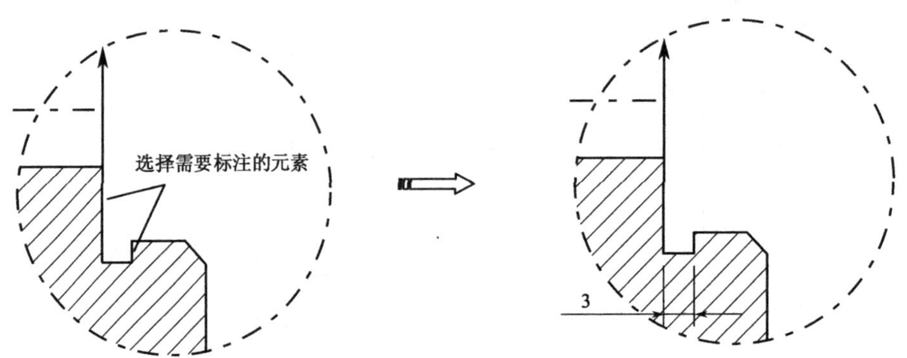

图10-25 标注尺寸（二）

Step26 单击【尺寸标注】工具栏上的【直径尺寸】按钮，弹出【工具控制板】工具栏，选中所需元素，移动鼠标使尺寸移到合适位置，单击鼠标左键，系统自动完成尺寸标注，如图10-26所示。

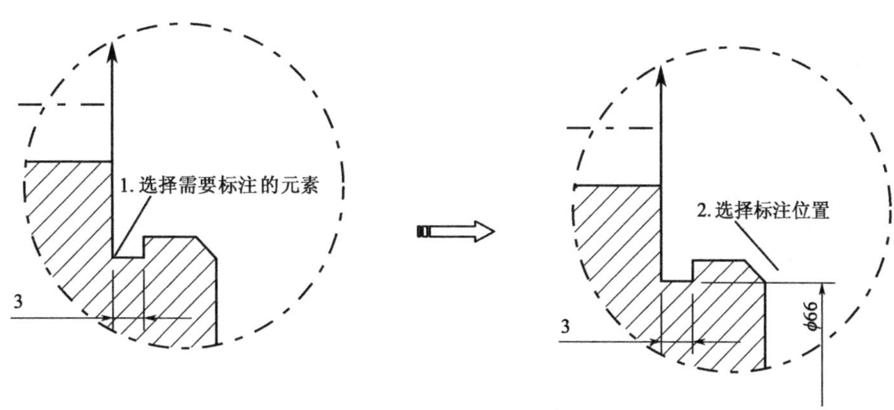

图10-26 创建直径尺寸标注

Step27 单击【尺寸标注】工具栏上的【创建/修改裁剪】按钮，先选择要修剪尺寸线，再选择要保留侧，然后选择裁剪点，则系统完成对尺寸线的修剪，如图10-27所示。

10.1.2.7 标注表面粗糙度符号

Step28 单击【标注】工具栏上的【粗糙度符号】按钮，选择粗糙度符号所在位置，在弹出的【粗糙度符号】对话框中输入粗糙度的值和类型，单击【确定】按钮即可完成粗糙度符号标注，如图10-28所示。

Step29 重复上述表面粗糙度标注过程，标注表面粗糙度如图10-29所示。

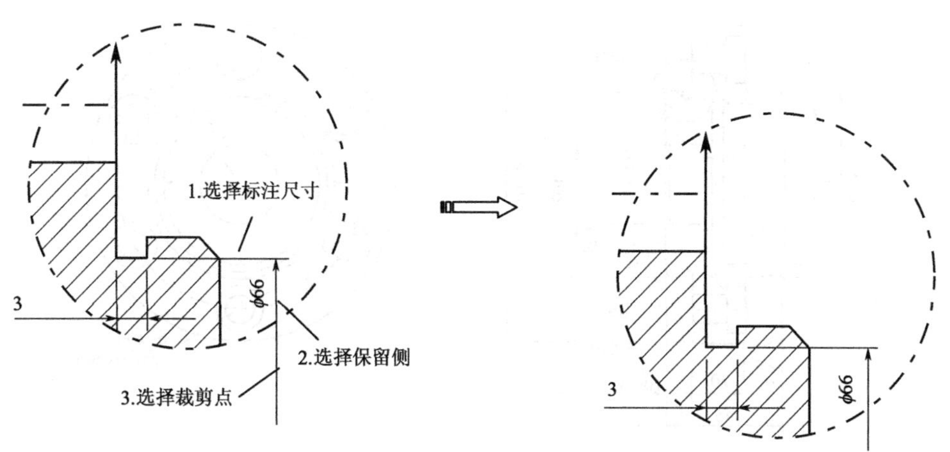

图10-27 创建/修改裁剪

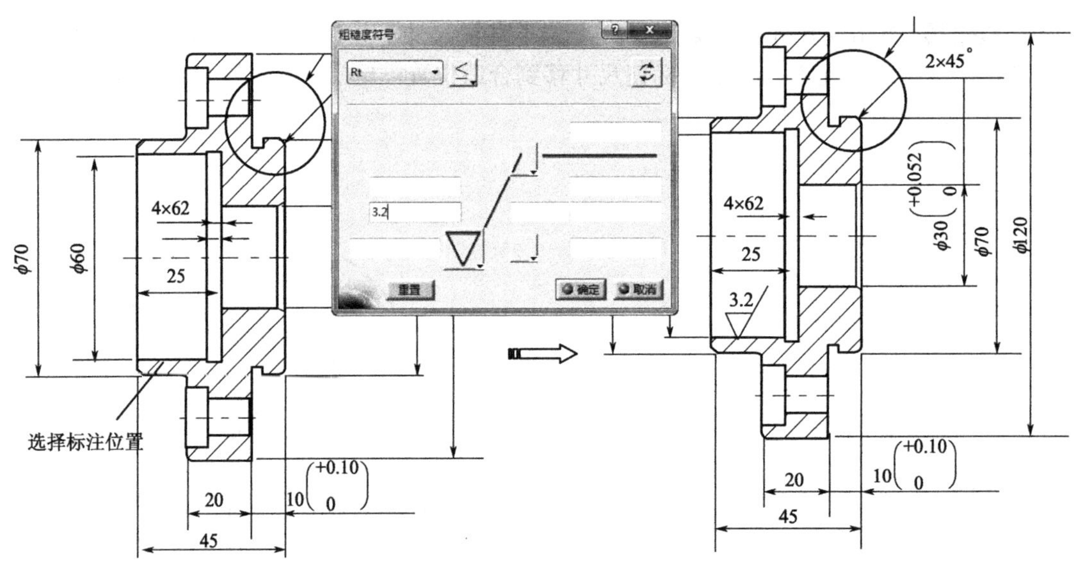

图10-28 创建粗糙度符号

10.1.2.8 标注基准特征符号

Step30 单击【尺寸标注】工具栏上的【基准特征】按钮，再单击图上要标注基准的直线或尺寸线，出现【创建基准特征】对话框，在对话框中输入基准代号，单击【确定】按钮，则标注出基准特征，如图10-30所示。

Step31 单击【尺寸标注】工具栏上的【基准特征】按钮，再单击图上要标注基准的直线或尺寸线，出现【创建基准特征】对话框，在对话框中输入基准代号，单击【确定】按钮，则标注出基准特征，如图10-31所示。

10.1.2.9 创建形位公差

Step32 单击【尺寸标注】工具栏上的【形位公差】按钮，再单击图上要标注公

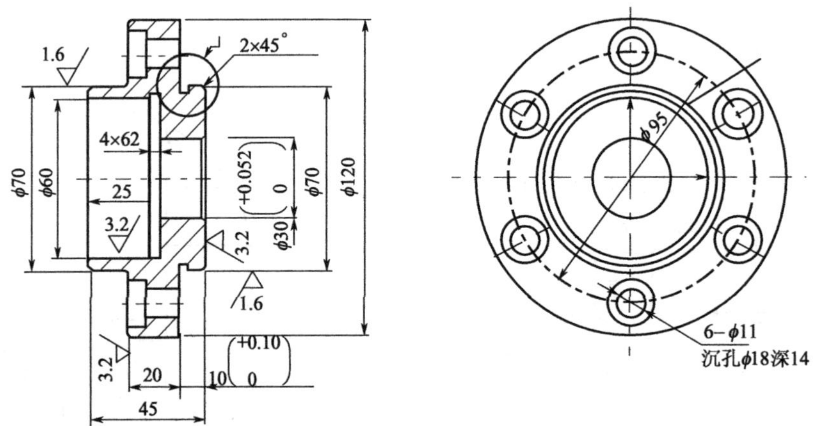

图10-29 标注表面粗糙度

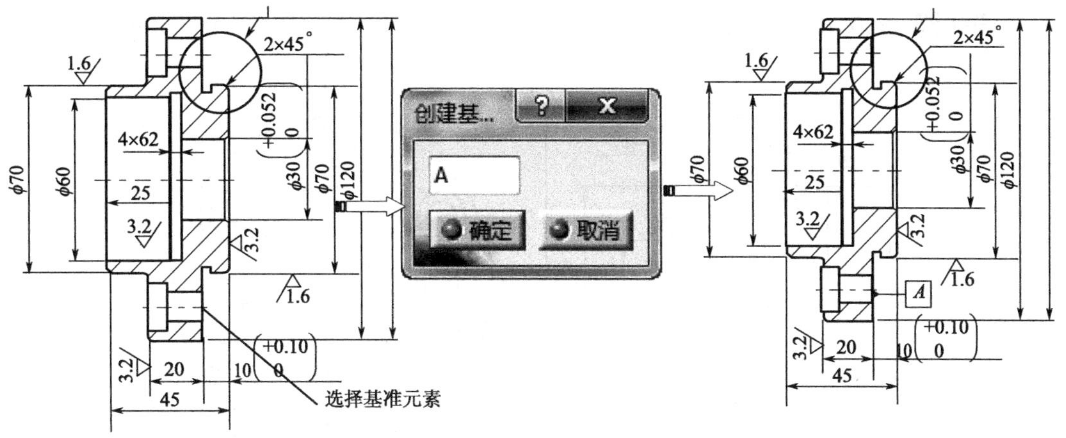

图10-30　创建基准特征（一）

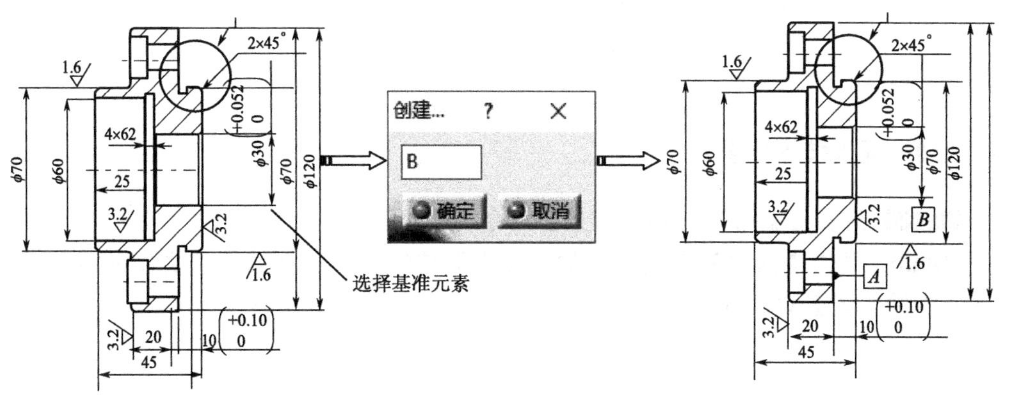

图10-31　创建基准特征（二）

差的直线或尺寸线，出现【形位公差】对话框，设置形位公差参数，单击【确定】按钮，完成形位公差标注，如图10-32所示。

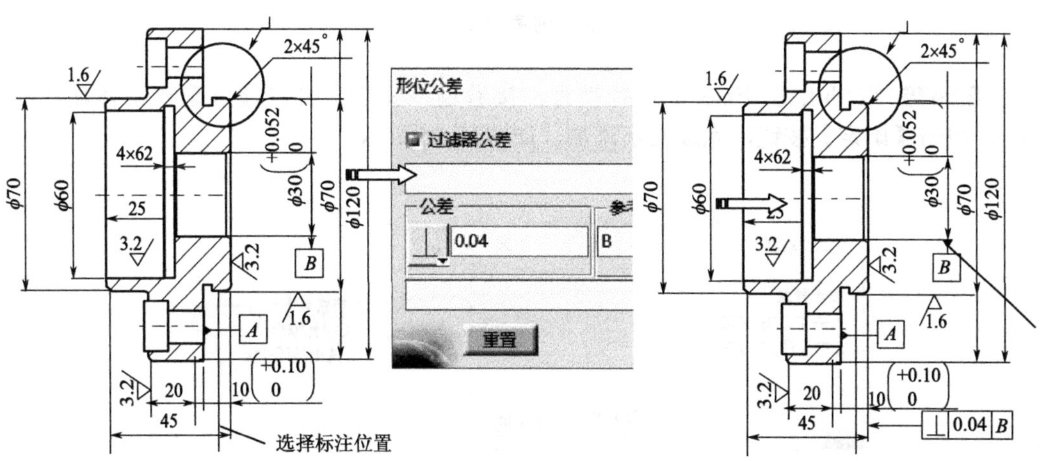

图10-32　标注形位公差

第10章　工程图设计实例

Step33 重复上述形位公差创建过程，标注其他形位公差，如图10-33所示。

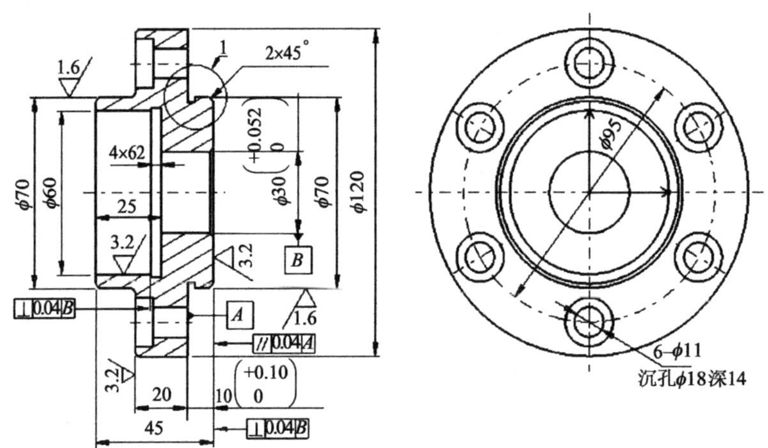

图10-33 标注其他形位公差

10.1.2.10 插入技术要求

Step34 选择【编辑】|【图纸背景】命令，进入图纸背景。

Step35 单击【标注】工具栏上的【文本】按钮T，选择欲标注文字的位置，弹出【文本编辑器】对话框，输入文字，单击【确定】按钮，完成文字添加，如图10-34所示。

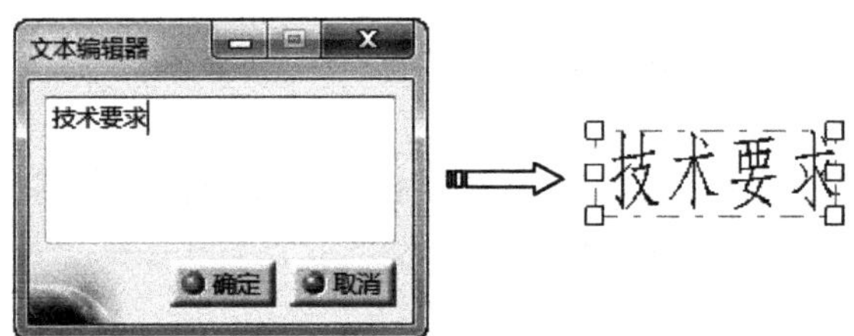

图10-34 创建文本（一）

Step36 按Shift键+Enter键进行换行，接着输入文字（可以通过选择字体输入汉字），单击【确定】按钮，完成文字添加，如图10-35所示。

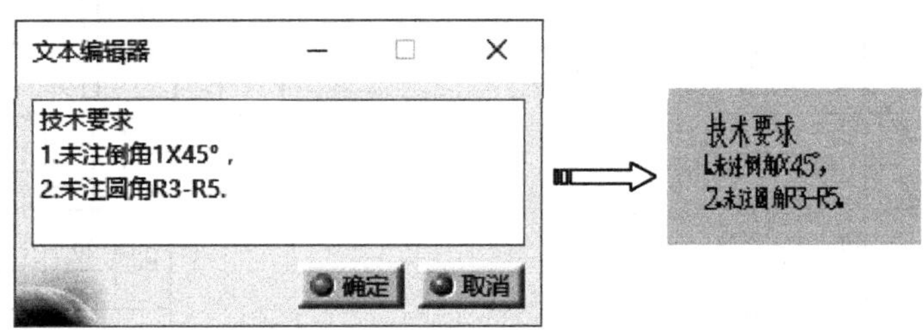

图10-35 创建文本（二）

Step37 选择【编辑】|【工作视图】命令，返回图纸窗口，如图10-36所示。

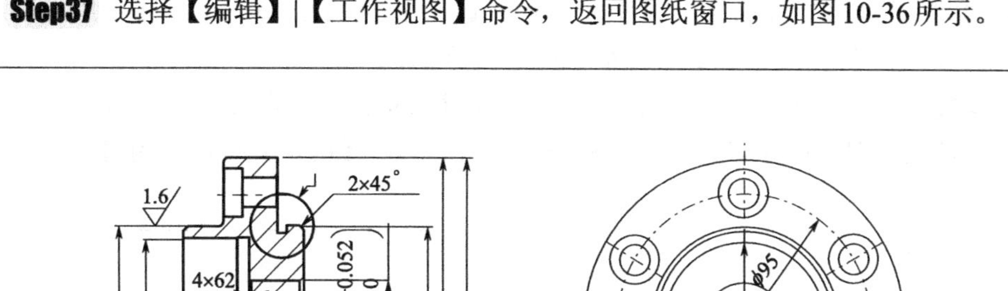

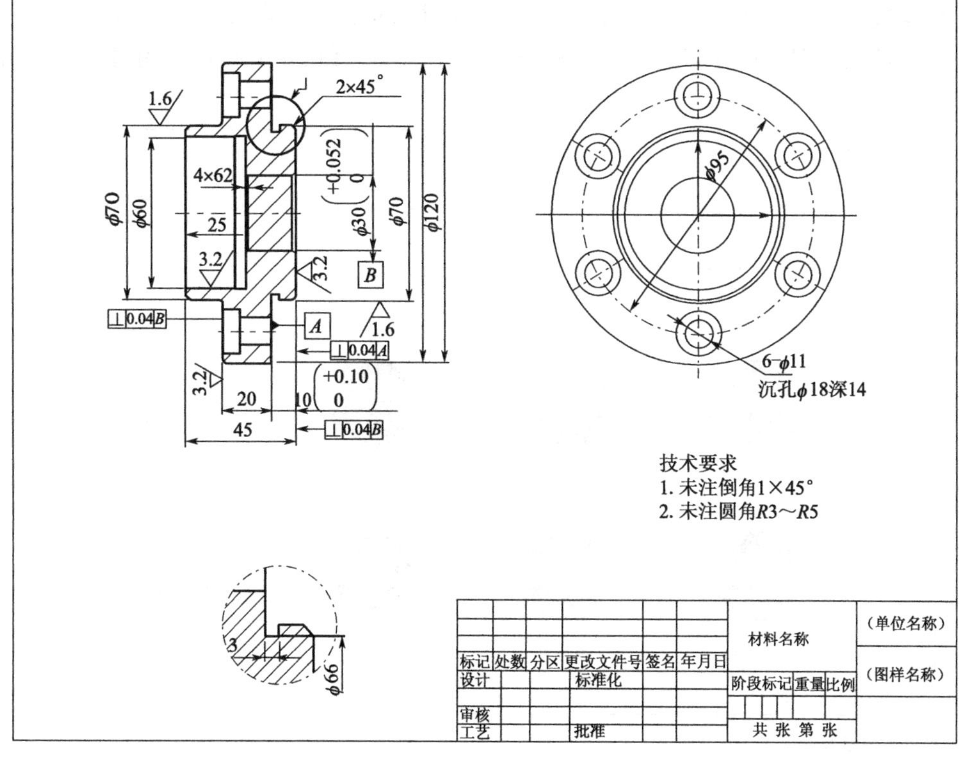

图10-36 插入技术要求

10.1.2.11 填写标题栏

（1）添加材质

Step38 单击【标准】工具栏上的【打开】按钮，打开【打开部件文件】对话框，选择“falanpan.CATPart”，单击【OK】按钮，文件打开后如图10-37所示。

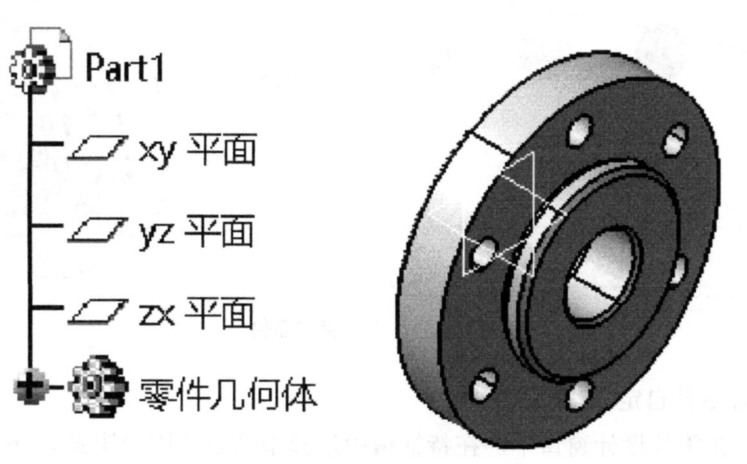

图10-37 打开模型零件

Step39 选择需要添加材质的对象，单击【应用材料】工具栏上的【应用材料】按钮，系统弹出【库（只读）】对话框，如图10-38所示。

Step40 在【库（只读）】对话框中选中【Metal（金属）】选项卡，选择材料“Steel”，按住左键不放并将其拖动到模型上，然后单击【确定】按钮关闭对话框，如图10-39所示。

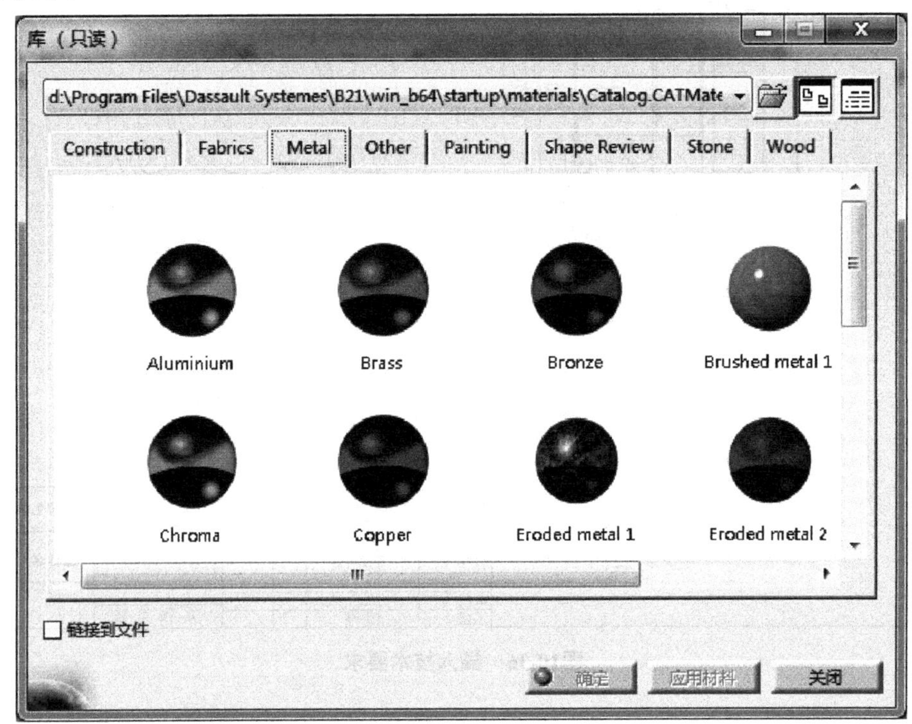

图10-38 【库（只读）】对话框

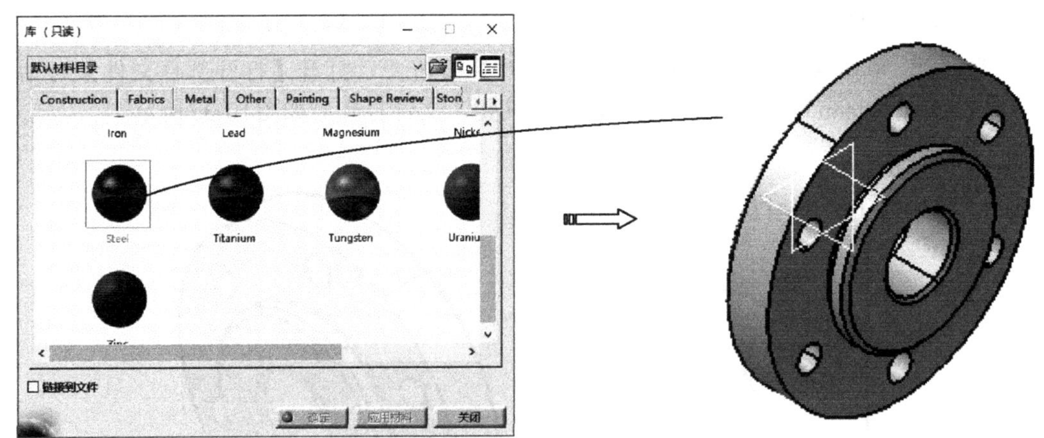

图10-39 设置材料属性

（2）添加零件自定义信息

Step41 在零件设计窗口中，在特征树中选择根节点【固定钳身】，单击鼠标右键在弹出的菜单中选择【属性】命令，如图10-40所示。

Step42 系统弹出【属性】对话框，单击【产品】选项卡，在【零件编号】文本框输入零件名称，如图10-41所示。

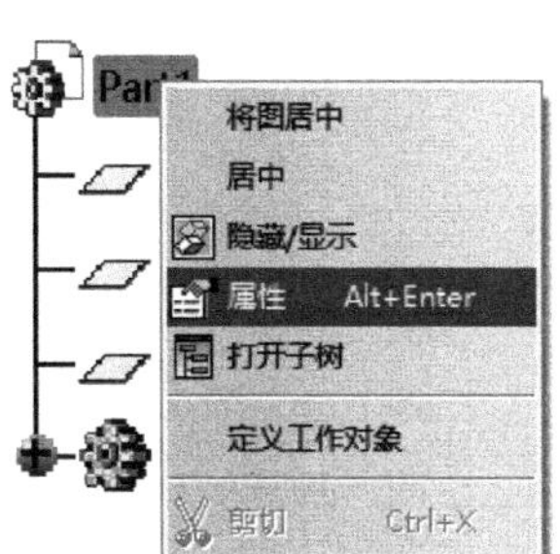

图10-40 选择【属性】命令

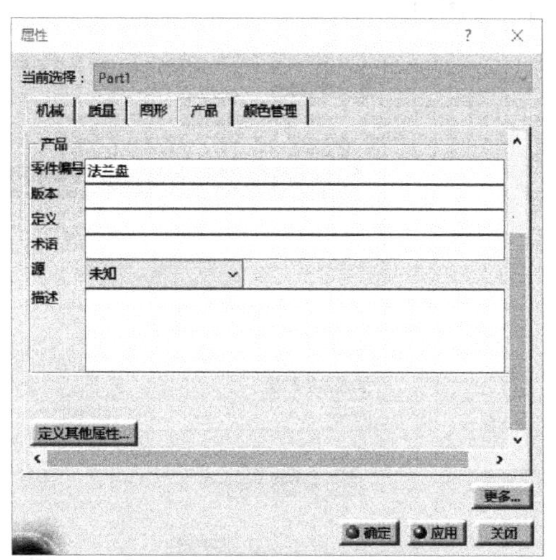

图10-41 【属性】对话框

Step43 单击【定义其他属性】按钮，弹出【定义其他属性】对话框，显示为空白，如图10-42所示。

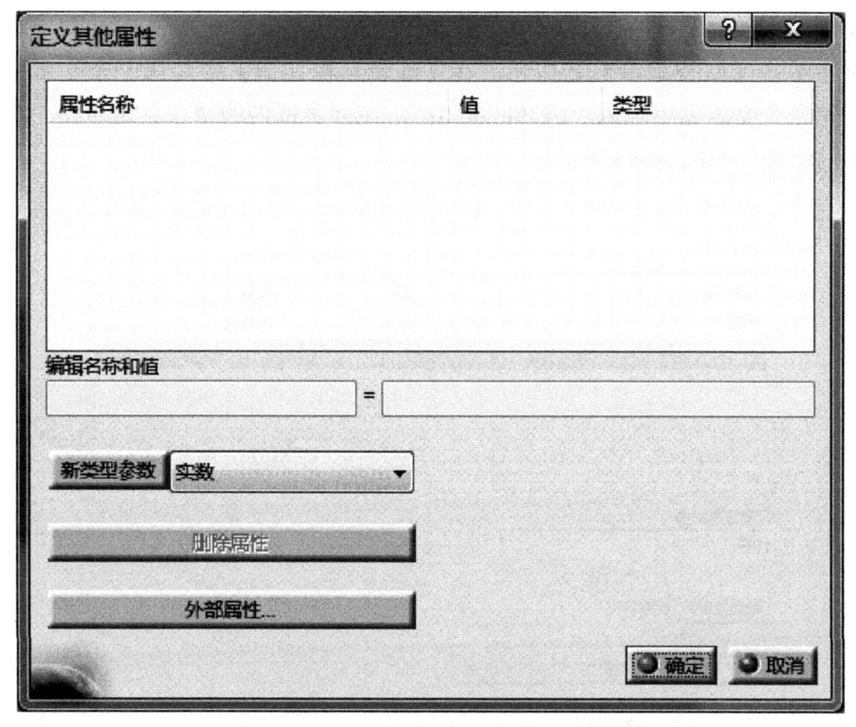

图10-42 【定义其他属性】对话框

Step44 定义“序号”属性。在【新类型参数】按钮后的下拉列表中选择“字符串”类型，单击【新类型参数】按钮，在【编辑名称和值】中的第一个文本框中输入“序号”，第二个文本框中输入“1”，在列表框内的空白区域单击，完成“符号”属性的添加，如图10-43所示。

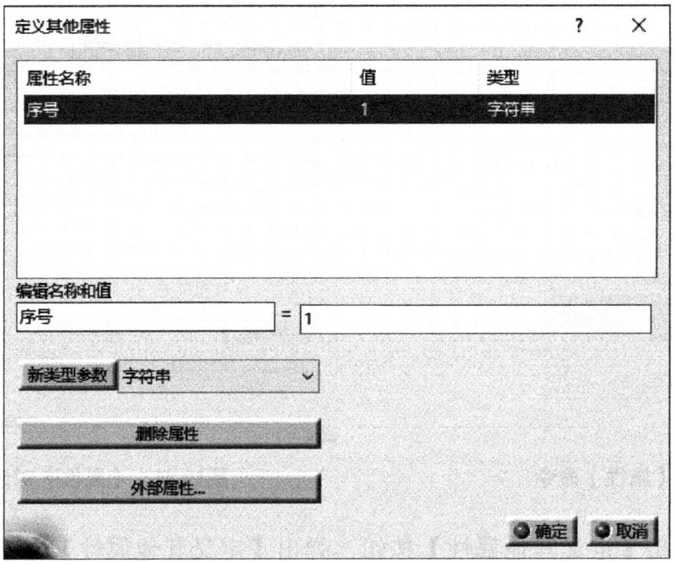

图10-43　定义“序号”属性

Step45 定义“代号”属性。在【新类型参数】按钮后的下拉列表中选择“字符串”类型，单击【新类型参数】按钮，在【编辑名称和值】中的第一个文本框中输入“代号”，第二个文本框中输入“FLP00.00.01”，在列表框内的空白区域单击，完成“代号”属性的添加，如图10-44所示。

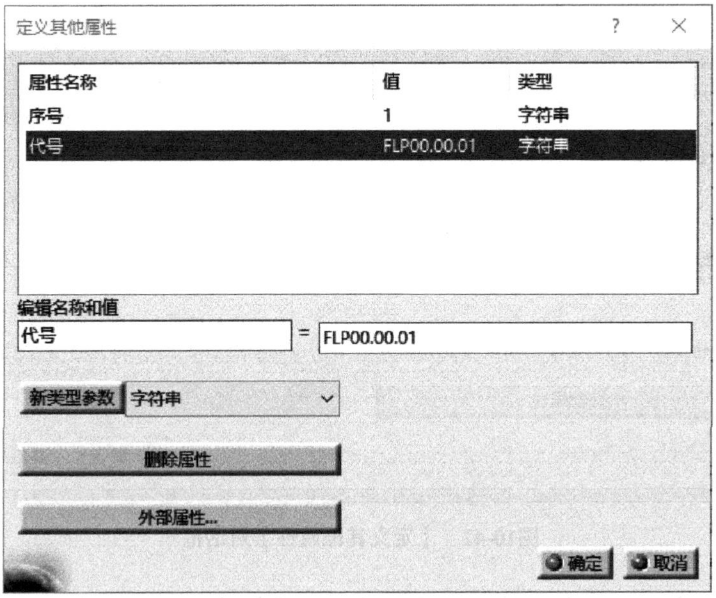

图10-44　定义“代号”属性

Step46 定义“名称”属性。在【新类型参数】按钮后的下拉列表中选择“字符串”类型，单击【新类型参数】按钮，在【编辑名称和值】中的第一个文本框中输入“名称”，第二个文本框中输入“法兰盘”，在列表框内的空白区域单击，完成“名称”属性的添加，如图10-45所示。

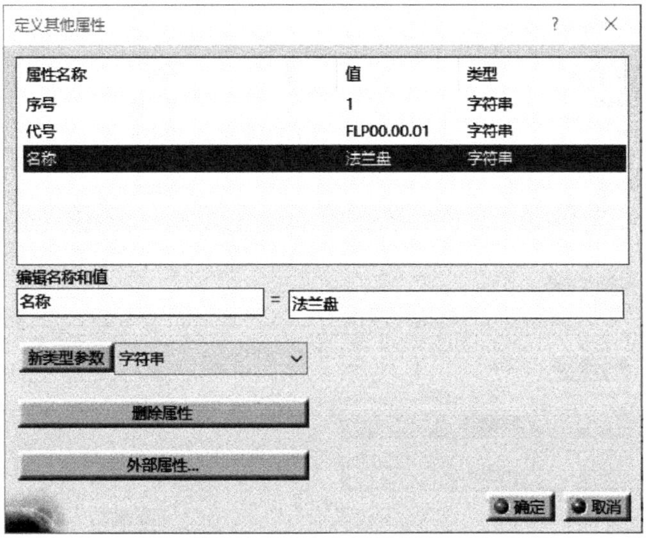

图10-45　定义“名称”属性

Step47 定义“数量”属性。在【新类型参数】按钮后的下拉列表中选择“字符串”类型，单击【新类型参数】按钮，在【编辑名称和值】中的第一个文本框中输入“数量”，第二个文本框中输入“1”，在列表框内的空白区域单击，完成“数量”属性的添加，如图10-46所示。

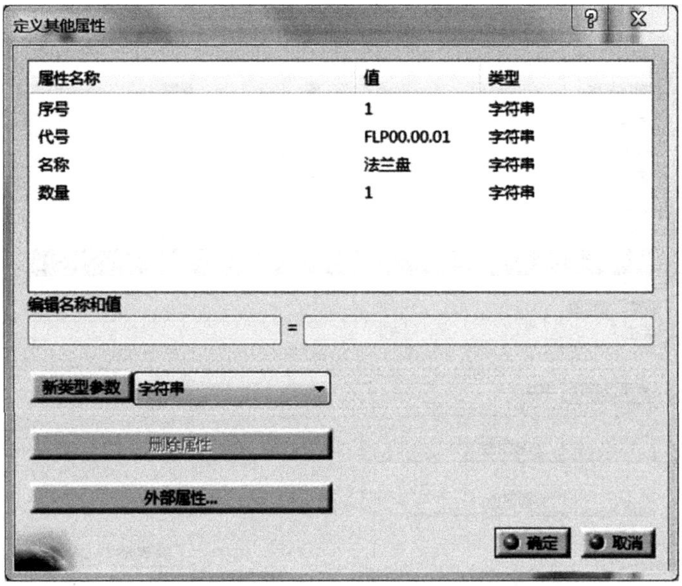

图10-46　定义“数量”属性

Step48 定义“材料”属性。在【新类型参数】按钮后的下拉列表中选择“字符串”类型，单击【新类型参数】按钮，在【编辑名称和值】中的第一个文本框中输入“材料”，第二个文本框中输入“Q235”，在列表框内的空白区域单击，完成“材料”属性的添加，如图10-47所示。

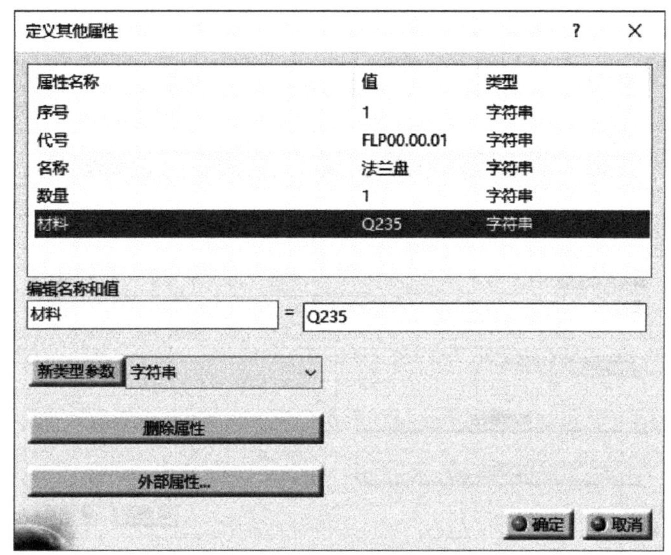

图10-47 定义“材料”属性

Step49 定义“备注”属性。在【新类型参数】按钮后的下拉列表中选择“字符串”类型，单击【新类型参数】按钮，在【编辑名称和值】中的第一个文本框中输入“备注”，第二个文本框为空，在列表框内的空白区域单击，完成“备注”属性的添加，如图10-48所示。

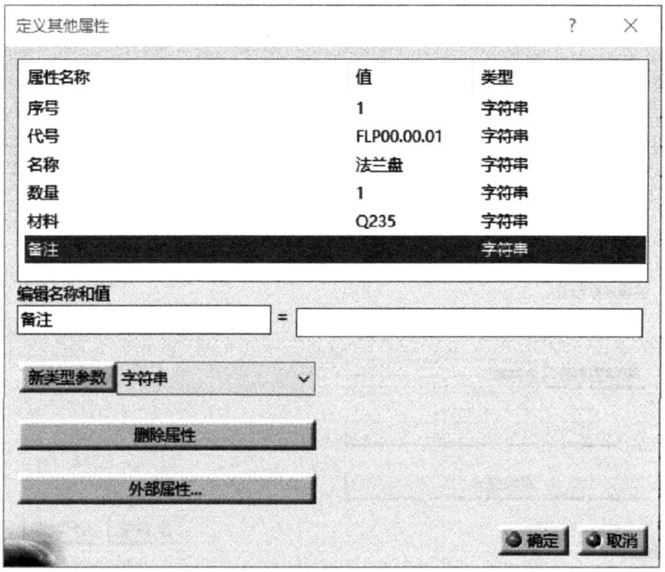

图10-48 定义“备注”属性

Step50 定义“重量”属性。在【新类型参数】按钮后的下拉列表中选择“字符串”类型，单击【新类型参数】按钮，在【编辑名称和值】中的第一个文本框中输入“重量”，第二个文本框为空，在列表框内的空白区域单击，完成“重量”属性的添加，如图10-49所示。单击【确定】按钮返回【属性】对话框。

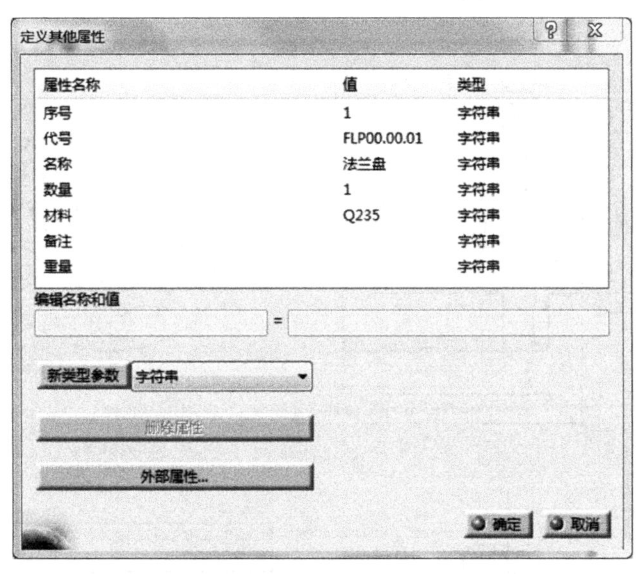

图10-49 定义“重量”属性

Step51 单击【属性】对话框中的【质量】选项卡，在【常规】选项中的【质量】中显示“1.702kg”，然后单击【产品】选项卡，在【产品：已添加的属性】区域中的【重量】文本框输入“1.70”，如图10-50所示。

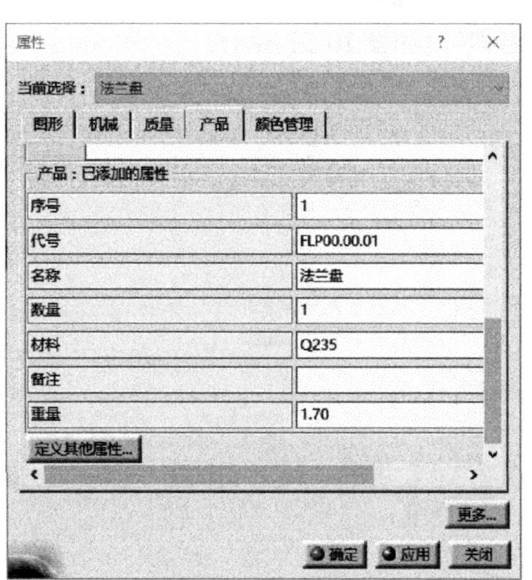

图10-50 添加质量数值

Step52 单击【确定】按钮，关闭【属性】对话框，完成属性添加。

（3）进入图纸背景

Step53 选择下拉菜单【窗口】|【falanpan.CATDrawing】命令，切换到工程制图窗口。

Step54 选择菜单栏【编辑】|【图纸背景】命令，进入图纸背景，如图10-51所示。

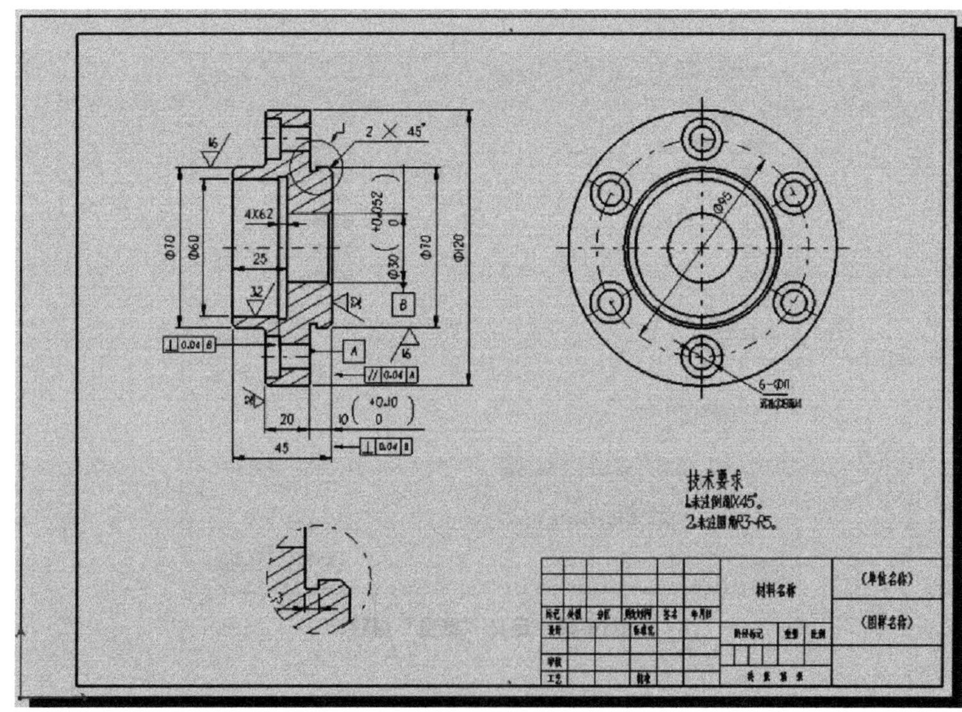

图10-51　图纸背景

（4）链接材料名称

Step55 双击【材料名称】单元格文本，弹出【文本编辑器】对话框，删除“材料名称”，如图10-52所示。

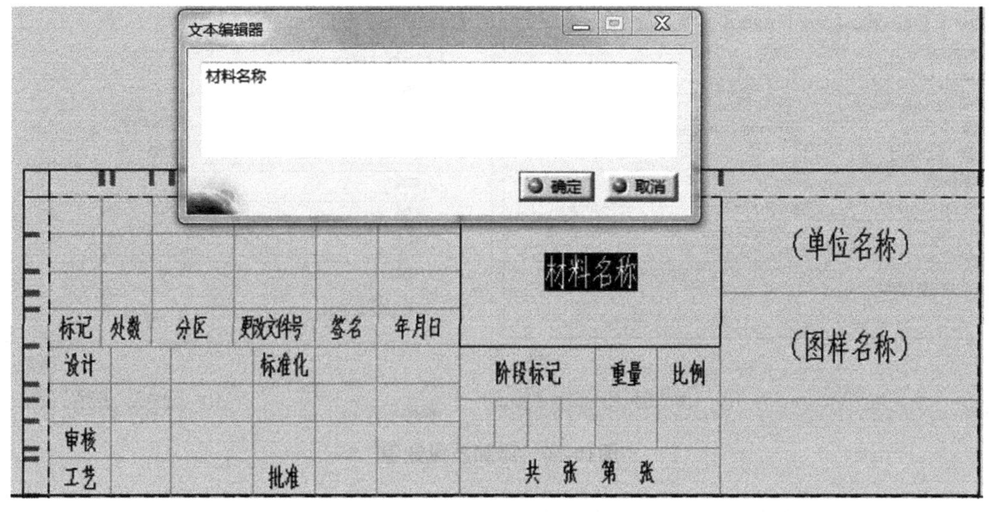

图10-52　编辑【材料名称】文本

Step56 在标题栏文本中单击鼠标右键，在弹出的快捷菜单中选择【属性链接】命令，如图 10-53 所示。

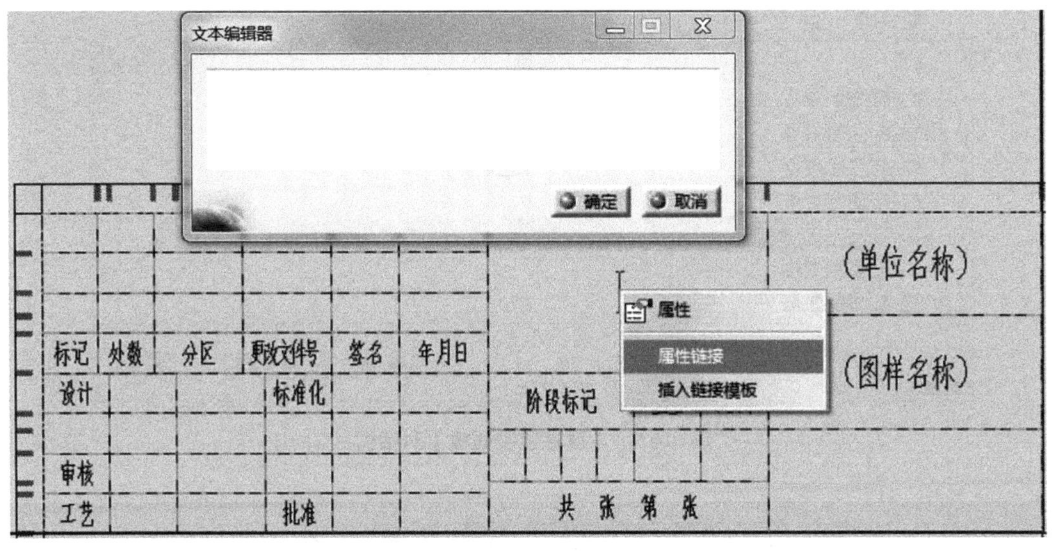

图10-53 选择【属性链接】命令

Step57 系统提示：选择链接对象，返回到零件设计工作台，在特征树中选择法兰盘根节点，如图 10-54 所示。

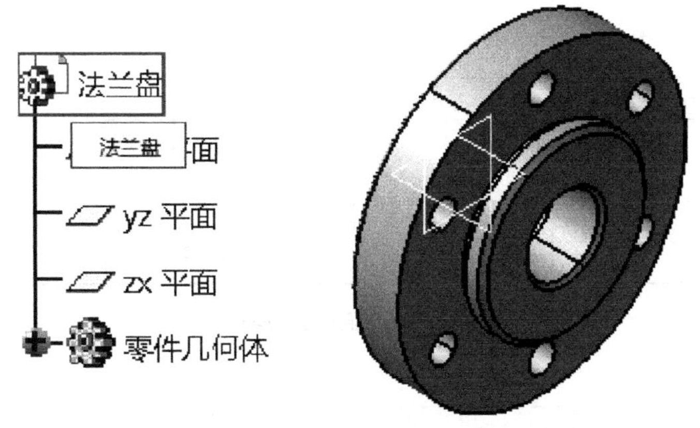

图10-54 选择特征树根节点

Step58 系统自动返回图纸空间，弹出【属性链接面板】对话框，选择材料属性，如图 10-55 所示。

Step59 单击【属性链接面板】对话框【确定】按钮关闭，单击【文本编辑器】对话框中的【确定】按钮，完成属性链接，如图 10-56 所示。

（5）链接其他属性

Step60 重复上述属性链接过程，链接其他属性，如图 10-57 所示。

属性链接面板

当前选择：Part1

属性列表

名称	值
法兰盘\属性\序号	1
法兰盘\属性\代号	FLP00.00.01
法兰盘\属性\名称	法兰盘
法兰盘\属性\数量	1
法兰盘\属性\材料	Q235
法兰盘\属性\备注	
法兰盘\属性\重量	1.70

确定　应用　取消

图10-55　【属性链接面板】对话框

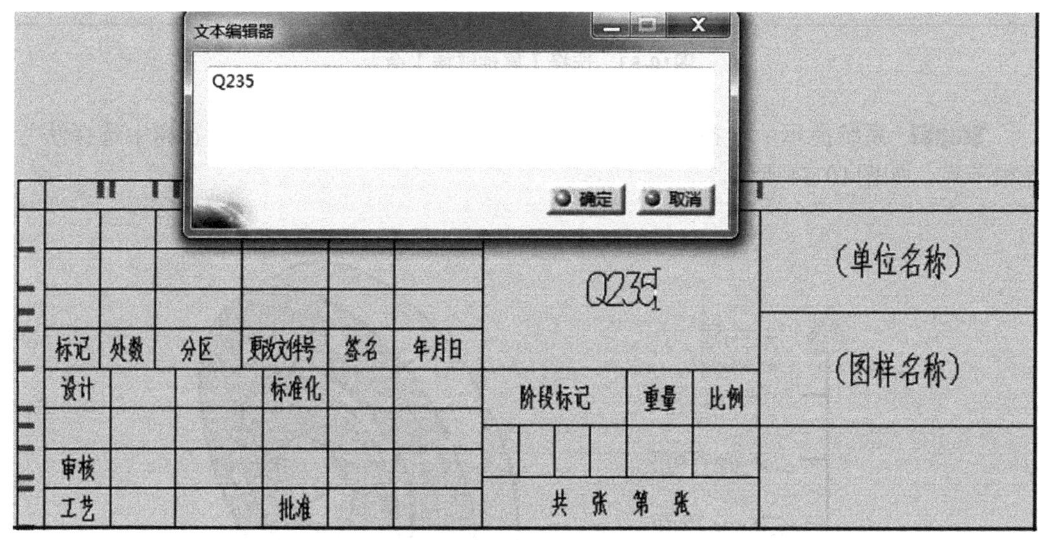

图10-56　链接材料属性

						Q235			(单位名称)
标记	处数	分区	更改文件号	签名	年月日				法兰盘
设计			标准化			阶段标记	重量	比例	
							1.70		
审核									FLP00.00.01
工艺			批准			共 张 第 张			

图10-57　链接其他属性

（6）链接比例属性

Step61 双击【比例】单元格文本，弹出【文本编辑器】对话框，如图10-58所示。

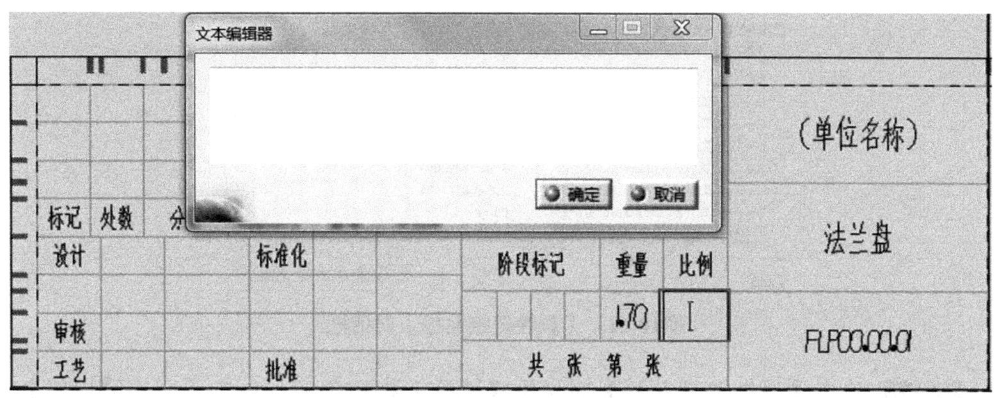

图10-58　编辑【比例】文本

Step62 在【比例】文本中单击鼠标右键，在弹出的快捷菜单中选择【属性链接】命令，如图10-59所示。

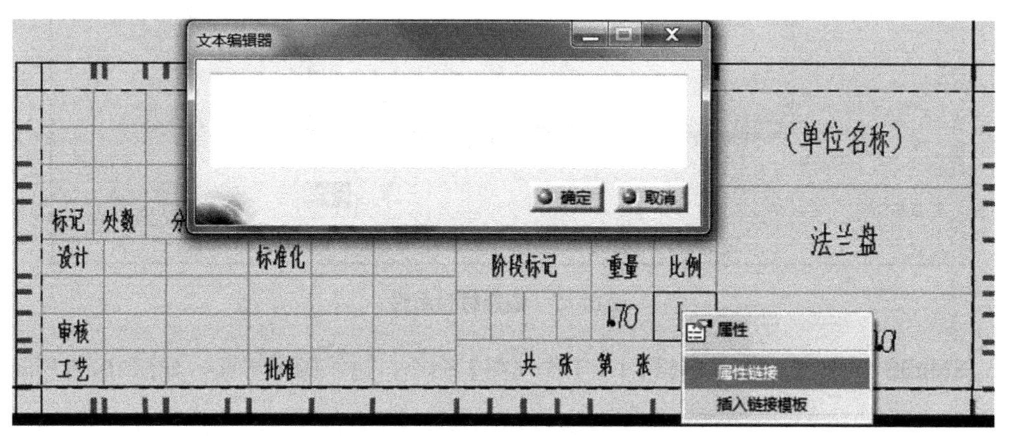

图10-59　选择【属性链接】命令

Step63 系统提示：选择链接对象，选择特征树中的正视图节点，如图10-60所示。

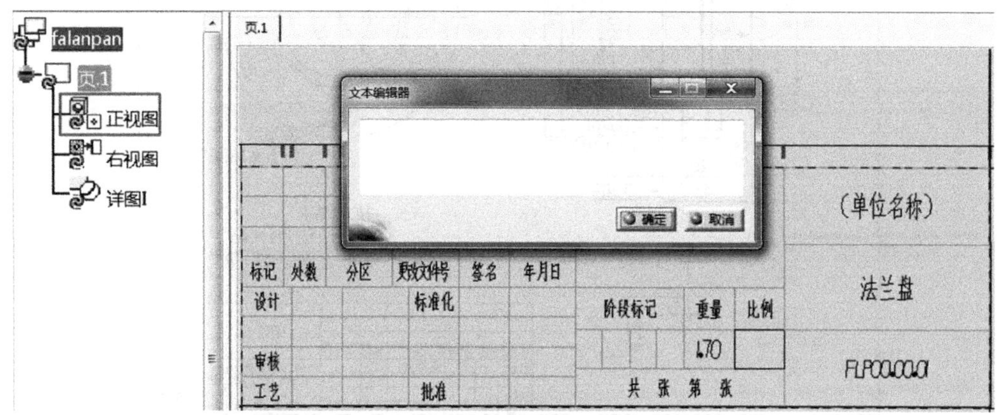

图10-60　选择特征树根节点

Step64 弹出【属性链接面板】对话框，选择Scale属性，如图10-61所示。

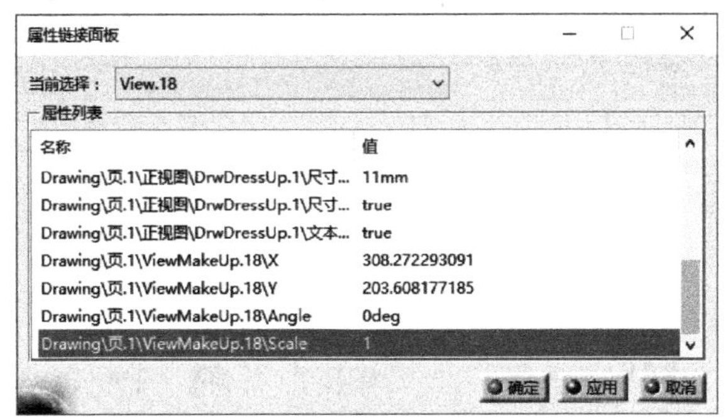

图10-61 【属性链接面板】对话框

Step65 单击【属性链接面板】对话框【确定】按钮关闭，单击【文本编辑器】对话框中的【确定】按钮，完成属性链接，如图10-62所示。

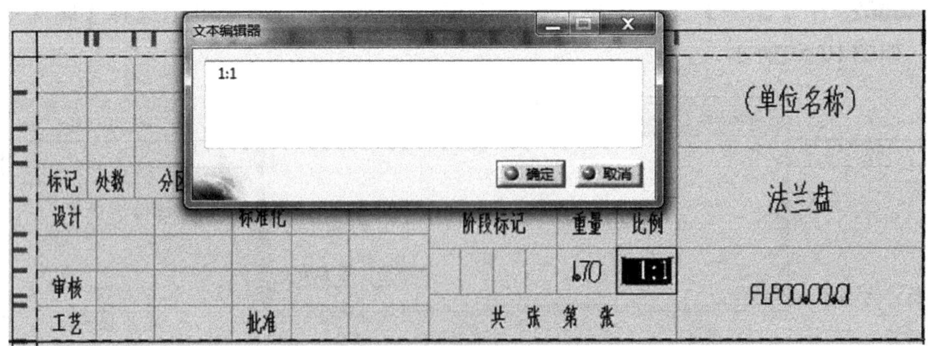

图10-62 链接材料属性

Step66 选择菜单栏【编辑】|【工作视图】命令，进入图纸界面，如图10-63所示。

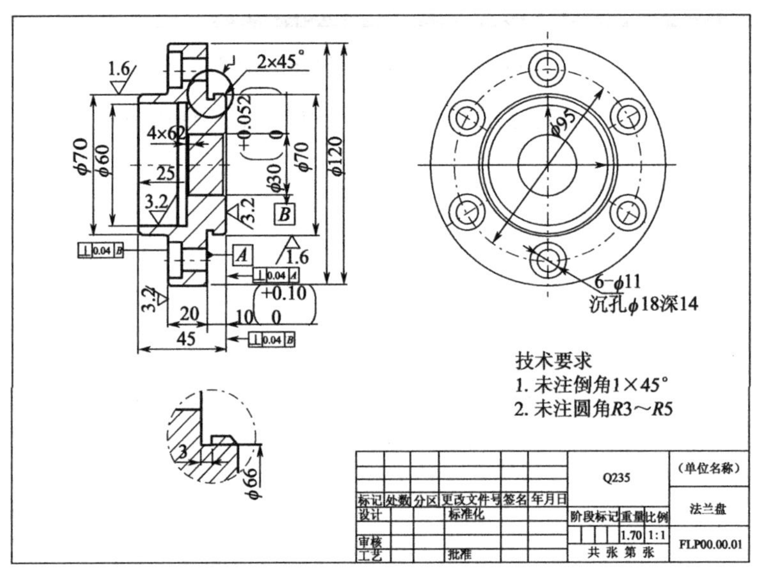

图10-63 填充后的标题栏

10.2 传动箱体类零件工程图实例

10.2 视频精讲

阀体以及减速器箱体、泵体、阀座等属于这类零件，大多为铸件，一般起支承、容纳、定位和密封等作用，内外形状较为复杂。为了巩固前面各章所述制图基础知识，本节以传动箱体零件为例来讲解该类零件的工程图绘制方法和过程，如图10-64所示。

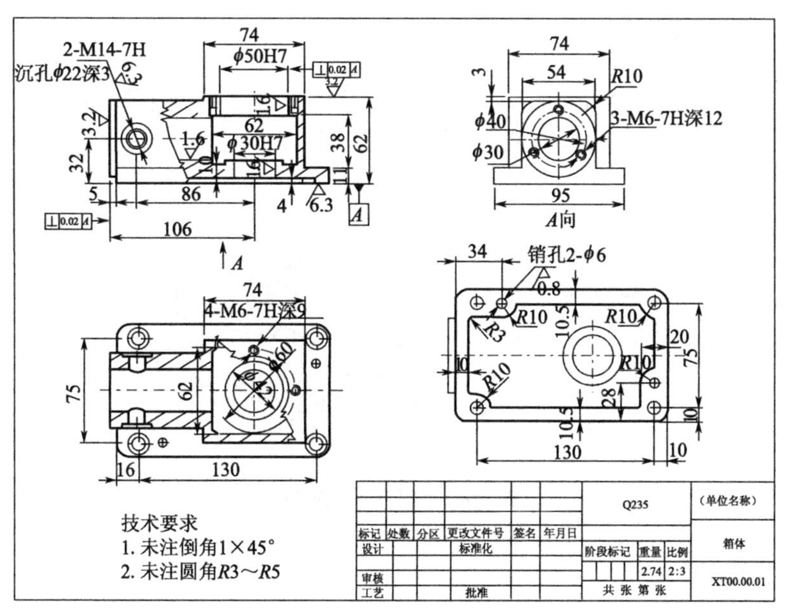

图10-64 传动箱体工程图

10.2.1 传动箱体工程图分析

10.2.1.1 结构分析

箱体类零件的内外形均较复杂，主要结构是由均匀的薄壁围成的不同形状的空腔，空腔壁上还有多方向的孔，以达到容纳和支承的作用；另外，还具有加强肋、凸台、凹坑、铸造圆角、拔模斜度等常见结构。

10.2.1.2 表达方法

箱体类零件一般经多种工序加工而成，因而主视图主要根据形状特征和工作位置确定。由于零件结构较复杂，因此常需三个以上的图形，并广泛地应用各种方法来表达。

10.2.1.3 尺寸标注

箱体的长、宽、高方向的主要基准是大孔的轴线、中心线、对称平面或较大的加工面。较复杂的零件定位尺寸较多，各孔轴线或中心线间的距离要直接注出。内外结构形状尺寸应分开标注。

10.2.1.4 技术要求

根据箱体类零件的具体要求确定其表面粗糙度和尺寸精度。一般对重要的轴线、重要的端面，结合面及其之间应有形位公差的要求。

10.2.2 传动箱体工程图绘制过程

10.2.2.1 打开箱体模型

Step01 启动CATIA后，单击【标准】工具栏上的【打开】按钮，打开【选择文件】对话框，选择“xiangti.CATPart”，单击【打开】按钮，文件打开后如图10-65所示。

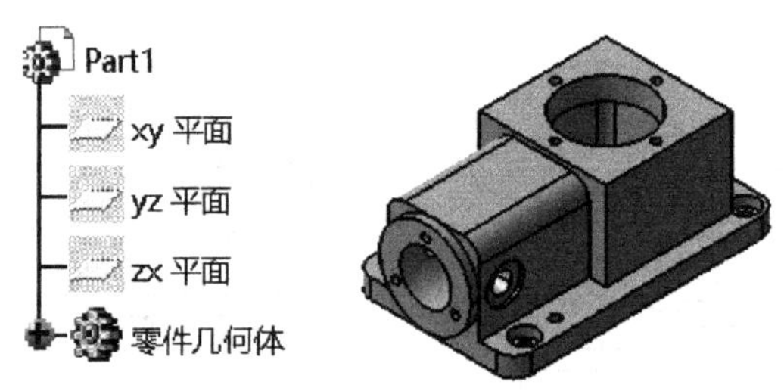

图10-65 打开模型零件

10.2.2.2 创建图纸页

Step02 选择菜单栏【文件】|【新建】命令，弹出【新建】对话框，在【类型列表】中选择“Drawing”选项，单击【确定】按钮，如图10-66所示。

Step03 在弹出的【新建工程图】对话框中选择【标准】为“GB”,【图纸样式】为“A3 ISO”等，如图10-67所示。

图10-66 【新建】对话框

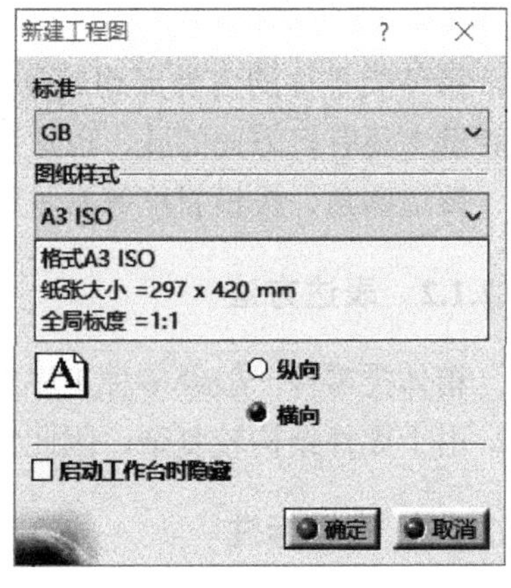

图10-67 【新建工程图】对话框

Step04 单击【确定】按钮，进入工程制图工作台，如图10-68所示。

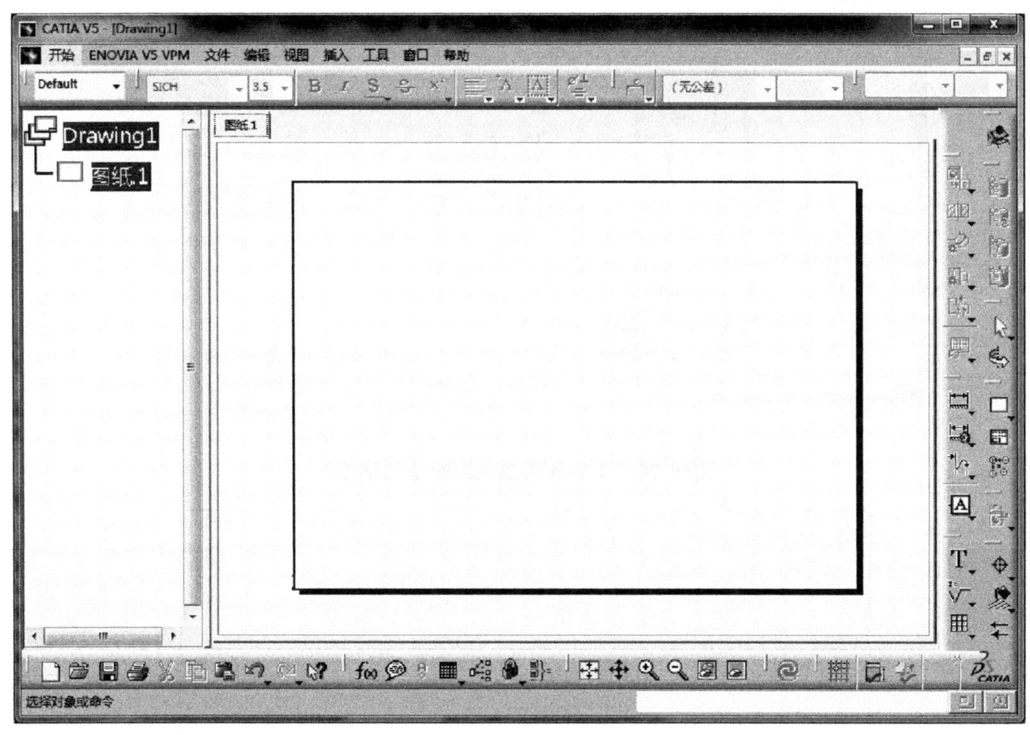

图10-68 创建空白图纸

10.2.2.3 创建工程图图框和标题栏

Step05 选择菜单栏【文件】|【页面设置】命令，系统弹出【页面设置】对话框，如图10-69所示。

Step06 单击【Insert Background View】按钮，弹出【将元素插入图纸】对话框，如图10-70所示。单击【浏览】按钮，选择“A3_heng.CATDrawing”的图样样板文件，单击【插入】按钮返回【页面设置】对话框。

Step07 单击【确定】按钮，引入已有的图框和标题栏，如图10-71所示。

图10-69 【页面设置】对话框

10.2.2.4 创建视图

（1）创建主视图

Step08 单击【视图】工具栏上的【正视图】按钮，系统提示：将当前窗口切换到3D模型窗口，选择下拉菜单【窗口】|【xiangti.CATPart】命令，切换到零件模型窗口。

Step09 选择投影平面。在图形区或特征树上选择如图10-72所示的平面作为投影平面。

图10-70 【将元素插入图纸】对话框

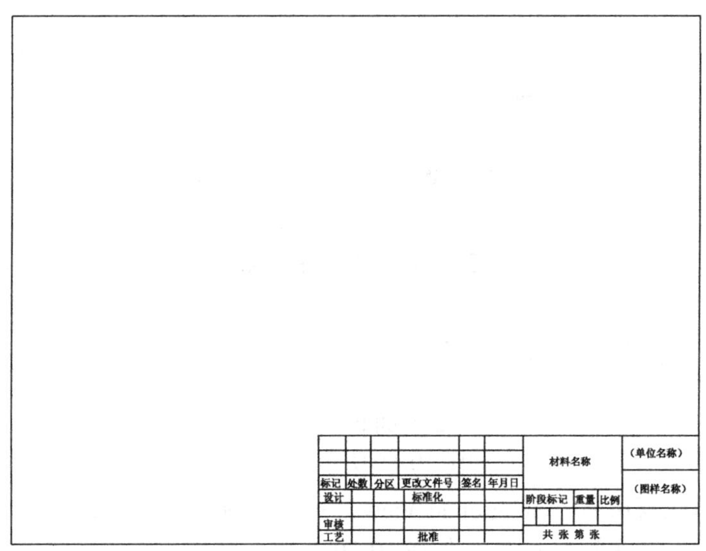

图10-71 引入图框和标题栏

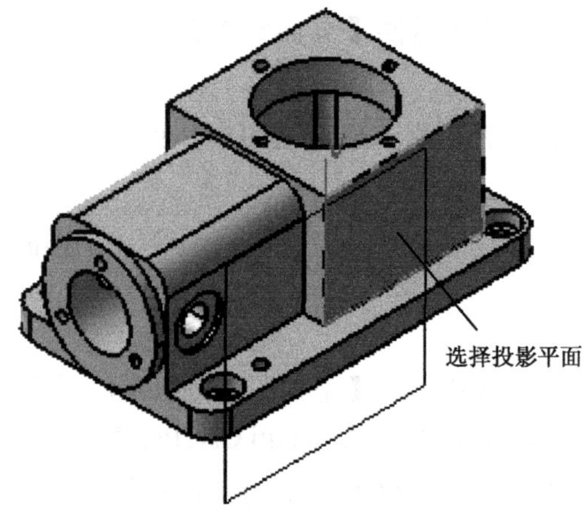

图10-72 选择投影平面

Step10 选择投影平面后，系统自动返回工程图工作台，将显示正视图预览，单击方向控制器中心按钮或图纸页空白处，即自动创建出实体模型对应的主视图，如图10-73所示。

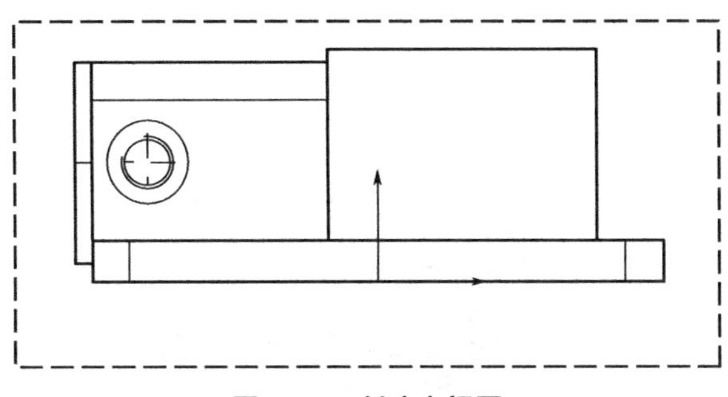

图10-73　创建主视图

（2）投影视图

Step11 单击【视图】工具栏上的【投影视图】按钮，在窗口中出现投影视图预览。移动鼠标至所需视图位置，单击鼠标左键，即生成所需的投影视图，如图10-74所示。

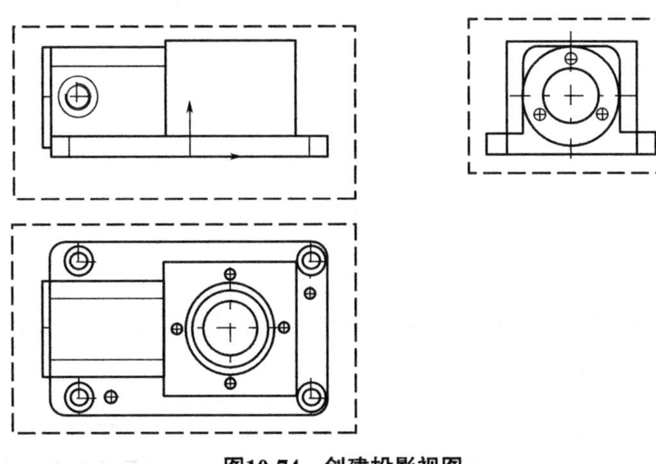

图10-74　创建投影视图

（3）创建局部剖视图

Step12 双击激活视图，单击【视图】工具栏上的【剖面视图】按钮，连续选取多个点，在最后点处双击封闭形成多边形，如图10-75所示。

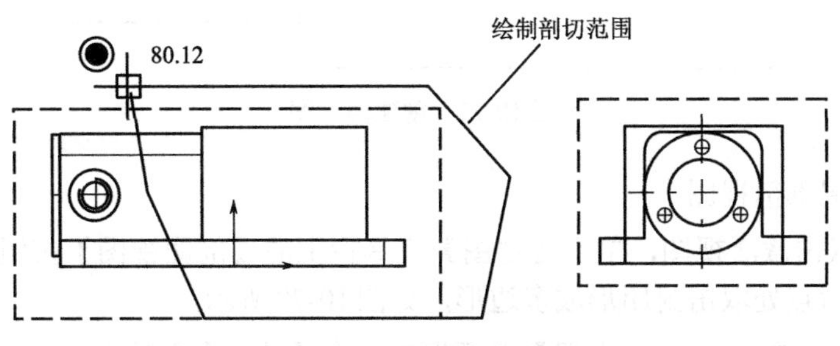

图10-75　创建局部剖视图

Step13 系统弹出【3D查看器】对话框，选中【动画】复选框，如图10-76所示。

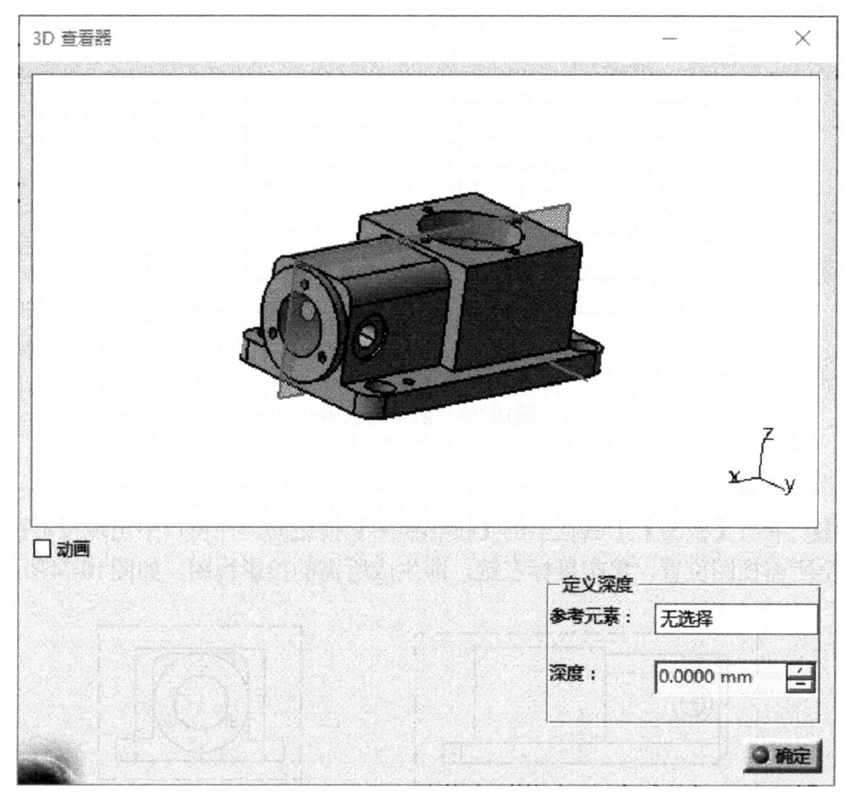

图10-76 【3D查看器】对话框

Step14 移动剖切平面。系统提示：移动平面或使用元素选择平面的位置。激活【3D查看器】对话框中的【参考元素】编辑框，本例中保持默认，单击【确定】按钮，即生成剖面视图，如图10-77所示。

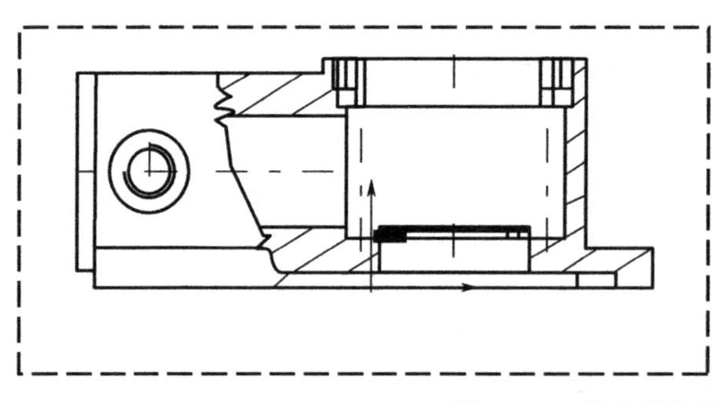

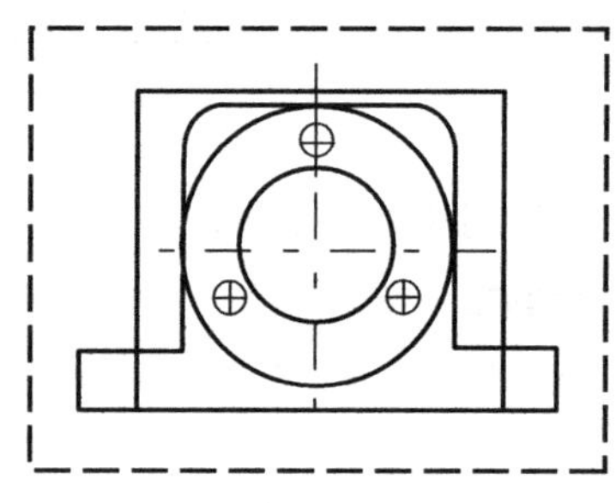

图10-77 创建剖视图

（4）创建局部剖视图

Step15 双击激活视图，单击【视图】工具栏上的【剖面视图】按钮，连续选取多个点，在最后点处双击封闭形成多边形，如图10-78所示。

Step16 系统弹出【3D查看器】对话框，选中【动画】复选框，如图10-79所示。

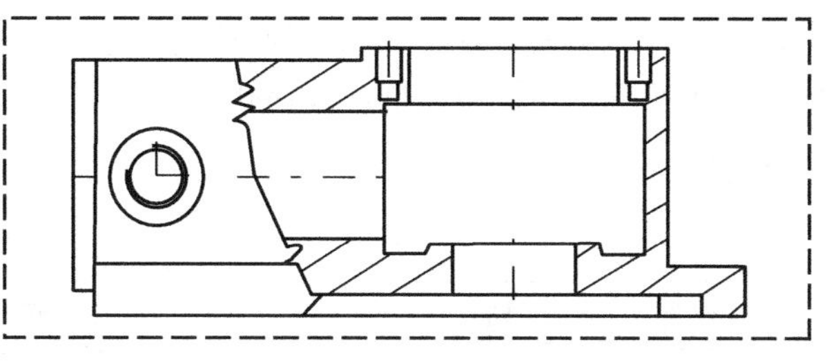

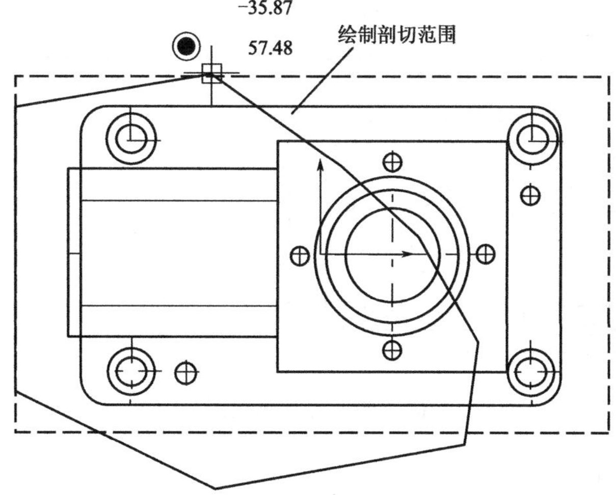

图10-78　创建局部剖视图

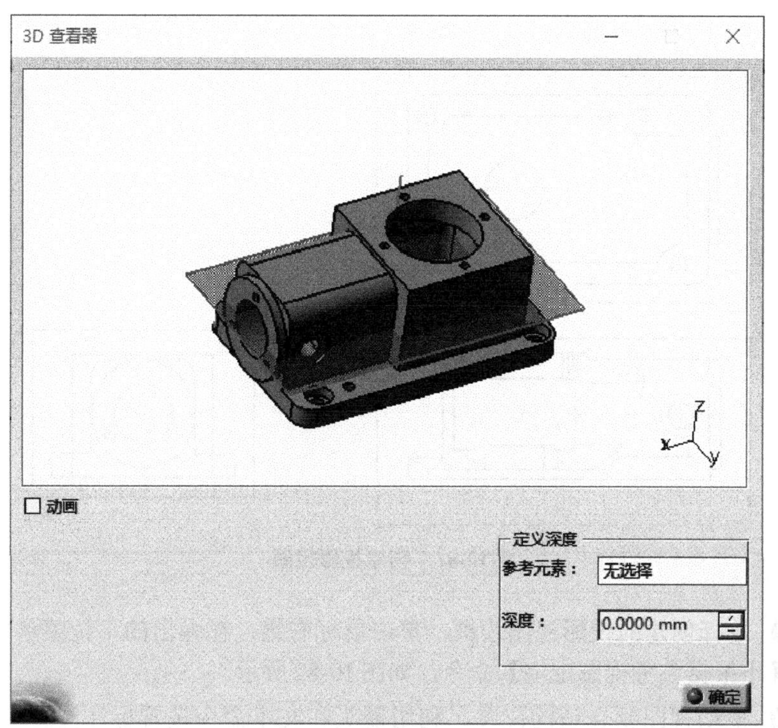

图10-79　【3D查看器】对话框

Step17 移动剖切平面。系统提示：移动平面或使用元素选择平面的位置。激活【3D查看器】对话框中的【参考元素】编辑框，选择孔中心，单击【确定】按钮，即生成剖面视图，如图10-80所示。

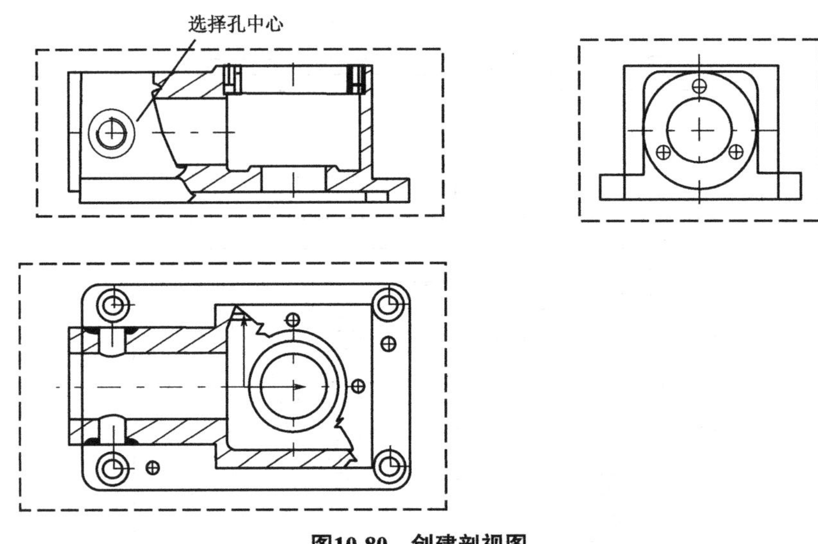

图10-80 创建剖视图

（5）创建上视图

Step18 单击【视图】工具栏上的【投影视图】按钮，在窗口中出现投影视图预览。移动鼠标至所需视图位置，单击鼠标左键，即生成所需的投影视图，如图10-81所示。

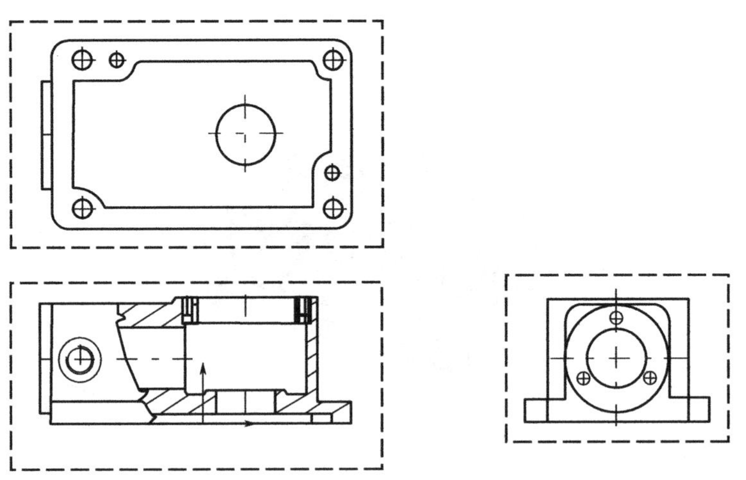

图10-81 创建投影视图

Step19 选择创建的投影视图边框，单击鼠标右键，在弹出的下拉菜单中选择【视图定位】|【不根据参考视图定位】命令，如图10-82所示。

Step20 拖动视图到合适的位置，利用箭头和文本命令设置标注注释，如图10-83所示。

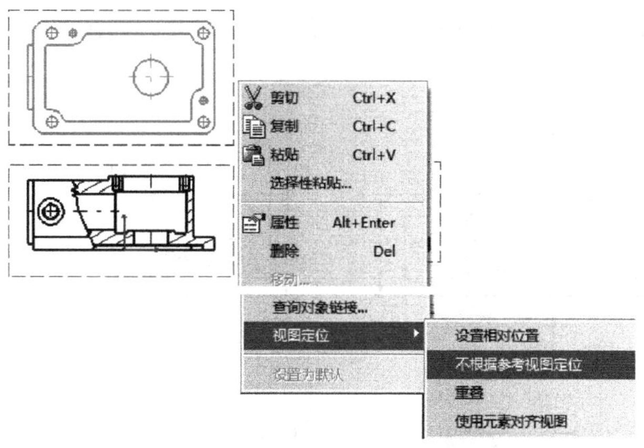

图10-82 解除视图定位关联

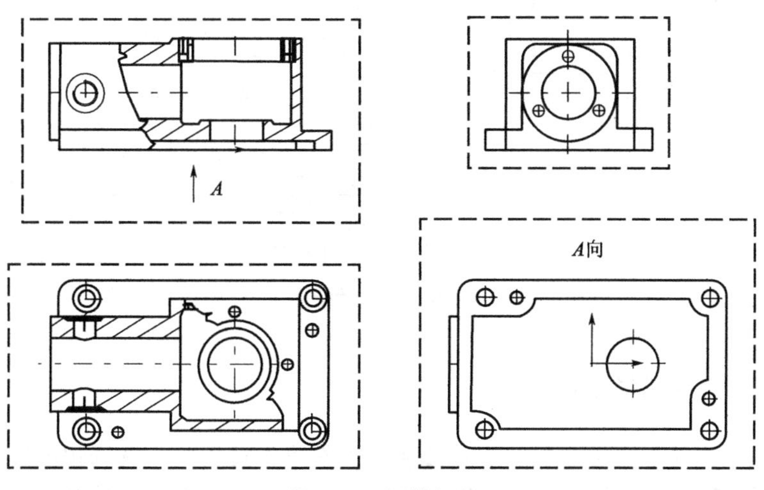

图10-83 调整视图

10.2.2.5 标注尺寸

Step21 单击【尺寸标注】工具栏上的【尺寸】按钮，弹出【工具控制板】工具栏，选择需要标注的元素，移动鼠标使尺寸移到合适位置，单击鼠标左键，系统自动完成尺寸标注，如图10-84所示。

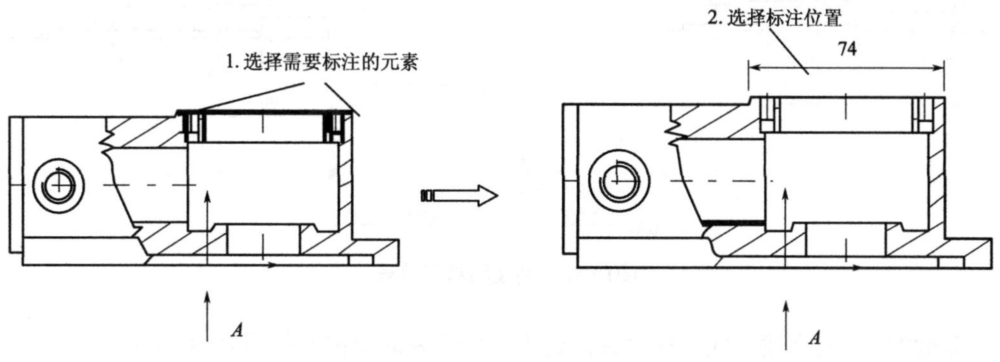

图10-84 标注直径尺寸

Step22 同理，重复上述尺寸标注过程标注其余尺寸，如图10-85所示。

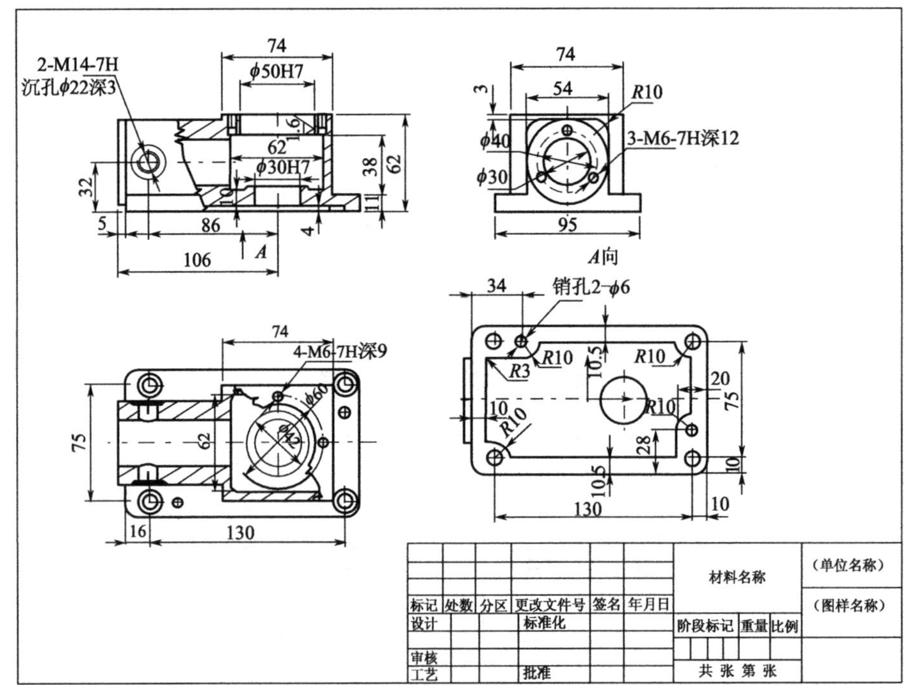
图10-85 尺寸标注

10.2.2.6 标注表面粗糙度符号

Step23 单击【标注】工具栏上的【粗糙度符号】按钮，选择粗糙度符号所在位置，在弹出的【粗糙度符号】对话框中输入粗糙度的值、选择粗糙度类型，单击【确定】按钮即可完成粗糙度符号标注，如图10-86所示。

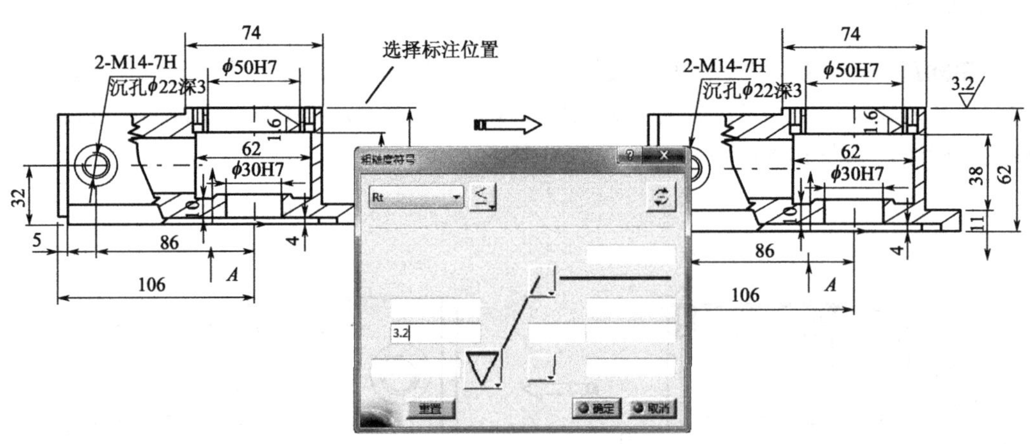

图10-86 创建粗糙度符号

Step24 重复上述表面粗糙度标注过程，标注表面粗糙度如图10-87所示。

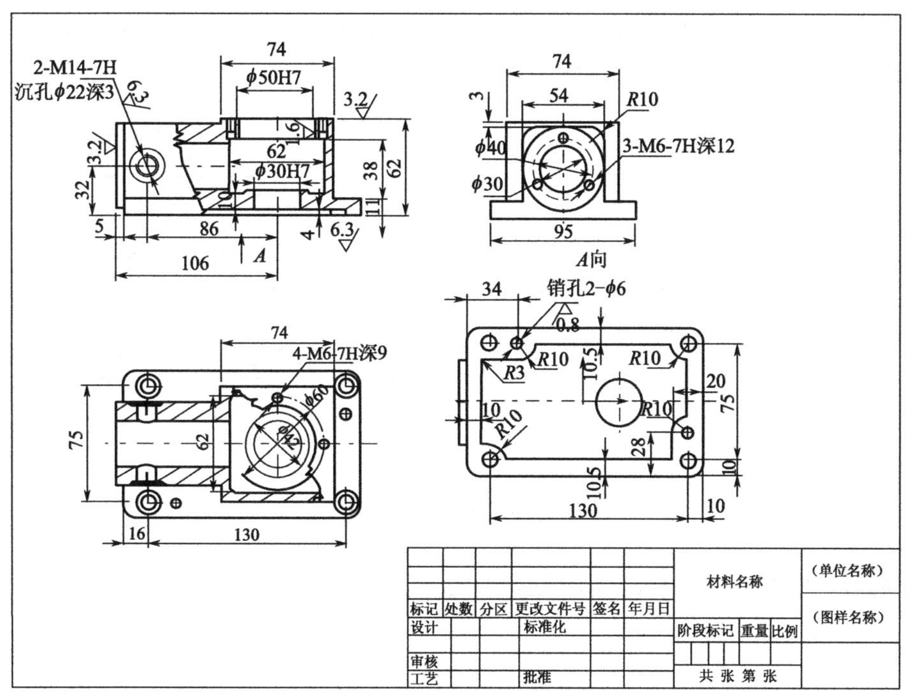

图10-87 标注表面粗糙度

10.2.2.7 标注基准特征符号

Step25 单击【尺寸标注】工具栏上的【基准特征】按钮，再单击图上要标注基准的直线或尺寸线，出现【创建基准特征】对话框，在对话框中输入基准代号，单击【确定】按钮，则标注出基准特征，如图10-88所示。

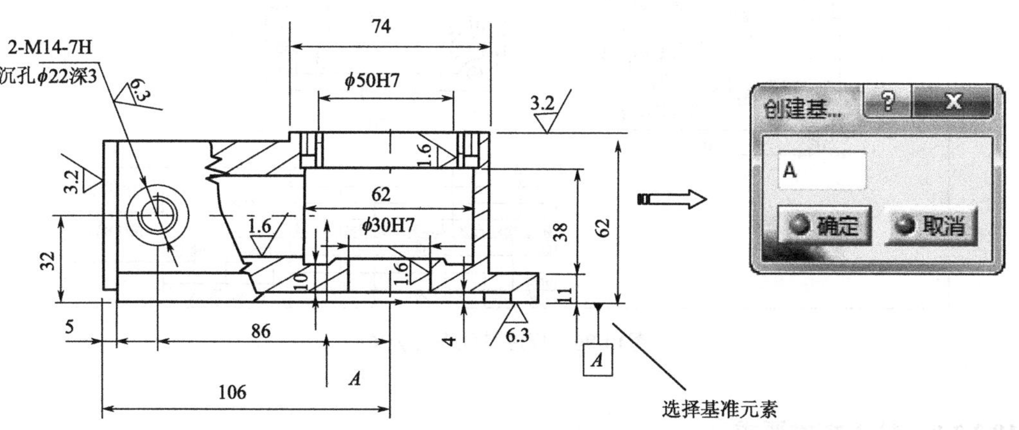

图10-88 创建基准特征

10.2.2.8 创建形位公差

Step26 单击【尺寸标注】工具栏上的【形位公差】按钮，再单击图上要标注公差的直线或尺寸线，出现【形位公差】对话框，设置形位公差参数，单击【确定】按钮，完成形位公差标注，如图10-89所示。

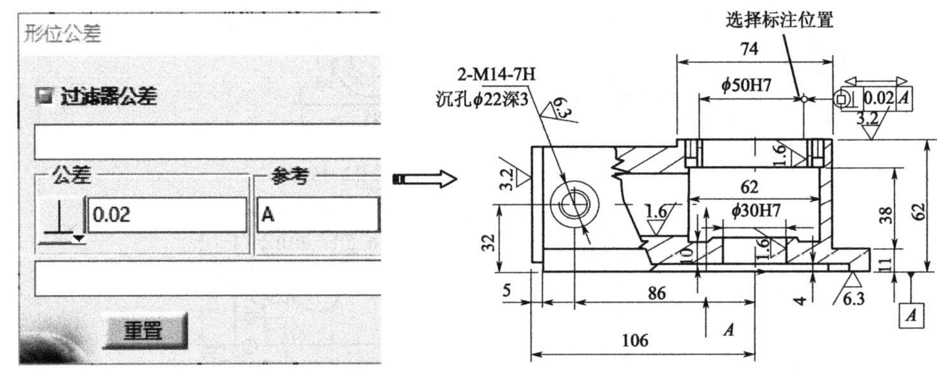

图10-89　标注形位公差

Step27 重复上述形位公差创建过程，标注其他形位公差，如图10-90所示。

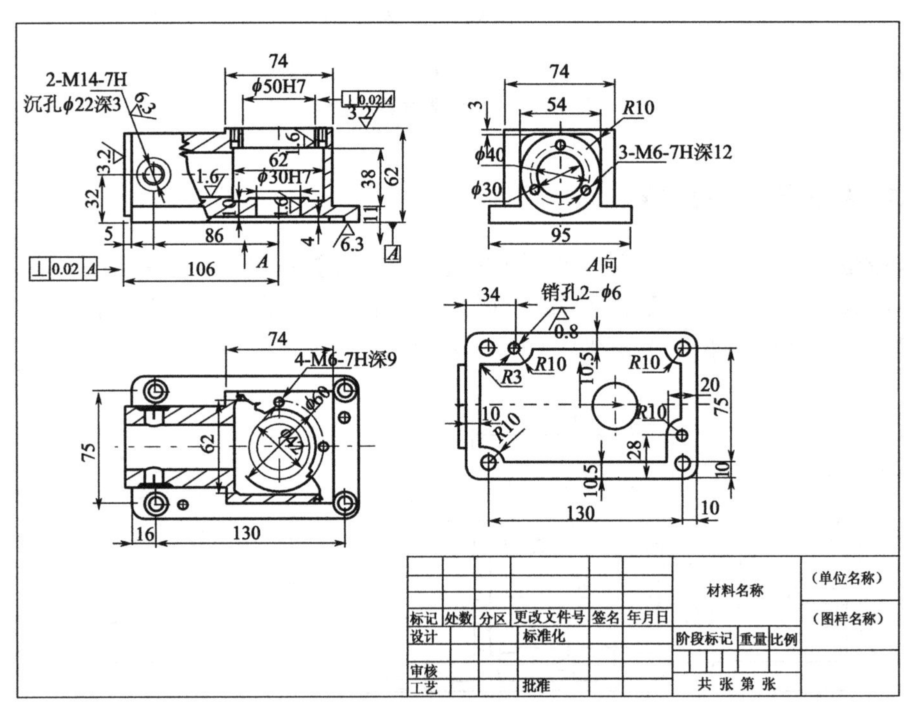

图10-90　标注其他形位公差

10.2.2.9　插入技术要求

Step28 选择【编辑】|【图纸背景】命令，进入图纸背景。

Step29 单击【标注】工具栏上的【文本】按钮T，选择欲标注文字的位置，弹出【文本编辑器】对话框，输入文字（可以通过选择字体输入汉字），单击【确定】按钮，完成文字添加，如图10-91所示。

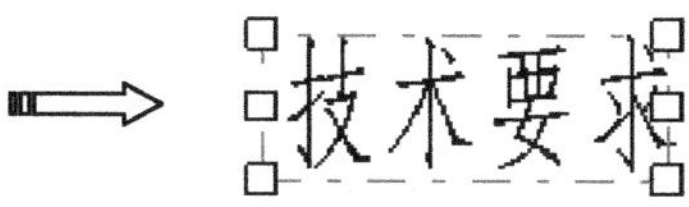

图10-91　创建文本（一）

Step30 按Shift键+Enter键进行换行，接着输入文字（可以通过选择字体输入汉字），单击【确定】按钮，完成文字添加，如图10-92所示。

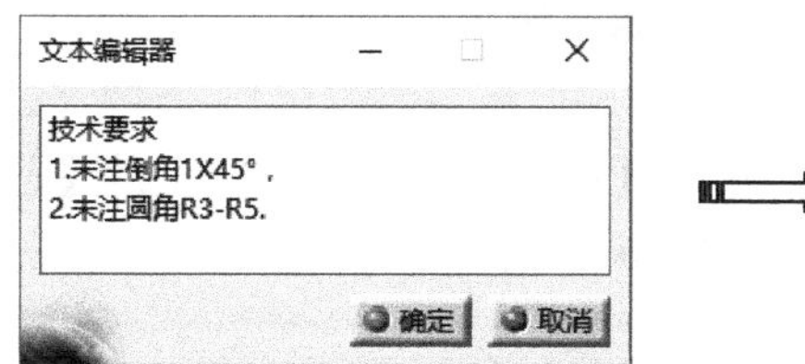

图10-92　创建文本（二）

Step31 选择【编辑】|【工作视图】命令，返回图纸窗口，如图10-93所示。

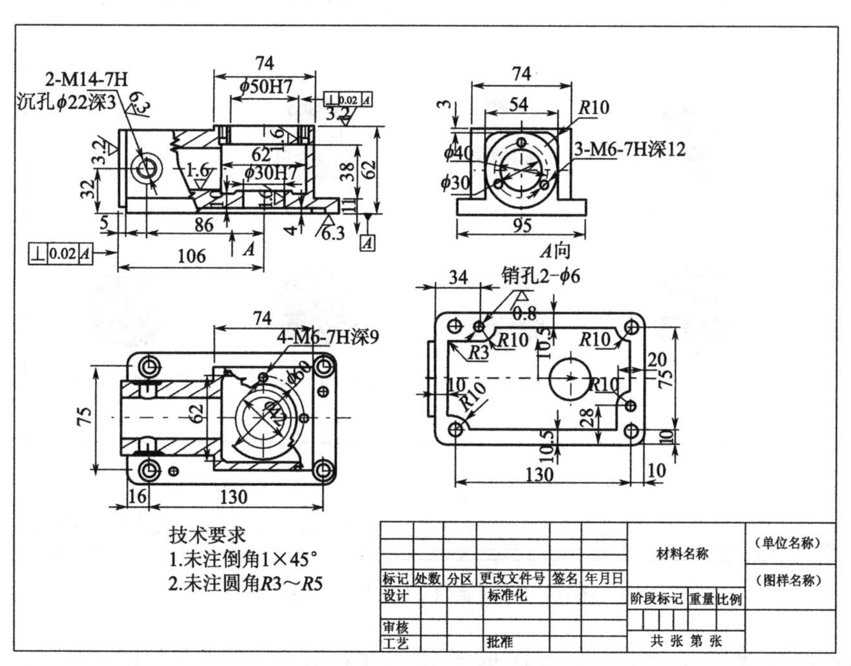

图10-93　插入技术要求

10.2.2.10　填写标题栏

（1）添加材质

Step32 单击【标准】工具栏上的【打开】按钮，打开【选择文件】对话框，选择"xiangti"，单击【打开】按钮，文件打开后如图10-94所示。

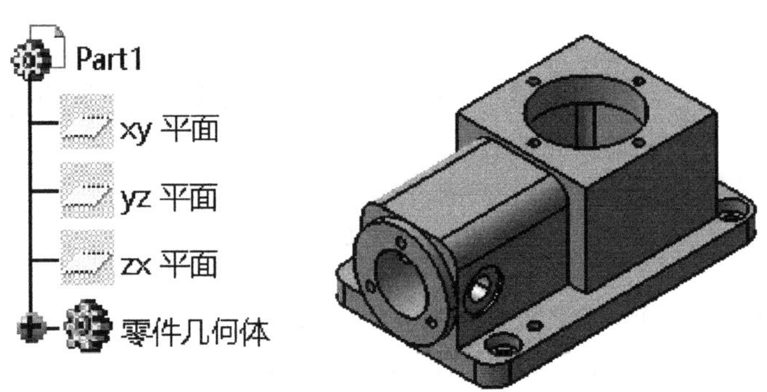

图10-94 打开模型零件

Step33 选择需要添加材质的对象，单击【应用材料】工具栏上的【应用材料】按钮，系统弹出【库（只读)】对话框，如图10-95所示。

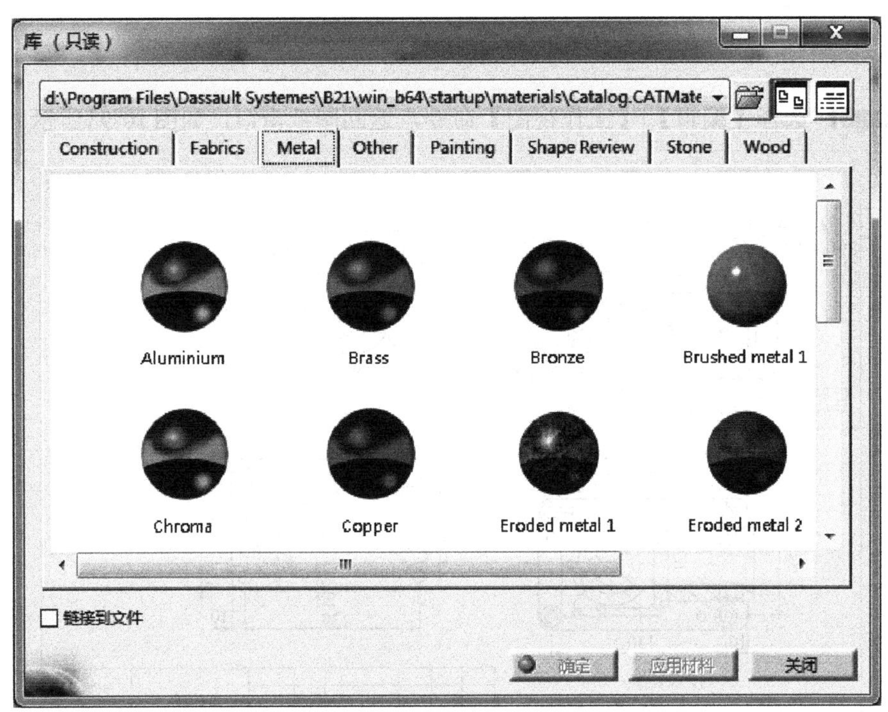

图10-95 【库（只读）】对话框

Step34 在【库（只读)】对话框中选中【Metal（金属)】选项卡，选择材料"Steel"，按住左键不放并将其拖动到模型上，然后单击【确定】按钮关闭对话框，如图10-96所示。

（2）添加零件自定义信息

Step35 在零件设计窗口中，在特征树中选择根节点【Part1】，单击鼠标右键在弹出的菜单中选择【属性】命令，如图10-97所示。

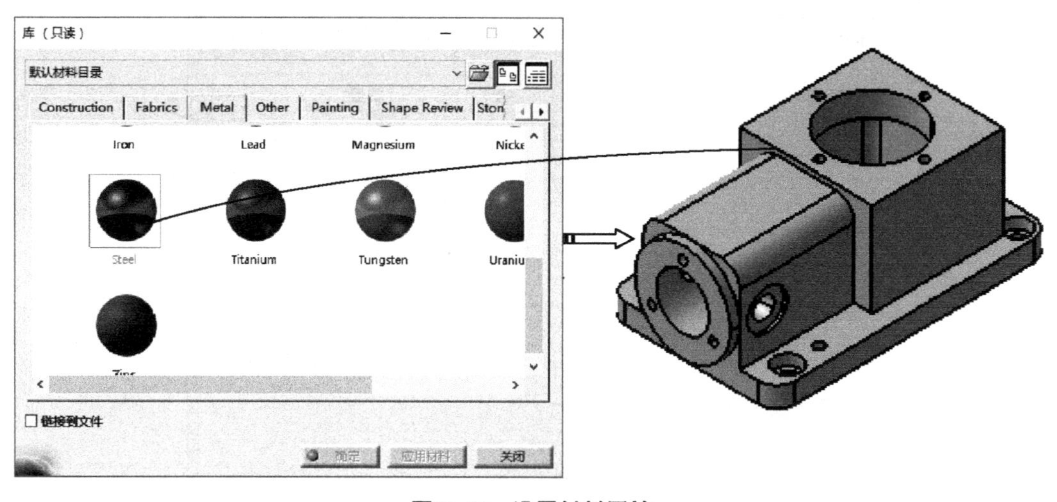

图10-96　设置材料属性

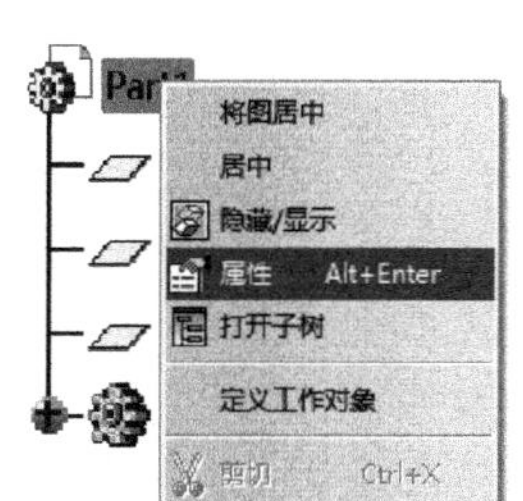

图10-97　选择【属性】命令

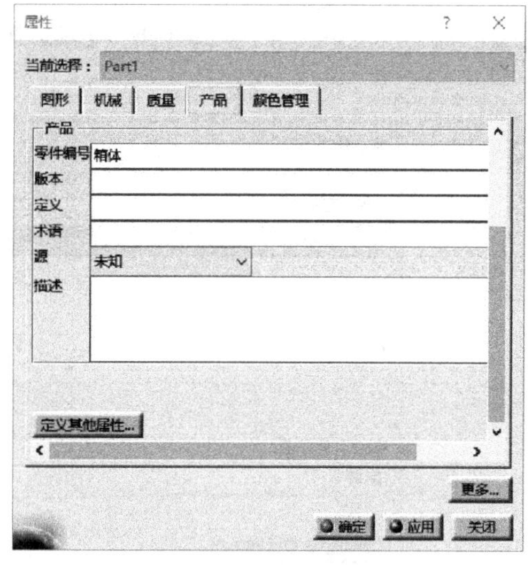

图10-98　【属性】对话框

Step36 系统弹出【属性】对话框，单击【产品】选项卡，在【零件编号】文本框输入零件名称，如图10-98所示。

Step37 单击【定义其他属性】按钮，弹出【定义其他属性】对话框，显示为空白，如图10-99所示。

Step38 定义“序号”属性。在【新类型参数】按钮后的下拉列表中选择“字符串”类型，单击【新类型参数】按钮，在【编辑名称和值】中的第一个文本框中输入“序号”，第二个文本框中输入“1”，在列表框内的空白区域单击，完成“符号”属性的添加，如图10-100所示。

Step39 定义“代号”属性。在【新类型参数】按钮后的下拉列表中选择“字符串”类型，单击【新类型参数】按钮，在【编辑名称和值】中的第一个文本框中输入

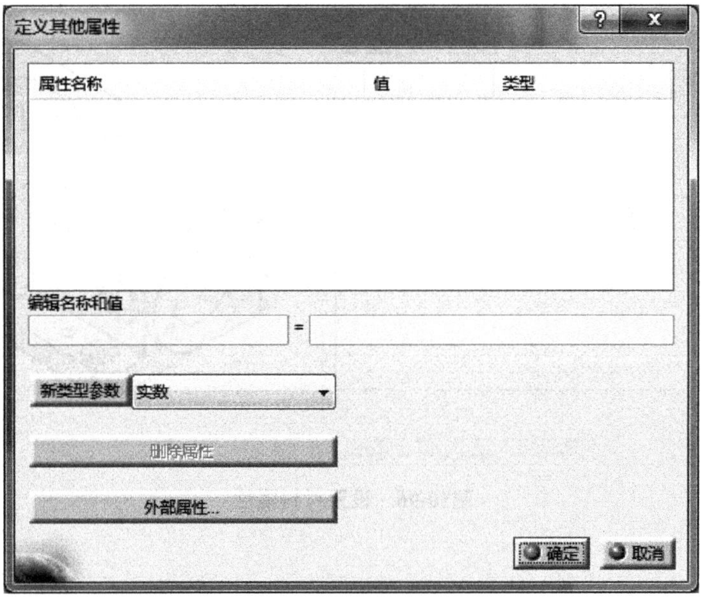

图10-99 【定义其他属性】对话框

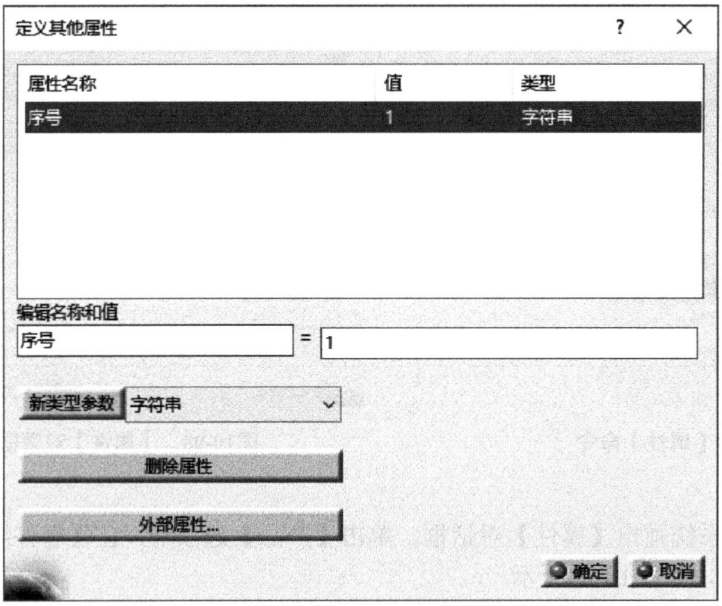

图10-100 定义“序号”属性

“代号”，第二个文本框中输入“XT00.00.01”，在列表框内的空白区域单击，完成“代号”属性的添加，如图10-101所示。

Step40 定义“名称”属性。在【新类型参数】按钮后的下拉列表中选择“字符串”类型，单击【新类型参数】按钮，在【编辑名称和值】中的第一个文本框中输入“名称”，第二个文本框中输入“箱体”，在列表框内的空白区域单击，完成“名称”属性的添加，如图10-102所示。

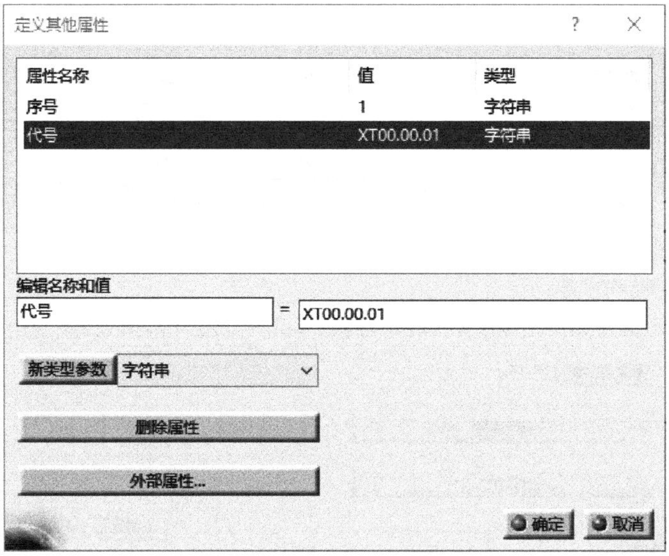

图10-101　定义“代号”属性

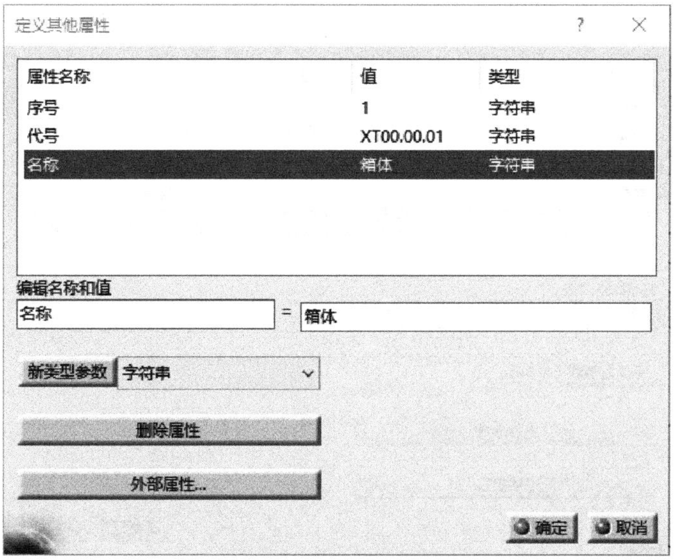

图10-102　定义“名称”属性

Step41 定义“数量”属性。在【新类型参数】按钮后的下拉列表中选择“字符串”类型，单击【新类型参数】按钮，在【编辑名称和值】中的第一个文本框中输入“数量”，第二个文本框中输入“1”，在列表框内的空白区域单击，完成“数量”属性的添加，如图10-103所示。

Step42 定义“材料”属性。在【新类型参数】按钮后的下拉列表中选择“字符串”类型，单击【新类型参数】按钮，在【编辑名称和值】中的第一个文本框中输入“材料”，第二个文本框中输入“Q235”，在列表框内的空白区域单击，完成“材料”属性的添加，如图10-104所示。

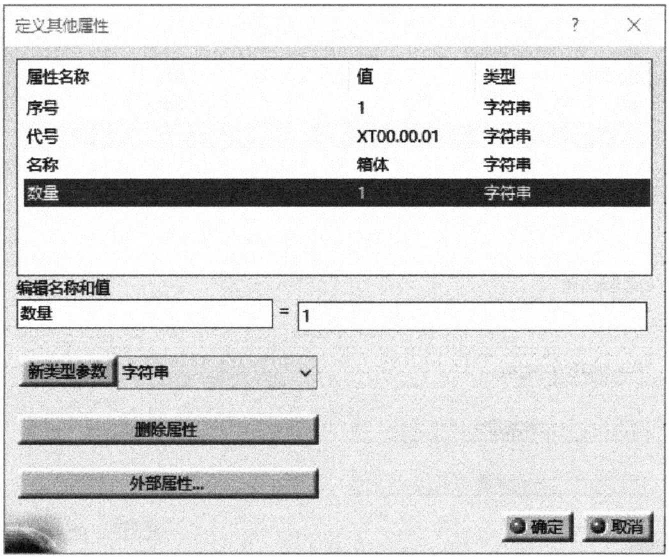

图10-103 定义“数量”属性

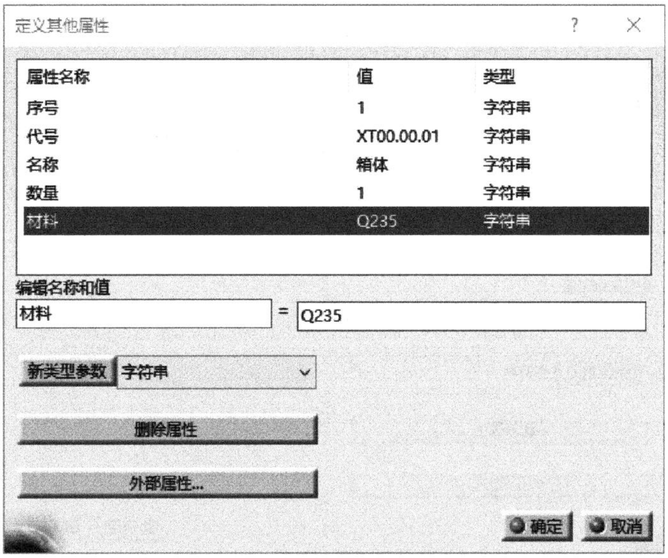

图10-104 定义“材料”属性

Step43 定义“备注”属性。在【新类型参数】按钮后的下拉列表中选择“字符串”类型，单击【新类型参数】按钮，在【编辑名称和值】中的第一个文本框中输入“备注”，第二个文本框为空，在列表框内的空白区域单击，完成“备注”属性的添加，如图10-105所示。

Step44 定义“重量”属性。在【新类型参数】按钮后的下拉列表中选择“字符串”类型，单击【新类型参数】按钮，在【编辑名称和值】中的第一个文本框中输入“重量”，第二个文本框为空，在列表框内的空白区域单击，完成“重量”属性的添加，如图10-106所示。单击【确定】按钮返回【属性】对话框。

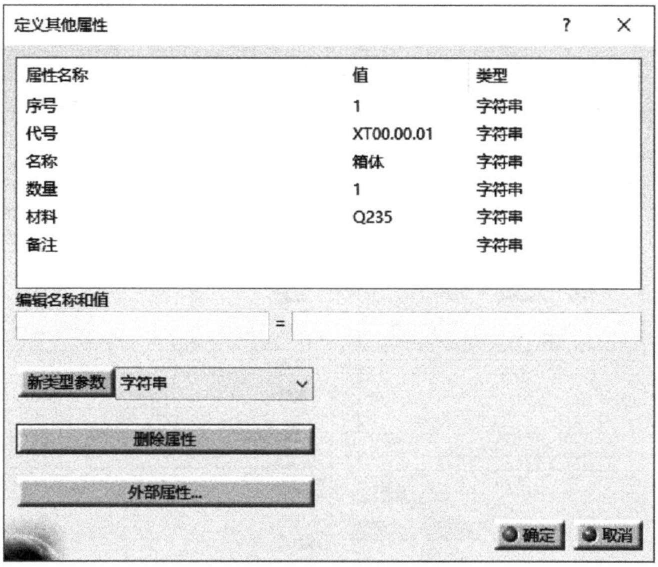

定义其他属性

属性名称	值	类型
序号	1	字符串
代号	XT00.00.01	字符串
名称	箱体	字符串
数量	1	字符串
材料	Q235	字符串
备注		字符串

编辑名称和值

新类型参数 字符串

删除属性

外部属性...

确定 取消

图10-105　定义“备注”属性

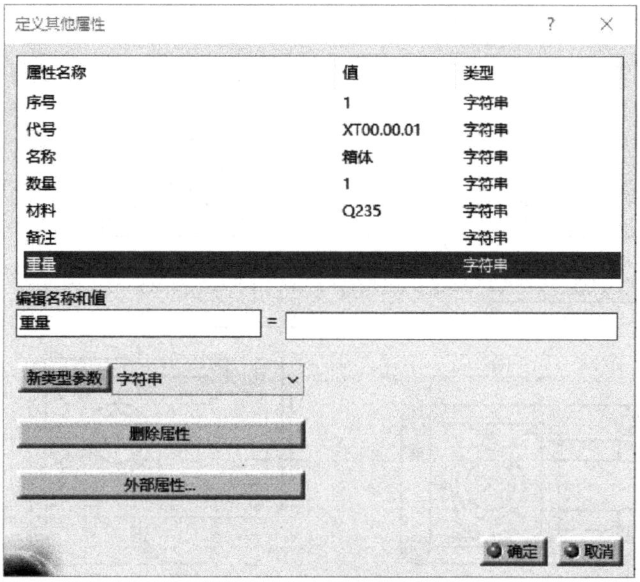

定义其他属性

属性名称	值	类型
序号	1	字符串
代号	XT00.00.01	字符串
名称	箱体	字符串
数量	1	字符串
材料	Q235	字符串
备注		字符串
重量		字符串

编辑名称和值

重量 =

新类型参数 字符串

删除属性

外部属性...

确定 取消

图10-106　定义“重量”属性

Step45 单击【属性】对话框中的【质量】选项卡，在【常规】选项中的【质量】中显示2.743kg，然后单击【产品】选项卡，在【产品：已添加的属性】区域中的【重量】文本框输入“2.74”，如图10-107所示。

Step46 单击【确定】按钮，关闭【属性】对话框，完成属性添加。

（3）进入图纸背景

Step47 选择下拉菜单【窗口】|【xiangti.CATDrawing】命令，切换到工程制图窗口。

Step48 选择菜单栏【编辑】|【图纸背景】命令，进入图纸背景，如图10-108所示。

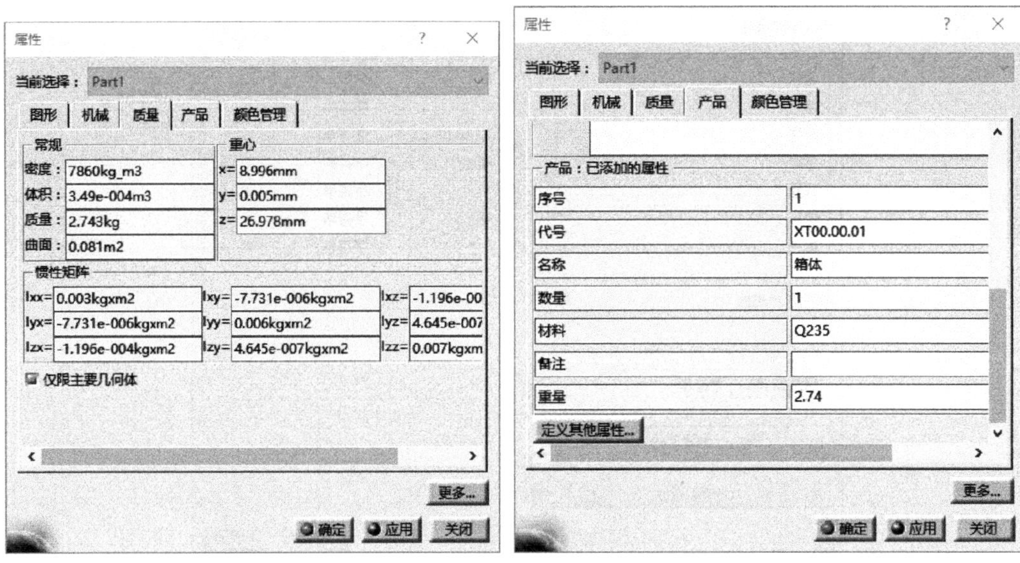

图10-107　添加质量数值

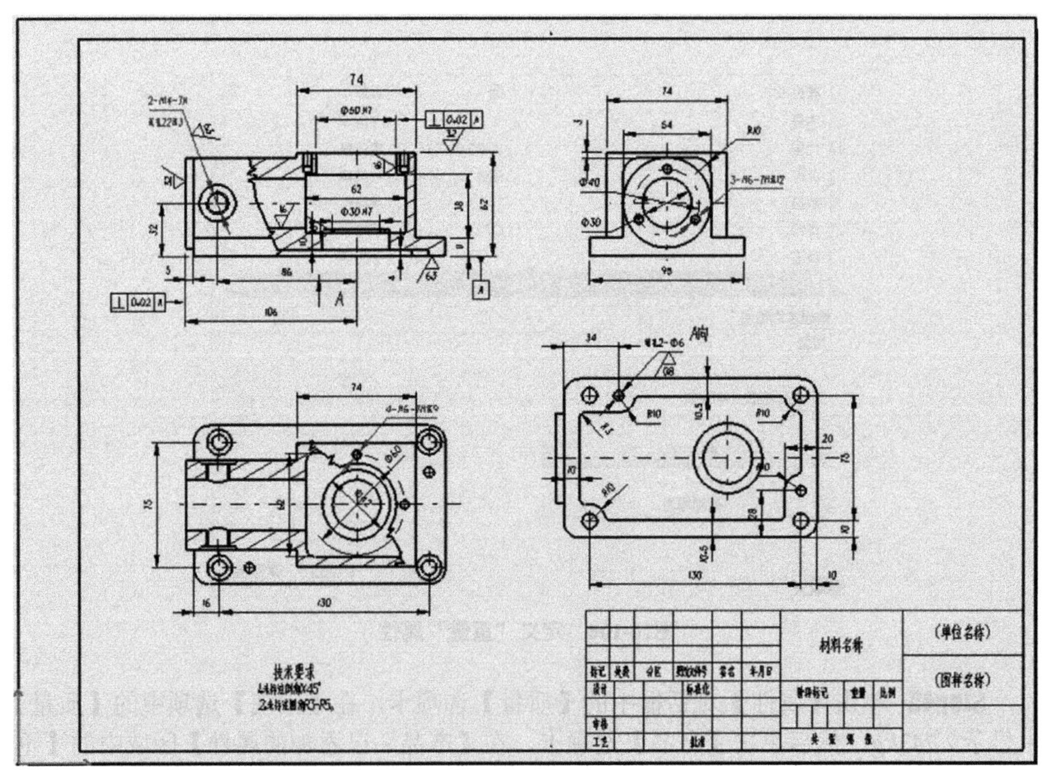

图10-108　图纸背景

（4）链接材料名称

Step49 双击【材料名称】单元格文本，弹出【文本编辑器】对话框，删除“材料名称”，如图10-109所示。

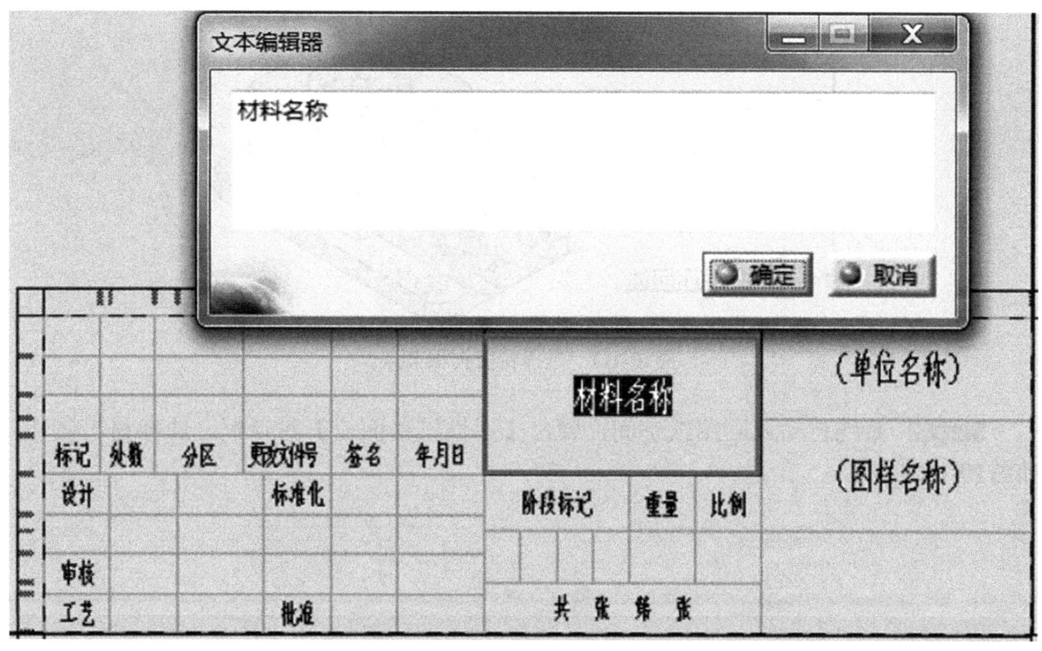

图10-109 编辑【材料名称】文本

Step50 在【材料名称】文本中单击鼠标右键，在弹出的快捷菜单中选择【属性链接】命令，如图10-110所示。

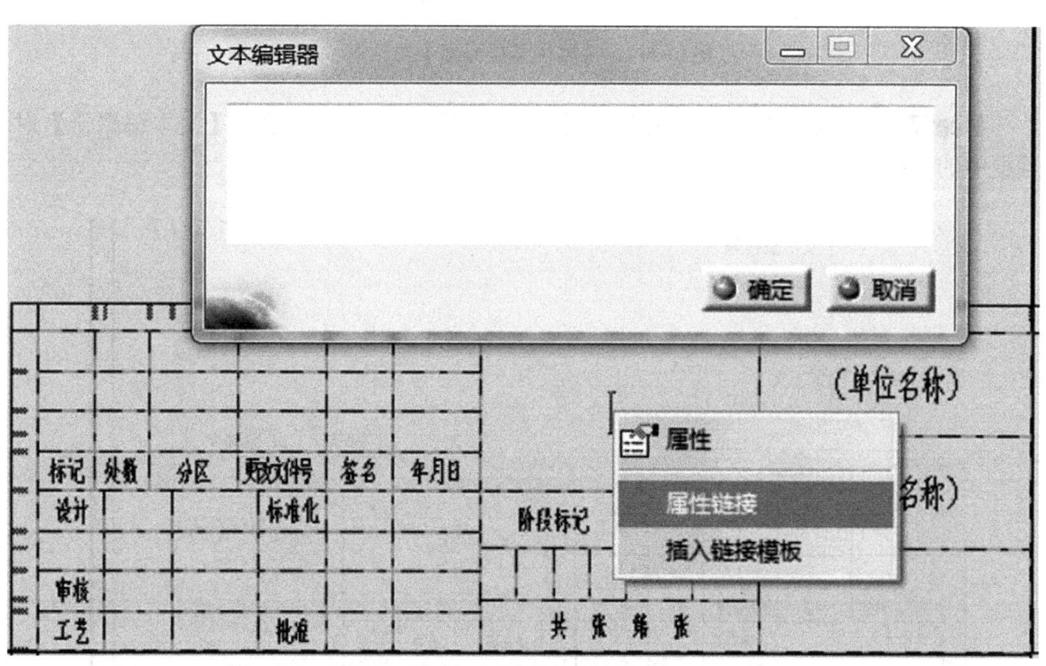

图10-110 选择【属性链接】命令

Step51 系统提示：选择链接对象，返回到零件设计工作台，在特征树中选择法兰盘跟节点，如图10-111所示。

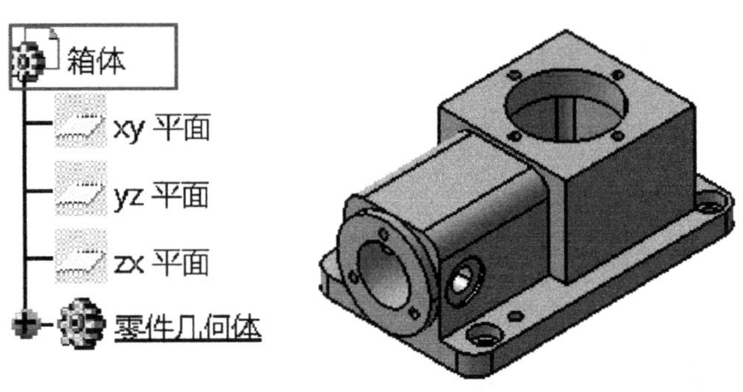

图10-111 选择特征树根节点

Step52 系统自动返回图纸空间，弹出【属性链接面板】对话框，选择材料属性，如图10-112所示。

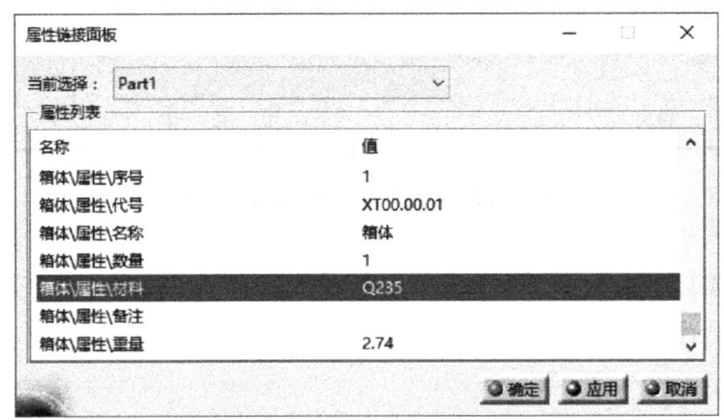

图10-112 【属性链接面板】对话框

Step53 单击【属性链接面板】对话框【确定】按钮关闭，单击【文本编辑器】对话框中的【确定】按钮，完成属性链接，如图10-113所示。

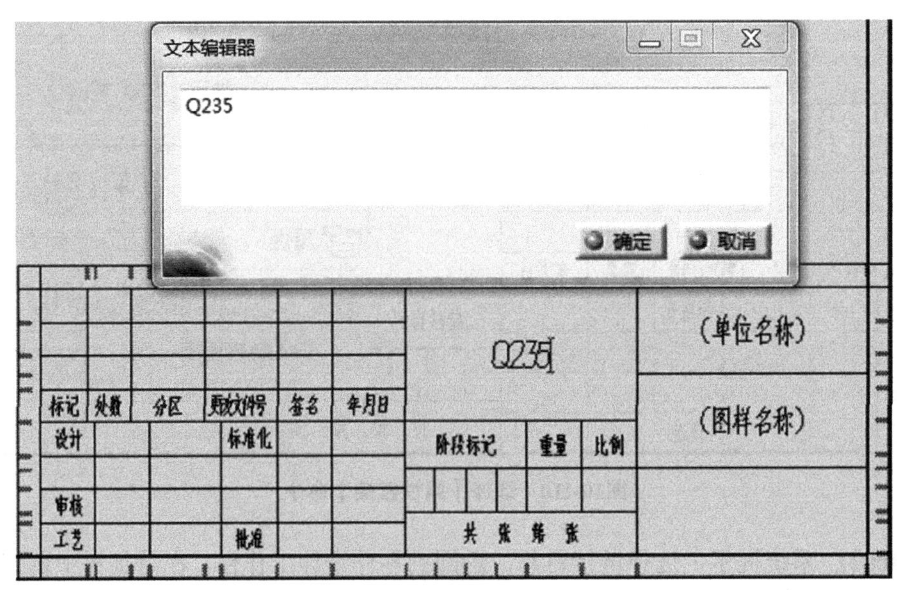

图10-113 链接材料属性

（5）链接其他属性

Step54 重复上述属性链接过程，链接其他属性，如图10-114所示。

						Q235	（单位名称）
							箱体
标记	处数	分区	更改文件号	签名	年月日		
设计			标准化			阶段标记 / 重量 / 比例	
						2.74	
审核							XT00.00.01
工艺			批准			共 张 第 张	

图10-114 链接其他属性

（6）链接比例属性

Step55 双击【比例】单元格文本，弹出【文本编辑器】对话框，如图10-115所示。

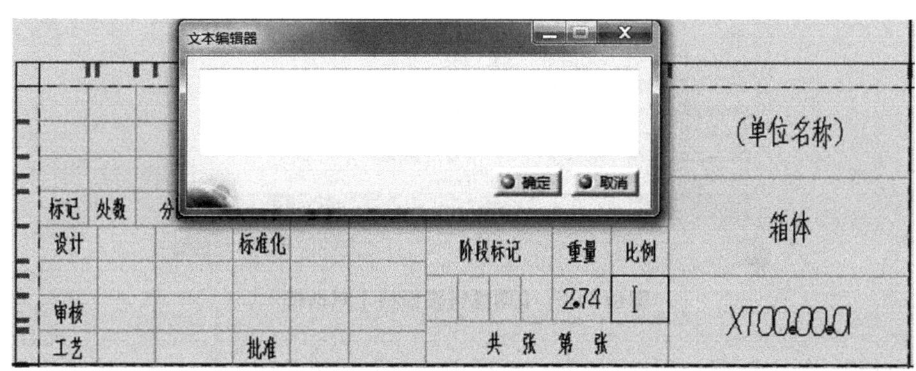

图10-115 编辑【比例】文本

Step56 在【比例】文本中单击鼠标右键，在弹出的快捷菜单中选择【属性链接】命令，如图10-116所示。

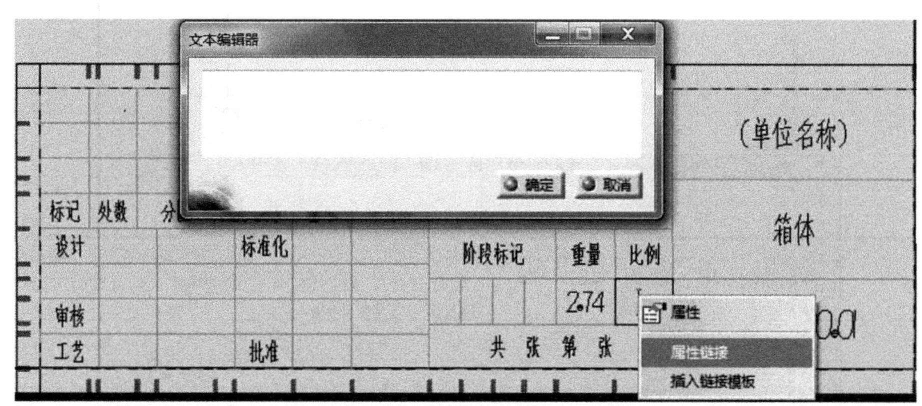

图10-116 选择【属性链接】命令

Step57 系统提示：选择链接对象，选择特征树中的正视图节点，如图10-117所示。

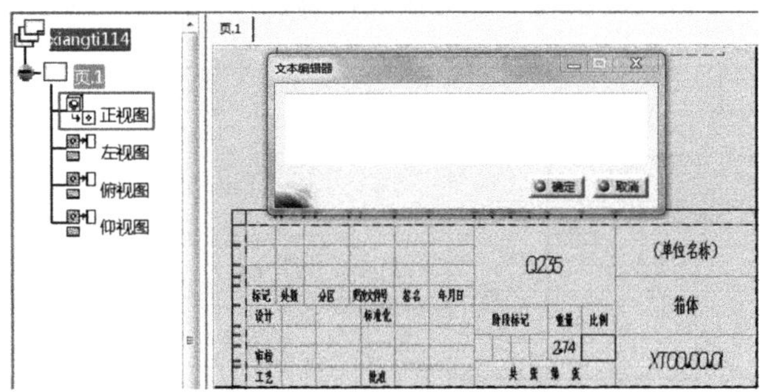

图10-117　选择特征树根节点

Step58 弹出【属性链接面板】对话框，选择Scale属性，如图10-118所示。

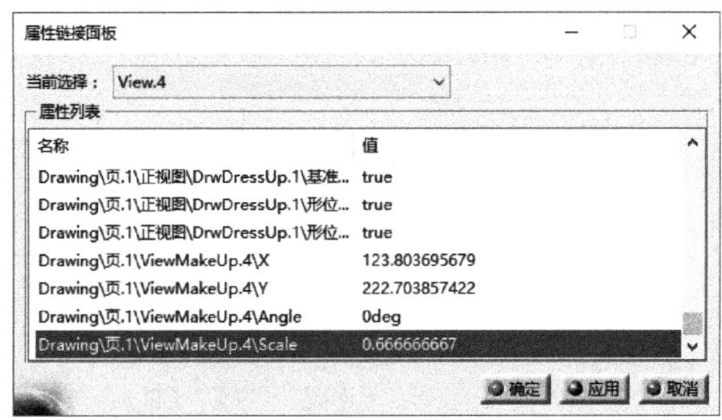

图10-118　【属性链接面板】对话框

Step59 单击【属性链接面板】对话框【确定】按钮关闭，单击【文本编辑器】对话框中的【确定】按钮，完成属性链接，如图10-119所示。

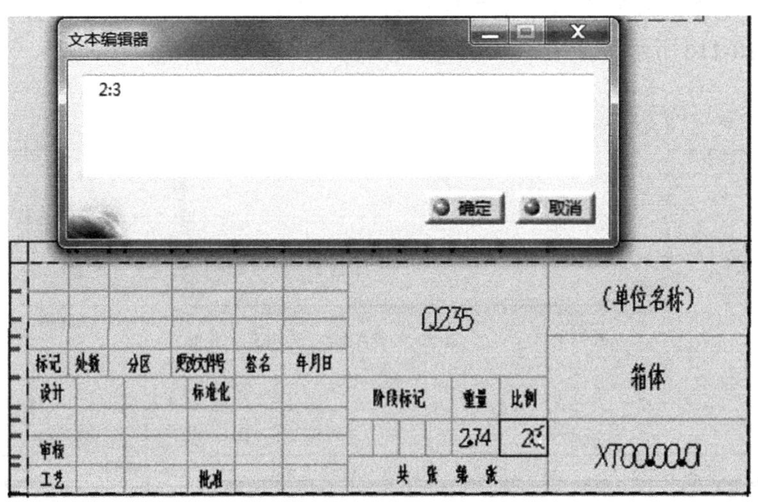

图10-119　链接材料属性

Step60 选择菜单栏【编辑】|【工作视图】命令，进入图纸界面，如图10-120所示。

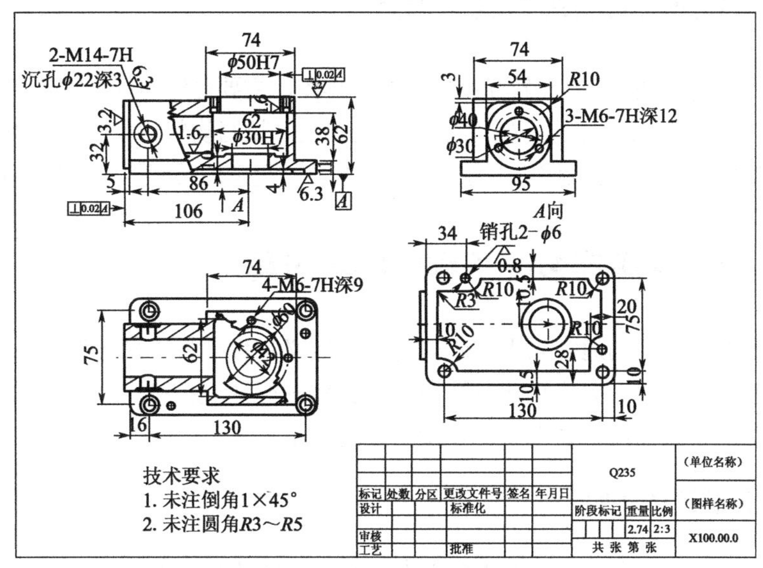

图10-120 填充后的标题栏

10.3 滑动轴承座装配工程图

10.3 视频精讲

在系统地学习过装配体工程图知识后，本节将考察读者对之前知识的操作应用状况。通过实践练习，读者能更清晰地掌握各项指令的作用与应用。图10-121为要绘制的平口钳装配工程图。

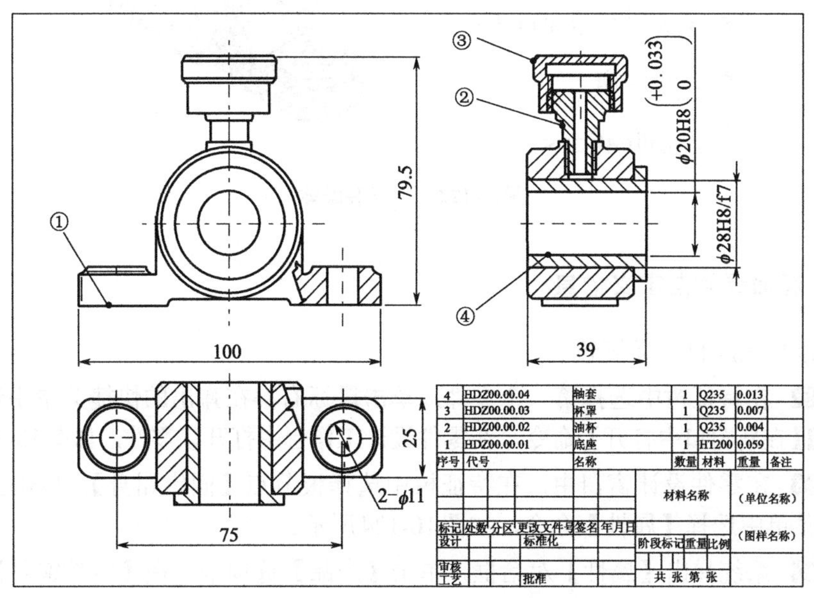

图10-121 滑动轴承座装配图

10.3.1 滑动轴承座装配工程图分析

平口钳装配工程图是一个比较简单的装配工程图，主要是练习插入图纸和标题栏、创建各种视图、标注尺寸、标注形位公差和表面粗糙度、填写物料清单和零件需要。对于初学者是相对基本的练习，可以使初学者以后在绘制各种复杂的装配体工程图时更加熟练。

10.3.2 滑动轴承座装配工程图绘制过程

装配体工程图的绘制通常采用的步骤为：自定义零件属性→新建图纸→引入图框和标题栏→创建工程视图→标注尺寸→标注形位公差→标注粗糙度→创建零件序号→创建物料清单→文本注释（技术要求）等。操作过程如下：

10.3.2.1 打开装配体文件

Step01 启动CATIA后，单击【标准】工具栏上的【打开】按钮，打开【打开部件文件】对话框，选择“ huadongzhouchengzuo.CATProduct”，单击【OK】按钮，文件打开后如图10-122所示。

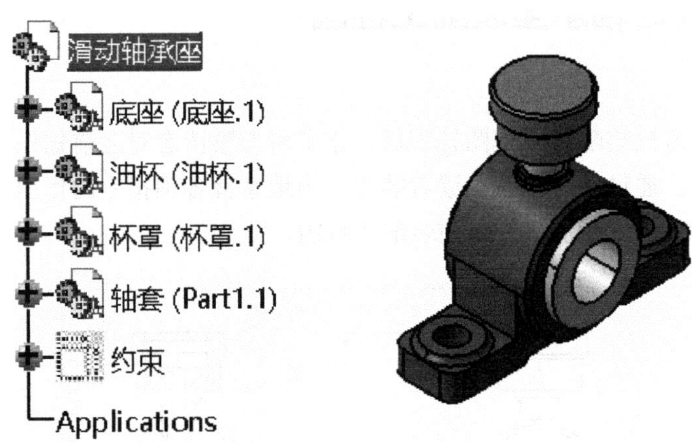

图10-122 打开装配体

10.3.2.2 添加零件自定义信息

（1）添加底座自定义信息

Step02 在特征树中选择第一个零件，单击鼠标右键在弹出的快捷菜单中选择【底座.1对象】|【在新窗口中打开】命令，在零件设计工作台中打开该零件，如图10-123所示。

Step03 在零件设计窗口中，在特征树中选择根节点【固定钳身】，单击鼠标右键在弹出的菜单中选择【属性】命令，如图10-124所示。

Step04 系统弹出【属性】对话框，单击【产品】选项卡，在【零件编号】文本框输入零件名称，如图10-125所示。

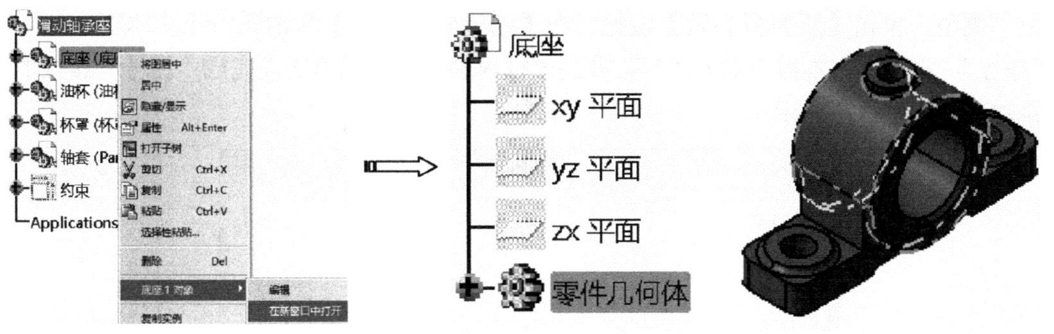

图10-123　选择【在新窗口中打开】命令

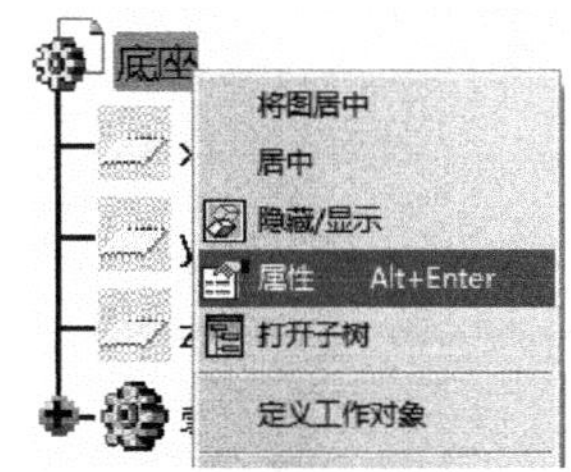

图10-124　选择【属性】命令

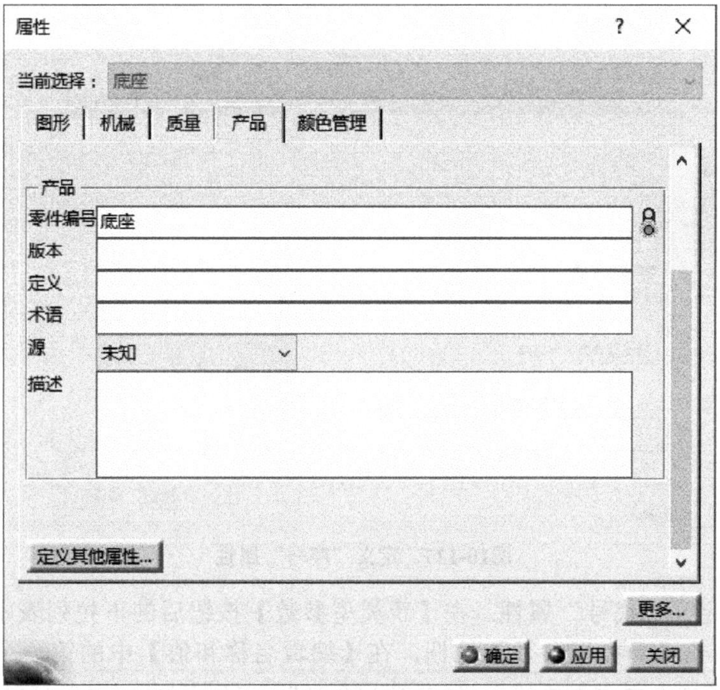

图10-125　【属性】对话框

Step05 单击【定义其他属性】按钮，弹出【定义其他属性】对话框，显示为空白，如图10-126所示。

Step06 定义“序号”属性。在【新类型参数】按钮后的下拉列表中选择“字符串”类型，单击【新类型参数】按钮，在【编辑名称和值】中的第一个文本框中输入“序号”，第二个文本框中输入“1”，在列表框内的空白区域单击，完成“符号”属性的添加，如图10-127所示。

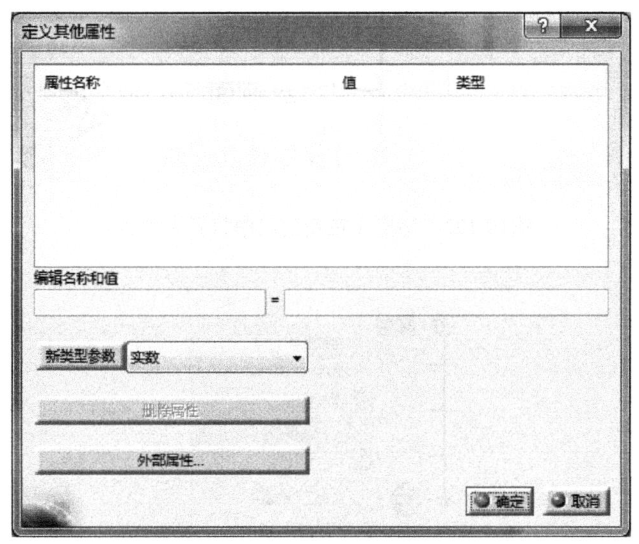

图10-126 【定义其他属性】对话框

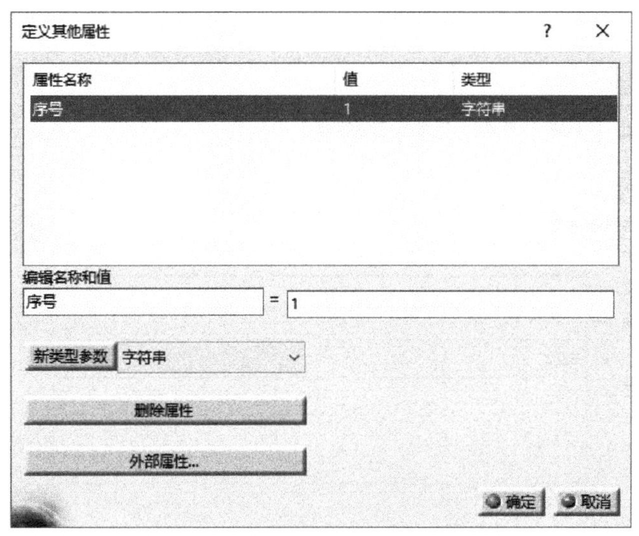

图10-127 定义“序号”属性

Step07 定义“代号”属性。在【新类型参数】按钮后的下拉列表中选择“字符串”类型，单击【新类型参数】按钮，在【编辑名称和值】中的第一个文本框中输入“代号”，第二个文本框中输入“HDZ00.00.01”，在列表框内的空白区域单击，完成“代号”属性的添加，如图10-128所示。

Step08 定义“名称”属性。在【新类型参数】按钮后的下拉列表中选择“字符串”类型，单击【新类型参数】按钮，在【编辑名称和值】中的第一个文本框中输入“名称”，第二个文本框中输入“底座”，在列表框内的空白区域单击，完成“名称”属

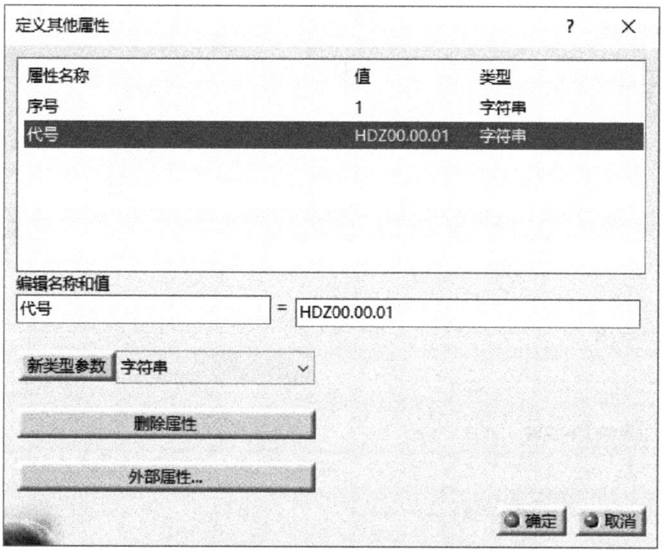

图10-128　定义“代号”属性

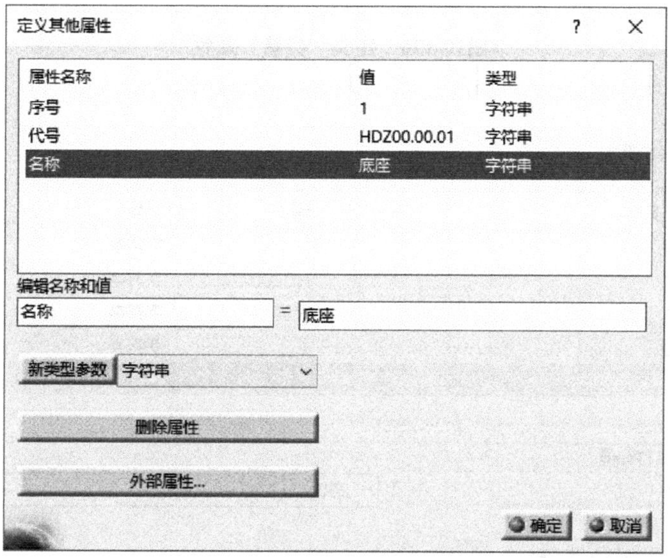

图10-129　定义“名称”属性

性的添加，如图10-129所示。

Step09 定义“数量”属性。在【新类型参数】按钮后的下拉列表中选择“字符串”类型，单击【新类型参数】按钮，在【编辑名称和值】中的第一个文本框中输入“数量”，第二个文本框中输入“1”，在列表框内的空白区域单击，完成“数量”属性的添加，如图10-130所示。

Step10 定义“材料”属性。在【新类型参数】按钮后的下拉列表中选择“字符串”类型，单击【新类型参数】按钮，在【编辑名称和值】中的第一个文本框中输入“材料”，第二个文本框中输入“HT200”，在列表框内的空白区域单击，完成“材料”属性的添加，如图10-131所示。

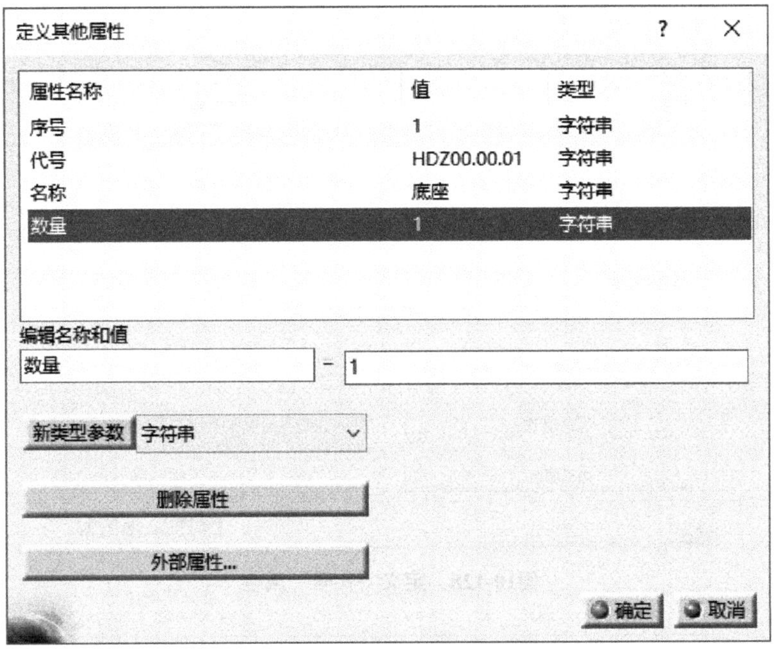

图10-130 定义“数量”属性

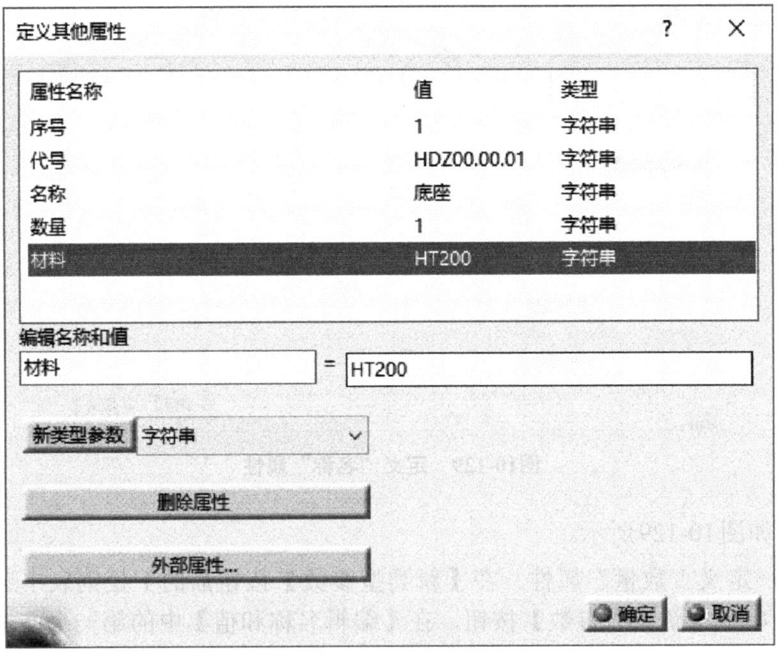

图10-131 定义“材料”属性

Step11 定义“备注”属性。在【新类型参数】按钮后的下拉列表中选择“字符串”类型，单击【新类型参数】按钮，在【编辑名称和值】中的第一个文本框中输入“备注”，第二个文本框为空，在列表框内的空白区域单击，完成“备注”属性的添加，如图10-132所示。

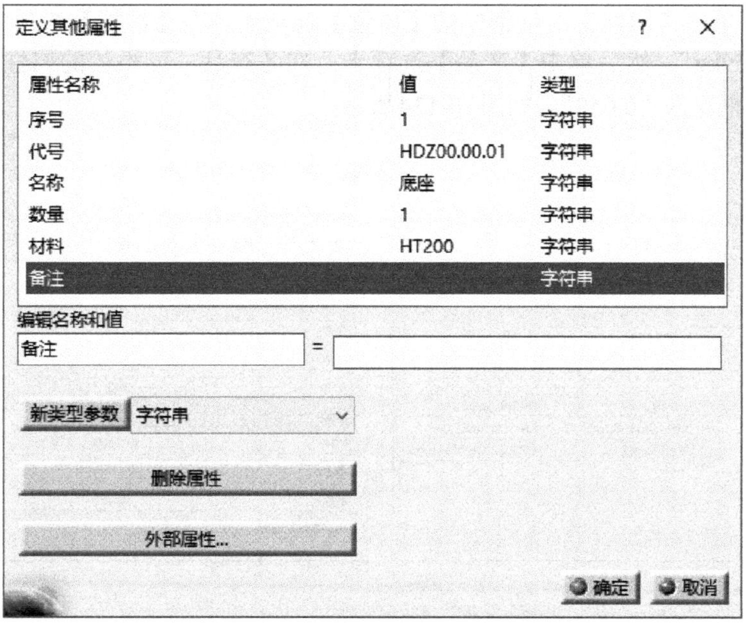

定义其他属性 ? ×

属性名称	值	类型
序号	1	字符串
代号	HDZ00.00.01	字符串
名称	底座	字符串
数量	1	字符串
材料	HT200	字符串
备注		字符串

编辑名称和值
备注 =
新类型参数 字符串
删除属性
外部属性...
确定 取消

图10-132　定义“备注”属性

Step12 定义“重量”属性。在【新类型参数】按钮后的下拉列表中选择“字符串”类型，单击【新类型参数】按钮，在【编辑名称和值】中的第一个文本框中输入“重量”，第二个文本框为空，在列表框内的空白区域单击，完成“重量”属性的添加，如图10-133所示。单击【确定】按钮返回【属性】对话框。

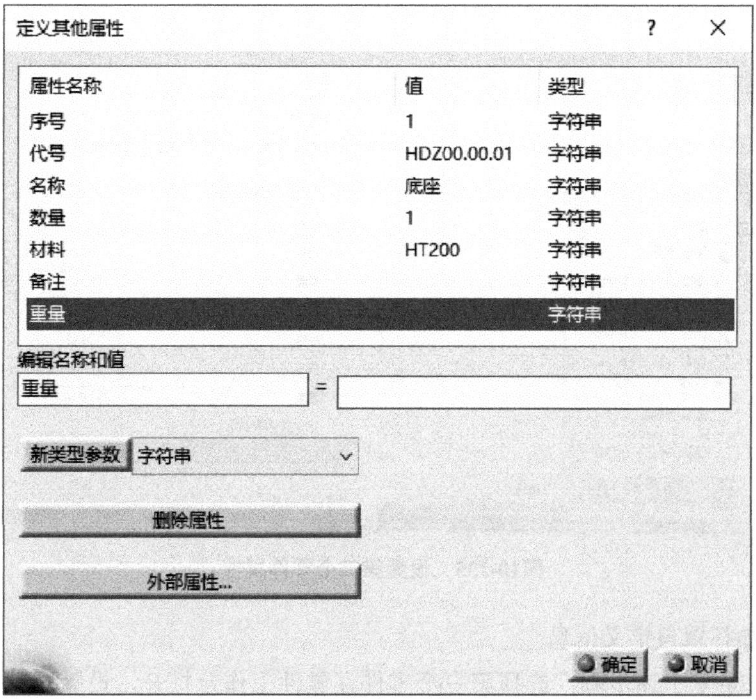

定义其他属性 ? ×

属性名称	值	类型
序号	1	字符串
代号	HDZ00.00.01	字符串
名称	底座	字符串
数量	1	字符串
材料	HT200	字符串
备注		字符串
重量		字符串

编辑名称和值
重量 =
新类型参数 字符串
删除属性
外部属性...
确定 取消

图10-133　定义“重量”属性

Step13 单击【属性】对话框中的【质量】选项卡，在【常规】选项中的【质量】中显示“0.059kg”，然后单击【产品】选项卡，在【产品：已添加的属性】区域中的【重量】文本框输入“0.059”，如图10-134所示。

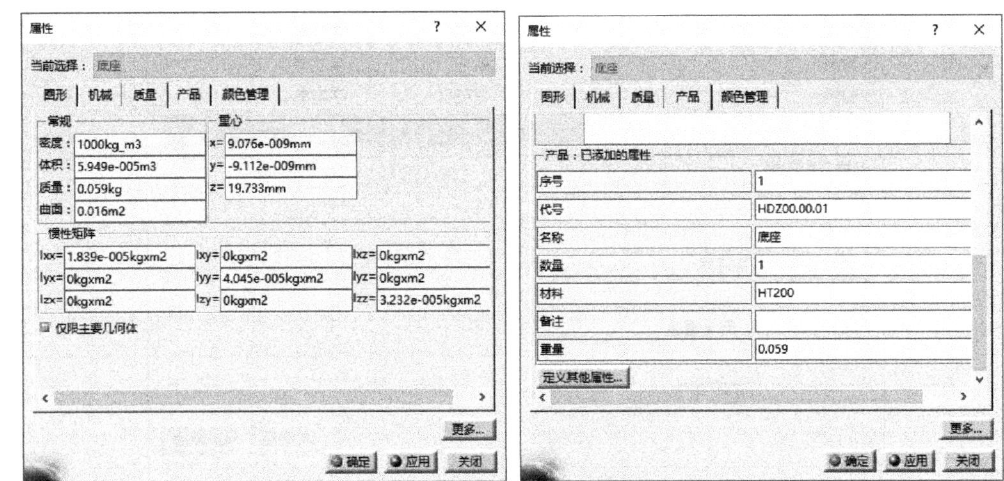

图10-134 添加质量数值

Step14 单击【确定】按钮，关闭【属性】对话框，完成属性添加。

Step15 选择下拉菜单【文件】|【保存】命令，保存文件并关闭该零件文件。

（2）添加油杯自定义信息

Step16 重复上述步骤，选择第二个零件在零件工作台打开，设置零件属性，如图10-135所示。

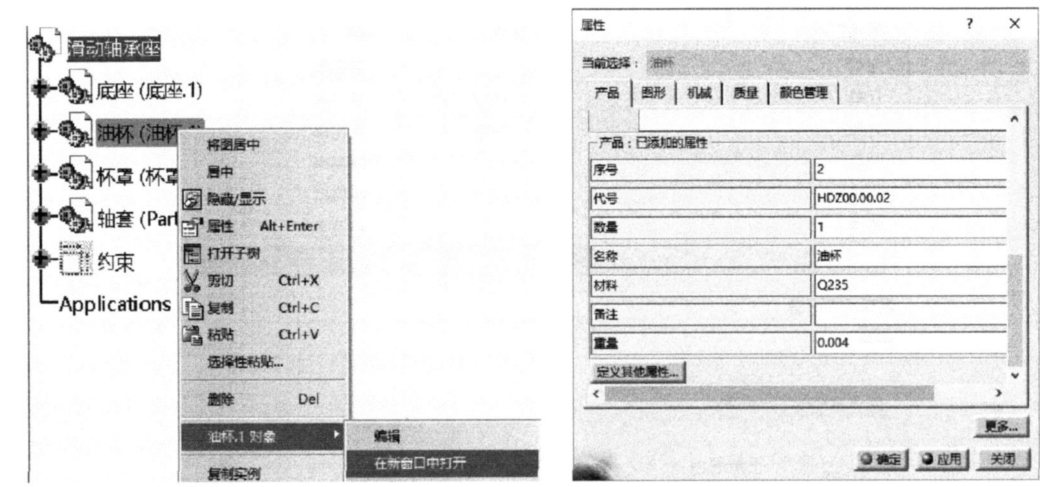

图10-135 设置第二个零件属性

（3）添加杯罩自定义信息

Step17 重复上述步骤，选择第三个零件在零件工作台打开，设置零件属性，如图10-136所示。

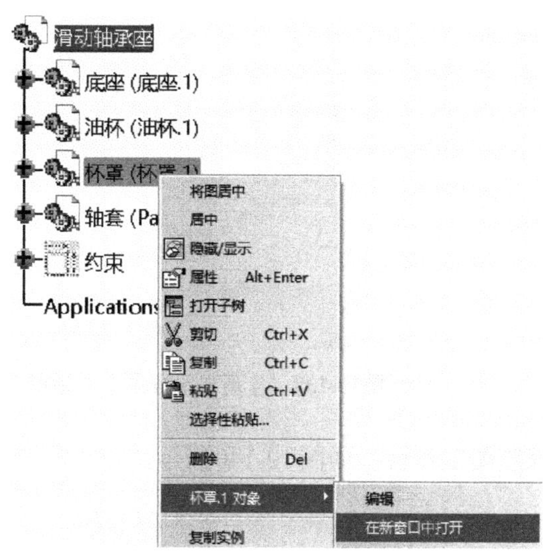

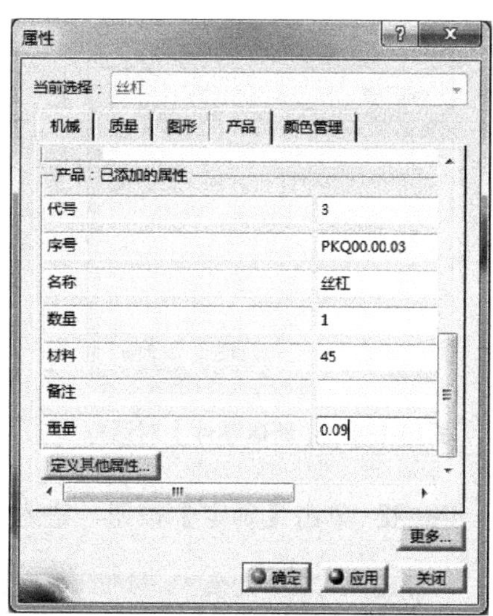

图10-136　设置第三个零件属性

（4）添加轴套自定义信息

Step18 重复上述步骤，选择第四个零件在零件工作台打开，设置零件属性，如图10-137所示。

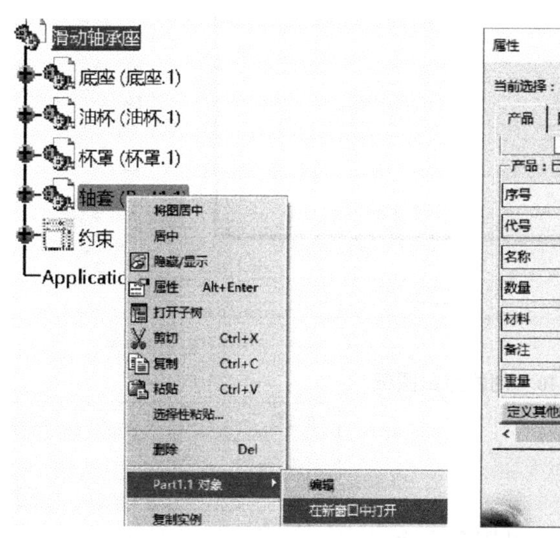

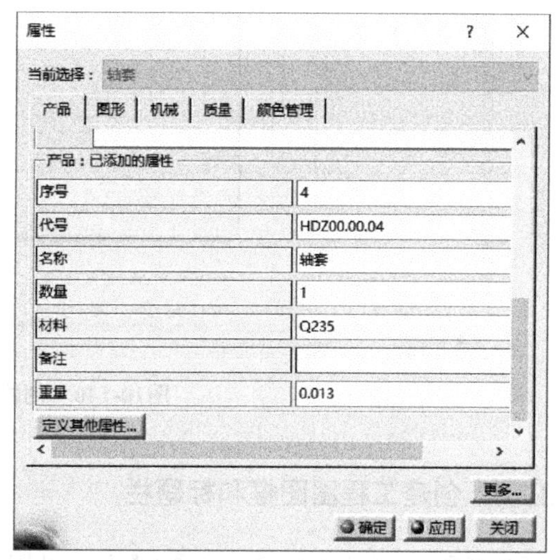

图10-137　设置第四个零件属性

Step19 保存装配体文件。选择下拉菜单【文件】|【保存】命令，保存装配体文件。

10.3.2.3　创建图纸

Step20 选择菜单栏【文件】|【新建】命令，弹出【新建】对话框，在【类型列表】中选择“Drawing”选项，单击【确定】按钮，如图10-138所示。

Step21 在弹出的【新建工程图】对话框中选择【标准】为“GB”，【图纸样式】为“A3 ISO”等，如图10-139所示。

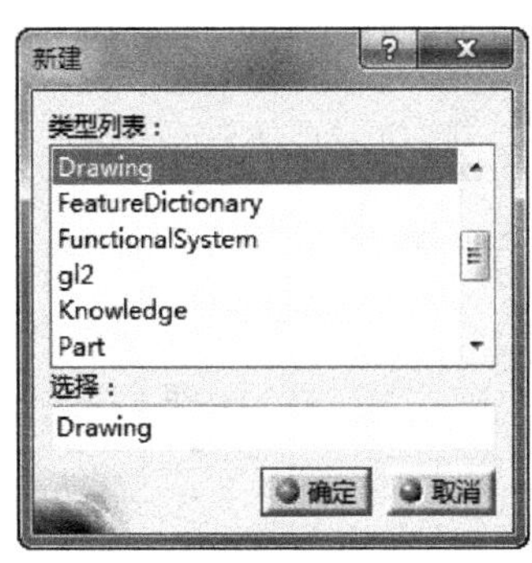

图10-138 【新建零件】对话框

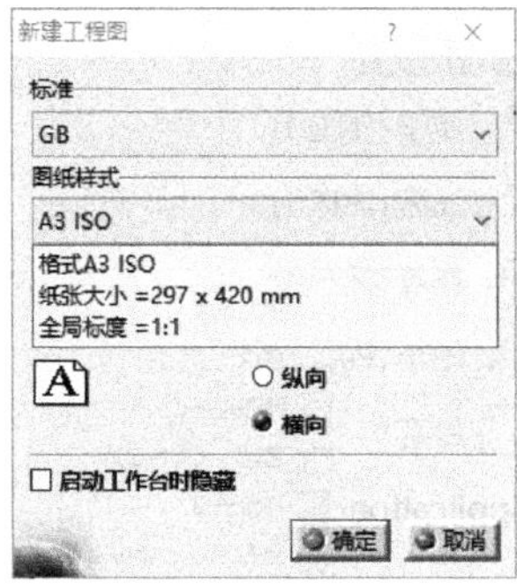

图10-139 【新建工程图】对话框

Step22 单击【确定】按钮，进入工程制图工作台，如图10-140所示。

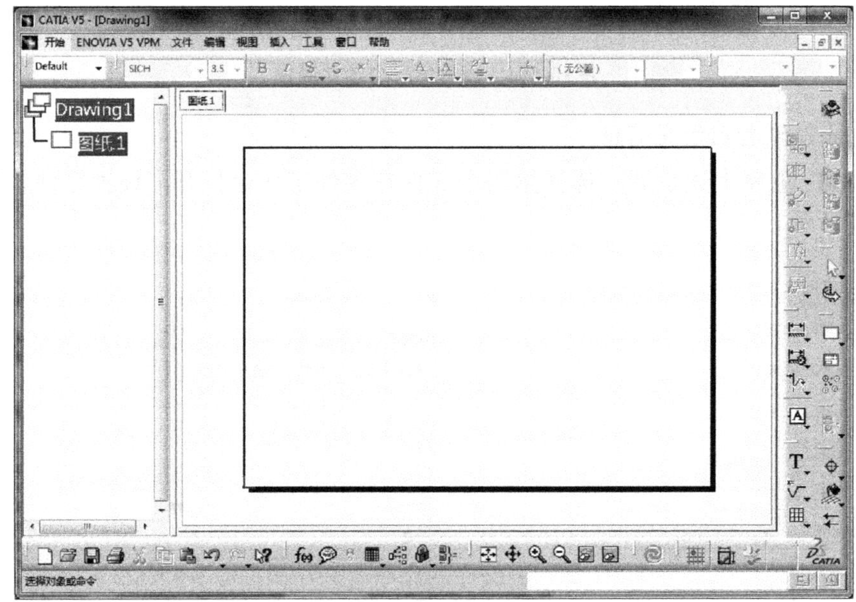

图10-140 创建空白图纸

10.3.2.4 创建工程图图框和标题栏

Step23 选择菜单栏【文件】|【页面设置】命令，系统弹出【页面设置】对话框，如图10-141所示。

Step24 单击【Insert Background View】按钮，弹出【将元素插入图纸】对话框，如图10-142所示。单击【浏览】按钮，选择“A3_heng.CATDrawing”的图样样板文件，单击【插入】按钮返回【页面设置】对话框。

Step25 单击【确定】按钮，引入已有的图框和标题栏，如图10-143所示。

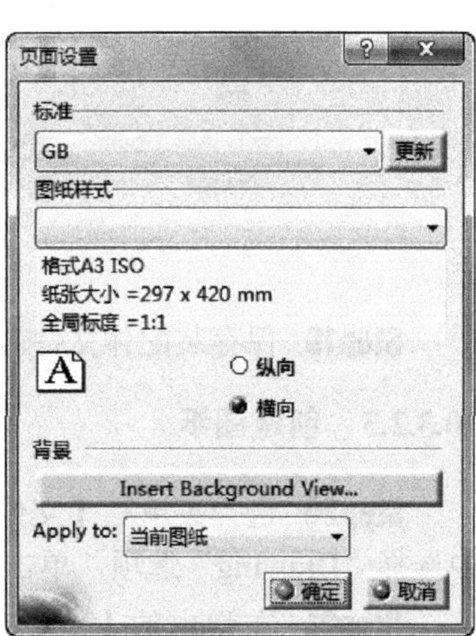

图10-141 【页面设置】对话框

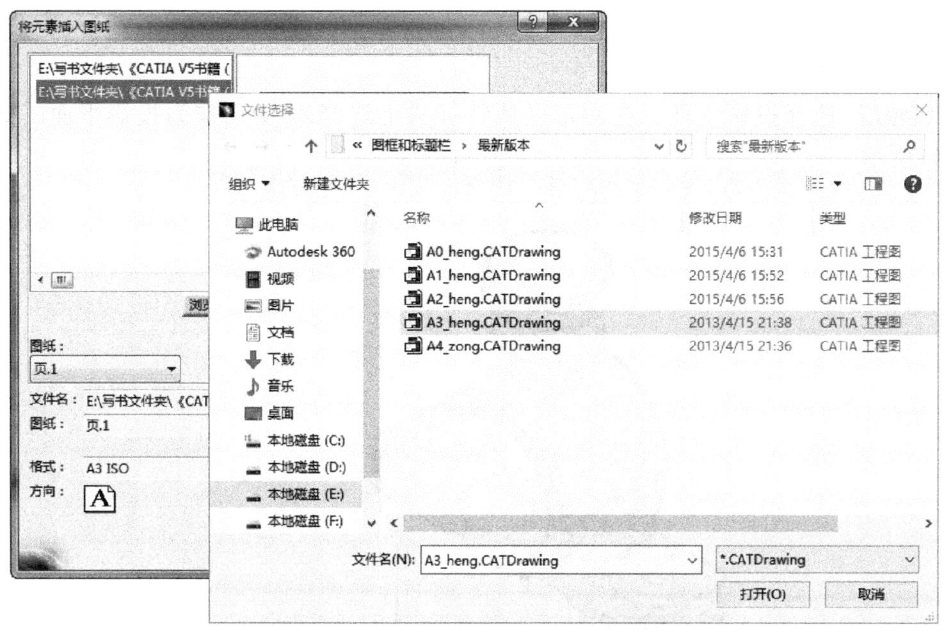

图10-142　【将元素插入图纸】对话框

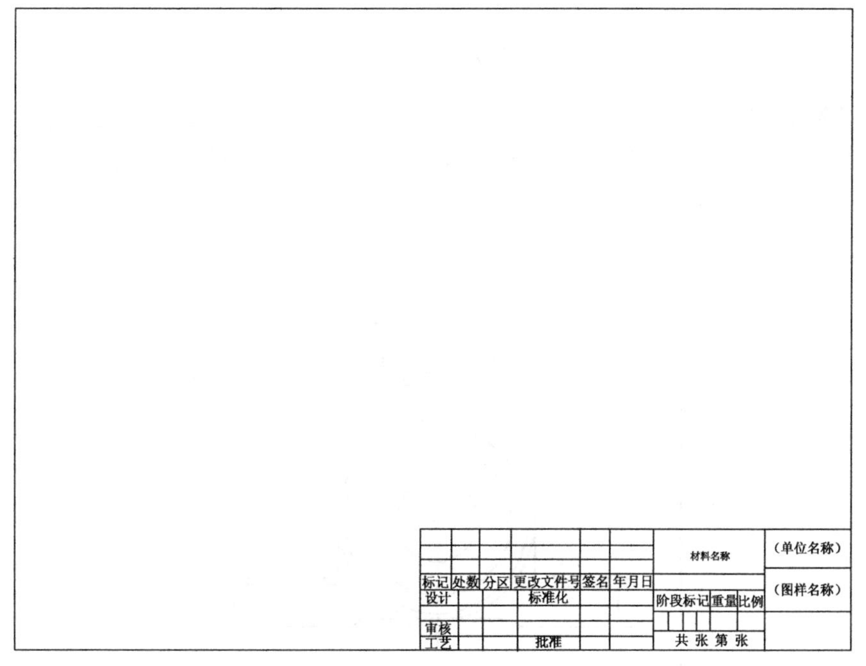

图10-143　引入图框和标题栏

10.3.2.5　创建工程视图

（1）创建主视图

Step26 单击【视图】工具栏上的【正视图】按钮，系统提示：将当前窗口切

换到3D模型窗口。选择下拉菜单【窗口】|【huadongzhouchengzuo.CATProduct】命令，切换到零件模型窗口。

Step27 选择投影平面。在图形区或特征树上选择*ZX*平面作为投影平面，如图10-144所示。

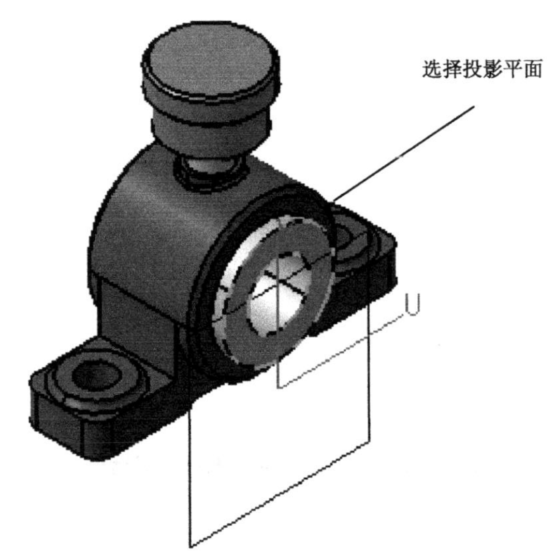

图10-144　选择投影平面

Step28 选择一个平面作为正视图投影平面后，系统自动返回工程图工作台，将显示正视图预览，单击方向控制器中心按钮或图纸页空白处，即自动创建出实体模型对应的主视图，如图10-145所示。

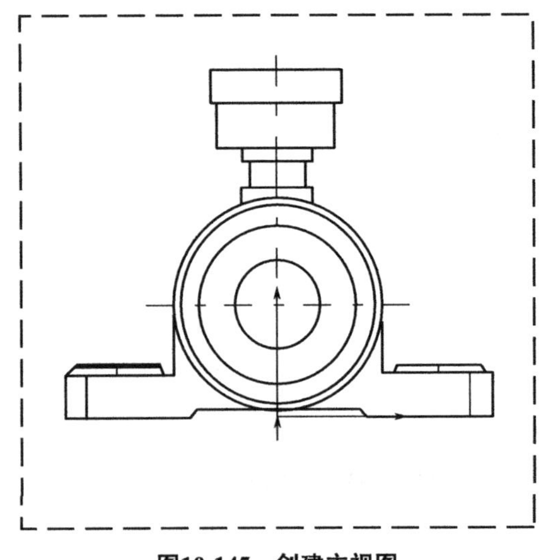

图10-145　创建主视图

（2）投影视图

Step29 单击【视图】工具栏上的【投影视图】按钮，在窗口中出现投影视图预览。移动鼠标至所需视图位置，单击鼠标左键，即生成所需的投影视图，如图10-146所示。

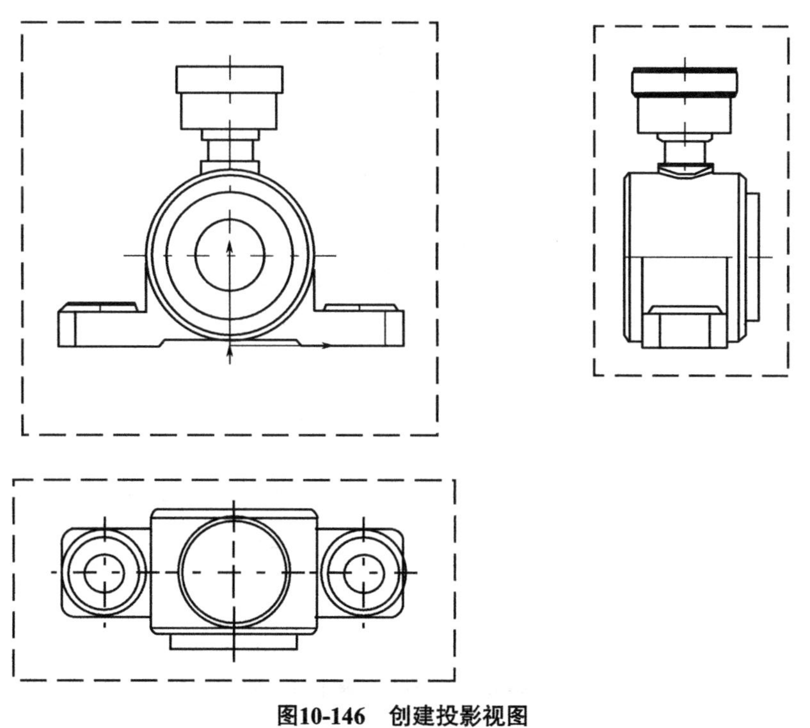

图10-146　创建投影视图

（3）创建局部剖视图

Step30 双击激活视图，单击【视图】工具栏上的【剖面视图】按钮，连续选取多个点，在最后点处双击封闭形成多边形，如图10-147所示。

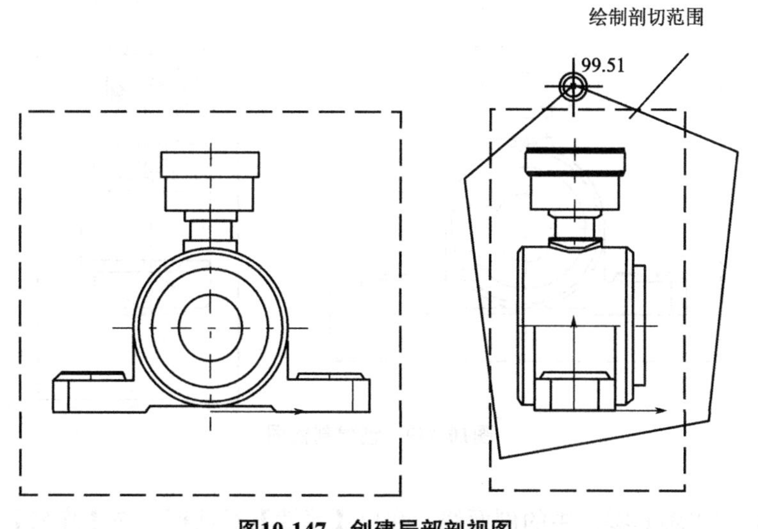

图10-147　创建局部剖视图

Step31 系统弹出【3D查看器】对话框，选中【动画】复选框，如图10-148所示。

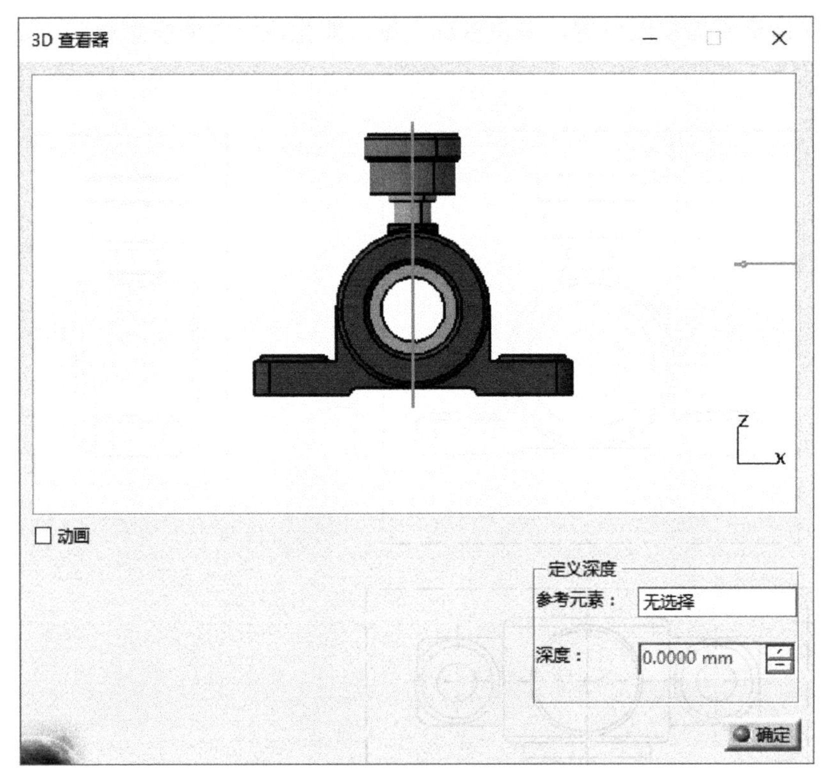

图10-148 【3D查看器】对话框

Step32 移动剖切平面。系统提示：移动平面或使用元素选择平面的位置。激活【3D查看器】对话框中的【参考元素】编辑框，本例中保持默认，单击【确定】按钮，即生成剖面视图，如图10-149所示。

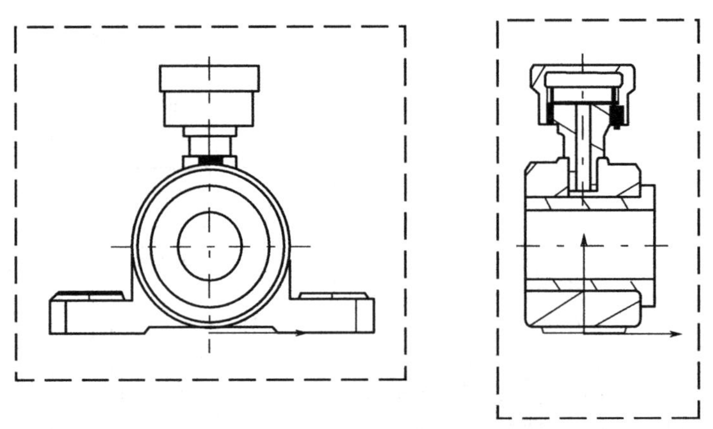

图10-149 创建剖视图

Step33 双击轴套零件中的剖面线，弹出【属性】对话框，在【阵列】选项卡中设置剖面线参数，单击【确定】按钮，如图10-150所示。

Step34 重复上述步骤修改其他剖面线，如图10-151所示。

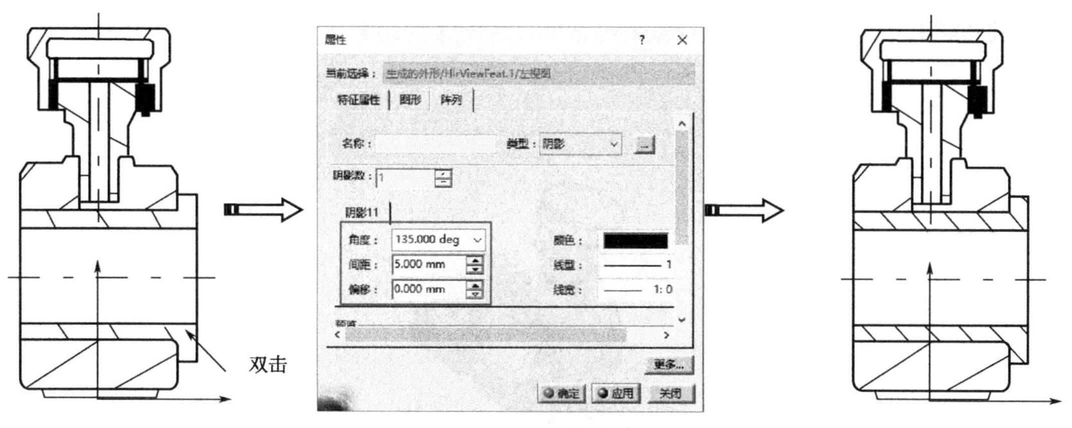

图10-150　修改剖面线

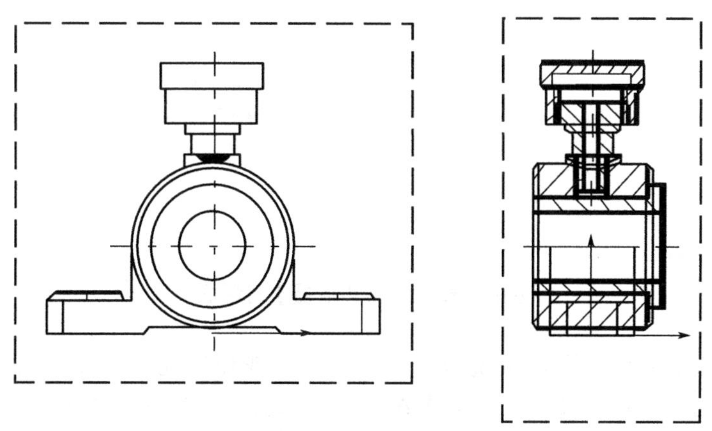

图10-151　修改其他剖面线

（4）创建局部剖视图

Step35 双击激活视图，单击【视图】工具栏上的【剖面视图】按钮，连续选取多个点，在最后点处双击封闭形成多边形，如图10-152所示。

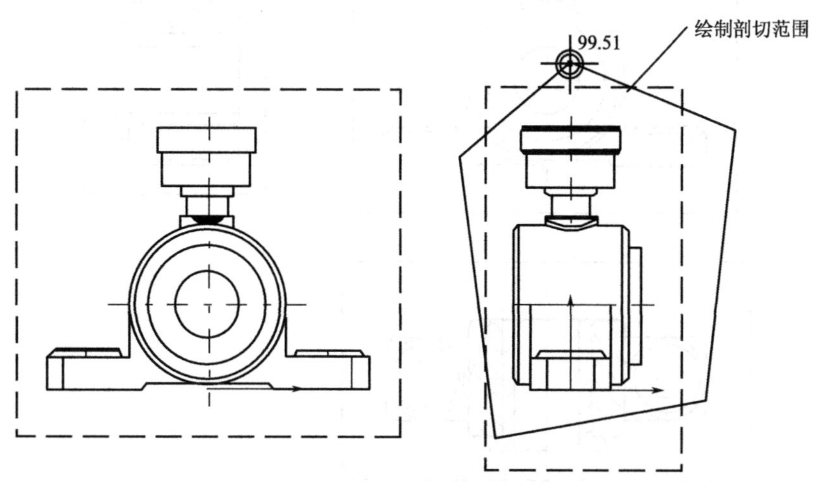

图10-152　创建局部剖视图

Step36 系统弹出【3D查看器】对话框，选中【动画】复选框，如图10-153所示。

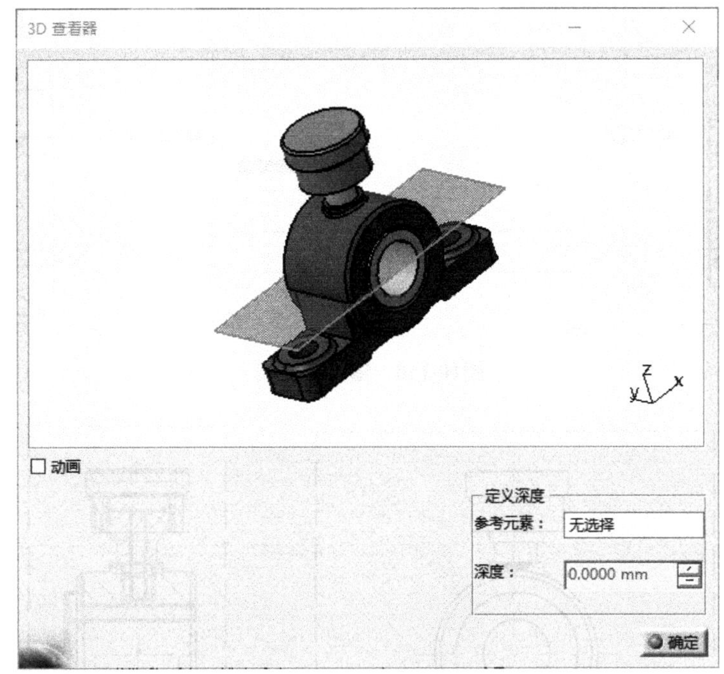

图10-153 【3D查看器】对话框

Step37 移动剖切平面。系统提示：移动平面或使用元素选择平面的位置。激活【3D查看器】对话框中的【参考元素】编辑框，选择主视图中的中心圆，单击【确定】按钮，即生成剖面视图，如图10-154所示。

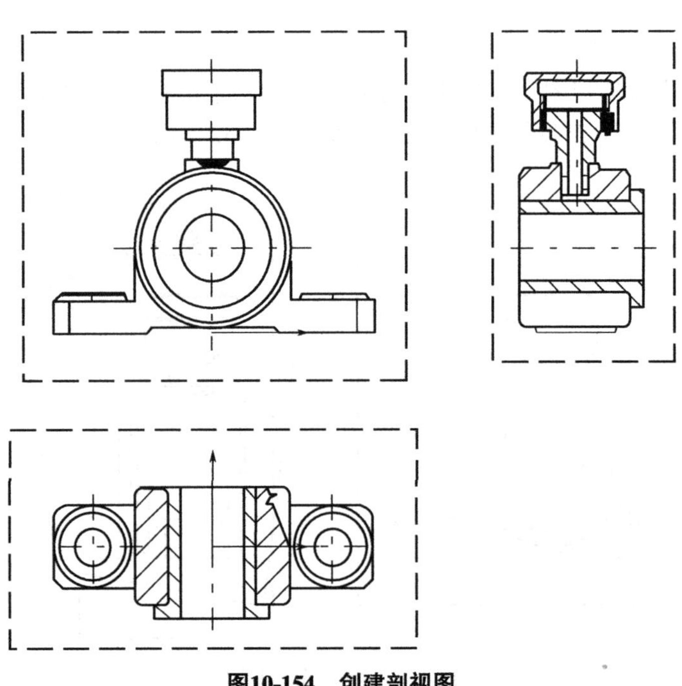

图10-154 创建剖视图

10.3.2.6 标注尺寸

Step38 单击【尺寸标注】工具栏上的【尺寸】按钮，弹出【工具控制板】工具栏，选择需要标注的元素，移动鼠标使尺寸移到合适位置，单击鼠标左键，系统自动完成尺寸标注，如图 10-155 所示。

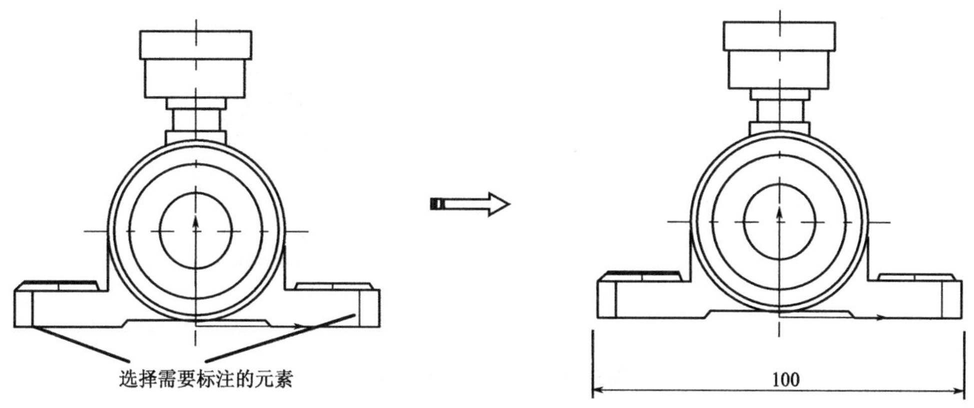

图10-155 长度标注

Step39 利用上述尺寸标注方法标注零件其他尺寸，如图 10-156 所示。

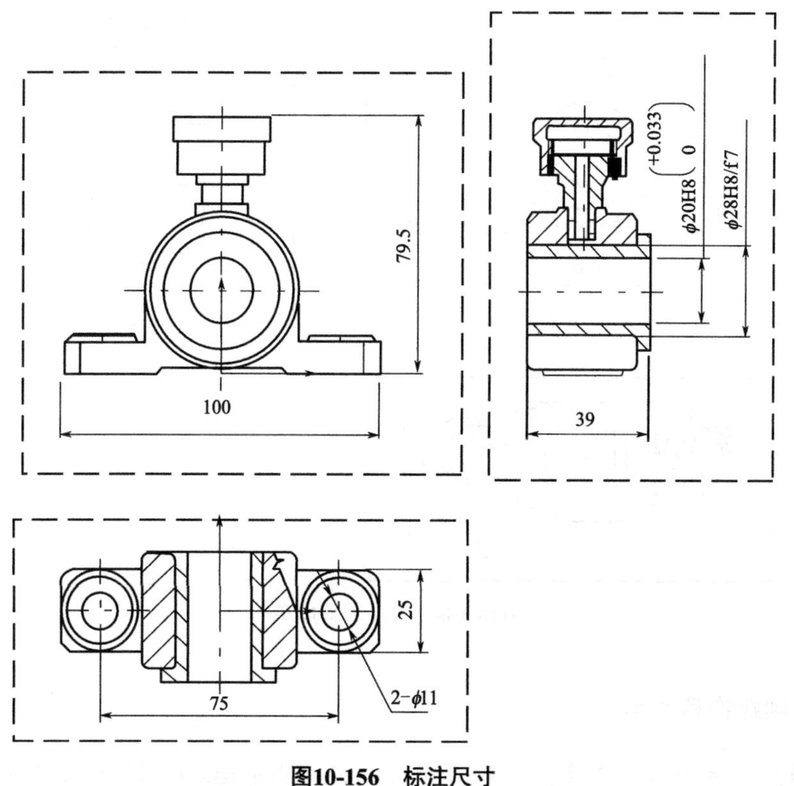

图10-156 标注尺寸

10.3.2.7 创建零件序号

Step40 双击激活主视图，单击【标注】工具栏中【零件序号】按钮⑥，单击选择欲标注序号的零件，在适当位置单击放置零件序号，系统弹出【创建零件序号】对话框，输入序号数字，单击【确定】按钮，完成序号添加，如图10-157所示。

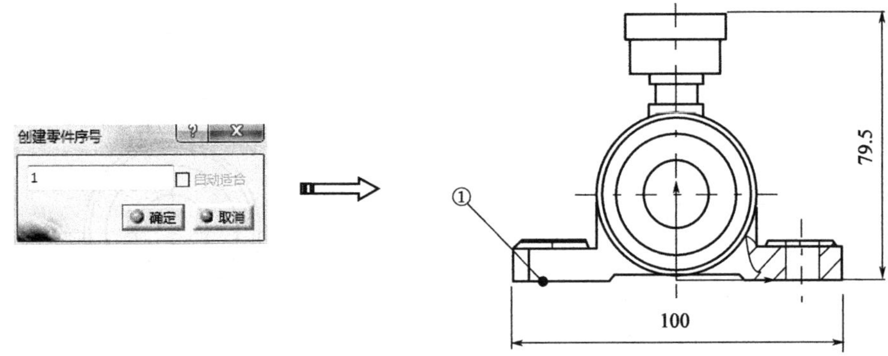

图10-157 创建零件序号

Step41 重复上述步骤，标注其他零件序号，如图10-158所示。

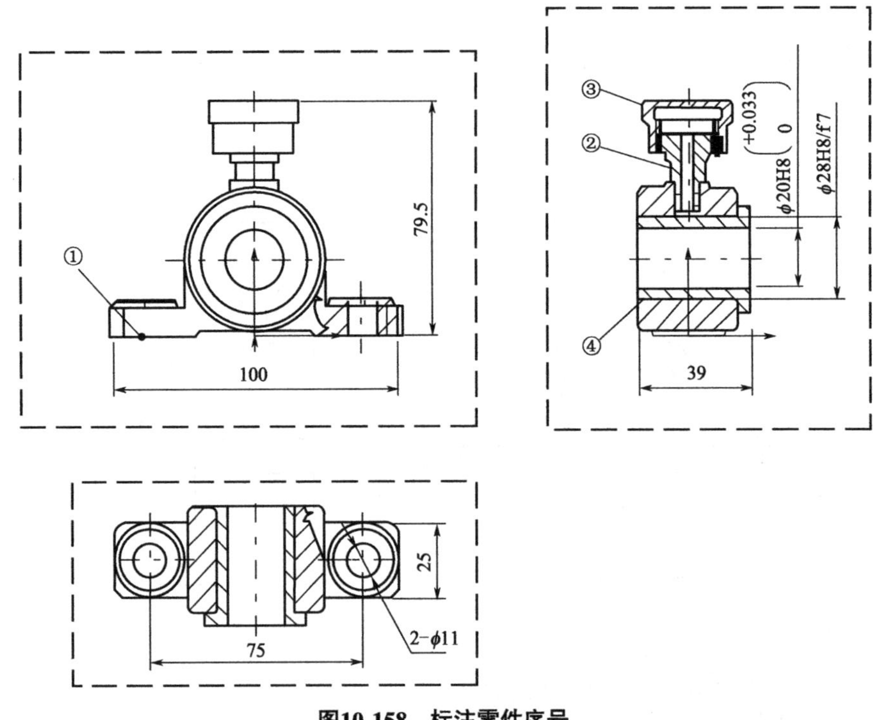

图10-158 标注零件序号

10.3.2.8 创建物料清单

Step42 选择下拉菜单【窗口】|【huadongzhouchengzuo.CATProduct】命令，切换

到零件模型窗口。

Step43 选择下拉菜单【分析】|【物料清单】命令，系统弹出【物料清单】对话框，如图10-159所示。

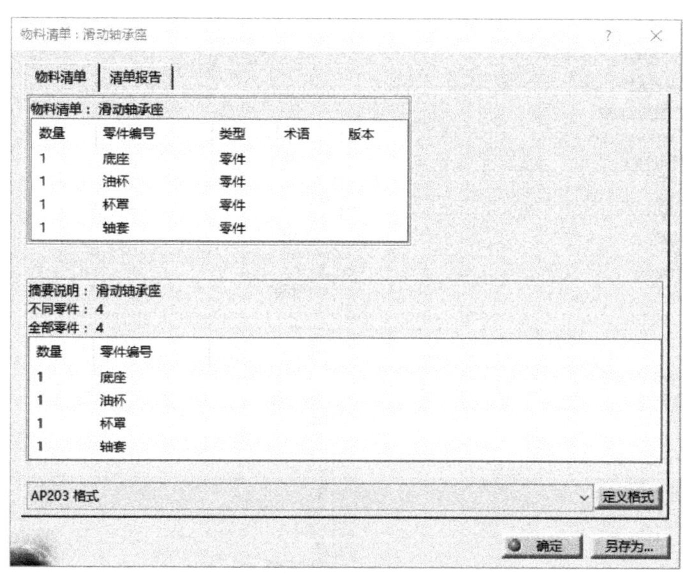

图10-159 【物料清单】对话框

Step44 单击【物料清单】对话框中的【定义格式】按钮，弹出【物料清单：定义格式】对话框，单击≫按钮，将当前列表中所有显示的属性设置为隐藏，按住键盘上的Shift键，在【隐藏的属性】列表框依次选择“序号、代号、名称、数量、材料、重量、备注”，然后单击K按钮设置为显示属性，如图10-160所示。

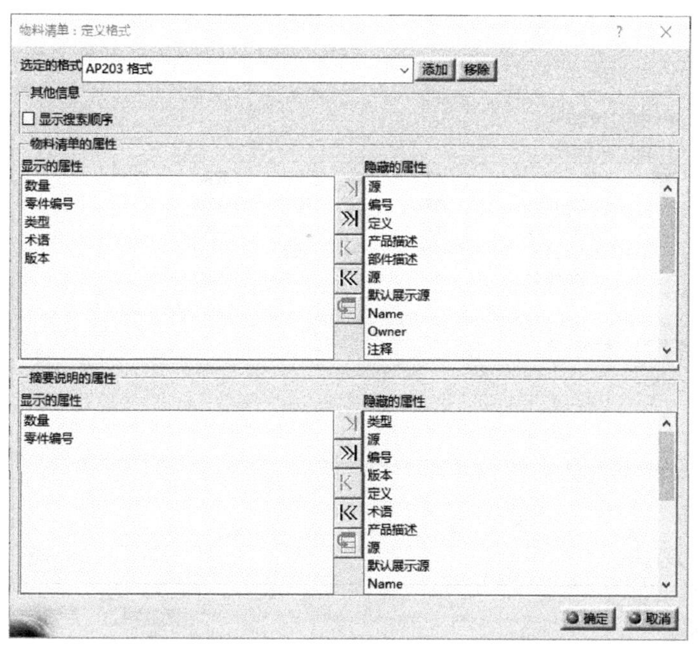

图10-160 【物料清单：定义格式】对话框

Step45 定义摘要说明的属性。单击»|按钮，将当前列表中所有显示的属性设置为隐藏，然后重新添加序号、代号、名称、数量、材料、重量、备注如图10-161所示。

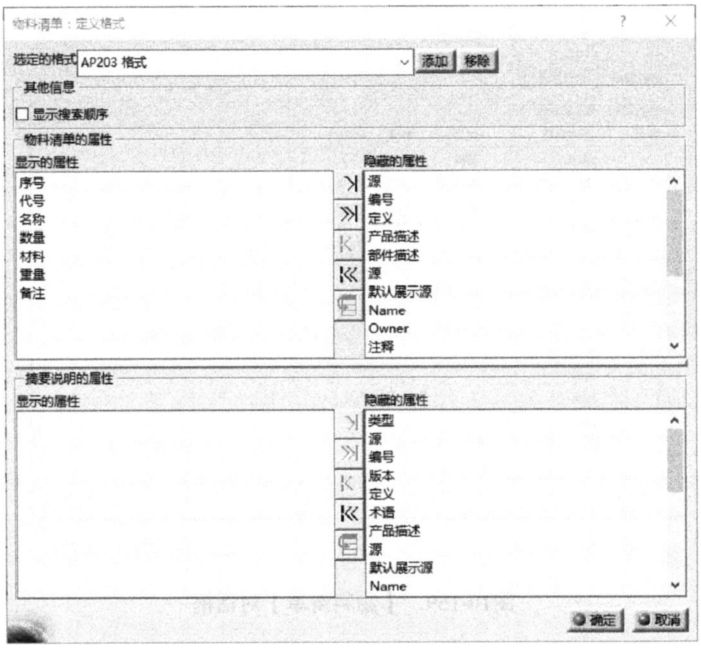

图10-161 设置显示属性

Step46 单击【确定】按钮返回，如图10-162所示。依次单击【确定】按钮，关闭所有对话框。

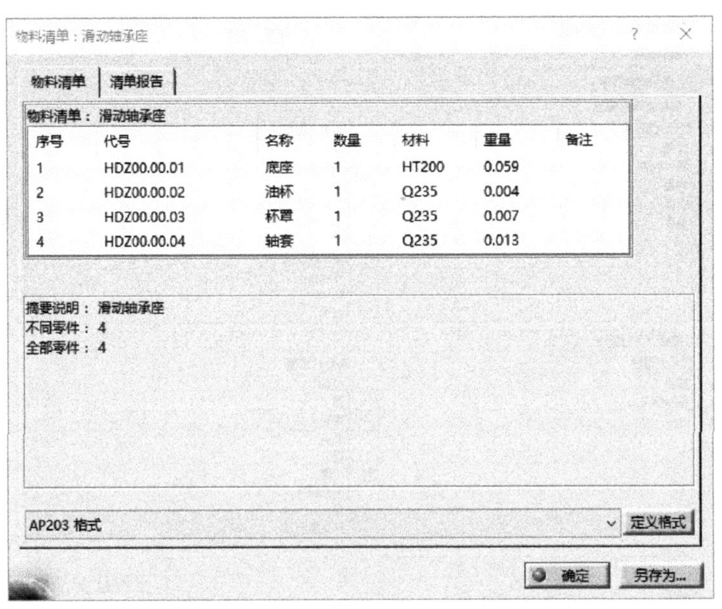

序号	代号	名称	数量	材料	重量	备注
1	HDZ00.00.01	底座	1	HT200	0.059	
2	HDZ00.00.02	油杯	1	Q235	0.004	
3	HDZ00.00.03	杯罩	1	Q235	0.007	
4	HDZ00.00.04	轴套	1	Q235	0.013	

图10-162 【物料清单】对话框

Step47 保存装配体文件。选择下拉菜单【文件】|【保存】命令，保存装配体文件。

10.3.2.9 创建明细表

Step48 在特征树中选中【图纸.1】节点，然后选择下拉菜单【插入】|【生成】|【物料材料】|【物料清单】命令，返回装配体工作台选择滑动轴承座根节点，系统自动返回工程图界面。

Step49 在工程图窗口中的任意位置单击以放置物料清单，如图10-163所示。

物料清单：滑动轴承座

序号	代号	名称	数量	材料	重量	备注
1	HDZ00.00.01	底座	1	HT200	0.059	
2	HDZ00.00.02	油杯	1	Q235	0.004	
3	HDZ00.00.03	杯罩	1	Q235	0.007	
4	HDZ00.00.04	轴套	1	Q235	0.013	

图10-163 放置物料清单

Step50 删除物料清单标题栏。双击物料清单任意位置将其激活，然后移动鼠标到第一行头，单击鼠标右键在弹出的快捷菜单中选择【删除】命令，删除第一行，如图10-164所示。

图10-164 删除标题栏

Step51 双击表格，将其激活。将鼠标移动到要修改的列头，单击鼠标右键，在弹出的快捷菜单中选择【大小】|【设置大小】命令，弹出【大小】对话框，在【列宽】文本框中输入“8mm”，单击【确定】按钮，完成列宽设置，如图10-165所示。

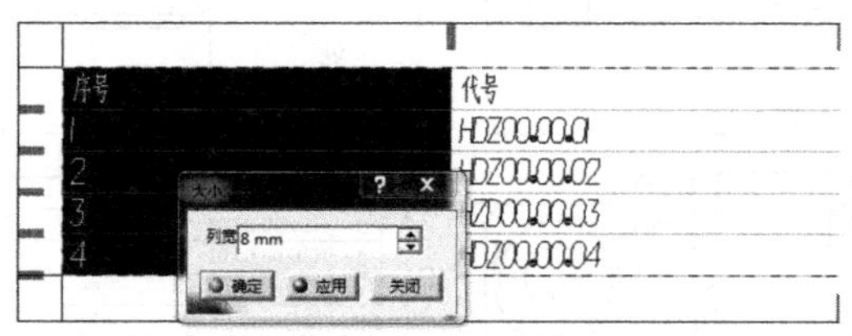

图10-165 设置列宽

Step52 重复上述列宽步骤，从左到右将列宽分别设置为8mm、40mm、44mm、8mm、38mm、10mm、12mm、20mm，如图10-166所示。

Step53 双击表格，将其激活。将鼠标移动到表头位置，单击鼠标右键，在弹出的快捷菜单中选择【反转行】命令，反转结果如图10-167所示。

序号	代号	名称	数量	材料	重量	备注
1	HDZ00.00.01	底座	1	HT200	0.059	
2	HDZ00.00.02	油杯	1	Q235	0.004	
3	HDZ00.00.03	杯罩	1	Q235	0.007	
4	HDZ00.00.04	轴套	1	Q235	0.013	

图10-166　调整明细表宽度

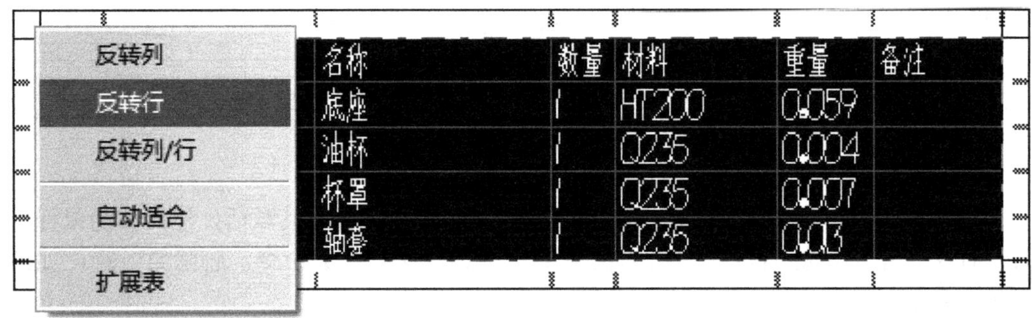

图10-167　反转行

Step54 按住Shift键，移动物料清单放置在标题栏上头，完成装配体工程图绘制如图10-168所示。

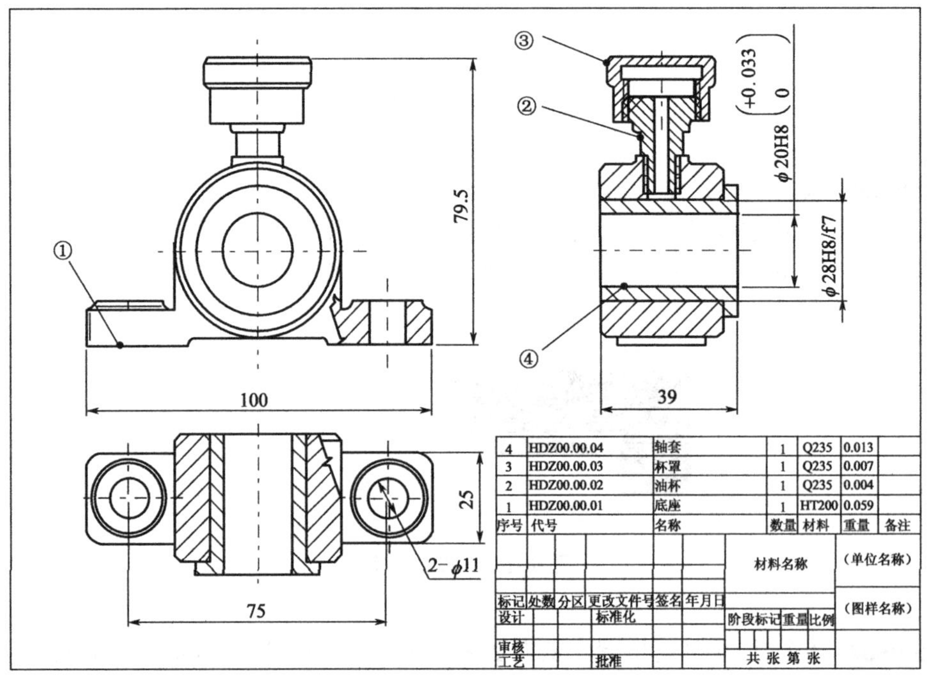

图10-168　放置明细表

参考文献

[1] 李成.CATIA V5从入门到精通.北京：人民邮电出版社，2010.
[2] 詹熙达.CATIA V5R20工程图教程.北京：机械工业出版社，2012.
[3] 张云杰,胡海龙,乔建军.CATIA V5R20高级应用.北京：清华大学出版社，2011.
[4] 高长银,黄成. 中文版CATIA V5 技术大全.北京：人民邮电出版社，2015.